普通高等教育"十三五"规划教材**"互联网+"**创新系列教材

工程制图

GONGCHENG ZHITU

◎ 主 编：云 忠 杨放琼

◎ 副主编：徐绍军 赵先琼

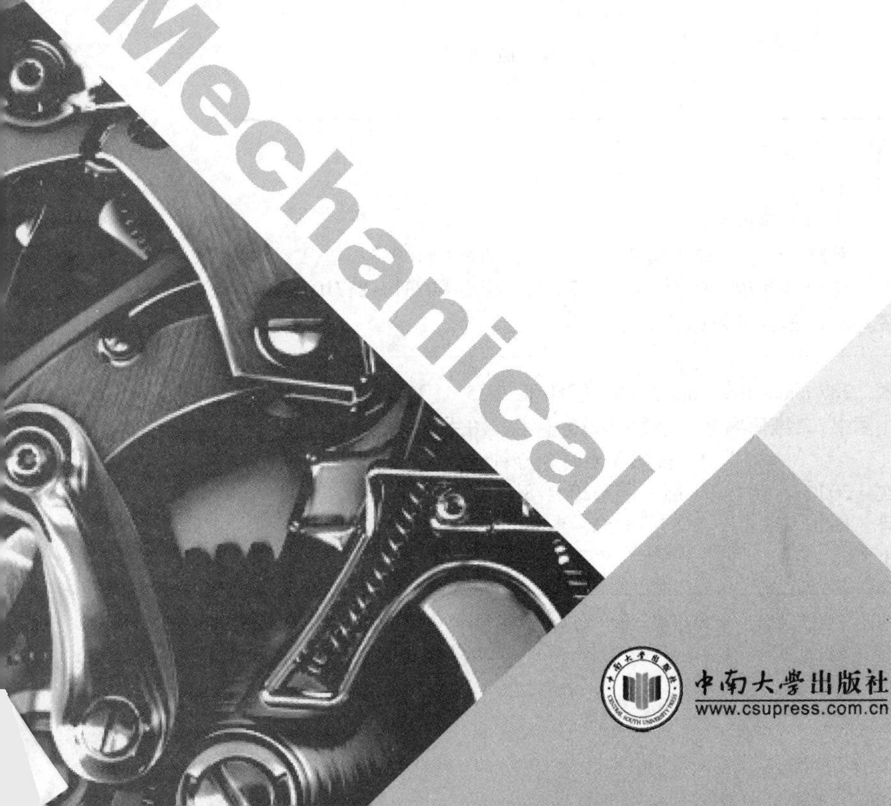

中南大学出版社

www.csupress.com.cn

内容简介

本书是在2018年出版的普通高等教育“十三五”规划教材的基础上，根据教育部制定的高等学校工科本科“画法几何及机械制图课程教学基本要求”和最新颁布的有关国家标准，为适应新形势下机械设计与制造业的发展变化而编写的。

全书共分十章，主要内容包括：绪论，制图的基本知识与技能，点、直线、平面的投影，立体及其表面交线的投影，组合体，机件的表达方法，标准件与常用件，零件图，装配图，AutoCAD计算机二维绘图。本书采用“互联网+”形式出版，扫描书中二维码，即可阅读丰富的工程图片、演示动画、操作视频、三维模型、工程案例等。

本书可作为高等学校机类、近机类或非机类各专业的教学用书及该课程双语教学的参考教材，也可供有关工程技术人员参考。与本书配套的《工程制图习题集》也做了相应的修订。该习题集采用了AR增强现实技术，扫描书中二维码可查看360°任意旋转，无限放大、缩小的三维模型。该习题集由中南大学出版社同时出版，供选用。

图书在版编目(CIP)数据

工程制图／云忠，杨放琼主编. —长沙：中南大学出版社，2020.8

普通高等学校“十四五”规划新形态一体化系列教材

ISBN 978-7-5487-4155-8

Ⅰ.①工… Ⅱ.①云… ②杨… Ⅲ.①工程制图—高等学校—教材 Ⅳ.①TB23

中国版本图书馆CIP数据核字(2020)第165864号

工程制图

主　编　云　忠　杨放琼

副主编　徐绍军　赵先琼

□责任编辑　谭　平

□责任印制　易红卫

□出版发行　中南大学出版社

社址：长沙市麓山南路　　邮编：410083

发行科电话：0731-88876770　　传真：0731-88710482

□印　　装　长沙雅鑫印务有限公司

□开　　本　787 mm×1092 mm 1/16　□印张 26.5　□字数 677 千字

□互联网+图书　二维码内容　字数 29.16 千字　图片 119 张　视频 3 小时 8 分钟 46 秒

□版　　次　2020年8月第1版　□2020年8月第1次印刷

□书　　号　ISBN 978-7-5487-4155-8

□定　　价　66.00 元

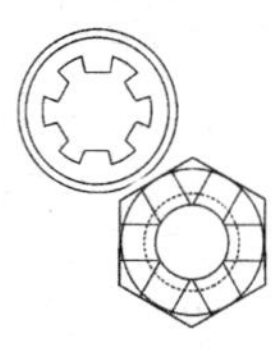

普通高等教育机械工程学科“十三五”规划教材编委会
“互联网+”创新系列教材

总序 FOREWORD.

机械工程学科作为连接自然科学与工程行为的桥梁，是支撑物质社会的重要基础，在国家经济发展与科学技术发展布局中占有重要的地位，21世纪的机械工程学科面临诸多重大挑战，其突破将催生社会重大经济变革。当前机械工程学科进入了一个全新的发展阶段，总的发展趋势是：以提升人类生活品质为目标，发展新概念产品、高效高功能制造技术、功能极端化装备设计制造理论与技术、制造过程智能化和精准化理论与技术、人造系统与自然世界和谐发展的可持续制造技术等。这对担负机械工程人才培养任务的高等学校提出了新挑战：高校必须突破传统思维束缚，培养能适应国家高速发展需求，具有机械学科新知识结构和创新能力的高素质人才。

为了顺应机械工程学科高等教育发展的新形势，湖南省机械工程学会、湖南省机械原理教学研究会、湖南省机械设计教学研究会、湖南省工程图学教学研究会、湖南省金工教学研究会与中南大学出版社一起积极组织了高等学校机械类专业系列教材的建设规划工作，成立了规划教材编委会。编委会由各高等学校机电学院院长及具有较高理论水平和教学经验的教授、学者和专家组成。编委会组织国内近20所高等学校长期在教学、教改第一线工作的骨干教师召开了多次教材建设研讨会和提纲讨论会，充分交流教学成果、教改经验、教材建设经验，把教学研究成果与教材建设结合起来，并对教材编写的指导思想、特色、内容等进行了充分的论证，统一认识，明确思路。在此基础上，经编委会推荐和遴选，近百名具有丰富教学实践经验的教师参加了这套教材的编写工作。历经两年多的努力，这套教材终于与读者见面了，它凝结了全体编写者与组织者的心血，是他们集体智慧的结晶，也是他们教学教改成果的总结，体现了编写者对教育部“质量工程”精神的深刻领悟和对本学科教育规律的把握。

这套教材包括了高等学校机械类专业的基础课和部分专业基础课教材。整体看来，这套教材具有以下特色。

(1)根据教育部高等学校教学指导委员会相关课程的教学基本要求编写。遵循“重基础、宽口径、强能力、强应用”的原则，注重科学性、系统性、实践性。

(2)注重创新。本套教材不但反映了机械学科新知识、新技术、新方法的发展趋势和研究成果，还反映了其他相关学科在与机械学科的融合与渗透中产生的新前沿，体现了学科交叉对本学科的促进；教材与工程实践联系密切，应用实例丰富，体现了机械学科应用领域在不断扩大。

(3)注重质量。本套教材编写组对教材内容进行了严格的审定与把关，教材力求概念准确、叙述精练、案例典型、深入浅出、用词规范，采用最新国家标准及技术规范，确保了教材的高质量与权威性。

(4)教材体系立体化。为了方便教师教学与学生学习，本套教材还提供了电子课件、教学指导、教学大纲、考试大纲、题库、案例素材等教学资源支持服务平台。大部分教材采用“互联网+”的形式出版，读者扫描书中二维码，即可阅读丰富的工程图片、演示动画、操作视频、三维模型、工程案例；部分教材采用了AR增强现实技术，扫描书中二维码可查看360°任意旋转、无限放大和缩小的三维模型。

教材要出精品，而精品不是一蹴而就的，我将这套书推荐给大家，请广大读者对它提出意见与建议，以便进一步提高。也希望教材编委会及出版社能做到与时俱进，根据高等教育改革发展形势、机械工程学科发展趋势和使用中的新体验，不断对教材进行修改、创新、完善，精益求精，使之更好地适应高等教育人才培养的需要。

衷心祝愿这套教材能在我国机械工程学科高等教育中充分发挥它的作用，也期待着这套教材能哺育新一代学子，使其茁壮成长。

中国工程院院士　钟　掘

前言 PREFACE.

近几年来，制造业信息化使得传统的设计制造方法发生了颠覆性的变革，随之而来的是设计理念、设计方法的深刻变革，工程图样的概念、作用乃至表达方式都发生了深刻的变化。因此，作为工科技术基础课的工程图学课程，正面临着新的挑战与契机。为适应新形势下机械设计与制造业的发展变化，中南大学工程图学教学团队特编写了本教材。

本书是在2018年出版的普通高等教育“十三五”规划教材的基础上，根据教育部制定的高等学校工科本科“画法几何及机械制图课程教学基本要求”和最新颁布的有关国家标准，结合高等教育教学的实际情况编写而成，是编者近几年来教学改革成果与经验的结晶。

本版除保留了原版本的“重基础、强能力”等特点外，在内容和形式上还做了较大的修改与完善：

1. 注重新媒体技术的引入。本教材采用“互联网＋”形式出版，在教材中置入二维码，读者通过扫描书中二维码，即可阅读丰富的工程图片、演示动画、操作视频、三维模型、工程案例、拓展知识等，获得更好的学习效果。

2. 注重开放式教学理念的引入。在各章知识点前设置“课程导学”部分，以图文并茂的方式介绍该知识点的来源及在生活和工程上的应用，激发学生的兴趣；在书中以“项目驱动”的方式，将大量绘图实例和工程案例穿插于枯燥的理论教学中，使学生不但能学有所成，还能学以致用；在章节知识点后设置“课程拓展”模块，将本章的学习内容进一步延伸；在主要章节结尾设置“解题技巧”模块，通过二维码置入视频或动画的方式讲解本章节重点题型的解题方法。

3. 注重现代设计方法的引入。在第 1 章至第 9 章后设置“三维拓展”模块，将三维建模思路及 Solidworks 软件三维设计方法融入基本图学理论的教学与实践中，进一步培养学生的空间思维能力。

4. 注重课程思政内容的引入。在教材相关内容中穿插有中国古代图学智慧、“规矩准绳”做人准则、新时代螺丝钉精神、大国工匠等思政内容，在专业教育的同时有效融合思政教育。

5. 注重知识内容的实用性和综合性。删除了“其他图样简介”章节，其中焊接图部分内容并入第 9 章装配图“课程拓展”模块，展开图在“相贯线加工方法”部分介绍。其他还删减了以往教材中较刻板的理论知识点，将更多的学时和内容重点放在实用设计方法、设计技能及设计过程的阐述上。

本书可作为高等学校机类、近机类或非机类各专业的教学用书及双语教学的参考教材，也可供相关技术人员参考。与本书配套的《工程制图习题集》也做了相应修订，供广大读者选用。

本书为中南大学拔尖人才培养精品教材建设项目，参加本书编写工作的有：云忠（第 1 章、第 2 章、第 9 章、附录、主要词汇中英文对照），杨放琼（第 4 章、第 7 章），徐绍军（第 6 章）、赵先琼（第 8 章）、汤晓燕（第 10 章），袁望姣（第 5 章），周亮（第 3 章）。每个章节的工作包括文字的编写和修订以及二维码资源的制作等。

在本书的编写过程中，参考了部分国内外的相关教材、科技著作、论文资料及网络资源，在此特向有关作者和单位表示衷心感谢！

本书在编写和出版过程中，得到了中南大学出版社和中南大学机电工程学院机械设计系全体老师的大力支持，在此一并致谢！

由于作者水平有限，书中缺点错误在所难免，敬请广大读者及同仁批评指正。

编　者

2020 年 8 月

CONTENTS. 目录

第1章
绪 论

1.1 课程导学——本课程的性质、历史沿革与发展方向

1.1.1 课程性质与定位

工程制图是一门以投影理论为方法，以几何学及形数结合等知识为前提，研究解决空间几何问题以及绘制、阅读工程图样的理论与方法的课程。在现代工业生产中，无论是各种机器、设备、仪器仪表等的设计制造，还是各项建筑工程、水利工程、电器工程等的设计施工，都离不开工程图样。在使用这些机器、设备和仪器时，也常常要通过阅读工程图样来了解它们的结构和性能。因此，工程图样是工程信息的有效载体以及工程技术人员表达和交流思想的重要工具，它被喻为工程技术界的“语言”。

工程制图课程是一门既有系统理论又有较强实践的技术基础课，也是高等院校培养高级工程技术人才的一门必修课。学习本课程的主要任务是：

(1)培养用投影理论图示、图解空间几何问题的初步能力；

(2)培养绘制和阅读工程图样的基本能力，学习查阅相关标准的基本方法；

(3)培养初步的构型能力和创新能力；

(4)培养使用CAD软件绘制工程图样的能力；

(5)培养耐心细致的工作作风和严肃认真的工作态度。

另外，从培养创新型人才的角度看，当前很多的院校将工程制图系列课程列为非机械专业学生的素质教育课程。这是因为工程制图是一门把形象思维能力作为专项进行训练的课程，而形象思维能力对于学生创新设计能力的培养是不可或缺的。因此，图学素质是塑造创新意识和创新设计表达能力的重要基础平台。

美国排名前十的大学，在有关工科系列课程中，有4所开设了单独的工程图学课程，其他学校也在开设的机械基础或制造工程系列课程中，包含有工程图学内容。美国密西根大学提出培养工科类学生三种能力：把想法变为图形的能力；把图形变为模型的能力；把模型变为产品的能力。三种能力的培养均与工程图学课程密切相关。

1.1.2 课程历史沿革与发展方向

1. 历史沿革

(1)远古时期的简单视图。从远古洞穴中的石刻可以看出，在有语言、文字前，图形就是一种有效的交流思想的工具(图1-1)。我国人民在新石器时代，就能绘制一些几何图形、花纹，具有简单的图示能力(图1-2)。

图 1－1　远古洞穴中的石刻图形

图 1－2　中国新石器时代陶器

（2）农业文明时期的设计图。战国时期，我国人民就已运用有确定的绘图比例、酷似用正投影法画出的建筑规划平面图来指导工程建设，距今已有 2400 多年的历史（图 1－3）。

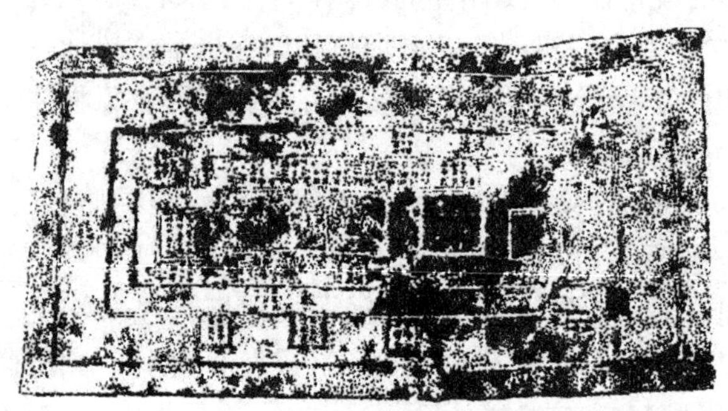

图 1－3　战国中山王墓建筑规划平面图

图样在人类社会的文明进步和现代科学技术的发展中起了重要作用。战国时期流传的《考工记》是我国现存最早的记述手工业各工种规范和制造工艺的专著，其中记有车轮的制造工艺，对弓的弹力、箭的射速和飞行的稳定性等也做了深入的探索（图 1－4）。

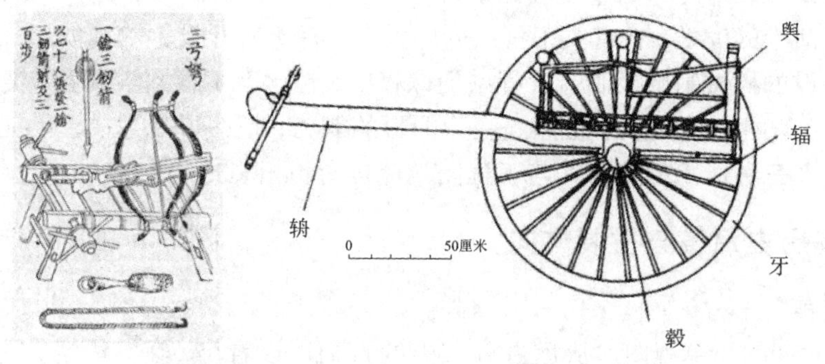

图 1－4　战国《考工记》中弓弩和车轮图纸

宋代李诫所著《营造法式》一书，总结了我国两千年来的建筑技术成就，其中有 6 卷是图样，包括平面图、轴测图、透视图，图上运用投影法表达了复杂的建筑结构，在当时是极为先进的(图1－5)。

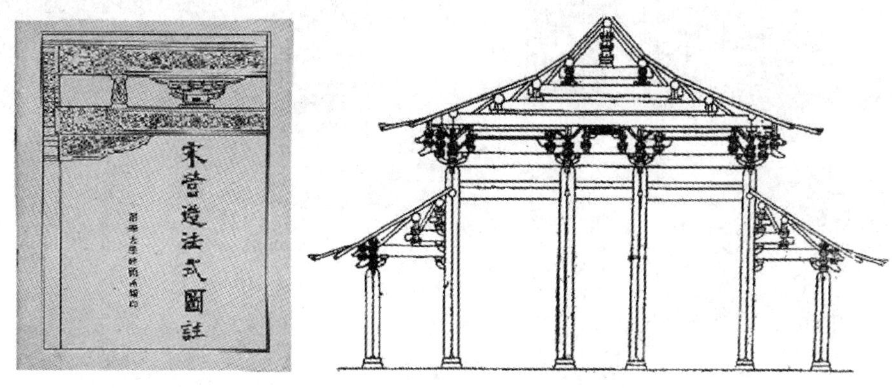

图1－5　宋代《营造法式》

元代薛景石所著《梓人遗制》是木工名家总结亲身经验之作，并详细记述了当时通行的纺织机具和车辆的制作方法，是古代著名的木制机械技术专著(图1－6)。元代王祯的《农书》中也包含有农业机械图样258幅。中国古代的图学智慧及悠久文化值得骄傲。

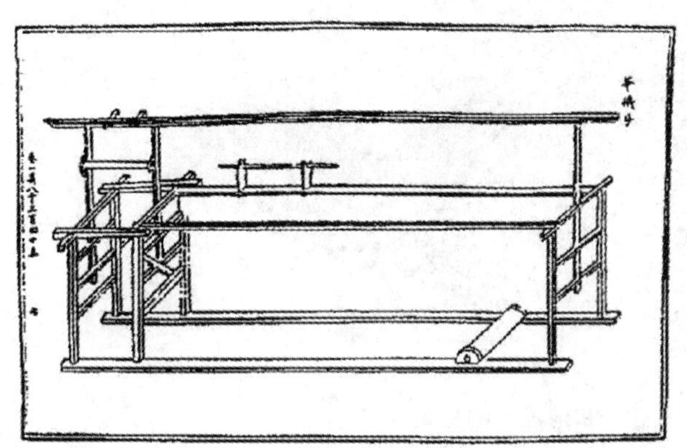

图1－6　元代《梓人遗制》中的纺织机具

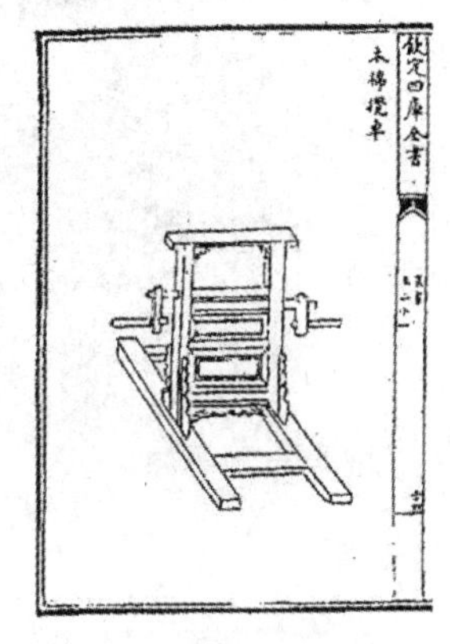

图1－7　元代《农书》中的农业机械

(3)文艺复兴时期投影方法与画法几何学。王徵于1627年编译和出版了《远西奇器图说录最》，介绍了西方机械工程的概况。来自西方的书架和水铳等制造工艺也在我国一定范围内得到流传(图1－8)。

15世纪70年代，意大利天才莱昂纳多·达·芬奇曾在手稿中绘制了西方文明世界的第一款人形机器人，设计了具有刹车装置的机械车，画出了一种由飞行员自己提供动力的飞行器，并将这种飞行器命名为“扑翼飞机”(图1－9)。

(4)18世纪欧洲的工业革命，促进了一些国家科学技术的迅速发展。法国著名科学家蒙日(Gaspard Monge，1746—1818)总结前人经验，根据平面图形表示空间图形的规律，应用投影法创建了《画法几何学》(1789年出版)，奠定了图形理论基础，将工程图的表达与绘制进行了规范化(图1－10)。

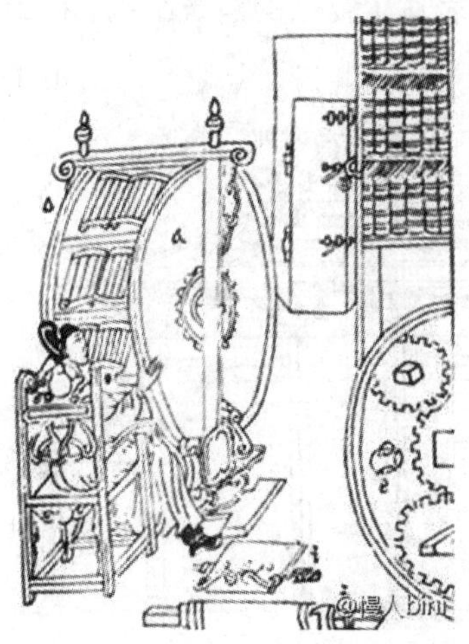

图 1－8 《远西奇器图说录最》中描绘的书架和水铳

[达·芬奇介绍]

图 1－9 达·芬奇和他设计的扑翼飞机

[蒙日与《画法几何学》]

图 1－10 蒙日和他编写的《画法几何学》

（5）新中国工程制图的发展。20 世纪 50 年代，著名学者赵学田教授简明而通俗地总结了三视图的投影规律为“长对正、高平齐、宽相等”，从而使制图易学易懂。由于生产建设的迫切需要，由国家相关职能部门批准颁布了一系列制图标准，使全国工程图样标准得到了统一，标志着我国工程图学进入了一个崭新的阶段。

（6）信息时代计算机绘图迅猛发展。20 世纪 70 年代，计算机图形学、计算机辅助设计（CAD）、计算机绘图在我国得到迅猛发展，除了国外一批先进的图形、图像软件如 AutoCAD、Solidworks、Pro/Engineer 等得到广泛使用外，我国自主开发的一批国产绘图软件，也在设计、教学、科研生产单位得到广泛使用（图 1－11）。随着我国现代化建设的不断发展，计算机技术将进一步与工程制图结合，计算机绘图和智能 CAD 将进一步得到深入发展。

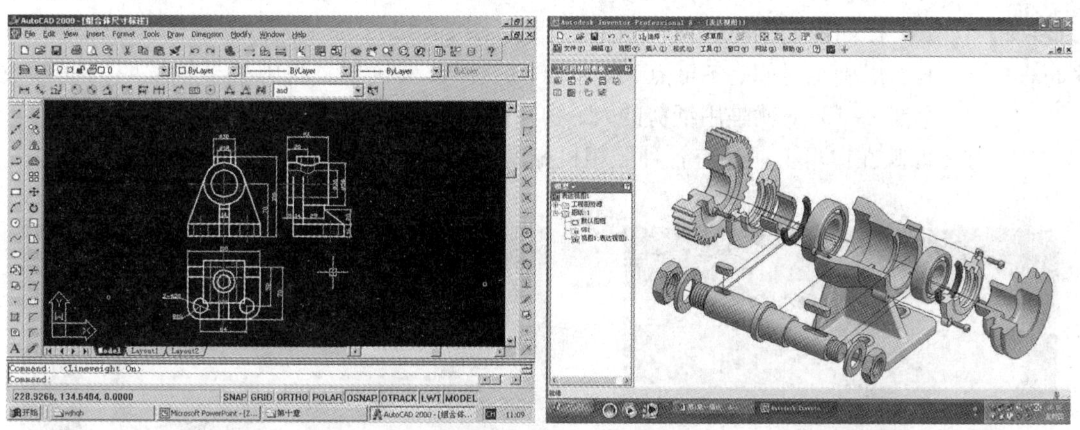

图 1－11　计算机二维及三维设计软件

2. 发展方向

（1）在图学理论研究方面，鉴于三维画法几何的局限性，要求人们向多维画法几何领域进行探索。现在，四维画法几何已经有了比较完整的理论，使得三维空间无法解决的问题在四维中很容易就得到了解决，如金属学中四元合金系统的表示；流线形曲面的图解设计；数学中的多元重积分；复变函数及线性规划的图解；近代物理相对论的描述；等等。在科学技术不断发展的今天，人们将向更高维数画法几何领域的研究方向探索，不断开拓图学研究的新领域。

（2）在图学应用技术方面，由于计算机技术和信息技术的迅猛发展，不仅使得图样的表现形式、存储形式发生了根本改变，而且使其作用发生了改变。图样不仅仅是产品的完整的数字化载体，而且还是产品在设计、优化、仿真、分析、NC 编程等各个环节中工程技术人员的直接操作对象。为支持快速敏捷制造，几何知识的共享已成为制约现代制造技术中产品开发和制造的关键问题。随着科学技术的飞速发展，产品功能要求日益增多，复杂性增加，寿命期缩短，更新换代速度加快。随着计算机图形学、人工智能、计算机网络等基础技术的发展和计算机集成制造、并行工程、协同设计等现代设计理论和方法的研究不断深入，CAD 系统由单纯二维绘图向三维智能设计、物性分析、动态仿真等方向发展，参数化设计向变量化和 VGX（超变量化）方向发展，而作为 CAD 技术核心的几何建模，由最初的线框模型、表面模型发展到实体模型、特征模型经历了由几何信息模型、拓扑信息模型直至产品的发展过程，实现了设计、制造、测试一体化。

(3)图学理论与计算机技术的结合，将大大拓展工程图学的研究范围，促进该学科与其他学科的交叉发展，画法几何、轴测投影、透视原理、拓扑变换、四维空间等实用技术在其他行业中也必将得到广泛的应用和实践。

1.2 投影的基本知识

在日常生活中，人们可以看到太阳或灯光照射物体时，在地面或墙壁上出现物体的影子，这就是一种自然的投影现象。利用光的直线传播以及光和影原理的案例很多，比如我们的祖先发明制造的日晷(图1－12)，就是通过测量日影的长短和方位，以确定时间、冬至点、夏至点的一种天文仪器。我国很早就发明的皮影戏(图1－13)，就是用纸剪的人、物在白幕后表演，通过光的照射，让人、物的影像映在白幕上。还有各种照相机亦是利用透镜成像原理设计制造的。

[照相机成像原理]

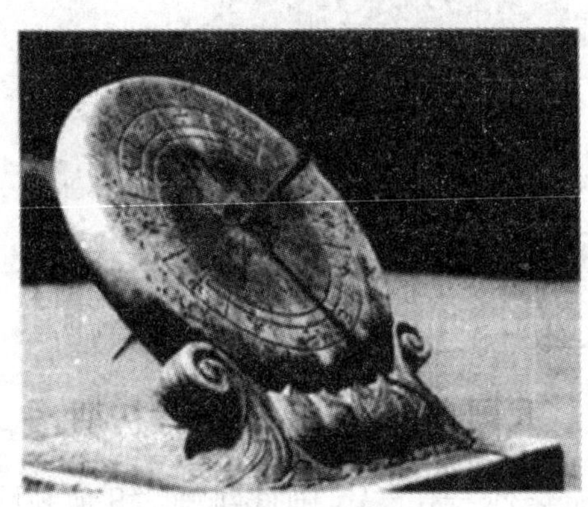

图1－12 日晷

图1－13 皮影戏

1.2.1 投影法

1. 投影原理

众所周知，当灯光或日光照射物体时，在地面或墙面会出现物体的影子。投影法就是人们根据这一现象抽象总结出来的。

图1－14中，将光源S视为一点，称为投射中心，自S点且通过物体上任意一点的连线称为投射线，如图中的SA、SB、SC。平面H称为投影面。延长SA、SB、SC与H面相交，交点a、b、c称为A、B、C点在H面上的投影。$\triangle abc$就是$\triangle ABC$在H面上的投影。这种将空间物体向选定的面投射，并在该面上形成投影的方法称为投影法。选定的平面称为投影面。

物体、投射线、投影面构成投影的三要素。

2. 投影法的分类

投影法分为中心投影法和平行投影法两种。

（1）中心投影法。

所有的投射线都从投射中心 S 发出的投影法称为中心投影法，用这种方法得到的投影称为中心投影（图 1－14）。我国南朝宋炳（367—443）著《画山水序》中就出现了类似于中心投影法的投影原理图。

［《画山水序》中的投影原理图］

（2）平行投影法。

所有的投射线都相互平行（投射中心移至无穷远时）的投影法称为平行投影法。按照投射线与投影面是否垂直，平行投影法又分为斜投影法和正投影法两种。

1）斜投影法——投射线倾斜于投影面［图 1－15（a）］。

2）正投影法——投射线垂直于投影面［图 1－15（b）］。

由于采用正投影法在投影图上容易表达物体的形状与大小，度量性好，作图方便，故在工程上应用最广，大多数工程图都是采用正投影法绘制，正投影法是制图的主要理论基础。

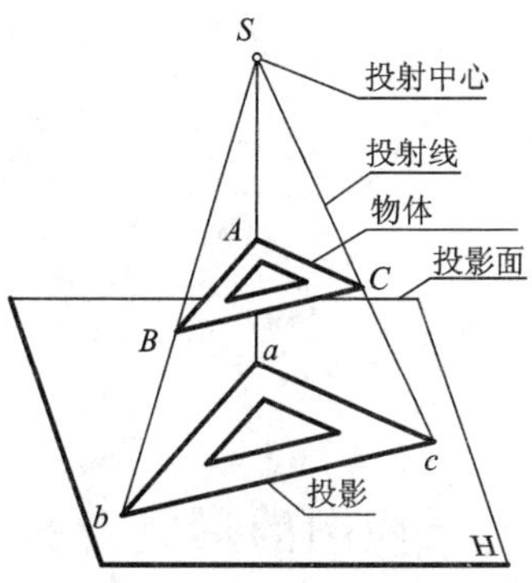

图 1－14　中心投影法

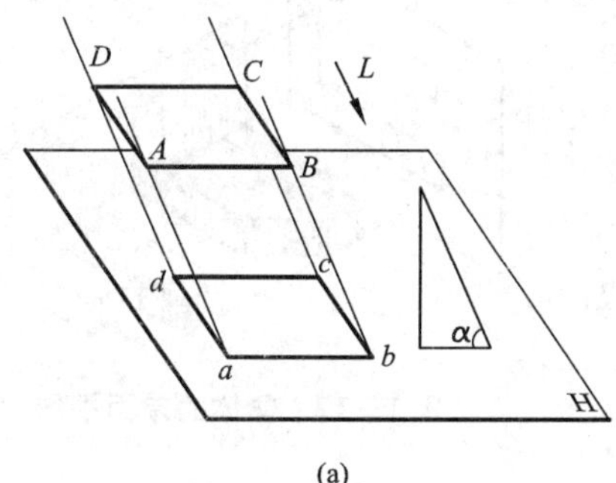

(a)

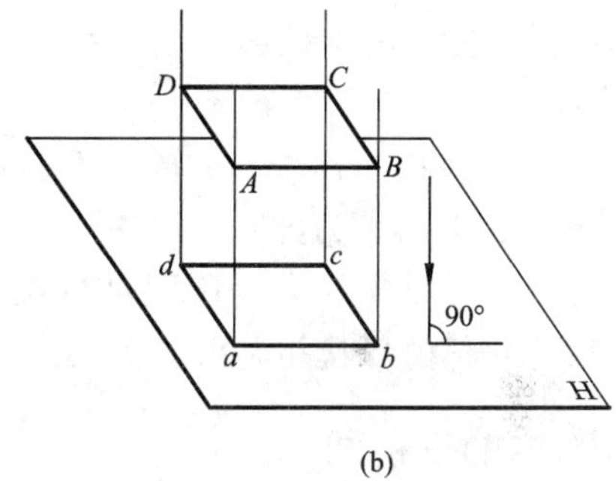

(b)

图 1－15　平行投影法

1.2.2　正投影的基本性质

1. 全等性

当直线或平面平行于投影面时，直线的投影反映真长，平面的投影反映真形，这种性质称为全等性，如图 1－16（a）所示。

2. 积聚性

当直线或平面垂直于投影面时，直线的投影积聚为一点，平面的投影积聚为一直线，这种性质称为积聚性，如图 1－16（b）所示。

3. 类似性

当直线或平面倾斜于投影面时，直线的投影仍为直线但小于真长，平面的投影与空间平面图形类似但小于真形，这种性质称为类似性，如图 1－16（c）所示。

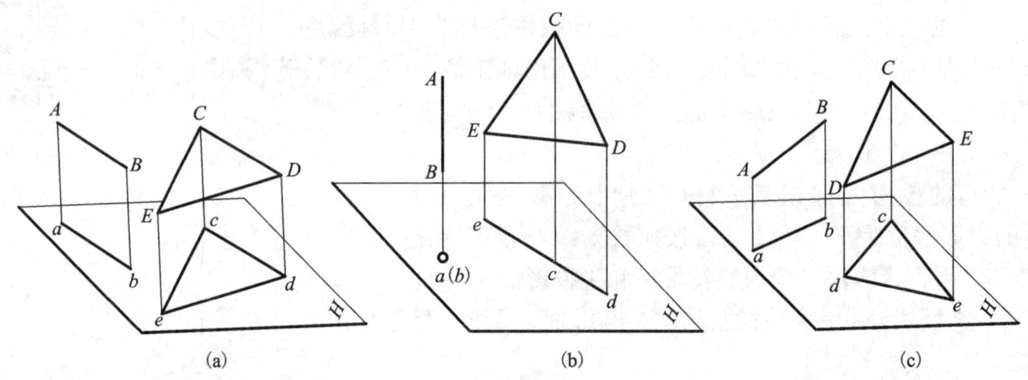

图 1-16 正投影的基本性质

1.3 三视图的形成及投影规律

1.3.1 三视图的基本概念

国家标准规定，用正投影法在多面正投影体系中所绘制出的物体图形称为视图。

从图 1-17 可以看出，一个视图不能唯一地确定物体的形状和大小。为此，必须建立一个多面投影体系，将物体同时向几个投影面进行投影，根据所得投影确定物体的形状和大小。

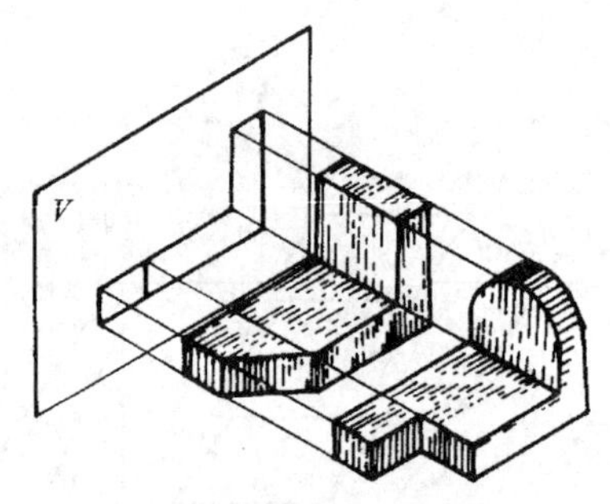

图 1-17 物体的单面视图

1.3.2 物体的三视图

建立一个与物体的长、宽、高对应的三个相互垂直的投影面，组成三面投影体系，如图 1-18 所示，即正立投影面 *V*、水平投影面 *H*、侧立投影面 *W*。两投影面的交线称为投影轴。*V*、*H* 面的交线为 *OX* 轴；*H*、*W* 面的交线为 *OY* 轴；*V*、*W* 面的交线为 *OZ* 轴。它们的交点称为原点 *O*。

如图 1-18(a)所示，将物体置于三面投影体系中，并使其主要平面平行于投影面，然后依次向各投影面投射，便得到物体的三个视图。从前向后投射，在 *V* 面上得到的视图称为主视图；从上向下投射，在 *H* 面上得到的视图称为俯视图；从左向右投射，在 *W* 面上得到的视图称为左视图。

为将三个视图画在同一张图纸上，必须将相互垂直的三个投影面展开到一个平面上。展开方法如图 1-18(b)、(c)所示，保持 *V* 面不动，*H* 面绕 *OX* 轴向下旋转 90°，*W* 面绕 *OZ* 轴向右旋转 90°，就得到同一平面的三视图。实际绘图时，为画图清晰和方便，边框和投影轴不画，如图 1-18(d)所示。

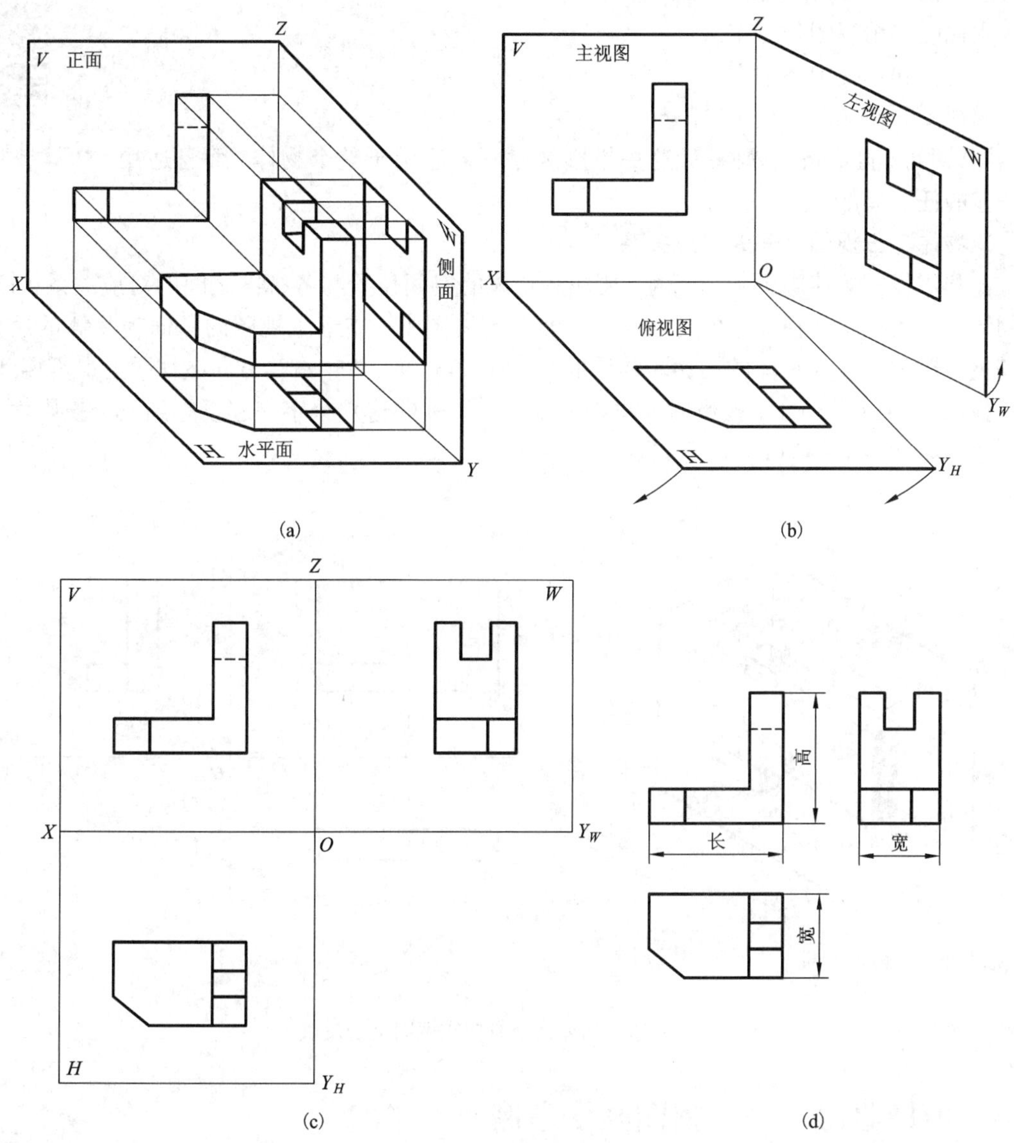

图 1-18　三视图的形成

1.3.3　三视图的基本规律

1. 三视图的投影规律

如果将物体左右方向的尺寸称为长，前后方向的尺寸称为宽，上下方向的尺寸称为高，按三视图的形成过程可知，每一个视图只能反映物体两个方向上的大小，即：

主视图反映物体的长和高；

俯视图反映物体的长和宽；

左视图反映物体的高和宽。如图 1-18(d)所示。

由此得出，三个视图的投影规律为：

主视图和俯视图长对正；

主视图和左视图高平齐；

俯视图和左视图宽相等。

[赵学田与三等规律]

“长对正、高平齐、宽相等”这一投影规律不仅适用于整个物体，而且适用于物体的任一局部。

2. 物体与三视图之间的对应关系

在利用投影规律画图和读图时，要注意物体的空间位置与各视图之间的对应关系，特别是物体的前后位置在视图上的对应关系：即在俯视图中，靠近主视图的一面为物体的后面，远离主视图的一面为物体的前面。物体的前、后、上、下、左、右等方向在视图上也可得到反映。如图 1－19(a)所示，投影时如将物体以及它周围的这六个字一起投影到三个投影面上，所得的投影如图 1－19(b)所示。

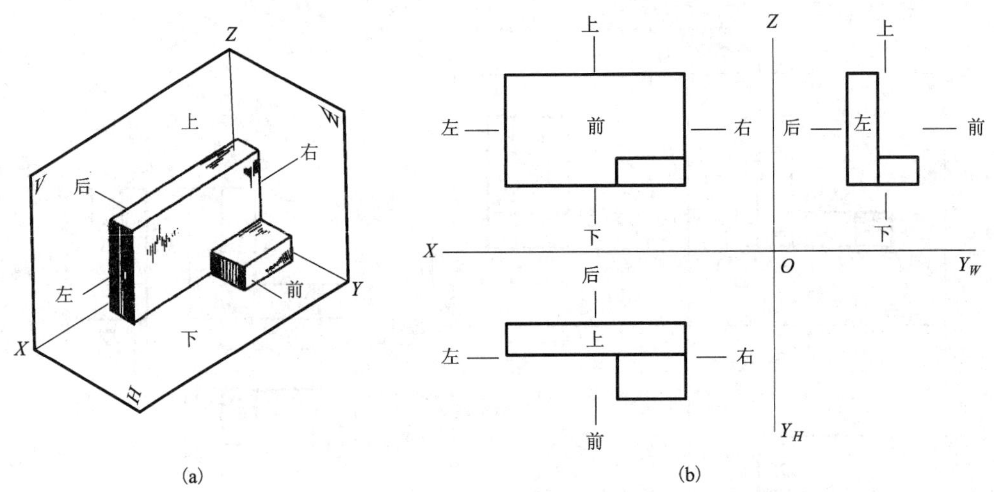

图 1－19　物体六个方向在视图上的反映

1.4　项目驱动——三视图画法举例

下面举例说明物体三视图的画法。

例 1－1　画出图 1－20 所示弯板的三视图。

分析：这个物体是由两块相互垂直的板子组成。其中，在水平板左端中部开了一个方槽，垂直板上部切去一角。

根据分析，作图步骤如下：

(1)投影位置的选择。

①应将物体按自然位置放置，尽可能使物体的各个表面平行(或垂直)于三个投影面，便于作图和反映真形。

②主视图应反映物体的主要特征形状。

③尽量减少视图中的虚线。

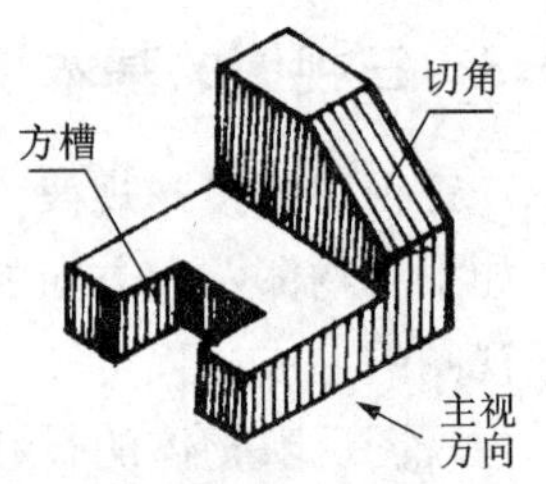

图 1－20　弯板的立体图

(2)画底稿。

①先画反映弯板形状特征的主视图，然后按照投影规律画出俯、左视图。

②画方槽与切角。由于方槽的俯视图反映其形状特征，所以应先画方槽的俯视图，再按投影规律画出其主、左视图。同理，切角的左视图反映其形状特征，因此先画其左视图，再按投影规律画出其俯、主视图。

(3)加深图线。

检查无误后擦除多余的作图线，按线型要求加深图线，完成全图，如图1-21所示。

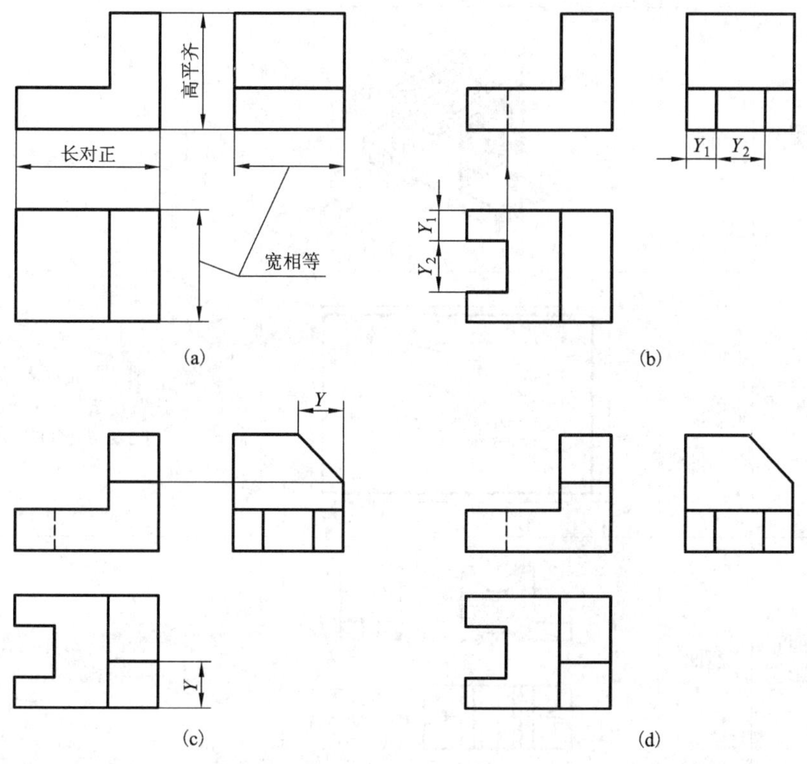

图1-21　三视图画法与步骤

1.5　课程拓展——工程中常用的投影图

工程中常用的投影图有四种：透视图、轴测图、标高图和多面正投影图(表1-1)。

1. 透视图

透视投影图(简称透视图、透视)是用中心投影法将物体投影在单一投影面上得到的图形，直观性和立体感很好，在工程上常作为“效果图”使用。

2. 轴测图

轴测投影图(简称轴测图)是将物体连同其直角坐标系，沿不平行于任一坐标平面的方向，采用平行投影法将其投影在单一投影面上所得到的图形。这种图形的立体感强，但度量性较差，在工程上常作为辅助图样使用。

表 1-1　工程中常用的投影图

投影法	投影图名称	投影面数量	图　例	特点及应用
中心投影法	透视图	单面		直观性强、逼真。三个方向的平行线都汇交于一点，但作图复杂且度量性差
平行投影法	轴测图	单面		直观性强，度量性较差，没有透视图逼真，但作图比透视图简便
	标高图	单面	0 20 40 60 a	是表示不规则曲面及土木结构物投影图的主要方法，用正投影法加标注高程数值表达物体的形状
	多面正投影图	多面		能准确地表达物体的形状大小，度量性好，且作图简便，但直观性较差

3. 标高图

标高图是在物体的水平投影上，加注某些特征面、线以及控制点的高程数值和比例的单面正投影图。它广泛用于地图的绘制和土建、水利工程中。同时还可用于不规则曲面的表达，如飞机、汽车等曲面的绘制。

4. 多面正投影图

多面正投影图是采用两个或两个以上的投影面，将空间物体分别投射到相互垂直的投影面上所获得的投影图，然后按一定的规律展开到一个平面上。这种图形能准确地表达物体的几何形状及相对位置关系，度量性好，作图简便，因此广泛应用于工程中。

[工程中常见的投影图]

1.6　三维拓展——Solidworks软件简介

Solidworks软件是世界上第一个基于Windows开发的三维CAD系统，有功能强大、易学易用和技术创新三大特点，这使得Solidworks成为领先的、主流的三维CAD解决方案。

Solidworks公司成立于1993年，由PTC公司的技术副总裁与CV公司的副总裁发起，总部位于马萨诸塞州的康克尔郡(Concord，Massachusetts)内，当初的目标是希望在每一个工程师的桌面上提供一套具有生产力的实体模型设计系统。1995年推出第一套Solidworks三维机械设计软件，至2010年已经拥有位于全球的办事处，并经由300家经销商在全球140个国家销售该产品。1997年，Solidworks被法国达索(Dassault Systemes)公司收购，作为达索中端主流市场的主打品牌。

Solidworks不仅是一款功能强大的CAD软件，还允许以插件的形式将其他功能模块嵌入到主功能模块中。因此，Solidworks具有在同一平台上实现CAD/CAE/CAM三位一体的功能。

第2章
制图的基本知识与技能

2.1 课程导学——中国古代的作图工具

山东嘉祥武梁祠石室画像(图2-1)中就有“伏羲氏手执矩，女娲氏手执规”之图形。在少数民族中，也有此神话故事。由此可推断，中华各族人民的祖先，可能远在黄帝时代，就已创造了规、矩等作图工具。

图2-1 山东嘉祥武梁祠石室画像拓本

据《史记·夏本纪》记载，在公元前二千多年，夏禹治水时，陆行乘车，水行乘舟，泥行乘橇，山行穿着钉子鞋，经风沐雨。他大手里拿的“规”“矩”“准”“绳”，就是我国古代的作图工具。

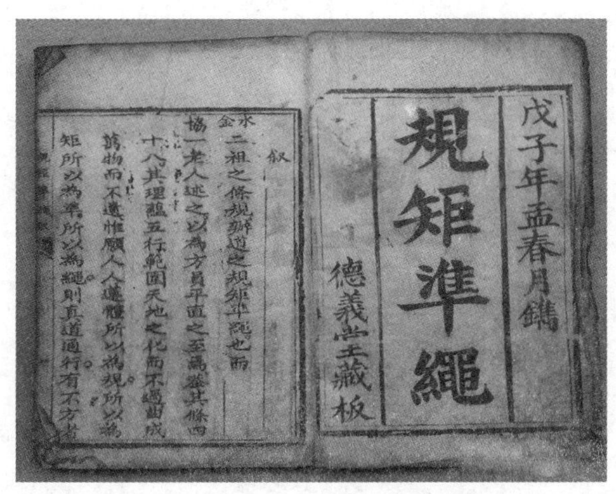

图2-2 《规矩准绳》

规：也称回规，是画圆工具。

矩：就是直角尺，也叫“鲁班尺”，它的主要作用是取直角，画方。

准：即“垂”和“水”，是定铅直和水平的仪器。

绳：也叫“墨绳”，是木工弹直线的墨斗，也是平面画直线的工具。

规、矩、准、绳的发明，有一个在实践中逐步形成和完善的过程。这些作图工具的产生，有力地推动了与此相关的生产的发展，也极大地充实和发展了人们的图形观念和几何知识。

秦《吕氏春秋·论·不苟论》写道："欲知平直，则必准绳；欲知方圆，则必规矩。"

汉王符《潜夫论·赞学》也写道："譬犹巧倕之为规矩准绳以遗后工也。"

不以规矩，不成方圆。作图如是，做人又何尝不是如此！

2.2 国家标准《技术制图》与《机械制图》的有关规定

图样是现代工业生产中的主要技术文件。为了便于生产和技术交流，必须对工程图样的图幅大小、格式、比例、字体、图线、尺寸标注、表达方法等内容建立统一的规定。每个工程技术人员都必须树立标准化的概念，严格遵守、认真执行相应标准。表 2－1 为常用国家和地区的标准名称及代号。

表 2－1 常用国家和地区的标准代号及名称

标准名称	标准代号	标准名称	标准代号
国家标准化组织	ISO	巴西标准	NB
美国国家标准	ANSI	比利时标准	NBN
澳大利亚标准	AS	荷兰标准	NEF
英国标准	BS	法国标准	NF
加拿大标准	CAS	瑞典标准	SIS
德国标准	DIN	瑞士标准协会标准	SNV
印度标准	JS	土耳其标准	TS
日本工业标准	JIS	西班牙标准	UNE
马来西亚标准	MS	意大利标准	UNI

《技术制图》和《机械制图》国家标准是由中华人民共和国质量监督检验检疫总局发布的基础技术标准和行业技术标准。国家标准简称"国标"，用汉语拼音首字母"GB"表示；国家标准分为强制性和推荐性标准，其中推荐性国家标准在 GB 后加"/T"，字母后的两组数字，分别表示标准的顺序号和标准发布的年份。如 GB/T 17451—1998《技术制图 图样画法 视图》即表示技术制图标准，图样画法的视图部分，顺序号为 17451，发布年份为 1998 年。本节将介绍最新的《技术制图》与《机械制图》国家标准中的部分内容。

2.2.1 图纸幅面及格式(摘自 GB/T 14689—2008)

1. 图纸幅面

为了方便装订、保管图纸，绘制工程图样时，优先采用基本图纸幅面，具体规格尺寸见表 2－2。必要时允许选用规定的加长幅面，这些幅面的尺寸由基本幅面的短边成整数倍增加后得出(图 2－3)。

表 2-2 图纸基本幅面和图框尺寸 mm

幅面代号	A0	A1	A2	A3	A4
$B \times L$	841×1189	594×841	420×594	297×420	210×297
a	25				
c	10			5	
e	20		10		

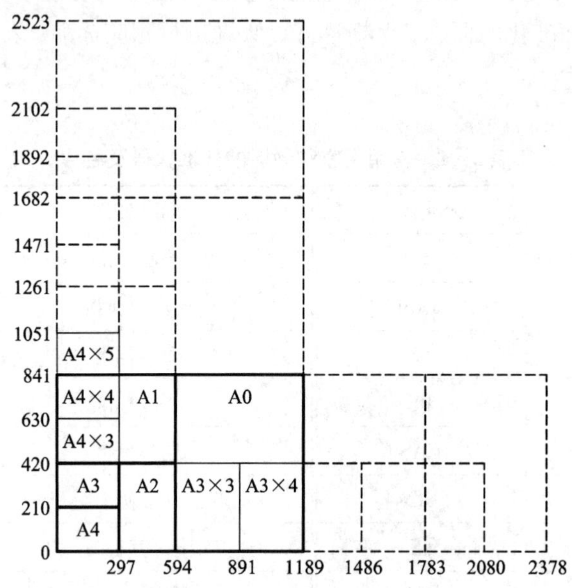

图 2-3 图纸幅面及加长幅面

2. 图框格式

在图纸上，必须用粗实线画出图框，其格式分为不留装订边[图 2-4(a)、(b)]和留有装订边[图 2-4(c)、(d)]两种，但同一产品的图样只能采用一种格式，两种图框格式、尺寸见表 2-2。

为了使图样复制和缩微摄影定位方便，均应在图纸各边长的中点处画出对中符号，对中符号用线宽不小于 0.5 mm 的粗实线绘制，长度从纸边界开始至伸入图框内约 5 mm，如图 2-5 所示。

2.2.2 标题栏(摘自 GB/T 10609.1—2008)

每一张技术图样必须绘制标题栏，其位置应按 GB/T 14689 中所规定的位置配置，如图 2-4 所示。

标题栏中的文字方向为看图方向。

标题栏一般由更改区、签字区、其他区、名称及代号区组成。

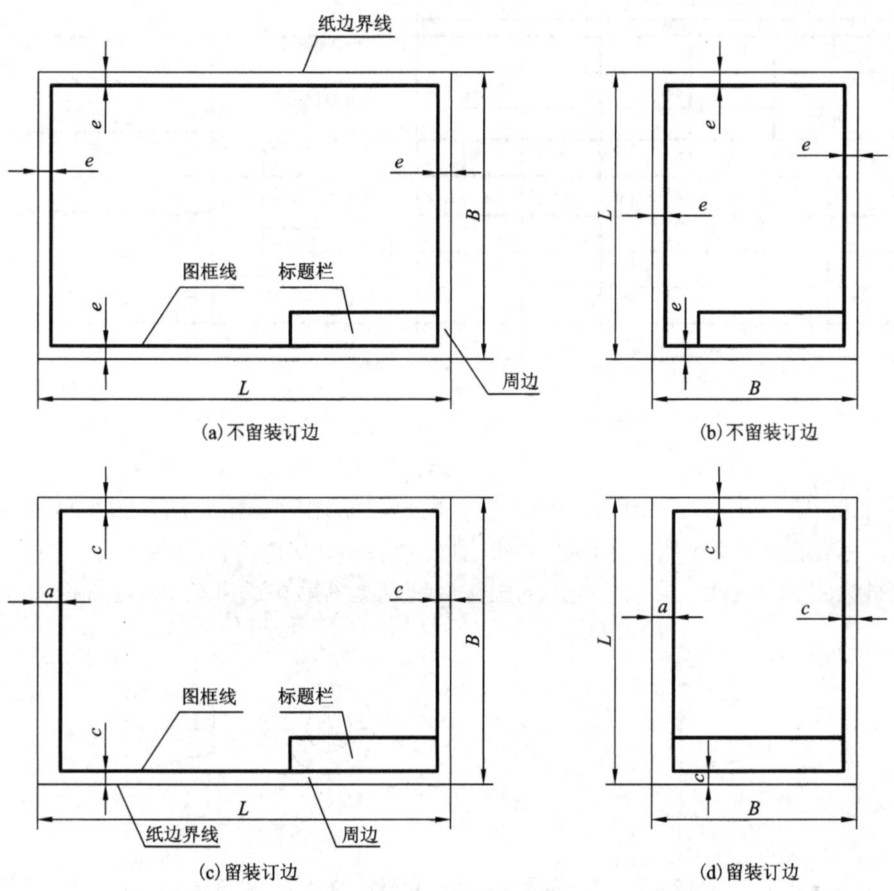

图 2－4　图纸幅面和格式

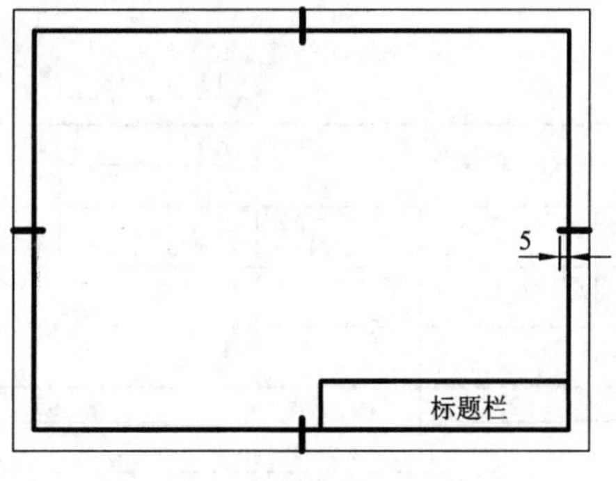

图 2－5　图幅的对中符号

GB/T 10609.1—2008 对标题栏的内容、格式与尺寸做出了规定，如图 2－6 所示。标题栏的线型应按 GB/T 17450 中规定的粗实线和细实线的要求绘制。

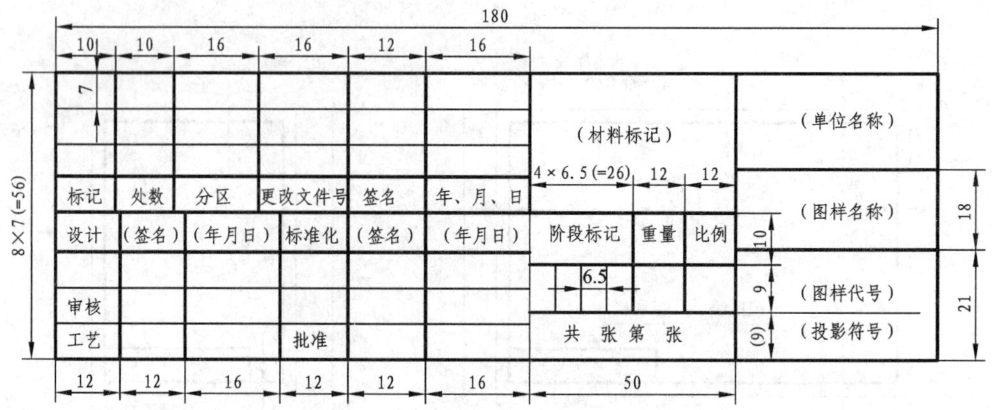

图 2－6 标题栏格式、尺寸和内容

国际标准中规定，可以采用第一角画法，也可以采用第三角画法。为了区别两种投影法，规定在标题栏中专设的格内用规定的识别符号表示，如图 2－7 所示。采用第一角画法时，可省略标注。第一角、第三角投影的画法区别见本书第 6 章第三角画法简介。

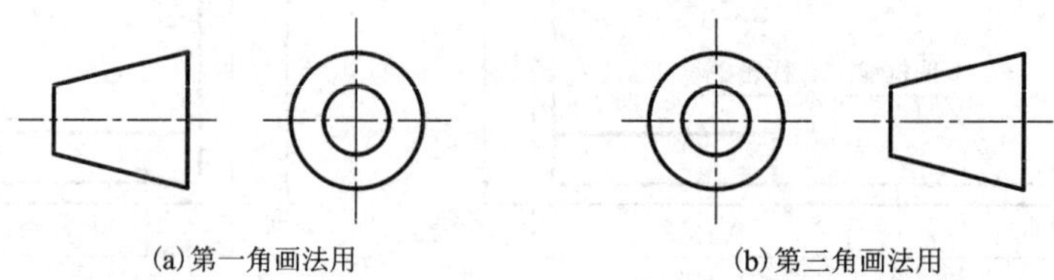

(a)第一角画法用　　(b)第三角画法用

图 2－7 第一角画法和第三角画法的投影识别符号

学生练习时，可采用如图 2－8 所示的标题栏格式。标题栏的外框用粗实线、内格用细实线绘制，签字用 5 号字。

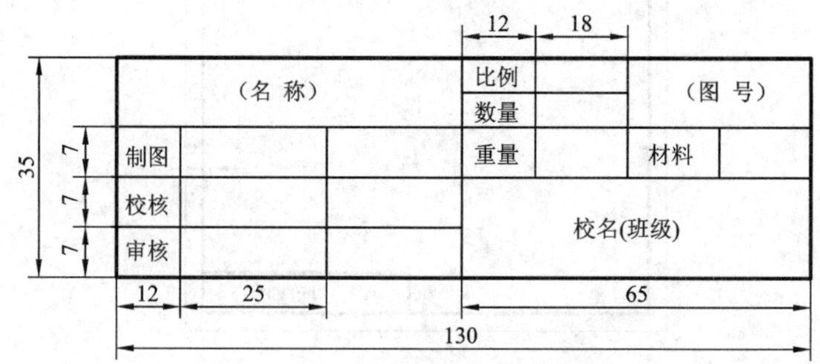

图 2－8 标题栏格式(制图作业中使用)

2.2.3　明细栏（摘自 GB/T 10609.2—2009）

装配图中应绘制明细栏，明细栏一般配置在标题栏的上方，按由下而上的顺序填写。其格式、尺寸和内容如图 2－9 所示。

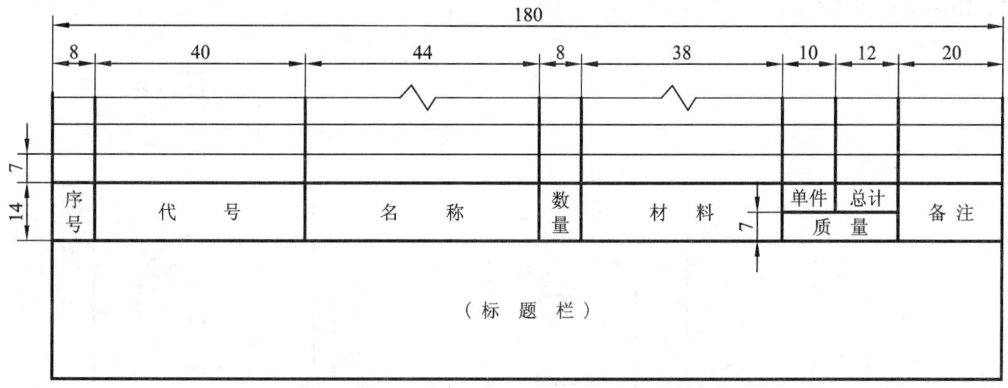

图 2－9　明细栏的格式、尺寸和内容

格数应根据需要而定。当由下而上延伸的位置不够时，可紧靠标题栏的左边自下而上延续。当装配图中不能在标题栏的上方配置明细栏时，可作为装配图的续页按 A4 幅面单独绘出。

2.2.4　比例（摘自 GB/T 14690—93）

1. 比例的概念和种类

图样的比例是图中图形与其实物相应要素的线性尺寸之比。

比值为 1 的比例称为原值比例，比值大于 1 的比例称为放大比例，比值小于 1 的比例称为缩小比例。比例符号应以“:”表示。比例的表示方法如 1:1，1:2，2:1 等。

2. 比例系数

按比例绘制图样时，应由表 2－3 规定的系列中选取适当的比例；必要时，允许选用表 2－3 中带括号的比例。比例一般应标注在标题栏中的比例栏内。必要时，可在视图名称的下方或右侧标注比例，如：

表 2－3　绘图比例

种类	比例				
原值比例	1:1				
放大比例	2:1 (4:1)	5:1 (2.5×10^n:1)	1×10^n:1 4×10^n:1	2×10^n:1 2.5:1	5×10^n:1
缩小比例	1:2 (1:1.5) (1:1.5×10^n)	1:5 (1:2.5) (1:2.5×10^n)	1:1×10^n (1:3) (1:3×10^n)	1:2×10^n (1:4) (1:4×10^n)	1:5×10^n (1:6) (1:6×10^n)

注：n 为正整数。

$$\frac{I}{2:1} \quad \frac{A}{1:100} \quad \frac{B-B}{2.5:1} \quad \frac{\text{墙板位置图}}{1:200} \quad \text{平面图 } 1:100$$

为了方便读图，建议尽可能按物体的实际大小用 1∶1 的比例画图，如物体太大或太小，则采用缩小或放大比例画图。不论采用何种比例，图样中标注的尺寸数值必须是物体的实际尺寸，如图 2－10 所示。

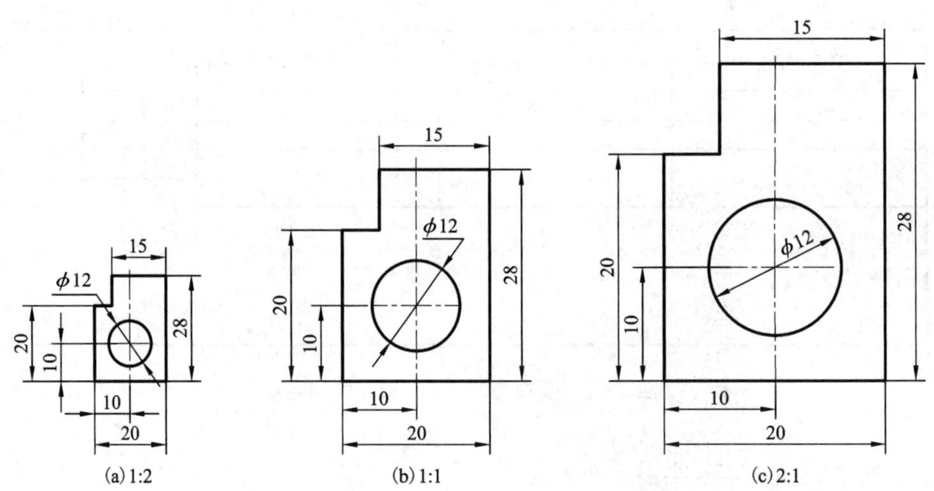

图 2－10　图形比例与尺寸数值的标注

3. 比例国外标准简介

ISO、美国、俄罗斯、日本在制图标准中规定的比例种类见表 2－4。

表 2－4　比例种类

制图标准	ISO 5455—1995	美国标准	俄罗斯 ГОСТ 2.302—68	日本 JIS B0001—2010
比例种类	原大 1∶1。 缩小比例有：1∶2，1∶5，1∶10，1∶20，1∶50，1∶100，1∶200，1∶500，1∶1000，1∶2000，1∶5000，1∶10000。 放大比例有：2∶1，5∶1，10∶1，20∶1，50∶1。 允许沿放大或缩小比例向两个方面延伸	原大 1＝1。 缩小比例有：$\frac{1}{2}=1$，$\frac{1}{4}=1$，$\frac{1}{8}=1$ 等。 放大比例有：2＝1，4＝1 等	原大 1∶1。 缩小比例有：1∶2，1∶2.5，1∶4，1∶5，1∶10，1∶15，1∶20，1∶25，1∶40，1∶50 等。 放大比例有：2∶1，2.5∶1，4∶1，5∶1，10∶1 等	原大 1∶1。 第一系列缩小比例有：1∶2，1∶5，1∶10，1∶20，1∶50，1∶100，1∶200 等。 第二系列缩小比例有：1∶$\sqrt{2}$，1∶2.5，1∶2$\sqrt{2}$，1∶3，1∶4，1∶5$\sqrt{2}$，1∶25，1∶250。 第一系列放大比例有：2∶1，5∶1，10∶1，20∶1，50∶1。 第二系列放大比例有：$\sqrt{2}$∶1，2.5$\sqrt{2}$∶1，100∶1

2.2.5　字体(摘自 GB/T 14691—93)

1. 基本要求

图样中书写字体必须做到：字体工整、笔画清楚、间隔均匀、排列整齐。汉字应写成长仿宋体字，并采用国家正式推行的《汉字简化方案》中规定的简化字。

字体的高度(用 h 表示)的公称尺寸系列为：1.8 mm，2.5 mm，3.5 mm，5 mm，7 mm，10 mm，14 mm，20 mm。汉字的高度 h 不应小于 3.5 mm，其字宽一般为 $h/\sqrt{2}$。

字母和数字分 A 型和 B 型。A 型字体的笔画宽度为字高的 1/14，B 型字体的笔画宽度为字高的 1/10，在同一图样上，只允许选用一种形式的字体，字母和数字可写成斜体和直体，斜体字字头向右倾斜，与水平基准线成 75°角。

用作指数、分数、极限偏差、注脚等的数字和字母，一般应采用小一号的字体。

2. 字体示例

(1)汉字长仿宋体示例。

10 号字：

字体工整笔画清楚间隔均匀排列整齐

7 号字：

横平竖直注意起落结构均匀填满方格

5 号字：

技术制图机械电子汽车航空船舶土木建筑矿山井坑港口纺织服装

3.5 号字：

螺纹齿轮端子接线飞行指导驾驶舱位挖填施工引水通风闸阀坝棉麻化纤

(2)A 型斜体拉丁字母示例。

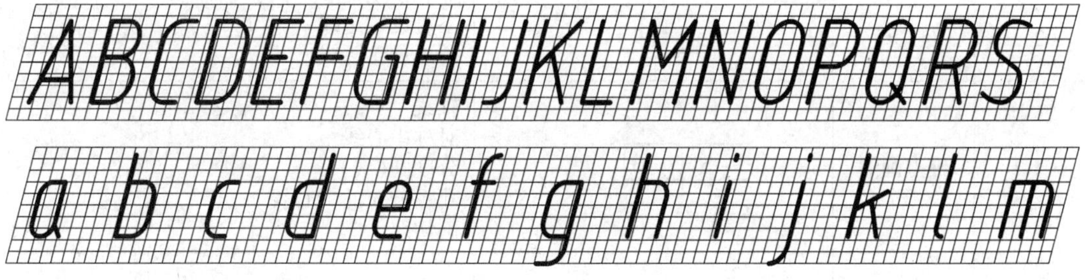

(3)A 型斜体数字示例。

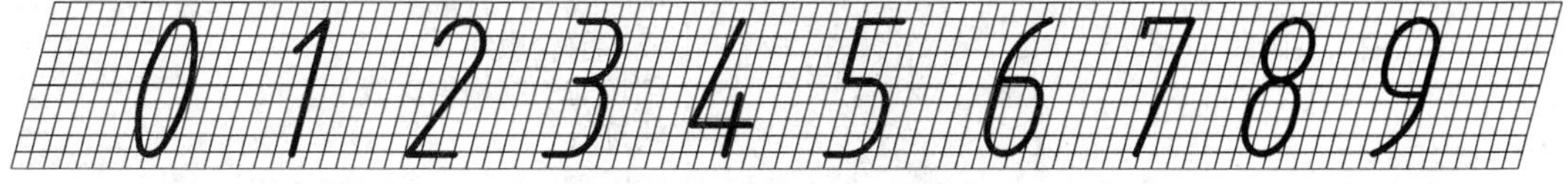

2.2.6　图线(摘自 GB/T 17450—1998、GB/T 4457.4—2002)

图样中的图线是由多种图线组成的。

图线是由线素构成的，线素是不连续的独立部分，如点、长度不同的画和间隔。由一个或一个以上的不同线素组成一段连续的或不连续的图线称为线段。

1. 线型

国家标准规定了各种图线的名称、尺寸(宽度、构成)、画法。国家标准规定图线的基本线型为15种。常用图线的线型及用途见表2-5。

表2-5 机械图样线型代码、名称及应用

代码 No.	名 称	线 型	一 般 应 用
01.2	粗实线		可见棱边线 可见轮廓线 相贯线 螺纹牙顶线和螺纹长度终止线 齿顶圆(线) 剖切符号用线 ……
01.1	细实线		过渡线 尺寸线、尺寸界线 指引线和基准线 剖面线 重合断面的轮廓线 短中心线 螺纹牙底线 表示平面的对角线 范围线及分界线 重要要素的表示线如齿轮的齿根线 ……
	波浪线		断裂处边界线；视图与剖视图的分界线[a]
	双折线		断裂处边界线；视图与剖视图的分界线[a]
02.1	细虚线	3~6 1	不可见棱边线 不可见轮廓线
04.1	细点画线	2~3 15~20	轴线 对称中心线 分度圆(线) 孔系分布的中心线 剖切线
05.1	细双点画线		相邻辅助零件的轮廓线 可动零件的极限位置的轮廓线 中断线 成形前轮廓线 剖切前的结构轮廓线 轨迹线 ……

注：a 在一张图样上一般采用一种线型，即采用波浪线或双折线。

2. 图线的宽度

国家标准规定了 9 种图线宽度，所有线型的宽度(d)应按图样的类型和尺寸大小在下列系列中选择：0. 13 mm，0. 18 mm，0. 25 mm，0. 35 mm，0. 5 mm，0. 7 mm，1 mm，1. 4 mm，2 mm。图线的宽度分粗线、中粗线、细线三种。建筑制图上可采用三种线宽，其比率为 4∶2∶1；机械图样上采用两种线宽，其比率为 2∶1。

3. 画图线时的规定

(1) 同一图样中，同类型的图线宽度应一致，虚线、点画线及双点画线各自的画长和间隔应尽量一致。

(2) 两条平行线之间的最小间隙一般不得小于 0. 7 mm。

(3) 虚线、点画线、双点画线与其他线相交或自身相交时，均应交于长画处，如图 2－11 所示。

(4) 点画线、双点画线的首尾应为长画，不应画成点，且应超出轮廓线 3～5 mm。如图 2－11(e) 所示。

(5) 在较小的图形上绘制点画线或双点画线有困难时，可用细实线代替。

(6) 当各种线型重合时，应按粗实线、虚线、点画线的优先顺序画出。

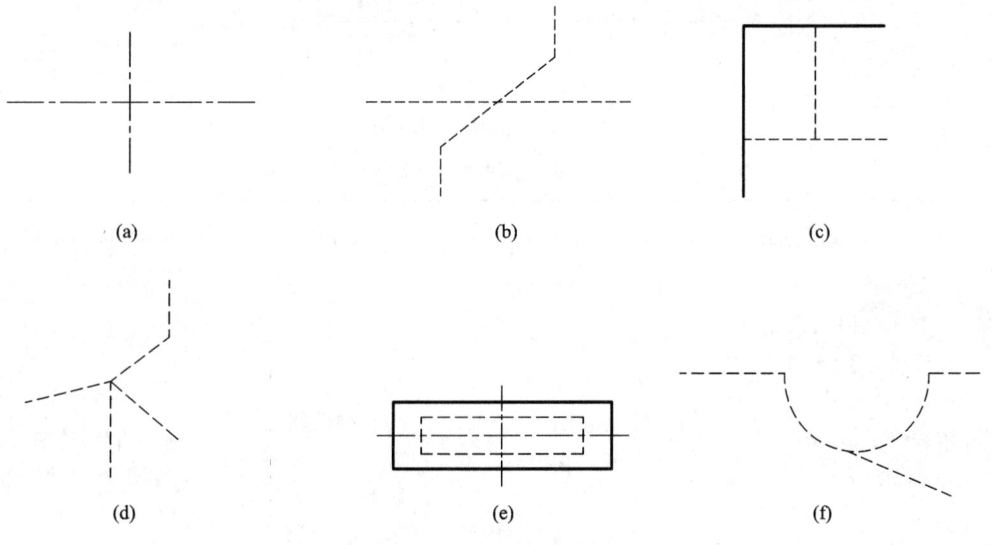

图 2－11　图线应相交于画线处

4. 图线应用示例

各种线型在机械制图中的应用如图 2－12 所示。

5. 图线国外标准简介

ISO、美国、俄罗斯、日本在制图标准中规定的图线种类及图线宽度见表 2－6。

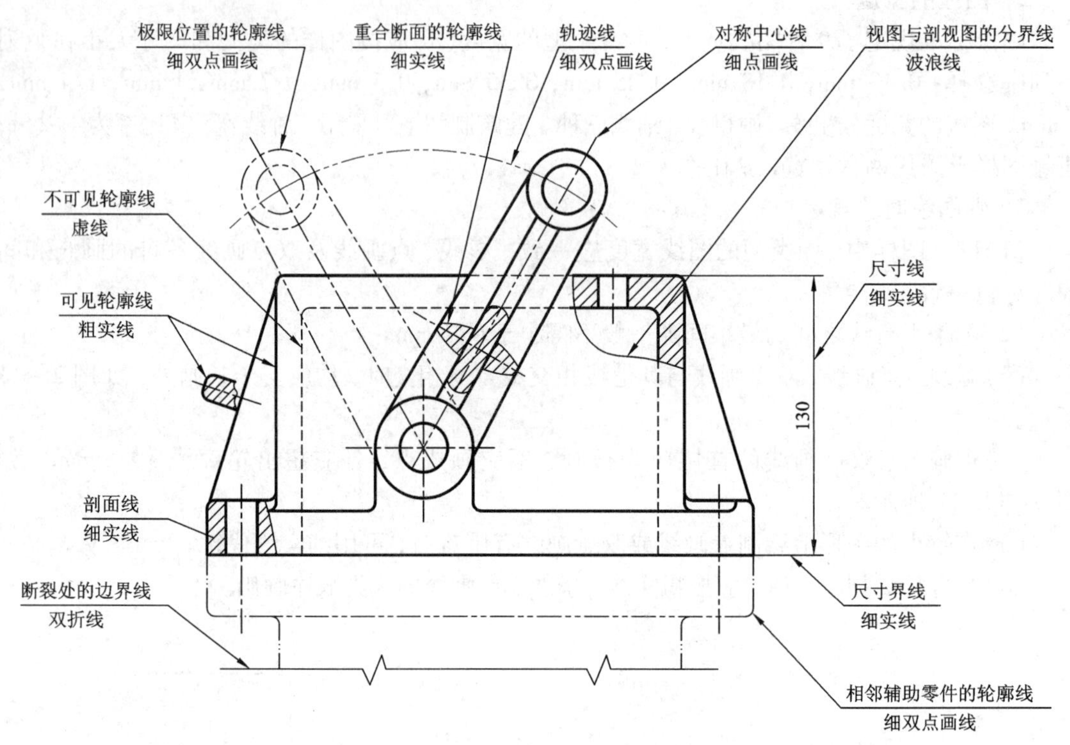

图 2-12　图线应用示例

表 2-6　图线种类及宽度　　**mm**

制图标准	ISO 128-20：2002	美国 ANSI Y14.2M—2008	俄罗斯 ГОСТ 2.302—68	日本 JIS B0001—2010
图线种类	有 10 种图线，名称及代号分别为：粗实线(A)，细实线(B)，波浪线(C)，双折线(D)，粗虚线(E)，细虚线(F)，细点画线(G)，在两端和转折处变粗的细点画线(H)，粗点画线(J)，双点画线(K)	有 7 种图线：粗实线，细实线，虚线，点画线，双点画线，波浪线，双折线。 可用双点画线，虚线表示剖切平面迹线	有 9 种图线，与 ISO 比较，虚线只有一种。剖切平面迹线的形式较简单，为两段粗线	有 9 种图线，除虚线只有一种细的，粗线增加一种极粗实线外，其他与 ISO 相同
图线宽度	粗线与细线的线宽之比不大于 2∶1。 线宽尺寸系列：0.18，0.25，0.35，0.5，0.7，1，1.4，2	粗实线宽度约为 0.7，细线宽度约为 0.35	粗线的宽度为 S，S = 0.6 ~ 1.5。中粗线为 $S/2$ ~ $2S/3$。细线为 $S/3$ ~ $S/2$。加粗线为(1 ~1.5)S	线宽有 0.18，0.25，0.35，0.5，0.7，1 等。细线、粗线、极粗线的比例关系为 1∶2∶4

2.2.7　尺寸标注(摘自 GB/T 19096—2003、GB/T 4458.4—2003)

1. 基本原则

(1)物体的实际大小应以图样上所注的尺寸数值为依据，而与图形的比例及绘图的准确度无关。

(2)图样中(包括技术要求和其他说明)的尺寸，以毫米(mm)为单位时，不需要标注单位的符号或名称，如采用其他单位时，则必须注明相应的单位符号。

(3)图样中所标注的尺寸，为该图样所示物体的最后完工尺寸，否则应另加说明。

(4)机件的每一尺寸，一般只标注一次，并应标注在反映该结构最清晰的视图上。

2. 尺寸的组成和基本注法

一个完整的尺寸，由尺寸界线、尺寸线、尺寸线终端(箭头或斜线)以及尺寸数字组成，如图 2 - 13 所示。尺寸线终端的画法如图 2 - 14 所示，机械图样一般采用箭头作为尺寸线终端，其画法如图 2 - 14(a)所示；建筑图上的线性尺寸一般采用斜线作为尺寸线终端，其画法如图 2 - 14(b)所示。

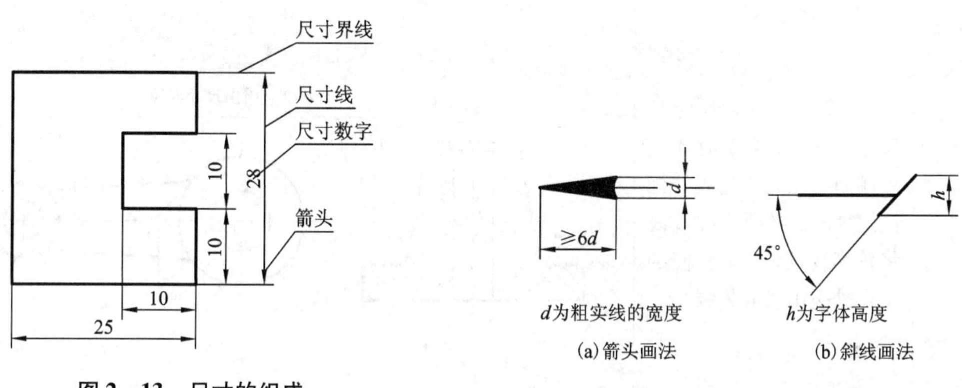

图 2 - 13　尺寸的组成

图 2 - 14　尺寸线终端的画法

尺寸标注的基本规定见表 2 - 7。

尺寸的简化注法按 GB/T 16675.2—2012 标注。

3. 标注尺寸的符号及缩写词

GB/T 4458.4—2003 规定标注尺寸时的符号及缩写词见表 2 - 8。

表 2－7　尺寸标注的基本规定

<table>
<tr><th>项目</th><th>说　明</th><th>图　　例</th></tr>
<tr><td rowspan="3">尺寸界线</td><td>1. 尺寸界线用细实线绘制，并应由图形的轮廓线、轴线或对称中心线引出
2. 也可利用轮廓线、轴线或对称中心线作尺寸界线</td><td>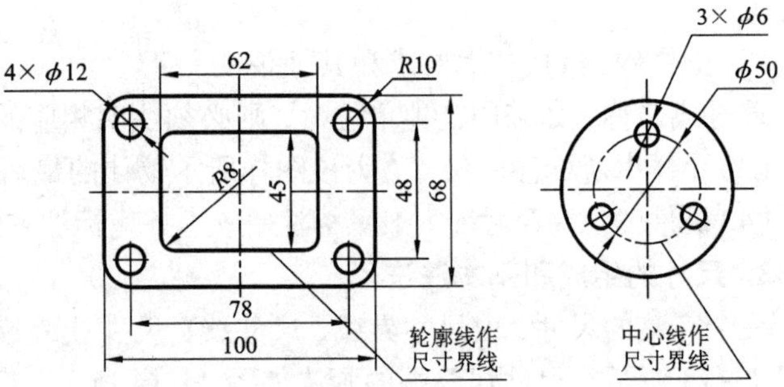</td></tr>
<tr><td>3. 尺寸界线一般应与尺寸线垂直，必要时才允许倾斜。在光滑过渡处标注尺寸时，必须用细实线将轮廓线延长，从它们的交点处引出尺寸界线</td><td>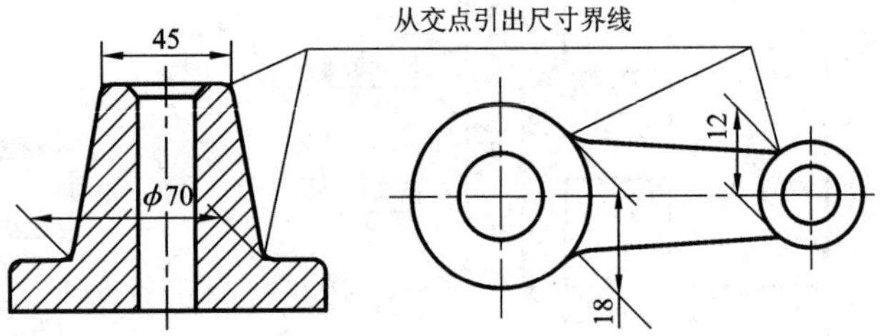</td></tr>
<tr><td>4. 标注角度的尺寸界线，应沿径向引出。弦长及弧长的尺寸界线，应平行于该弦的垂直平分线和弧所对圆心角的角平分线。当弧度较大时，可沿径向引出；标注弧长时，应在尺寸数字左方加注符号“⌒”</td><td>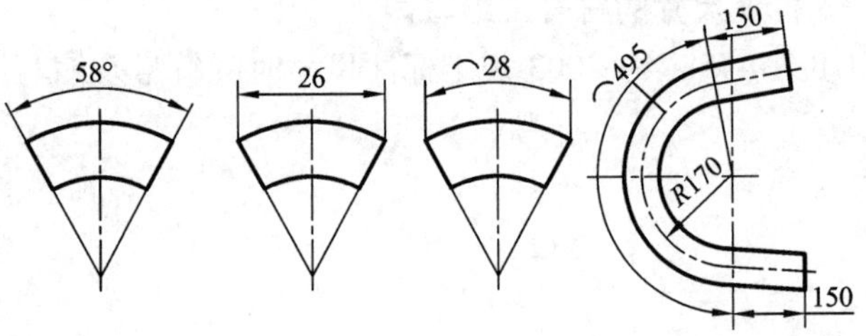</td></tr>
</table>

续表 2-7

项目	说　　明	图　　　　例
尺寸线	1. 尺寸线用细实线绘制，尺寸线不能用其他图线代替，一般也不得与其他图线重合或画在其延长线上 2. 标注线性尺寸时，尺寸线必须与所标注的线段平行，并遵循小尺寸在内、大尺寸在外的原则	尺寸线不能注在中心线上 小尺寸应注在大尺寸左侧 尺寸线不能注在轮廓线的延长线上 正确　　错误
尺寸数字	线性尺寸的数字一般应填写在尺寸线的上方，也允许注写在尺寸线的中断处	
	线性尺寸的数字应按图(a)中的方向填写，并尽量避免在图示 30°范围内标注尺寸。当无法避免时，可按图(b)标注 非水平方向的尺寸数字允许水平地注写在尺寸线的中断处[图(c)、图(d)]。但在一张图样中，应尽可能采用同一种形式	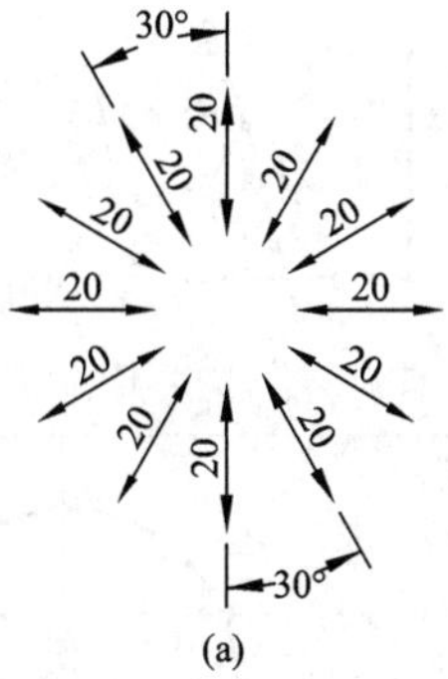 (a) 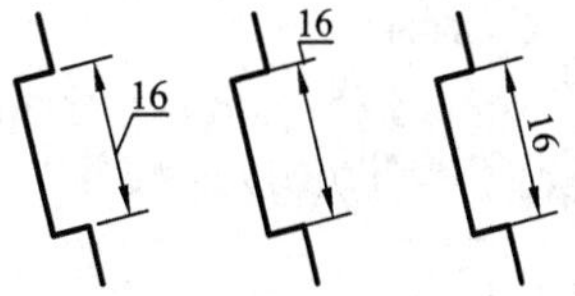　(b) 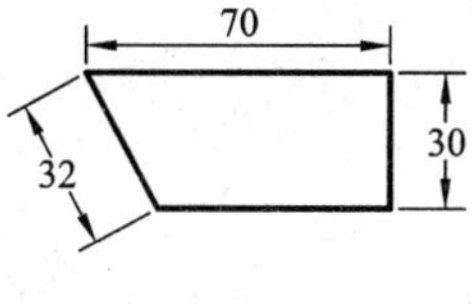 (c) 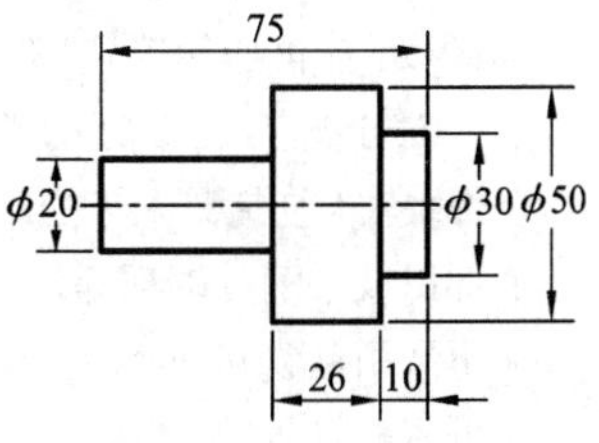　(d)

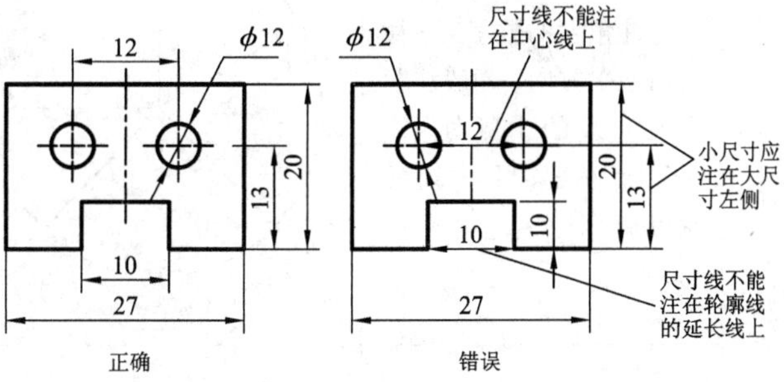

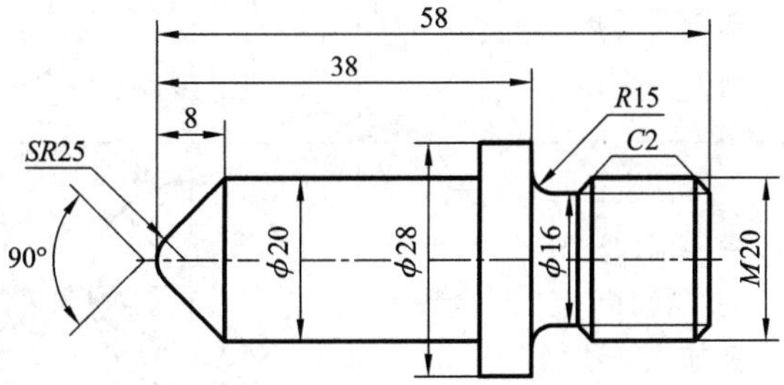

续表 2-7

项目	说　明	图　例
尺寸数字	标注角度的数字，一律写成水平方向，一般注写在尺寸线的中断处[图(a)]。必要时，也可按图(b)的形式标注	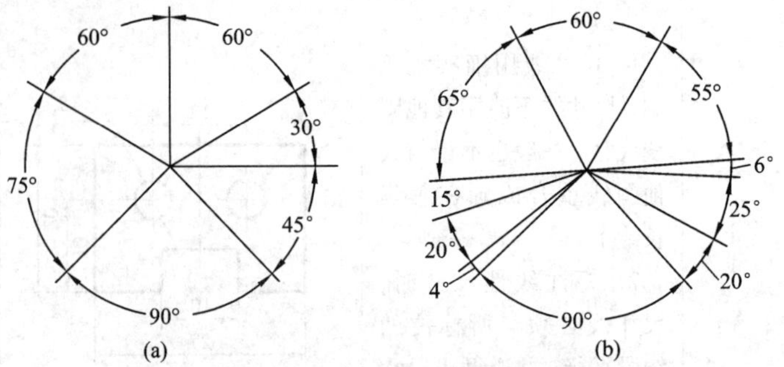 (a) (b)
	尺寸数字不可被任何图线所通过，否则必须将该图线断开	轮廓线断开　剖面线断开
直径与半径尺寸注法	标注直径时，应在尺寸数字前加注符号“ϕ”；标注半径时，应在尺寸数字前加注符号“*R*” 圆弧半径过大或图纸范围内无法标出其圆心位置时，可按图(a)标注。若不需要标出其圆心位置时，则可按图(b)标注 直径、半径的尺寸线的终端应画成箭头	尺寸线应指向圆心 (a) (b)
	标注球面的直径或半径尺寸时，应在符号“ϕ”或“*R*”前再加注符号“*S*” 对于螺钉、铆钉的头部，轴(包括螺杆)的端部以及手柄的端部等，在不致引起误解的情况下，可省略符号“*S*”	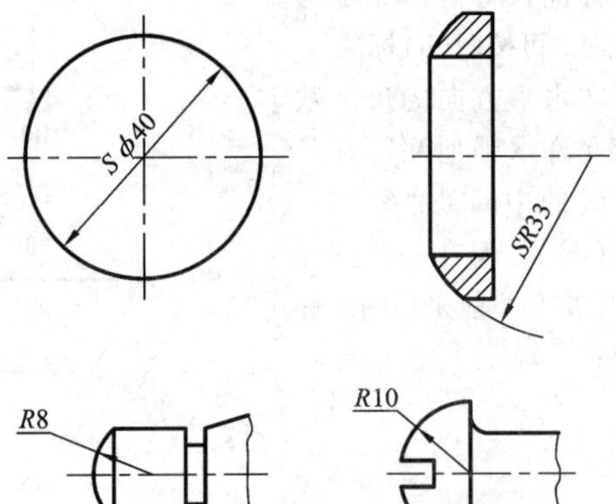

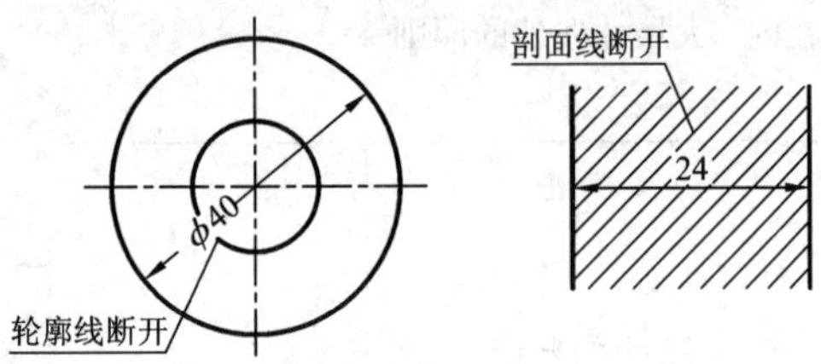

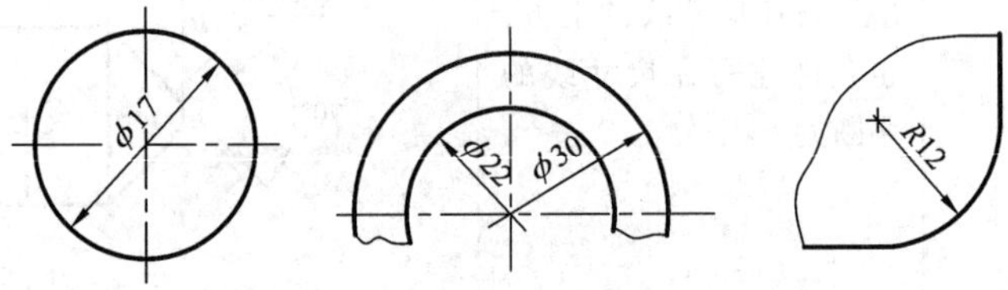

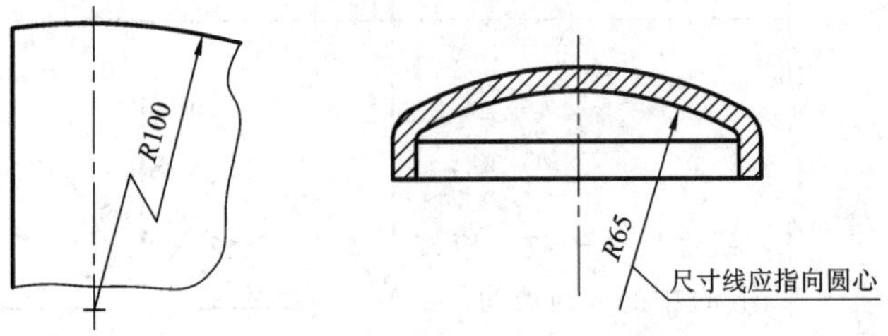

续表 2－7

项目	说　明	图　例
小尺寸的注法	在没有足够的位置画箭头或写数字时，可按右图形式标注	3 2 3　5　4　3　2　3 2 3　4　3 R6　R6　R6　R4　R4　R2 φ10　φ10　φ10　φ5　φ5　φ5
薄板件厚度尺寸注法	标注板状零件的厚度时，可在尺寸数字前加注符号“t”，其标注方法如右图所示	t3
对称结构的尺寸注法	当图形具有对称中心线时，分布在对称中心线两边的相同结构，可仅标注其中一边的结构尺寸，如右图中的 R64、12、R9、R5 等	60　40　20　40　112　R64　R20　R10　12　R9　R9　R5　R3　24　16　6　65　120

表 2－8　标注尺寸的符号及缩写词(GB/T 4458.4—2003)

序号	符号及缩写词		
	含义	现行	曾用
1	直径	ϕ	(未变)
2	半径	R	(未变)
3	球直径	$S\phi$	球 ϕ
4	球半径	SR	球 R
5	厚度	t	厚, δ
6	均布	EQS	均布
7	45°倒角	C	$l \times 45°$
8	正方形	□	(未变)
9	深度	↧	深
10	沉孔或锪平	⌴	沉孔、锪平
11	埋头孔	⌵	沉孔
12	弧长	⌒	(仅变注法)
13	斜度	⌳	(未变)
14	锥度	⌲	(仅变注法)
15	型材截面形状	新：GB/T 4656—2008 旧：GB 4656—84	

2.3　尺规制图工具及其使用

尺规制图是指以铅笔、丁字尺、三角板、圆规等主要工具，以手工绘制图样。

2.3.1　铅笔

常用的铅笔有：

B 或 2B——描黑粗实线用。

HB 或 H——描黑细实线、点画线、双点画线、虚线、写字用。

2H——画底稿用。

用于画粗实线的铅笔和铅芯应磨成矩形截面，其余的磨成圆锥形，如图 2－15 所示。

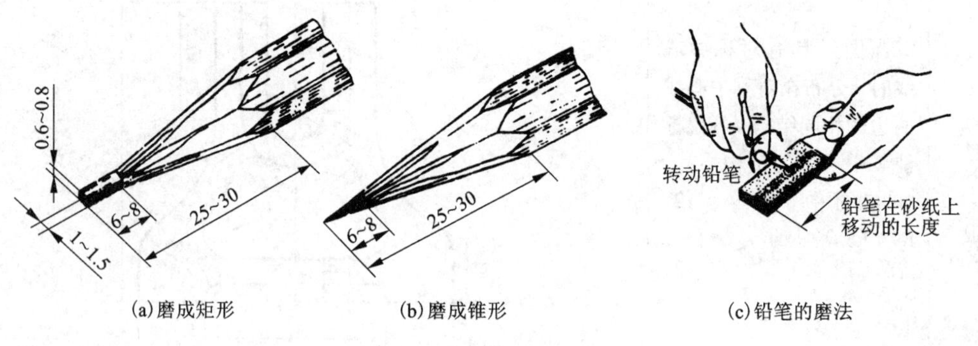

图 2－15　铅笔的削法

2.3.2　图板与丁字尺

绘图时图板用作垫板，丁字尺用来画水平线。使用时，丁字尺头部紧靠图板左边，然后沿丁字尺尺身的上边画水平线，如图 2－16 所示。

2.3.3　三角板

三角板分 45°和 30°/60°两块，可配合丁字尺画垂直线及 15°倍角的斜线，或用两块三角板配合画任意角度的平行线。用三角板画垂直线时，手法如图 2－17 所示。15°倍角斜线或任意角度平行线的画法如图 2－18 所示。

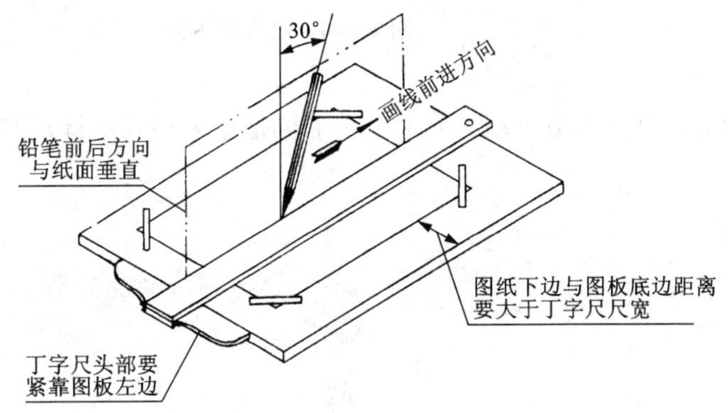

图 2－16　画水平线的方法

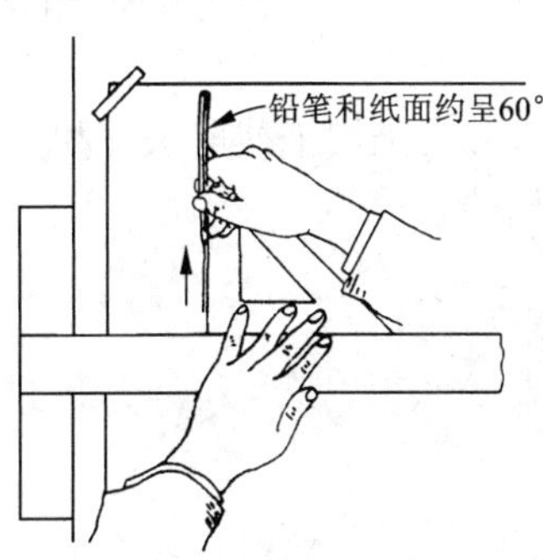

图 2－17　画垂线的方法

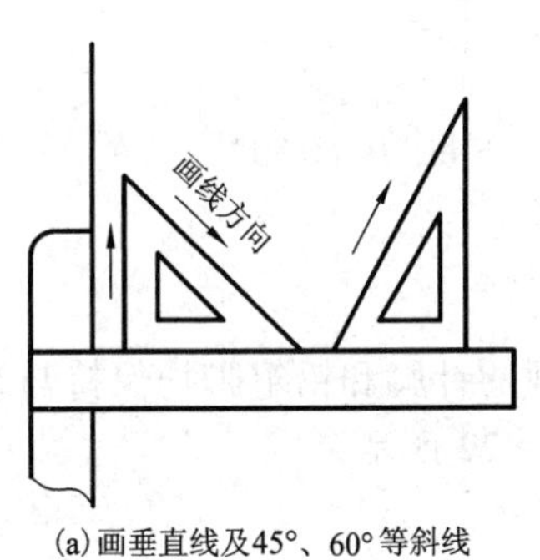

(a) 画垂直线及45°、60°等斜线

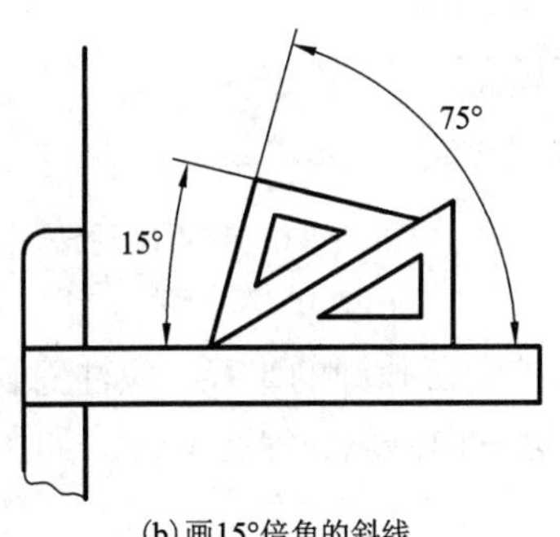

(b) 画15°倍角的斜线

(c) 用三角板画任意角度平行线

图 2－18　三角板的使用

2.3.4　圆规及其附件

圆规用来画圆，在描黑粗实线圆时，铅芯应用 2B 或 B 并磨成矩形；画细线圆时，用 H 或 HB 的铅芯并磨成铲形，如图 2－19 所示。圆规及常用附件如图 2－20 所示。

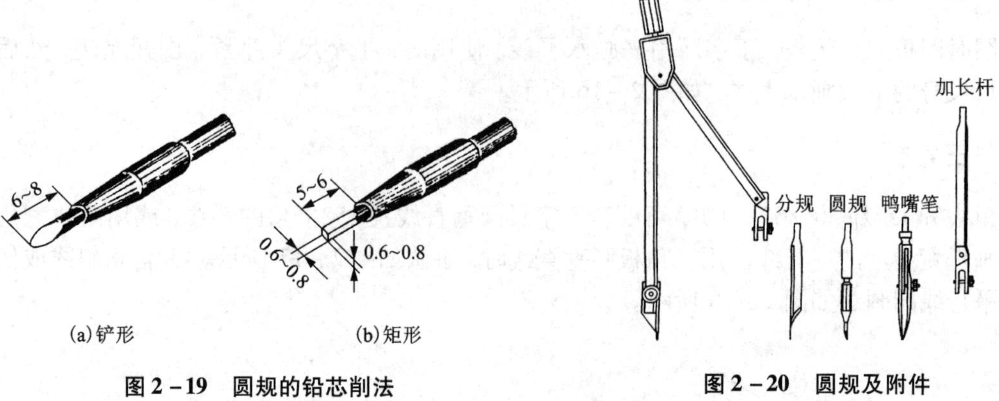

图2-19　圆规的铅芯削法　　**图2-20　圆规及附件**

分规是用来截取尺寸和等分线段的，用法如图2-21所示。鸭嘴笔是用来加入墨汁后描图用的。

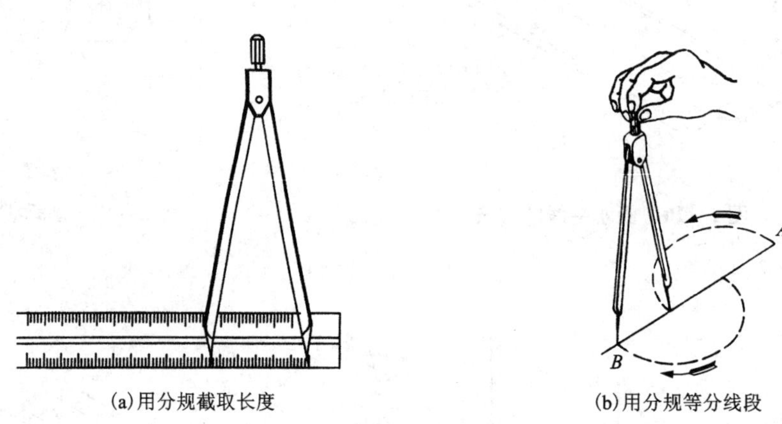

(a)用分规截取长度　　(b)用分规等分线段

图2-21　分规的用法

画大圆时，可用加长杆来扩大所画圆的半径，应注意圆规的针脚和铅笔脚均保持与纸面垂直，用力均匀，圆规稍向前进方向倾斜，匀速前进。如图2-22所示。

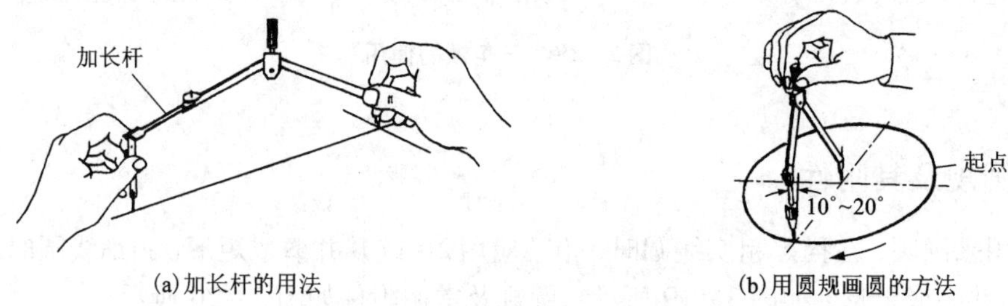

(a)加长杆的用法　　(b)用圆规画圆的方法

图2-22　圆规及加长杆的使用

2.3.5　其他工具

除了上述工具外，在绘图时，还需准备削笔刀、橡皮、固定图纸用的透明胶带纸，擦图片（擦图时用它遮住不需要擦去的部分），磨铅笔用的砂纸等，如图 2－23 所示。

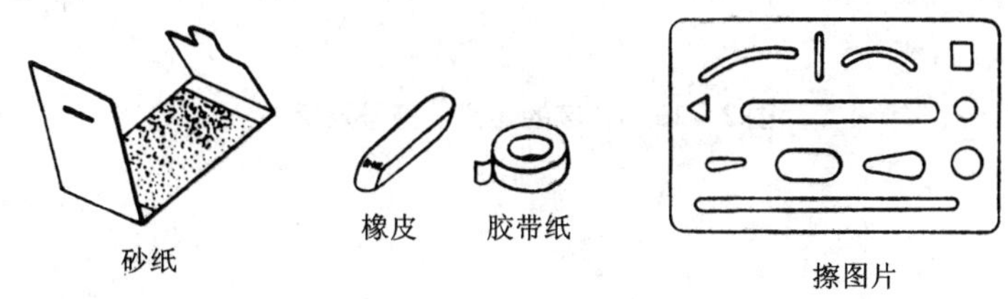

图 2－23　其他绘图工具

2.4　几何作图

2.4.1　锥度和斜度

1. 锥度

圆锥的底圆直径 D 与其高度 L 之比称为锥度，图样中以 1∶n 的形式标注[图 2－24(a)]。锥度的作法如图 2－24(b)所示。由点 A 在水平线上取 4 个单位长度得点 B，作 $AC \perp AB$，并取 $AC = AC_1 = 1/2(0.5)$个单位长度，分别连接 BC、BC_1，即得锥度 1∶4 的直线。

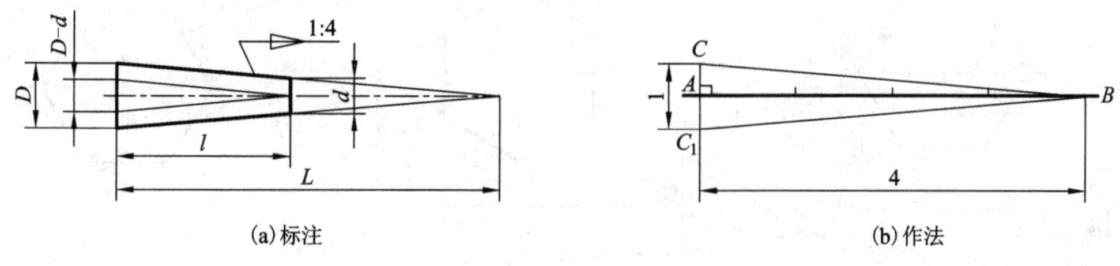

图 2－24　锥度的标注及作法

2. 斜度

斜度是指一直线对另一直线，或一平面对另一平面的倾斜程度。其大小用它们之间夹角的正切值表示，如图 2－25(a)所示，即斜度 $\tan\alpha = \frac{H}{L}$。在图样中，习惯以 1∶n 的形式标注，在前面加注符号“∠”，如图 2－25(b)所示。斜度符号的画法如图 2－25(c)所示，符号的斜线方向与斜度方向一致。

斜度的作法如图 2－26 所示，由点 A 在水平线上取 5 单位长度得点 B，作 $AC \perp AB$，并取 AC 为 1 个单位长度，连接 BC 即得斜度为 1∶5 的直线。

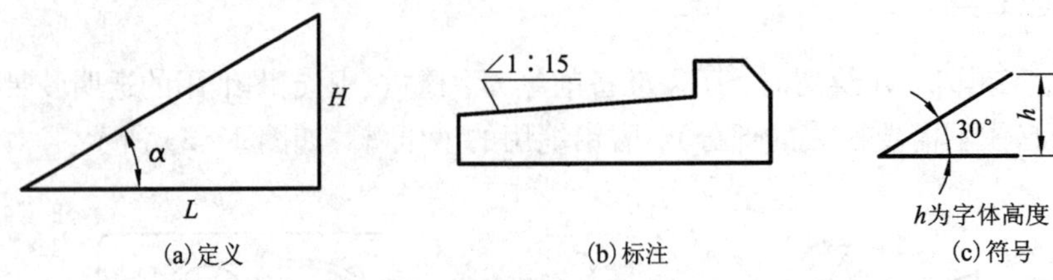

(a)定义　　(b)标注　　(c)符号

图 2-25　斜度的定义、符号及标注

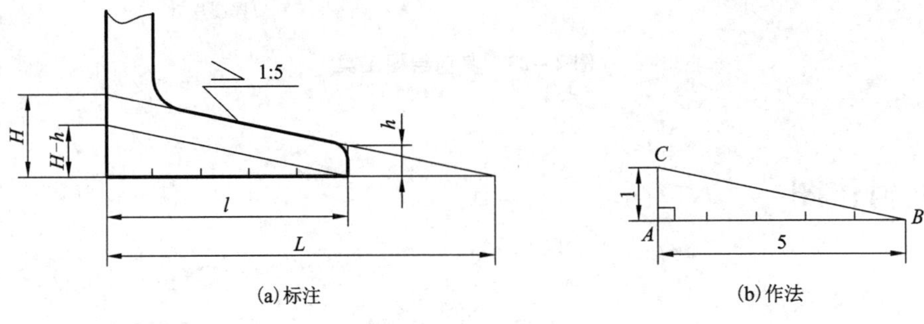

(a)标注　　(b)作法

图 2-26　斜度的作法

2.4.2　圆内接正多边形

圆内接正六边形和圆内接正五边形的作图方法如图 2-27 和图 2-28 所示。

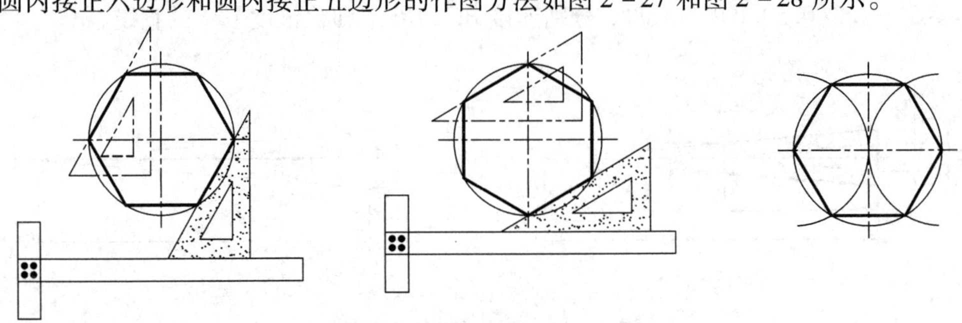

图 2-27　正六边形作法

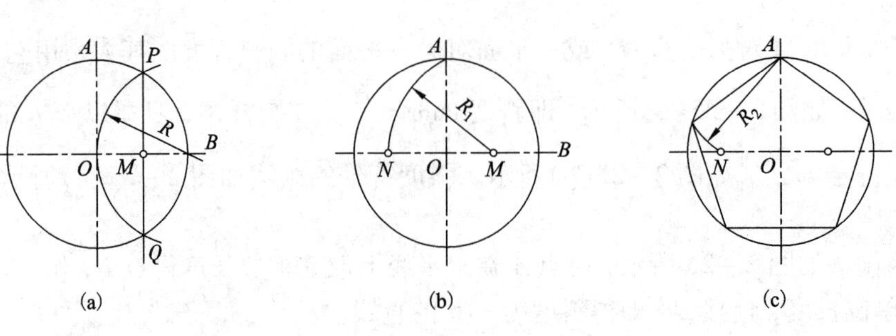

(a)　　(b)　　(c)

图 2-28　正五边形作法

正五边形作图方法：

(1)求 OB 中点 M：以 B 为圆心、$R=OB$ 为半径作弧与已知圆相交得 P、Q 两点，连接 PQ 与 OB 相交得点 M。

(2)求五边形边长 AN：以 M 为圆心、AM 为半径作弧与 OB 延长线交于点 N。

(3)求五边形其余四点：以 AN 为边长、A 为起点等分圆，并连接各等分点。

2.4.3　椭圆

这里介绍根据椭圆长、短轴画椭圆的两种方法(设椭圆长轴为 $2a$，短轴为 $2b$)。

(1)椭圆精确画法：以 O 为圆心，分别以 a、b 为半径作同心圆。过 O 作任意射线与两圆相交得 M、N。由点 M、N 分别作长、短轴的平行线，两线交点 K 为椭圆上一点。以同样方法求出椭圆上一系列点，用曲线板光滑连接即得椭圆(图 2－29)。

(2)椭圆近似画法：连接长短轴的端点 AC，并以 O 为圆心、OA 为半径作弧 $\overset{\frown}{AE}$；再以 C 为圆心、EC 为半径作弧，交 AC 于 F 点，作 AF 的中垂线，与两轴相交分别得点 1、2。取关于 O 的对称点 3、4，分别以 1、3 为圆心，以 $1A$ 为半径画圆弧，再以 2、4 为圆心，以 $2C$ 为半径画圆弧。用四段圆弧拼画成椭圆(图 2－30)。

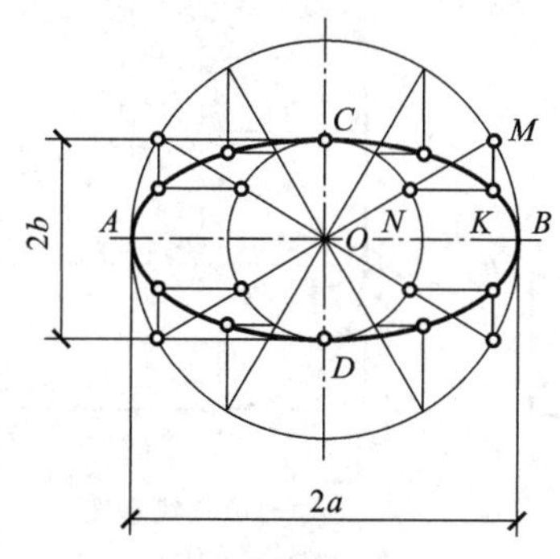

图 2－29　椭圆精确画法

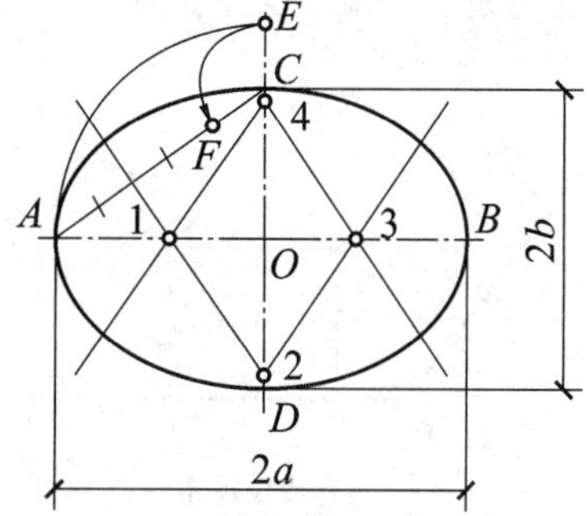

图 2－30　椭圆近似画法

2.4.4　圆弧连接

在绘制工程图样时，有时会遇到从一条直线(或圆弧)通过圆弧光滑过渡到另一直线(或圆弧)的情况，如图 2－31 所示，这种作图方法称圆弧连接。起连接作用的圆弧称为连接圆弧。连接圆弧与直线(或圆弧)的光滑过渡，其实质是直线(或圆弧)与圆弧相切，切点即为连接点。

要正确地完成圆弧连接，必须确定：①连接圆弧的半径；②连接圆弧的中心位置；③连接圆弧与已知线段的切点。

圆弧连接的作图举例。

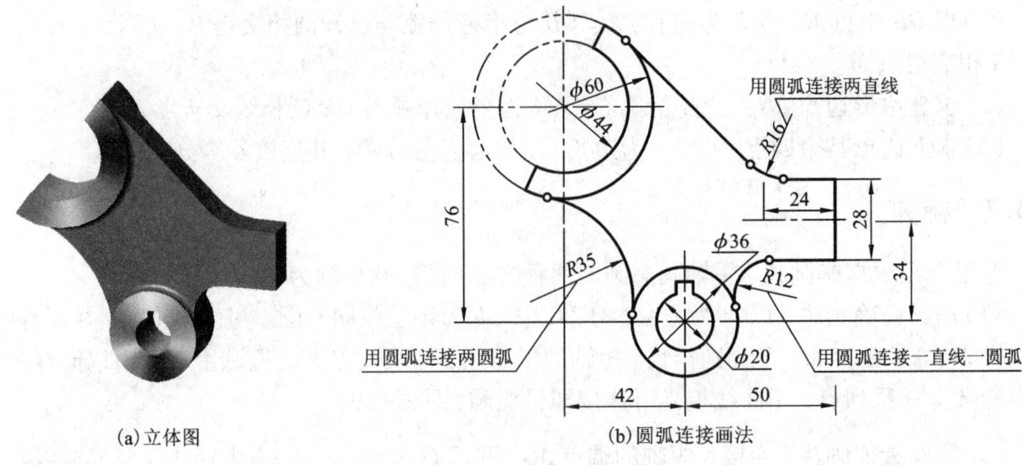

(a)立体图　　(b)圆弧连接画法

图 2－31　圆弧连接实例

例 2－1　用圆弧连接两已知直线。

已知：直线 AC、BC 及连接圆弧的半径 R(图 2－32)。

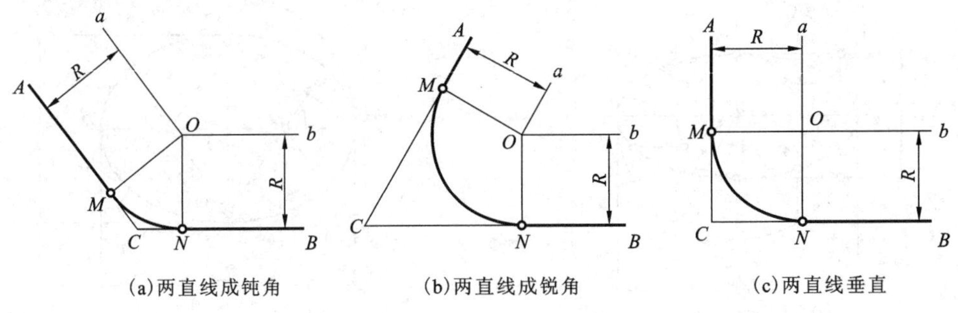

(a)两直线成钝角　　(b)两直线成锐角　　(c)两直线垂直

图 2－32　用圆弧连接已知两直线

作图：(1)根据上述原理，作两辅助直线分别与 AC 及 BC 平行，并使两平行线之间的距离都等于 R，两辅助直线的交点 O 就是所求连接圆弧的圆心。

(2)从点 O 向两已知直线作垂线，得到两个点 M、N，就是切点。

(3)以点 O 为圆心，OM 或 ON 为半径作弧，与 AC 及 BC 切于 M、N 两点，即完成连接。

例 2－2　用圆弧连接两已知圆弧(图 2－33)。

已知：两圆 O_1、O_2 的半径 R_1、R_2 及连接圆弧半径 $R_{内}$、$R_{外}$[图 2－33(a)]。

求作　圆 2－33(b)所示的连接图形。

作图　可分为两部分：

(1)以 $R_{外}$ 为半径作弧与两已知圆外切。

①以 O_1 为中心，$R_1+R_{外}$ 为半径画圆弧，与以 O_2 为中心、$R_2+R_{外}$ 为半径所作圆弧相交于点 O_3，O_3 即为连接圆弧的圆心。连 O_3O_1 及 O_3O_2 得切点 m_1、m_2[图 2－33(c)]。

②以 O_3 为中心，以 $R_{外}$ 为半径作圆弧$\overset{\frown}{m_1m_2}$光滑外切[图 2－33(d)]。

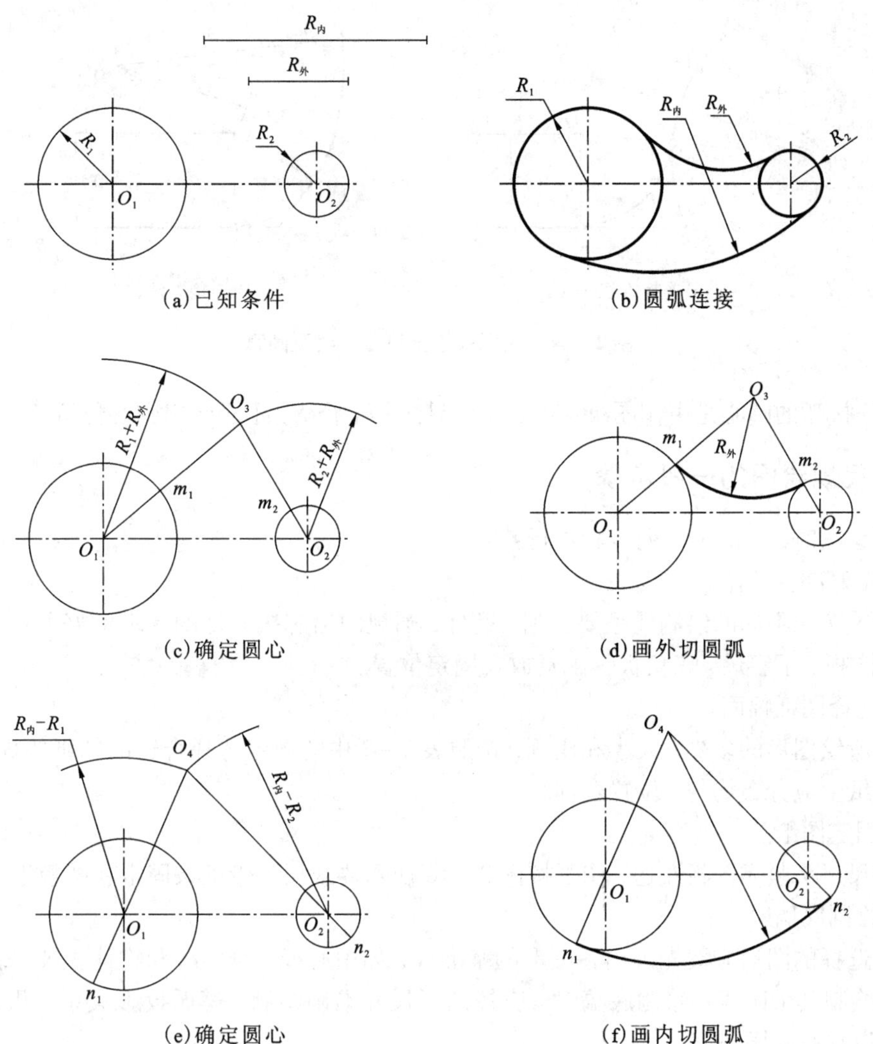

图 2－33　用圆弧连接两已知圆弧

(2)以 $R_{内}$ 为半径作弧与两已知圆内切。

①以 O_1 为中心、$R_{内}-R_1$ 为半径画圆弧，与以 O_2 为中心、$R_{内}-R_2$ 为半径所作圆弧相交于点 O_4，O_4 即为连接圆弧的圆心。连 O_4O_1 及 O_4O_2 得切点 n_1、n_2[图 2－33(e)]。

②以 O_4 为圆心，$R_{内}$ 为半径作圆弧$\overset{\frown}{n_1n_2}$光滑内切[图 2－33(f)]。

例 2－3　用圆弧连接已知直线及圆弧。

根据上述两个例子，可以很容易地得出用半径为 R 的圆弧连接直线 BC 及圆弧$\overset{\frown}{AC}$的作图方法(图 2－34)。请读者自行分析。

归纳圆弧连接的作图方法，可以得出以下两点：

(1)无论哪种形式的连接，连接弧的中心都是利用动点运动轨迹相交的概念确定的。例如距离直线等远的点的轨迹是平行的直线，与圆弧等距离的点的轨迹是同心圆弧等。

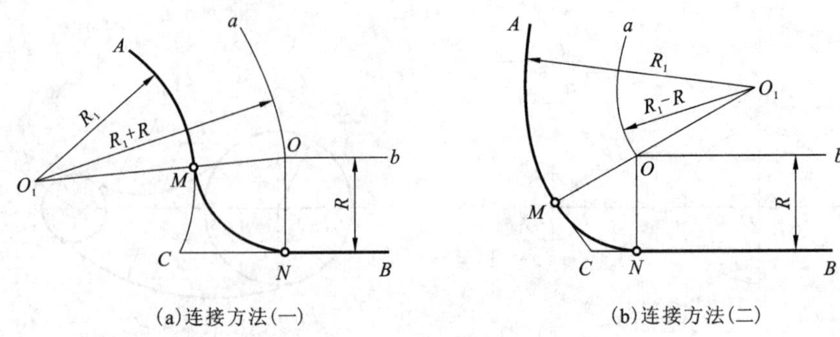

图 2-34 用圆弧连接已知直线及圆弧

(2)连接弧的圆心是由作图决定的，所以只注其半径 R，不必给出圆心位置。

2.4.5 尺规绘图的一般步骤

尺规绘图时，一般按下列步骤进行：

(1)做好准备工作。

将铅笔按照不同的绘制线型要求削、磨好；圆规的铅芯按同样的要求磨好并调整好两脚的长度；图板、丁字尺、三角板等工具放在固定位置。

(2)选择图纸幅面。

根据所绘图形的多少、大小和比例，按照表 2-2 中的规定选择合适的图纸幅面(注意各图形在图纸上应分布均匀，位置合理)。

(3)固定图纸。

丁字尺尺头紧靠图板左边，图纸按图 2-16 所示要求用胶带纸条固定在图板上。

(4)绘制底稿。

按所选择的图形方案先画出各图形的基准线，如中心线、对称线和物体主要平面的轮廓线，然后绘制其余图线。绘制底稿时，应按图形尺寸准确绘制，遵循投影关系，几个图形同时绘制，以提高绘图速度。

(5)检查、加深图线。

底稿完成后，检查各图形，修正错误，擦除多余图线(含作图辅助线)，按照表 2-5 规定的图线要求加深各图线。

2.5 徒手绘图

2.5.1 徒手绘图的基本概念及应用

[草图案例]

徒手图又称草图，是一种不用绘图仪器和工具而按目测比例徒手画出的图样。它在产品设计及现场测绘中被广泛地应用。如在新产品设计时，常先画出草图以表达设计意图；现场测绘时也是先画草图，以便把需要的资料迅速记录下来。因此，草图是工程技术人员交流、记录、构思、创作的工具，其绘制方法是工程技术人员必须掌握的基本技能。

2.5.2　徒手绘图的基本方法

1. 直线的画法

徒手画直线时，执笔要自然，手腕抬起，不要靠在图纸上，眼睛应朝着前进的方向，注意画线的终点。同时，小指可轻轻与纸面接触，作为支点，使运笔平稳。短直线应一笔画出，长直线则可分段相接而成。画水平线时，为方便起见，可将图纸稍微倾斜放置，从左到右画出；画垂直线时，由上至下较为顺手；画斜线时，最好将图纸转动到一个适宜运笔的角度，一般是稍向右上方倾斜，为了防止发生笔误，斜线画好后要马上把图纸转回到原来的位置。图 2－35 所示为画水平线、垂直线、倾斜线的手势。

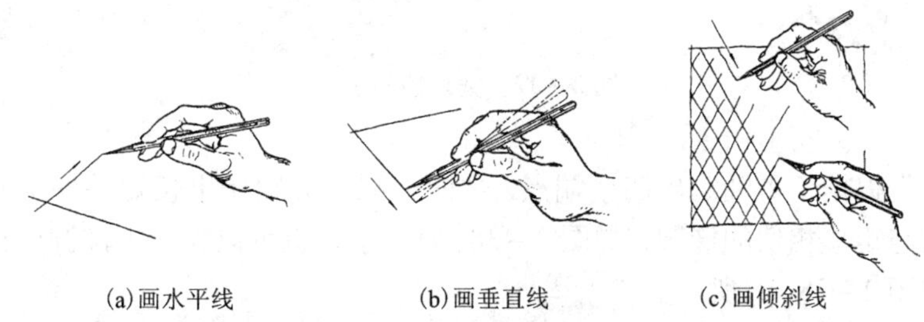

(a)画水平线　　(b)画垂直线　　(c)画倾斜线

图 2－35　徒手画直线的手势

2. 圆和曲线的画法

画小圆时，先定圆心，画中心线，再按半径大小在中心线上定出四个点，然后过四个点分两次画出整个圆，如图 2－36(a)所示。画中等大小的圆时，增加两条 45°斜线，在斜线上

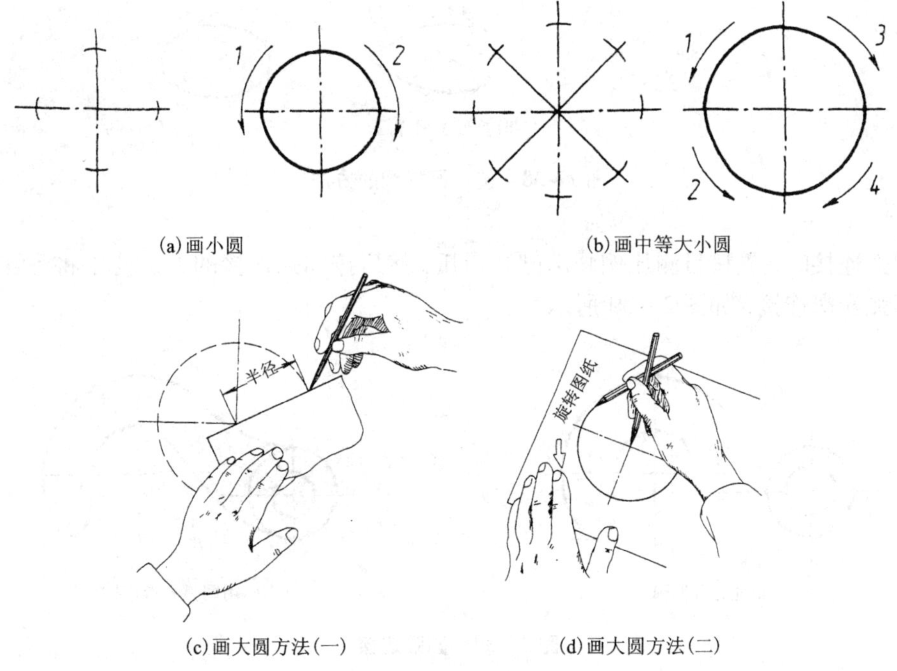

(a)画小圆　　(b)画中等大小圆

(c)画大圆方法(一)　　(d)画大圆方法(二)

图 2－36　徒手画圆的方法

再根据半径大小定出四个点，然后分段画出整个圆，如图 2－36(b)所示。画大圆时，可用转动纸板或转动图纸的方法画出，如图 2－36(c)、(d)所示。

画圆角时，先将两直线徒手画成相交，然后目测，在分角线上定出圆心位置，使它与角两边的距离等于圆角半径的大小，过圆心向两边引垂线定出圆弧的起点和终点，并在分角线上也定出一圆周点，然后徒手画圆弧把三点连接起来，如图 2－37 所示。

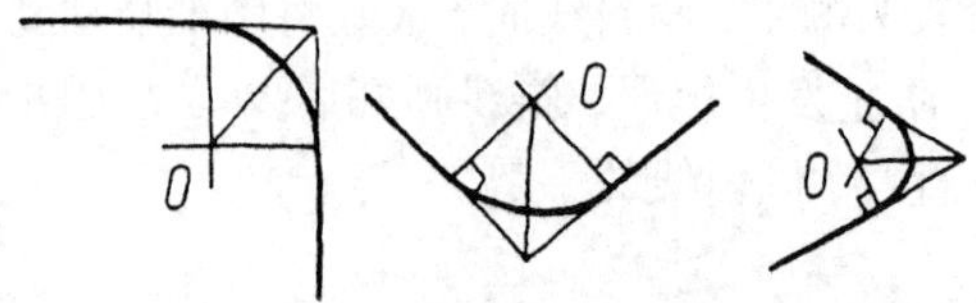

图 2－37　圆角的画法

画椭圆时，先根据长短轴定出四个端点，过四个端点分别作出长短轴的平行线，构成一矩形，最后画出与矩形相切的椭圆，如图 2－38(a)所示。也可以先画出椭圆的外接菱形，然后画出椭圆，如图 2－38(b)所示。

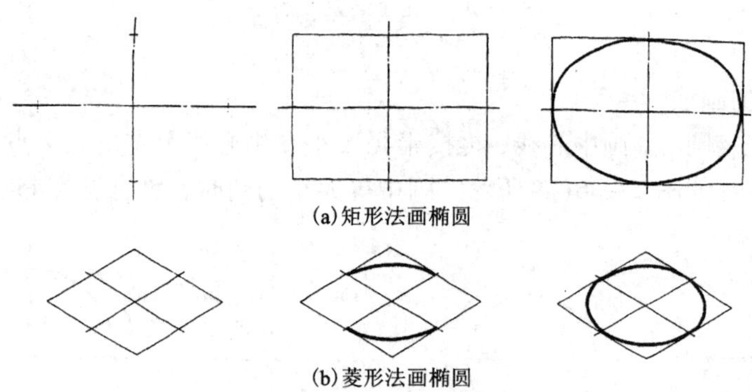

(a)矩形法画椭圆

(b)菱形法画椭圆

图 2－38　徒手画椭圆的方法

画圆弧连接时，先按目测比例画出已知圆弧，然后按圆弧连接的方法徒手将各连接圆弧与已知圆弧光滑连接，如图 2－39 所示。

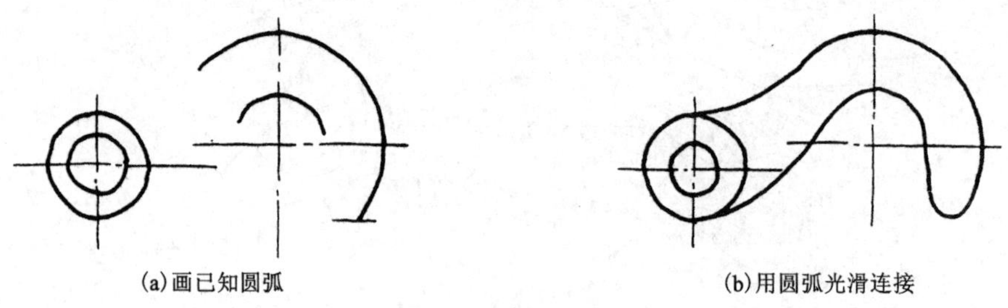

(a)画已知圆弧　　(b)用圆弧光滑连接

图 2－39　圆弧连接

3．角度的画法

30°、45°、60°为常见的几种角度，可根据两直角边的近似比例关系，定出两端点，然后连接两点即为所画的角度线，如图 2－40 所示。10°、15°的角度线可先画出 30°的角度后再等分求得。如图 2－41 所示。

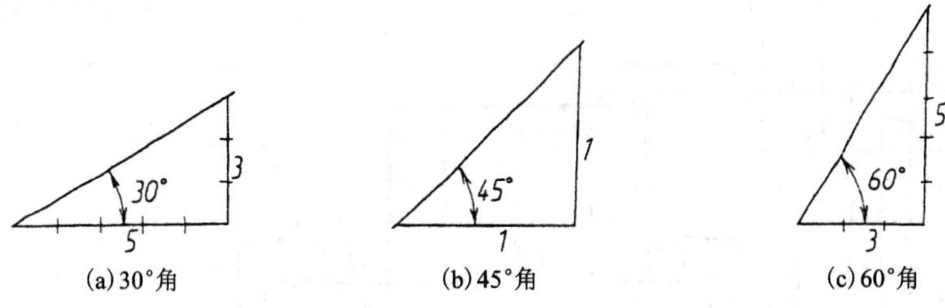

(a) 30°角　(b) 45°角　(c) 60°角

图 2－40　几种常见的角度的画法

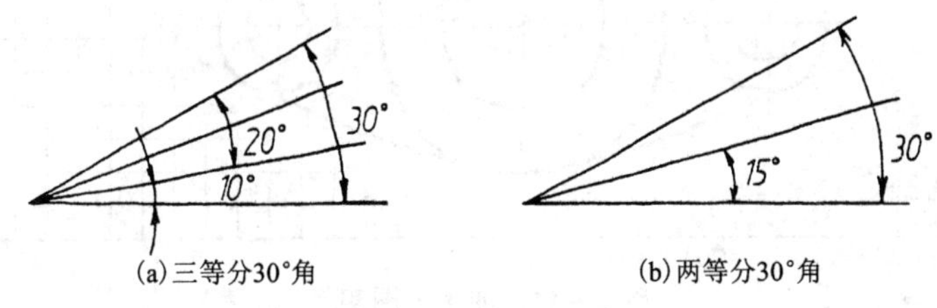

(a) 三等分30°角　(b) 两等分30°角

图 2－41　角度等分

4．正多边形的画法

徒手画正多边形时，常先画出正多边形的外接圆，然后将圆等分，最后把各等分点连接成直线即得正多边形，如图 2－42 所示。圆周等分可按角度等分的方法进行。

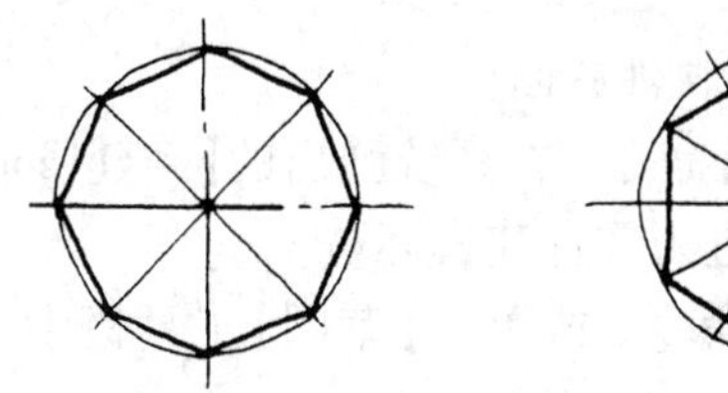
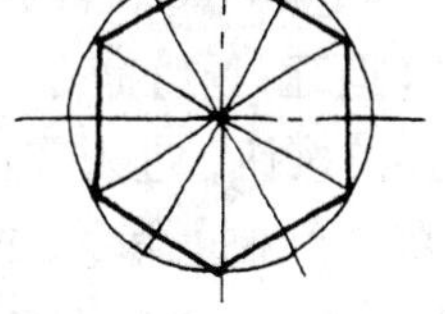
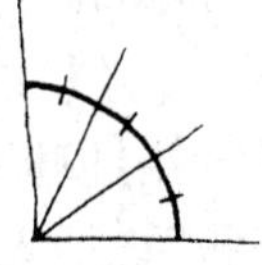

图 2－42　徒手画正多边形

2.5.3 徒手绘图示例

徒手画平面图形时，应先目测图形总的长度比例，考虑图形的整体和各组成部分的比例是否协调。初学徒手绘图时，最好先在网格纸上训练，这样，图形各部分之间的比例可借助网格数的比例确定，熟练后可在空白纸上画图。图 2 -43 所示为徒手画图的示例。

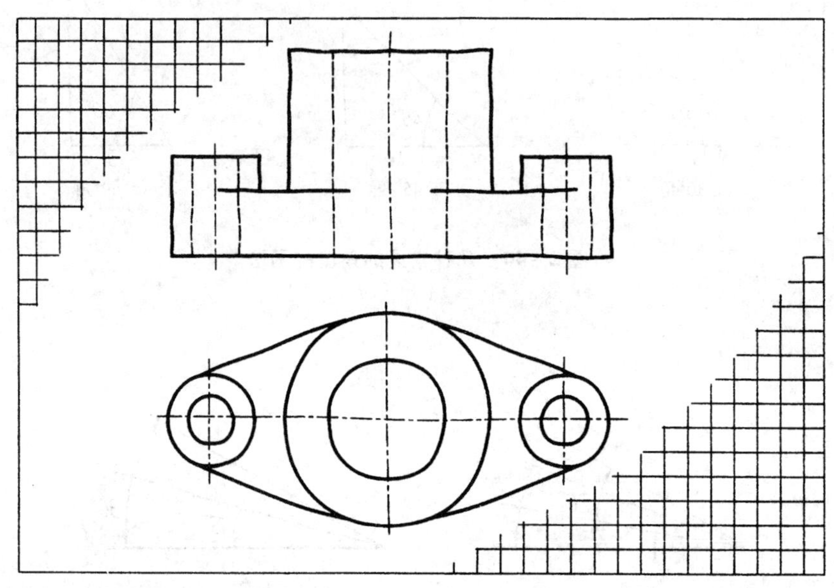

图 2 -43 徒手画图实例

2.6 三维拓展——Solidworks 草图绘制

本节通过典型案例——平面图的绘制，来了解和掌握 Solidworks 的草图绘制及编辑命令。

2.6.1 进入与退出草图设计环境

(1)双击【Solidworks】图标，进入 Solidworks 软件界面。

(2)选择下拉菜单【文件(F)】|【新建(N)】命令，在系统弹出的【新建 Solidworks 文件】对话框中选择【零件】模板，单击【确定】按钮，进入零件建模环境。

(3)选择下拉单【插入(I)】|【草图绘制】命令，或单击【草图】工具栏中的【草图绘制】按钮，选取前视基准面作为草图基准面，进入草图设计环境(图 2 -44)。

(4)选择下拉菜单【插入(I)】|【退出草图】命令，或单击图形区左上角的【退出草图】按钮，退出草图设计环境。

(5)选择下拉菜单【文件(F)】|【保存(S)】命令，保存文件，选择下拉菜单【文件】|【退出】命令，退出 Solidworks。

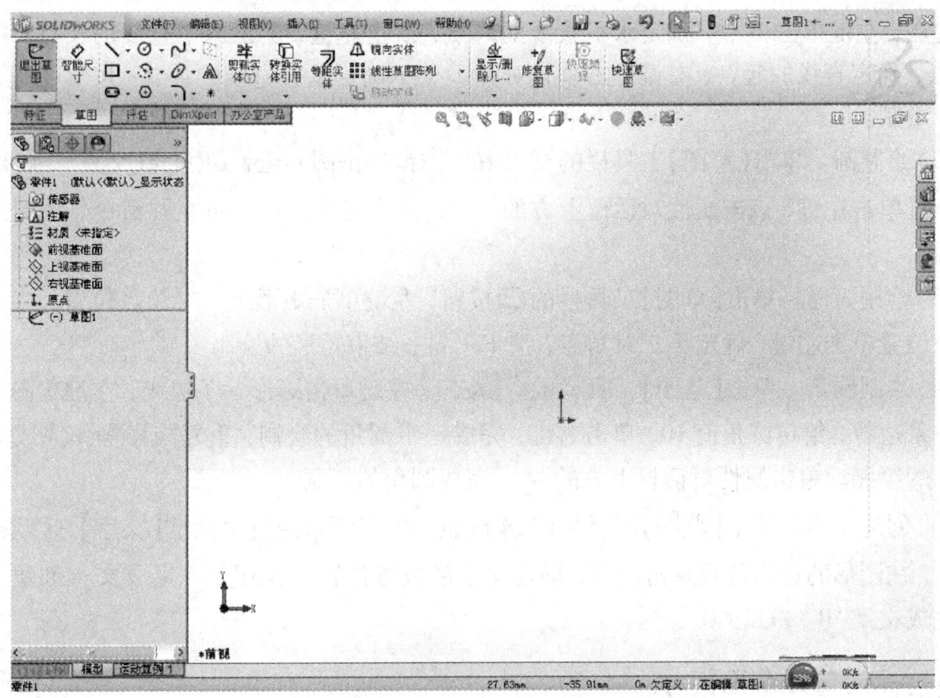

图 2－44　草图绘制环境界面

2.6.2　绘制二维草图

绘制图 2－45 所示平面图形。

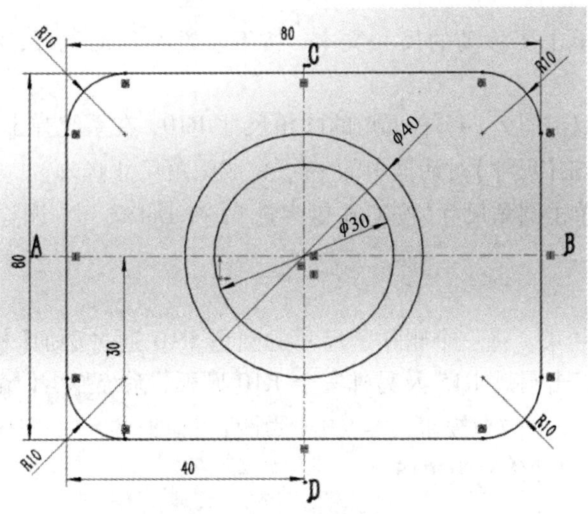

图 2－45　二维草图举例

(1)绘制中心线。单击【草图】工具栏 按钮里面的中心线，左键单击 A 点位置，确定直线的起点，左键单击 B 点，确定水平直线的终点，双击左键，退出水平直线的绘制；左键单击 C 点，确定直线的起点，左键单击垂直对齐 D 点，确定垂直直线的终点；按 Esc 键，结束中心线绘制。

(2)绘制圆。单击【草图】工具栏的 按钮，左键单击圆心位置(中心线交点)，将圆拖至大致位置单击左键，点击属性对话框上方的 ，完成圆的绘制。重复圆命令，绘制外面的同心圆。

(3)绘制矩形。单击【草图】工具栏的 按钮，左键单击矩形第一对角点位置，将矩形拖至大致位置单击左键，确定第二对角点，按 Esc 键，结束矩形的绘制。

(4)绘制圆角。单击【草图】工具栏的 按钮，左键单击矩形一条边线，左键单击矩形相邻另一条边线，给定圆角值 10，单击右键，完成一个圆角的绘制；重复同样操作完成另外三个圆角的绘制。单击属性对话框上方的 ，完成圆角的绘制。

(5)创建文本。单击【草图】工具栏的 按钮，在【草图文字】对话框【文字】区域输入文字“A”，在图形的适当位置单击左键，确定文本的放置位置，单击 ，完成文本创建。同样依次完成文字“B”“C”“D”。

2.6.3 标注二维草图尺寸

标注图 2 - 45 草图尺寸。

(1)在【草图】工具栏中单击【智能尺寸】 按钮。

(2)标注两直线距离。左键单击一条直线，再单击另一条直线，光标移到适当位置，单击左键放置尺寸数值。分别标注尺寸 80、60、40、30。

(3)标注直径尺寸。左键单击圆，在适当位置再单击左键，放置尺寸数值。标注直径尺寸 30、40。

(4)移动尺寸。单击要移动的尺寸文本，按下左键并移动鼠标，将尺寸文本拖至目标位置。

(5)修改尺寸。双击图 2 - 45 右下角的圆角尺寸 R10，在系统弹出【尺寸】对话框的文本框中输入 15，然后单击【尺寸】对话框中的 ，完成圆角尺寸修改。

(6)删除尺寸。单击圆角尺寸(按 Ctrl 键多选)，按 Delete 键，删除三个圆角尺寸 R10。

2.6.4 几何约束

(1)添加“相等”约束。将三个删除了尺寸的圆角 R10 通过添加【相等】几何约束修改为 R15。按住 Ctrl 键，点击圆弧 R15 及另外三个 R10 圆弧，系统弹出【属性】对话框，在【添加几何关系】区域中点击 相等(Q) 按钮，再点击【属性】对话框的 ，完成【相等】约束的添加，并驱动三个 R10 圆弧尺寸修改为 R15。

(2)添加圆心与坐标原点的【重合】约束。按住 Ctrl 键，点击直径为 30 的圆心和坐标原点，完成【重合】约束的添加，图形移动到坐标原点。草图状态显示为【完全定义】(图 2 - 46)。

(3)添加【相切】约束。按住 Ctrl 键，点击直径为 30 的圆及矩形左边线，系统弹出【属性】对话框，在【添加几何关系】区域中单击 相切(A) 按钮，单击【属性】对话框的 ✔，显示【项目冲突】，且草图状态显示为【过定义】。

(4)利用“草图专家 SketchXpert”修改更正【过定义】的草图。

双击状态行上的红色的【过定义】处，系统弹出【SketchXpert】对话框(图 2 - 47)，单击【诊断】，系统提示显示四种解决方案：一是删除交叉点 1；二是删除水平尺寸标注 40；三是删除直径为 30 的尺寸标注；四是删除刚添加的【相切】约束。选择第四种方案，删除【相切】约束，则回到原正确的【完全定义】的草图状态(图 2 - 46)。

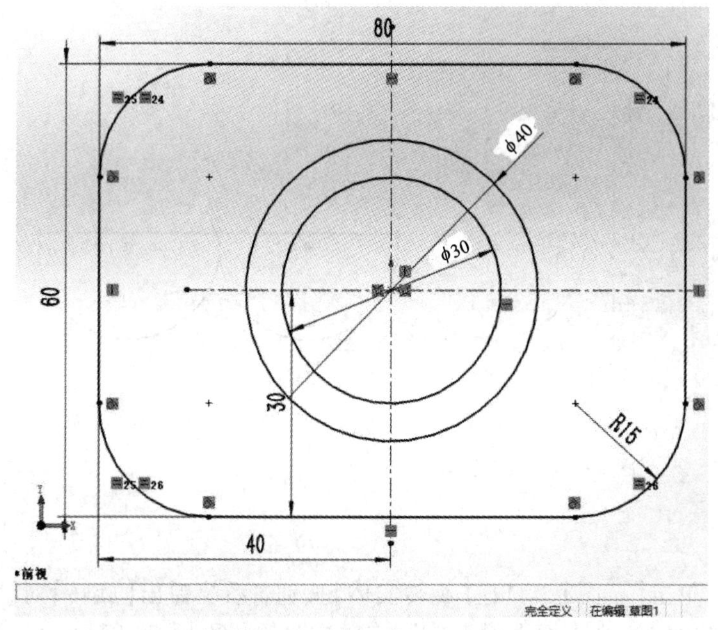

图 2 - 46　【完全定义】的草图

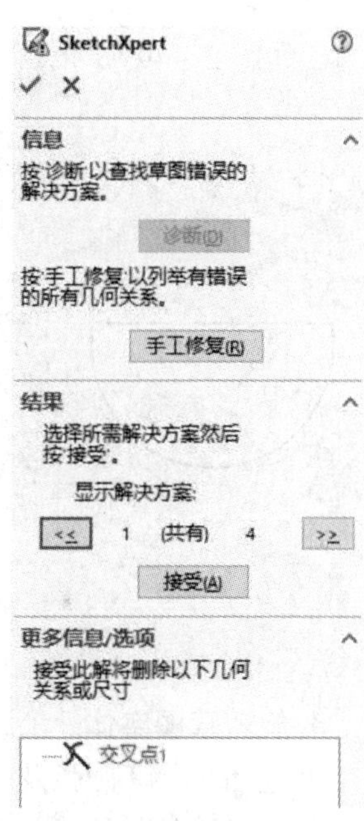

图 2 - 47　草图专家

2.6.5　草图编辑

1. 剪裁草图实体

剪裁草图实体的方式有 5 种：强劲裁剪、边角、在内裁剪、在外裁剪、裁剪到最近端。下面以“在外裁剪”方式举例：先绘制图 2 - 48(a)所示图形。单击【草图】工具栏【剪裁实体(T)】按钮，系统弹出【剪裁】对话框。点选在外剪除方式 。点击三角形边 A、B，选择剪切边，再点击线段 1、2，完成剪裁[图 2 - 48(b)]。

2. 复制草图实体

绘制图 2 - 49(a)所示图形。框选圆弧及直线，单击【草图】工具栏【复制实体】按钮，系统弹出【复制】对话框，点击圆弧左端点 A 作为基准点，点击圆弧右端点 B 作为目标点。完成

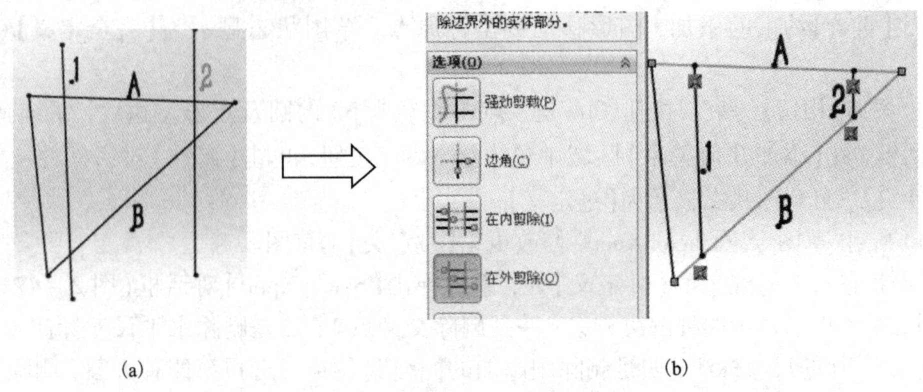

(a) (b)

图 2-48　在外剪切方式

复制，如图 2-49 所示。

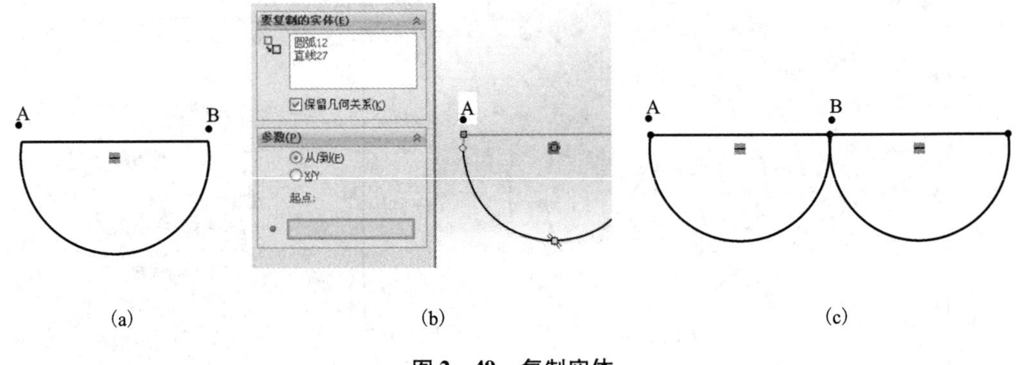

(a) (b) (c)

图 2-49　复制实体

3. 旋转草图实体

框选图 2-49 圆弧及直线，单击【草图】工具栏【旋转实体】按钮，系统弹出【旋转】对话框，点击圆弧左端点 A 作为旋转中心，文本框中输入 90。完成旋转，如图 2-50 所示。

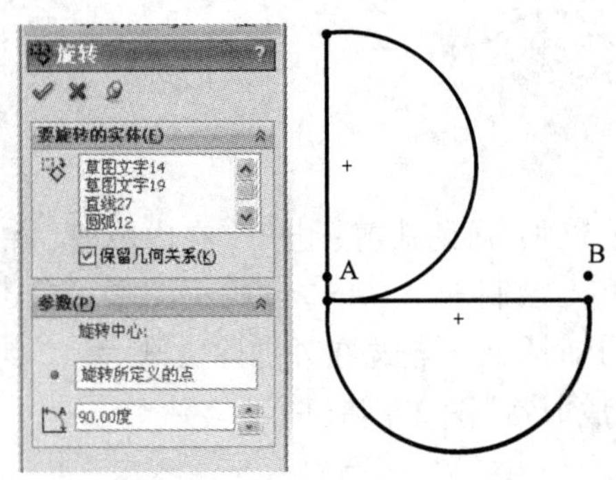

图 2-50　旋转实体

4. 镜像草图实体

单击【草图】工具栏的【镜像】按钮，系统弹出【镜像】对话框。框选要镜像的实体圆弧及直线，点击【镜像点】框，点击构造线 12。完成镜像，如图 2－51 所示。

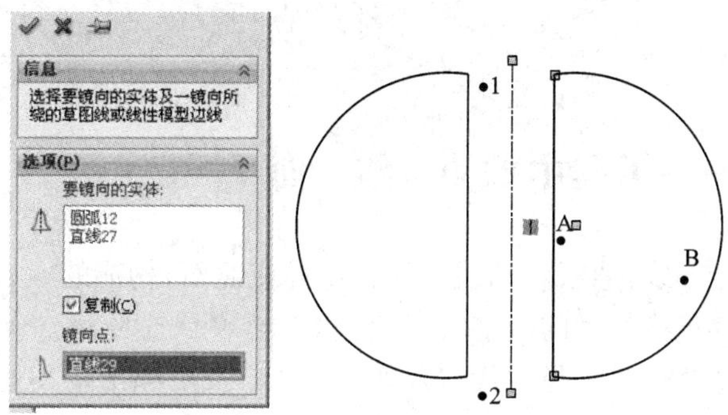

图 2－51　镜像实体

第3章
点、直线、平面的投影

3.1 课程导学——工程中的点、线、面

空间几何体是由点、线(直线和曲线)、面(平面或曲面)构成的。如图3-1(a)所示的胡夫金字塔，是埃及现存规模最大的金字塔工程，又称吉萨大金字塔。金字塔是一种方底尖顶的石砌建筑物，形状像"金"字，是古代埃及埋葬国王、王后和王室其他成员的陵墓。整个金字塔呈四棱锥形状[图3-1(b)]，即由四个三角形平面和一个矩形平面围成。要作出这个四棱锥的投影，只要作出其五个顶点 A、B、C、D、S 或八条棱线或五个平面的投影即可。因此，点、线、面的投影是物体投影图的基础。只要弄清楚各组成元素的投影，抽象出事物共同的本质属性，任何复杂结构都能清楚表达。

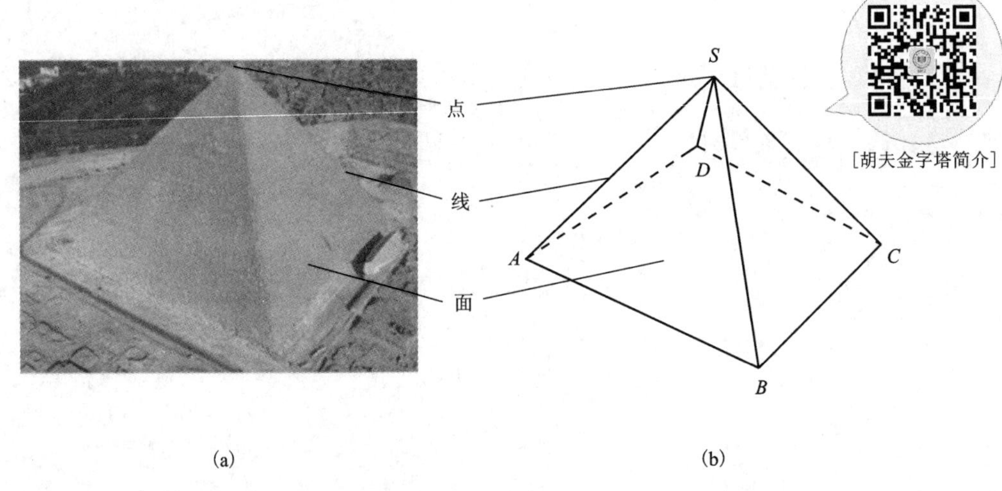

图3-1 胡夫金字塔

3.2 点的投影

3.2.1 点在三面投影体系中的投影

1. 点的三面投影

建立如前所述的三个相互垂直的投影面 V、H、W，如图3-2(a)所示，对于空间一点 A，过点 A 分别向 H 面、V 面、W 面作投影(作垂线)，得投影 a、a'、a''，其中 a 表示水平投影，a' 表示正面投影，a''表示侧面投影。按图3-2(a)箭头所指方向展开投影面；规定 V 面不动，H 面绕 OX 轴向下旋转到与 V 面重合，W 面绕 OZ 轴向右旋转到与 V 面重合，如图3-2(b)所示，即得点的三面投影，去掉边框得图3-2(c)。

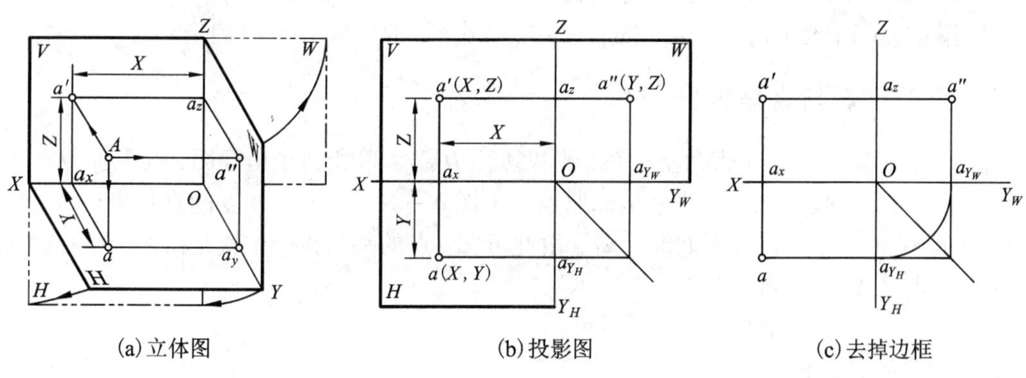

(a)立体图　(b)投影图　(c)去掉边框

图 3－2　点的三面投影

2. 点的三面投影规律

从图 3－2(a)可以看出：

$Aa = a'a_x = a''a_y = a_zO$，即点 A 到 H 面的距离；

$Aa' = aa_x = a''a_z = a_yO$，即点 A 到 V 面的距离；

$Aa'' = aa_y = a'a_z = a_xO$，即点 A 到 W 面的距离。

由此可得出点在三面投影体系中的投影规律。

(1)点的正面投影与水平投影的连线垂直于 OX 轴，即 $a'a \perp OX$。

(2)点的正面投影和侧面投影的连线垂直于 OZ 轴，即 $a'a'' \perp OZ$。

(3)点的水平投影到 OX 轴的距离等于点的侧面投影到 OZ 轴的距离，即 $aa_x = a''a_z$。作图时，可利用过 O 点的 $\angle Y_HOY_W$ 的角平分线或以 O 点为圆心画弧来反映这一投影关系。如图 3－2(c)所示。

例 3－1　如图 3－3(a)所示，已知点 A 的正面投影 a' 和侧面投影 a''，求作其水平投影 a。

分析：由点的投影规律可知 $a'a \perp OX$ 轴，$aa_x = a''a_z$，其水平投影 a 即可作出。

作图：如图 3－3(b)所示。

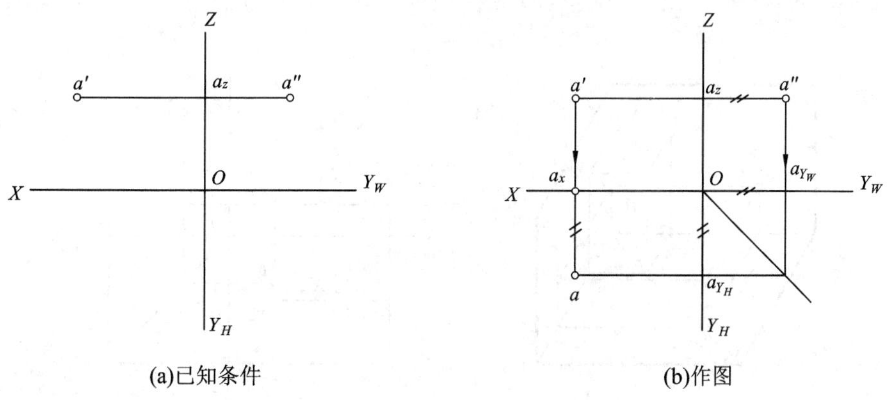

(a)已知条件　(b)作图

图 3－3　已知点的两面投影求第三面投影

(1)作 $a' \perp OX$ 轴交 OX 轴于 a_x 并延长；

(2)作 $a'' \perp OY_W$ 交 OY_W 于 a_{Y_W}，按图 3-3(b)作图，使 $a''a_z = aa_x$，确定 a。

3.2.2 点的投影与直角坐标

若把三面投影体系看作直角坐标系，则投影面 H、V、W 相当于坐标面，投影轴 OX、OY、OZ 相当于坐标轴，投影原点相当于坐标原点。由图 3-2(a)可知，A 点的直角坐标 X、Y、Z 分别为 A 点到 W、V、H 三投影面的距离。由此可知，点的每个投影位置是由两个坐标确定。

a 由 A 点的 X_A、Y_A 确定；

a' 由 A 点的 X_A、Z_A 确定；

a'' 由 A 点的 Z_A、Y_A 确定。

如果已知点的坐标(X、Y、Z)，就可作出点的三面投影图。由于点的任意两面投影包含了点的三个坐标，因此，可根据点的任意两面投影求出第三面投影。

例 3-2 已知点 A(25, 18, 20)，求作 A 点的三面投影。

作图： 如图 3-4 所示。

(1)画坐标轴；

(2)在 OX 轴上取 $Oa_x = 25$；

(3)过 a_x 作 OX 轴的垂线，并沿垂线分别向下、向上量取 $y = 18$，$z = 20$，得 a、a'；

(4)过 a' 作 OZ 轴的垂线，自垂线与 OZ 轴的交点 a_z 向右量取 $y = 18$，得 a''。a、a'、a'' 即为所求点 A 的三面投影。

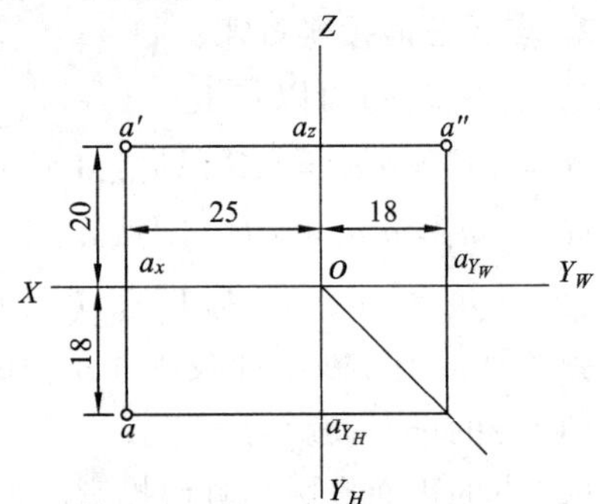

图 3-4 求点 A 的三面投影

3.2.3 两点的相对位置

1. 点的相对位置的判断方法

空间两点的相对位置是指空间两点的上下、左右、前后的关系。在投影图中，则根据各组同面投影的坐标值的大小来判定。由两点的 X 坐标值可判断两点的左、右位置，Y 坐标值

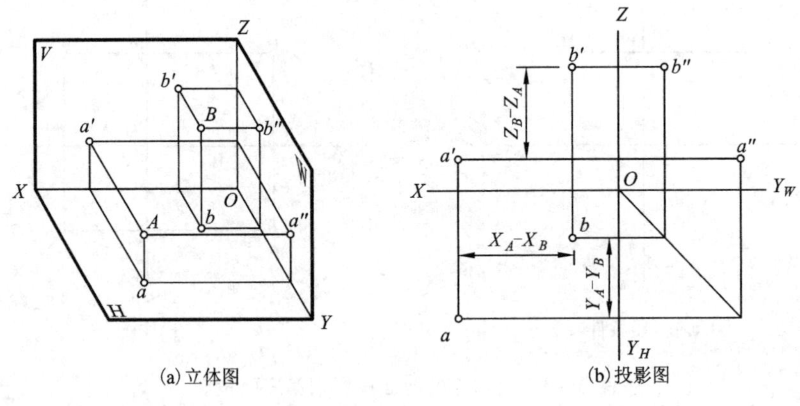

图 3-5 两点的相对位置

可判断其前后位置，Z 坐标值可判断其上下位置。

如图 3－5 所示：

$Z_A < Z_B$，则 A 点在 B 点的下方；

$Y_A > Y_B$，则 A 点在 B 点的前方；

$X_A > X_B$，则 A 点在 B 点的左方。

2. 重影点及其投影的可见性

对于有两个同名坐标相同的空间两点，由于它们位于同一投射线上，其投影是重合的，则称这两个点是对某个投影面的重影点。

如图 3－6 中 C、D 两点，$X_C = X_D$，$Y_C = Y_D$，$Z_C \neq Z_D$，其重影点在 H 面上。

在重影的两点中，需判别其可见性，判别点的可见性方法为：对 H 面的重影点，投射线从上至下投射，因此 Z 坐标大者为可见，即上遮下；W 面上的重影点，投射线从左至右投射，X 坐标大者可见，即左遮右；同理，V 面上的重影点，Y 坐标大者可见，即前遮后。根据规定：将不可见的点的投影用加圆括号的方法表示。如图 3－6(b)。

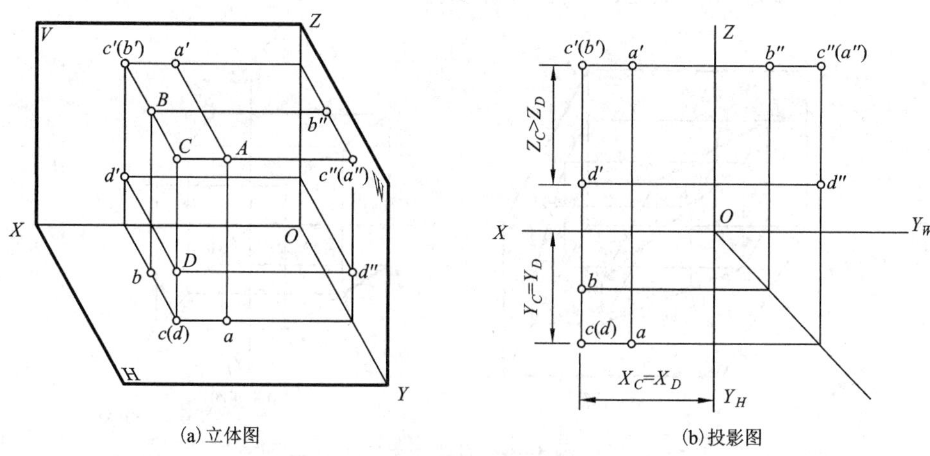

图 3－6　重影点的投影及可见性

3.3　直线的投影

3.3.1　直线及直线上点的投影特性

1. 直线的投影

直线的空间位置由直线上的任意两点所确定。作直线的投影图时，可在直线上任取两点（通常取直线段的两端点）作出其投影图，再连接点的各组同面投影即为直线的投影。

［直线的投影］

图 3－7 为求直线 AB 投影的步骤，先分别作出 A、B 两端点的三面投影（a、a'、a''）、（b、b'、b''），连接同面投影 ab、$a'b'$、$a''b''$即得直线 AB 的投影图。

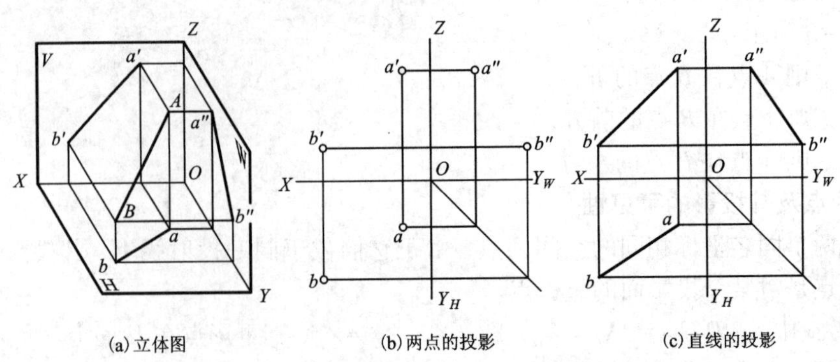

图 3-7　直线的投影

2. 直线上点的投影特性

(1)从属性：如果点在直线上，则点的各投影必在该直线的同面投影上，且符合点的投影规律。如图 3-8 所示。反之，则点不在直线上。

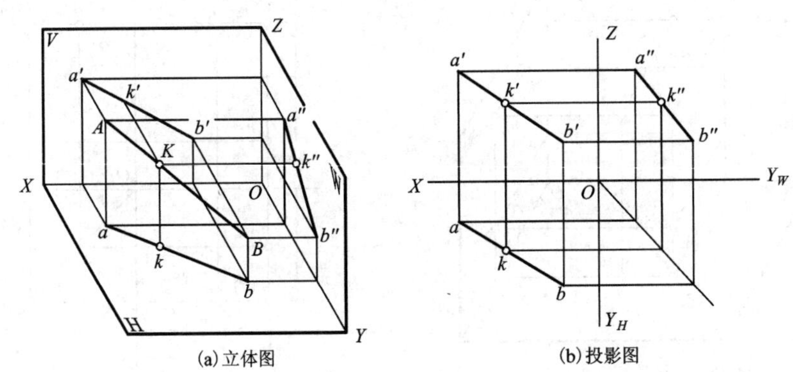

图 3-8　直线上点的投影

(2)定比性：直线上的点分线段之比等于点的投影分直线的同面投影之比。

如图 3-8 所示，直线 AB 上 K 点分 AB 为 AK 和 KB，K 点的 H 面投影 k 将 ab 分成 ak 和 kb 两段，由于 $Kk /\!/ Aa /\!/ Bb$，所以 $AK:KB = ak:kb$。

同理 $AK:KB = a'k':k'b'$，$AK:KB = a''k'':k''b''$。

即　$AK:KB = ak:kb = a'k':k'b' = a''k'':k''b''$。

例 3-3　如图 3-9(a)所示，在已知直线 AB 上取一点 C，使 $AC:CB = 2:3$，求作 C 点的投影。

分析： 已知 $AC:CB = 2:3$，则 $ac:cb = a'c':c'b' = 2:3$，只要将 ab、$a'b'$分成$(2+3)$等分后取 2 份即可求出 c，c'。

作图：

(1)自 b(或 b')作任意直线；

(2)在其直线上以适当长度取 5 等份，得 1、2、3、4、5 各点；

(3)连 $a5$，自 3 作 $3c /\!/ a5$，即得 C 点的水平投影 c；

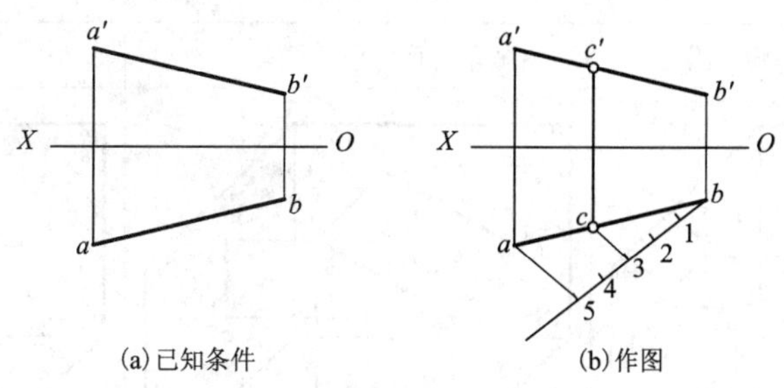

(a) 已知条件　　(b) 作图

图 3-9　求直线上 C 点的投影

(4) 根据 c 点求出 c' 投影。

例 3-4　如图 3-10(a) 所示，已知直线 AB 和 K 点的两面投影，判断 K 点是否在直线 AB 上。

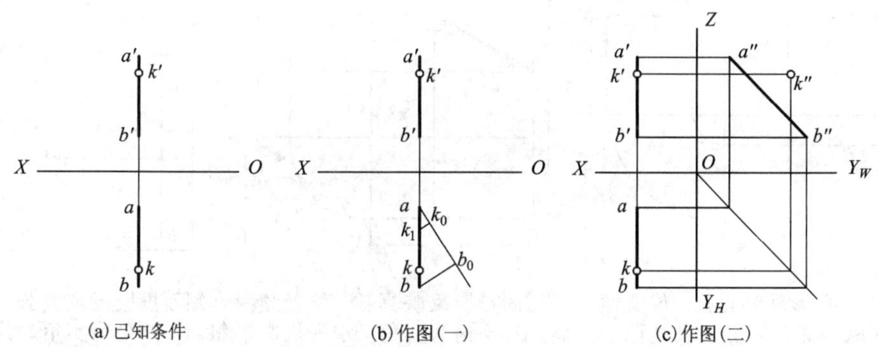

(a) 已知条件　　(b) 作图(一)　　(c) 作图(二)

图 3-10　判断 K 点是否在直线上

分析： 如果 K 点在直线 AB 上，则 $ak:kb=a'k':k'b'$ 成立。否则 K 点就不在直线 AB 上。

作图： 如图 3-10(b) 所示，图中 $ab_0=a'b'$，$ak_0=a'k'$，过 k_0 点作 bb_0 的平行线交 ab 于 k_1 点，由于 k_1 点与 k 点不重合，故 K 点不在直线 AB 上。

此题也可作出直线 AB 和 K 点的 W 面投影来判断，如图 3-10(c) 所示。

3.3.2　直线在三投影面体系中的投影特性

在三投影面体系中，直线与投影面的相对位置有三种情况：投影面平行线、投影面垂直线、一般位置直线。前两种位置直线又称特殊位置直线。各种位置直线的投影特性如下：

1. 投影面平行线

投影面平行线是平行于一个投影面同时倾斜于其他两个投影面的直线。它可分为三种：

(1) 水平线——平行于 H 面同时倾斜于 V、W 面的直线；

(2) 正平线——平行于 V 面同时倾斜于 H、W 面的直线；

(3) 侧平线——平行于 W 面同时倾斜于 V、H 面的直线。

投影面平行线的投影图及投影特性见表 3-1(表中 α、β、γ 分别表示空间直线对投影面 H、V、W 的倾角)。

表 3－1　投影面平行线的投影特性

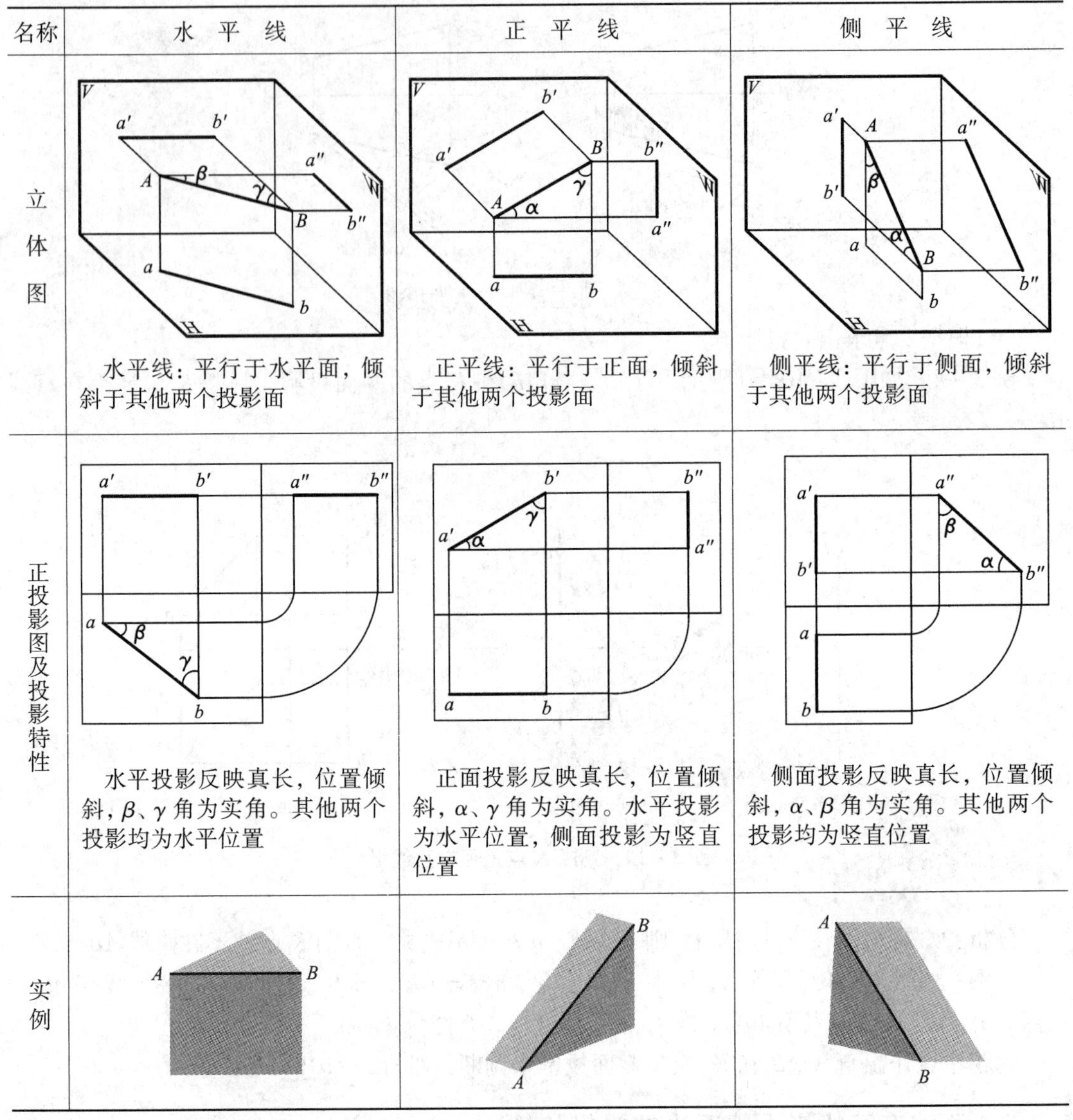

名称	水平线	正平线	侧平线
立体图	水平线：平行于水平面，倾斜于其他两个投影面	正平线：平行于正面，倾斜于其他两个投影面	侧平线：平行于侧面，倾斜于其他两个投影面
正投影图及投影特性	水平投影反映真长，位置倾斜，β、γ 角为实角。其他两个投影均为水平位置	正面投影反映真长，位置倾斜，α、γ 角为实角。水平投影为水平位置，侧面投影为竖直位置	侧面投影反映真长，位置倾斜，α、β 角为实角。其他两个投影均为竖直位置
实例			

由表 3－1 可知，投影面平行线的投影特性为：

(1)在所平行的投影面上的投影反映真长，它与投影轴的夹角，分别等于空间直线对另外两个投影面的倾角。

(2)在其他两投影面上的投影分别平行或垂直于相应的投影轴，且都小于真长。

2．投影面垂直线

投影面垂直线是垂直于一个投影面同时平行于另外两个投影面的直线。可分为三种：

(1)正垂线——垂直于 V 面同时平行于 H、W 面的直线；

(2)铅垂线——垂直于 H 面同时平行于 V、W 面的直线；

(3)侧垂线——垂直于 W 面同时平行于 V、H 面的直线。

投影面垂直线的投影图及投影特性见表 3－2。

表3-2　投影面垂直线的投影特性

名称	正垂线	铅垂线	侧垂线
立体图	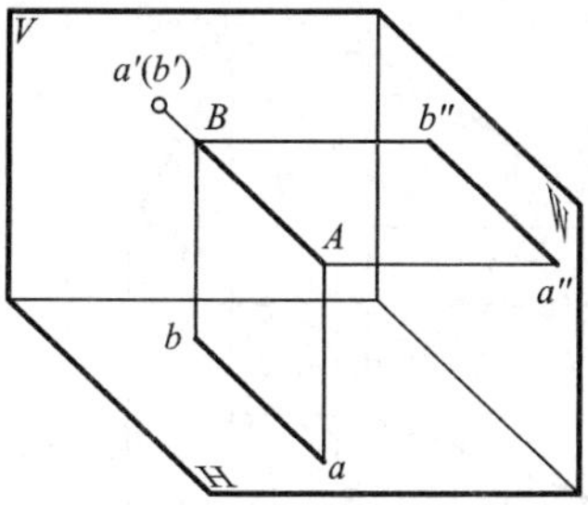 正垂线：垂直于正面，平行于其他两个投影面	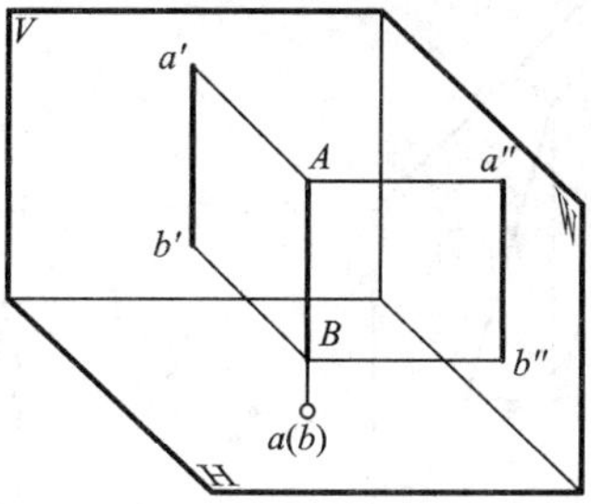 铅垂线：垂直于水平面，平行于其他两个投影面	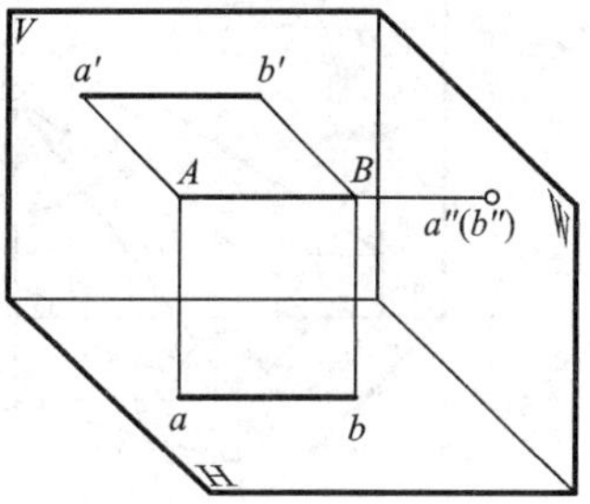 侧垂线：垂直于侧面，平行于其他两个投影面
正投影图及投影特性	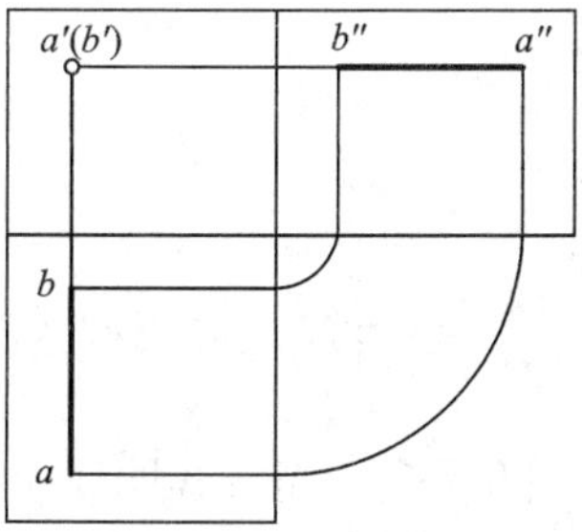 正面投影积聚成一点，其他两个投影反映真长。水平投影为竖直位置，侧面投影为水平位置	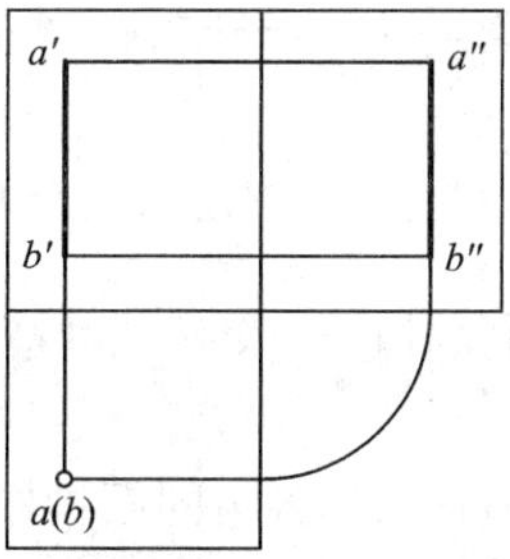 水平投影积聚成一点，其他两个投影反映真长，并均为竖直位置	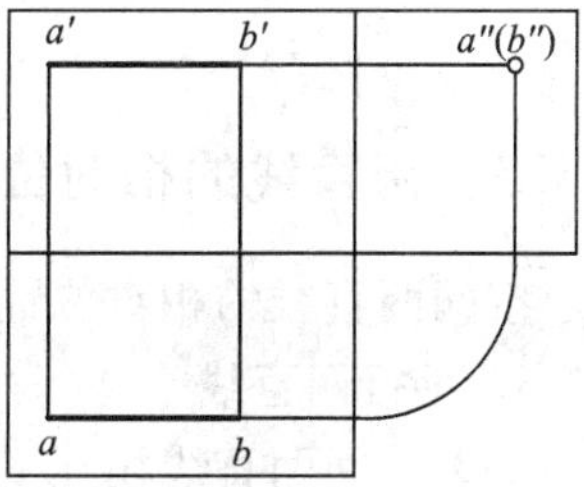 侧面投影积聚成一点，其他两个投影反映真长，并均为水平位置
实例	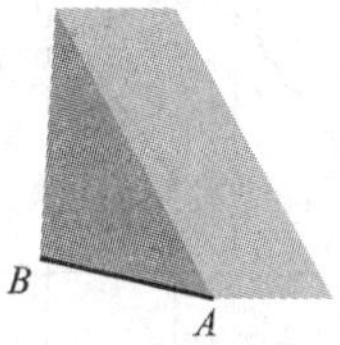	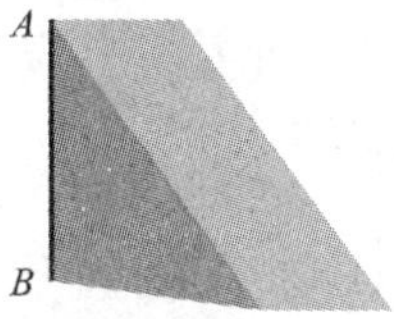	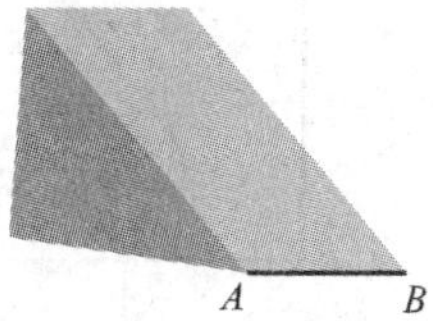

由表3-2可知，投影面垂直线的投影特性为：

(1)在所垂直的投影面上的投影积聚(或重影)为一点。

(2)在其余两投影面上的投影均反映真长，且与相应的投影轴平行(或垂直)。

3. 一般位置直线

一般位置直线是同时与三个投影面倾斜的直线。如图3-11所示。

从图3-11中可以看出：直线AB的三面投影(ab、$a'b'$、$a''b''$)都倾斜于投影轴(α、β、γ都不等于零)，所以$ab=AB\cos\alpha<AB$，$a'b'=AB\cos\beta<AB$，$a''b''=AB\cos\gamma<AB$；同时，还可看出，AB的投影与投影轴的夹角，不等于AB对投影面的倾角，如$\alpha\neq\alpha_1$。

由此可知，一般位置直线的投影特性为：

(1)一般位置直线在三个投影面上的投影都与投影轴倾斜，长度均小于线段的真长。

(2)直线的各投影与投影轴的夹角均不反映空间直线与各投影面的倾角。

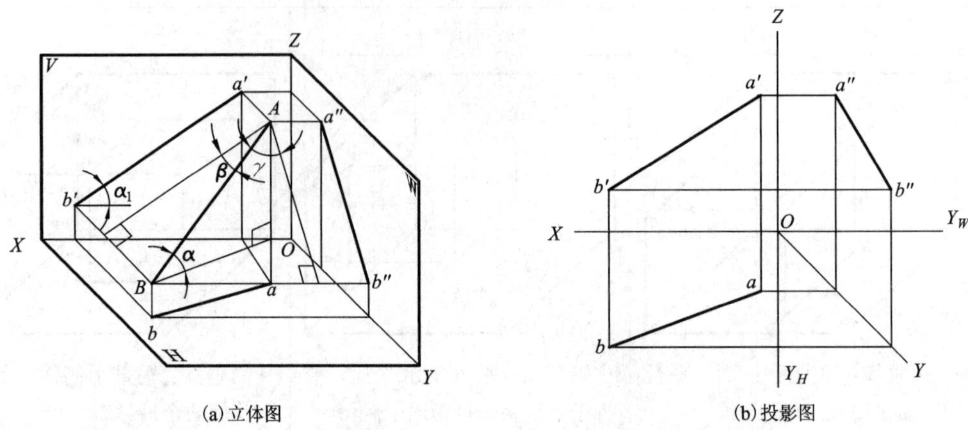

图 3－11　一般位置直线的投影

3.3.3　两直线的相对位置

空间两直线的相对位置有平行、相交、交叉三种情况。

1. 平行两直线

如果空间两直线相互平行，则它们的各组同面投影必定相互平行，而且各同面投影的长度之比为定比；反之，如果两直线的各组同面投影都相互平行，且各同面投影的长度之比为定比，则此空间两直线必定相互平行。如图 3－12 所示。

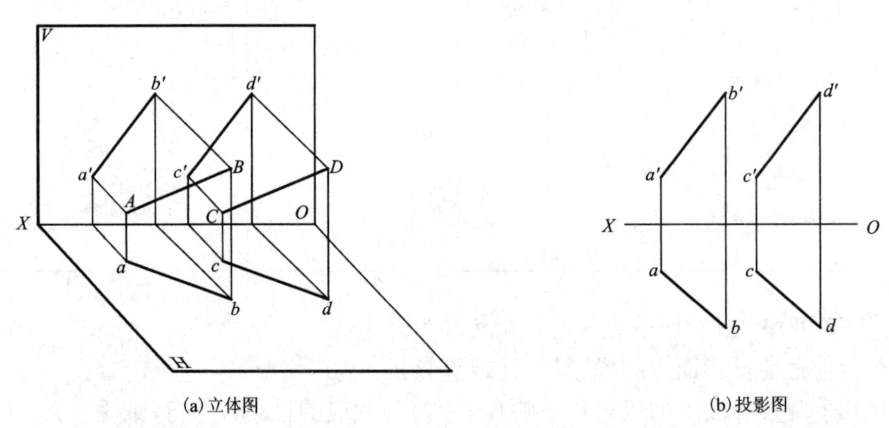

图 3－12　平行两直线及其投影

2. 相交两直线

如果空间两直线相交，则它们的各组同面投影必定相交，且交点的投影必符合点的投影规律。反之，如果两直线各组同面投影的交点符合点的投影规律，则此空间两直线必定相交。如图 3－13 所示。直线 AB 与 CD 相交于 K 点，则在投影中，$a'b'$ 与 $c'd'$、ab 与 cd 也必相交，并且它们的交点 k' 与 k 的连线必然垂直于 OX 轴。

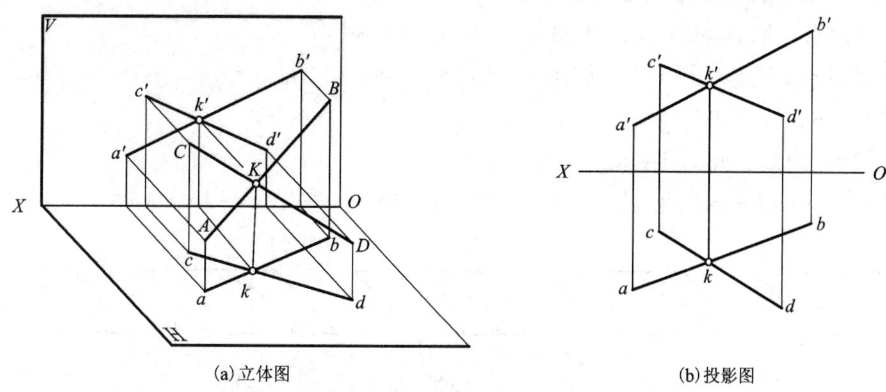

(a)立体图　　(b)投影图

图 3－13　相交两直线及其投影

3. 交叉两直线

空间两直线既不平行又不相交，称为交叉。在投影图中，两直线的投影既不符合平行两直线的投影特性，又不符合相交两直线的投影特性。如图 3－14 所示。

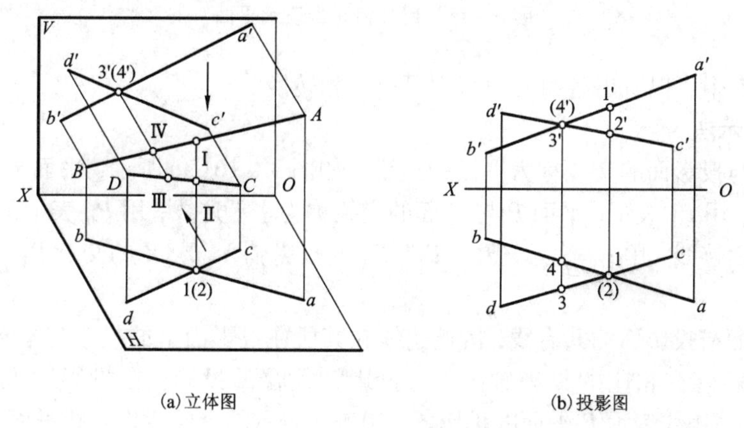

(a)立体图　　(b)投影图

图 3－14　交叉两直线及其投影

图 3－14 中水平投影 *ab*、*cd* 的交点实际上是 *AB* 上 Ⅰ 点和 *CD* 上的 Ⅱ 点在 *H* 面上的重影点，由于 $Z_{Ⅰ} > Z_{Ⅱ}$，所以 Ⅰ 点的水平投影可见，Ⅱ 点的水平投影不可见。同样 *a′b′*和 *c′d′* 的交点是 *CD* 上Ⅲ点和 *AB* 上的Ⅳ点在 *V* 面上的重影点，因 $Y_{Ⅲ} > Y_{Ⅳ}$，所以 Ⅲ 点的正面投影可见，Ⅳ点的正面投影不可见。

3.4　平面的投影

3.4.1　平面的表示法

1. 几何元素表示法

由几何学可知，不在同一直线上的三点可确定一个平面。因此，在投影图上可以用下列任何一组几何元素的投影来表示平面，如图 3－15 所示。

(1)不在同一直线上的三点，如图 3－15(a)所示；

(2)一直线和直线外的一点，如图 3－15(b)所示；

(3)相交两直线，如图 3－15(c)所示；

(4)平行两直线，如图 3－15(d)所示；

(5)任意形状的平面图形,如三角形、四边形和圆等，如图 3－15(e)所示。

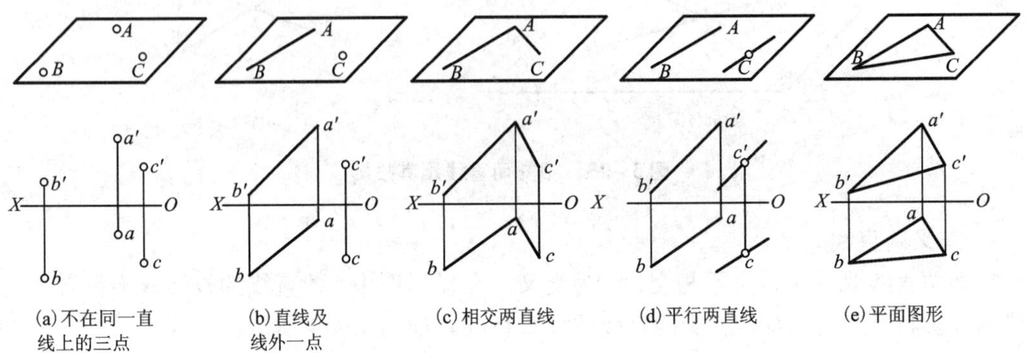

图 3－15　用几何元素表示平面

从图 3－15 中可以看出各组几何元素可以互相转换。

2. 迹线表示法

空间平面与投影面的交线称为平面的迹线。如图 3－16(a)所示，平面 P 与 V 面的交线称为正面迹线，用 P_V 表示；平面 P 与 H 面的交线称为水平迹线，用 P_H 表示；平面 P 与 W 面的交线称为侧面迹线，用 P_W 表示。P_V、P_H、P_W 与投影轴 X、Y、Z 的交点 P_X、P_Y、P_Z 称为迹线集合点。

迹线是平面与投影面的共有线，因此迹线在其所在投影面上的投影与本身重合，另两个投影面上的投影落在相应的投影轴上，与投影轴重合的投影，在投影图上不画出来。如图 3－16(b)是用迹线表示 P 平面的投影图，用迹线表示的平面叫作迹线平面。

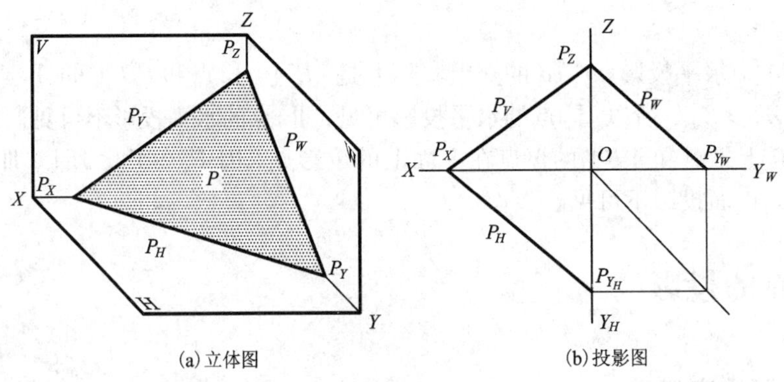

图 3－16　用迹线表示平面

3.4.2　各种位置平面的投影特性

在三面投影体系中，根据平面对投影面相对位置的不同，可分为投影面垂直面、投影面平行面和一般位置平面。前两种称为特殊位置平面。

1. 投影面垂直面

投影面垂直面是垂直于一个投影面而倾斜于其他两个投影面的平面。它又可分为三种：

(1) 铅垂面——垂直于 H 面同时倾斜于 V、W 面的平面；

(2) 正垂面——垂直于 V 面同时倾斜于 H、W 面的平面；

(3) 侧垂面——垂直于 W 面同时倾斜于 V、H 面的平面。

投影面垂直面的投影图及投影特性见表 3－3。

表 3－3　投影面垂直面的投影特性

名称	铅垂面	正垂面	侧垂面
立体图	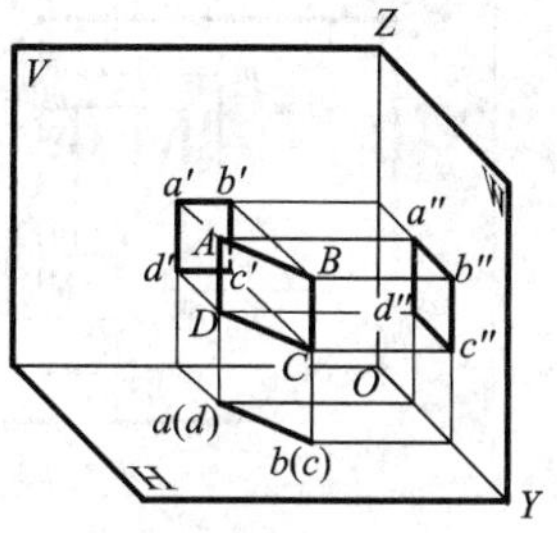	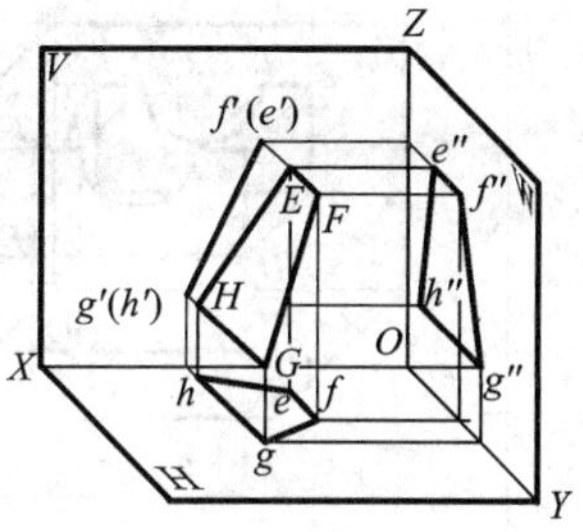	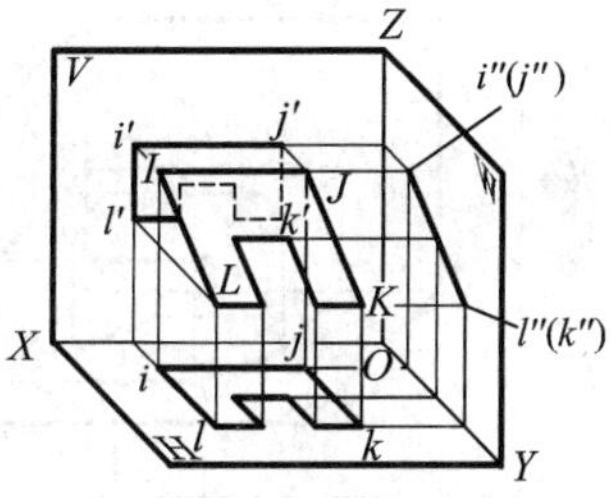
投影图	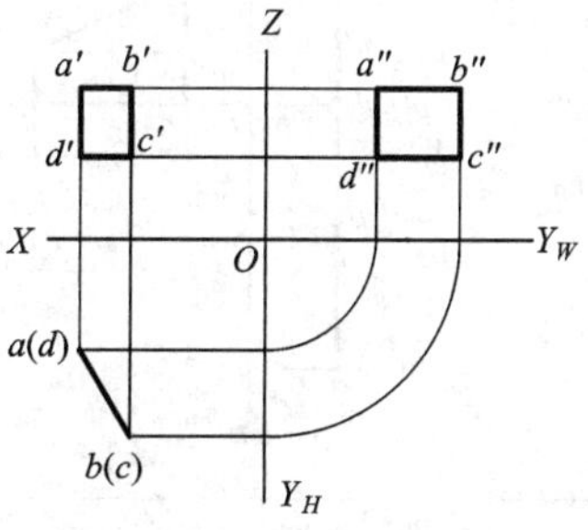	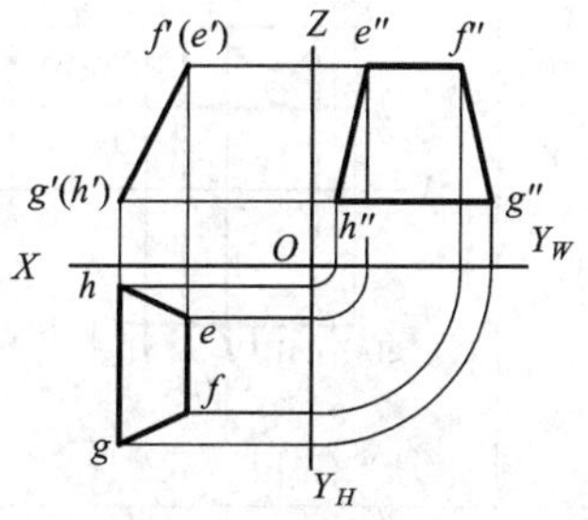	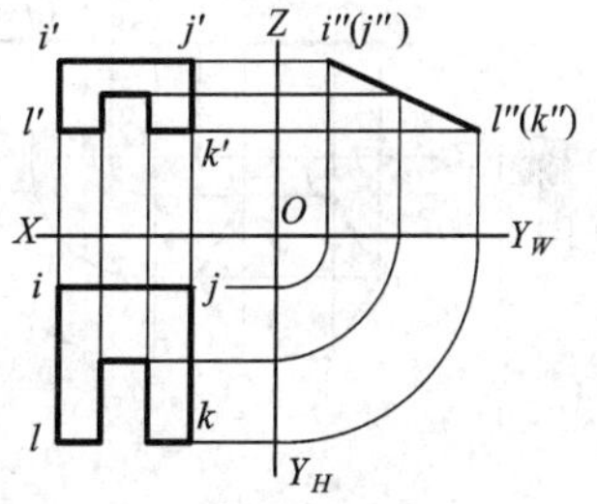
投影特性	1. 水平投影积聚为直线，它与投影轴的夹角反映该平面与另两个投影面的倾角 2. 正面投影和侧面投影为类似图形，且不反映真形	1. 正面投影积聚为直线，它与投影轴的夹角反映该平面与另两个投影面的倾角 2. 水平投影和侧面投影为类似图形，且不反映真形	1. 侧面投影积聚为直线，它与投影轴的夹角反映该平面与另两个投影面的倾角 2. 正面投影和水平投影为类似图形，且不反映真形
实例	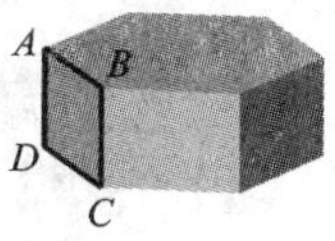	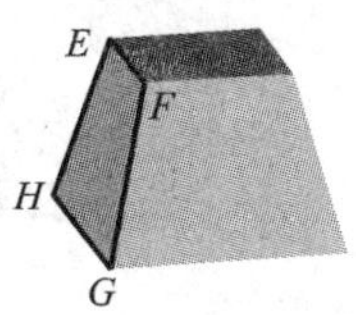	

从表 3－3 中可归纳出投影面垂直面的投影特性：

（1）平面在它垂直的投影面上的投影积聚成一直线，它与投影轴夹角反映该平面与另外两个投影面的倾角。

（2）平面在另外两投影面上的投影均为小于平面真形的类似形。

2. 投影面平行面

投影面平行面是平行于一个投影面垂直于其他两个投影面的平面。它又可分为三种：

（1）水平面——平行于 H 面同时垂直于 V、W 面的平面；

（2）正平面——平行于 V 面同时垂直于 H、W 面的平面；

（3）侧平面——平行于 W 面同时垂直于 V、H 面的平面。

投影面平行面的投影图及投影特性见表 3－4。

表 3－4 投影面平行面的投影特性

名称	水平面	正平面	侧平面
立体图	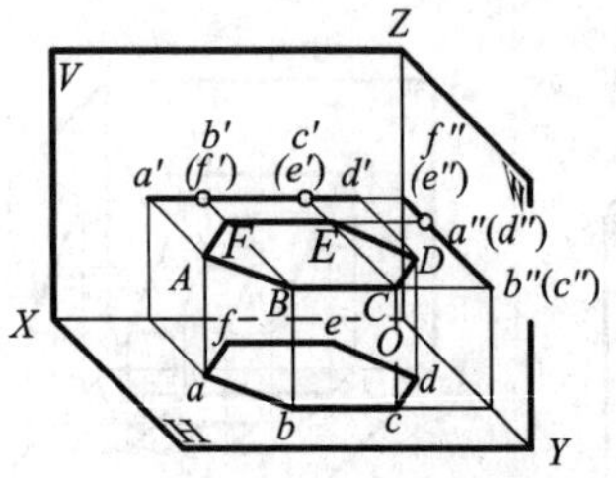	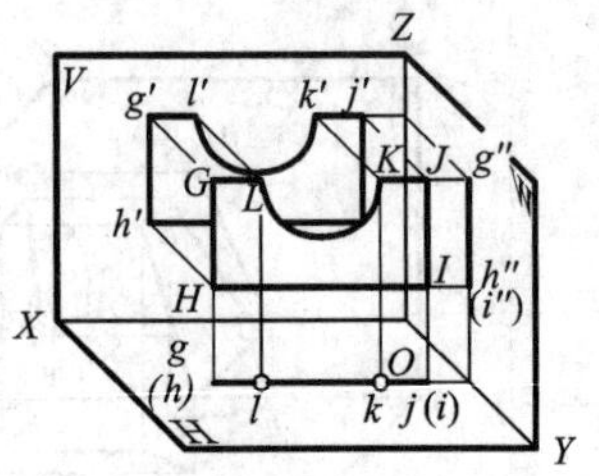	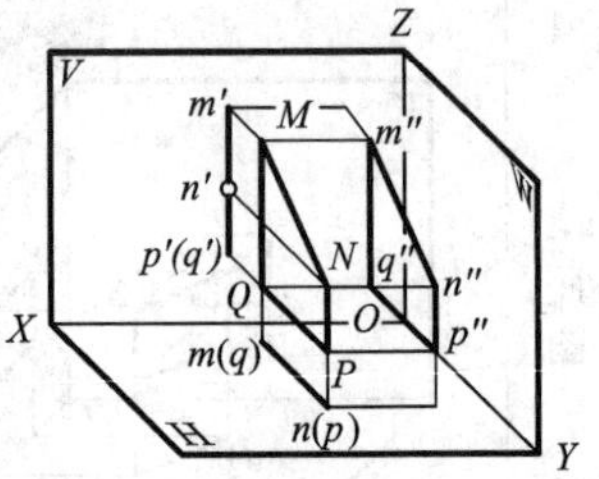
投影图	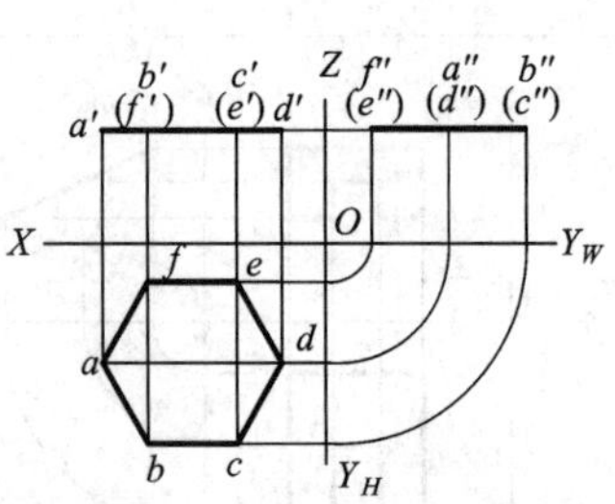	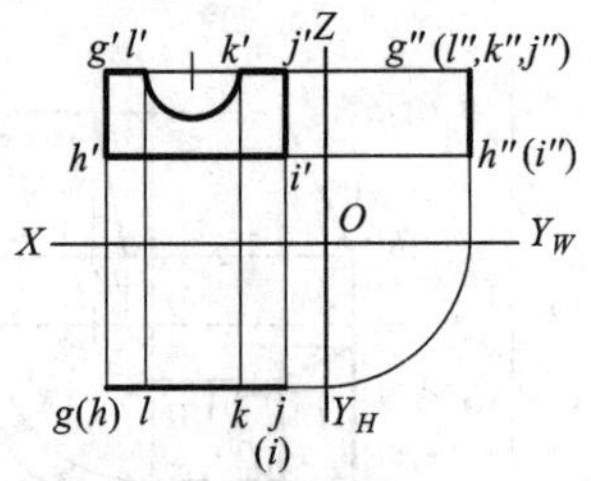	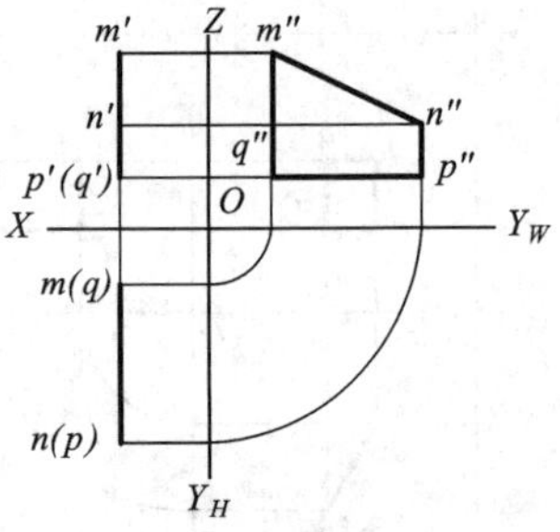
投影特性	1. 水平投影反映真形 2. 正面投影积聚为一直线段，且平行于 OX 轴 3. 侧面投影积聚为一直线段，且平行于 OY_W 轴	1. 正面投影反映真形 2. 水平投影积聚为一直线段，且平行于 OX 轴 3. 侧面投影积聚为一直线段，且平行于 OZ 轴	1. 侧面投影反映真形 2. 正面投影积聚为一直线段，且平行于 OZ 轴 3. 水平投影积聚为一直线段，且平行于 OY_H 轴
实例	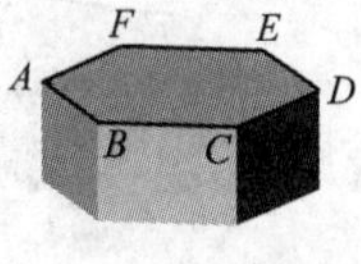	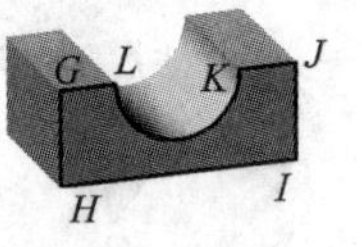	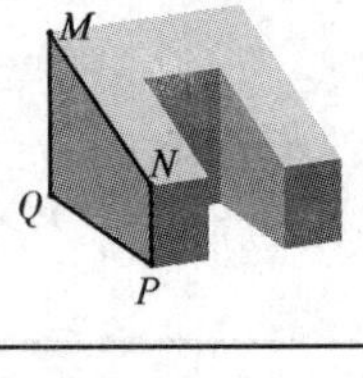

从表 3-4 中可归纳出投影面平行面的投影特性：

(1)平面在所平行的投影面上的投影反映真形。

(2)平面的另外两投影均积聚为直线，且相应地平行于投影面平行面所包含的两条轴线。

3. 一般位置平面

与三个投影面都处于倾斜位置的平面，称为一般位置平面。如图 3-17 所示，△SAB 与三个投影面都是倾斜的，因此，它的三个投影△sab、△$s'a'b'$、△$s''a''b''$ 均为小于真形的类似形，不反映空间三角形的真形，也不反映该平面对投影面的倾角 α、β、γ。

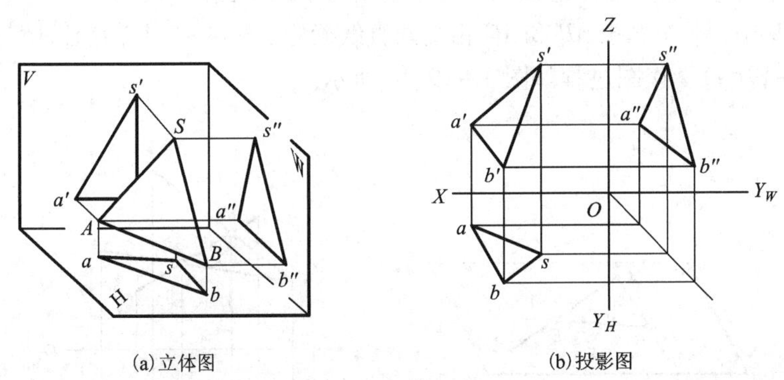

(a)立体图　　(b)投影图

图 3-17　一般位置平面的投影

例 3-5　△ABC 为一正垂面，已知其水平投影△abc 和 A 点的正面投影 a'，△ABC 与 H 面的夹角 $\alpha=45°$，试求△ABC 的正面投影和侧面投影。如图 3-18(a)所示。

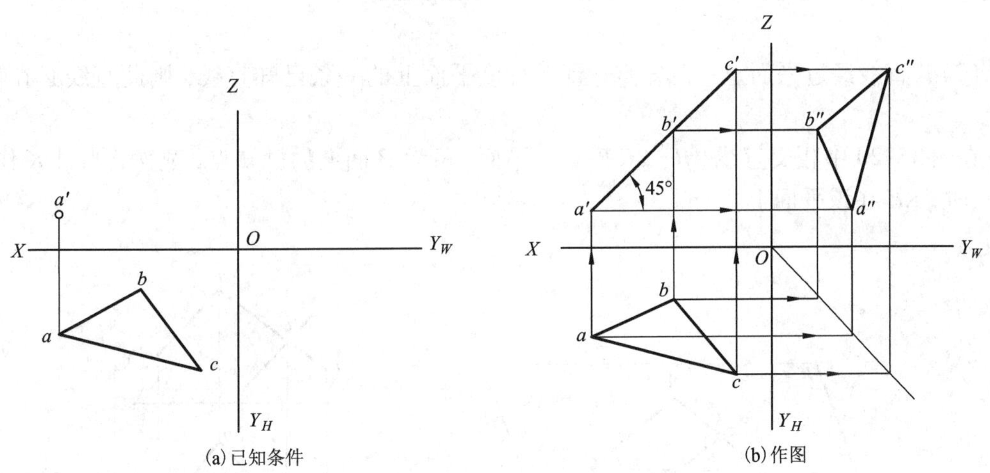

(a)已知条件　　(b)作图

图 3-18　作正垂面的投影

分析：△ABC 为正垂面，正面投影 $a'b'c'$ 必为直线，且与 OX 轴夹角为 45°，先求出正面投影再求侧面投影。

作图：

(1)过 a' 作直线与 OX 轴成 45°；

(2)过 b、c 作 OX 轴的垂线，得 b'、c',则 $a'b'c'$为△ABC 的正面投影；

(3)按点的投影规律求出侧面投影 a''、b''、c'',连接 $a''b''c''$，即为△ABC 的侧面投影，如图 3-18(b)所示。

本题还有其他解,请读者自行分析。

3.4.3 平面上的直线和点

1. 平面上取直线

(1)若一直线过平面上的两已知点，则此直线属于该平面。

在图 3-19 中，平面 P 由 AB 和 AC 相交两直线确定，E 在 AC 上，D 在 AB 上，则 DE 在 P 面上，如图 3-19(a)。作图过程如图 3-19(b)所示。

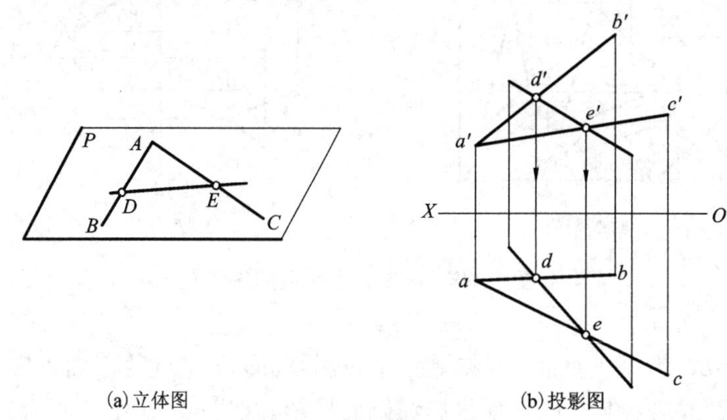

图 3-19 平面上取直线

(2)若直线经过平面上一已知点，且平行该平面上的一条已知直线，则此直线必在该平面上。

在图 3-20 中相交直线 AB、BC 确定一平面，K 为 P 面上的已知点，显然，当过 K 作 KF // BC 时，KF 在该平面上。

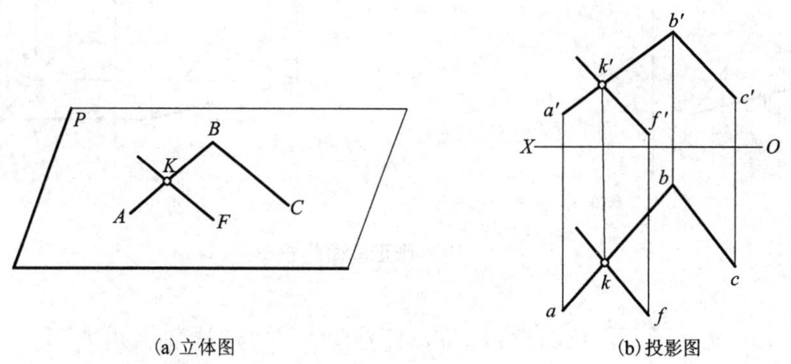

图 3-20 平面上取直线

2. 在平面上取点

要在平面上作点，必在平面上作一直线，然后在此直线上取点。由于该直线在平面上，则直线上的各点必然也在平面上。

例3－6　如图3－21(a)所示，已知平面△*ABC*的正面投影和水平投影，一点*K*的正面投影和水平投影，试判断*K*是否在平面△*ABC*上。

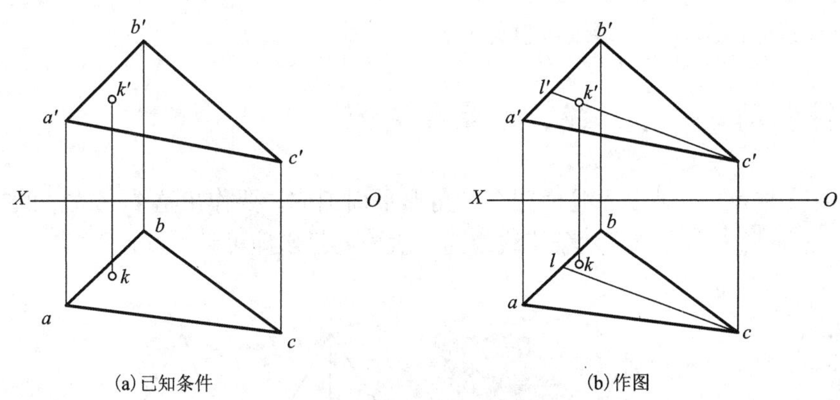

(a)已知条件　　(b)作图

图3－21　平面上取点

分析：若点在平面上，其投影必在平面的一直线上。

假定*K*点在平面上，则*K*点在平面的某一直线*CL*上，根据*L*是*AB*上的点求出*L*点的水平投影，连接*c'l'*、*cl*得直线*CL*的正面投影和水平投影，而*K*点的水平投影不在直线*cl*上，即*K*点不在平面的一直线上，则*K*点不在平面上。

例3－7　如图3－22(a)所示，试完成四边形*ABCD*的正面投影。

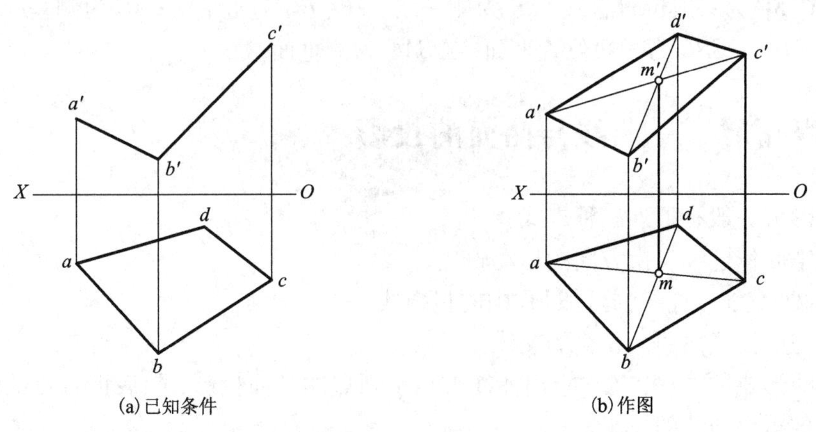

(a)已知条件　　(b)作图

图3－22　平面上取点

分析：只要求出*D*点的正面投影*d'*，即可完成四边形*ABCD*的正面投影。该平面*A*、*B*、*C*三点已确定，*D*点属于该平面上的一个点，因此可利用平面上取点方法作图。

作图:

(1)连 ac 和 bd, 交于 m;

(2)连 $a'c'$, 由 m 在 $a'c'$ 上求出 m';

(3)连 $b'm'$ 并延长;

(4)过 d 作 Ox 轴垂线与 $b'm'$ 交于 d';

(5)连接 $a'd'$ 和 $c'd'$, 完成四边形正面投影。如图 3-22(b)所示。

本题还有其他作图方法, 请读者自行分析。

3.5 项目驱动——点、线、面综合实例

如图 3-23 所示的三棱锥, 是由四个三角形平面围成。要作出这个三棱锥的投影, 只要作出其四个顶点 A、B、C、S 或六条棱线或四个表面的投影即可。

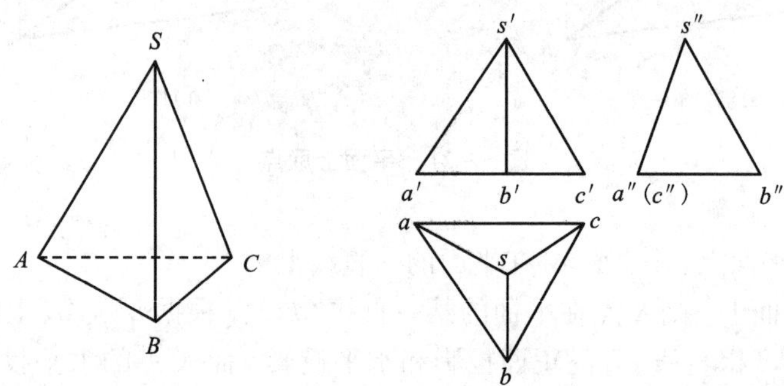

图 3-23 三棱锥三视图的画法

图中 SA、SC 为一般位置直线; SB 为侧平线; AB、BC 为水平线; AC 为侧垂线。$\triangle ABC$ 为水平面; $\triangle SAB$、$\triangle SBC$ 为一般位置平面; $\triangle SAC$ 为侧垂面。

3.6 课程拓展——曲线与曲面的投影

[曲线与曲面投影案例

曲线的形成一般有下列三种方式:

①点在空间作连续变换方向的运动轨迹;

②一条线(直线或曲线)运动过程中的包络线;

③平面与曲面或两曲面相交的交线。

按照曲线形成的方法, 依次求出曲线上一系列点的各面投影, 然后把各点的同面投影顺次光滑连接即得该曲线的投影。

曲面可以看作是一条线(直线或曲线)在空间作有规律或无规律的连续运动所形成的轨迹, 或者说曲面是运动线所在位置的集合。

只要作出能够确定曲面的几何要素的必要投影, 就可以确定一个曲面。作图时, 一般应画出导线和曲面的轮廓线, 必要时还要画出若干素线及其曲面的 H 面轨迹。

3.7　三维拓展——Solidworks 基准点、线、面的建立方法

Solidworks 中的参考几何体包括基准面、基准轴、点和坐标系等基本要素，这些几何元素可作为其他几何体构建时的参照物，在创建零件的一般特征、曲面、零件的剖切面以及装配中起着非常重要的作用。

1. 基准点(参考点)

"点"的功能是在零件设计中创建点，作为其他实体创建的参考元素。单击下拉菜单中的【视图(V)】|【隐藏/显示(H)】|【点(N)】命令可以隐藏或显示所有基准点。

首先调出几何体，然后单击【参考几何体】工具栏中的【点】按钮，或者选择【插入(I)】|【参考几何体(G)】|【点(O)】命令，系统弹出【点】属性管理器。属性管理器各按钮的含义如图 3－24(a)所示。

当选择如图 3－24(b)所示圆孔的边线时，则创建与所选圆弧圆心重合的参考点 1，如图 3－24 所示。

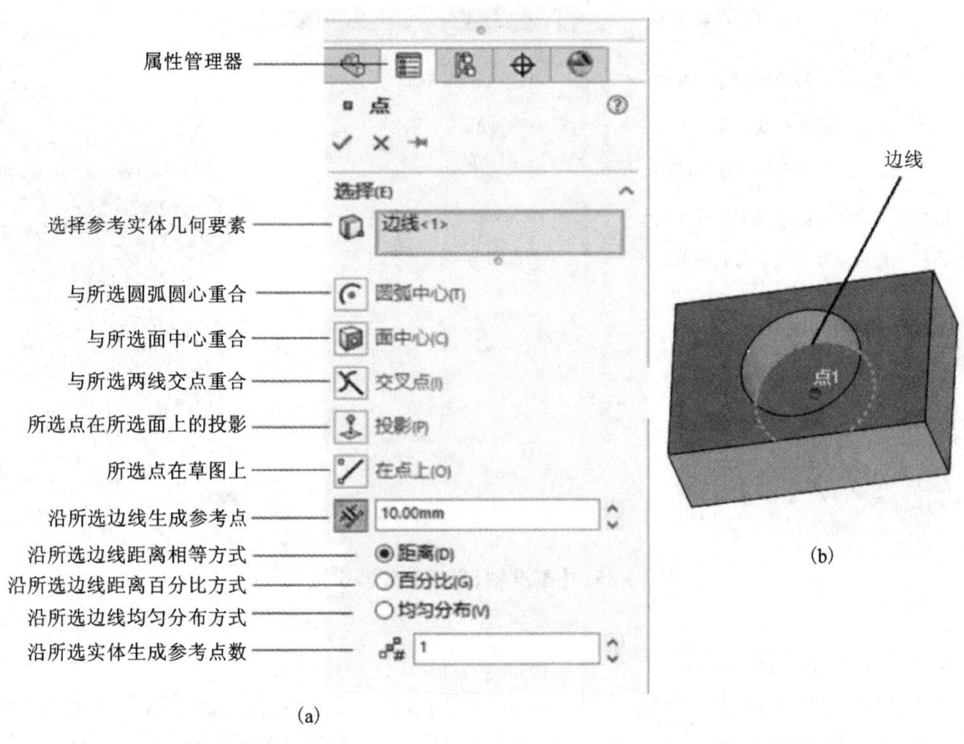

图 3－24　【点】属性管理器设置

2. 基准线(基准轴)

“基准轴”的功能是在零件设计模块中建立轴线，可用于特征创建时的参照。同时基准轴对创建基准平面、同轴放置项目和径向阵列特征起重要作用。单击下拉菜单中的【视图(V)】|【隐藏/显示(H)】|【基准轴(A)】命令可以隐藏或显示所有基准轴。

首先调出几何体，然后单击【参考几何体】工具栏中的【基准轴】按钮，或者选择【插入(I)】|【参考几何体(G)】|【基准轴(A)】命令，系统弹出【基准轴】属性管理器。属性管理器各按钮的含义如图 3－25(a)所示。定义基准轴的参考实体。单击窗口中的勾按钮，完成基准轴的创建。

选择如图 3－25(b)所示圆柱孔的内表面，利用柱面中心轴线创建基准轴。

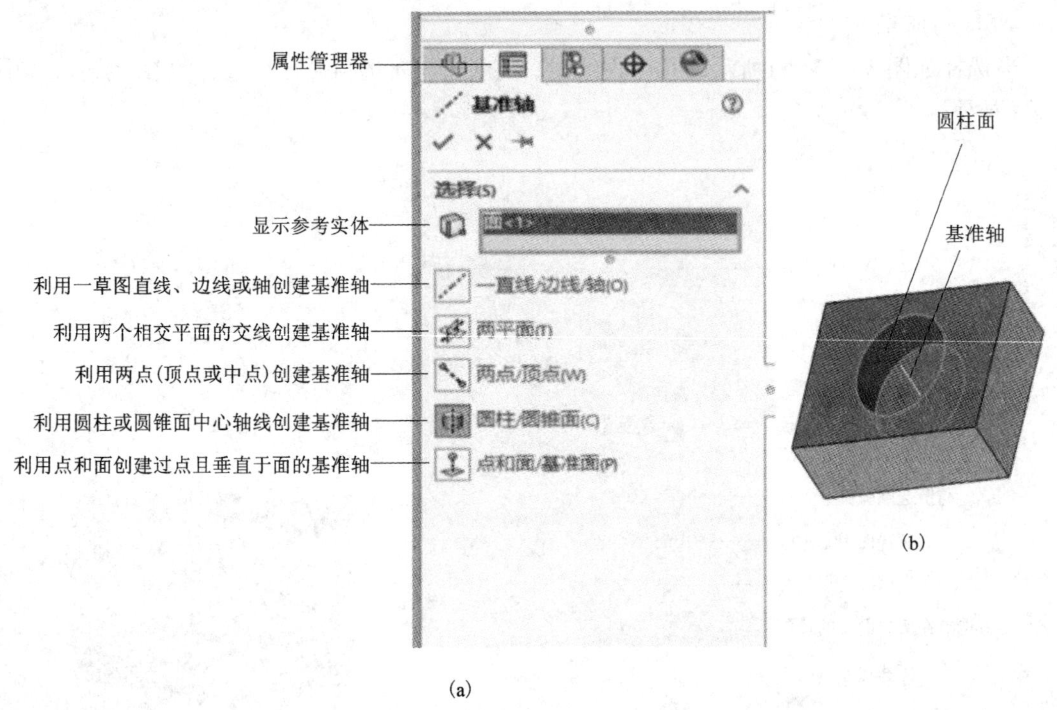

图 3－25 【基准轴】属性管理器设置

3. 基准面(基准平面)

基准面的功能是在创建一般特征时，如果模型上没有合适的平面，可以创建基准面作为特征截面的草图平面或参照平面。单击下拉菜单中的【视图(V)】|【隐藏/显示(H)】|【基准面(P)】命令可以隐藏或显示所有基准面。

首先调出几何体，然后单击【参考几何体】工具栏中的【基准面】按钮，或者选择【插入(I)】|【参考几何体(G)】|【基准面(P)】命令，系统弹出【基准面】属性管理器。属性管理器各按钮的含义如图 3－26(a)所示。定义基准面的参考实体。单击窗口中的勾按钮，完成基准面的创建。

选择如图3－26(b)所示长方体顶点和边线，利用一条直线和直线外一点创建基准面，此基准面包含指定直线和点。

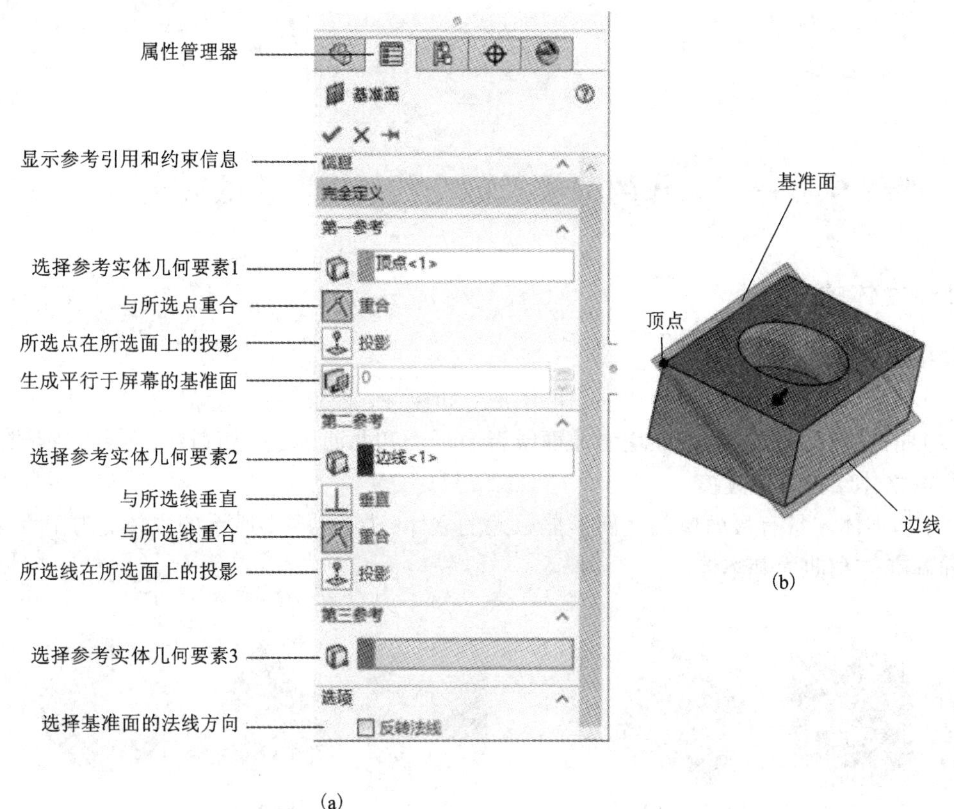

图3－26　【基准面】属性管理器设置

解题技巧：点、线、面作图

1.《工程制图习题集》第25页题3－24

2.《工程制图习题集》第25页题3－25

第4章

立体及其表面交线的投影

4.1 课程导学——立体的分类及截交线、相贯线的应用

4.1.1 立体的分类

1. 按立体几何表面性质

(1)平面立体。立体的表面均由平面围成，如棱柱、棱锥等。

(2)曲面立体。立体的表面均由曲面或者由平面和曲面围成，如圆柱、圆锥、圆球等。

2. 按立体结构复杂程度

(1)基本体。具有最简单的几何形体单元的立体，如图4－1所示的立体，为工程中常见的平面基本体和曲面基本体。

(a)平面基本体　(b)曲面基本体

图4－1 常见的基本体

(2)组合体。由各种基本体经切割或叠加组合而成，包括了更多的平面或曲面，因而具有较为复杂的结构形状。机器零件大多为组合体结构，如图4－2所示，为常见的机器零件压块、轴承座的几何模型，它们分别由棱柱、圆柱经过切割、叠加得到。

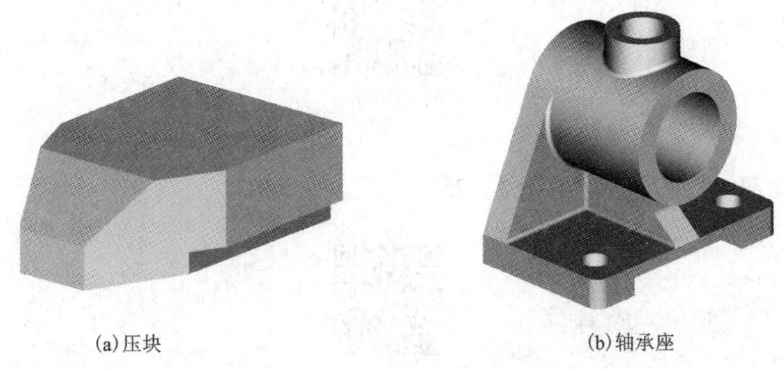

(a)压块　(b)轴承座

图4－2 机器零件的几何模型

本章将从平面立体和曲面立体两个方面，分别介绍常见基本体的投影、基本体表面交线的投影。组合体的投影将在后续章节中介绍。

4.1.2　生活中的截交线

[生活中的截交线实例]

在日常生活以及工程机械中，常会见到立体与平面相交的情况。例如：加工好的钻石，建筑物外轮廓，机床上的车刀、顶尖、拉杆头等，其表面均存在典型的截交线。

4.1.3　生活中的相贯线

[生活中的相贯线实例]

西气东输的国家重点工程中，管道与管道相交的交线即为相贯线。其他如建筑物的内外表面、楼梯扶手的连接表面、各种复杂的零部件表面等，均能找到相贯线。只要注意观察，相贯线无处不在。

4.2　基本体的投影

4.2.1　平面立体的投影

平面立体的表面是各种多边形平面，其投影是各多边形的边或者顶点的投影。本节以棱柱、棱锥为例，分析平面立体的投影特性，以及在平面立体表面上求点、线的投影的方法。

1. 棱柱的投影

棱柱由顶面、底面和棱面所围成，且各棱线相互平行。绘制棱柱的投影时，应尽量使其顶面和底面平行于投影面，并使其棱线平行或垂直于投影面，以使作图简便。

例 4－1　绘制图 4－3(a)所示正五棱柱的三面投影。

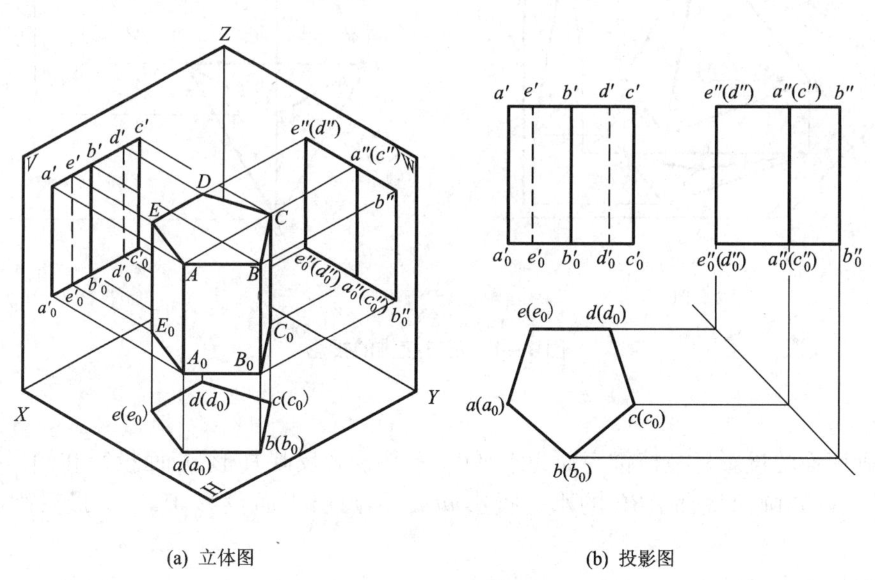

(a) 立体图　　(b) 投影图

图 4－3　正五棱柱的投影

分析： 正五棱柱的顶面和底面为水平面，一个棱面为正平面，其余四个棱面为铅垂面，五条棱线均为铅垂线。

作图：

(1)画顶面和底面的投影。顶面和底面均为水平面,其正面和侧面投影分别积聚为一直线段,水平投影反映正五边形的真形,且顶面和底面的水平投影重合。

(2)画棱面的投影。棱面 AA_0B_0B、BB_0C_0C、CC_0D_0D、EE_0A_0A 均为铅垂面，水平投影积聚成直线，正面投影和侧面投影反映类似形，棱面 DD_0E_0E 为正平面，正面投影反映真形，水平投影和侧面投影积聚成直线。

(3)判别可见性。前两个棱面的正面投影可见，其轮廓线画粗实线；后三个棱面的正面投影不可见，故 $e'e''_0$、$d'd''_0$ 画虚线；顶面和底面的水平投影重合以及左棱面和右棱面的侧面投影重合，故只画粗实线。如图 4-3(b)所示。

2. 棱锥的投影

棱锥由底面和棱面所围成，其各棱线交汇于锥顶。考虑作图的方便，绘制棱锥的投影时，应尽量使其底面平行于投影面，棱面平行或垂直于投影面。

例 4-2　绘制如图 4-4(a)所示正三棱锥的三面投影。

分析： 正三棱锥底面为水平面，前两个棱面为一般位置平面，后棱面为侧垂面。对一般位置平面，作图时，应先作出组成平面的各顶点的投影。

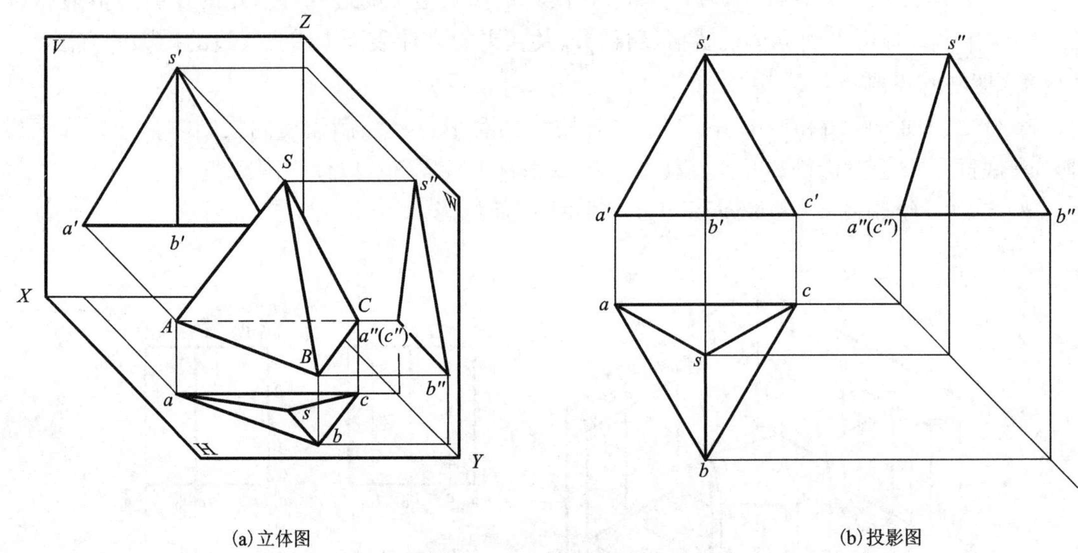

(a)立体图　　(b)投影图

图 4-4　正三棱锥的投影

作图：

(1)画底面的投影。三棱锥底面为水平面,水平投影反映真形,正面投影和侧面投影均积聚成直线。首先画出底面 ABC 的水平投影 abc，再画出正面投影 $a'b'c'$，最后画出侧面投影 $a''b''c''$。

(2)根据顶点 S 的坐标，画出 s、s'、s''。

(3)将 s、s'、s''与底面各顶点 A、B、C 的同面投影相连，即得各棱面的投影。

(4)判别可见性。根据可见性判别原则，可知正三棱锥的三面投影的最终结果如图 4－4(b)所示。

表 4－1 中，列出了其他一些基本平面体的投影。

表 4－1　其他基本平面体的投影

名称	三面投影和立体图	名称	三面投影和立体图
四棱柱	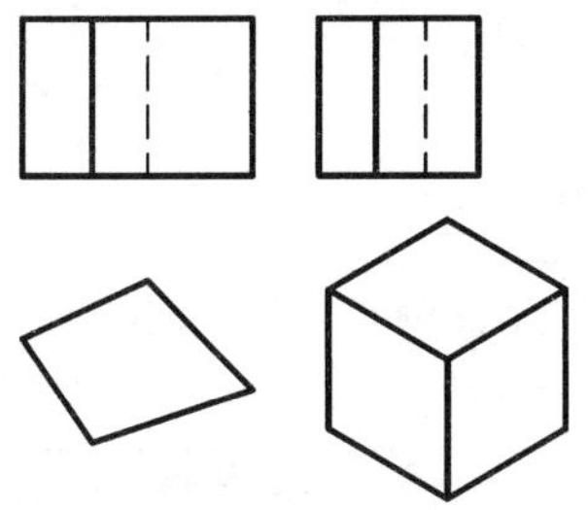	正六棱柱	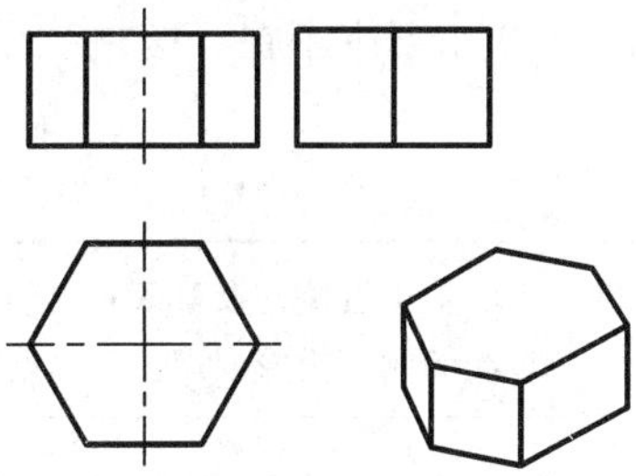
正四棱锥	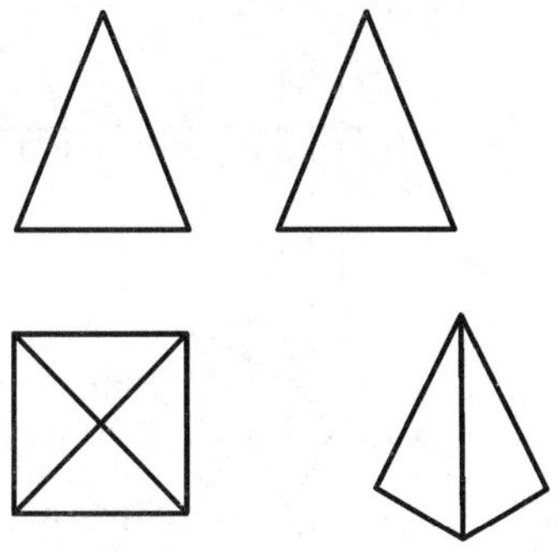	正六棱锥	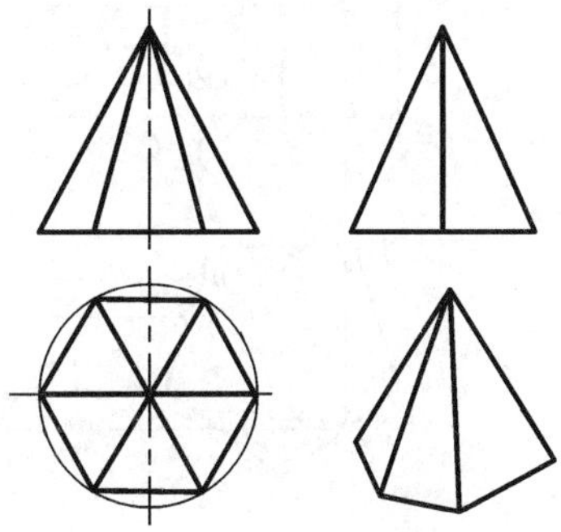
斜三棱柱	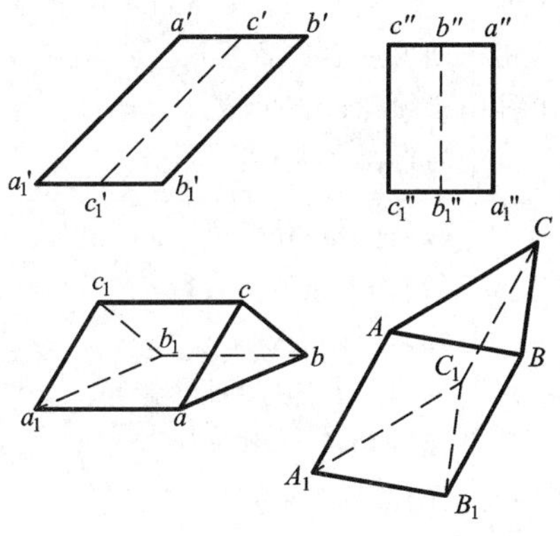 a' c' b' a_1' c_1' b_1' c'' b'' a'' c_1'' b_1'' a_1'' c_1 c b_1 b a_1 a C A B C_1 A_1 B_1	斜三棱锥	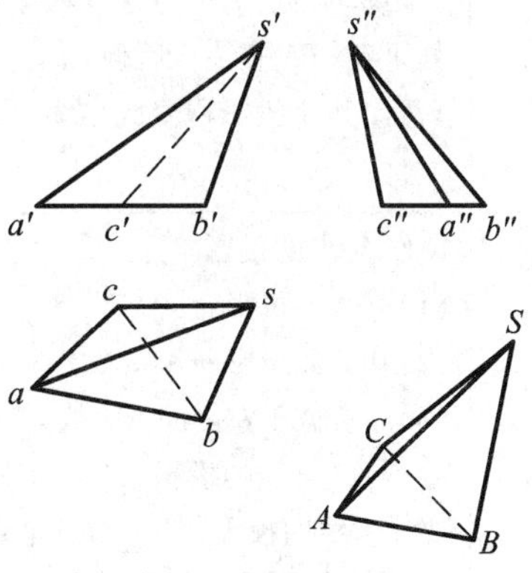 s' a' c' b' s'' c'' a'' b'' c s a b S C A B

3. 求平面立体表面上的点、直线的投影

在平面立体表面上取点和直线，实际上就是在平面上取点和直线。因此，可根据平面上求直线、求点的方法进行作图，通常可按以下步骤进行：

(1)判断点属于哪个平面。

(2)判断该平面对投影面的相对位置。

①如果该平面是特殊位置平面，则利用积聚性作图，即在该平面具有积聚性的投影上作出点的投影，然后再作点的第三个投影；

②如果该平面是一般位置平面，则利用辅助线作图，即先在平面内作辅助直线，然后再在直线上取点。

(3)判别可见性。

如果点所在平面的投影可见，则点的投影可见；反之，点的投影不可见。不可见的投影点必须加“( )”，不可见的投影线画成虚线。

表4-2中列举了在五棱柱、三棱锥表面取点、线的作图方法。

表4-2　平面立体表面取点、线

条件和要求	已知正五棱柱及其表面上点 M 的正面投影 m' 和直线的侧面投影 $p''n''$，完成点和直线的其他投影	已知正三棱锥及其表面上点 M 的正面投影 m'，完成 M 点的其余两投影
投影图	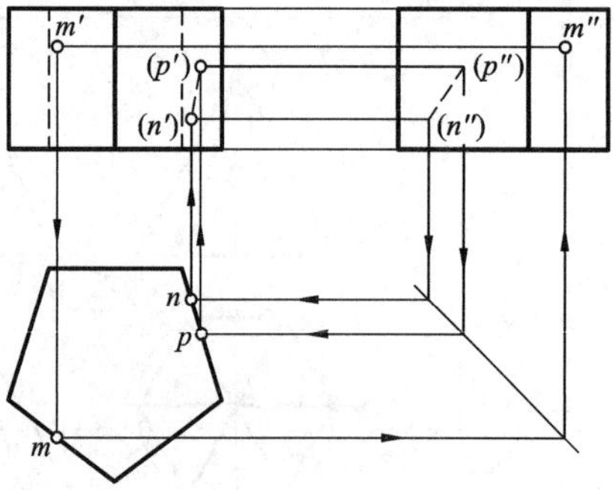	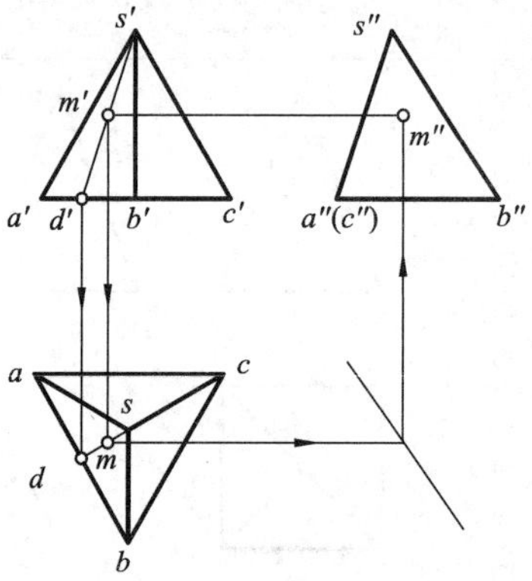
分析	因 m' 可见，$p''n''$ 为虚线不可见，则点 M 在左、前侧面上，PN 在右、后侧面上。这两个平面均为铅垂面，水平投影积聚成直线，故可利用积聚性作图	因 m' 可见，则 M 在 SAB 平面上，该平面为一般位置平面。要求点 M 的投影，必须先过 M 点在 SAB 平面上作直线，然后再在直线上取点
作图步骤	1. 作 M 点的投影 (1)作水平投影 m； (2)作侧面投影 m''； (3)m 点位于左侧面上，故 m'' 可见。 2. 作 PN 直线的投影 要作直线的投影，只需作出直线上两端点的投影： (1)作 P、N 的水平投影 p、n； (2)作 P、N 的正面投影 p'、n'； (3)PN 直线位于后侧面上，正面投影不可见，将 p'、n' 用虚线相连	(1)连 $s'm'$ 并延长与 $a'b'$ 相交于 d'； (2)作 D 的水平投影 d； (3)连接 sd； (4)作 M 点的水平投影 m； (5)由 m'、m 作 m''； (6)m、m'' 均可见

4.2.2　曲面立体的投影

工程中常用的曲面立体一般为回转体结构，回转体是典型的曲面立体。

1. 回转体的概念

回转体是指具有回转曲面的立体，而回转曲面是由母线绕一定轴线做旋转运动得到，母线在回转曲面上的任意位置线叫作素线。典型的回转体有圆柱、圆锥、圆球和圆环等，如图 4－5 所示。

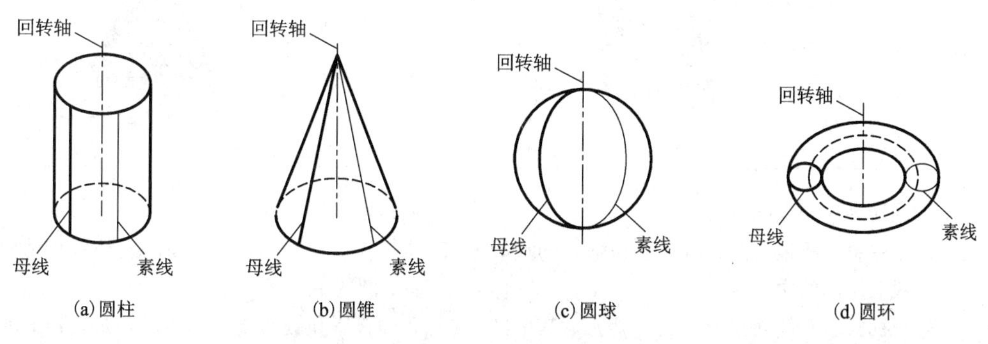

图 4－5　典型的回转体

2. 回转体的投影

绘制回转体的投影时，应使其回转轴线垂直于某一投影面，则回转轴线必将平行于另外两个投影面。画图时首先用中心线画出回转轴线的平行投影线及投影为圆的投影中的中心线，作为作图的基准线，然后再依次画出其他投影线。

回转体回转表面的投影，用转向轮廓素线表示，转向轮廓素线是回转面在该投影面上可见与不可见的分界线。值得注意的是，不同的投影面有不同的转向轮廓素线，凡不属于该投影面的转向轮廓素线，一律不画出。

常见回转体的投影及其投影特性见表 4－3，其中，AA、SA 为一般位置的素线。

3. 求回转体表面上点、线的投影

在回转体表面取点和线，可利用积聚性和作辅助线的方法进行作图。

(1) 在回转体表面取点。

在回转体表面取点可按以下步骤进行：

1) 判断点在哪个面上。

2) 分析该面的投影特性并作图。

①若该面的投影具有积聚性，则利用积聚性作图，即先在该面具有积聚性的投影上作出点的投影，然后再作点的第三投影；

②若该面的投影无积聚性，则需作辅助线，所作的辅助线应是便于作图的直线或圆，然后再在辅助线上取点。

3) 判别可见性。如果点所在面的投影可见，则点的投影可见；反之，点的投影不可见。不可见的投影必须加“( )”。

表4-3 常见回转体的投影及其投影特性

名称	圆柱体	圆锥体
投影	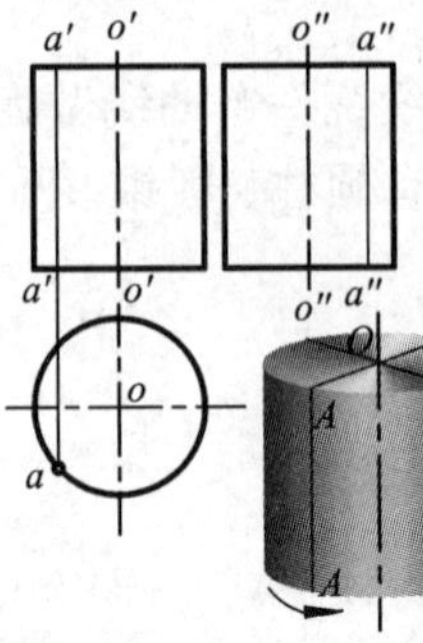	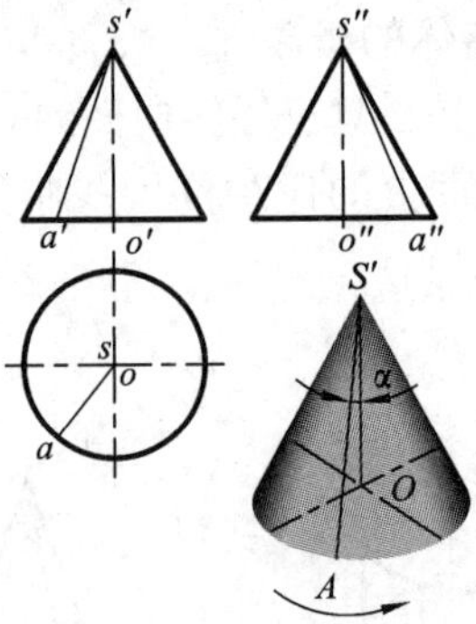
投影特性	(1)回转轴线用点画线表示； (2)水平投影积聚为圆，用水平和垂直的点画线表示圆的中心线； (3)正面投影和侧面投影均为一矩形，其中圆柱面的正面投影和侧面投影各为两条与轴线平行的转向轮廓素线	(1)回转轴线用点画线表示； (2)水平投影为一圆，即底面的轮廓线，无积聚性，圆的中心线用点画线表示； (3)正面投影和侧面投影均为三角形，其中圆锥面的正面投影和侧面投影各为两条相交的转向轮廓素线
投影	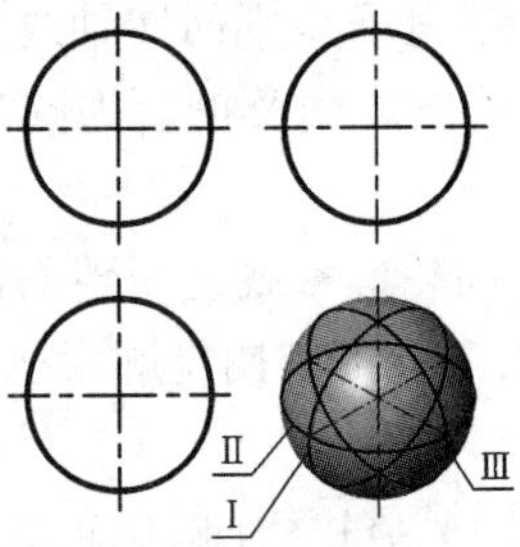	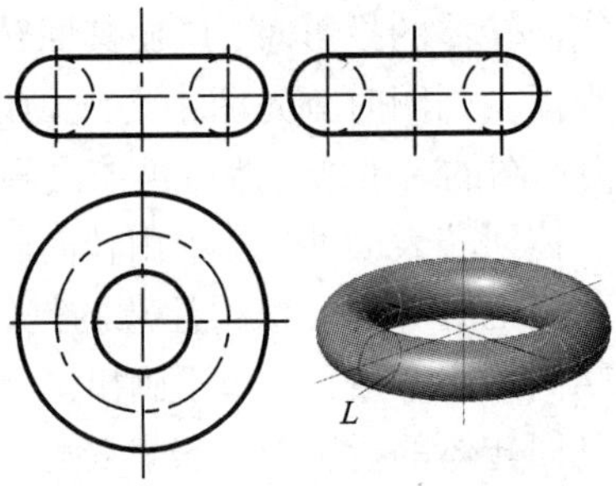
投影特性	(1)正面投影的圆为转向轮廓素线Ⅰ的投影； (2)水平投影的圆为转向轮廓素线Ⅱ的投影； (3)侧面投影的圆为转向轮廓素线Ⅲ的投影。以上三个圆均无积聚性	(1)水平投影的点画线圆为母线圆心旋转过程中的运动轨迹，大圆和小圆为上半环和下半环转向轮廓素线的投影； (2)正面和侧面投影的圆分别为母线旋转到反映真形位置的轮廓素线，两圆相切线为环面轮廓。内环面为不可见，画成虚线

(2)在回转体表面取线。

在回转体表面取线可按以下步骤进行：

1)判断线在哪个面上。

2)判断线的几何形状并作图。

①若线的几何形状为直线，则只需按回转体表面取点的方法，作出直线上两端点的投

影，然后将其同面投影相连即可。

②若线的几何形状为曲线，则需按回转体表面取点的方法，作出曲线上若干个点的投影，然后将其同面投影光滑相连（注：若投影为圆弧，则应确定圆心和半径直接画圆弧。）。

3）判别可见性。线所在面的投影可见，则线可见；反之，线不可见。不可见的线用虚线表示。

例 4－3　如图 4－6 所示，已知圆柱及其表面上点 M 的正面投影 m'，求点 M 的水平投影和侧面投影。

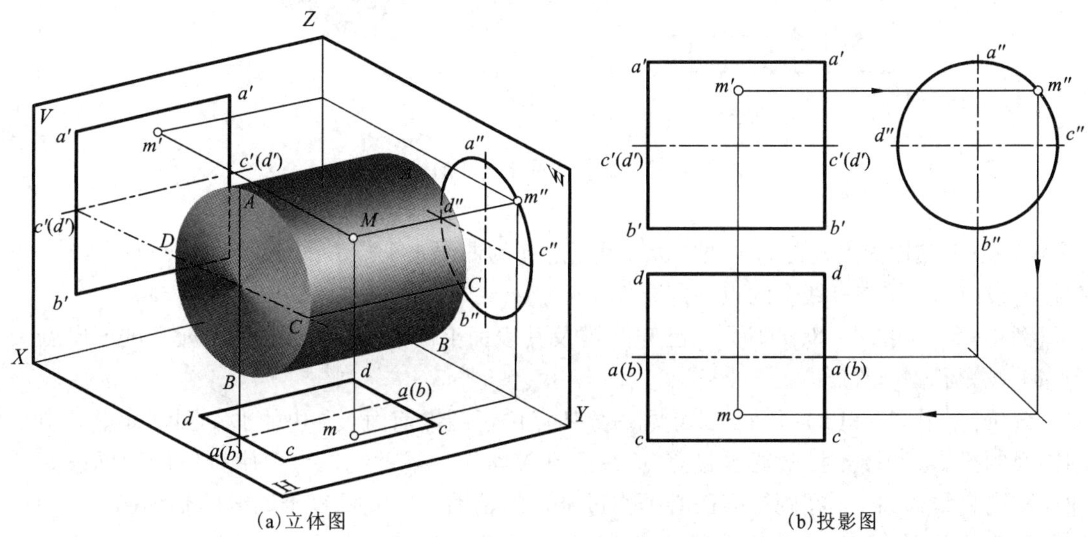

（a）立体图　　（b）投影图

图 4－6　圆柱表面取点

分析：因 m' 可见，则点 M 位于前半个圆柱面上。圆柱面的侧面投影具有积聚性，可利用积聚性作图。

作图：

（1）作 m''；

（2）由 $m'm''$ 作 m；

（3）因 m' 位于上半个圆柱面上，则 m 可见。

例 4－4　如图 4－7 所示，已知圆柱体及其表面上 BF 线的正面投影，试完成 BF 线的水平投影和侧面投影。

分析：因 $b'f'$ 为与轴线倾斜的直线段且可见，则该线段为一平面曲线，且在前半个圆柱面上。圆柱面的侧面投影积聚为一圆，故线段的侧面投影积聚在圆周上，线段的水平投影为曲线，则需在曲线上取若干个点。利用积聚性，求出各点的水平投影，然后将其光滑相连。

作图：

（1）作特殊点（端点和转向素线上的点等）B、D、F。在正面投影的直线上取 b'、d'、f'，然后作侧面投影 b''、d''、f''，再由此作出 b、d、f。

（2）作一般点 C、E，方法与上同。

（3）作出各点的水平投影后，判别可见性，并光滑连接。曲线 BD 位于上半圆柱面上，

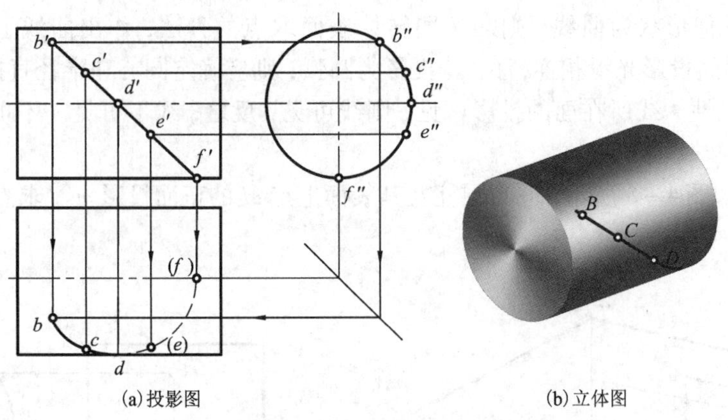

(a) 投影图　　(b) 立体图

图 4－7　圆柱表面上曲线的投影

DF 位于下半圆柱面上，故 *bd* 可见，*df* 不可见。*d* 为曲线水平投影的可见性分界点，因此，作曲线的投影时，转向素线上的点一定要作出。

例 4－5　如图 4－8(a)所示，已知圆锥及其表面上的点 *M* 的正面投影 *m′*，试求出点 *M* 的水平投影和侧面投影。

分析：由图 4－8(b)可知，*m′*可见，故 *M* 点位于圆锥前面、左边的 1/4 圆锥面上。由于圆锥面的投影无积聚性，故必须过点 *M* 在圆锥表面作一辅助线。为了使所作的辅助线为方便作图的直线或圆，则在圆锥表面必须作过锥顶的辅助素线或垂直于轴线的辅助圆，我们称这两种方法分别为辅助素线法和辅助圆法。下面分别用这两种方法进行作图。

作图：

(1) 辅助素线法。

如图 4－8(c)所示。

①连接 *s′m′* 并延长使其与底圆相交于 1′，*s′*1′即为圆锥面上过点 *M* 的辅助素线 *SI* 的正面投影。

②作 1、1″，连接 *s*1、*s″*1″。

③*M* 点在辅助线 *SI* 上，根据点的从属性，即可求得 *m*、*m″*。

④判别可见性。圆锥面上任意点的水平投影均可见，故 *m* 可见，又 *M* 点位于左圆锥面上，故 *m″*可见。

(2) 辅助圆法。

如图 4－8(d)所示。

①过点 *m′* 作一水平线使其与最左、最右的转向素线相交，这条线即为过点 *M* 的辅助圆的正面投影(积聚成直线)，夹在两转向素线之间线段的长度即为辅助圆的直径；

②作出辅助圆的水平投影(反映圆的真形)；

③因 *M* 点在辅助圆上，故 *M* 点的各投影必定在辅助圆的同面投影上，从而可先作出 *m*，再作 *m″*。

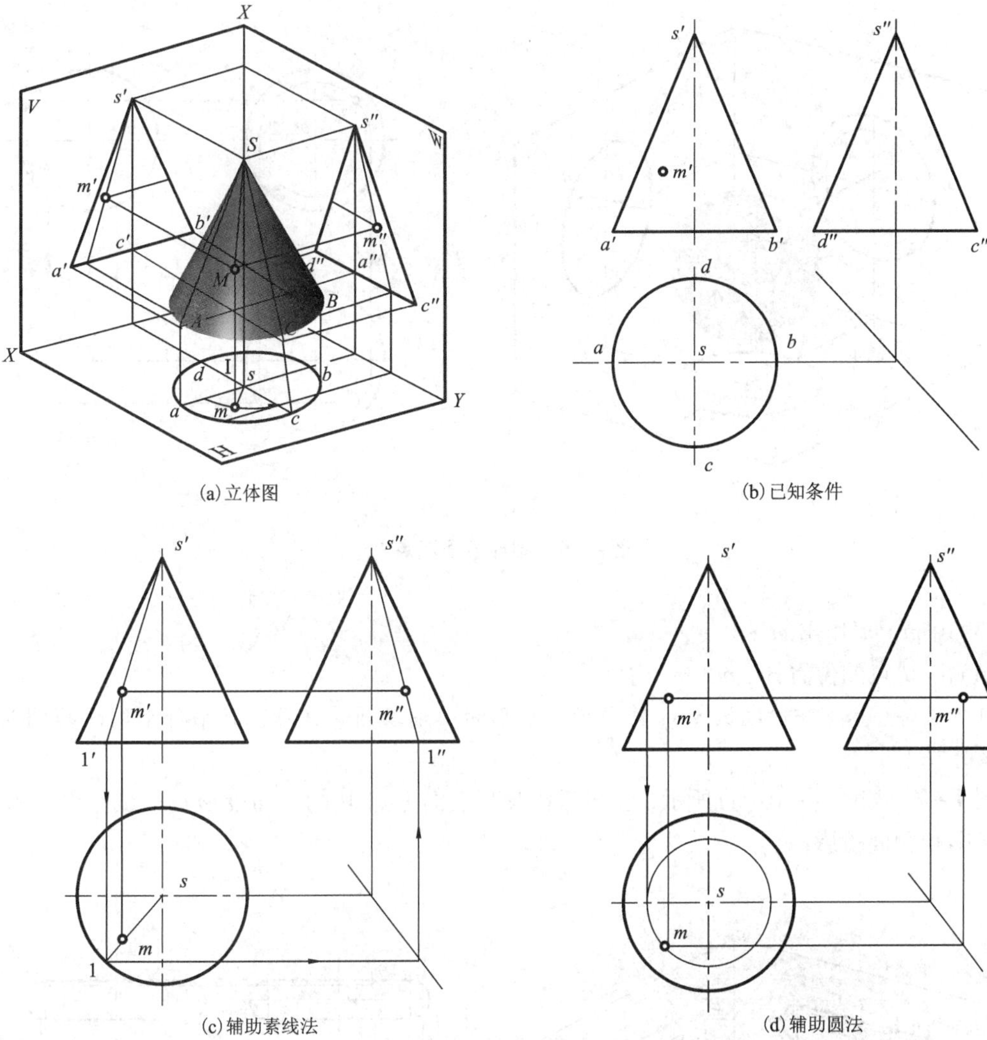

(a)立体图

(b)已知条件

(c)辅助素线法

(d)辅助圆法

图4-8　圆锥表面取点

[圆锥表面取点]

例4-6　如图4-9(a)所示，已知圆球及其表面上点 M 的水平投影 m，试作出点 M 的正面投影和侧面投影。

分析：球面的投影没有积聚性，要在其表面取点，可过该点在球面上作平行于任意投影面的辅助圆。如图4-9(b)所示，作平行于正面的圆，又因 m 可见，故 M 点位于左、上、前1/8球面上。

作图：

(1)过 m 作一水平直线12，12即为所作平行于正面的辅助圆的水平投影；

(2)在正面投影上作以12为直径的圆，因 M 点在圆周上，且位于上方，则可作出 m'；

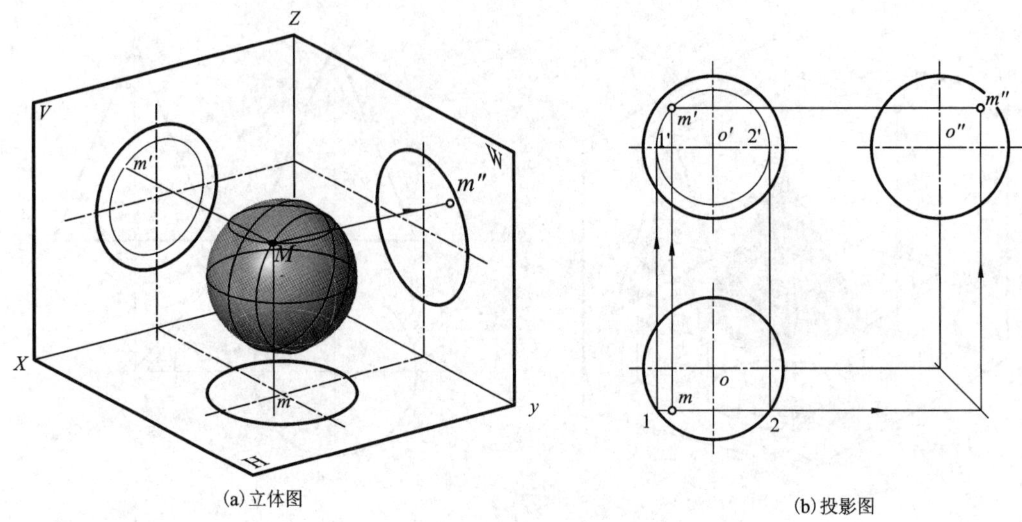

图 4-9　圆球表面取点

(3)由 m、m'作出 m'';

(4)由 M 点的位置知，m'、m''均可见。

自行思考：本例中，过该点 m 作平行于水平面的辅助圆怎么作？作平行于侧面的辅助圆又怎么作呢？

例 4-7　如图 4-10(a)所示，已知圆环及其表面上点 M 的正面投影 m'，试作出点 M 的水平投影和侧面投影。

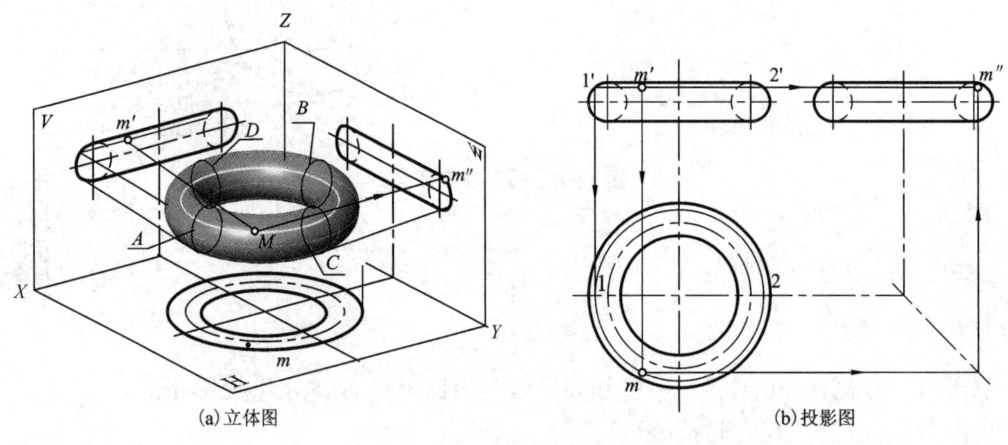

图 4-10　圆环表面取点

分析：圆环面无积聚性，要在其表面取点，可过该点在圆环面上作垂直于轴线的辅助圆。如图 4-10(b)所示，作平行于水平面的辅助圆。又因 m'可见，故 M 点位于前方、上半环的外环面上。

作图：

(1) 过 m' 作 $1'2'$，$1'2'$ 为所作辅助圆的正面投影；

(2) 以 $1'2'$ 为直径，在水平投影上作圆，因 M 点在圆周上，且在前方，则可作出 m；

(3) 由 m、m' 即可作出 m''；

(4) 由 M 点的位置知，m、m'' 均可见。

自行思考：本例中，若 m' 不可见，那么 M 点的空间位置有哪几种？它们的投影应如何求出？

4.3　平面截切立体——截交线的投影

基本立体如果被截切掉一部分，则为不完整立体，不完整立体的结构包括截切之后的切口，具有更复杂的形状和投影。如图 4－11 所示，为较复杂不完整的平面立体和回转立体。如图 4－12 所示，为简单不完整立体及其投影。

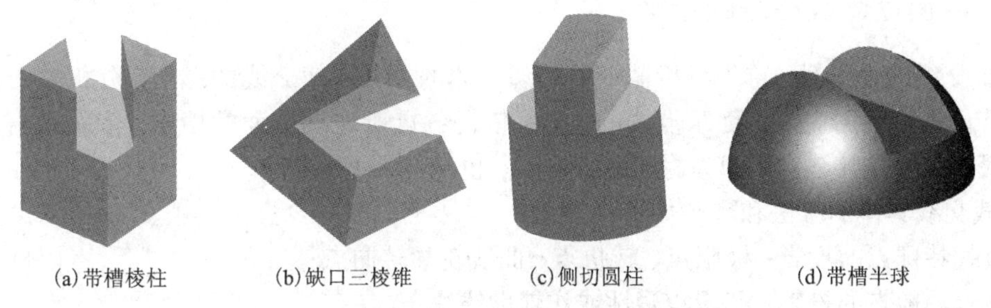

(a) 带槽棱柱　(b) 缺口三棱锥　(c) 侧切圆柱　(d) 带槽半球

图 4－11　较复杂不完整立体

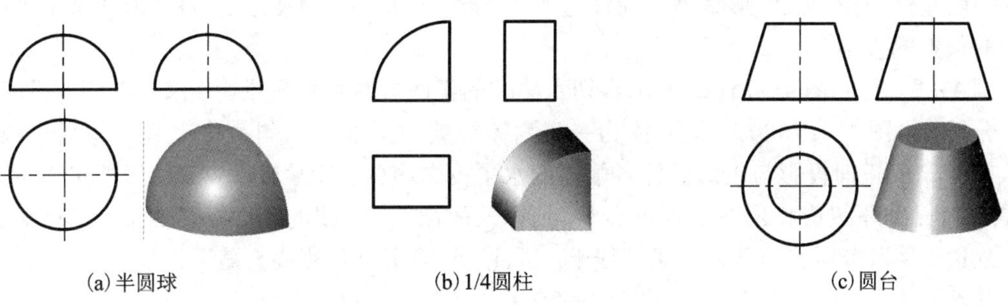

(a) 半圆球　(b) 1/4圆柱　(c) 圆台

图 4－12　简单不完整回转体的投影

要求出较复杂不完整立体被截切部位的投影，关键是求出平面截切立体后的交线（截交线）的投影。

4.3.1　截交线的概念

图 4－13 所示的三棱锥被平面 P 截切，P 平面称为截平面，截平面与三棱锥表面的交线称为截交线，截交线所围成的平面几何图形称为截断面（图 4－14）。

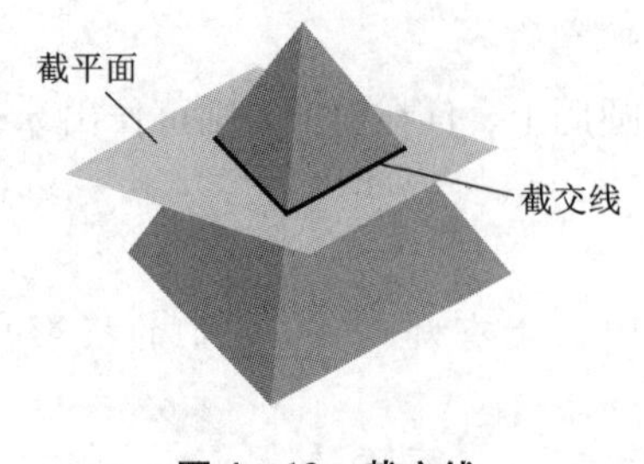

图 4－13　截交线

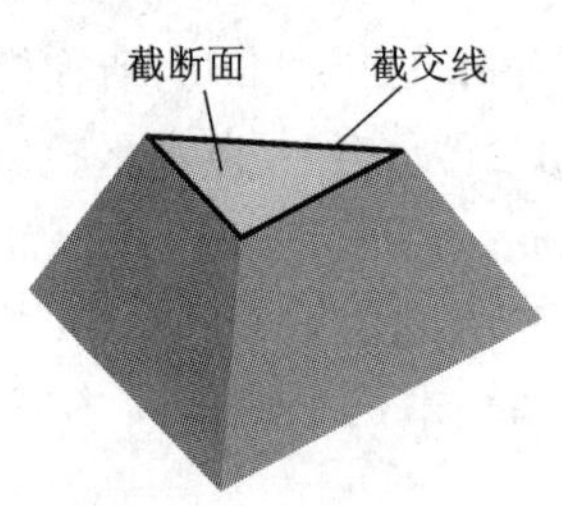

图 4－14　截断面

截交线具有如下特性：

(1)截交线是截平面和立体的共有线，截交线上的点是立体表面和截平面的共有点；

(2)截交线由一条或多条直线或曲线组成，截交线围成的封闭图形称为截断面(也可称为截面、断面)。

4.3.2　平面立体截交线的投影

求截交线的投影时，首先分析截平面截切立体的方式、截交线的形状，分析截交线上各种组成点；然后利用立体表面求点线的方法，依据各点所在线或面的性质，依次求出各点的投影；最后依次连接各点，即为封闭的截交线，也即得到截断面。

求截交线具体的方法和步骤如下：

(1)找特殊点的投影：极限点、转折点、曲线轮廓转向点；

(2)求一般点的投影：利用积聚性或作辅助线法；

(3)判别可见性：可见部分将用实线连接，不可见部分将用虚线连接；

(4)用光滑的曲线或直线依次连接各点，封闭图形。

平面立体的截交线的形状为平面多边形，因此，求平面立体截交线的投影就是求平面多边形的顶点的投影。

例 4－8　已知图 4－15(a)所示斜切六棱柱的正面投影和水平投影，求作其侧面投影。

分析：由图 4－15 可知，该立体为一正六棱柱被一正垂面 P 斜截去上部一块后形成的，因截平面 P 的正面投影与正六棱柱各侧面的水平投影均具有积聚性，故截交线的正面投影积聚在 P_V 上，水平投影积聚在正六边形上，所以，只需求截交线的侧面投影。又因图中截交线为一六边形，六个顶点分别在六条棱线上，因此，只需求出各棱线与截平面的交点即可。

作图：

(1)用细实线画出完整六棱柱的侧面投影，如图 4－15(a)所示；

(2)根据各顶点的正面投影求出其侧面投影 1″、2″、3″、4″、5″、6″；

(3)判别可见性，并按水平投影的顺序，将各点的侧面投影相连，即得截交线的侧面投影；

(4)擦去多余的线，补充虚线，完成整个立体的侧面投影，如图 4－15(b)所示。

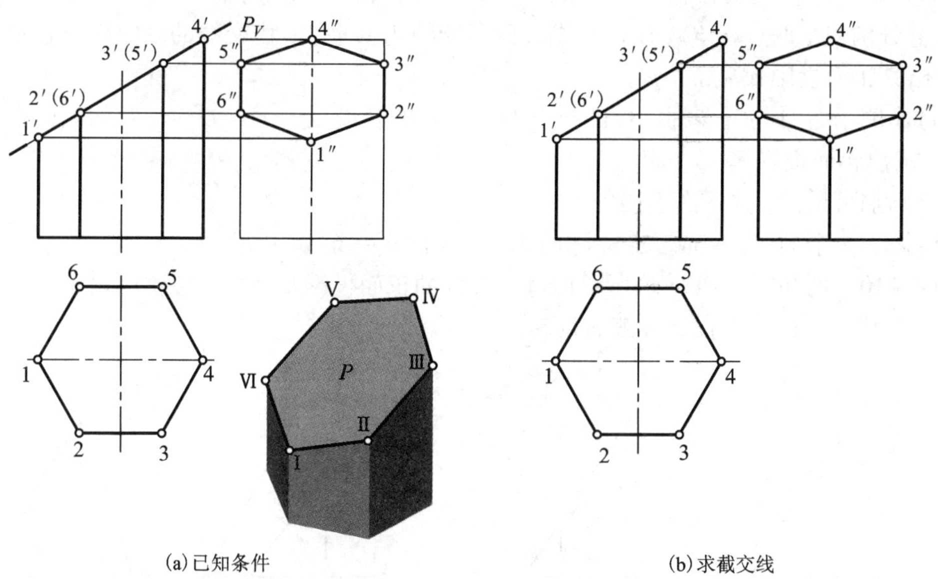

(a)已知条件　　(b)求截交线

图 4－15　斜切六棱柱的投影

例 4－9　已知图 4－16(a)所示为两平面截切五棱柱的侧面投影和水平投影，完成其正面投影。

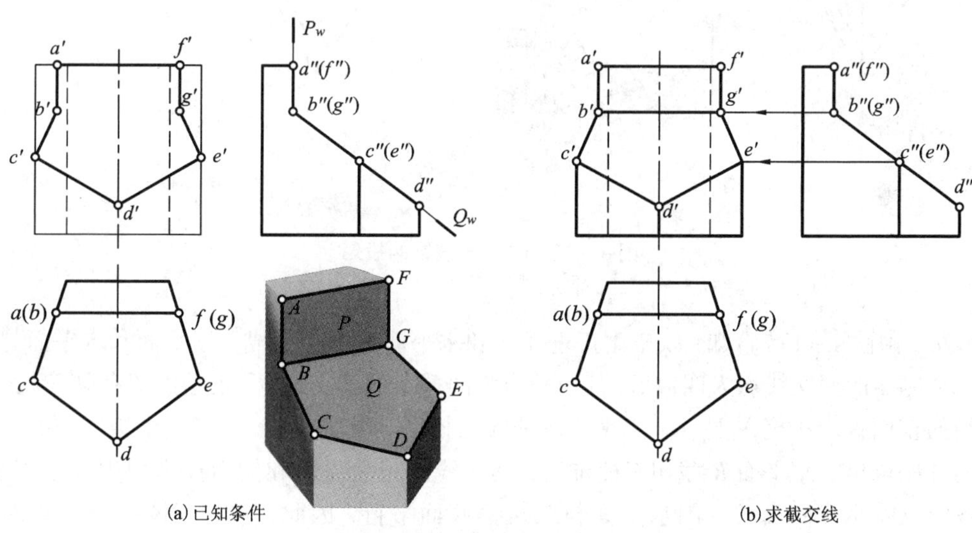

(a)已知条件　　(b)求截交线

图 4－16　两平面截切五棱柱的投影

分析： 由图 4－16(a)知，该立体为一正五棱柱被一侧垂面 Q 和一正平面 P 截切后形成的。由于截平面的侧面投影和五棱柱各侧面的水平投影均具有积聚性，故截交线的水平投影积聚在正五边形上，侧面投影分别积聚在 P_W 和 Q_W 上。因此，只需求截交线的正面投影。

作图：

(1)用细实线画出截切前五棱柱的正面投影，如图 4－16(a)所示。

(2)作正平面 P 与五棱柱侧面的交线 AB、FG 的投影。因侧平面 P 与五棱柱两侧面在水平投影上分别交于两点 $a(b)$、$f(g)$，则该两条交线为铅垂线，由交线的侧面投影和水平投影即可求出其正面投影 $a'b'$和 $f'g'$。

(3)作侧垂面 Q 与五棱柱侧棱的交点 C、D、E 的各投影。由点 C、D、E 的侧面投影和水平投影,求出正面投影 c'、d'、e'。

(4)判别可见性，并依次连接各点。

(5)擦去多余的线，完成整个立体的投影，如图 4－16(b)所示。

例 4－10 已知图 4－17(a)所示切口三棱锥的正面投影及完整三棱锥的水平投影和侧面投影，试完成缺口的水平投影及侧面投影。

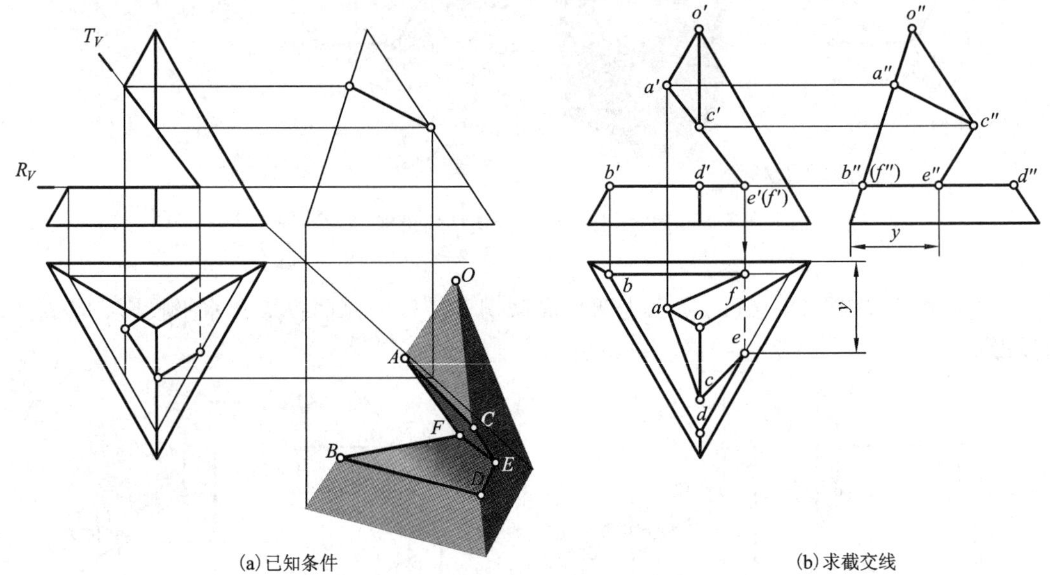

(a)已知条件

(b)求截交线

图 4－17 缺口三棱锥的投影

分析：由图 4－17(a)知，缺口由正垂面 T 和水平面 R 截切而成。正垂面和水平面与三棱锥的三个侧面的截交线均为四边形(其中一边为两截平面的交线)。正垂面 T 截切三棱锥后，其交线的正面投影积聚在 T_V 上，水平投影和侧面投影具有类似形，可利用求棱线与截平面的交点的方法求出。水平面 R 截切三棱锥后，其交线的正面投影和侧面投影均积聚为直线段，水平投影反映交线的真长。因水平面与三棱锥底面平行，因此，它与三棱锥三个侧面的交线，分别平行于底边的对应边，故利用平行线的投影特性即可求得。

作图：

(1)作水平面与三棱锥侧面的交线。b'为水平面与三棱锥侧棱交点 B 的正面投影，由此可作出 b，过 b 分别作底边的平行线 bd、bg，过 d 再作相应底边的平行线 dg，由投影关系得 e、f，从而可作出 b''、f''、e''、d''。

(2)求正垂面与三棱锥侧棱的交点。a'、c'为正垂面与三棱锥侧棱的交点 A、C 的正面投影，由此可作出 a''、c''和 a、c。

(3)判别可见性，并依次连接所求各交点的同面投影，*ef* 不可见，应画虚线。

(4)去掉被截切的轮廓线，完成整个立体的投影，如图 4 - 17(b)所示。

4.3.3　回转体截交线的投影

回转体截交线较为复杂，其形状取决于截平面与回转体轴线的相对位置，一般为封闭的平面曲线，也可为直线和曲线围成的封闭平面图形，或者为完全由直线围成的平面多边形。求回转体截交线的投影，就是求曲线的轮廓转向点的投影，以及曲线与直线的交点或直线与直线的交点的投影。

1. 圆柱体截交线的投影

根据截平面相对于圆柱轴线的位置不同，截交线有三种：圆、椭圆或椭圆弧加直线、矩形，见表 4 - 4。下面举例说明其作图方法。

表 4 - 4　圆柱体的各种截交线

截平面的位置	垂直于圆柱的轴线	倾斜于圆柱的轴线	平行于圆柱的轴线
截交线	圆	椭圆或椭圆弧加直线	矩形
立体图	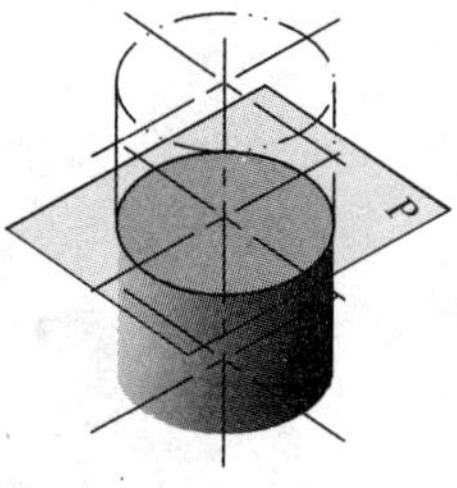	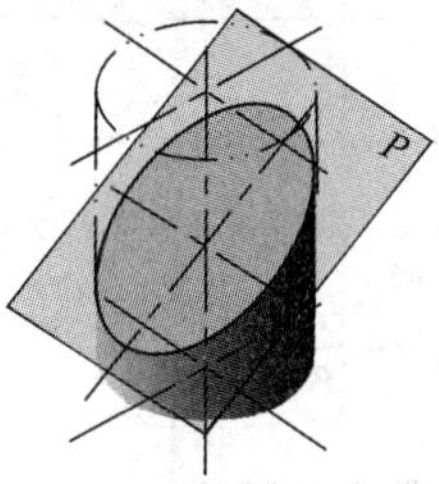	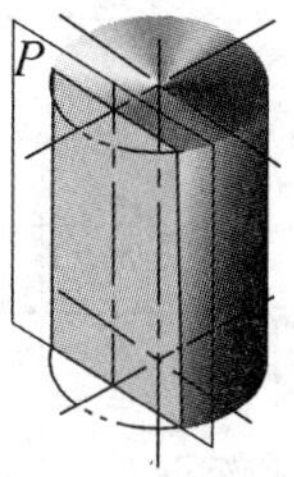
投影图	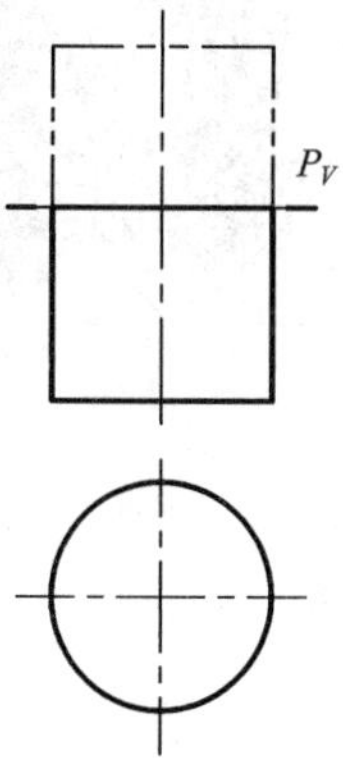	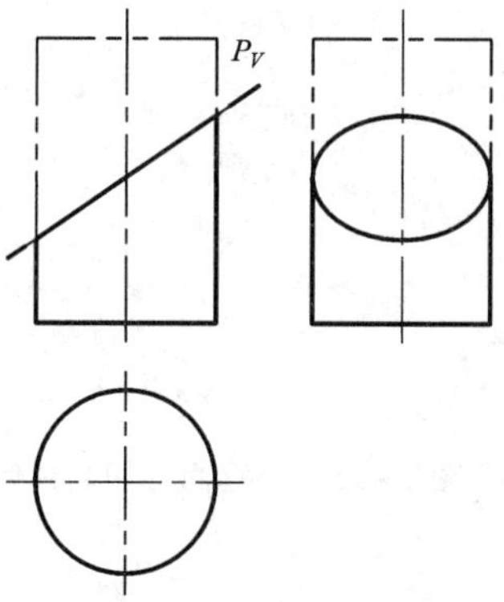	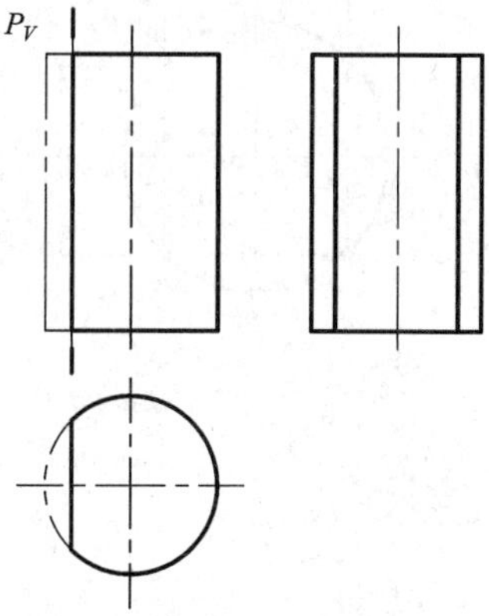

例 4 - 11　如图 4 - 18(a)所示，求正垂面 *P* 截切圆柱体的截交线的侧面投影。

分析：因截平面与圆柱体轴线倾斜，则截交线为一椭圆。又因截平面的正面投影和圆柱面的水平投影均具有积聚性，则截交线的正面投影积聚在 P_V 上，水平投影积聚在圆周上，因此，只需求截交线的侧面投影。侧面投影可利用积聚性进行作图。

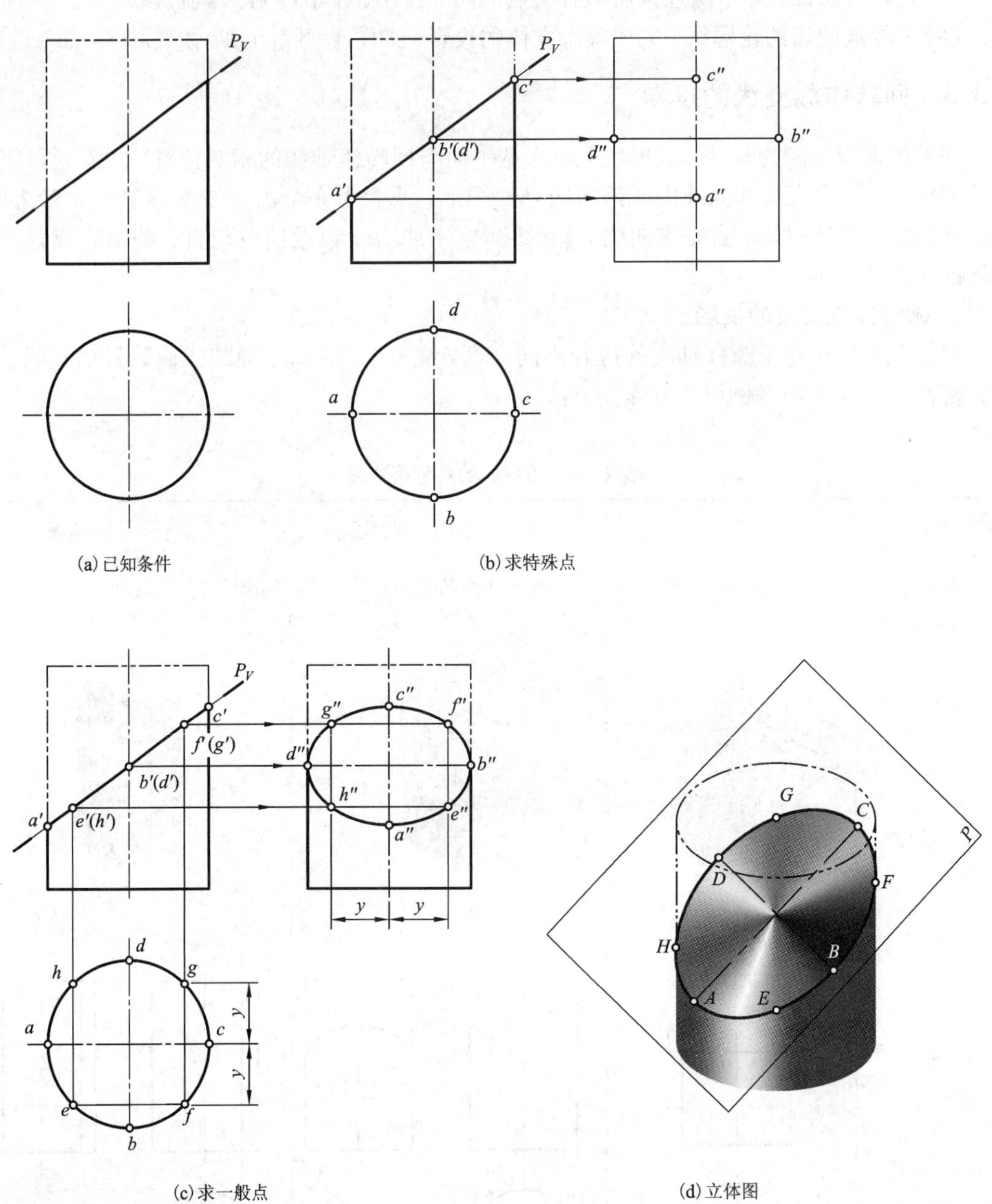

(a) 已知条件

(b) 求特殊点

(c) 求一般点

(d) 立体图

图 4－18　正垂面截切圆柱体的投影

作图：

(1)用细实线作出完整圆柱的侧面投影，如图 4－18(b)所示。

(2)求特殊点。特殊点是指截交线上能决定其大致范围和形状的点。包括曲面投影的转向轮廓线上的点和对称轴的顶点，以及最高、最低、最前、最后、最左、最右点等。图 4－18(b)中正面投影可定出最低点 A 和最高点 C(椭圆长轴的端点)，由水平投影可定出最前点 B 和最后点 D(椭圆短轴的端点)。由投影规律即可作出各点的三面投影，如图 4－18(b)所示，其中，b''、d''两点是圆柱侧面投影外形轮廓线与截交线侧面投影椭圆的切点。

(3)求一般点。为了准确地作出椭圆，还必须适当地作出一些一般点。如图 4－18(c)所示，先在水平投影上取对称于水平中心线的 e、h 点，在正面投影上即可得到 $e'(h')$，再作出 e''、h''。用同样的方法还可作出其他若干点，如图 4－18(d)中的 F、G 点。

(4)判别可见性，并依次光滑连接各点，即得截交线的侧面投影，如图 4－18(c)所示。

例 4－12　如图 4－19(a)所示，完成圆柱被截切后的水平投影和侧面投影。

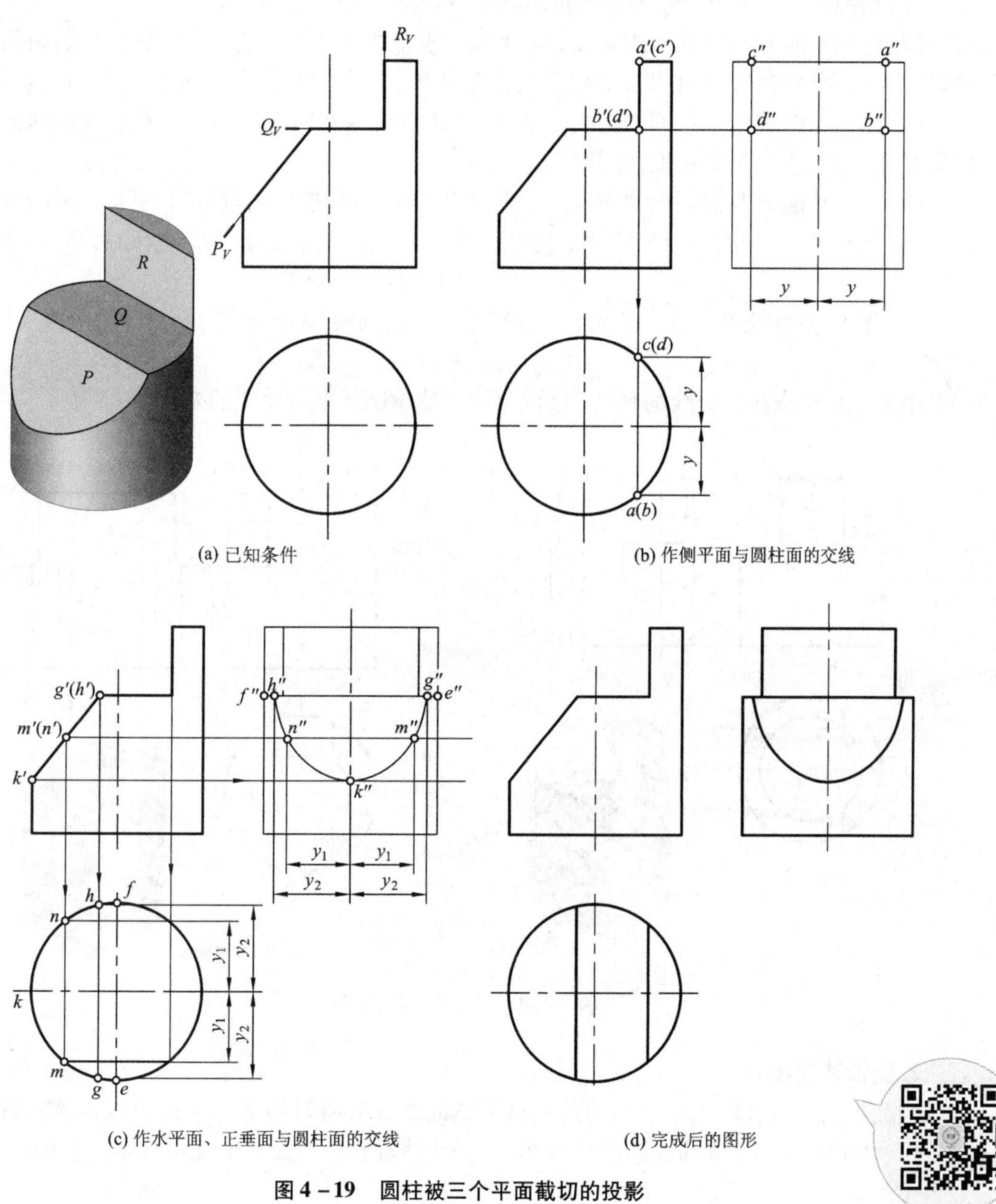

(a) 已知条件　(b) 作侧平面与圆柱面的交线

(c) 作水平面、正垂面与圆柱面的交线　(d) 完成后的图形

图 4－19　圆柱被三个平面截切的投影

[圆柱截切作图案例]

分析：由图 4－19(a)知，该立体由正垂面 P、水平面 Q、侧平面 R 截切而成。因各截平面的正面投影及圆柱面的水平投影均具有积聚性，故各截交线的正面投影分别积聚在 P_V、Q_V 及 R_V 上，水平投影积聚在圆周上。由表 4－4 知，侧平面 R 与圆柱面的交线为两平行直线，侧面投影反映真形；水平面 Q 与圆柱面的交线为圆，侧面投影积聚成直线；正垂面 P 与圆柱面的交线为椭圆的一部分，侧面投影反映椭圆的类似形。

作图：

(1)用细实线作完整圆柱的侧面投影。

(2)作侧平面 R 与圆柱面的交线。侧平面的水平投影积聚成直线，该直线与圆周的交点 $a(b)$、$c(d)$为截交线的水平投影，根据投影规律可作出其侧面投影，如图 4－19(b)所示。

(3)作水平面 Q 与圆柱面的交线。水平面的侧面投影积聚成直线，则截交线的侧面投影积聚在 $e''f''$上，水平投影积聚在圆周上。

(4)作正垂面 P 与圆柱面的交线。正垂面 P 与圆柱面交线的投影可按例 4－11 的方法进行作图，先作最上、最下点 G、H、K，再作一般点 M、N，然后光滑连接各点，如图 4－19(c)所示。

(5)作 P、Q 面交线的水平投影，去掉被截切的轮廓线，校对后描深，结果如图 4－19(d)所示。

图 4－20 是圆筒截交线的画法，请注意圆柱体轮廓线及截交线的变化。

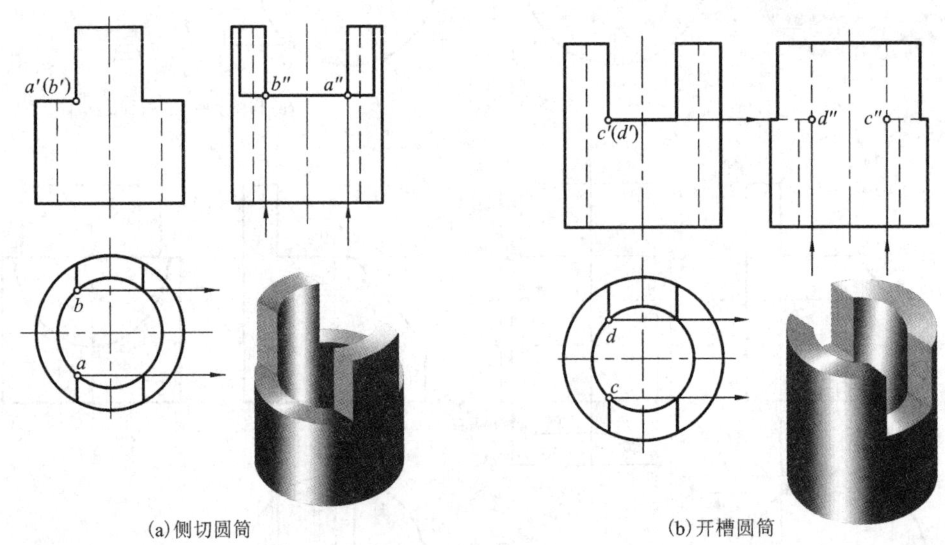

图 4－20　圆筒截交线的投影

2. 圆锥截交线

当截平面与圆锥轴线处于不同的相对位置时，截平面与圆锥体表面可以得到五种截交线：圆、等腰三角形、椭圆或椭圆弧加直线、抛物线加直线以及双曲线加直线，见表 4－5。

表4-5　圆锥体的各种截交线

截平面的位置	与轴线垂直 $\theta=90°$	与轴线倾斜 $\theta>\alpha$	与一条素线平行 $\theta=\alpha$	与轴线平行 $\theta=0$（或 $\theta<\alpha$）	过锥顶
截交线	圆	椭圆或椭圆弧加直线	抛物线加直线	双曲线加直线	等腰三角形
立体图	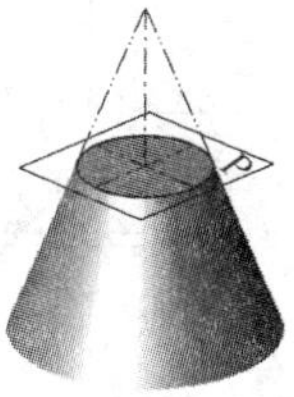 P	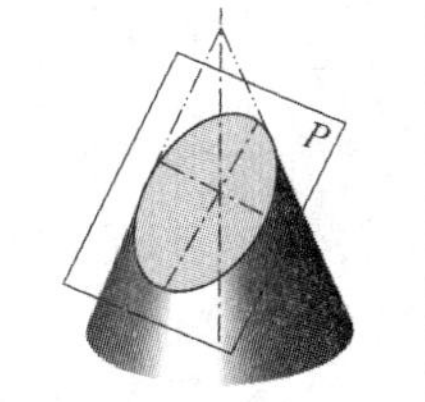 P	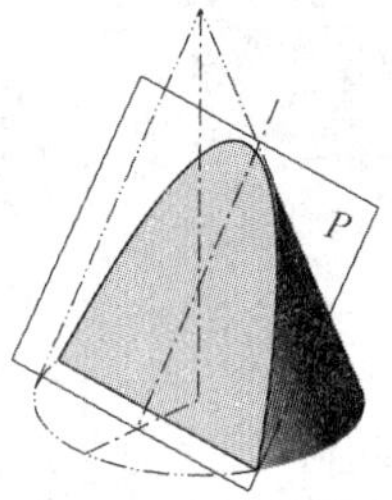 P	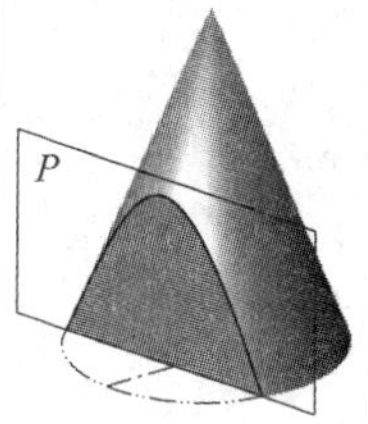 P	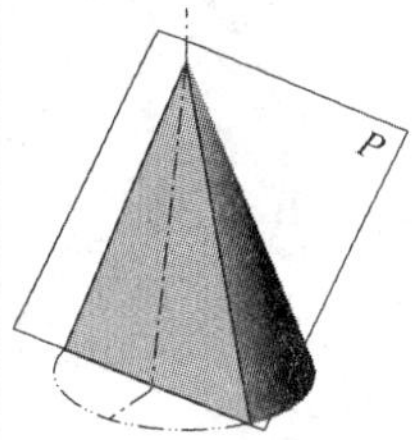 P
投影图	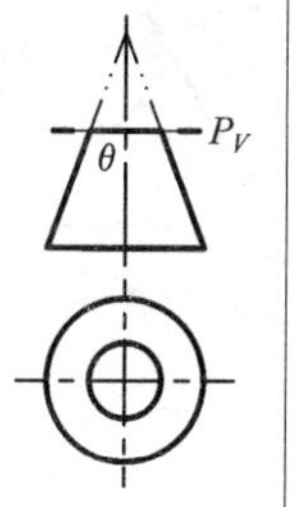 θ P_V	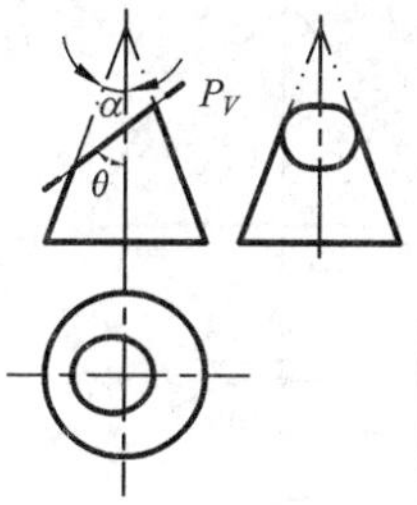 α θ P_V	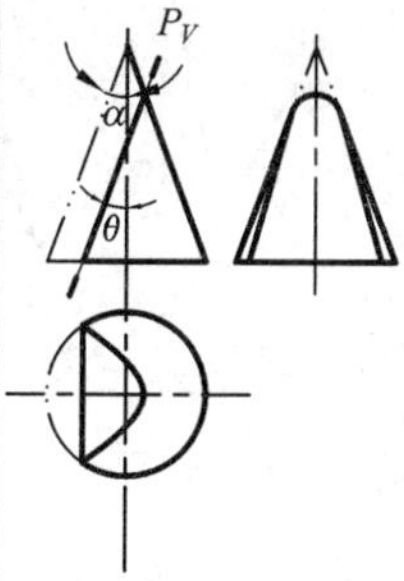 P_V α θ	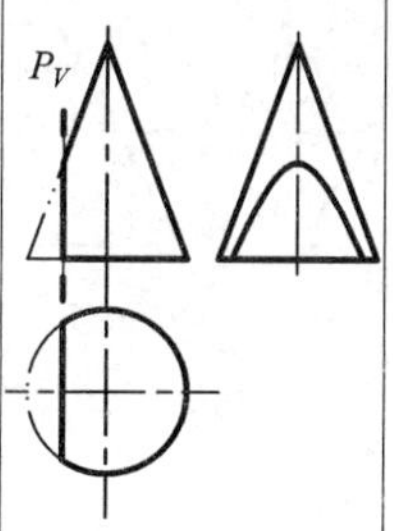 P_V	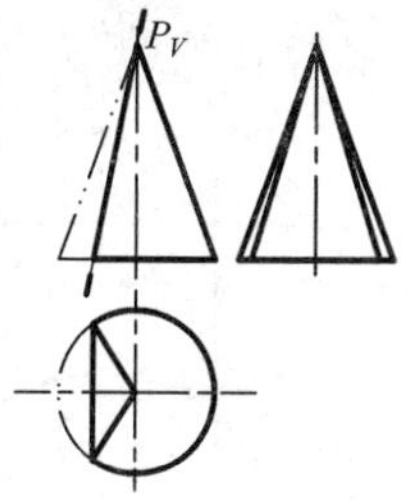 P_V

例4-13　如图4-21(a)所示，已知正垂面截切圆锥的正面投影，求其水平投影和侧面投影。

分析：因为截平面 P 倾斜于圆锥轴线，且 $\theta>\alpha$，由表4-5可知，截交线是椭圆，其正面投影积聚在迹线 P_V 上，侧面投影和水平投影为椭圆的类似形。

由于圆锥前后对称，所以正垂面 P 与它的截交线也是前后对称，断面椭圆的长轴是截平面 P 与圆锥前后对称面的交线，即图4-21(b)中正平线 AB，而短轴则是通过长轴中点的正垂线 CD。

作图：

(1)作特殊点。

1)作椭圆长轴端点的投影。椭圆长轴端点 A、B 在圆锥最左、最右的素线上，因此可在图4-21(c)的正面投影中确定 a'、b'，再由 a'、b'即可作出 a、b 和 a''、b''。

2)作椭圆短轴端点的投影。椭圆短轴端点 C、D 在长轴 AB 的中垂线上，因此其正面投影位于 $a'b'$的中点处，并重合为一点 $c'(d')$，可利用辅助圆法作出 c、d 和 c''、d''，如图4-21(c)所示。

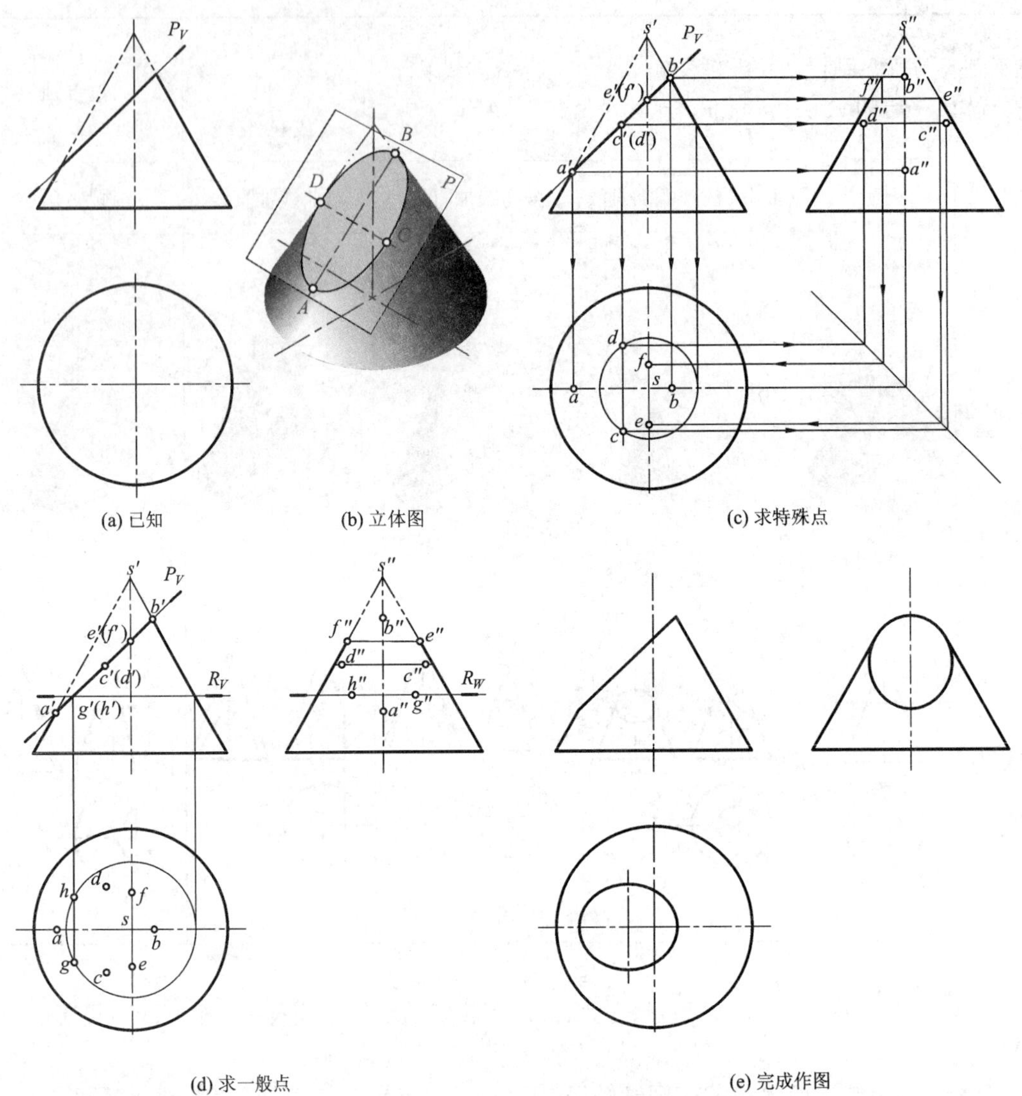

(a) 已知　(b) 立体图　(c) 求特殊点

(d) 求一般点　(e) 完成作图

图 4－21　正垂面截切圆锥的投影

3）作圆锥最前、最后素线上的点。设截交线与圆锥最前、最后素线的交点为 E、F。则图 4－21(c) 正面投影中 a'、b' 与轴线的交点即为 $e'(f')$，由 $e'(f')$ 向右作水平线与圆锥侧面投影外形轮廓线相交得 e''、f''。进而可求得水平投影 e、f。e''、f'' 两点是圆锥侧面投影外形轮廓线与截交线侧面投影椭圆的切点。

(2) 作一般点。

在图 4－21(d) $a'b'$ 上适当位置确定两点 $g'(h')$，利用辅助圆法作出 g、h 和 g''、h''。

(3) 判别可见性。

并依次光滑地连接各点成为椭圆，即为截交线的水平投影和侧面投影，如图 4－21(e) 所示。

例 4－14　如图 4－22 所示，求侧平面截切圆锥的投影。

分析： 截平面为侧平面，与圆锥轴线平行，与圆锥面的截交线为双曲线。截交线的正面投影和水平投影都积聚为直线段，侧面投影反映双曲线的真形，可用圆锥表面取点的方法求出。

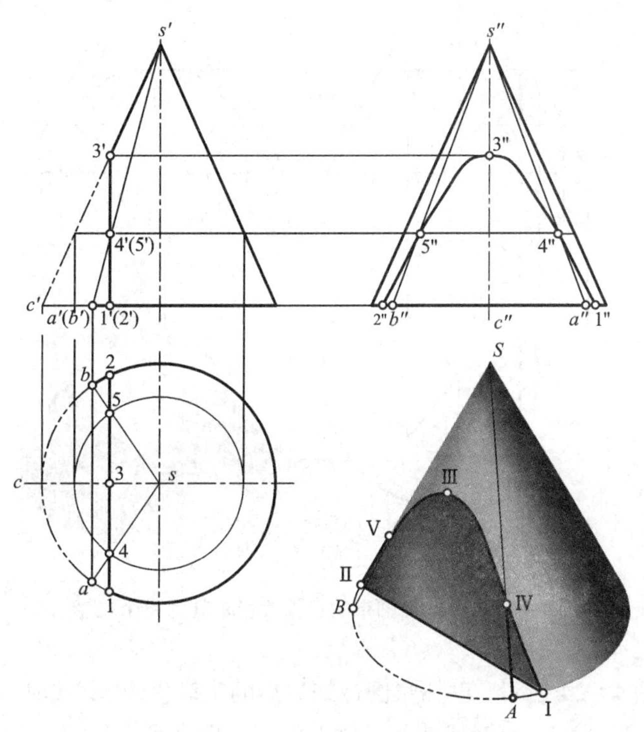

图 4－22　侧平面截切圆锥的投影

［圆锥截切作图案例］

作图：

(1) 求特殊点。最高点Ⅲ，在圆锥最左的素线 *SC* 上，可直接作出 3、3″；最低点Ⅰ、Ⅱ，也是最前、最后点，在圆锥底面圆上，可先作出水平投影 1、2，再作侧面投影 1″、2″。

(2) 求一般点。在最高点和最低点之间适当位置取两点Ⅳ、Ⅴ，先确定其正面投影 4′(5′)，再利用辅助圆或辅助素线(*SA*、*SB*)求出其水平投影 4、5，最后求出侧面投影 4″、5″。用同样的方法求出一定数量的一般点。

(3) 判别可见性，并光滑连接所求出的各点的侧面投影，即得截交线的侧面投影。

图 4－23 为一圆锥被三个平面截切后的三面投影图和立体图，请自行分析其作图方法。

3. 圆球截交线

圆球被任何位置的平面截切，其截交线都是圆。由于截平面相对于投影面的位置不同，截交线的投影可能是圆、椭圆或直线。若为与投影面平行的平面截切，则截交线是圆或圆弧。

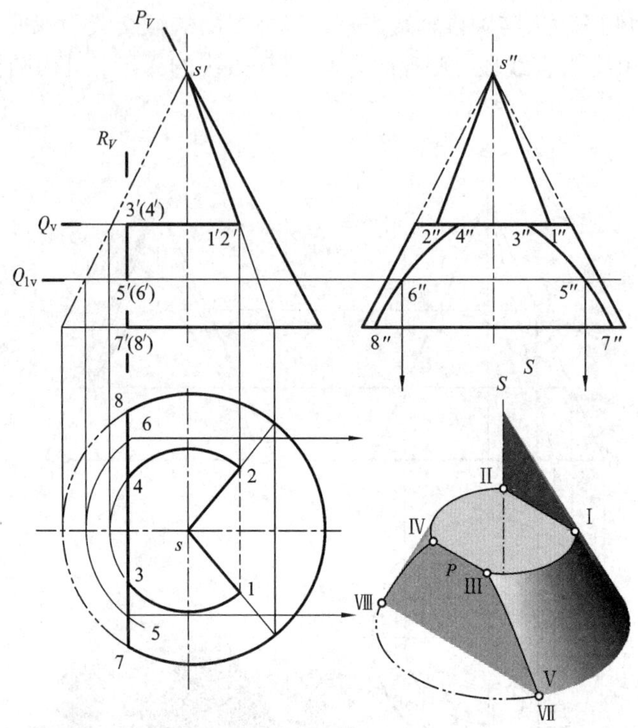

图 4－23　由缺口圆锥的正面投影求其另两个投影

例 4－15　如图 4－24 所示，已知半圆球切口后的正面投影，求其水平投影和侧面投影。

分析：由图 4－24 可知，半圆球被两个侧平面和一个水平面切去一槽。被水平面截切的截交线，水平投影反映圆弧的真形，正面投影和侧面投影均积聚成一直线段；被侧平面截切的截交线，侧面投影反映圆弧的真形，水平投影和正面投影积聚成直线段。

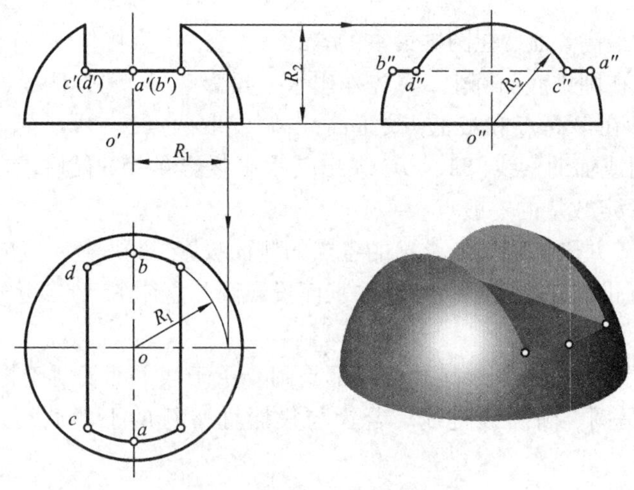

图 4－24　半圆球开槽的投影

作图：

(1)用细实线作出完整半圆球的水平投影和侧面投影。

(2)作水平面与球的交线。以 O 为圆心，R_1 为半径，在水平投影上画圆弧，在侧面投影上作直线$a''b''$。

(3)作侧平面与球的交线。以 O''为圆心，R_2 为半径在侧面投影上画圆弧，与直线 $a''b''$相交于 $c''d''$，在水平投影上作直线至与半径为 R_1 的圆弧相交。

(4)判别可见性。两平面的交线 $c''d''$被球面挡住，应画虚线。

(5)去掉被截切的轮廓线，校对后描深。

图 4－25 为圆球被一正垂面截切后的三面投影图和立体图。截交线的正面投影积聚成直线，水平投影和侧面投影为椭圆。可用辅助圆法求出椭圆上若干点(先求特殊点，再求一般点)，然后光滑相连。作图步骤见图 4－25。

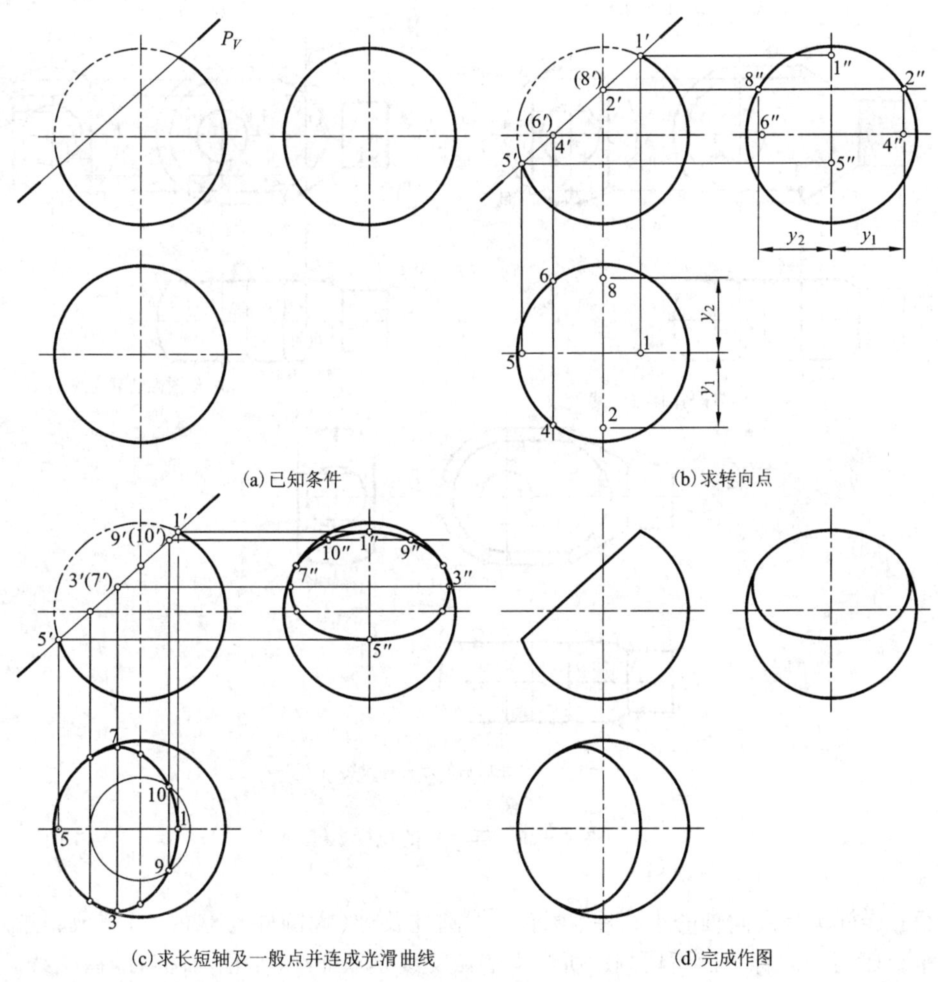

图 4－25　球被正垂面截切的投影

4. 综合举例

例 4 –16　求作图 4 –26(a)中连杆头的投影。

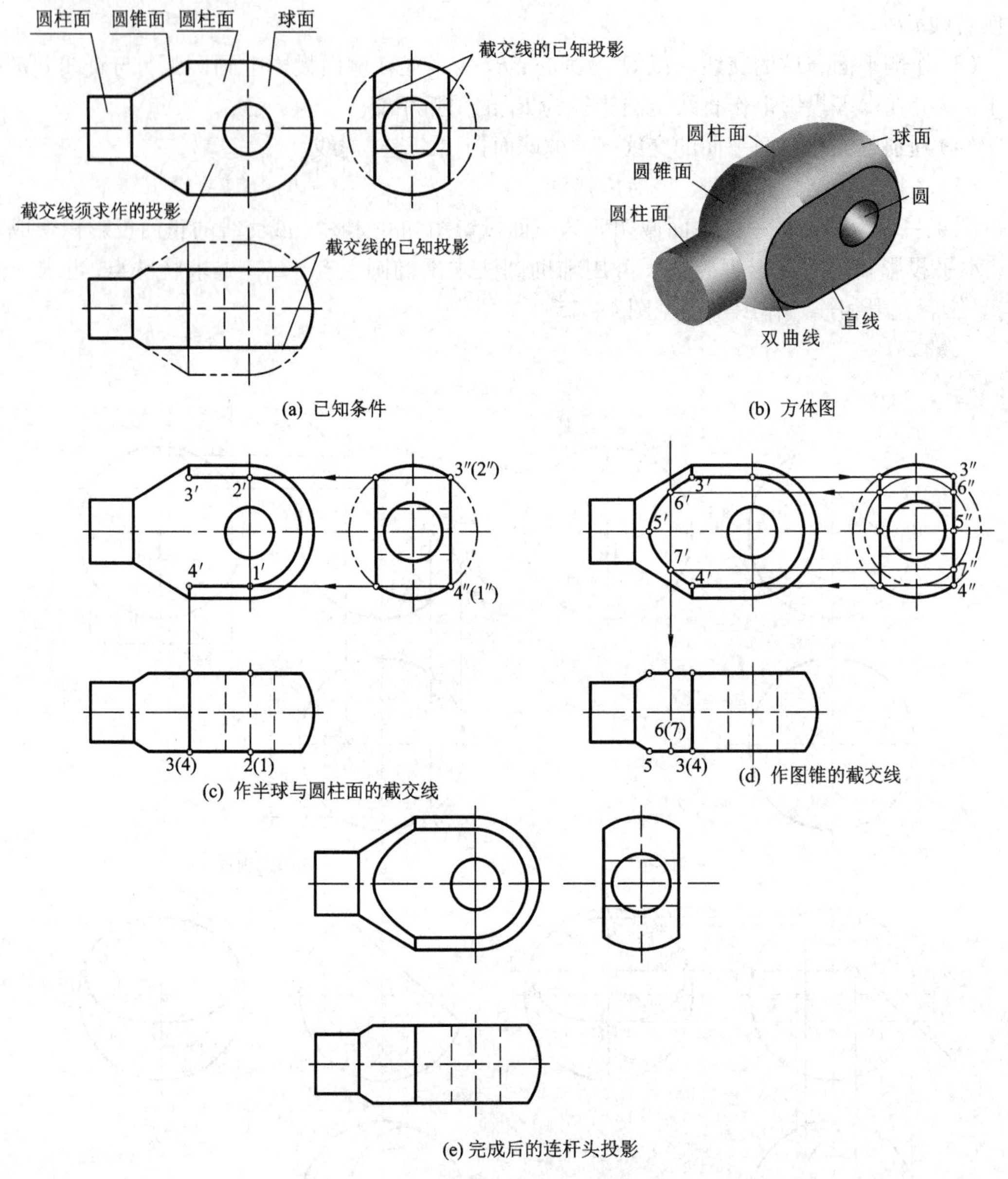

图 4 –26　连杆头的投影

分析：连杆头是由同轴的小圆柱、圆台、大圆柱及球(大圆柱与球相切)组成，并且前后被两个平行轴线的对称平面所切割。所产生的截交线是双曲线(平面与圆台的截交线)、两条平行线(平面与大圆柱的截交线)及半个圆(平面与球的截交线)所组成的封闭的平面曲线。

作图：

(1)画出半球及圆柱面上的截交线，两截交线相切于 1′、2′点，如图 4 –26(c)所示。

(2)按例 4－14 的作图方法，画出圆锥的截交线(双曲线)，其与圆柱截交线的交点为 3′、4′，双曲线顶点为 5′，如图 4－26(d)所示。再求出双曲线上的一般点 6′、7′的投影，最后连接各点。

完成后的连杆头投影图如图 4－26(e)所示。

4.4　立体与立体相交——相贯线的投影

4.4.1　相贯线的概念

两立体相交称为相贯，相贯两立体的表面交线称为相贯线，图 4－27 为相贯的几种情况以及表面的相贯线。

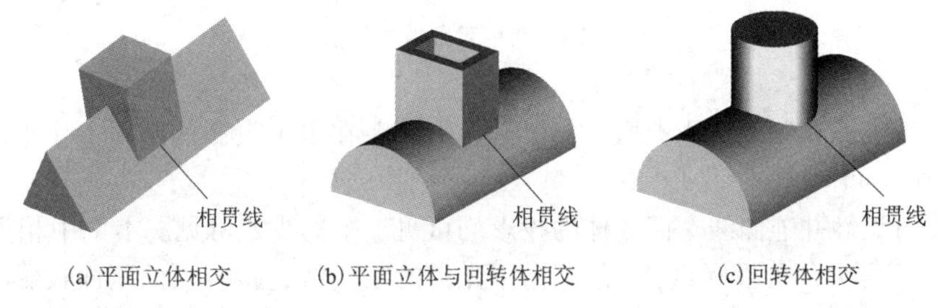

(a)平面立体相交　(b)平面立体与回转体相交　(c)回转体相交

图 4－27　立体相交的相贯线

相贯线的特性：

(1)相贯线是两相交立体表面的共有线，相关线上的点是两相交立体表面上的共有点；

(2)相贯线一般为封闭的空间曲线，特殊情况下为平面直线或曲线构成的封闭图形。

由此可知，相贯线与截交线的概念和性质是相似的。本节主要讨论两回转体相交时相贯线的求法。

4.4.2　回转体相贯线的投影

对轴线垂直于某一投影面的圆柱体表面相贯线上的点，可以利用圆柱体的积聚性求出其投影，而对于一般回转体表面相贯线的点的投影，则可以采用辅助平面法求出。

1. 利用积聚性求相贯线

例 4－17　如图 4－28 所示，试求两圆柱的相贯线。

分析：直立圆柱和水平圆柱的轴线正交(轴线垂直相交)，相贯线为前后、左右都对称的封闭空间曲线。由于直立圆柱的水平投影和水平圆柱的侧面投影都具有积聚性，所以，相贯线的水平投影积聚在整个圆周上，侧面投影积聚在两圆柱的一段公共圆弧上。因此，相贯线的水平投影和侧面投影均已知，仅需求正面投影。

作图：

(1)求特殊点。先在相贯线的水平投影上定出最左、最右点(A、B)以及最前、最后点(C、D)的水平投影 a、b、c、d，再在相贯线的侧面投影上作出点 a''、b''、c''、d''，最后作出 a'、b'、c'、d'。

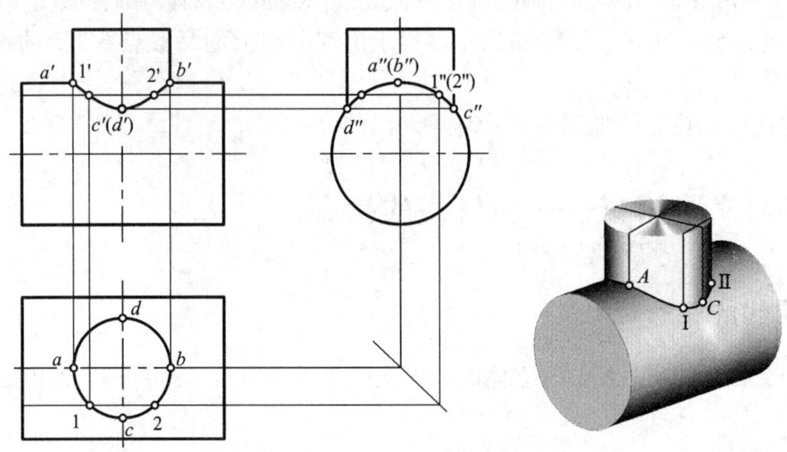

图 4－28　利用积聚性求相贯线

(2)求一般点。在侧面投影上取 1″，根据投影关系在水平投影的圆周上作出 1，再由 1、1″求出 1′。同理可作出 2′。

(3)判别可见性并连曲线。两立体的投影均可见，相贯线才可见。本例中相贯线前后对称，其可见与不可见部分投影重合，故只需用光滑的粗实线连接各点的正面投影，即得相贯线的正面投影。

工程上两圆柱正交的情况最为常见。通常有如图 4－29 所示的三种形式，它们的相贯线的求法与例 4－17 相同。

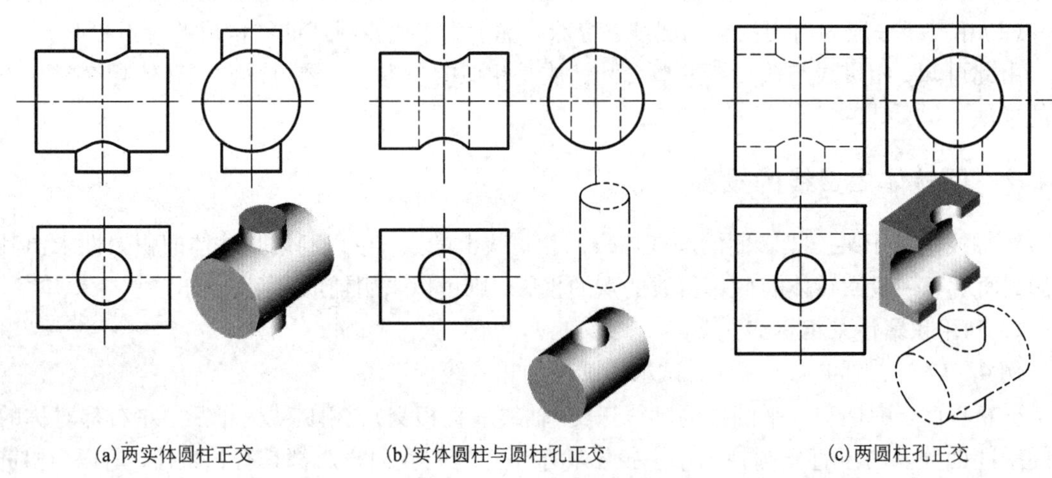

(a)两实体圆柱正交　(b)实体圆柱与圆柱孔正交　(c)两圆柱孔正交

图 4－29　两圆柱正交的三种形式

分析: 从以上图例可以看出,相贯线总是向大圆柱的轴线靠拢。

图 4－30 是两圆柱偏交(两圆柱轴线交叉)的情况。小圆柱的轴线垂直于水平面,大圆柱的轴线垂直于侧面,因此相贯线的水平投影重合于小圆柱有积聚性的水平投影圆周上,侧面投影重合于大圆柱有积聚性的侧面投影圆周上(小圆柱侧面投影外形轮廓线之间的一段圆弧),需求作的是其正面投影,可利用积聚性作图。先作特殊点(大小圆柱转向素线上的点),如图 4－30 中的Ⅰ～Ⅵ点;再作一般点,如图 4－30 中的Ⅶ、Ⅷ点。判别可见性,并光滑连接各点,最后完成大小圆柱转向素线的投影。请分析作图过程,注意图中重影点以及轮廓线上交点的位置,并与正交时比较,分析其异同。

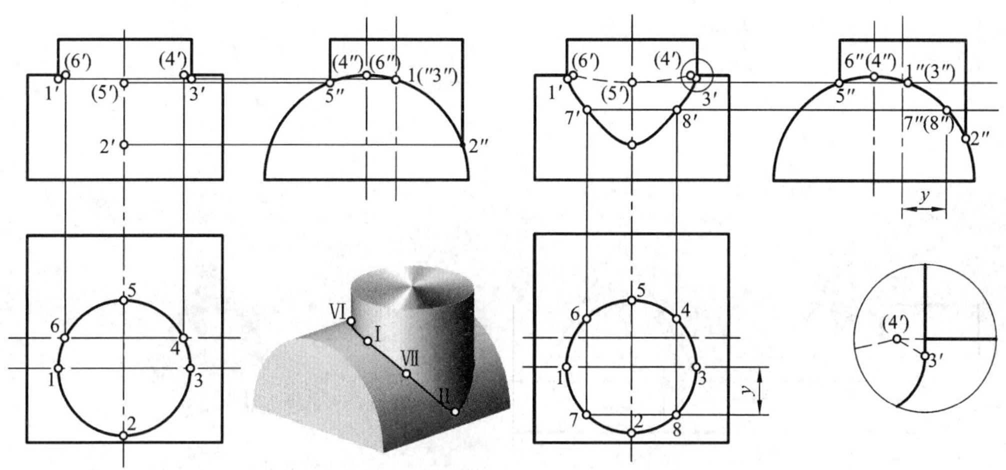

图 4－30　两圆柱偏交时相贯线的画法

2. 用辅助平面法求相贯线

两曲面立体相交,其相贯线不能用积聚性直接求出时,可用辅助平面法求解。

辅助平面法是利用三面共点原理求作相贯线的一种方法。即假想用一辅助平面截切两相交曲面立体,截平面与两立体交线的交点就是相贯线上的点,该点既在平面上,又在两相交曲面立体表面上,如图 4－31(d)所示。

选择辅助平面的原则:

(1)所选辅助平面与两曲面立体表面的交线应是便于作图的直线和圆,常选用特殊位置平面作为辅助平面。

(2)辅助平面应位于两曲面立体的共有区域内,否则得不到共有点。

例 4－18　如图 4－31 所示,用辅助平面法求圆柱与圆锥的相贯线。

分析: 圆柱与圆锥轴线正交,圆柱全部穿进左半圆锥,相贯线为封闭的空间曲线。由于这两个相交体有公共的前后对称面,因此,相贯线也前后对称。又由于圆柱面的侧面投影积聚为圆,则相贯线的侧面投影也积聚在圆周上。即已知相贯线的侧面投影,求它的正面投影和水平投影。宜采用辅助平面法。本例中的辅助平面应采用水平面及过锥顶的正平面。

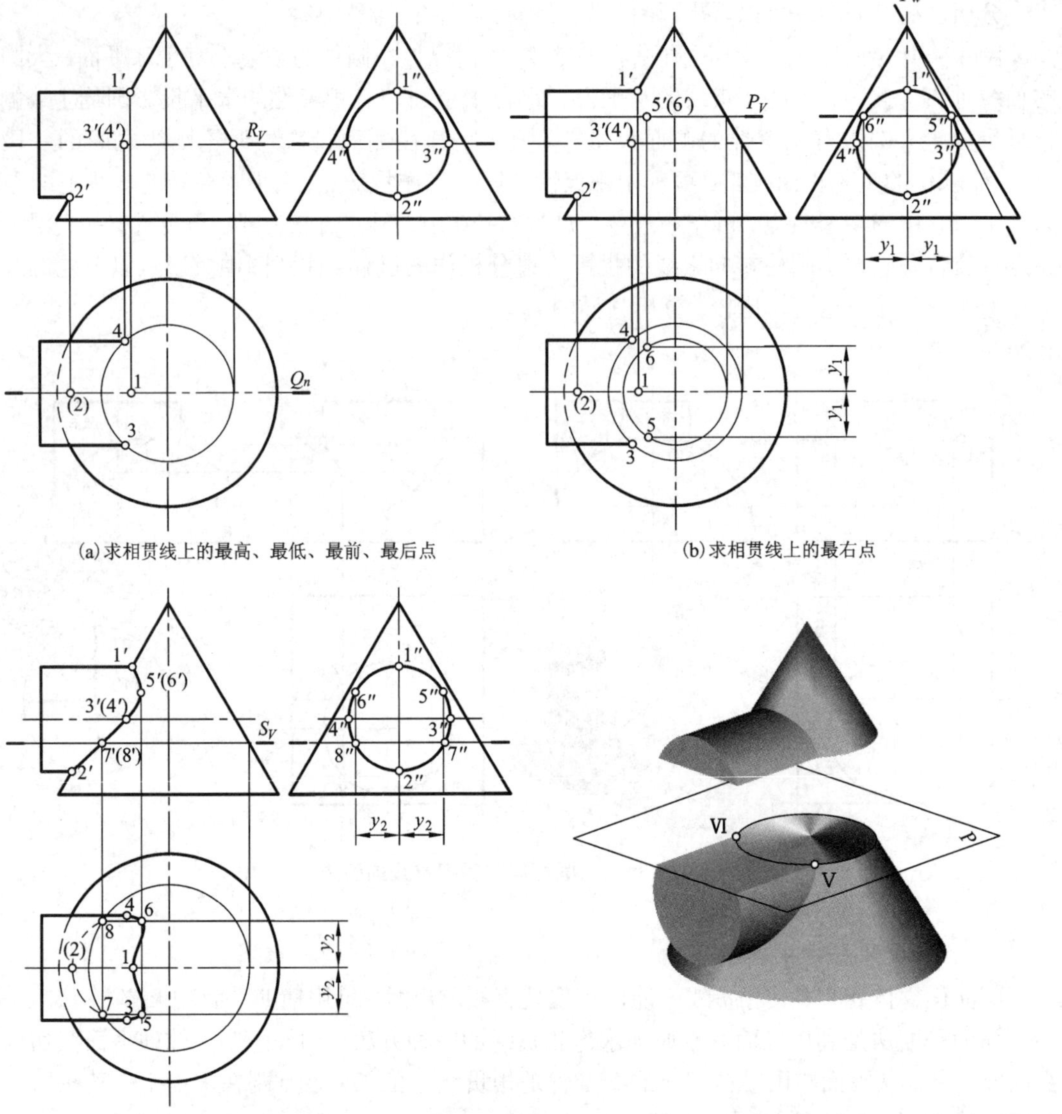

(a) 求相贯线上的最高、最低、最前、最后点

(b) 求相贯线上的最右点

(c) 求一般点并完成作图

(d) 辅助平面法立体图

图 4-31　用辅助平法求作圆柱与圆锥的相贯线

[圆柱与圆锥相贯
与辅助平面法]

作图：

(1) 求特殊点，如图 4-31(a)、(b)：

①最高、最低点。过锥顶作正平面 Q，它与圆柱相交于最高、最低两素线，与圆锥相交于最左、最右两素线，它们正面投影的交点 1′、2′即为相贯线上最高、最低点的正面投影，从而可求出它们的水平投影 1、2。

②最前、最后点。过圆柱轴线作水平面 R，它与圆柱相交于最前、最后两素线，与圆锥相交为一圆，它们水平投影的交点 3、4 即为相贯线上最前、最后点的水平投影，正面投影 3′(4′)在 R_V 上。

③最右点。过锥顶作与圆柱相切的侧垂面 T，即得最右点Ⅴ，过Ⅴ点作辅助水平面 P，用

类似的方法即可求出Ⅴ(5、5′)及其对称点Ⅵ(6 、6′)的投影。

(2)求一般点，如图 4 - 31(c)：在适当位置，如圆柱轴线与最低素线之间作一辅助平面 S，同样可求得一般点Ⅶ(7、7′)、Ⅷ(8、8′)的投影。

(3)判别可见性并用光滑的曲线连接各点。正面投影上，相贯线前后重合，画粗实线；水平投影上，以 3、4 为界，位于上半圆柱面上的相贯线可见，下半圆柱面上的相贯线不可见。

例 4 - 19　求作图 4 - 32 所示圆台与圆球相贯线的投影。

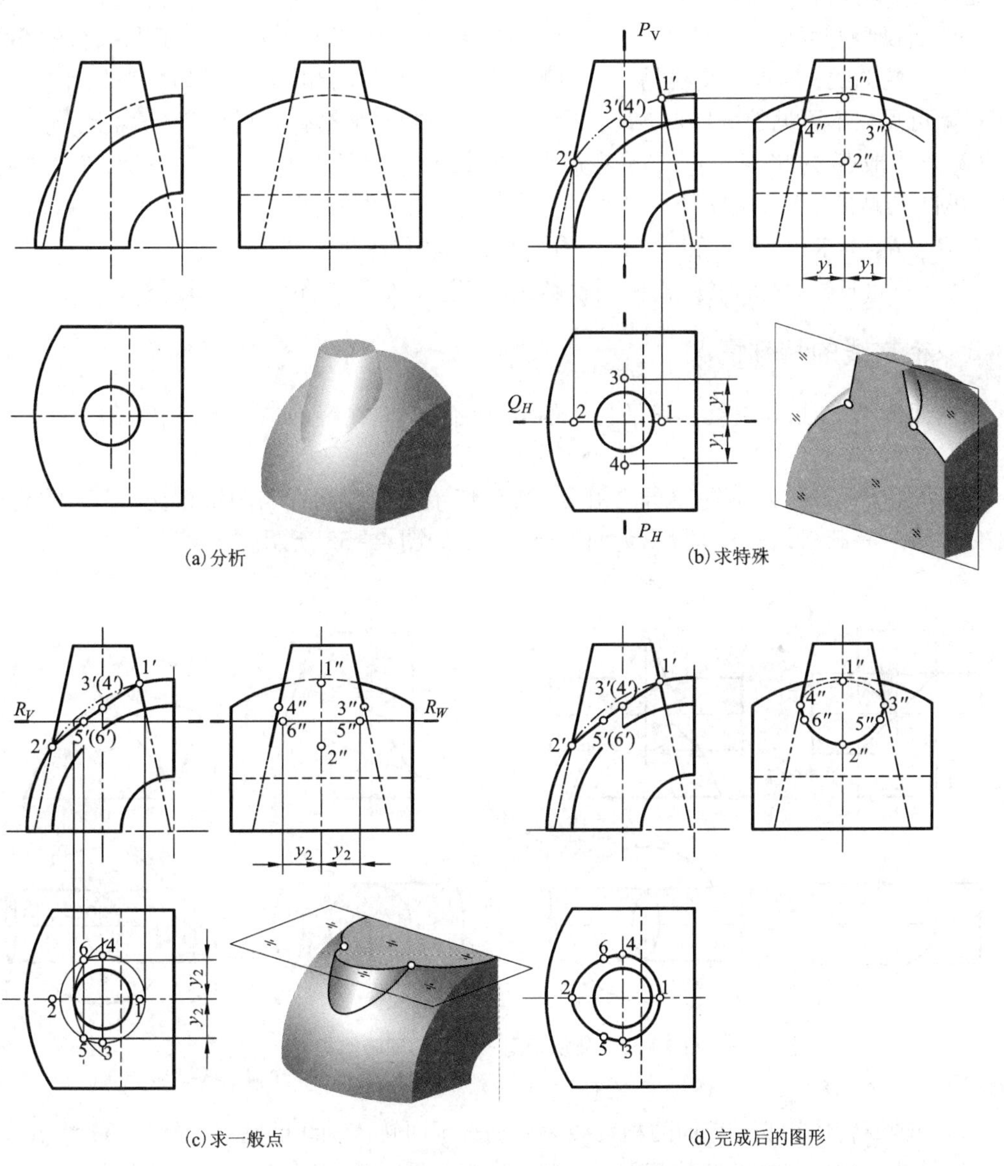

图 4 - 32　利用辅助平面法求圆锥与圆球的相贯线

分析：如图 4－32(a)所示，圆台全部穿入球体，且它们有公共的前后对称面，所以相贯线是一条前后对称的封闭的空间曲线，由于两相交立体的投影都没有积聚性，所以，必须用辅助平面法求相贯线。本例中，辅助平面应采用水平面以及过圆台轴线的正平面和侧平面。

作图：

(1)求特殊点，如图 4－32(b)：

①最高、最低点。过圆台轴线作正平面 Q，其截交线就是正面投影上的两组轮廓线，它们的交点 1′、2′即为最高点Ⅰ、最低点Ⅱ的正面投影，从而可求得 1、2 及 1″、2″。点Ⅰ、Ⅱ又分别是相贯线的最右点和最左点。

②侧面投影上可见与不可见的分界点。过圆台轴线作侧平面 P，P 平面与圆台的交线是圆台的侧面轮廓线，与球的交线是一段圆弧，它们的侧面投影的交点 3″、4″，就是相贯线在侧面投影上可见与不可见的分界点，Ⅲ、Ⅳ的正面投影和水平投影分别在 P_V、P_H 上。

(2)求一般点，如图 4－32(c)：在最高点与最低点之间任作一水平截面 R，它与圆台的交线为圆，与球的交线为圆弧，两交线的交点Ⅴ、Ⅵ就是相贯点。可先求出其水平投影 5、6，然后在 R_V、R_W 上求出 5′、6′和 5″、6″。用类似的方法再求出一些一般点。

(3)判别可见性，并将各点的同面投影光滑相连。结果如图 4－32(d)所示。

4.4.3 相贯线的特殊情况

两曲面体相交时，相贯线一般是封闭的空间曲线，但在特殊情况下，相贯线是平面曲线或直线。

(1)公切于一球的两个等径圆柱相交，或公切于一球的圆柱与圆锥相交，它们的交线均为平面曲线——椭圆，其正面投影为两相交直线，如图 4－33 所示。

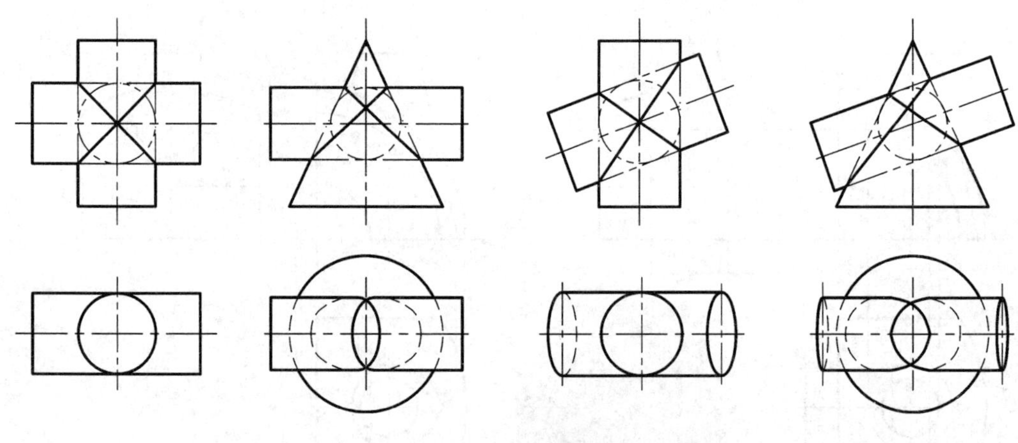

图 4－33　外切于同一球面的回转体相交

(2)同轴回转体相交，它们的相贯线为一垂直于回转体轴线的圆，如图 4－34 所示。

(3)轴线互相平行的两圆柱相交，其交线为两条平行的直线，如图 4－35(a)所示。

(4)两个共锥顶的圆锥面相交，其交线为一对相交直线，如图 4－35(b)所示。

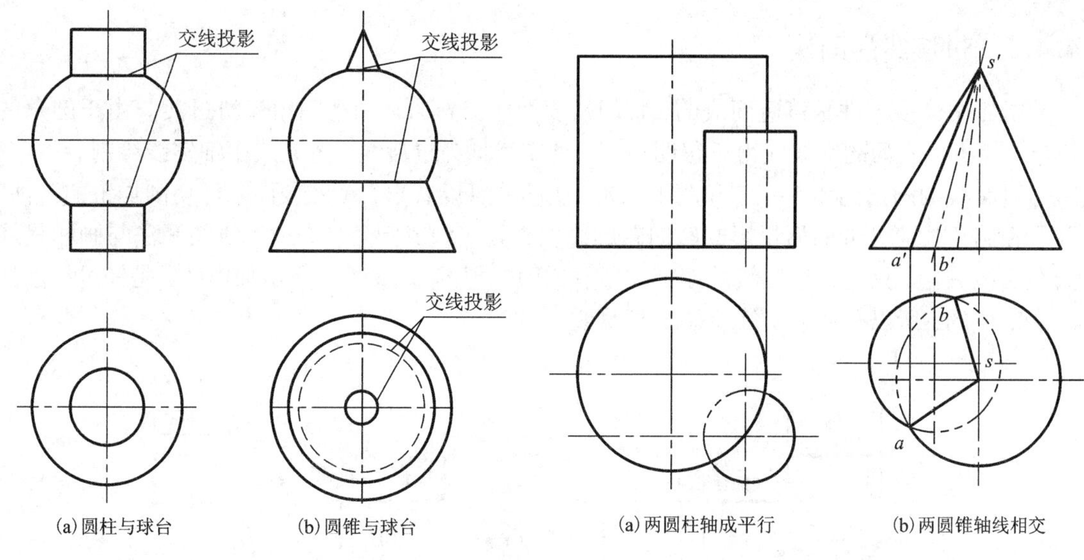

(a) 圆柱与球台　(b) 圆锥与球台

图 4 – 34　同轴回转体的相贯线

(a) 两圆柱轴成平行　(b) 两圆锥轴线相交

图 4 – 35　相贯线为直线

4.4.4　组合相贯线的画法

某一立体和另外两个立体相贯时，应分别求出前者与后者各表面的交线。如图 4 – 36(a) 中小圆柱Ⅲ与圆柱Ⅰ、Ⅱ都正交，故相贯线分别向圆柱Ⅰ、Ⅱ的轴线方向弯曲；又由于圆柱Ⅱ的端面 *A* 与圆柱Ⅲ的轴线平行，故交线是两条直线，它们的投影可按前面所介绍的方法求出。图 4 – 36(b) 中的直立圆柱与相切的圆球、圆柱相贯，两段相贯线是圆滑连接的。注意圆柱与球相贯时，其轴线通过了球心，故相贯线的正面投影和侧面投影都为垂直圆柱轴线的直线。

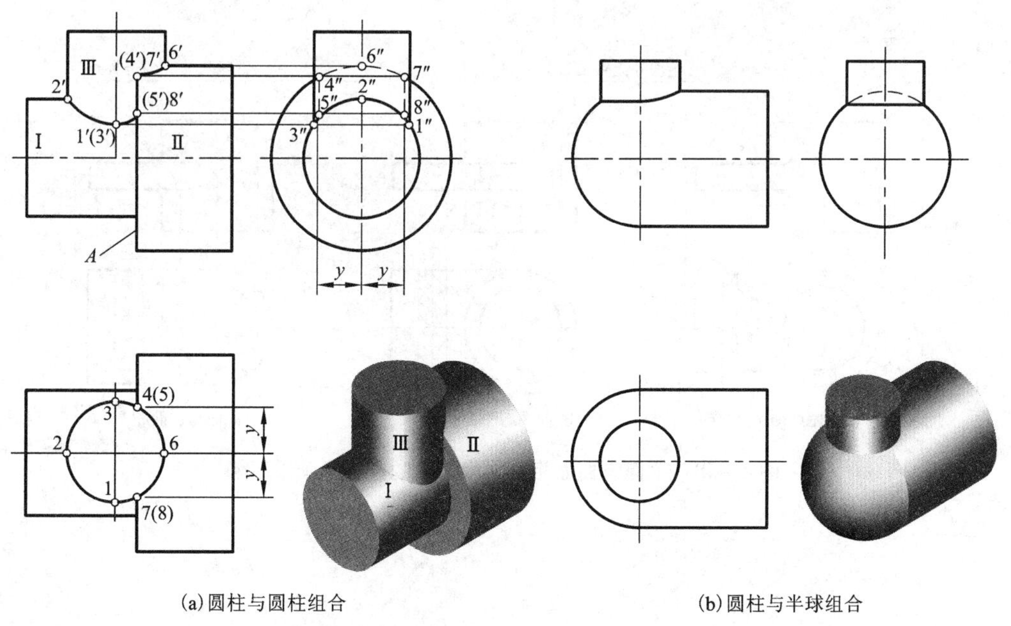

(a) 圆柱与圆柱组合　(b) 圆柱与半球组合

图 4 – 36　组合相贯

4.4.5 过渡线的画法

机器中许多零件是铸造而成的，它们的表面相交处通常用小圆角光滑过渡。由于圆角的影响，使机件表面的交线变得不很明显，这种交线称为过渡线，过渡线用细实线绘制。

过渡线的画法见图4－37和图4－38。从图中可以看出，对外表面未经切削加工的铸件，除了在圆角过渡处的曲面投影的转向轮廓线相交处应画成圆角外，过渡线的画法与画相贯线或截交线一样，只是在过渡线的端部应留有空隙。但图4－37(a)所示的内孔，是经过切削加工后形成的，所以孔壁的交线应画成相贯线。

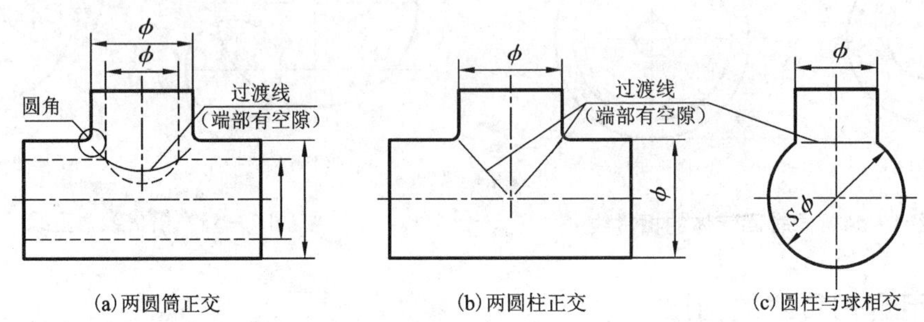

图4－37　曲面与曲面相交处的过渡线画法示例

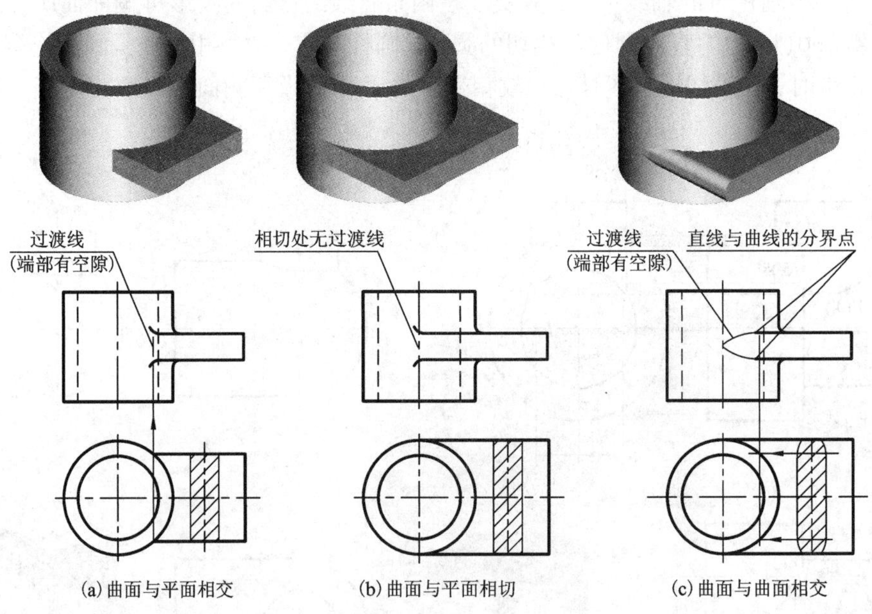

图4－38　平面与曲面相交或相切处的过渡线画法示例

4.4.6　相贯线的加工方法

[相贯线的加工方法介绍]

连接两根相交管道时，需要在两根管子的结合部分进行切割，各开一个口子，口子对接后才能将两根管子完整地焊接在一起。加工时切口与管子表面的交线就是两管子间的相贯线。这种相贯线加工方法在石油管道、自来水管道、排污管道、水力发电等方面的应用尤其广泛。

相贯线的加工方法可分为两大类：手工加工、机械加工。手工加工方法又分为两种：一是直接在管道上进行切割；二是将管子在平面上展开放样后下料成型，再在连接位置进行焊接。

4.5　项目驱动——截交、相贯工程上的综合实例

复杂机械零件的表面交线可能是截交线，也可能是相贯线。图 4 – 39 所示的十字万向联轴器，是用于轴与轴之间连接的一种装置，使两轴一起回转并传递扭矩。它由两个叉形接头和一个十字形的万向节连接而成，十字轴的四端用铰链分别与轴 1、轴 2 上的叉形接头相连，当轴 1 的位置固定后，另一轴可以在任意方向偏斜某一角度。

观察叉形接头零件[图 4 – 39(a)]，其表面存在由平面与立体表面切割而形成的截交线，以及由两曲面立体相交而形成的相贯线。

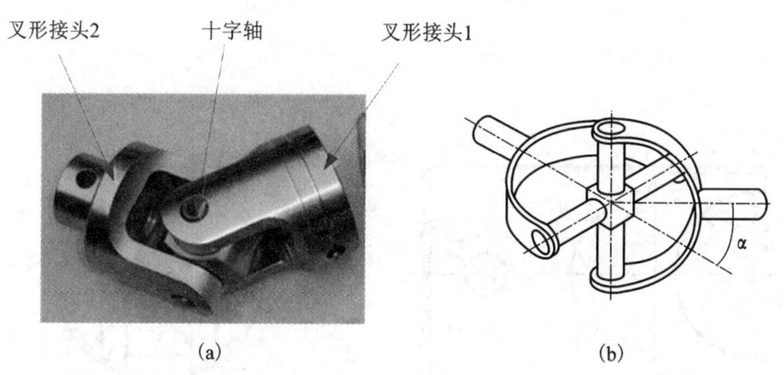

图 4 – 39　万向联轴器

综合实例：图 4 – 40 为叉形接头的三视图，分析并求作其表面截交线、相贯线的正面和水平投影。

分析及作图：叉形接头的基本形状为圆柱体，左端开有半圆形槽，右端内部有 $\phi25$ mm、深 32 mm 圆孔，与另一 $\phi10$ mm 通孔相交。

圆柱左端分别被前后对称的三个平面切割，截平面分别为正平面、侧平面和铅垂面，对应截交线的正面投影为图中所示的 a、b、c 三段。根据截平面与圆柱轴线的相对位置可知，交线形状分别为矩形、圆弧和椭圆，正面投影可根据投影关系求出，如图 4 – 41 所示。截交线的水平投影和侧面投影具有积聚性，不需作图。

右端圆柱产生的相贯线在正面、侧面投影积聚，不需作图，其水平投影需作图得出。其中，两圆孔的相贯线投影不可见，用虚线表示，为图中所示的曲线 d；$\phi10$ mm 圆孔与圆柱体外表面相贯线的投影可见，用实线表示，为图中所示的曲线 e。

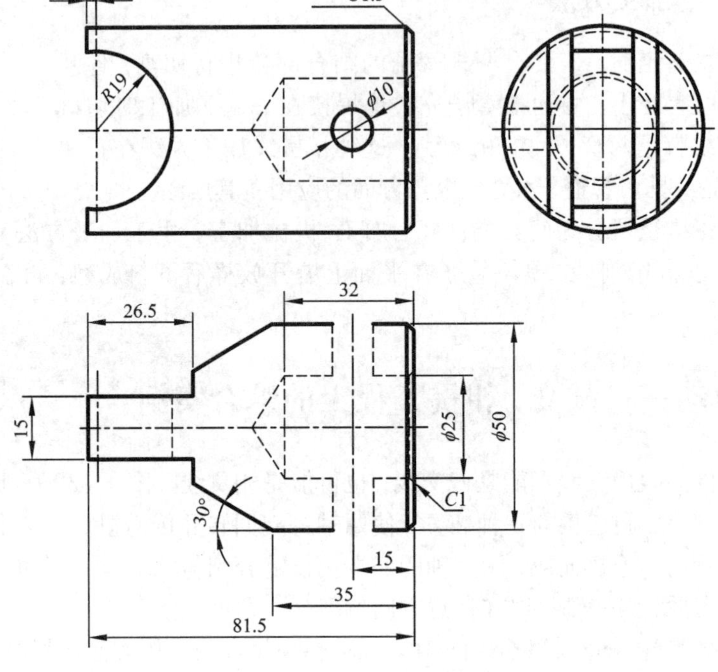

图 4－40　求表面交线综合实例

叉形接头的三维结构如图 4－41 所示。

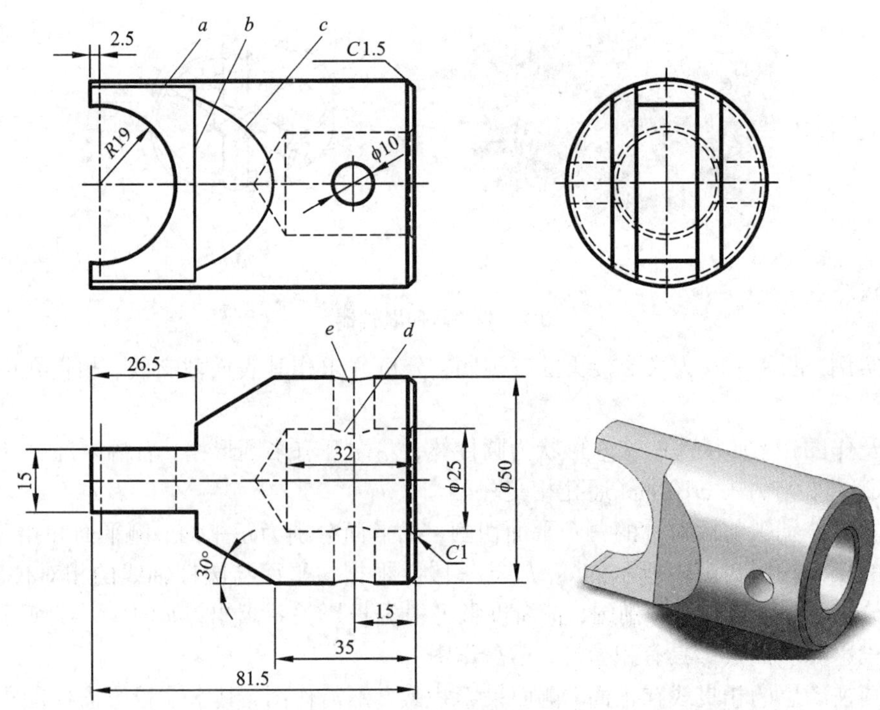

图 4－41　叉形接头的结构及表面交线作图

4.6　三维拓展——Solidworks 基本体、切割体、相贯体的三维创建

4.6.1　基本体的三维创建

Solidworks 软件三维构形方法，概括来说就是通过对草图(二维轮廓或横截面)进行拉伸、旋转、放样或沿着某一路径扫描等操作后生成特征的方法来构造基本实体，然后通过增加或切除材料的方法添加其他特征，从而实现各种复杂实体零件的建模。

前面所涉及的基本立体的三维创建中，棱柱可以通过拉伸特征实现；圆锥、球、圆环可以通过旋转特征实现；圆柱则根据其构成方法，既可以通过拉伸又可以通过旋转实现；而棱锥、棱台则可以通过放样创建。

按照 Solidworks 三维构形方法，又可以将基本立体分为拉伸体、回转体、放样体等。

1. 拉伸体的创建

草图(横截面)沿其法向作平移运动扫描形成的立体，称为拉伸体，如图 4－42 所示。直线扫描形成平面；圆或圆弧扫描形成圆柱面；动平面线框上的每一个顶点扫描形成拉伸体上的棱线。

图 4－42 列举了几种由拉伸所形成的典型基本体及其草图的形状尺寸。

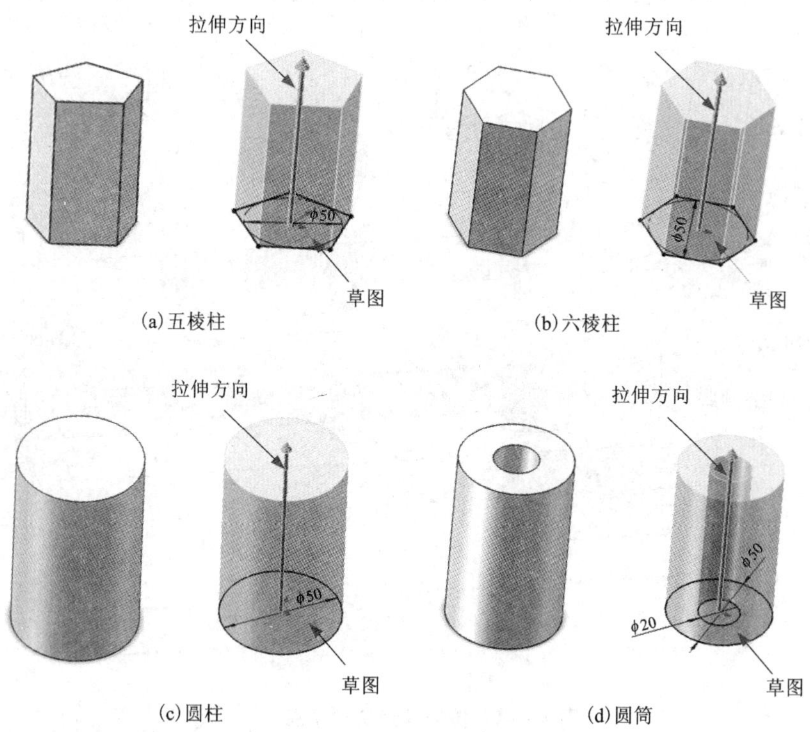

图 4－42　典型基本体的拉伸创建

有些拉伸体不属于传统的基本立体，但也可以通过拉伸特征的方法创建，如图 4 - 43 所示。

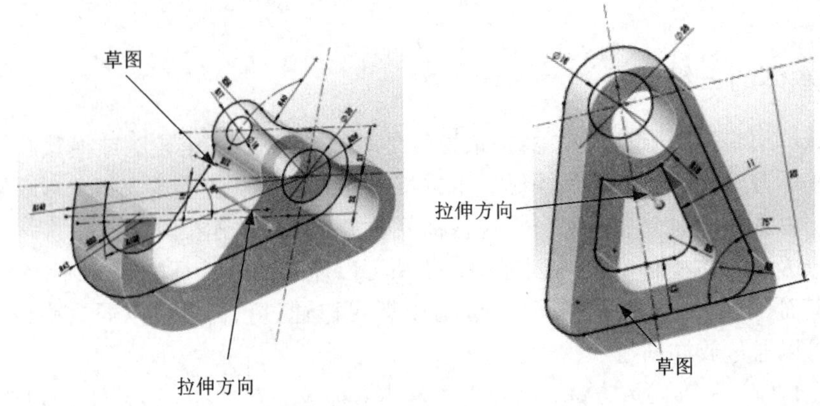

图 4 - 43　不属于传统基本立体的拉伸

拉伸体创建的方法和步骤可分为两个方面：①定义横截面草图；②定义拉伸类型和拉伸深度属性。

在定义横截面草图时应根据立体的放置位置正确定义草图绘制平面，以便生成方向一致的立体。图 4 - 44 为拉伸深度选项示意图，各种拉伸深度的圆柱如图所示。

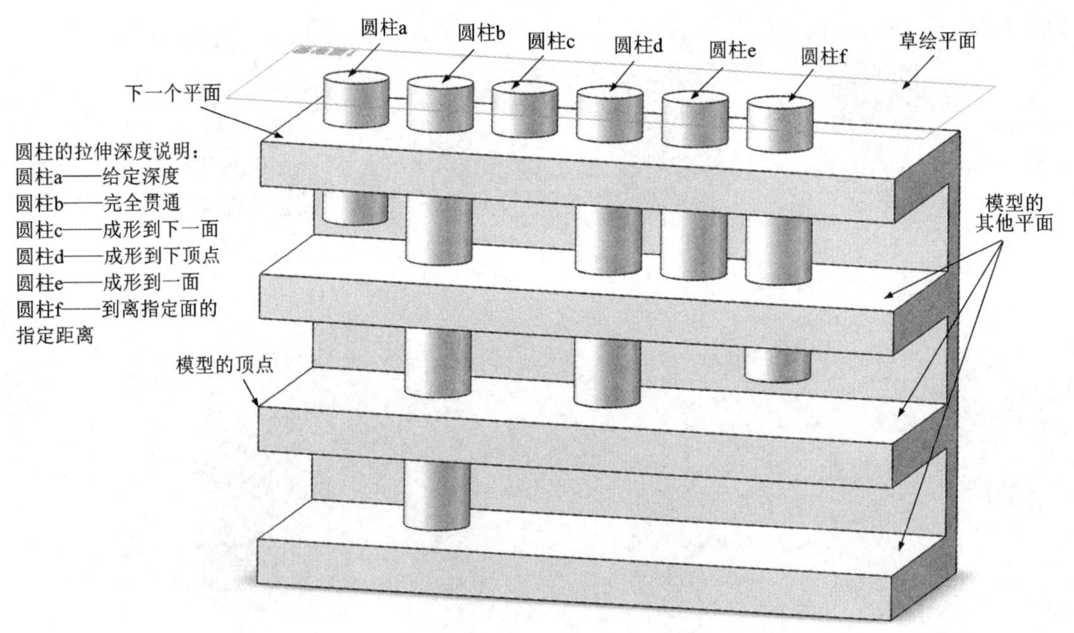

图 4 - 44　拉伸深度选项示意

2. 回转体的创建

将草绘截面(草图)绕轴线旋转运动扫描而成的立体称为回转体。图 4 - 45 列举了几种由旋转所生成的典型的基本体及其草图的形状尺寸。

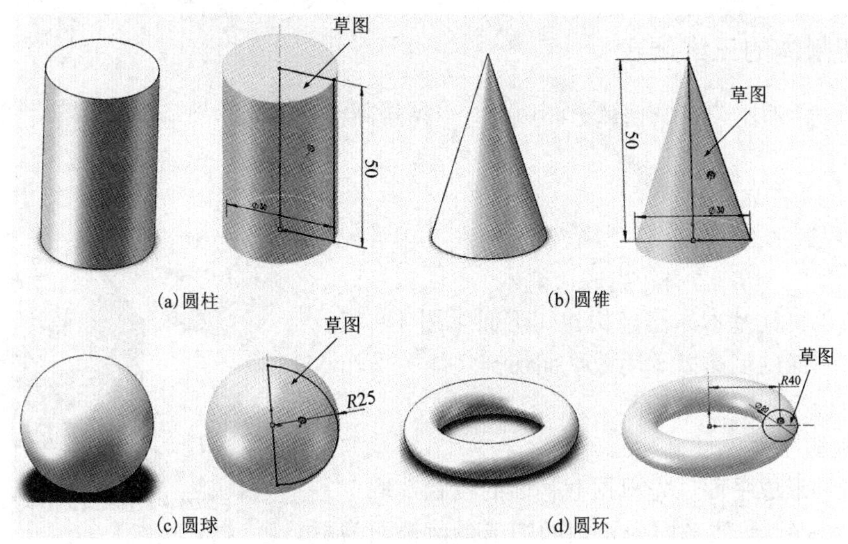

(a) 圆柱　(b) 圆锥　(c) 圆球　(d) 圆环

图 4 –45　典型回转体的创建

回转体创建的方法和步骤可分为两个方面：①定义横截面草图；②定义旋转类型和旋转属性。与拉伸特征不同的是，草绘图必须绘制一条中心线作为旋转轴，且形成实体的草图截面绘制在旋转轴线的一侧。若为旋转曲面，则草图可以为开放的，但不能有多于一个的开放环。

在旋转属性对话框中，默认的旋转角度为 360°。

3. 放样体的创建

放样体是将多个轮廓（草绘截面）连接而成，通过在轮廓之间进行过渡来生成的立体。放样特征至少需要两个草绘截面，且不同截面应事先绘制在不同的草图平面上。

在基本立体中，棱锥、棱台可以通过放样创建，如图 4 –46 所示。

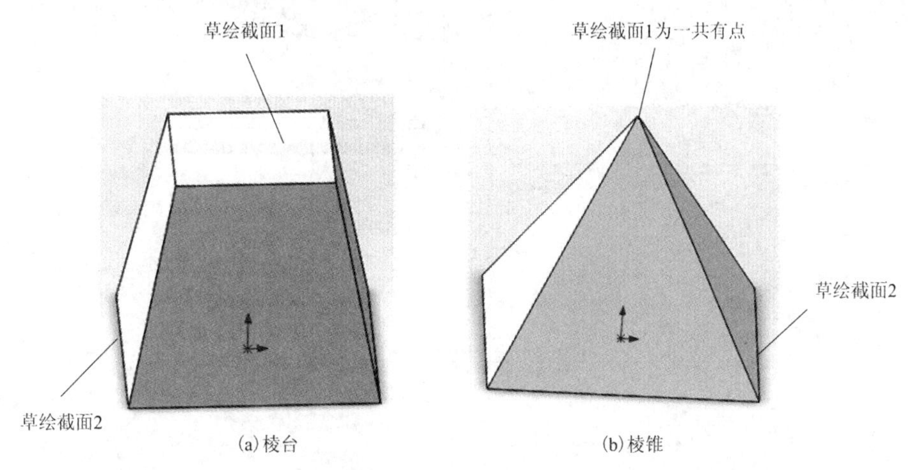

(a) 棱台　(b) 棱锥

图 4 –46　放样体的创建

图 4 -46(b)棱锥也可以在图 4 -46(a)棱台的基础上进行编辑修改，即：编辑棱台的草绘截面 1，将矩形改为一点，则立体重新生成后变成棱锥。

4.6.2 切割体的三维创建

如图 4 -47 所示为六棱柱被平面切割。根据切割体的形成原理，可以归纳出切割体的三维创建步骤：

(1)创建基本立体；

(2)创建截平面；

(3)用截平面切割立体，生成切割体。

假定正六棱柱基本体已经构建。下面以图 4 -47 为例讲解截平面的创建以及用截平面切割立体的操作方法。

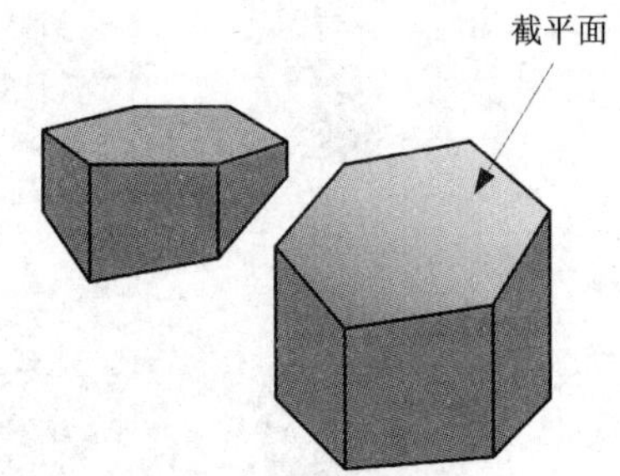

图 4 -47　切割体

1. 创建截平面

直线拉伸形成平面。先根据截平面的位置选取草绘平面(图 4 -47 中截平面为正垂面则选择前视面为草绘平面，以此类推)，绘制直线，该直线即为截平面在前视面的积聚性投影。

从下拉菜单中输入命令。点击下拉菜单【插入(I)】|【曲面(S)】|【拉伸曲面(E)】命令，弹出【属性管理器】对话框，选取草图，即图 4 -48 中的直线。方向 1、方向 2 均设置为【完全

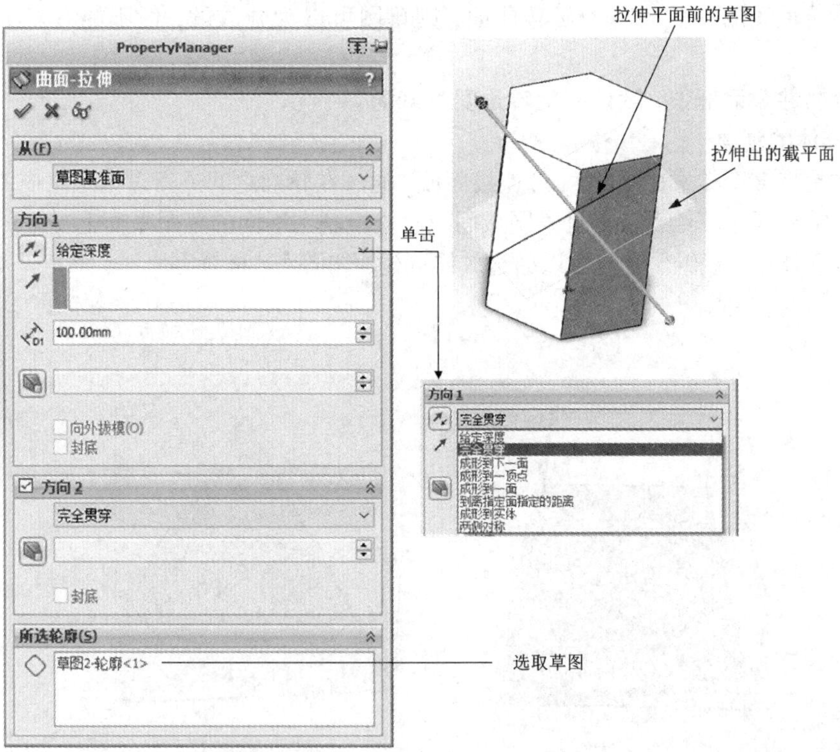

图 4 -48　平面拉伸属性对话框

贯穿】，则拉伸出图 4 - 48 所示的截平面(正垂面)。

2. 生成切割体

从下拉菜单中输入命令。点击下拉菜单【插入(I)】|【切除(C)】|【使用曲面(W)】命令，弹出【属性管理器】对话框，如图 4 - 49 所示。

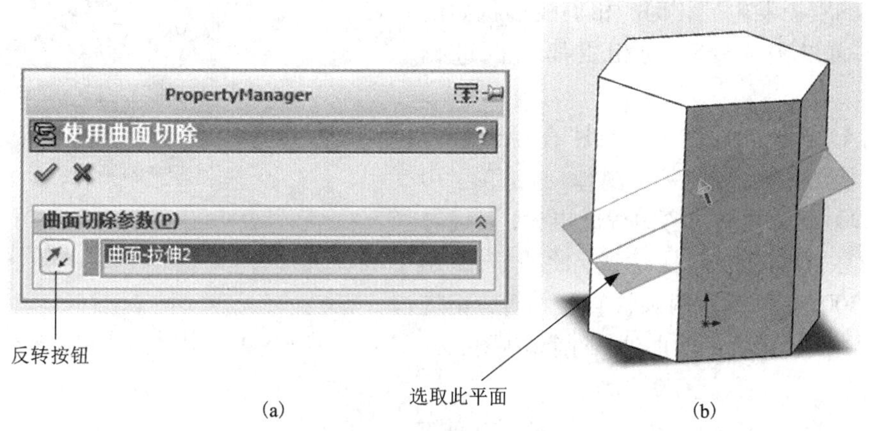

(a)　　(b)

图 4 - 49　使用曲面切除属性对话框

选取图 4 - 49(b)中所示平面为用来截切的平面，并注意立体去掉的部分为图中箭头所指的方向，如需改变方向，则单击【反转按钮】，完成后生成如图 4 - 47 所示的切割体。

4.6.3　相贯体的三维创建

本节主要讲述两圆柱正贯(轴线垂直相交)。圆孔采用拉伸切除或旋转切除创建，称为虚体。两圆柱正贯可分为以下三种情况，如图 4 - 50 所示。

实体与实体　　实体与虚体　　虚体与虚体

图 4 - 50　圆柱正贯三种情况

(1)两实体圆柱相贯。

(2)实体与虚体相贯。

(3)两虚体圆柱相贯。

分别构建 ϕ100 mm、高 120 mm(轴线为铅垂线)，ϕ70 mm、高 100 mm(轴线为侧垂线)两

圆柱，相贯体的表面相贯线如图 4 – 51 所示。从立体的构建可以看出，相贯线为两圆柱表面的分界线，一般情况下为空间曲线。对于两圆柱正贯，只要两圆柱直径确定，则相贯线可以确定。

圆柱的直径发生变化时，相贯线形状如何变化？下面以图 4 – 51 的相贯体为例进行说明。

对图 4 – 51 中水平方向圆柱直径进行修改，可以看出相贯线的变化规律。将直径 70 mm 改为 90 mm，相贯线弯曲程度更大，其极限位置更加靠近竖直大圆柱轴线；将直径从 90 mm 改为 100 mm，此时两圆柱直径相等，相贯线由空间曲线转化为平面曲线（两个椭圆），这

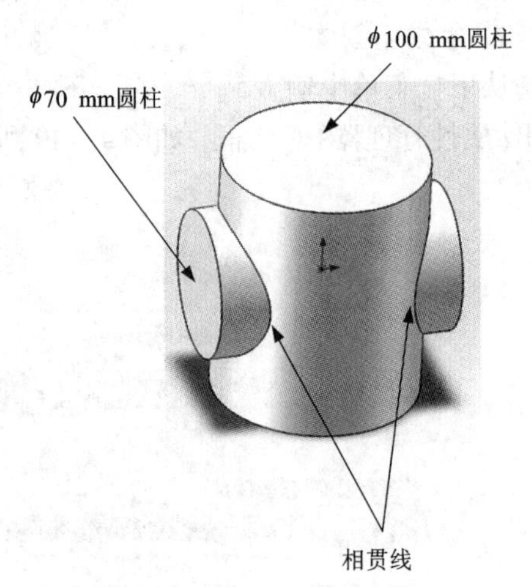

图 4 – 51　两圆柱正贯以及相贯线

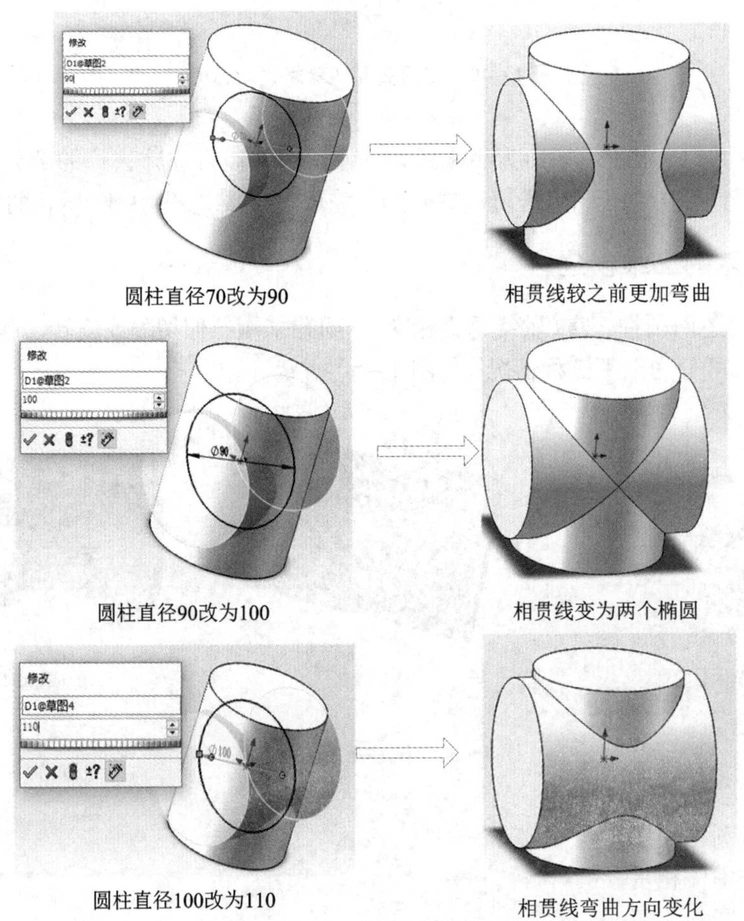

图 4 – 52　相贯线随圆柱直径变化规律

是一个从量变到质变的过程；将直径从 100 mm 改为 110 mm，相贯线为上下两条相贯线，弯曲方向变为向中间的水平轴线弯曲，如图 4 – 52 所示。

由此可归纳两圆柱正贯时相贯线的变化规律：

(1) 相贯线总是包围在较小圆柱周围，弯向较大圆柱的轴线；

(2) 两圆柱直径相等时，相贯线的空间形状变为椭圆，其投影变为直线。

采用拉伸切除方法将圆柱变为圆筒，可以看出，外部相贯线依然存在，其形状不受影响，如图 4 – 53 所示；内部则可看作两个虚体圆柱相贯，其相贯线随直径变化规律同实体圆柱，如图 4 – 54 所示。

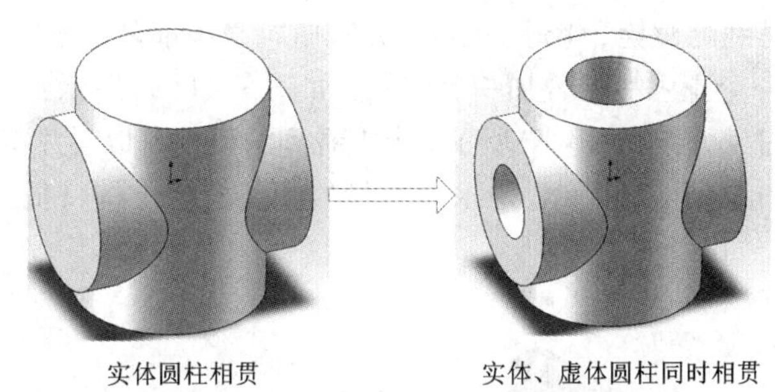

实体圆柱相贯　　实体、虚体圆柱同时相贯

图 4 – 53　实体圆柱变为圆筒，外部相贯线无变化

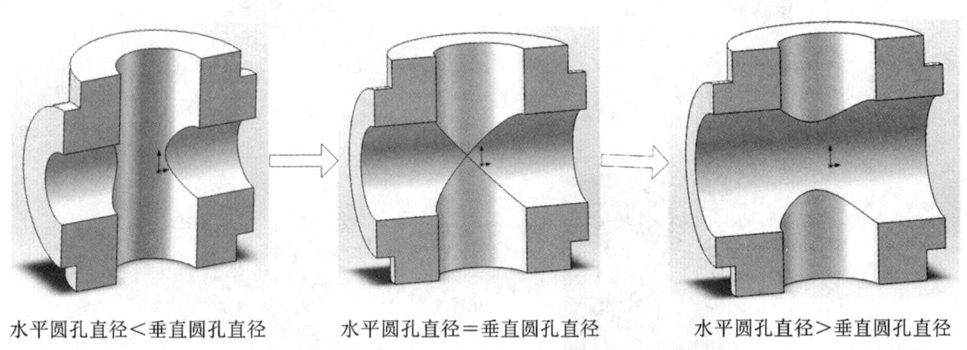

水平圆孔直径＜垂直圆孔直径　　水平圆孔直径＝垂直圆孔直径　　水平圆孔直径＞垂直圆孔直径

图 4 – 54　两孔相贯线随孔直径变化规律

解题技巧：截交线、相贯线作图

1. 截交线训练：

《工程制图习题集》第 P29 – (5)

《工程制图习题集》第 P31 – (8)

2. 相贯线训练：

《工程制图习题集》第 P37 – (4)

《工程制图习题集》第 P42 – (1)

第5章
组合体

5.1 课程导学——生活中的组合体

日常生活中，常见到的螺栓、螺母、石柱、开水瓶瓶身等都是由基本立体组合而成。螺栓的结构特征可以看成一个正六棱柱叠加一个圆柱，如图 5－1(a)所示；螺母可以看成一个正六棱柱中挖去一个圆柱，如图 5－1(b)所示。街上看到的石柱可以看成由四棱柱、四棱锥台、圆球等叠加而成，如图 5－1(c)所示。开水瓶瓶身的主要几何结构特征可以看成由圆柱、圆锥台等立体组合而成，如图 5－1(d)所示。

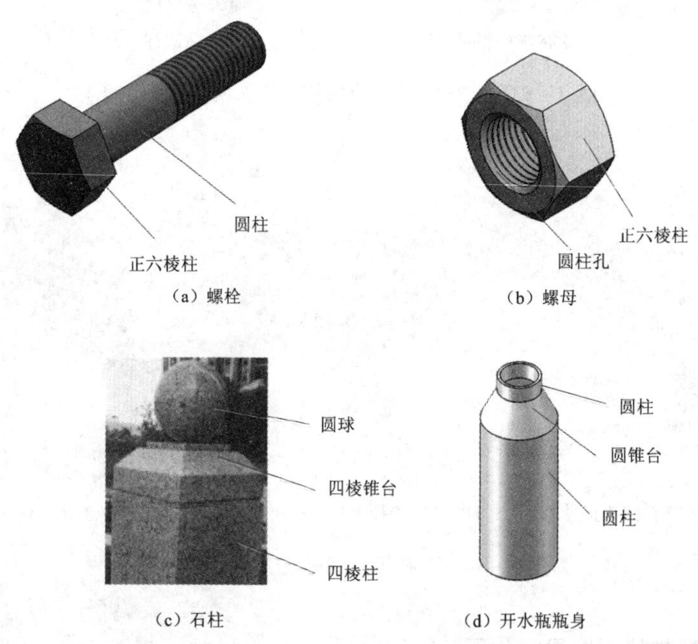

图 5－1 生活中的组合体

5.2 组合体的组成分析

5.2.1 组合体的构成方式

组合体的构成方式有三种，即叠加式、切割式和综合式。最基本的构成方式为叠加和切割，但应用较多的是这两种方式的综合运用。图 5－2 为三种构成方式。

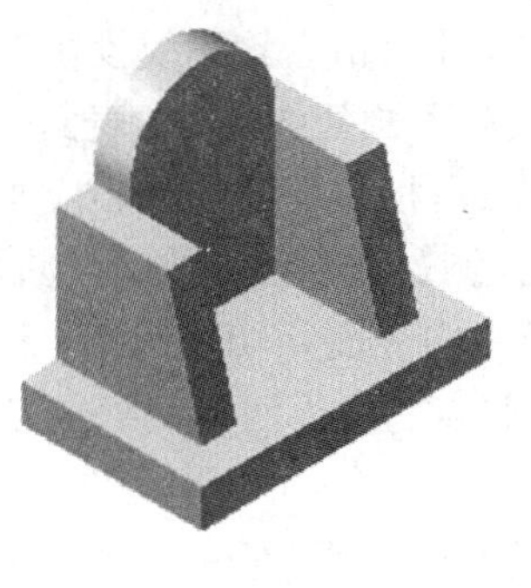

(a)叠加式

(b)切割式

(c)综合式

图 5－2　组合体的构成方式

[组合体构成方式]

5.2.2　组合体上相邻表面之间的连接关系

[组合体的表面关系]

一些基本立体经叠加或切割构成组合体时，其相邻表面之间会出现平齐、相切、相交三种位置关系，这些在组合体的视图上都必须正确地反映出来。

1. 平齐

当相邻两形体的表面平齐，即共面时，平齐两表面按同一个面进行投影，之间不画分界线，如图 5－3(a)所示。

当两个形体的表面不平齐时，应分别画出两表面的投影，如图 5－3(b)所示。

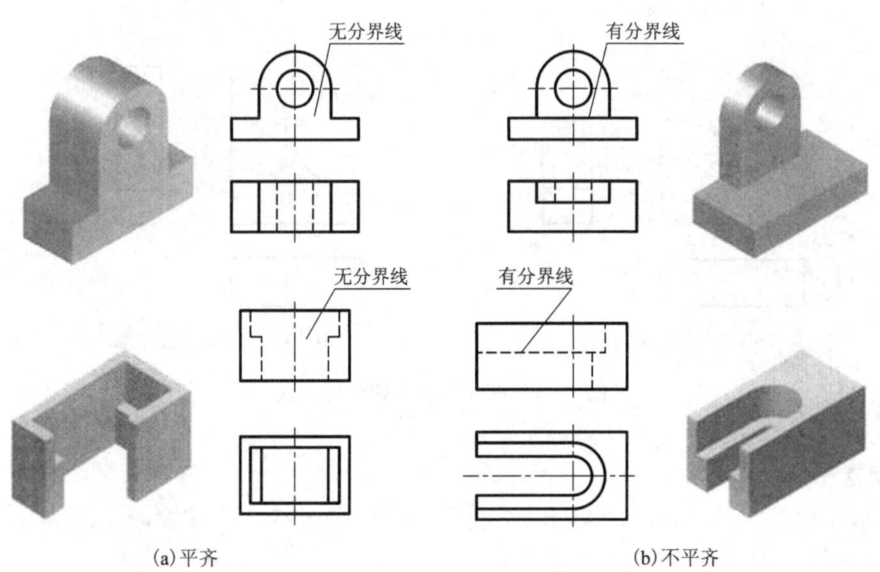

(a)平齐　　(b)不平齐

图 5－3　形体表面平齐时的画法

2. 相切

当两形体相邻表面相切时，表面呈光滑过渡，其分界线不应画出，相应轮廓线投影应画到切点为止，如图5－4(a)所示。此时，应注意两点：第一是相切处不画切线，相切表面的投影会出现非封闭线框，如图5－4(a)所示的主视图和左视图；第二是相关表面的投影应画至相切的点或线处，如图5－4(a)中平面 P 的正面投影 p' 右侧应画至 $1'(2')$ 处，其侧面投影 p'' 的前、后位置应分别画至 $1''$、$2''$处。图5－4(b)所示是挖切方式中内表面相切的图例，长圆孔的前后两平面与半圆柱孔相切，在正面投影上，q' 平面画到 $1'$ 点为止，两相切处的切线不画。

相切形式中要注意一种特殊情况，如图5－4(c)、(d)所示的两个压块，它的上侧面由两个圆柱面相切而成。若它们的公共切平面平行或倾斜于投影面，则相切处在该投影面上不画分界线，如图5－4(c)所示，若它们的公共切平面垂直于投影面，相切处在该投影面上的投影为一直线，如图5－4(d)所示。

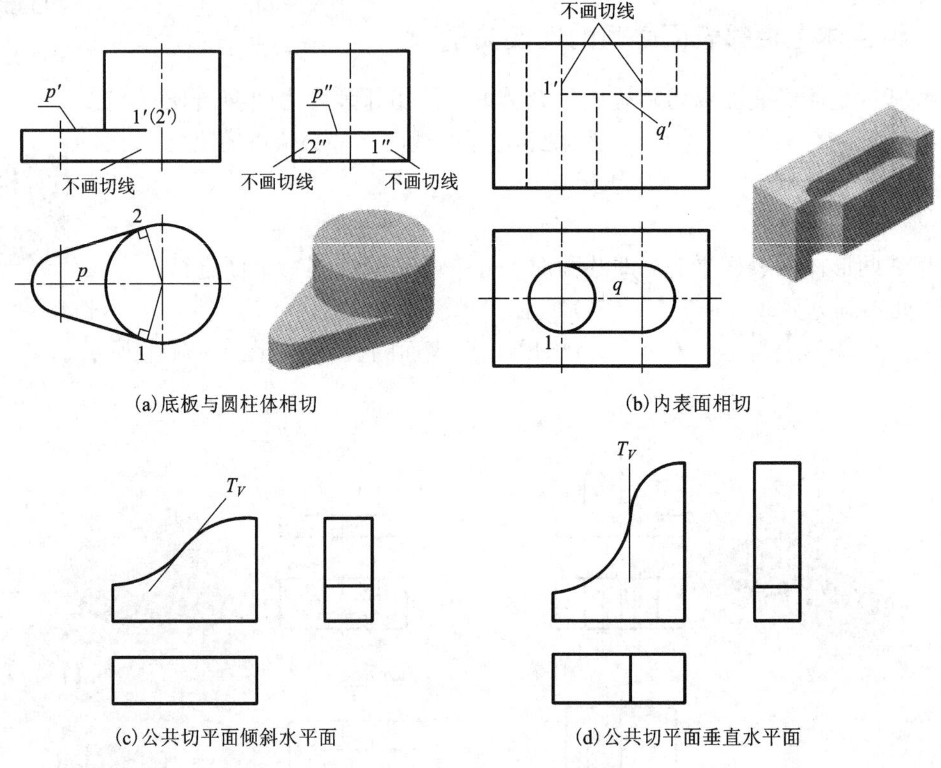

图5－4　形体表面相切时的画法

3. 相交

当两形体相邻表面相交时，其表面交线是它们的分界线。应按投影关系画出交线的投影，如图5－5(b)所示。

如图5－5(c)中，大小圆柱体相贯，转向轮廓相交部分应画出两圆柱表面相贯线的投影，而圆柱的转向素线不再画。

(a)立体图

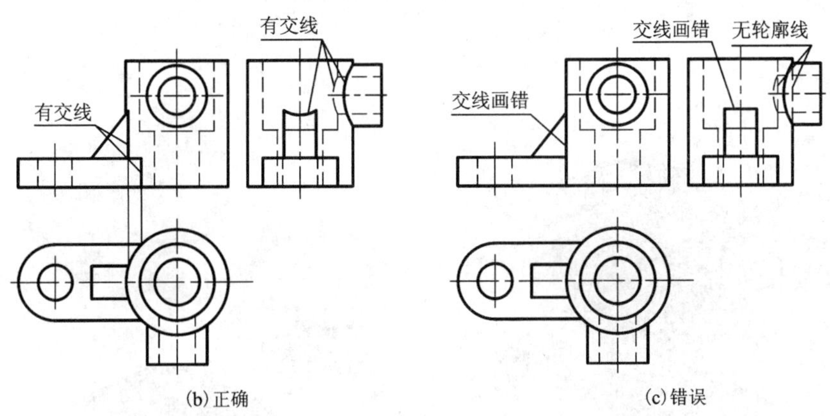

(b)正确　　(c)错误

图 5 –5　形体表面相交时的画法

在组合体中，对于轴线正交的两个直径不等的圆柱相交的情况，其相贯线可用近似画法来画出，即以大圆柱的半径为半径，在小圆轴线上找圆心，朝向大圆柱轴线弯曲画弧，如图 5 –6 所示。

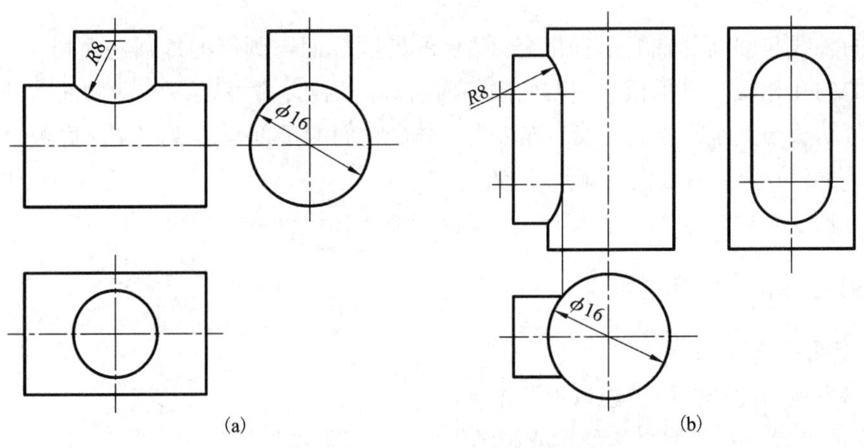

(a)　　(b)

图 5 –6　相贯线的近似画法

5.3 组合体视图的画图方法

5.3.1 组合体的形体分析法

将一个复杂的物体假想地分解为若干个基本形体，并分析它们的形状，确定其构成方式和相邻表面间的位置关系的方法称为形体分析法。形体分析法是画图和看图的基本方法。

如图 5 - 7 所示的轴承座由底板、支承板、肋板、圆筒及凸台组成，它们的构成方式为综合式。

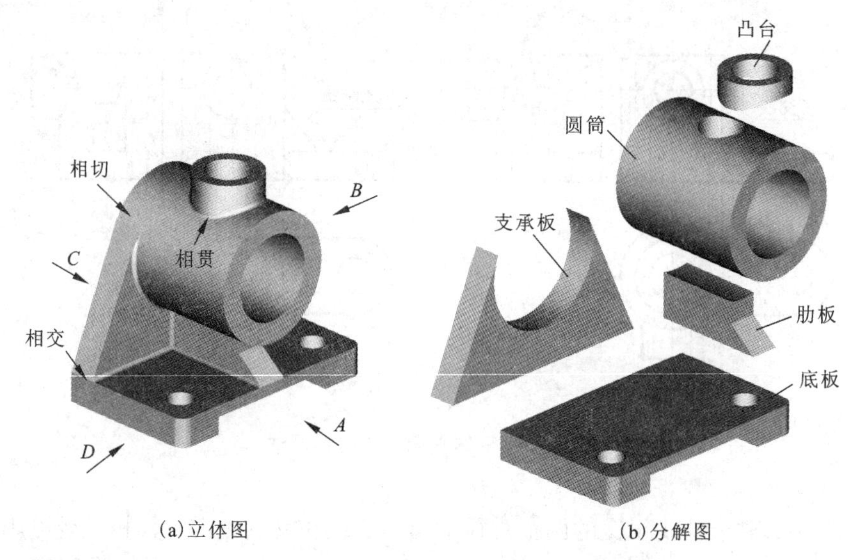

(a)立体图　　(b)分解图

图 5 - 7　轴承座及其形体分析

凸台的轴线与圆筒的轴线垂直相交，凸台的外圆柱面与圆筒的外圆柱面相交，凸台的孔也与圆筒的内孔相交。支承板的左右两倾斜面与圆筒相切，肋板的左右两侧面与圆筒相交为两段直线。肋板与支承板垂直相交，连接为一体，它们的下部与底板相交。底板上有两个圆柱形通孔，还有一个前后方向的矩形通槽。

为了清晰地表达组合体的结构形状，应合理地选择组合体的视图。

5.3.2 组合体的视图选择

1. 主视图的选择

组合体主视图的选择应考虑以下几个问题：

(1)安放位置。一般按自然稳定或画图方便的位置放置。

(2)投射方向。选择反映形状及各部分相互关系特征最多的方向为投射方向。

(3)可见性好。应使其他视图中虚线(不可见轮廓线)最少。

图5－7所示轴承座，按自然位置放置，其底面应平行于水平投影面[图5－7(a)]。选择投射方向时，应比较*A*、*B*、*C*、*D*四个方向。方向*C*、*D*均会使组合体的某个视图有较多的结构被挡住，因此不宜作为主视图的投射方向；方向*A*、*B*均能作为主视图的投射方向，但*A*向比*B*向更能反映出轴承座的形状特征，所以确定*A*向作为主视图的投射方向。

2. 视图的数量

组合体视图数量的确定，应以能够全部表达各形体间的真实形状和相对位置为原则。如图5－7轴承座，选定*A*向作为主视图后，对底板来说，需要俯视图来表达它的形状和两圆孔的中心位置。对肋板来说，则需左视图反映它的形状特征。因此，要完整表达该轴承座，必须画出主、俯、左三个视图。而对于有些组合体，只需用两个视图就可将其表达清楚。

为了学习视图的作图规律，培养形体想象能力，本章多采用三个视图，即主视图、俯视图和左视图。

5.3.3 绘制形体分明组合体视图

下面以图5－7所示的轴承座为例说明画组合体视图的一般步骤。

(1)形体分析。前面已对轴承座进行了形体分析，在此从略。需要注意的是：把组合体分解为若干个形体，仅是一种假想的分析问题的方法，实际组合体仍是一个完整的整体。

(2)选择视图。如前所述选用图5－7(a)所示位置和投射方向*A*作为主视图的投影方向。

(3)选比例、定图幅。

(4)布置视图。用点画线画出圆的中心线，圆筒的轴线及视图的对称线，如图5－8(a)所示。

(5)依次画出各形体三视图。画各形体三视图的顺序是：先画主要形体，后画次要形体；先画实体，后画虚体。画每一形体时，一般先从反映形状特征的视图或确定交线或切点位置的视图入手，先画各形体的基本轮廓，最后完成细节，如图5－8(b)、(c)、(d)、(e)所示。

画底板时，应先画俯视图，画圆筒、支承板、筋板和凸台时应先画主视图，然后同时画出其他两个视图，这样既能保证各基本形体之间的相对位置和投影关系，又能提高绘图速度。在画每一形体时，要仔细分析与相邻形体表面的连接关系(相切、平齐或相交)、是否有被遮挡或融合在一起的轮廓线。支承板的前面在俯视图中有一部分被空心圆柱挡住，所以画虚线；空心圆柱的左右轮廓素线、最下面的轮廓素线有一部分与支承板融为一体，因此在俯视图、左视图中空心圆柱的一部分轮廓线去掉不画。

(6)检查后加深。图5－8(f)为检查描深后的三视图。

[轴承座作图案例]

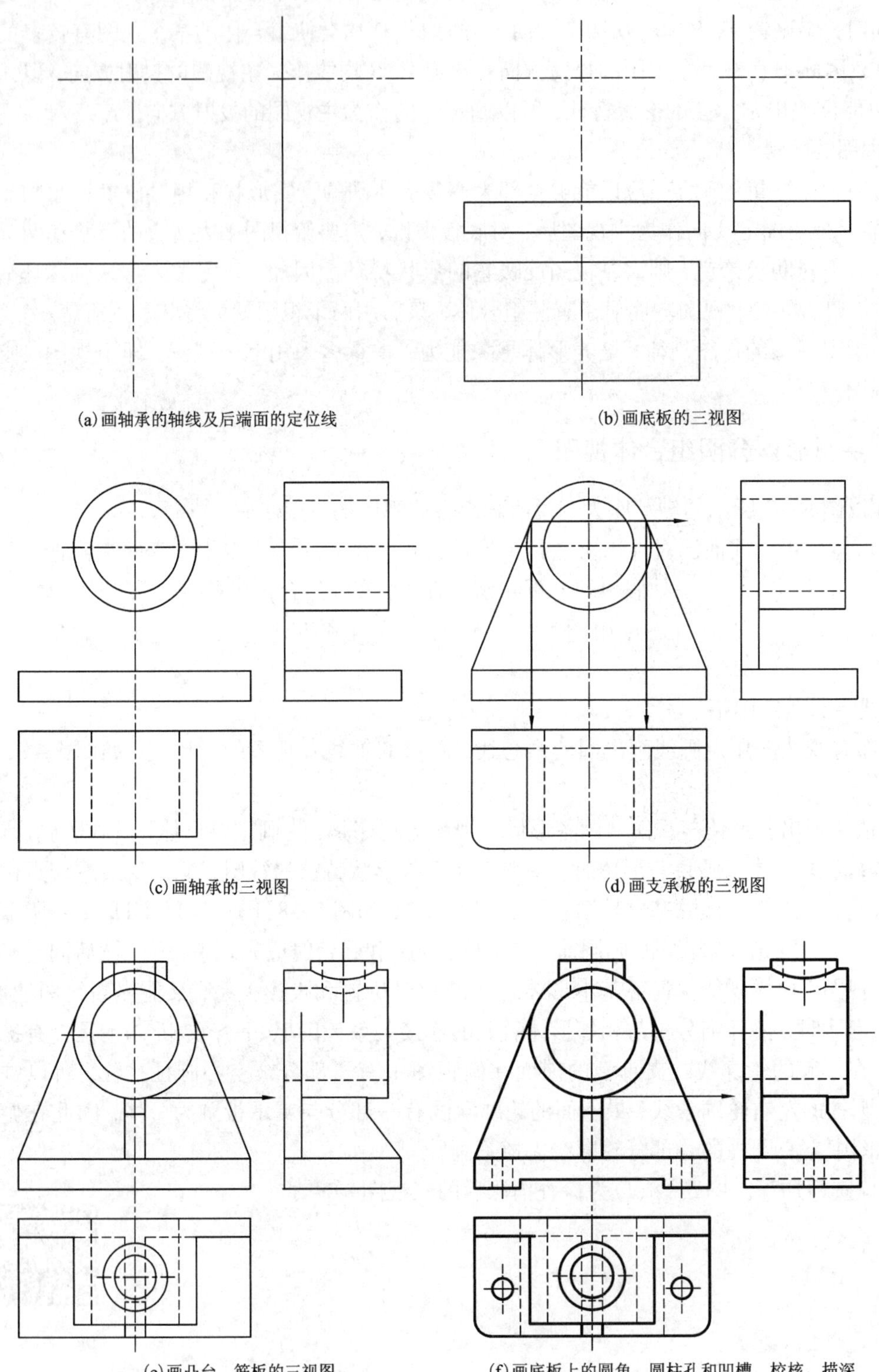

图 5-8　轴承座的画图步骤

5.3.4　绘制完全由切割形成的组合体视图

对于切割式组合体，一般是在基本形体上用多个平面切割从而形成一个或多个切口。解决这类问题时，在用形体分析法分析形体的基础上，还要采用线面分析法进行作图。所谓线面分析法，就是根据组合体表面的投影特性(积聚性、实形性和类似性)，分析表面的形状和相对位置进行画图和读图的方法。

作图时，一般先将组合体切割前的原形画出，然后再画切割后形成的各个表面。对于切口，应先画出反映其形状特征的视图，后画其他视图。检查时，除检查形体的投影外，主要还是检查面形的投影，特别是检查垂直面的类似形。

下面以图 5 -9 所示的导向块为例来说明绘制此组合体的方法和步骤。

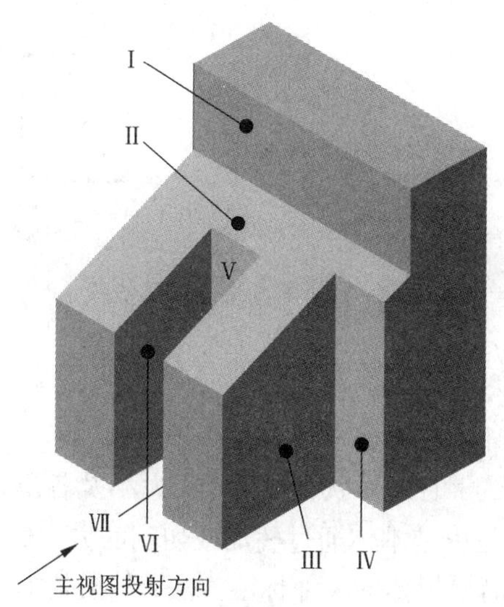

图 5 -9　导向块立体图

(1)选择主视图，投射方向和放置位置如图 5 -9 所示。

(2)绘制没有被挖切前完整形体的三视图，如图 5 -10(a)所示。

(3)逐一求出每一切割面的三视图，如图 5 -10(b)、(c)、(d)所示。在画每一切割面的三视图时，要先画投影具有积聚性的视图，例如图 5 -10(b)先画主视图，图 5 -10(c)、(d)中先画俯视图；画完每一步后要利用线面分析法分析切割面的三视图是否符合线、面的投影特性，例如图 5 -10(b)、(c)、(d)中对正垂面进行了分析，正垂面的水平投影和侧面投影应为类似形。

(4)检查后加深线条，结果如图 5 -10(e)所示。

在绘制组合体三视图时，应根据具体情况，采用适当的方法进行绘图。一般首先采用形体分析法，结合线面分析法，按照投影关系有分析、有步骤地进行画图；若组合体完全由切割形成，则主要采用线面分析法绘图。

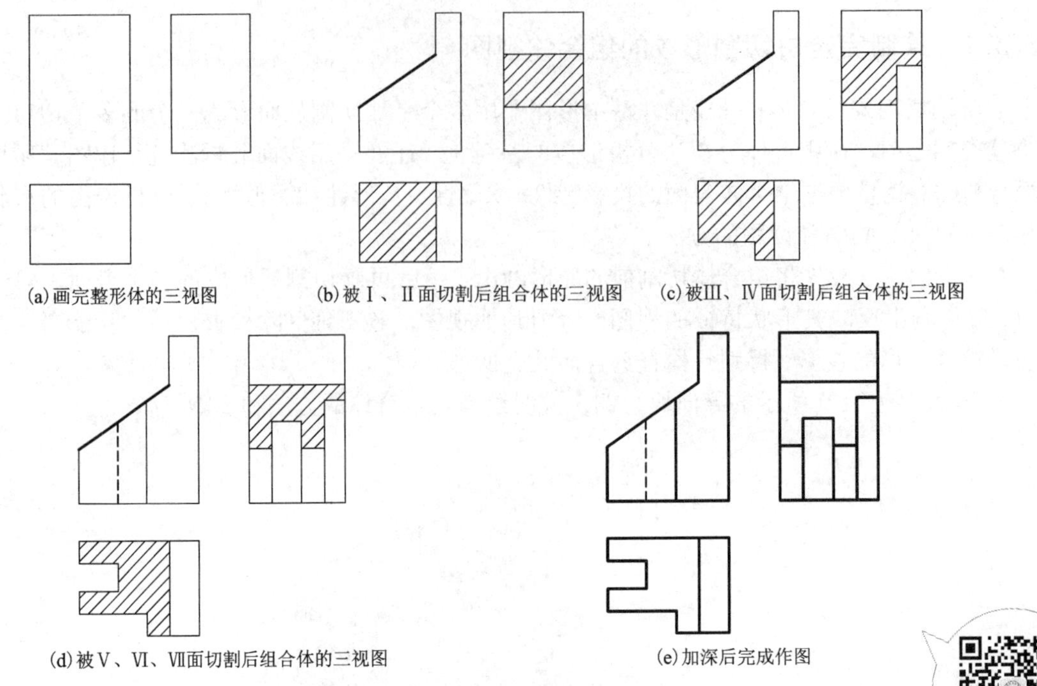

图 5-10　导向块的作图步骤

[导向块作图案例]

5.4　组合体的尺寸标注

组合体的视图，只是表达了它的形状，而其真实大小及各形体之间的相对位置要通过标注尺寸来确定。由于组合体是由基本体通过叠加或切割的方式组合而成，故在介绍组合体的尺寸标注之前，先介绍一些简单形体的尺寸标注方法，包括基本体和截切、相贯体。

5.4.1　基本体的尺寸标注

基本体一般要标注长、宽、高三个方向的尺寸。如长方体应注其底面和高度的尺寸。回转体如圆柱、圆锥等，应注其直径(ϕ)和高度尺寸。当在一个视图上所注的尺寸就能完全确定其形状大小时，则可减少视图数量，其余视图可省略不画，如圆柱、圆锥等。球和圆环也只需要一个视图，但球必须在直径符号前加注“*S*”。图 5-11 为常见基本形体的尺寸标注。

5.4.2　截切、相贯体的尺寸标注

当基本体被平面切割而具有截交线或两基本形体相交而具有相贯线时，由于其截交线、相贯线是自然形成的，所以不得在交线上标注尺寸。

如图 5-12(a)所示的截切体的尺寸标注中，除了注出基本体本身的尺寸外，还应注出确定截平面位置的尺寸。截平面的位置一旦确定，其表面交线也就随之确定，因此不应再标注截交线的尺寸。

如图 5-12(b)所示的相贯体的尺寸标注中，只需注出各基本体本身的尺寸及确定其相对位置的尺寸，而不应标注交线的尺寸。

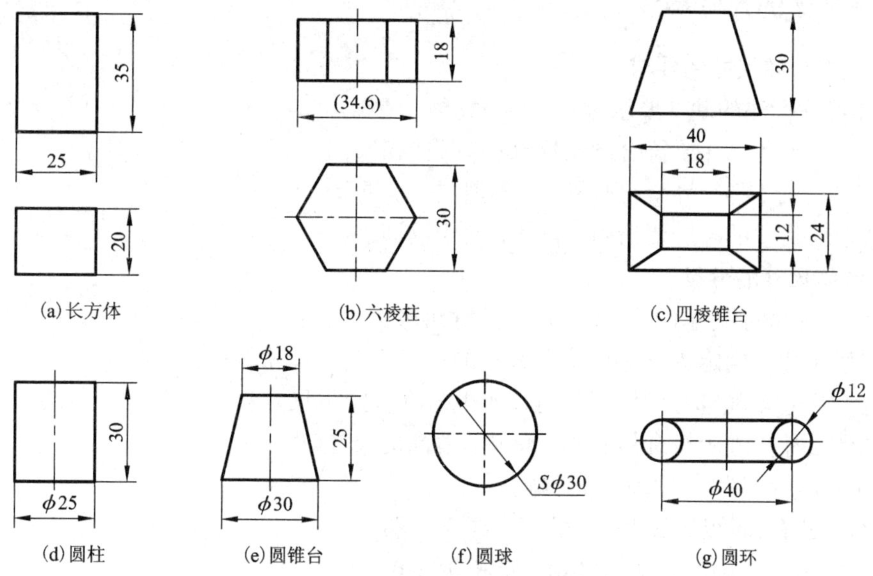

图5-11 常见基本形体的尺寸标注

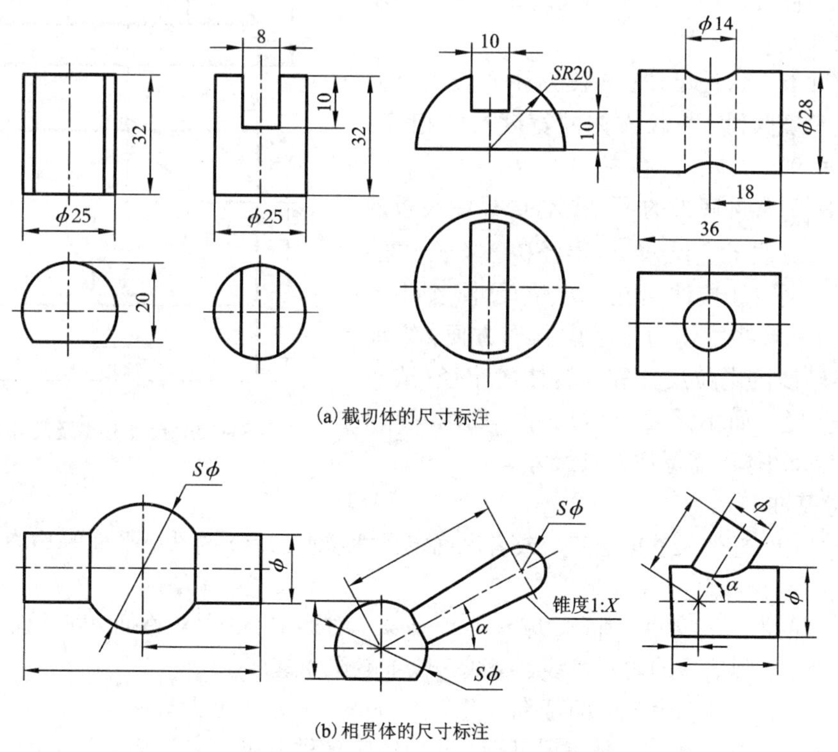

图5-12 常见截切体及相贯体的尺寸标注

5.4.3 组合体的尺寸标注

1. 标注组合体尺寸的要求

组合体尺寸标注的基本要求是：正确、完整、清晰。

(1)正确。尺寸标注要符合国家标准的有关规定。

(2)完整。尺寸必须齐全，不多余，不遗漏，不重复。

(3)清晰。尺寸的布局要清晰、整齐，便于读图。

2. 组合体尺寸的分类

根据尺寸所起的作用不同，组合体的尺寸可分为三类：

(1)定形尺寸。确定各形体形状及大小的尺寸称定形尺寸。

(2)定位尺寸。确定各形体间相对位置的尺寸称定位尺寸。

(3)总体尺寸。表示组合体总长、总宽、总高的尺寸。

如图 5-13 所示为一简单的组合体。

其定形尺寸有:底板的长 130、宽 85、高 20；肋板的宽 18、高 50；大圆柱的直径 ϕ50、圆孔 ϕ25 以及小圆柱的直径 ϕ25、圆孔 ϕ12。

定位尺寸有：确定水平圆孔 ϕ12 高度方向位置尺寸 25，水平圆柱端面到对称轴线的距离 40(宽度方向位置尺寸)。

总体尺寸有：总长尺寸(与长方体的长度尺寸相等)130，总宽尺寸(与长方体的宽度尺寸相等)85，总高尺寸 90。

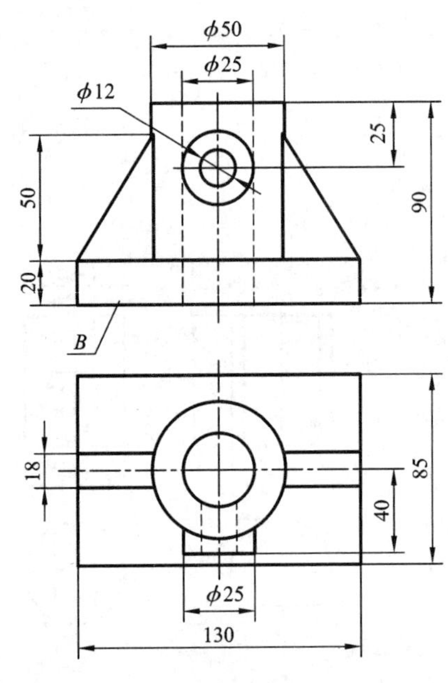

图 5-13 尺寸分类及尺寸基准

图 5-14 为常见底板的尺寸标注，标注底板的尺寸时，除了应注出直径(ϕ)、半径(*R*)及长、宽、高各定形尺寸外，还应注出孔的定位尺寸(图中带“Δ”的尺寸)。有些物体为了考虑制作方便，需要标注回转体轴线的定位尺寸和回转体的半径(或直径)的定形尺寸，而不需要总体尺寸。如图 5-14(b)~(e)所示物体不需标注总长尺寸。

3. 尺寸基准

在组合体中，标注尺寸的起点，或者说确定尺寸位置的点、直线、平面等称为尺寸基准，简称基准。

尺寸基准的形式有交点(圆心、球心等)、轴线、对称中心线、对称面、安装面、大的端面等。圆柱、圆锥、圆球等的轮廓素线、交线一般不能作为基准。

物体有长、宽、高三个方向的基准，组合体的每一个方向至少有一个基准，有时在某一方向有几个基准，其中有一个是主要基准，其他的是辅助基准，主要基准和辅助基准之间应有尺寸联系。如图 5-13 所示，底平面 *B* 是高度方向的主要基准，因此从 *B* 面出发标注底板的高度 20 和组合体的总高 90。但为了测量、定位的方便，小圆柱的定位尺寸 25 是从组合体的顶平面出发标注的，因此顶平面是高度方向的辅助基准。宽和长方向的基准是组合体俯视图中的对称面（投影中表现为中心线）。有关尺寸基准的选择问题，在后续零件图的尺寸标注中，将会作进一步的说明。

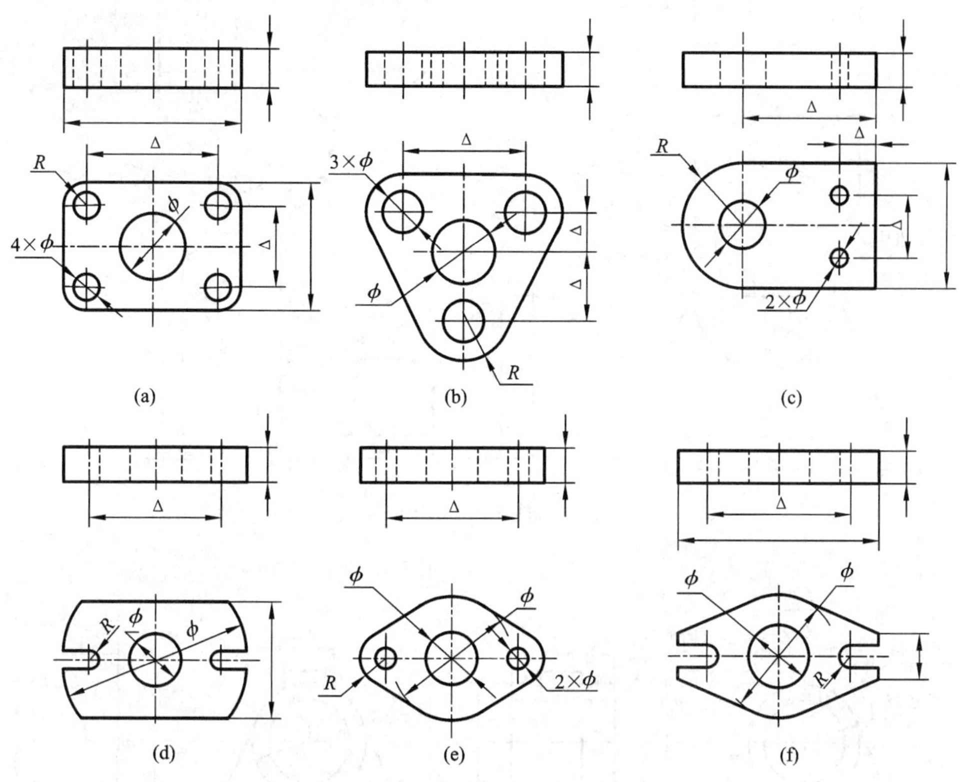

图5－14　常见底板的尺寸标注

5.4.4　标注尺寸的方法

标注组合体的尺寸，仍按形体分析法。下面以图5－8(f)所示轴承座为例，说明标注组合体尺寸的步骤。

(1)形体分析注定形尺寸。由图5－7知，可将该轴承座分成五个部分，初步注出其定形尺寸，如图5－15(a)所示。然后将图5－15(a)中所标注的各形体的定形尺寸直接移注到图5－15(b)的三视图中去，但必须注意避免出现重复或多余尺寸。

(2)选择基准注定位尺寸。如图5－15(b)所示，根据轴承座的结构特点，选择左、右对称面、轴承座的后端面、底面分别为长度方向、宽度方向、高度方向的主要基准，然后注出各定位尺寸，如图5－15(b)中数字后带“△”的尺寸。需注意的是，以对称平面为基准标注尺寸时，并不是以点画线为起点标注半部尺寸，而应将尺寸完整对称地布置在点画线两侧，如图5－15(b)中长度方向尺寸60。

(3)标注总体尺寸。如图5－15(c)所示轴承座的总长和总宽尺寸分别为80和40，它与底板的长度和宽度尺寸相同，不再标注。总高尺寸为74，但该方向已注出了定位尺寸50及确定凸台高度的尺寸24，要标注总高尺寸74，就必须对尺寸50和24进行调整。由于定位尺寸50不能少，故可去掉尺寸24，而注出总高尺寸74，如图5－15(c)所示。

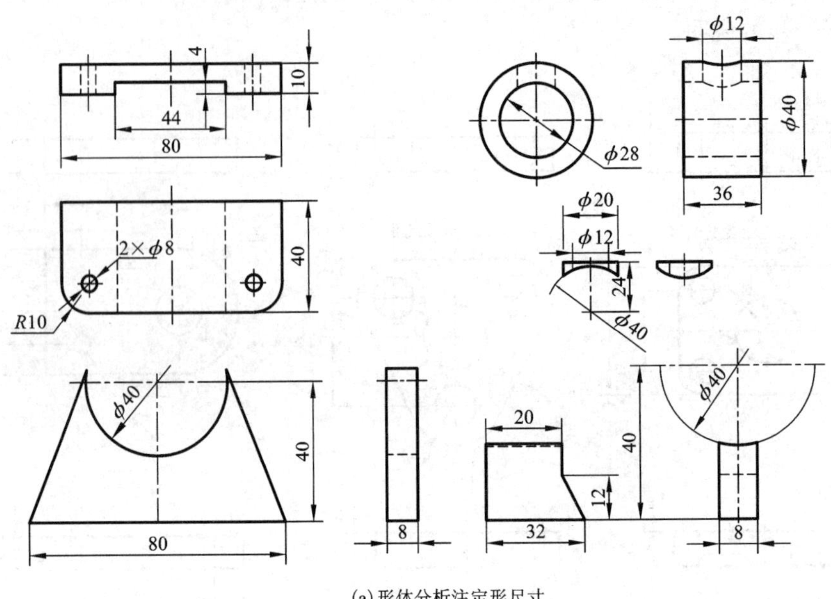

(a)形体分析注定形尺寸

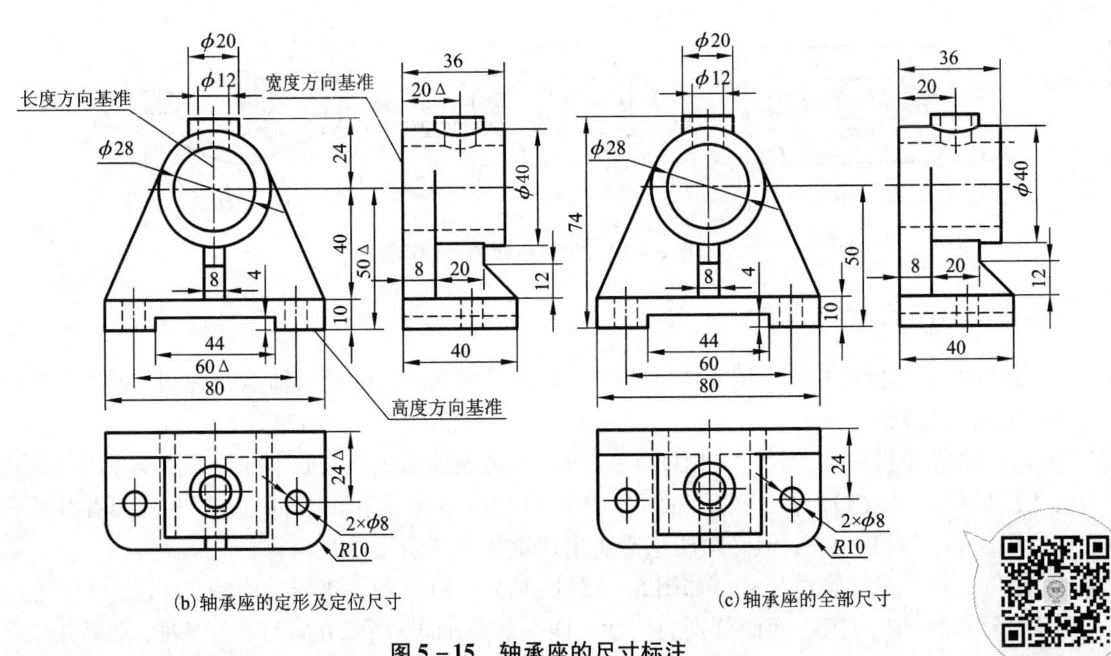

(b)轴承座的定形及定位尺寸

(c)轴承座的全部尺寸

图 5 – 15　轴承座的尺寸标注

[轴承座尺寸标注]

(4)校核并调整。按形体分析法对所注的尺寸进行全面的校对检查，修正错误。同时还要充分考虑局部与整体的关系，对个别已注出的尺寸要作适当调整。如图 5 – 15(a)所示，要确定支承板的形状，就必须注出圆弧中心与底面的距离 40，但将这个尺寸移到图 5 – 15(b)后，由于注出了圆筒轴线在高度方向的定位尺寸 50，尺寸 40 就成了多余尺寸，必须去掉。校核调整后，轴承座的全部尺寸见图 5 – 15(c)。

5.4.5 标注尺寸时应注意的问题

1. 应清晰地标注尺寸

尺寸标注不仅要求完整，而且还要清晰，便于看图。为此，在尺寸配置等问题上应注意以下几点：

(1)尺寸应注在形体特征最明显的视图上。在图 5 - 15(c)中，肋板的形状在左视图上最明显，因此肋板的主要尺寸就注在左视图上；底板上圆角的形状在俯视图上最明显，故半径 R 标注在俯视图上。

(2)同一形体的定形和定位尺寸应尽量集中标注在一个或两个视图上。如图 5 - 15(c)中底板上两个圆孔的定形尺寸 $2\times\phi8$ 和定位尺寸 24 都是注在俯视图上，这样便于看图。

(3)物体内、外形尺寸分别集中标注。将内形尺寸相对集中标注在一侧，外形尺寸相对集中标注在另一侧，避免混杂读错。

(4)尺寸尽量注在视图外部，且配置在两个视图之间。同一方向有一组平行尺寸时，小尺寸在内，大尺寸在外，避免尺寸线与尺寸界线相交，如图 5 - 15(c)中主视图上的长度尺寸 44、60、80。

(5)尽量避免在虚线上注尺寸。但对图 5 - 15(c)中圆柱孔的直径 $\phi12$，若将其注在俯视图上，则会因俯视图上的线条太多而影响清晰程度，故只能注在主视图的虚线上。

2. 不能在交线上注尺寸

交线是由形体相交生成的，它由相交体的形状尺寸和相对位置尺寸确定，一般不在交线上直接注尺寸。

3. 不能注成封闭的尺寸链

图 5 - 15(b)中主视图上高度尺寸 10、40、50 就构成了一个封闭的尺寸链，这是不允许的。

4. 尺寸标注应便于测量

这部分内容将在零件图的尺寸标注部分加以介绍。

5.5 项目驱动——尺寸标注常见错误

[尺寸标注常见错误]

例 5 - 1 已知组合体的主视图、俯视图及尺寸标注[图 5 - 16(a)]，请根据尺寸标注规则，改正错误的尺寸标注。

根据视图可知：该组合体由大圆柱体、小圆柱体、部分圆球和带四个耳板的圆柱底板叠加而成，从上往下挖了一圆柱孔，从下往上挖了一半圆球。该形体结构前后、左右对称。

(1)尺寸标注规则规定，水平方向的尺寸数字应写在尺寸线上方或中断处，垂直方向的尺寸数字应注写在尺寸线左侧且字头朝左。故主视图中的水平尺寸 $\phi32$ 和 $\phi21$ 应统一注写在尺寸线上方或中断处；主视图中的垂直尺寸 7 应写在尺寸线左侧且字头朝左。

(2)相贯线和截交线上不能标注尺寸，故主视图中的 22 和 27，俯视图中的 $\phi48$ 均应去除。

(3)直径尺寸应加符号 ϕ，球面尺寸应加符号“$S\phi$”或“SR”。俯视图中的 60 指的是底板圆柱直径，故应书写为 $\phi60$，并将直径尺寸线通过圆心，主视图中的 $R20$ 和 $R26$ 应改为 $SR20$ 和 $SR26$。

(4) 主视图中的 $\phi40$ 与 $SR20$ 重复，应去除 $\phi40$。

(5) 可以标注 $4\times\phi$，而不能标注 $4\times R$，故应将俯视图中的 $4\times R11$ 改为 $R11$。

改正后的尺寸标注如图 5－16(b) 所示。

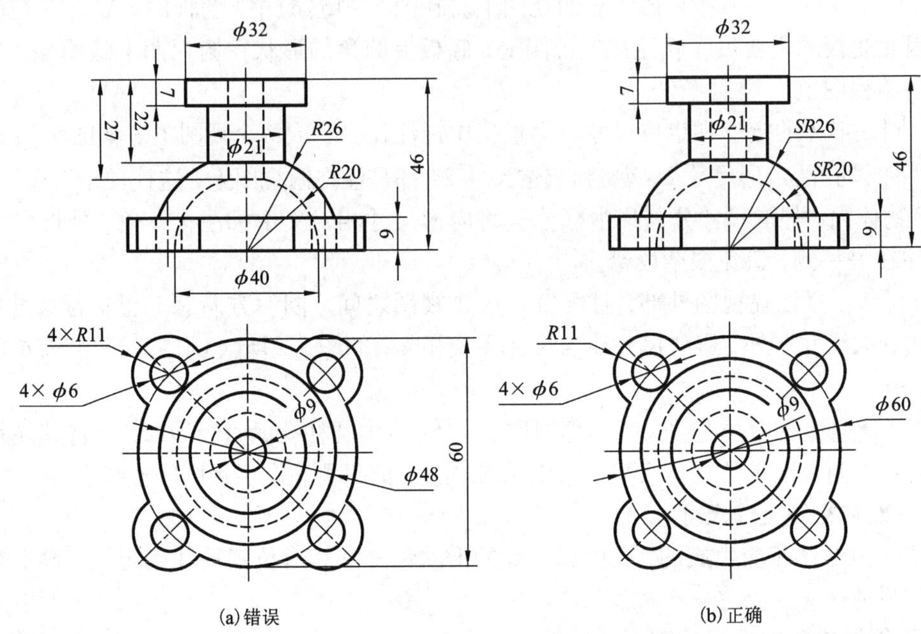

图 5－16　组合体的尺寸标注改错

5.6　组合体的读图方法

根据组合体的一组视图，经过投影分析及空间分析，想象出该组合体空间形状的过程叫读图。它是画组合体视图的逆过程。

5.6.1　读图的基本方法和要领

1. 读图的基本方法

读图方法仍以形体分析法作为基本方法，对于一些复杂的视图，可用线面分析法作为辅助手段，对于切割式的组合体，以线面分析法为主。所谓线面分析法就是根据视图上的图线和线框，分析所表达的线、面空间形状和位置，以想象立体形状的方法。

2. 读图的基本要领

(1) 从反映形体特征的视图入手，几个视图联系起来看。

一个组合体常常需要两个或两个以上的视图才能表达清楚，其中主视图最能反映形体特征和各形体相互位置，但是组合体的各基本形体的形状特征并不一定集中在主视图上。如图 5－8 所示的轴承座中的底板的形状特征反映在俯视图上，加强肋板的形状特征反映在左视图上。因而在看图时，一般从主视图入手，还要将几个视图联系起来看，才能准确识别各形体的形状和形体间的相互位置。如图5－17(a)所示，若只看主视图，则可想象出图中若干个形体，甚至更多。但若联系左视图来看，则组合体形状可缩小到图5－17(f)、(g)、(h)三种可能的范围内。要唯一地确定该组合体的形状，必须三个视图联系起来看。

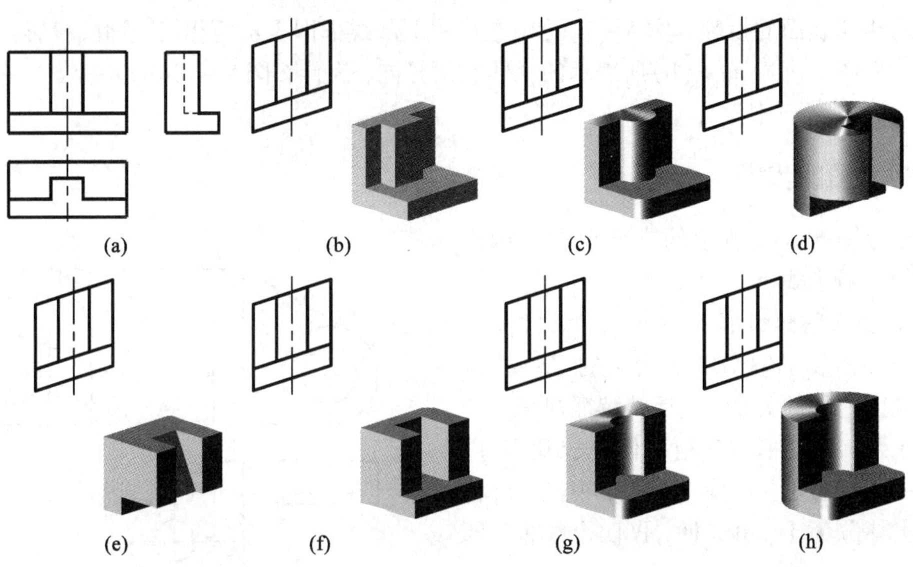

图5－17　几个视图联系起来读图

(2)弄清视图中图线和线框的含义。

1)视图上图线的含义。视图上各种图线可能表示：

①表面的积聚性投影。图5－18(a)中，p'、q'分别代表侧平面和正垂面积聚性的投影。

②表面交线的投影。图5－18(a)中，$a''b''$为P、Q两平面交线的侧面投影。

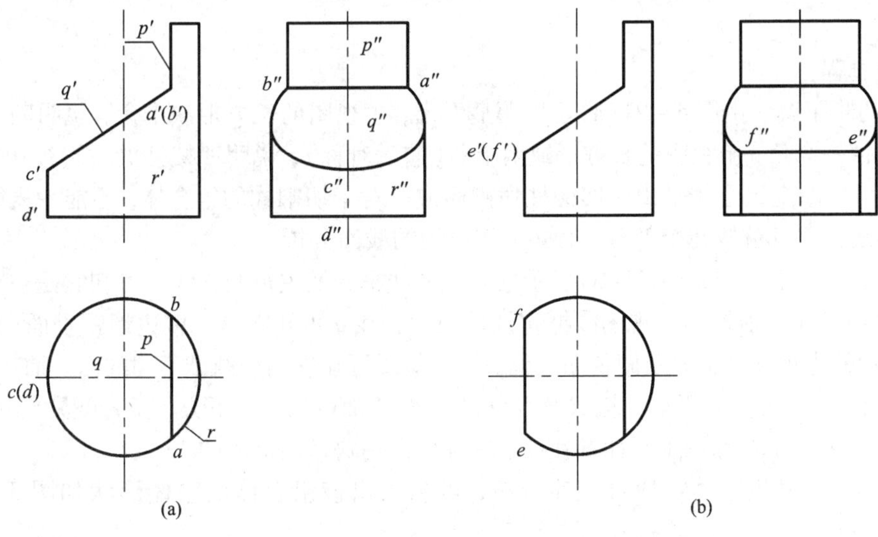

图5－18　线和线框的含义

③曲面界限素线的投影。图 5－18(a)中，$c'd'$为圆柱面上最左素线的正面投影。

2)视图上线框的含义。视图上的线框可能表示：

①平面的投影。图 5－18(a)中 p''为侧平面的投影。

②曲面的投影。图 5－18(a)中 r'、r''表示圆柱面的正面投影和侧面投影。

③两相切表面的投影。图 5－3(d)中左视图上部线框即表示两相切表面的投影。

试分析图 5－18(a)、(b)所表示的立体有何异同，为什么图 5－18(b)左视图中有 $e''f''$线段，而图 5－18(a)中没有。

5.6.2 读图的步骤

下面以图 5－19 所示的支架视图为例说明读图的一般步骤。

1. 初步了解分线框

首先要初步了解图纸上给出的是哪些视图及各视图之间的关系，然后从特征视图——主视图入手，按线框将该组合体分成几部分。如图 5－19 给出了主、俯、左三个视图，可将主视图大体分为Ⅰ、Ⅱ、Ⅲ、Ⅳ四个线框，即将支架分为四个部分。

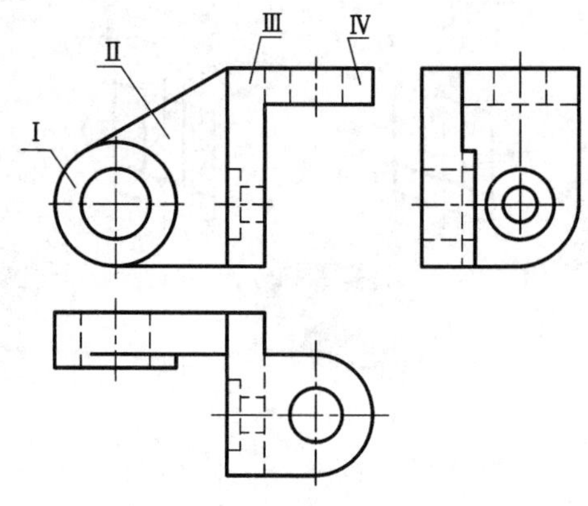

图 5－19　看图举例

2. 逐个分析定形体

线框划定后，根据投影规律逐个找出各线框所对应的其他投影，想象其形状，定出各形体。如图 5－20(a)、(b)、(c)、(d)所示。

3. 综合起来想整体

在读懂每部分形体的基础上，根据物体的三视图，进一步研究它们之间的相对位置和连接关系，想象出整体形状，如图 5－20(e)所示。

例 5－2　根据图 5－21 所示压块的主、俯视图，想象出该组合体的整体形状，并补画左视图。

读图过程：

(1)初步了解。由图 5－21(a)可以明显看出，主视图的长方形缺个角，说明四棱柱的左上角被切掉一个角；俯视图的长方形缺两个角(前后对称)，说明四棱柱的左端被切掉前、后两个角，可以断定组合体是由一四棱柱切割而成。对于切割式的组合体，不能一概简单地按主视图的线框将其分成几个部分，而必须作详细的线面分析。

(2)线面分析。由图 5－21(b)所示的俯视图线框 p 及主视图斜线 p'可知它是一梯形正垂面；由图 5－21(c)所示的主视图线框 q'及俯视图斜线 q 可知它是一多边形铅垂面；由图 5－21(d)所示的主视图线框 r'及俯视图线框 s 无类似形可知它们是两个不同的面。通过分析知，R 面为正平面，S 面为水平面。因 R 面位于正平面 T 面的后方、下方，而 r'可见，由此可知，该处是由一正平面 R 和一水平面 S 在前、后各切去一缺口而形成的。

(3)综合起来想整体。通过上述分析，可想象出该组合体的整体形状如图 5－21(e)所示。

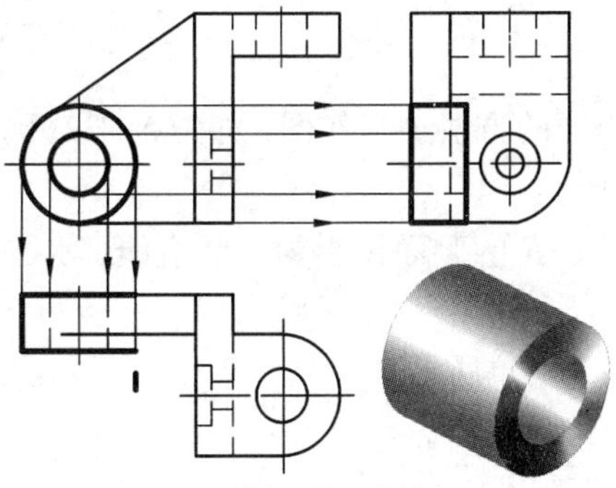

(a)形体Ⅰ分析

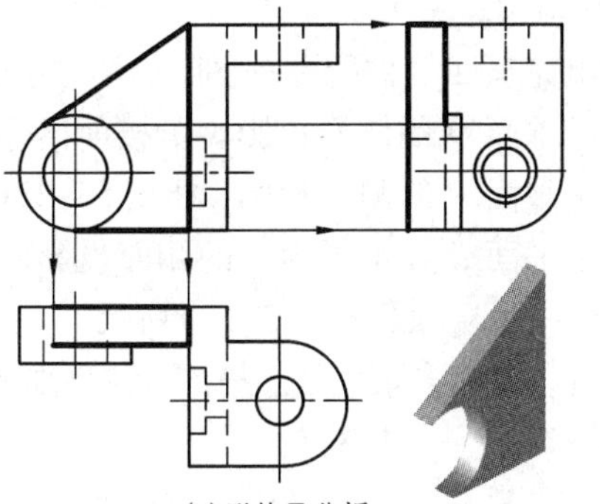

(b)形体Ⅱ分析

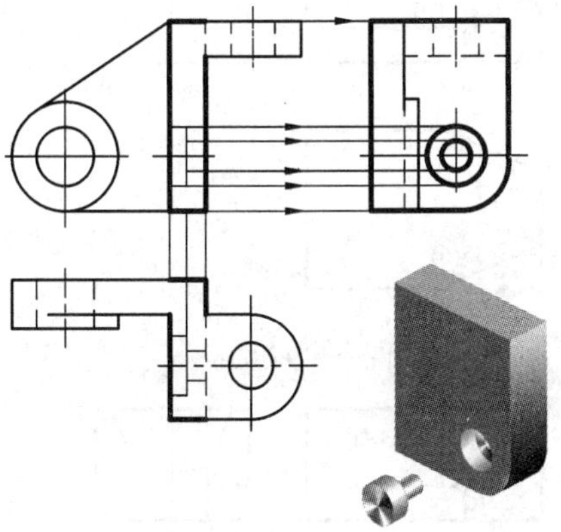

(c)形体Ⅲ分析

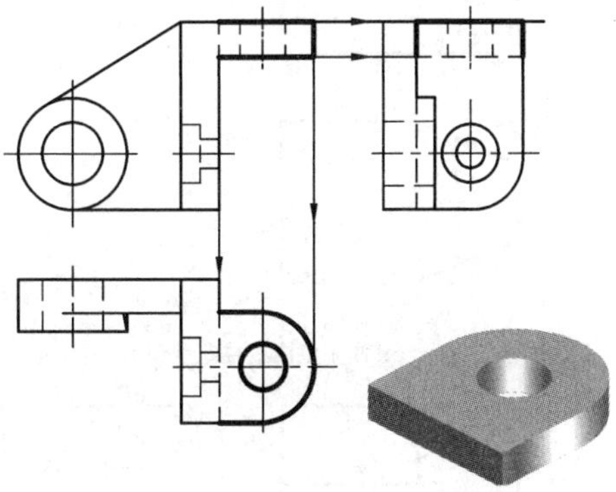

(d)形体Ⅳ分析

(e)整体形状

图 5－20　读图过程的形体分析及想象出的组合体整体形状

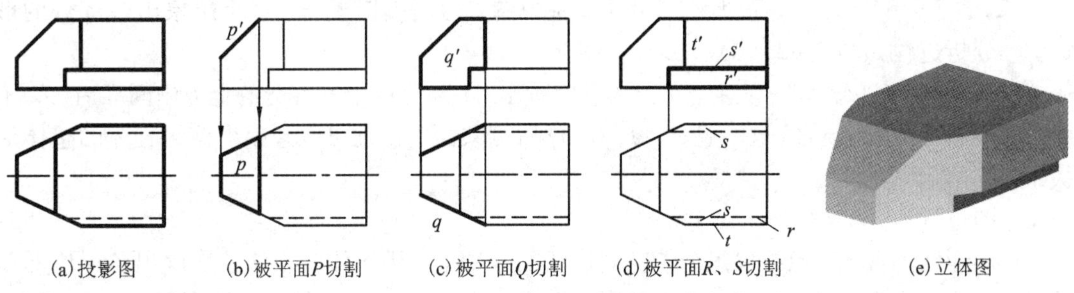

(a)投影图　(b)被平面P切割　(c)被平面Q切割　(d)被平面R、S切割　(e)立体图

图 5－21　读图过程的线面分析

作图过程：

（1）作出完整四棱柱的左视图，如图 5－22（a）所示。

（2）作铅垂面 Q 的侧面投影。可按前面作截交线的方法进行作图，如图 5－22（b）所示。

（3）作正垂面 P 的侧面投影，如图 5－22（c）所示。

（4）作正平面 R 和水平面 S 的侧面投影。正平面 R 的侧面投影为一竖直线，水平面 S 的侧面投影为一横线。如图 5－22（c）所示。

（5）检查，去掉多余的线，描深，结果如图 5－22（d）所示。

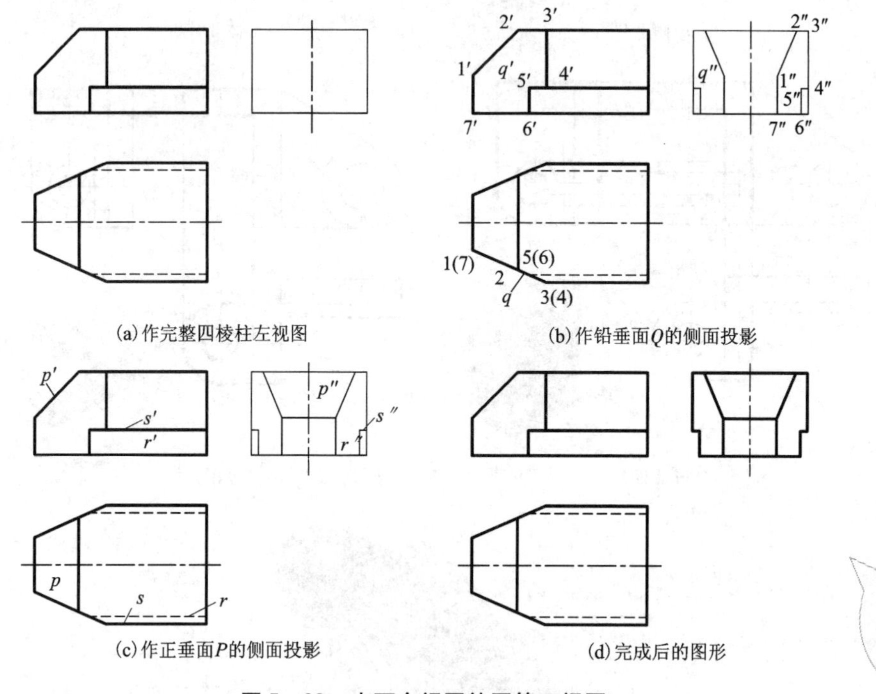

(a) 作完整四棱柱左视图　(b) 作铅垂面Q的侧面投影

(c) 作正垂面P的侧面投影　(d) 完成后的图形

图 5－22　由两个视图补画第三视图

[读图与线面分析法

例 5－3　根据图 5－23（a）所示的主、左视图，想象出组合体的整体形状，并补画俯视图。

读图过程：

（1）初步了解分线框。将主视图的封闭实线线框划分为 A、B、C、D 四个部分。

（2）逐个分析定形体。根据给定的主、左视图，运用投影规律，逐个想象出各部分的形状。其分析过程如图 5－23（b）、（c）、（d）所示。

（3）综合起来想整体。从主、左视图可以看出，A 部分位于 B 部分的上方中间靠后，C、D 部分则分居 A、B 部分的两侧，且 A、B、C、D 后侧共面。由此可以想象出该组合体的整体形状如图 5－23（e）所示。

作图过程：

在读懂已知视图，想象出组合体空间形状的基础上，用形体分析法依次画出各形体的俯视图，最后完成整个组合体的视图。画图的顺序如图 5－24（a）、（b）、（c）所示。

图 5－24（d）为按照各形体表面之间的连接关系，经整理、检查后画出的俯视图。

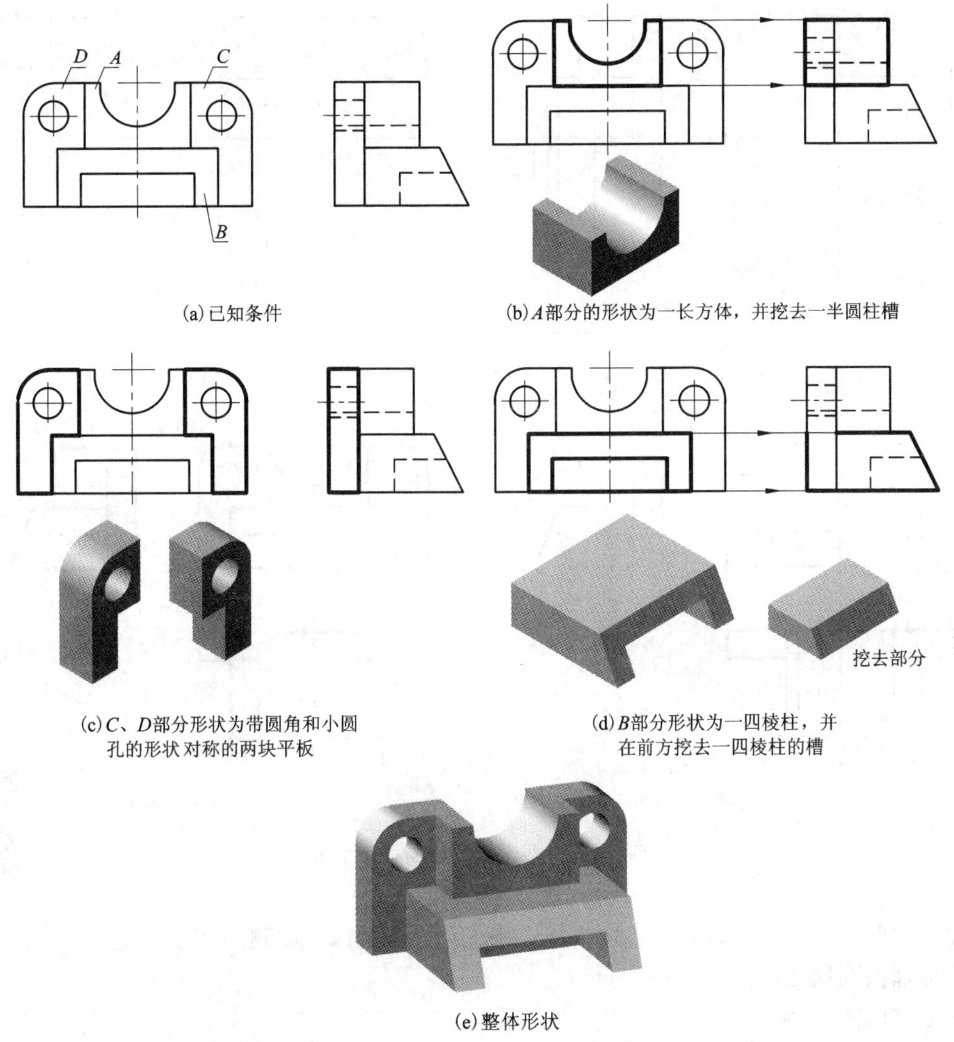

(a) 已知条件

(b) A 部分的形状为一长方体，并挖去一半圆柱槽

(c) C、D 部分形状为带圆角和小圆孔的形状对称的两块平板

(d) B 部分形状为一四棱柱，并在前方挖去一四棱柱的槽

(e) 整体形状

图 5－23　用形体分析法读图及想象出的物体形状

5.7　组合体的轴测图表达

前面所述的组合体的视图，是物体在相互垂直的两个或三个投影面上的多面正投影，它能完整准确地反映物体的形状和大小，因而工程上广泛采用多面正投影法来绘制机械图样。但它的立体感不强，缺乏读图基础的人很难看懂。本节将介绍一种直观性好、易于看图的轴测图。

5.7.1　轴测图的基础知识

轴测图是用平行投影法绘制出来的有立体感的单面投影图，如图 5－25 所示。它反映了物体三个方向的形状，因而直观性好，帮助人们看图，同时为人们的空间想象和构型设计打

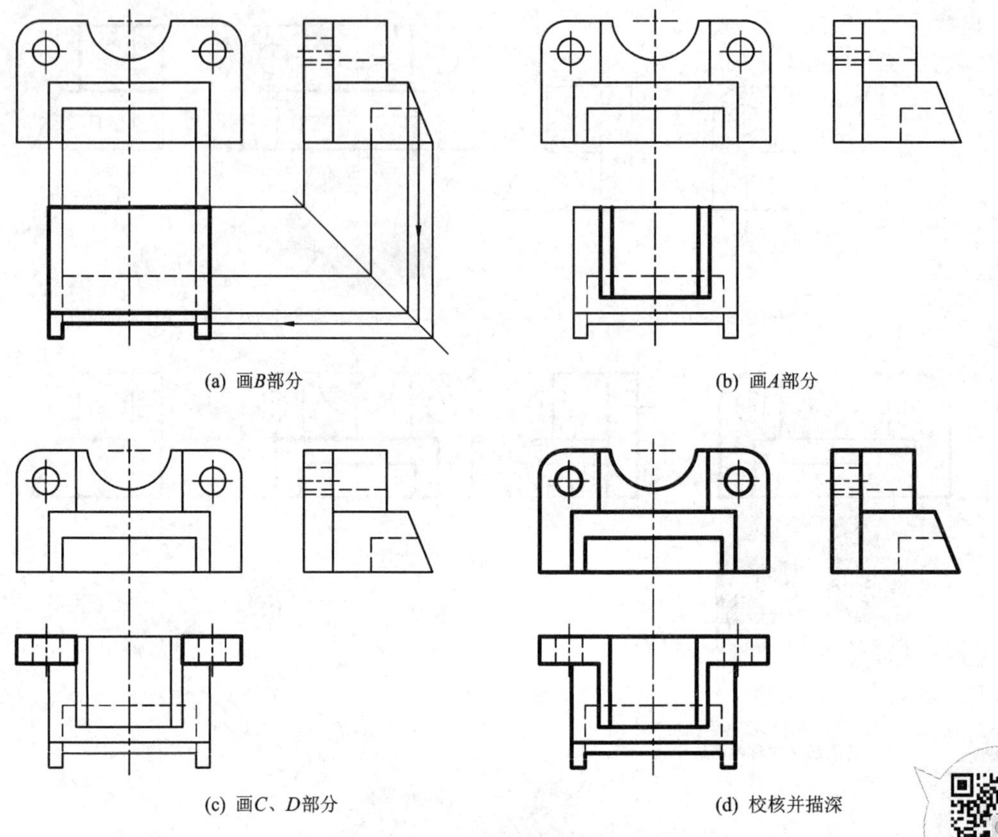

(a) 画B部分 (b) 画A部分

(c) 画C、D部分 (d) 校核并描深

图 5－24 由两个视图补画第三个视图

[读图与形体分析法

下基础。但度量性差，不能确切表达物体原来的形状，所以，轴测图在工程上只作为一种辅助图样使用。

1．轴测图的形成

如图 5－25 所示，将物体连同确定物体的空间直角坐标系沿不平行于任一坐标面的方向 S，用平行投影法投射到选定平面 P 上所得到的图形称为轴测投影图，简称轴测图。

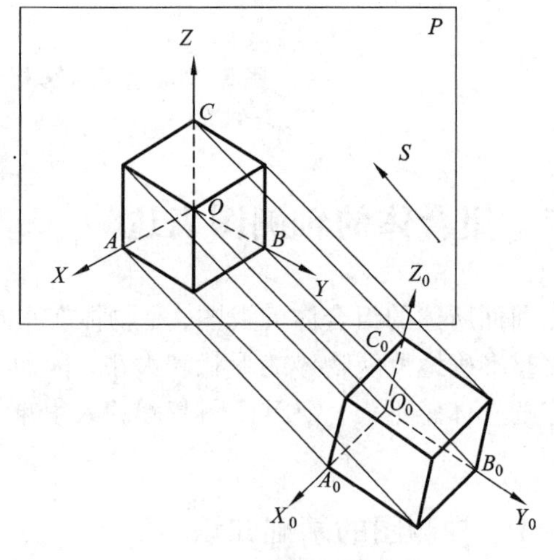

图 5－25 轴测图的形成

平面 P 称轴测投影面，选定的方向 S 称为轴测投射方向，空间坐标轴 O_0X_0、O_0Y_0、O_0Z_0。在轴测投影面上的投影 OX、OY、OZ 称为轴测投影轴，简称轴测轴。

2．轴间角

轴测轴之间的夹角称为轴间角。随着坐标轴、投射方向与轴测投影面相对位置不同，轴间角大小也不同。

3. 轴向伸缩系数

轴测轴上单位长度与空间坐标单位长度的比值称为轴向伸缩系数，即

沿 X 轴的轴向伸缩系数：$p = OA/O_0A_0$；

沿 Y 轴的轴向伸缩系数：$q = OB/O_0B_0$；

沿 Z 轴的轴向伸缩系数：$r = OC/O_0C_0$。

4. 轴测投影的基本性质

轴测投影是由平行投影得到的，因此它具有下列两个投影特性：

(1)物体上相互平行的直线，其轴测投影仍互相平行。

(2)空间平行于某坐标轴的线段，其轴测投影长度等于该坐标轴的轴向伸缩系数与线段长度的积。

5. 轴测图的种类

轴测图按轴测投影方向与轴测投影面垂直或倾斜分为正轴测图和斜轴测图。

轴测图按各坐标轴轴向伸缩系数不同分为：

(1)正(斜)等轴测图，$p = q = r$。

(2)正(斜)二轴测图，$p = q \neq r$ 或 $p \neq q = r$ 或 $p = r \neq q$。

(3)正(斜)三轴测图，$p \neq q \neq r$。

常用的轴测图为正等轴测图和斜二轴测图两种，下面分别加以介绍。

5.7.2　正等轴测图

1. 正等轴测图的特点

设确定物体的空间直角坐标轴 O_0X_0、O_0Y_0、O_0Z_0 与投影面 P 的倾角相等，用正投影法将物体连同其坐标轴一起投影到 P 平面上去，所得到的轴测投影图就是正等轴测图，简称正等测。

在正等测中，三个轴向变形系数均相等，即 $p = q = r = 0.82$，三个轴间角均为 120°。

为了作图方便，一般把轴向伸缩系数简化为 1，即 $p = q = r = 1$，这样画出的轴测图，虽然图形比原来放大了 1.22 倍，但形状没有改变。

作图时，一般使 OZ 画成竖直位置，用丁字尺、三角板配合画出 OX、OY，如图 5-26 所示。

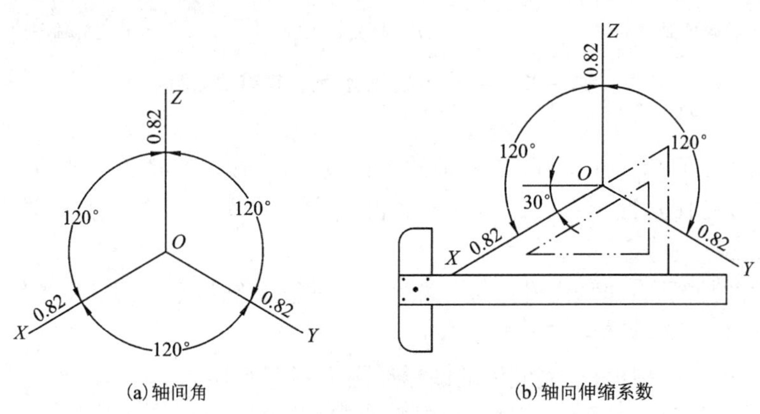

(a)轴间角　　(b)轴向伸缩系数

图 5-26　正等轴测图的轴向伸缩系数和轴间角

2. 平面立体正等轴测图的画法

画轴测图常用的方法为坐标法、切割法、堆积法和综合法。坐标法是最基本的方法，而切割法、堆积法等也是以坐标法为基础的。实际作图时，应根据物体的形状特点而灵活采用。

例 5－4　已知正六棱柱的正投影图，求作正等测图。

分析：由于正六棱柱的前后、左右对称，故把坐标原点定在顶面六边形的中心，并确定如图中所示的坐标轴，用坐标法作轴测图。又由于正六棱柱的顶面和底面均为平行于水平面的六边形，在轴测图中，顶面可见，底面不可见。为减少作图线，宜从顶面开始画图。

作图：

(1)在正六棱柱顶面中心建立直角坐标系[图 5－27(a)]；

(2)画轴测轴 OX、OY、OZ，并以 O 为中点在 X 轴上取 ⅠⅣ＝14，在 Y 轴上取 $AB=ab$ [图 5－27(b)]；

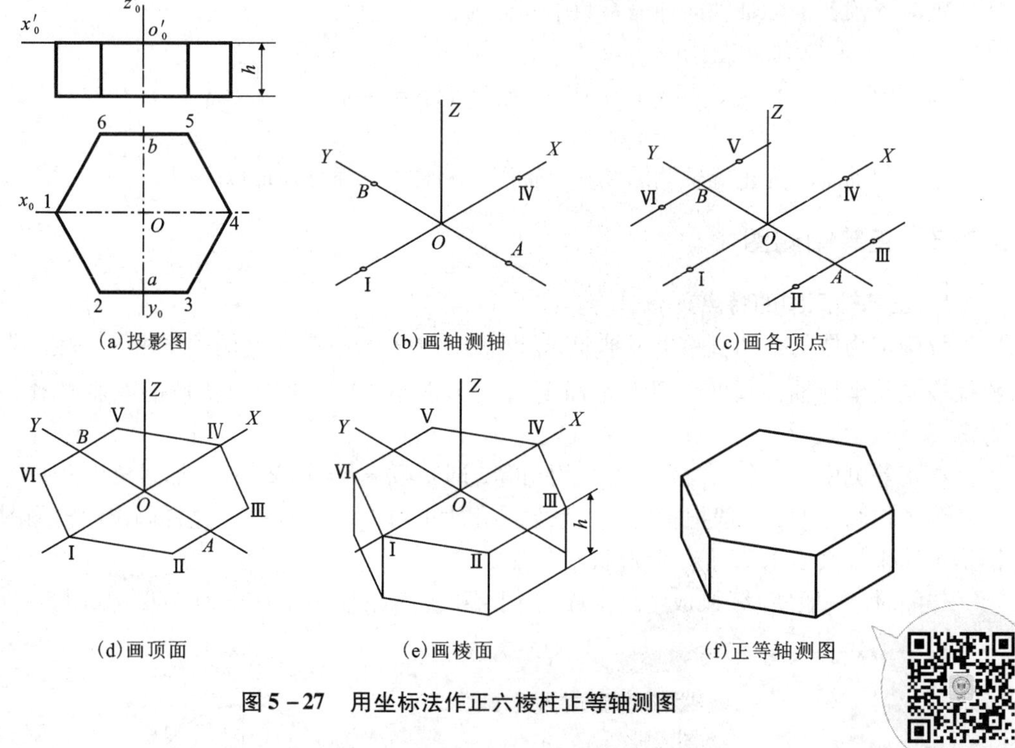

图 5－27　用坐标法作正六棱柱正等轴测图

[正六棱柱的正等测画法

(3)画顶面的轴测图：过 A、B 作 X 轴的平行线，分别以 A、B 为中心点，在所作的平行线上取 ⅡⅢ＝23，ⅤⅥ＝56，再用直线顺次连接各顶点，得顶面的轴测图[图 5－27(c)、(d)]；

(4)画棱面的轴测图：过Ⅵ、Ⅰ、Ⅱ、Ⅲ各点向下作 Z 轴的平行线，并在各平行线上按尺寸 h 取点，再依次连线[图 5－27(e)]；

(5)擦去多余图线并加深，完成后的图形如图 5－27(f)所示。

例 5－5　根据平面立体的三视图，画出它的正等测图。

分析：用形体分析法可知，该平面立体是由一四棱柱切割而成，故宜用切割法作图。

作图：

(1)在视图上定坐标，原点在右后下角[图5-28(a)]；

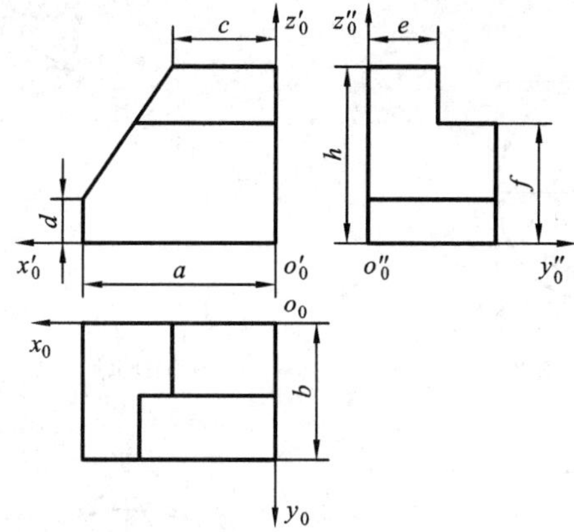

(a)在视图上定坐标，原点在右后下角

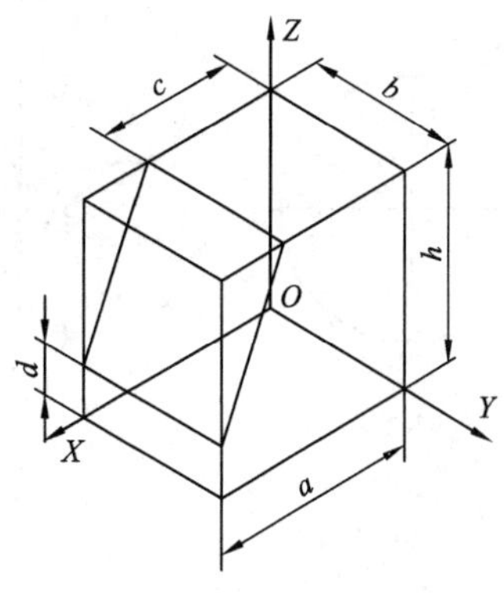

(b)画轴测轴，沿轴量a、b、h作长方体，并量出尺寸c、d，然后连线切去左上角

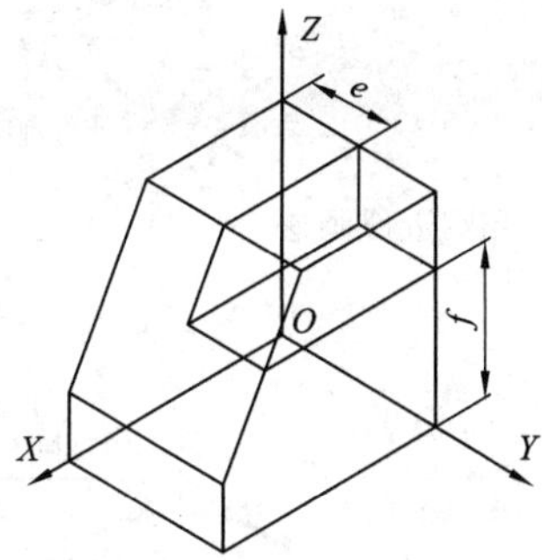

(c)沿轴量尺寸e，平行XOZ面由上往下切，量尺寸f，平行XOY面由前向后切，两面相交切去一角

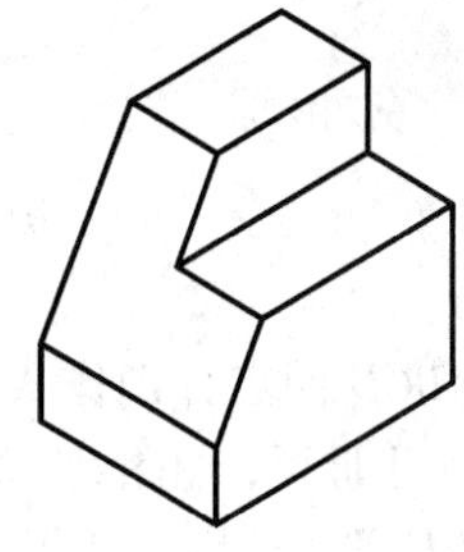

(d)擦去多余的线，然后描深

图5-28 用切割法作正等轴测图

(2)按尺寸a、b、h画出四棱柱的正等轴测图[图5-28(b)]；

(3)按尺寸c、d画出左上角缺口[图5-28(b)]；

(4)按尺寸e、f画出前上缺口[图5-28(c)]；

(5)擦去多余的线，然后加深，结果如图5-28(d)所示。

3. 平行坐标面的圆的画法

由于正等轴测图的三个坐标轴均与轴测投影面倾斜，所以基本投影面上的圆的正等轴测投影均为椭圆。为简化作图，其椭圆采用近似画法——四心法。

例5-6 求作图5-29(a)所示水平圆的正等轴测图。

作图步骤：

(1)定出直角坐标的原点及坐标轴，画圆的外切正方形1234，与圆相切于$abcd$，如图5-29(b)所示；

(2)画轴测轴，并在 X、Y 轴上截取 $OA=OB=OC=OD=R$，得 $ABCD$ 四点，如图 5－29(c)所示；

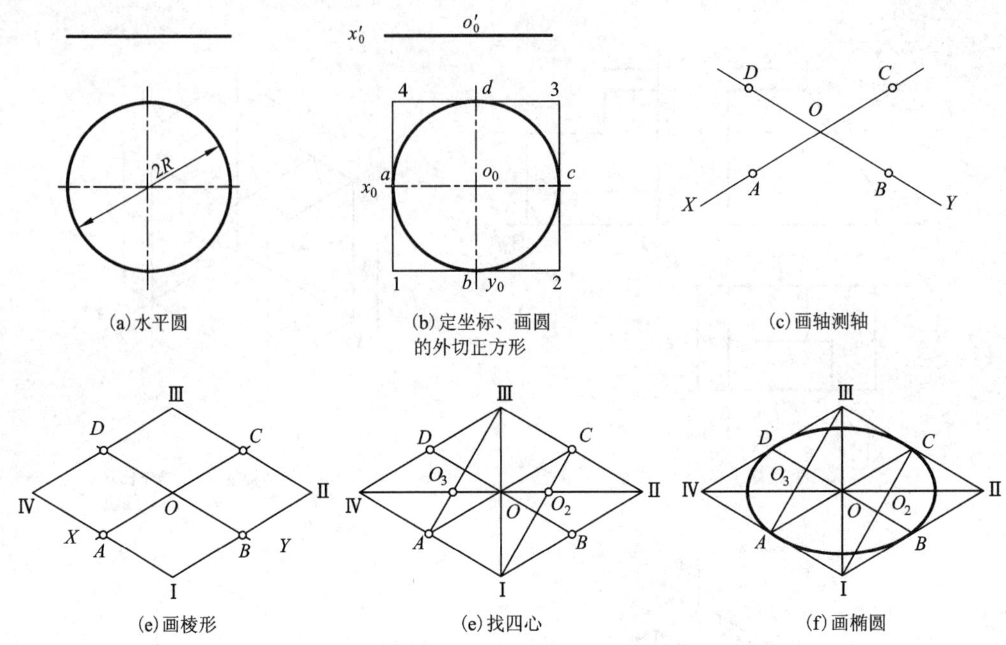

图 5－29 椭圆的正等轴测图近似画法

(3)过 $ABCD$ 四点分别作 X、Y 轴的平行线，得棱形ⅠⅡⅢⅣ，如图 5－29(d)所示；

(4)连 $\text{Ⅰ}C$，$\text{Ⅲ}A$ 分别与ⅡⅣ交于 O_2 和 O_3，如图 5－29(e)所示；

(5)分别以Ⅰ、Ⅲ为圆心，$\text{Ⅰ}C$、$\text{Ⅲ}A$ 为半径画圆弧 $\overset{\frown}{CD}$、$\overset{\frown}{AB}$，以 O_2、O_3 为圆心，O_2C 和 O_3D 为半径，画圆弧 $\overset{\frown}{BC}$、$\overset{\frown}{AD}$。四段圆弧光滑相连，即为近似椭圆，如图 5－29(f)所示。

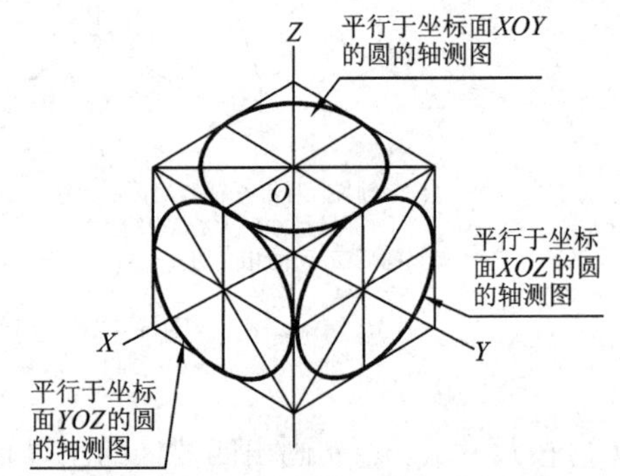

图 5－30 平行于三个坐标面的圆的正等轴测图

平行于其他两个坐标面的圆，其正等轴测图的画法与此相同，只是棱形的方位即椭圆的长短轴方向不同。如图 5－30 所示为平行于三个坐标面的圆的正等轴测图。

4. 圆角的正等轴测图

平行于基本投影面的圆角，实质上就是平行于基本投影面的圆的一部分，因此，其轴测图是椭圆的一部分。特别是常见的 $\frac{1}{4}$ 圆周的圆角，其正等轴测图恰好是上述近似椭圆的四段圆弧中一段。现以图 5－31(a)所示平板为例，说明圆角的简化画法。

作图步骤：

(1)画出长方体的轴测图，并按圆角半径 R，在长方体相应棱线上找出切点Ⅰ、Ⅱ、Ⅲ、Ⅳ，如图 5－31(b)所示；

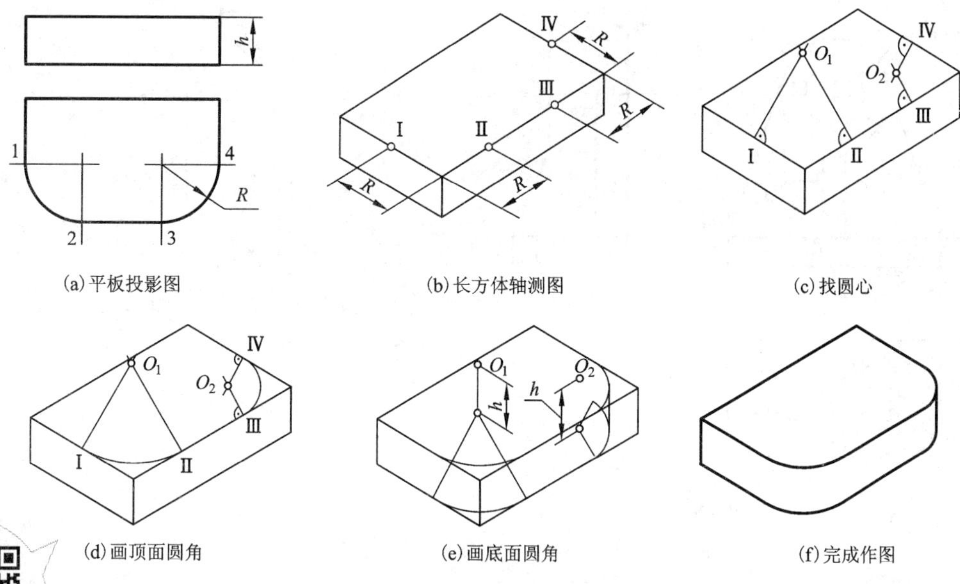

(a)平板投影图　(b)长方体轴测图　(c)找圆心

(d)画顶面圆角　(e)画底面圆角　(f)完成作图

图 5－31　圆角的正等轴测图画法

圆角的正等测画法]

(2)过切点Ⅰ、Ⅱ、Ⅲ、Ⅳ分别作相应棱线的垂线，得交点 O_1、O_2，如图 5－31(c)所示；

(3)以 O_1 为圆心，O_1I 为半径作圆弧 $\widehat{\text{ⅠⅡ}}$，以 O_2 为圆心，O_2Ⅲ为半径作圆弧 $\widehat{\text{ⅢⅣ}}$，即得平板顶面圆角的轴测图，如图 5－31(d)所示；

(4)将圆心 O_1、O_2 下移平板厚度 h，用同样方法得平板底面圆角的轴测图，如图 5－31(e)所示；

(5)在右端作上下圆弧的公切线，擦去多余图线，加深图线，即得带圆角平板轴测图，如图 5－31(f)所示。

5. 组合体的轴测图

例 5－7　画出图 5－32(a)所示支架的正等测图。

作图：

(1)确定坐标轴。因物体左右对称，后端平齐，故坐标原点取在图 5－32(a)所示位置。

(2)画底板。按四棱柱画出底板的轴测图[图 5－32(b)]，画图时先画顶面。

(3)画圆筒。从 O 点出发，沿 OZ 轴向上定出圆筒轴线 O_1O_2 的位置。按四心法画圆筒上各椭圆(先画前面的椭圆，不可见部分不画出)，再绘制上、下的公切线[图 5－32(b)、(c)]。

(4)画支承板。过底板上的 1、2 两点向圆筒后面的椭圆作切线，再过 3、4 两点作相应切线的平行线，最后作支承板前面与圆筒的交线(椭圆弧)及支承板前面与底板的交线 34[图 5－32(d)]。

(5)画肋板及底板上的圆角[图 5－32(e)]。

(6)画底板上的圆孔，擦去作图线及不可见线，加深全图，结果如图 5－32(f)所示。

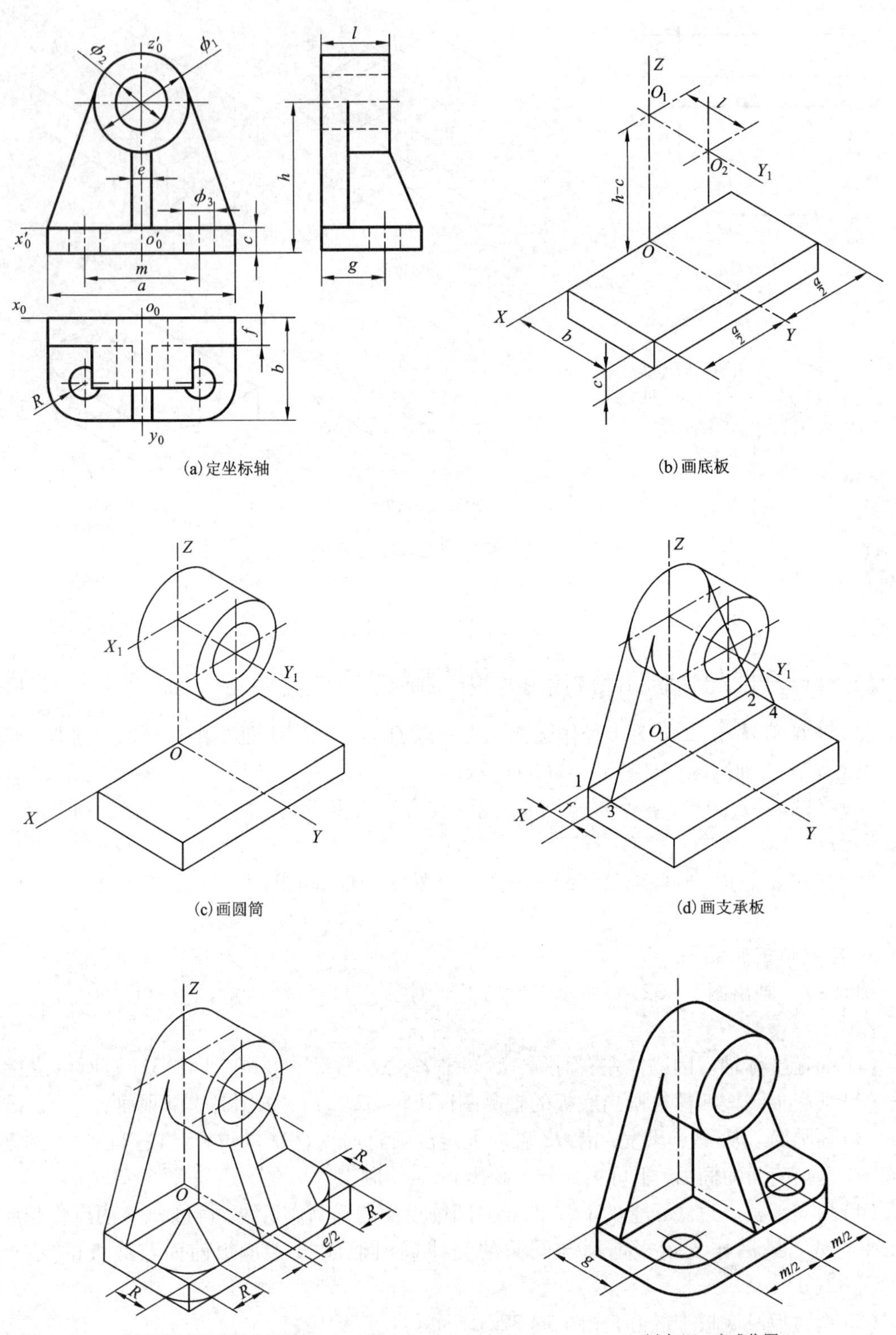

图 5－32　支架正等轴测图的画法

5.7.3 斜二轴测图

1. 斜二轴测图的特点

如图5－33所示，将坐标轴O_0Z_0放置成铅垂位置，并使坐标平面$X_0O_0Z_0$平行于轴测投影面P，按倾斜于P平面的投射方向S，将物体投射到P面上，所得到的图形称为斜二轴测图。当投射方向S与轴测投影面的倾斜角度不同时，沿OY方向的轴向伸缩系数及轴间角也不同，国家标准《技术制图》推荐的斜二轴测图的轴间角和轴向伸缩系数是：

轴间角：$\angle XOZ=90°$，$\angle XOY=\angle YOZ=135°$［图5－33(b)］。

轴向伸缩系数：$p=r=1$，$q=\frac{1}{2}$［图5－33(b)］。

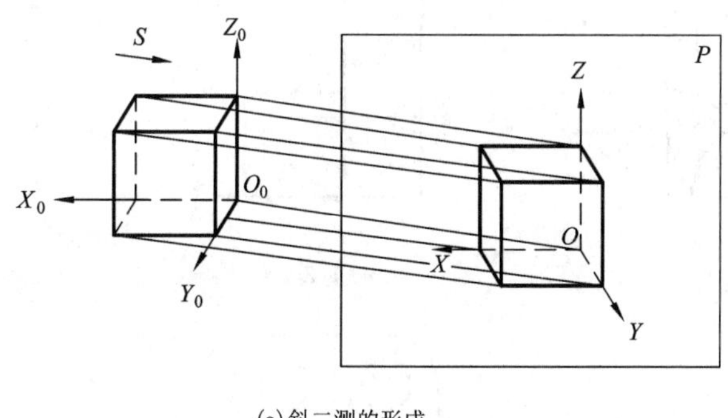

(a)斜二测的形成

(b)斜二测的轴间角和各轴向伸缩系数

图5－33 斜二轴测图

这种斜二轴测图常用于绘制正面投影上出现圆或圆弧、曲线多且侧面结构简单的物体。

2. 斜二轴测图的画法

例5－8 绘制图5－34(a)所示组合体的轴测图。

分析：图示物体表面上的圆所在的平面均为正平面，且组合体左右对称，因此该组合体宜采用斜二轴测图来绘制。选择轴测投影面平行于XOZ坐标面，则该物体上圆和半圆的轴测投影均反映真形，作图简便。

作图：

(1)在正投影图上定出坐标原点和直角坐标系［图5－34(b)］；

(2)作轴测轴［图5－34(c)］；

(3)画出F面的轴测图［图5－34(d)］；

(4)将坐标轴沿OY方向向后平移7.5单位，画出竖板后端面轴测图，向前平移12.5单位，画出半圆筒前端面轴测图［图5－34(e)］；

(5)画出竖板和半圆筒右上角的公切线及可见的轮廓线，去掉被挡住的图线，结果如图5－34(f)所示。

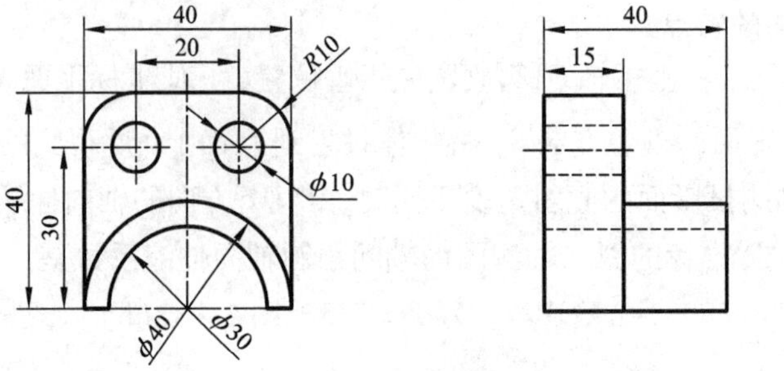

(a) 正投影图

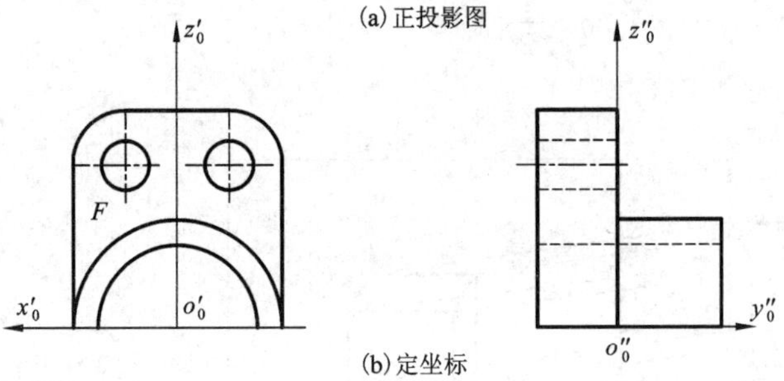

(b) 定坐标

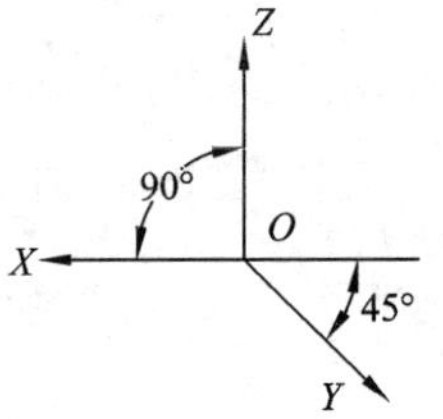

(c) 画轴测图

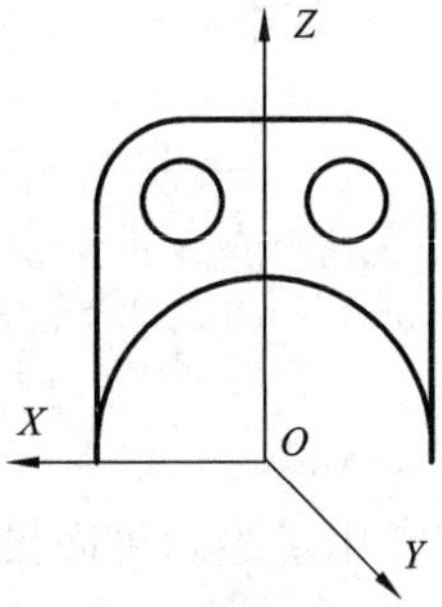

(d) 画F面轴测图

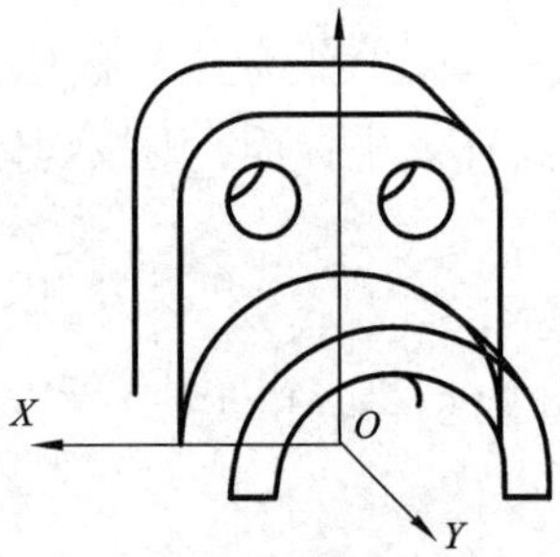

(e) 画后端面、前端面

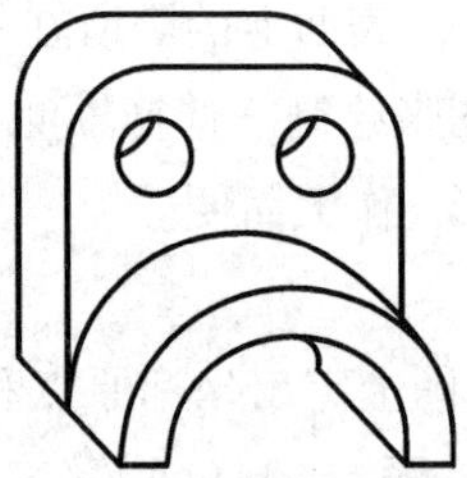

(f) 完成作图

图 5－34　斜二轴测图的画法

[组合体的斜二测画

5.8　课程拓展——组合体的构型设计

构型设计重点在于“构型”，暂不考虑生产加工、材料等方面的要求。因此构型设计要求所设计的形体应满足给定的功能要求，形状唯一确定，款式新颖，表达完整。具体来说，应满足如下要求：

(1)满足给定的功能条件，而且必须是唯一确定的组合体。

(2)组合体的各单一形体的结构形状必须符合各目的构形要求，且结构形状新颖合理，并按一定的构成规律和方法有机地构成组合体。

(3)组合体的整体造型具有稳定、协调、美观及款式新颖等特点。

(4)组合体各组成部分应牢固连接，不能出现点接触或线接触的情况，因为这样不能构成一个牢固的整体。

(5)组合体视图应选择与配置合理，投影正确，标注尺寸。

(6)暂不考虑加工、材料及其他方面的机械设计要求。

5.8.1　构型的基本原则

1. 以基本体构型为主

组合体的构型应符合工程上零件结构的设计要求，以培养观察、分析、综合能力，但又不能完全工程化，可以凭自己的想象设计组合体，以培养创造力和发散思维。因此，构型设计重点在于构“型”，而基本几何体是构型的基础，所以，构思组合体时，应以基本体为主。如图5－35所示的外形类似于小轿车的组合体，是由几个基本体通过一定的组合方式形成的。

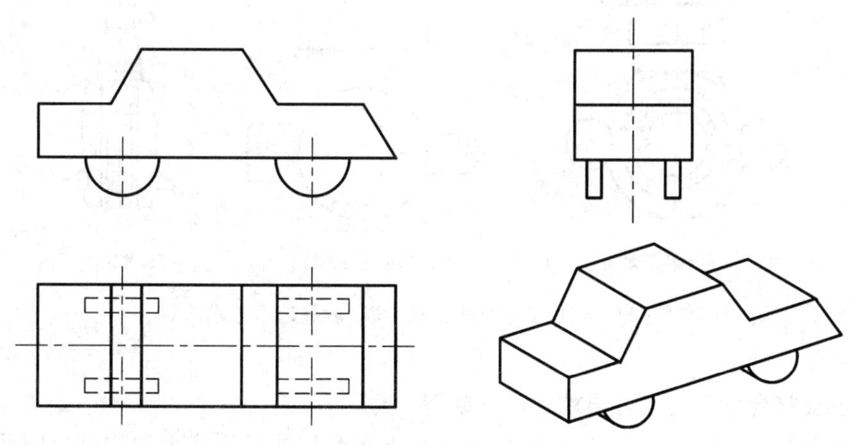

图5－35　构型以基本体为主

2. 构型应具有独创性

构思组合体时，在满足已给的条件下，应充分发挥空间想象能力，设计出各具特色且结构新颖的形体。如图5－36所示，要求按给定的俯视图设计出组合体。图5－36(a)的构型比较单一，都是由平行面所组成；图 5－36(b)的构型，既有平行面，又有垂直面，且高低错落，形式多变；图 5－36(c)的构型，是由圆柱体经切割叠加而成，更具独创性。

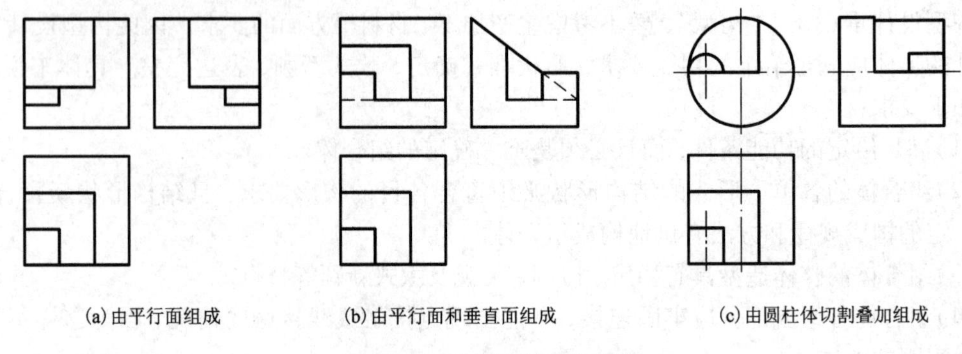

(a)由平行面组成　(b)由平行面和垂直面组成　(c)由圆柱体切割叠加组成

图 5－36　构型应具有独创性

3. 构型应体现平、稳、动、静等造型艺术法则

对称的结构能使形体具有平衡、稳定的效果，如图 5－37(a)所示；非对称形体应注意形体分布，以获得力学和视觉上的稳定和平衡感，如图 5－37(b)所示。图 5－37(c)所示的火箭构型，线条流畅且富有美感，静中有动，有一触即发的感觉。

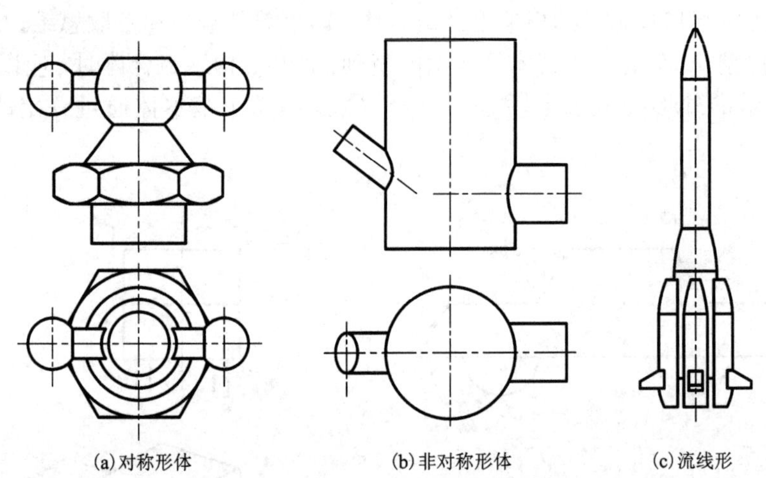

(a)对称形体　(b)非对称形体　(c)流线形

图 5－37　构型应体现平、稳、动、静等造型艺术法则

4. 构型应符合零件的工艺要求且便于成型

在进行组合体构型设计时，应避免出现一些不合常规或难以成型的构型。因此，应考虑以下几点：

(1)两个形体组合时，不能出现点接触、线接触和面接触的情况。如图 5－38(a)、(b)、(c)、(d)、(e)所示。

(2)不要设计不便于成型的封闭型内腔。如图 5－38(f)所示。

(3)一般采用平面或回转曲面造型，无特殊要求，一般不采用任意曲面。

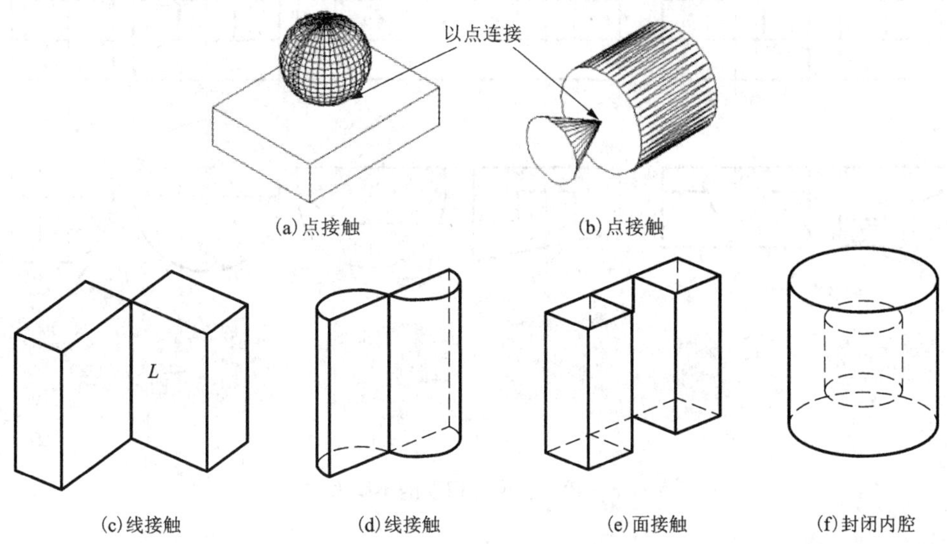

(a)点接触　(b)点接触

(c)线接触　(d)线接触　(e)面接触　(f)封闭内腔

图5-38　不合理和不易成型的构型

5.8.2　构型的基本方法

1. 利用形体表面的正斜、平曲、凸凹的差异构思联想组合体

将视图中相邻线框，通过正斜的不同、平曲的不同、凸凹的不同等各种形式将投影图与空间形体进行对应联系，来构思空间形体。图5-39所示为给定相同俯视图而构思出的不同几何形体。图5-40所示为给定相同主视图而构思出的不同几何形体。

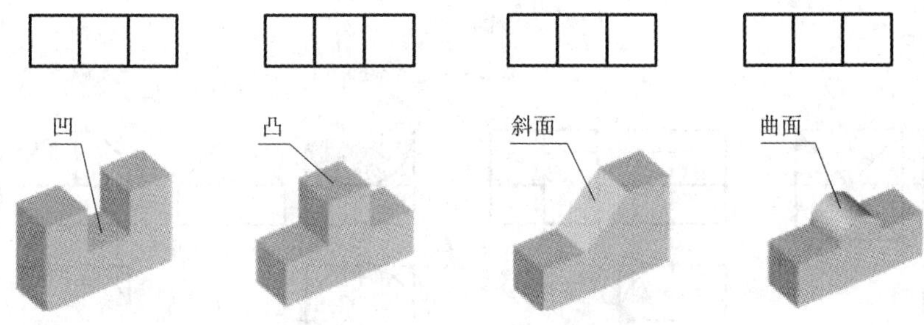

图5-39　俯视图相同的不同形体

2. 根据组合体的组合方式构思组合体

根据组合体的组合方式分析投影图，对应其空间组合方式，构思出不同形状的组合体。图5-41所示为给定相同俯视图而构思出的不同组合体。

(1)切割法。

一个基本立体经数次切割而构成一个组合体的方法称为切割法。如图5-42所示主、俯视图，可以认为是由一个四棱柱或圆柱经切割而成。

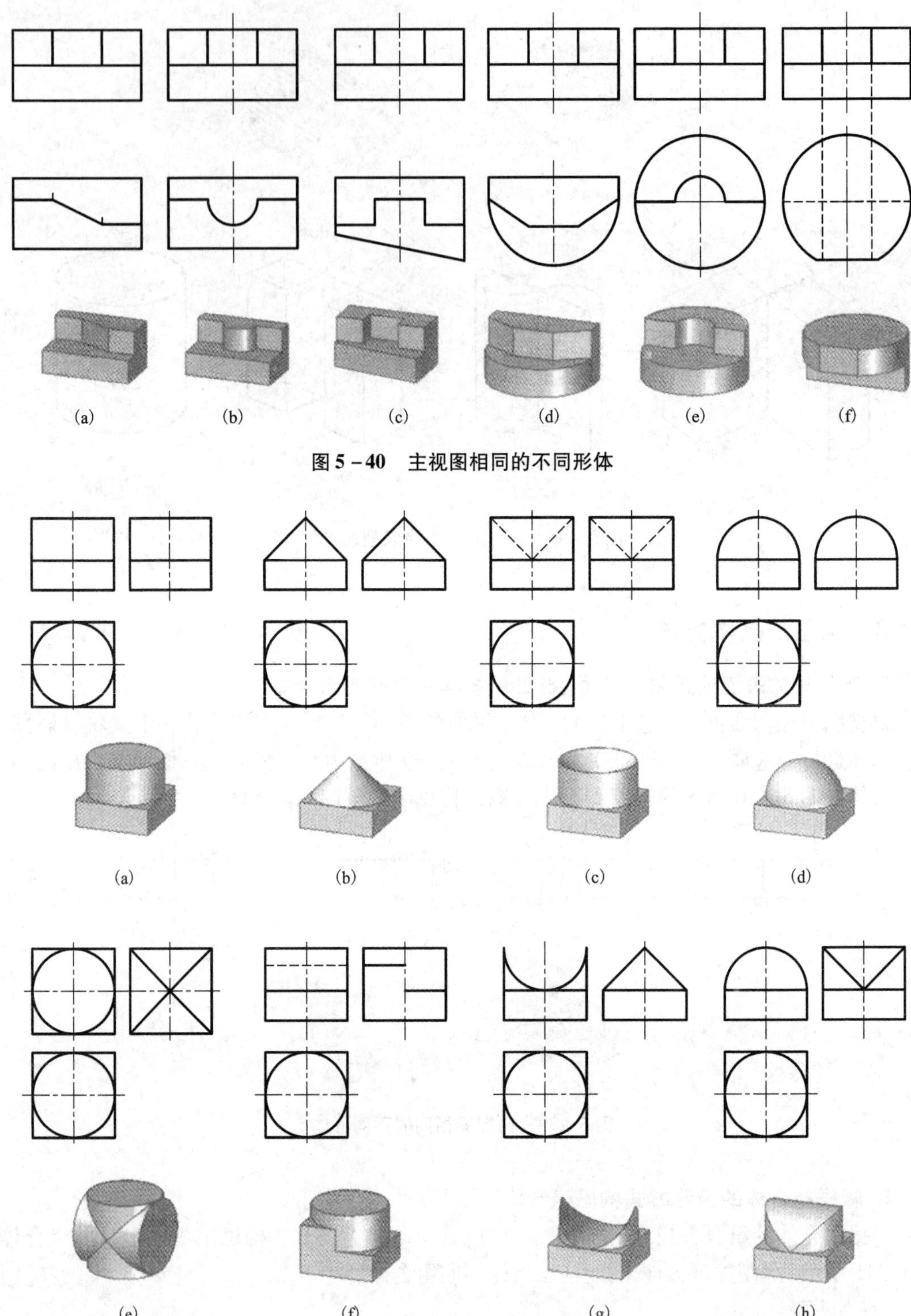

图 5－40　主视图相同的不同形体

图 5－41　俯视图相同的不同形体

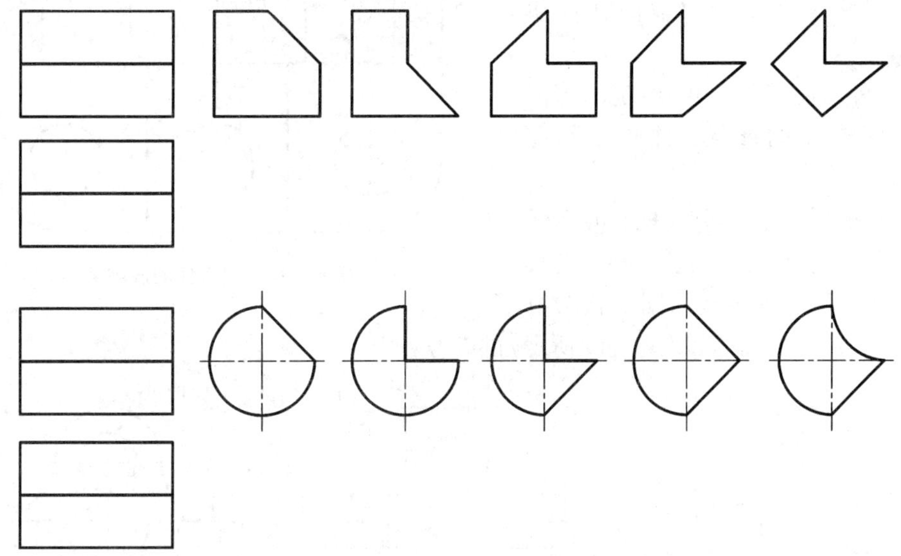

图 5－42　基本体切割后构成的组合体

(2)堆积法。

由数个基本体经过堆积而构成各种组合体的方法称为堆积法。如图 5－43 所示。

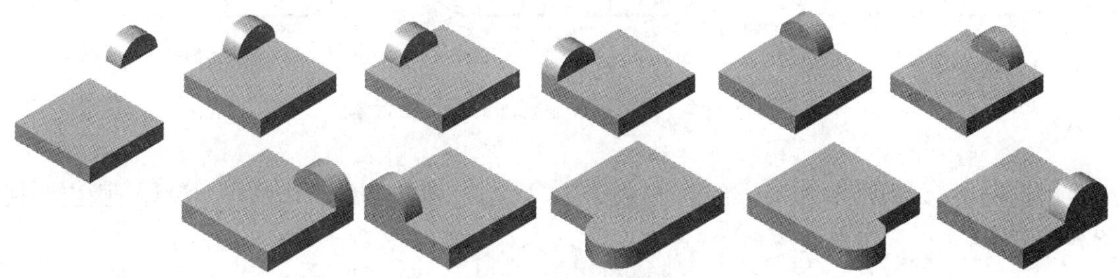

图 5－43　四棱柱与半圆柱不同位置的堆积形式

(3)综合法。

同时运用切割法和堆积法构成组合体称为综合法。

5.8.3　构型设计举例

组合体的构型步骤一般如下：

(1)总体构思。根据给定的已知条件，在收集素材、反复酝酿的基础上，逐步想象构思出组合体的总体形状，然后用草图、模型或轴测图等来表达各种构思方案。再经分析、比较、评定后选出一个最佳方案。

(2)分部构型。按照选定的总体构思方案，详细设计出各个组成部分的具体形状和大小，确定其相对位置及表面连接关系等。

(3)检查修改，使构型更加完美，画出草图。根据草图画出仪器图并标注尺寸。

例 5－9　根据图 5－44 给定的俯视图，设计组合体的形状，并画出其主视图。

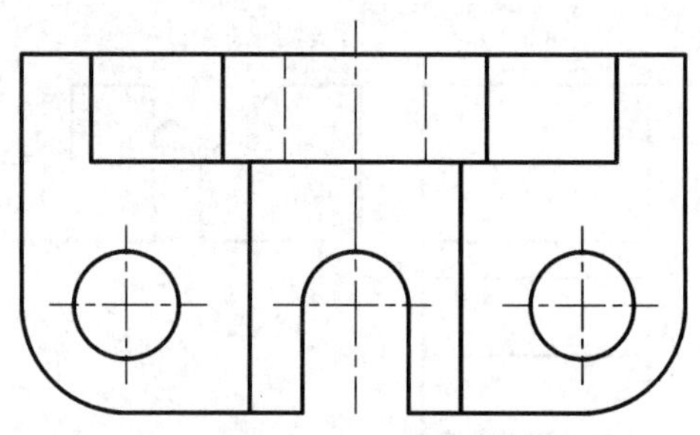

图 5－44　组合体的俯视图

根据俯视图上的 9 个线框，可将任何相邻的线框想象成凹凸、平斜、空实等差别，因而可构成很多不同形状的组合体。现给出三种方案(如图 5－45 所示)供参考。

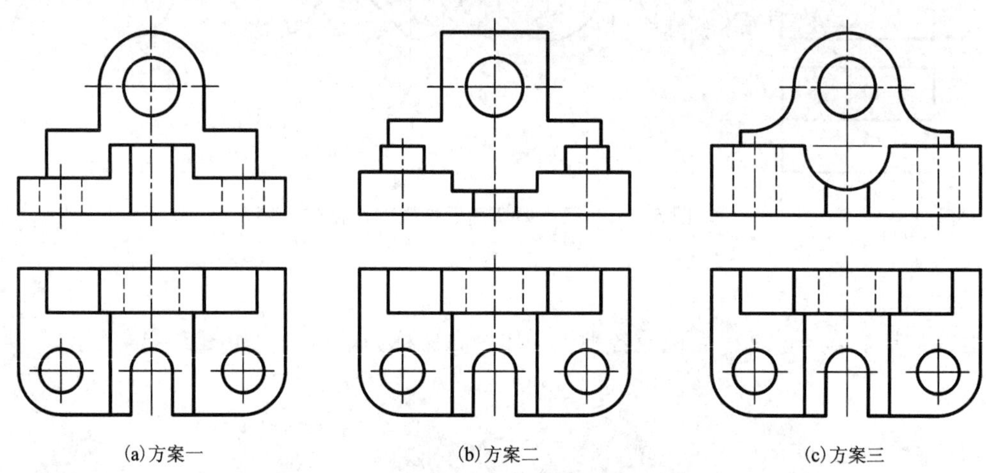

(a)方案一　(b)方案二　(c)方案三

图 5－45　具有相同俯视图的不同组合体

例 5－10　试根据图 5－46 给定的三个形体Ⅰ、Ⅱ、Ⅲ进行组合体的构型设计，画出三视图和轴测图。

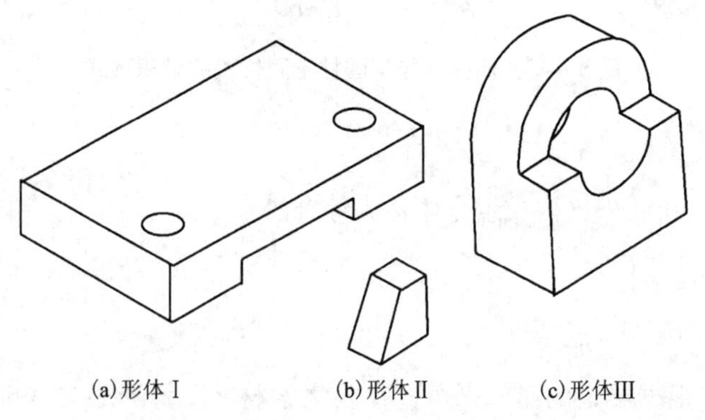

(a)形体Ⅰ　(b)形体Ⅱ　(c)形体Ⅲ

图 5－46　给定三个形体进行构型设计

[构型设计参考答案]

请读者自行思考构型设计方案，可参考二维码中给出的三种方案。

5.9　三维拓展——Solidworks 组合体三维建模

掌握 Solidworks 软件三维建模的基本操作及常用命令，运用该软件创建组合体的三维模型，体会基于特征的参数化建模技术。

例 5－11　根据图 5－47 所示的三视图和立体图，运用 Solidworks 创建组合体三维模型。

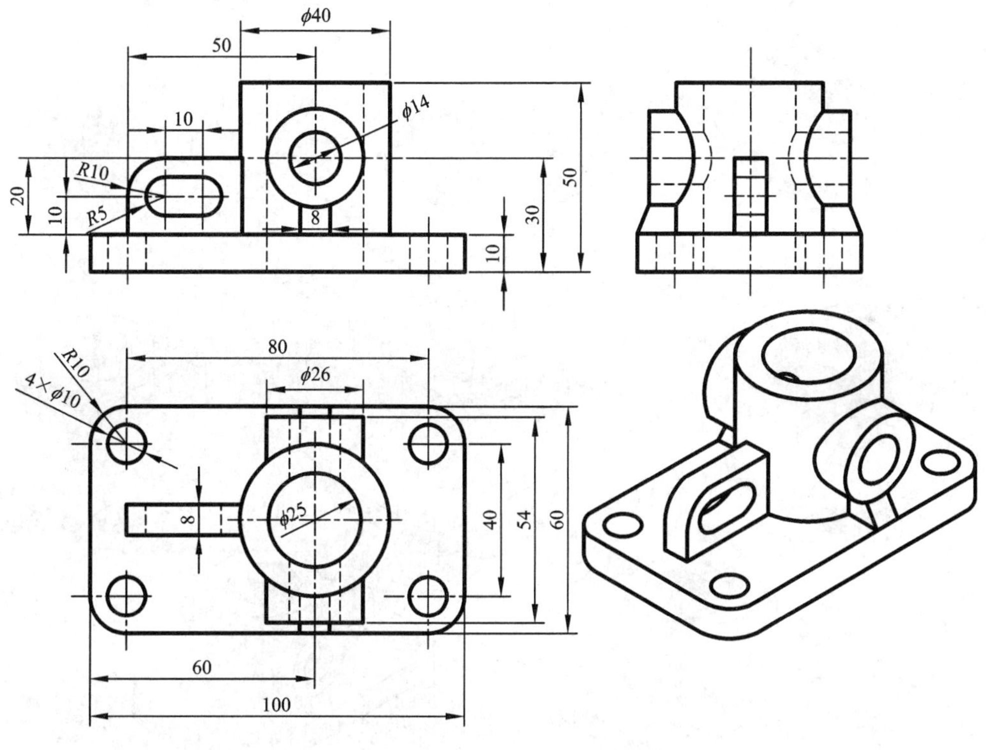

图 5－47　组合体视图

Solidworks 软件建模的特点是基于特征建模，即特征是建模的基础。复杂的三维模型是按照一定的顺序依次创建多个特征而得到的。

图 5－48 是按照一定顺序创建多个特征最终生成组合体模型的步骤。

在建模前，可进行一些设置。当两形体相切时，表面呈光滑过渡，因此相切时切边最好设置成不显示。单击【工具(T)】|【选项(P)】命令，弹出【系统选项】对话框，在【系统选项】标签下，单击【显示】，将【零件/装配体上的相切边显示】的缺省项【为可见】变为【移除】，则所建模型相切处会光滑过渡，不再显示切边。

Solidworks 绘制组合体模型的参考步骤如下。

(1)创建底板基体特征。

创建的第一个特征，一般为基础特征。

单击【特征】工具栏中的【拉伸凸台/基体】按钮，系统弹出【拉伸】属性管理器，选择上视基准面，进入草图绘制界面，绘制如图 5－49(a)所示草图。完成后单击【退出草图】，进入拉

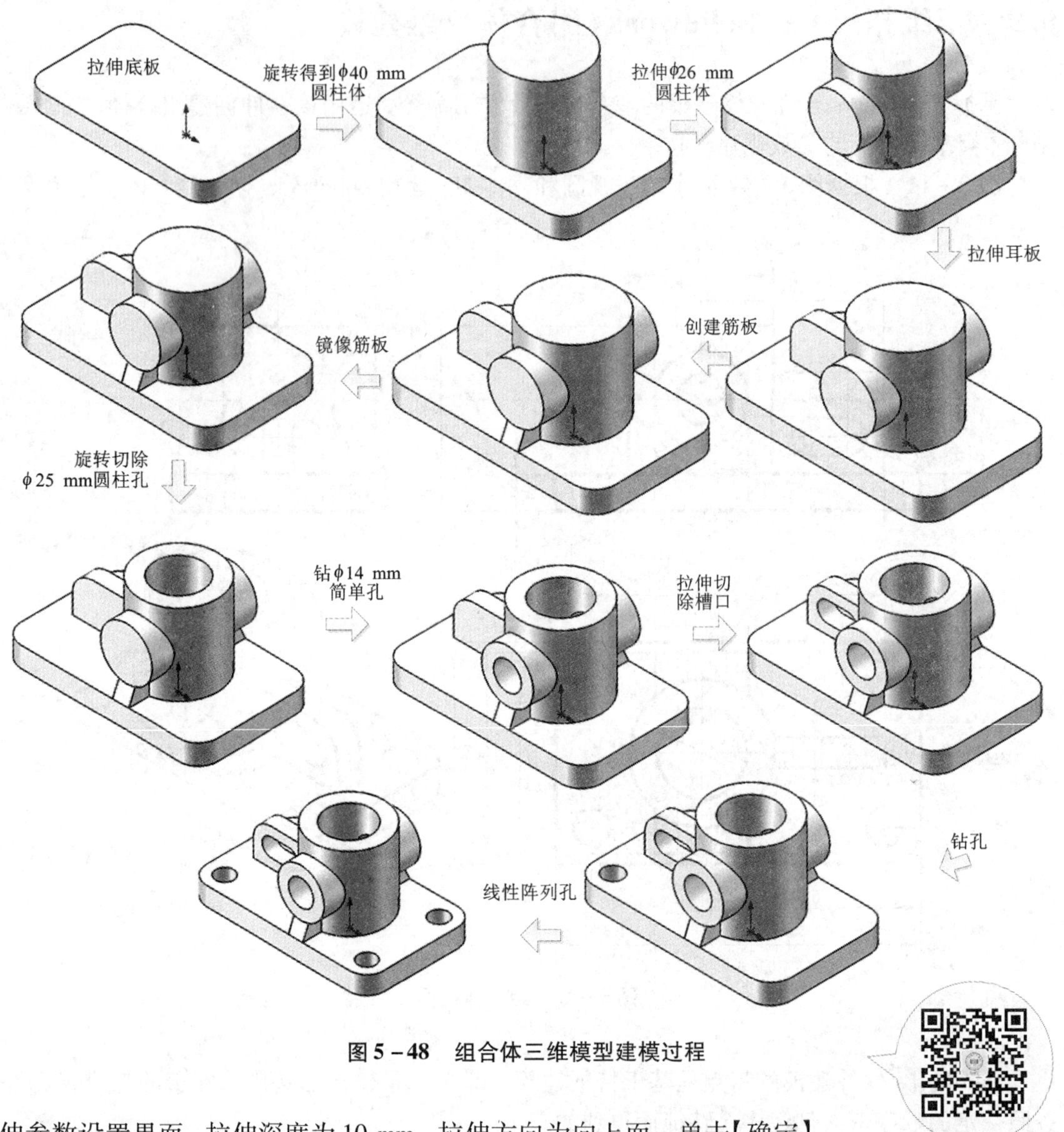

图 5－48　组合体三维模型建模过程

伸参数设置界面，拉伸深度为 10 mm，拉伸方向为向上面。单击【确定】按钮，完成底板基体的绘制。

(2)创建 ϕ40 mm 竖直圆柱体。

单击【旋转凸台/基体】按钮，系统弹出【旋转】属性管理器，选择前视基准面，进入草图绘制界面，绘制中心线，绘制矩形，如图 5－49(b)所示。完成后单击【退出草图】，进入【旋转】属性管理器，单击【√】按钮，完成 ϕ40 mm 圆柱体的绘制。

(3)创建 ϕ26 mm 水平圆柱体。

单击【拉伸凸台/基体】按钮，系统弹出【拉伸】属性管理器，选择前视基准面，进入草图绘制界面，绘制 ϕ26 mm 的圆，完成后单击【退出草图】，进入拉伸参数设置界面，拉伸深度为【两侧对称】，拉伸深度为 54 mm。单击【确定】按钮，完成 ϕ26 mm 圆柱体的绘制。

(4)创建耳板。

用上述同样的方法拉伸生成耳板。草图如图 5－49(c)所示，拉伸深度为 8 mm。

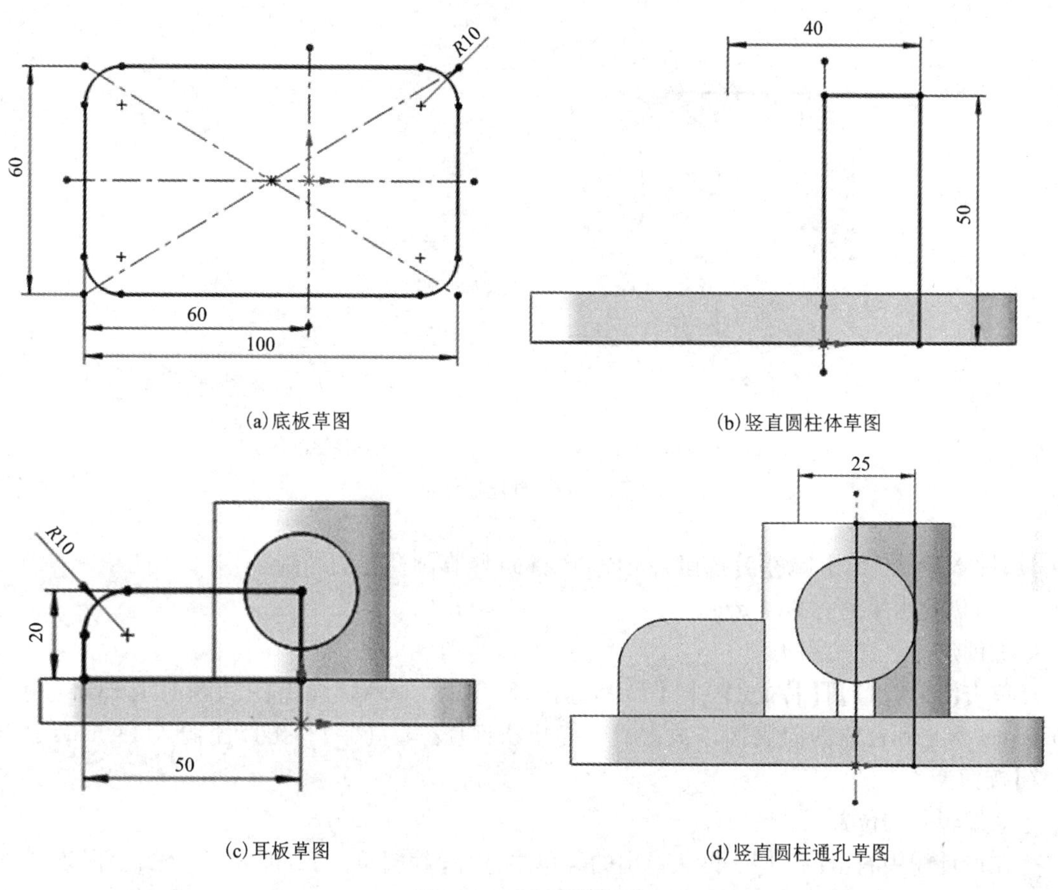

(a)底板草图

(b)竖直圆柱体草图

(c)耳板草图

(d)竖直圆柱通孔草图

图 5－49　草图的绘制

(5)创建筋板。

①创建筋板。

筋特征是用添加材料的方法来加强零件强度，用于创建零件的辐板或肋片。筋特征的截面草图是不封闭的。

在【特征】工具栏中单击【筋】按钮，或者单击【插入(I)】|【特征(F)】|【筋(R)】命令，选择右视基准面，绘制一条斜线作为【筋】的特征草图，如图 5－50 所示。然后退出草图模式，显示【筋】属性管理器，设置筋的厚度为【两侧】，筋厚度数值为 8 mm，拉伸方向选择【平行于草图】，生成材料的方向为向内，单击【确定】按钮，完成筋特征的创建。

②镜像筋板。

以前视基准面为镜像基准面，镜像筋特征。

(6)创建竖直通孔 ϕ25 mm。

单击【旋转切除】按钮，系统弹出【旋转】属性管理器，选择前视基准面，进入草图绘制界面，绘制中心线，绘制矩形，如图 5－49(d)所示。完成后单击【退出草图】，弹出【切除—旋

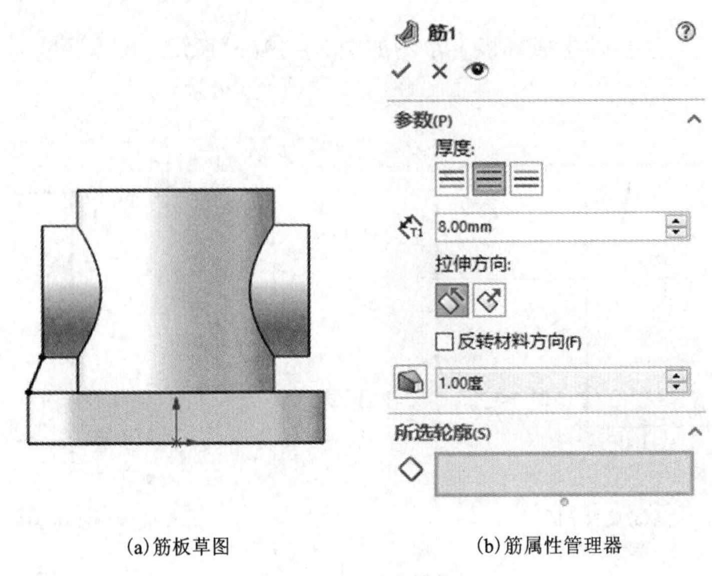

(a)筋板草图　　(b)筋属性管理器

图 5-50　创建筋特征

转】属性管理器，单击【确定】按钮，完成 ϕ25 mm 竖直圆柱孔的绘制。

(7)创建水平通孔 ϕ14 mm。

①创建简单直孔特征。

单击【插入(I)】|【特征(F)】|【简单直孔(S)】命令，系统弹出【孔】属性管理器。单击 ϕ26 mm 水平圆柱体的前表面以放置孔，终止条件【完全贯穿】，孔直径输入 14 mm，单击【√】按钮。

②编辑孔的位置。

在设计树中右击【孔 1】，再从弹出的菜单中选择【编辑草图】，进入草图绘制环境，单击【添加几何关系】按钮，在图形区选择选择 ϕ14 mm 的圆和 ϕ26 mm 的圆，在【添加几何关系】属性管理器中单击【同心】按钮，单击【√】按钮，完成同心约束的创建。单击【确定】按钮。完成 ϕ14 水平圆柱孔的绘制。

(8)拉伸切除耳板长圆柱孔。

单击【拉伸切除】按钮，系统弹出【拉伸】属性管理器，选择前视基准面，进入草图绘制界面，绘制直槽口，半径 R5 mm，槽口中心距 10 mm，长度与高度方向定位尺寸均为 10 mm。完成后单击【退出草图】，进入切除拉伸参数设置界面，拉伸深度为【两侧对称】，拉伸深度为 8 mm。单击【确定】按钮，生成切除特征。

(9)创建底板圆柱孔特征。

单击【异形孔向导】按钮，系统弹出【孔规格】属性管理器。包括两个选项卡，一个是孔【类型】选项卡，一个是孔的中心【位置】选项卡。

在【类型】标签下，孔类型选择“孔”，标准选“GB”，类型选“钻孔大小”，孔规格大小选“ϕ10”，终止条件“完全贯穿”。单击【位置】标签，单击底板上表面以放置孔，将鼠标移到圆角处，再移动鼠标会自动捕捉圆心。再次单击，完成底板上圆柱孔的绘制。如图 5-51(a)、(c)所示。

（10）线性阵列孔特征。

单击【线性阵列】按钮，系统弹出【线性阵列】属性管理器。选取底板上边线 1，间距设为 80 mm，实例数为 2；选择底板上边线 2，间距设为 40 mm，实例数为 2，并按【反向】按钮，完成简单孔的阵列。如图 5－51（b）、（d）所示。

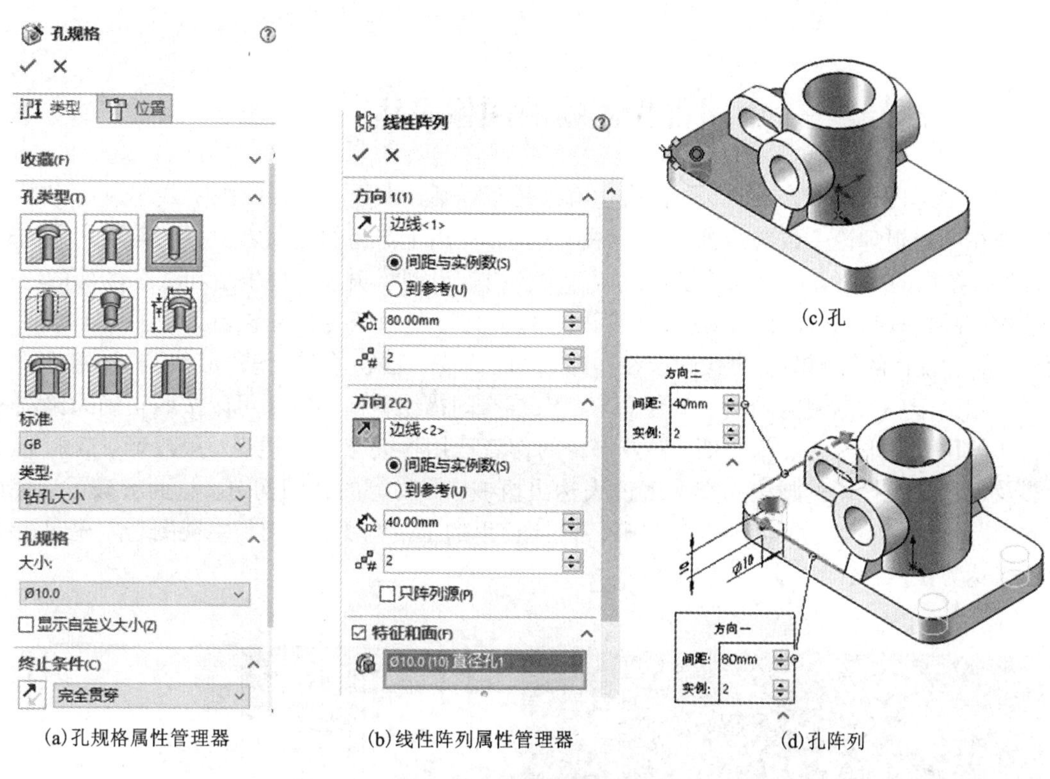

（a）孔规格属性管理器　（b）线性阵列属性管理器　（c）孔　（d）孔阵列

图 5－51　线性阵列孔特征

（11）保存文件，并命名为“组合体模型 1”。

解题技巧：组合体读图

1. 读图训练。线面分析法：《工程制图习题集》第 60 页－（4）

［作图案例］

2. 读图训练。线面分析法：《工程制图习题集》第 65 页－（2）

［作图案例］

3. 读图训练。形体分析为主、线面分析为辅：《工程制图习题集》第 66 页－（2）

［作图案例］

第6章
机件的表达方法

6.1 课程导学——中国古代器物的图像表达

无论中国还是西方，器物的图像表达都来源于生活，中国画家在绘画实践中总结出了一些与现在的透视理论一致的绘画方法，并将这些方法用于器物的绘画之中。随着生产力的逐步发展，图像的表达方法也随之发生改变。秦汉时期出现了很多表现生活和战争场面的绘画或雕刻作品，图6－1为四川彭县太平乡出土的东汉斧车画像砖，基本上反映了马车的三个面，近似于现代的轴测图。唐代画家在描绘台阁、车舆、器物等时追求“形似”，敦煌壁画就体现了相当于一点透视的画法。五代画家的三维空间描绘物体的方法可以按照正确的比例表达物体的尺寸和形状。北宋时期，科技书籍的作者运用等同于移动透视、正投影、近似轴测投影及近似平行投影的画法和文字解说表达出机械、器物等的详细构造，从而突破了“收书不收图”的编书传统。如图6－2为北宋《考古图》里的玉带钩图，采用了主视图与左视图相结合的表达方法。

图6－1 东汉斧车画像砖

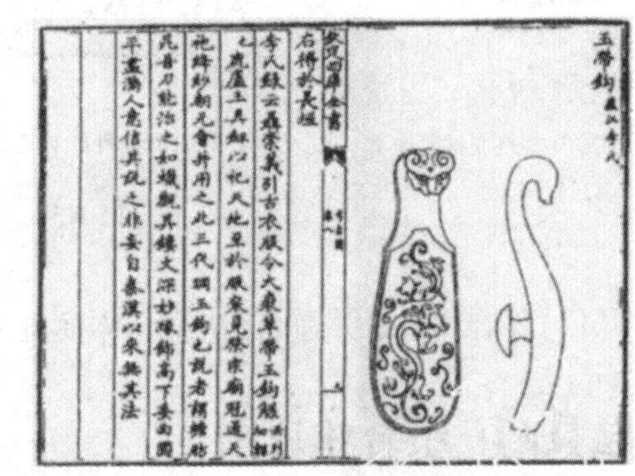

图6－2 北宋《考古图》里的玉带钩图

虽然后续元、明、清机械制图的绘制方式和绘图技法越来越丰富，制图体系也愈来愈趋于成熟，并且其中部分图样能够指导实践，但整体上仍属于绘画的范围，在图样的表现力以及标准化程度等方面，与现代的工程制图还是存在很大的差别。

要使现代工程图样真正成为工程技术界的“语言”，就必须遵守国家标准对图样表达的相关规定，并运用这些表达方法合理地表达机件。

［中国古代器物的图像表达］

6.2　视图

视图主要用来表达机件的外部结构形状，一般只画机件的可见部分，必要时才画出其不可见部分。

常用的视图有：基本视图、向视图、局部视图和斜视图。

6.2.1　基本视图

对于形状比较复杂的机件，两个或三个视图尚不能完整、清晰地表达它们的内外形状时，则可根据国家规定，在原有三个投影面的基础上，再增设三个投影面，组成一个正六面体[图6-3(a)]，这六个投影面称为基本投影面，机件向基本投影面投射得到的视图称为基本视图。六个基本视图的名称及投射方向规定为：

主视图——由前向后投射所得的视图；

俯视图——由上向下投射所得的视图；

左视图——由左向右投射所得的视图；

右视图——由右向左投射所得的视图；

仰视图——由下向上投射所得的视图；

后视图——由后向前投射所得的视图。

六个基本投影面的展开方法如图6-3(b)所示。展开后六个基本视图的配置关系如图6-4所示。

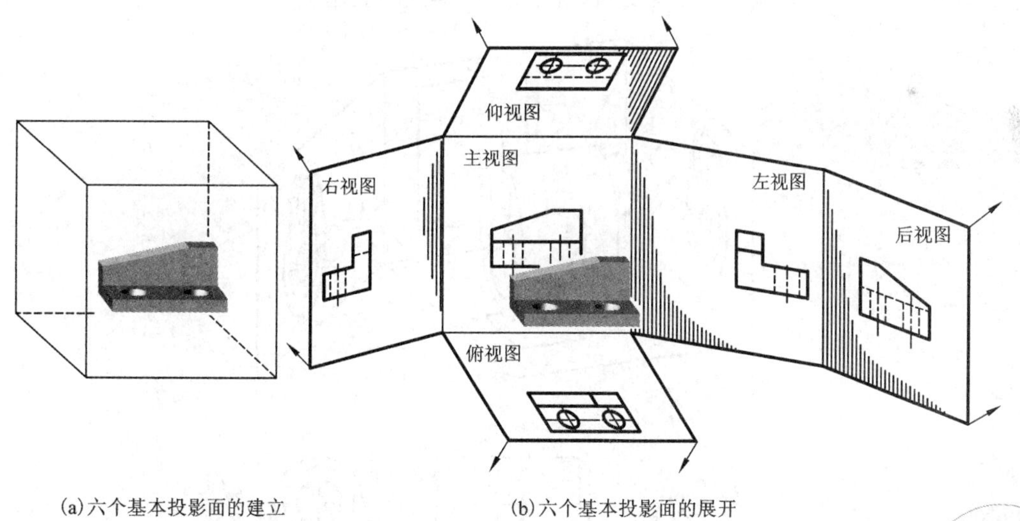

(a)六个基本投影面的建立　　(b)六个基本投影面的展开

图6-3　六个基本视图的形成及其展开

[六个基本视图形成与开展]

若视图画在同一张图纸内，且按图6-4所示位置配置时，则一律不标注视图的名称。并且各视图间仍保持“长对正，高平齐，宽相等”的三等投影关系。即主、俯、仰、后，长对正；
主、左、右、后，高平齐；
俯、左、仰、右，宽相等。

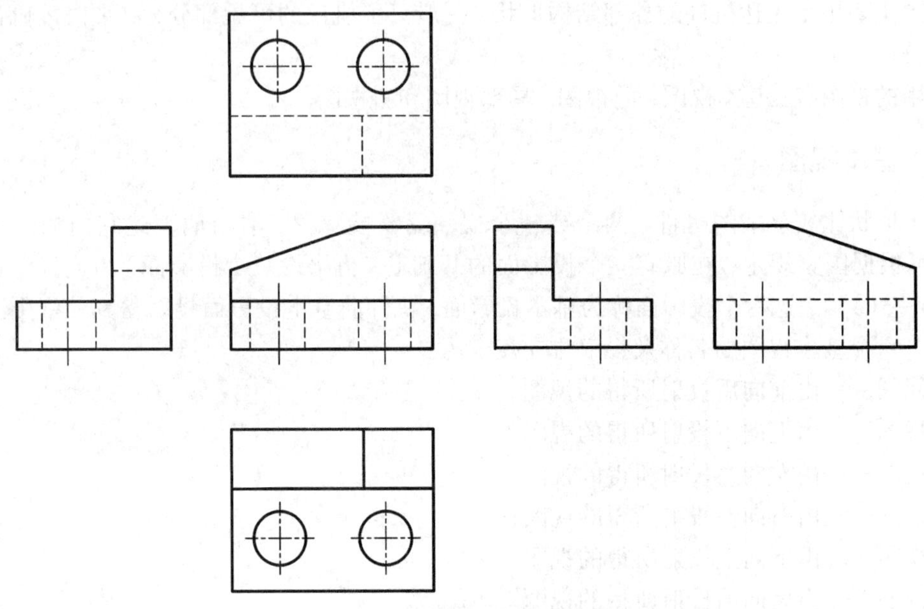

图 6－4　六个基本视图的配置

实际画图时，除主视图外还需画几个基本视图，应根据机件的结构特点和复杂程度而定。图 6－5 所示机件，就采用了主、左、右三个基本视图表达。

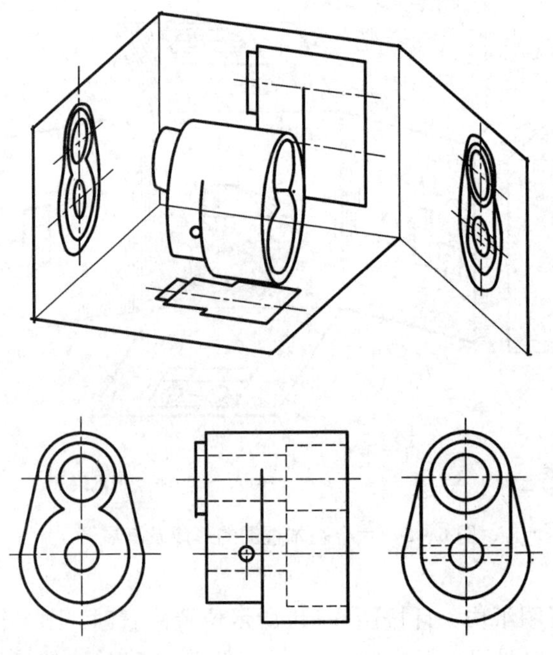

图 6－5　基本视图的选用

值得注意的是：六个基本视图中，一般优先采用主、俯、左三个视图。任何机件的表达都必须有主视图。

6.2.2　向视图

向视图是可自由配置的基本视图。可根据需要将某个方向的视图配置在图纸的任意位置，但应在向视图的上方标出“×”（“×”为大写拉丁字母），在相应视图附近用箭头指明投射方向并注上同样的字母，如图 6 - 6 所示。

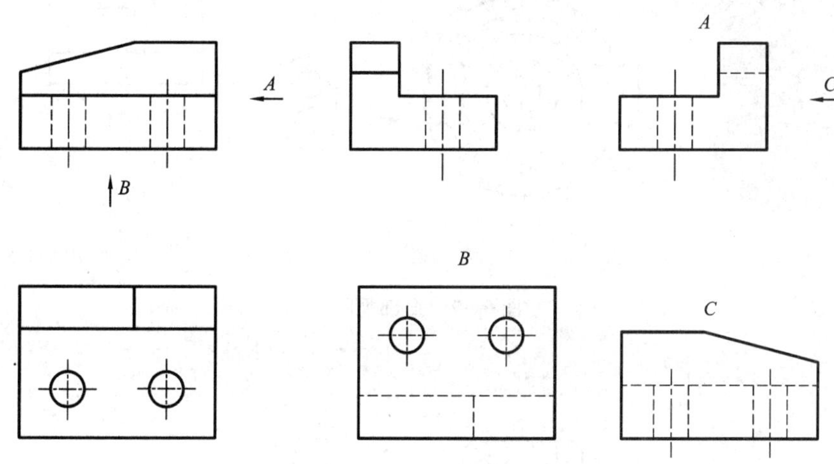

图 6 - 6　不按投影关系配置视图时的表示

6.2.3　局部视图

将机件的某一部分向基本投影面投射所得到的视图称为局部视图。

如图 6 - 7(a) 所示机件，当画出主、俯两个基本视图后，机件上仍有左、右两侧面的凸台形状尚未表达清楚，但又无须画出完整的左、右视图。这时，可只画出表达该部分的 *A* 向和 *B* 向局部视图，如图 6 - 7(b) 所示。这样省去了左、右两个视图，简单明了，表达清楚。

局部视图的画法和标注应符合如下规定：

(1) 局部视图可按基本视图的形式配置，如图 6 - 11(b) 中处于俯视图位置的局部视图。也可按向视图的形式配置并标注，如图 6 - 7 中的 *A* 向视图和 *B* 向视图。按基本视图配置的局部视图，如果两个视图之间没有其他图形隔开，则不要标注[图 6 - 7(b) 中的 *A* 向局部视图可不标注]。如有图形隔开则要按向视图的方法标注，如图 6 - 11(a) 中的 *B* 向视图。

(2) 局部视图的断裂边界应用波浪线表示，如图 6 - 7(b) 所示。当所示的局部结构是完整的，且外形轮廓又成封闭状时，波浪线可省略不画，如图 6 - 7(b) 所示。图 6 - 7(c) 的波浪线画法是错误的，超出了机件的外形轮廓。

(3) 为了节省绘图时间和图幅，对称物体(或零件)的视图可只画一半或四分之一，并在对称中心线的两端画出两条与其垂直的平行细实线，如图 6 - 8 所示。

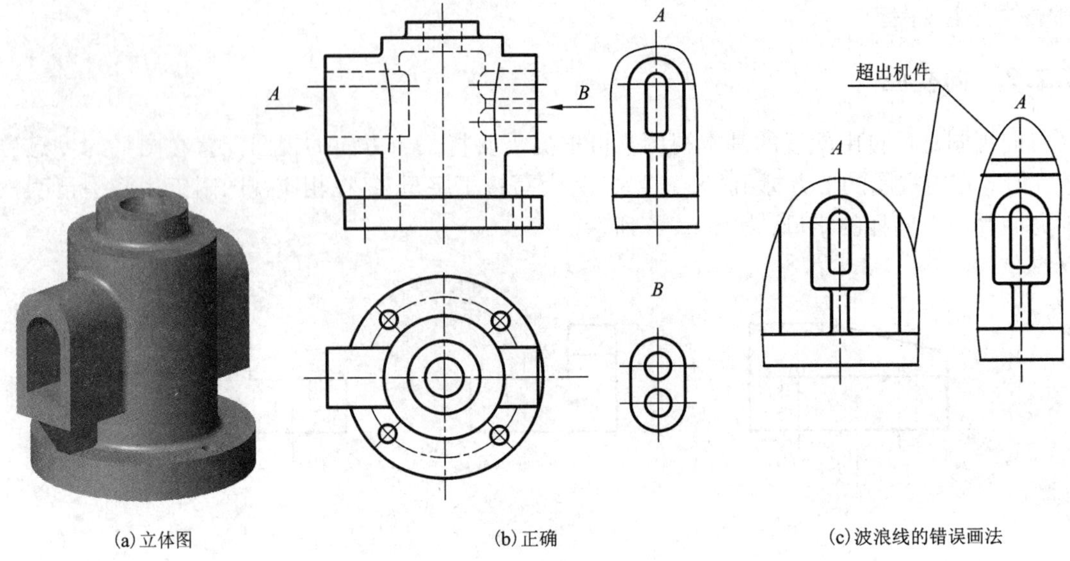

(a)立体图　(b)正确　(c)波浪线的错误画法

图 6-7　局部视图

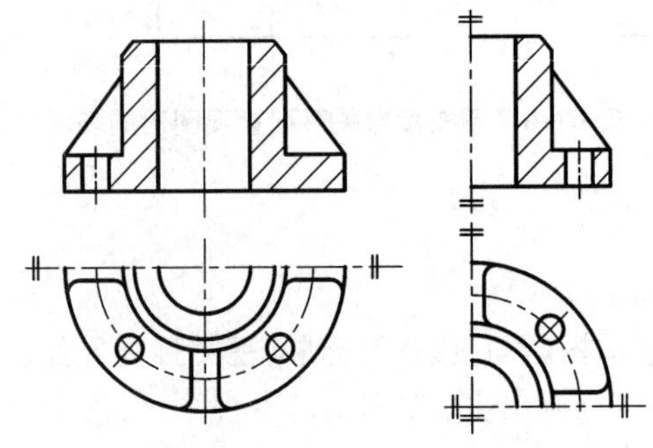

图 6-8　对称机件局部视图的画法

6.2.4　斜视图

机件向不平行基本投影面的平面投射所得的视图称为斜视图。

图 6-9 是压紧杆的三视图，由于机件上有一部分结构形状是倾斜的，在俯、左视图上都不能反映该部分的真形。为此，可选择一个与机件倾斜部分平行且垂直于一个基本投影面的辅助投影面，将倾斜结构向该面上投射，即得斜视图。如图 6-10 和图 6-11(a)所示。

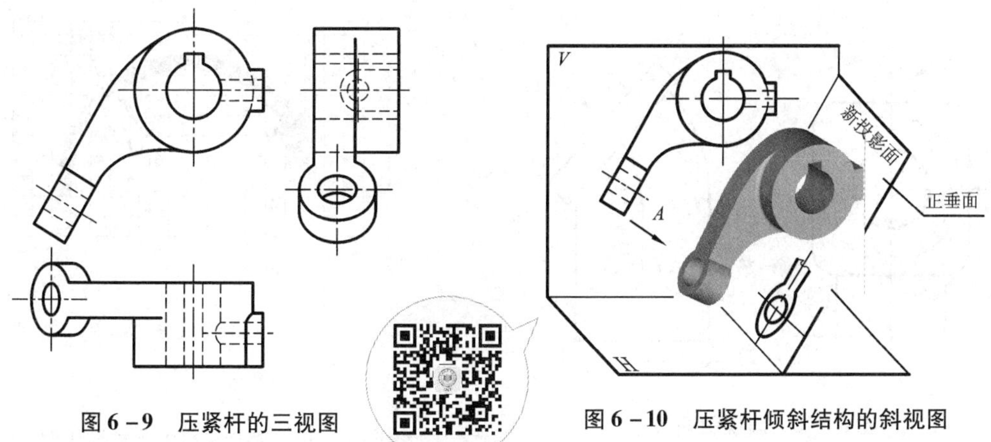

图 6-9　压紧杆的三视图

图 6-10　压紧杆倾斜结构的斜视图

[斜视图形成案例]

斜视图通常按向视图的形式配置与标注。为了保持斜视图与基本视图的投影关系，一般用带字母的箭头指明投射部位和方向，将斜视图配置在箭头所指的方向上，如图 6-11(a)中的 *A* 向视图。

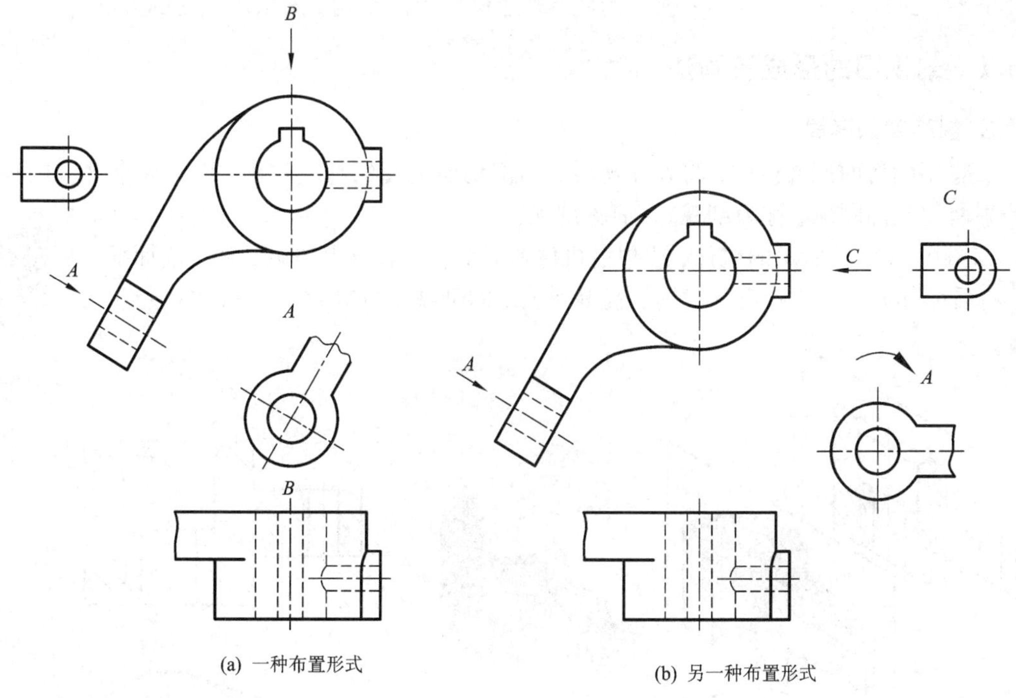

(a) 一种布置形式

(b) 另一种布置形式

图 6-11　压紧杆的斜视图和局部视图

必要时，允许将斜视图旋转配置。这样配置时，表示该视图名称的大写拉丁字母应靠近旋转符号的箭头端，如图 6-11(b)中的 *A* 向视图，也允许将旋转角度注写在字母后(图 6-12)。

旋转符号的尺寸和比例如图 6-13 所示。

斜视图通常用来表达机件倾斜部分的真形，其他部分不必全部画出而用波浪线或双折线断开，如图 6-11(a)、(b)中的 *A* 向视图。

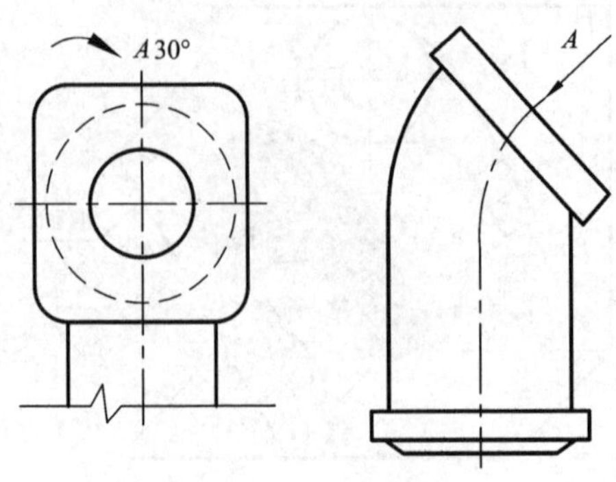

图 6－12　斜视图画法

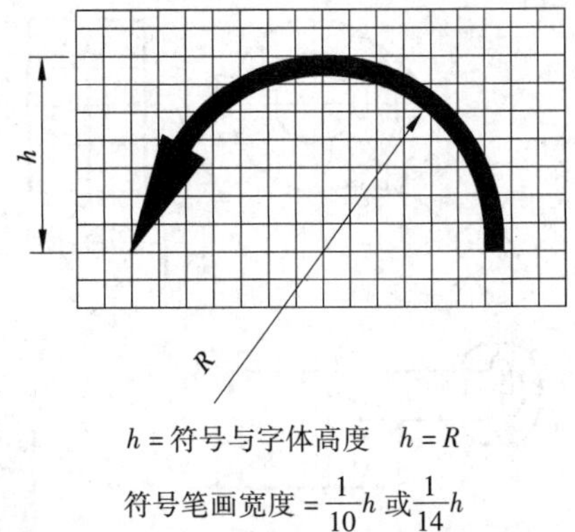

图 6－13　旋转符号的尺寸和比例

6.3　剖视图

用视图表达机件时，机件内部的结构形状都用虚线表示。如果图中虚线过多，就会使图形不清晰，而且标注尺寸也不方便。为此，表达机件内部结构，常采用剖视的方法。

6.3.1　剖视图的形成及画法

1. 剖视图的形成

假想用剖切面剖开机件，将处在观察者与剖切面之间的部分移出，而将剩余部分向投影面投射所得到的图形，称为剖视图(简称剖视)。

如图 6－14(a)所示的机件，假想沿机件前后对称平面将其剖开，移去前面部分，将后面部分向正立投影面投射，就得到机件的剖视图，如图 6－14(b)所示。

[剖视图形成案例

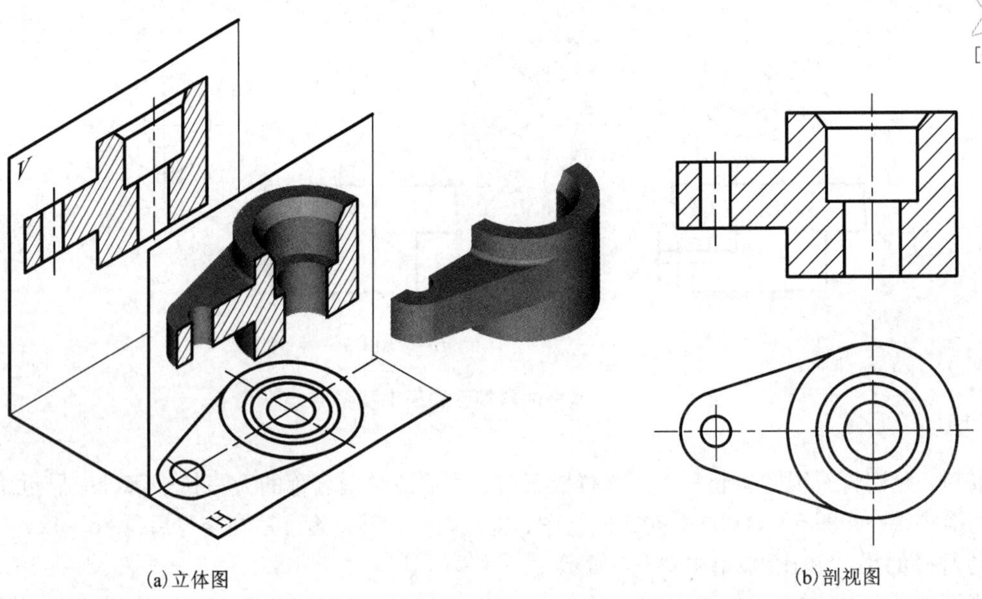

图 6－14　机件的剖视图

2. 画剖视图的方法和步骤

画剖视图一般按下列方法和步骤进行，如图6-15所示。

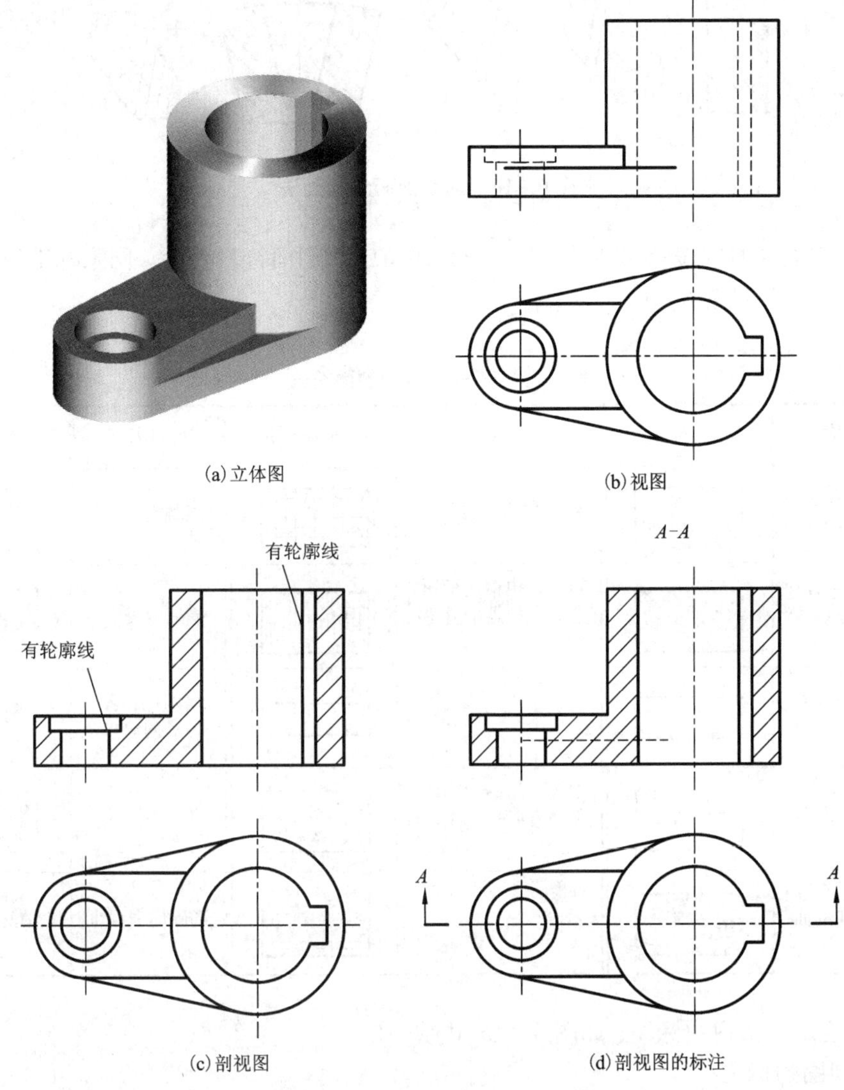

(a)立体图　(b)视图

(c)剖视图　(d)剖视图的标注

图6-15　画剖视图的方法和步骤

(1)确定剖切平面的位置。剖切平面通常应平行于投影面，且通过机件的对称面或孔的轴线，以便能反映出机件内部孔、槽等结构的真实形状。图6-15中应采用通过机件前后对称面的正平面。

(2)画出剖切平面后所有可见部分的投影，如图6-15(c)所示。应注意不要遗漏图中指引线所指的图线。

(3)在剖面区域内画上剖面符号，如图6-15(c)所示。剖面区域是指剖切平面与机件接触的部分(实体部分)。当不需要表示材料的类别时，剖面符号可用通用剖面线表示。通用剖面线一般以适当角度的平行细实线绘制，最好与主要轮廓线或剖面区域的对称线成45°，必要时，剖面线也可画成与主要轮廓成适当角度，如图6-16所示。同一机件的通用剖面线应方向相同，间隔相等。

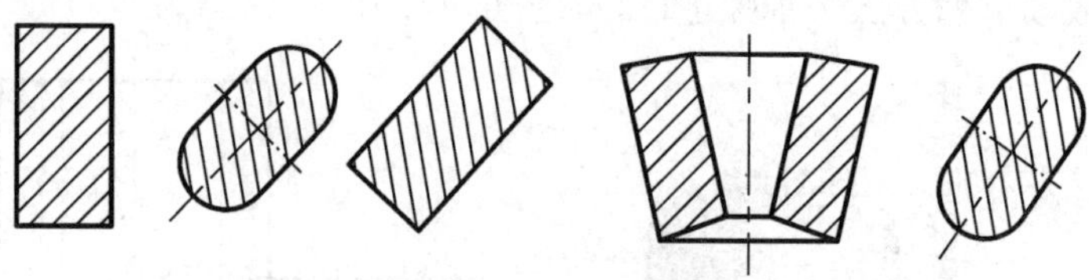

图 6－16　通用剖面线的画法

若需在剖面区域内表示材料的类别，应采用特定的剖面符号表示。国家标准《机械制图》中规定的剖面符号见表 6－1。

表 6－1　部分材料的剖面符号

材料名称	剖面符号	材料名称	剖面符号	材料名称	剖面符号
金属材料（已有规定剖面符号者除外）		线圈绕组元件		混凝土	
非金属材料（已有规定剖面符号者除外）		转子、电枢、变压器和电抗器的叠钢片		钢筋混凝土	
玻璃及其他透明材料		胶合板（不分层数）		格网（筛网、过滤网等）	
木材　纵剖面		型砂、填砂、砂轮、陶瓷及硬质合金、粉末冶金		砖	
木材　横剖面		液体		基础周围泥土	

（4）按规定对剖视图标注，如图 6－15（d）所示。

3. 剖视图的标注

为了便于判断剖切位置和剖切后的投射方向，以及剖视图与其他视图之间的对应关系，对剖视图应进行标注。具体要求如下：

（1）在剖视图的上方注出剖视图的名称“× － ×”（×为大写拉丁字母）。如图 6－15（d）中主视图上的 $A-A$。

（2）在反映剖切平面位置的视图上用剖切符号表示出剖切位置和投射方向，并注上同样的字母，如图 6－15（d）所示。

剖切符号是用来指示剖切面的起、讫、转折位置（用粗短画线表示）和投射方向（用细实线箭头表示）。标注时，表示剖切位置的粗短画线尽量不要与图形的轮廓线相交，箭头标注在起、讫剖切位置处的粗短画线的两外端，并与剖切符号末端垂直。

如果在同一张图纸上同时有几个剖视图，则其名称应按字母顺序排列，不得重复。

粗短画线的规格可按线宽（1～1.5）d、长 5～10 mm 选用。

下列情况可简化或省略标注：

(1)当剖视图按基本视图位置配置，中间又没有其他图形隔开时，允许省略剖切符号中的箭头，即图 6－15(d)中的箭头可以省略。

(2)当剖视图按基本视图位置配置，中间又没有其他图形隔开，且剖切平面与机件的对称平面重合时，可以省略标注，即图 6－15(d)中的剖视图标注可全部省略。

4. 画剖视图应注意的问题

(1)剖视图是假想切开机件画出的图形，其他视图必须按原形完整画出，如图 6－15 的俯视图。

(2)画剖视图时，机件在剖切平面后的可见部分应全部画出，不得漏画或错画，如图 6－17 所示。

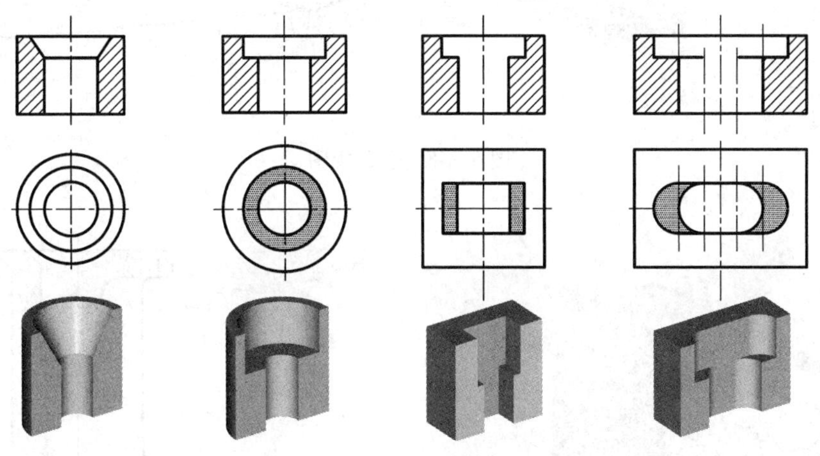

图 6－17　几种孔槽的剖视图

(3)在剖视图中不可见轮廓线一般不画出，但结构尚未表达清楚时则必须画出虚线。如图 6－15(d)中的虚线必须保留。

6.3.2　剖视图的种类

按剖开机件范围的多少，可将剖视图分为全剖视图、半剖视图和局部剖视图。

1. 全剖视图

用剖切面完全地剖开机件所得到的剖视图称为全剖视图，图 6－18 所示的就是全剖视图。

全剖视图主要用来表达外形简单、内部结构较复杂的机件。

图 6－18 为带肋板机件的全剖视图。国家标准规定了在剖视图中，如纵向剖切肋板，其范围内不画剖面线，且用粗实线将其与邻接部分分开。

全剖视图的标注方法按前述规定的方法标注。

2. 半剖视图

当机件具有对称平面时，在垂直于对称平面的投影面上的投影，可以以对称中心线为界，一半画成剖视图以表达内部结构，另一半则画成视图以表达外部形状，这种剖视图称为半剖视图，简称半剖，如图 6－19 中主、俯视图均为半剖视图。

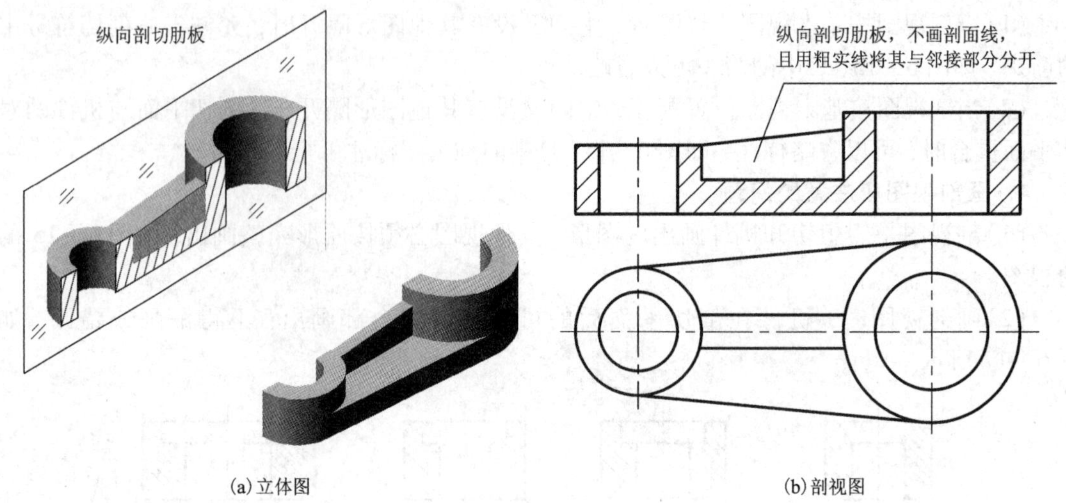

图 6-18　全剖视图

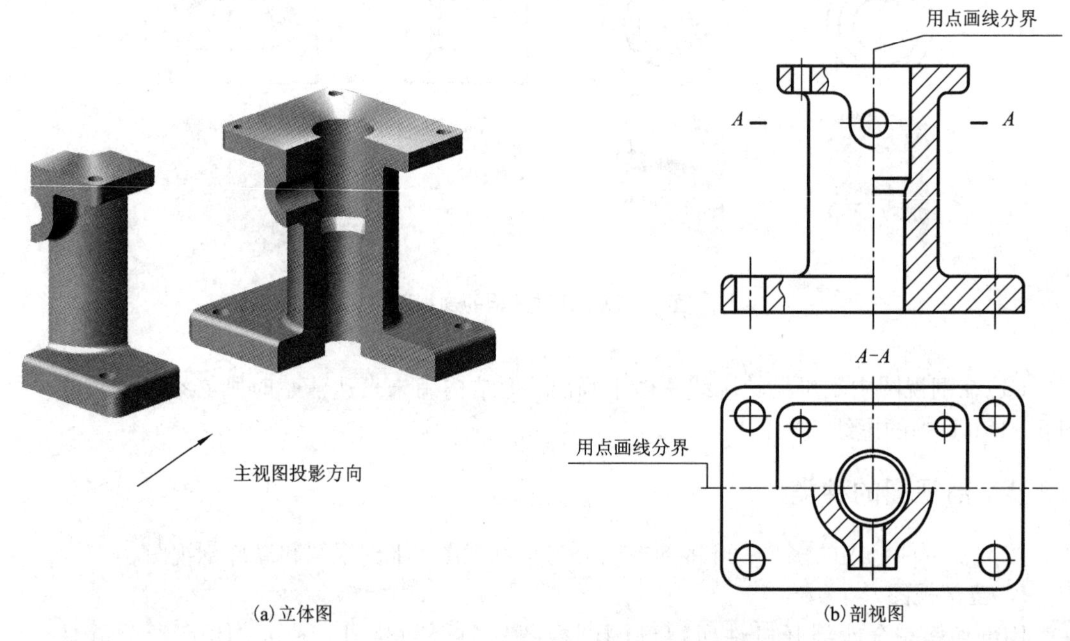

图 6-19　半剖视图

[半剖视图形成案例]

半剖视图主要用于内、外结构形状均需要表达的对称机件，但当机件的形状接近于对称，且不对称部分已有图形表达清楚时，也可以画成半剖视图，如图 6-20 所示。

采用半剖视图应注意：

(1)半剖视图中，半个剖视图与半个视图的分界线规定以点画线画出。

(2)由于采用半剖的为对称机件，在半个剖视图中已表达清楚的内部结构形状，在另一半视图中其虚线省去不画。

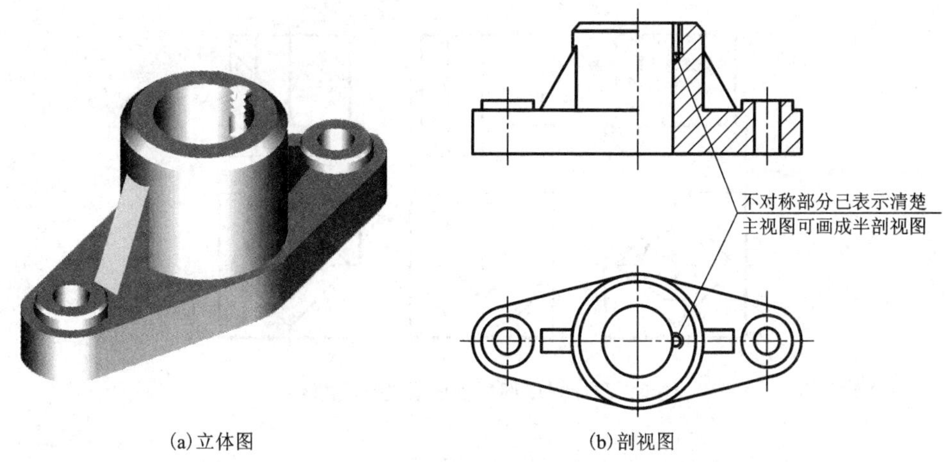

(a)立体图　　(b)剖视图

图 6 – 20　局部不对称的半剖视图

(3)在半剖视图中，当视图与剖视图两者左右配置时，习惯上把剖视图画在中心线的右方；当两者上下配置时，习惯上把剖视图画在中心线的下方。

(4)半剖视图的标注与全剖视图的标注相同。

3. 局部剖视图

用剖切面局部地剖开机件，所得到的剖视图称为局部剖视图，如图 6 – 21 所示。

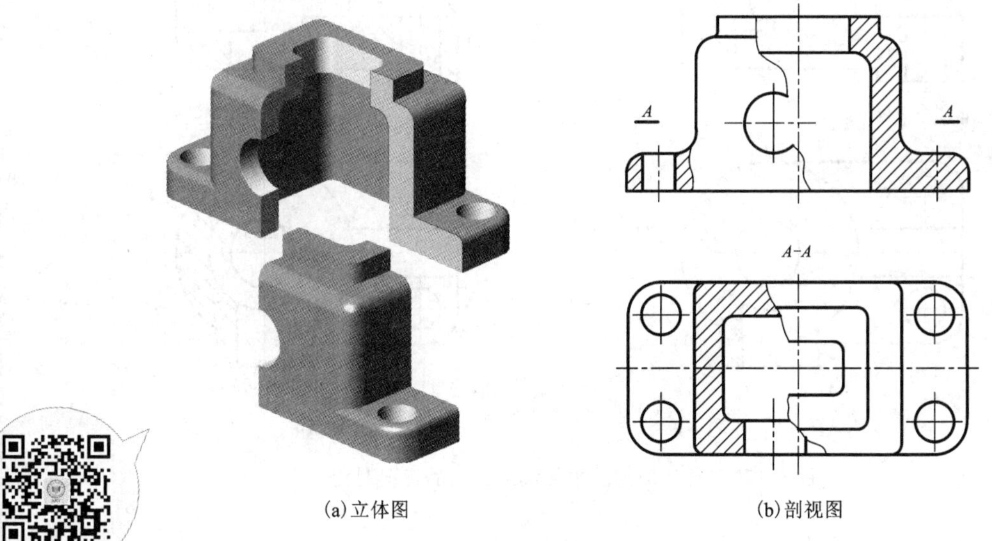

(a)立体图　　(b)剖视图

局部剖视图形成案例]

图 6 – 21　局部剖视图

局部剖视的剖切范围可大可小，是一种比较灵活的表达方法，当机件形状不对称，又需在同一视图中表达内部和外部形状时，宜采用局部剖视图。但有些对称的机件，也应采用局部剖视图来表达，如图 6 – 22 所示的三个机件，虽然前后、左右都对称，但在主视图的左右对称面上，都分别有外壁或内壁的交线存在，因此，主视图上不宜画成半剖视图，而应画成局部剖视图。

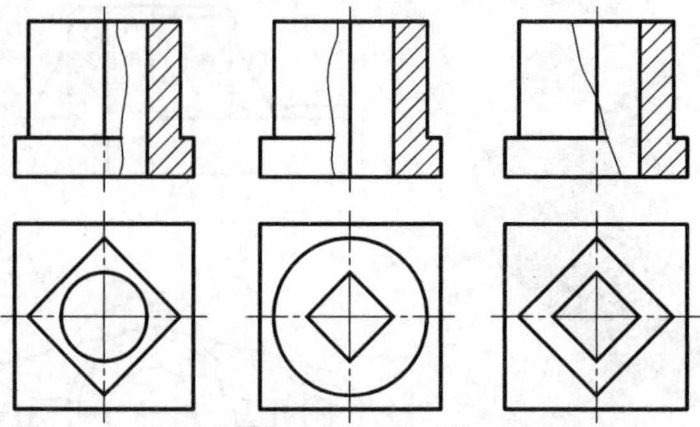

图 6-22　用局部剖视图表达对称机件

局部剖视图与视图分界的波浪线犹如物体断裂面的投影，因此所画的波浪线不应超出机件的轮廓线，不应通过可见的孔洞，也不应该与图中轮廓线重合，如图 6-23 所示。

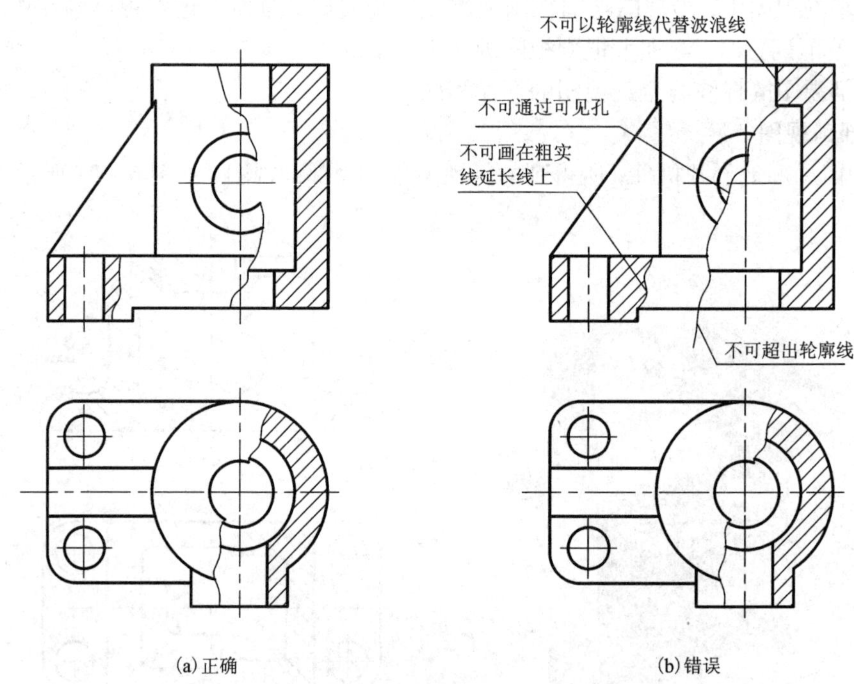

图 6-23　局部剖视图中波浪线画法的正误对比

局部剖视的剖切位置明显时，一般不用标注。

6.3.3　剖切方法

画剖视图时，常需根据机件不同的形状和结构特点，选用不同的剖切面和剖切方法。国家标准规定了剖切面的种类有：单一剖切面，几个平行的剖切平面，几个相交的剖切面（交线垂直于某一投影面）。用这些种类的剖切面剖开机件，便产生相应的剖切方法。

1. 单一剖切面

单一剖切面包括单一剖切平面、单一斜剖切面和单一剖切柱面，它们均可获得三种剖视图，在此仅介绍前两种。

(1)单一剖切平面。

用一个平行于某一基本投影面的平面剖开机件，前面介绍的全剖、半剖、局部剖都是用这类平面剖开机件的。

(2)单一斜剖切面。

图 6－24 所示的机件，为了表达机件上部凸台的内部结构及上部方板形状，用过凸台通孔中心线的正垂面剖切机件。

这种剖切方法适用于表达机件的倾斜部分的内部结构形状，画剖视图时应注意：

①剖切平面应与倾斜结构平行，剖开后向剖切平面垂直的方向投射，并将其旋转到与基本投影面重合后画出。

②剖视图最好配置在箭头所指的前方，以保持直接的投射关系。必要时，也可配置在其他适当的位置或旋转摆正画出。

③一般需要标注，其标注方法如图 6－24 所示。注意，字母一律水平书写。

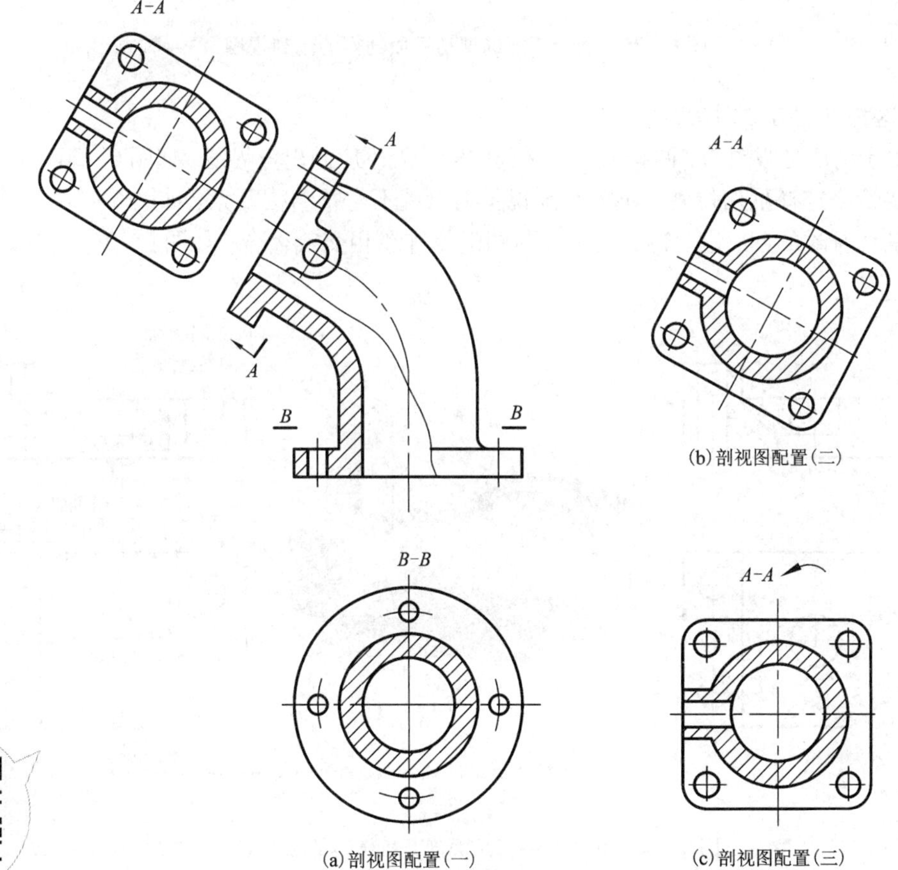

(a)剖视图配置(一)　(b)剖视图配置(二)　(c)剖视图配置(三)

斗剖视图形成案例]

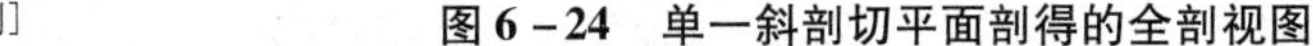

图 6－24　单一斜剖切平面剖得的全剖视图

2. 几个平行的剖切面

如图 6－25 所示，当机件上有较多的内部结构形状，而它们的轴线或对称面又处在两个或多个平行的平面上时，可采用几个平行的剖切面剖切。

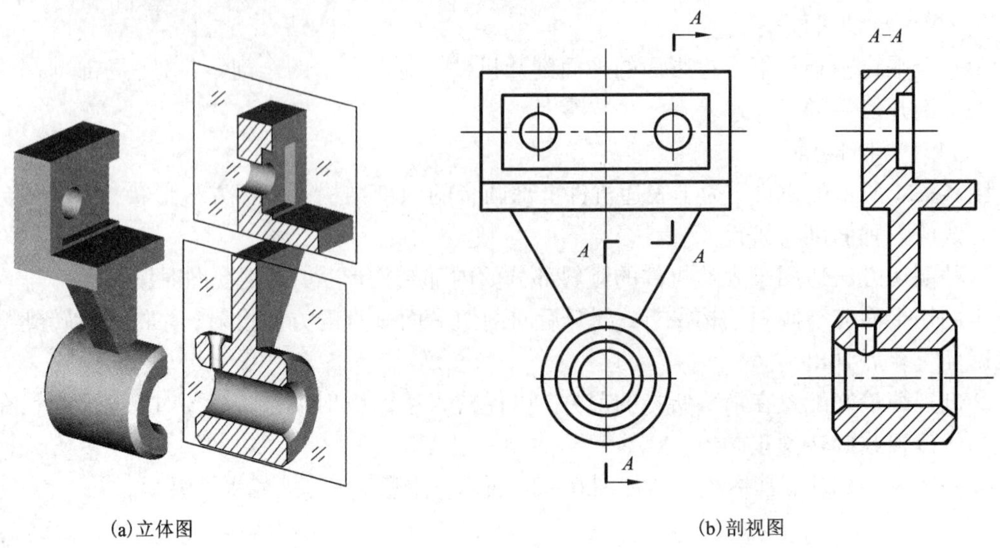

图 6－25　两个平行的剖切平面剖得的全剖视图

采用这种剖切方法时应注意：

(1)由于剖切是假想的，两相邻剖切平面的转折处不应画出分界线，如图 6－26(c)所示。

(2)要恰当选择剖切位置，避免在剖视图上出现不完整结构要素，如图 6－26(c)所示。

(3)剖切符号的起、讫、转折处不应与图形轮廓线相交或重合，如图 6－26(c)所示。

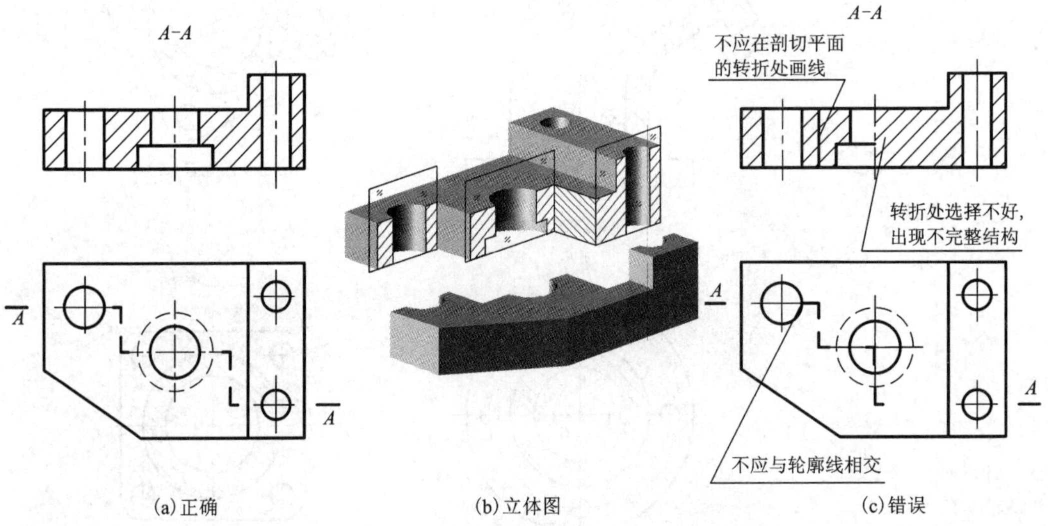

图 6－26　用几个平行平面剖开机件时的正误对比

(4)剖视图必须标注，即在剖切位置的起、讫、转折处画上剖切符号，标上同一字母(在不致引起误解时，转折处字母可省略)，并在起、讫处画上箭头表示投射方向(当剖视图按基本视图的位置配置，中间又无图形隔开时，可省略箭头）；在剖视图的上方用相同的字母标出剖视图名称，如图 6－25、图 6－26(a)所示。

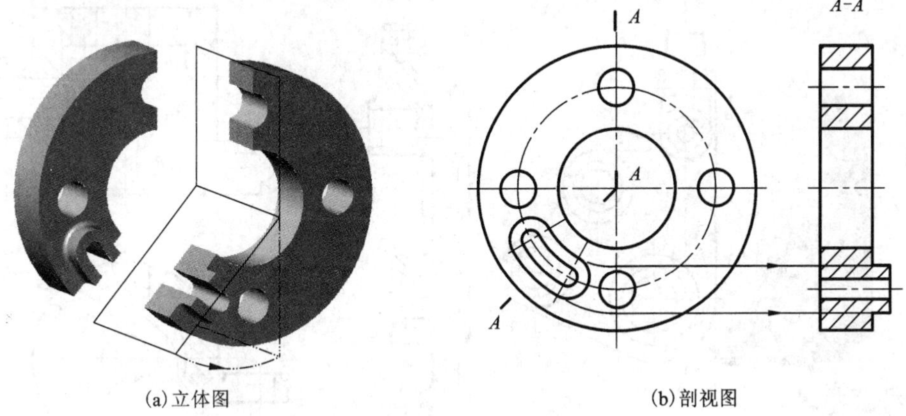

(a)立体图　　(b)剖视图

图 6－27　两个相交的剖切平面剖得的全剖视图

3. 几个相交的剖切平面(交线垂直于某一投影面)

图 6－27 及图 6－28 分别为两个和几个剖切平面剖得的全剖视图。采用这种剖切方法画剖视图时，为了使剖切到的倾斜结构能在图上反映真形，必须将剖开后的倾斜结构绕公共轴线旋转到与选定的投影面平行，再进行投射。在剖切平面后的其他结构，一般仍按原来位置投射。如图 6－29 所示摇杆的油孔，其俯视图仍画椭圆。

剖视图必须标注，标注的形式和方法与用几个互相平行的剖切平面剖得的剖视图标注方式相同。

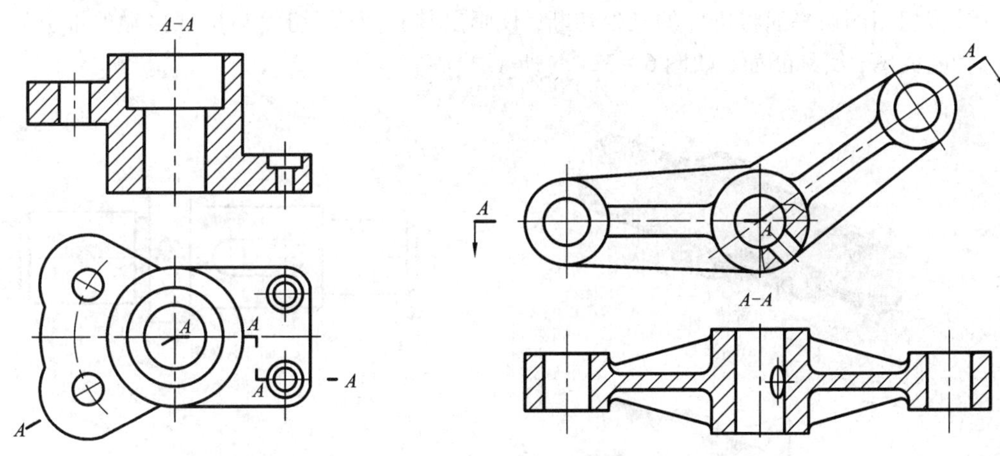

图 6－28　几个相交的剖切平面剖得的全剖视图　　**图 6－29　剖切平面后的结构的画法**

当采用几个连续的相交平面剖切时，常用展开画法。如图 6－30 所示的展开图，就是用展开画法连续展开成一个平行于侧立投影面的平面后画出的。当用展开画法时，图名应标注“×－×展开”。

应当指出：除了单一剖切面能获得三种剖视图外，几个平行的剖切平面和几个相交的剖切面也均可获得三种剖视图。如图 6－31 所示，主视图是用两个相交剖切平面剖得的局部剖视图，俯视图是用两个平行剖切平面剖得的局部剖视图。

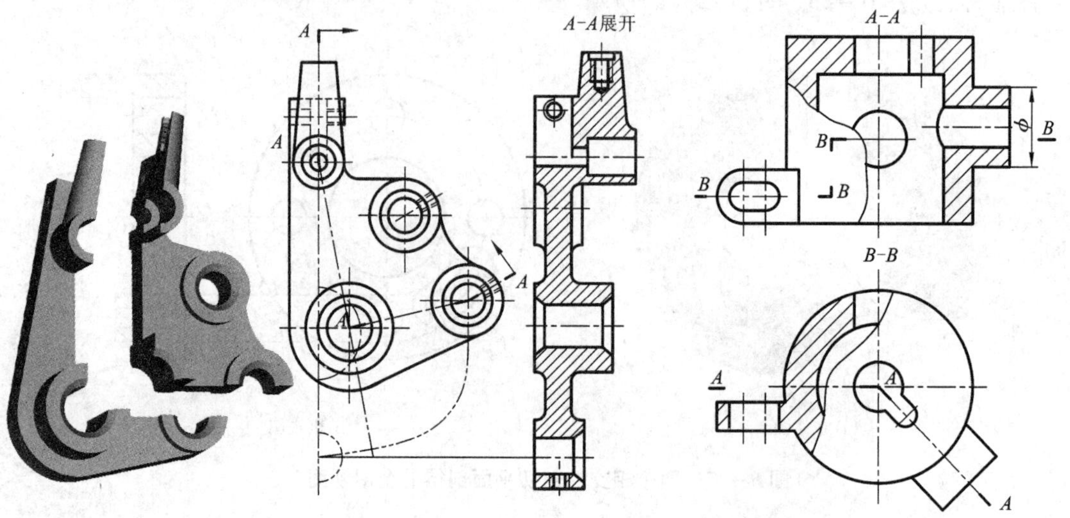

图 6－30　几个相交剖切平面的展开画法

图 6－31　平行和相交平面剖得的局部剖视图

6.4　断面图

6.4.1　课程导学——断面图的概念及其在工程中的应用

1. 断面图的概念

假想用剖切平面将机件的某处切断，仅画出其断面(剖切面与机件接触的部分)的图形，称为断面图，简称断面，如图 6－32(d)所示。

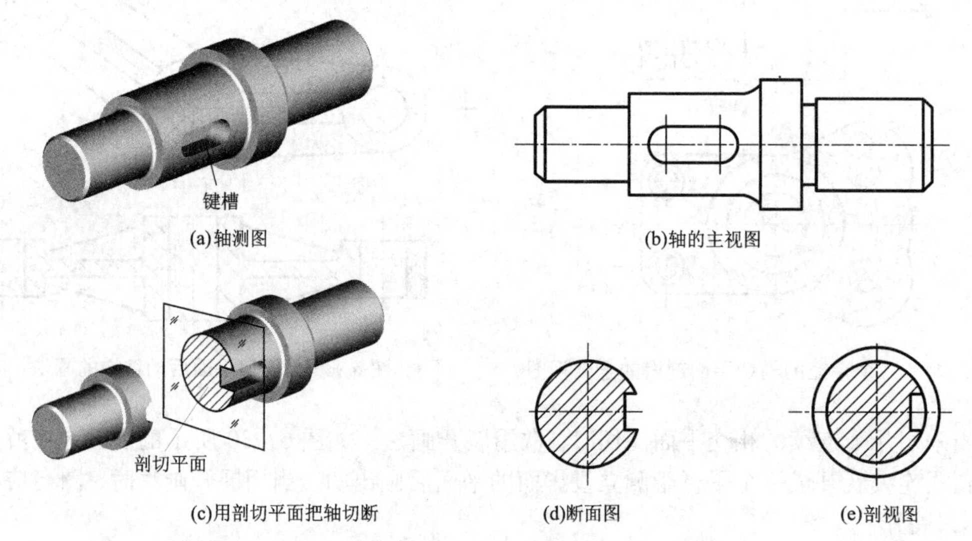

(a)轴测图　(b)轴的主视图

(c)用剖切平面把轴切断　(d)断面图　(e)剖视图

图 6－32　断面图的形成

[工程中的断面]

断面图与剖视图的主要区别在于：断面图仅画出机件被剖切后的断面形状[图 6－32(d)]，而剖视图则要求画出剖切平面后方所有部分的投影[图 6－32(e)]。

2. 断面图在工程中的应用

断面图主要用于表达机件某部分的断面形状，如机件上的肋板、轮辐、键槽、杆件及型材的断面等。除应用于机械工程图外，断面图在道路、桥梁、管道、建筑、地质等各种工程设计中也得到了广泛的运用。

6.4.2　断面的种类

断面分移出断面和重合断面两种。

1. 移出断面

画在视图轮廓线之外的断面图，称为移出断面，如图 6－33 所示均为移出断面。

2. 重合断面

画在视图轮廓线之内的断面图，称为重合断面，如图 6－34 所示。

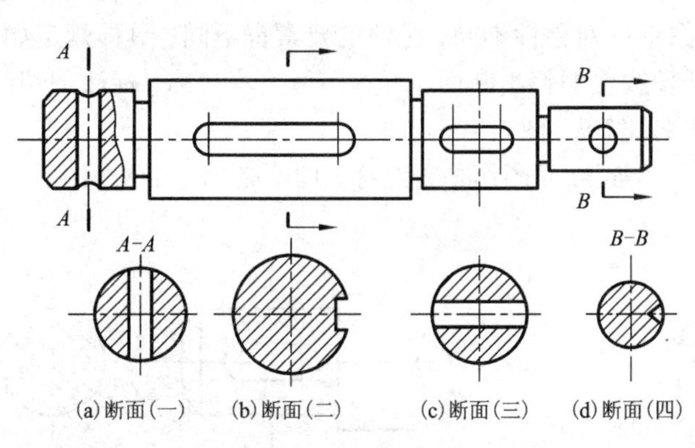

图 6－33　移出断面

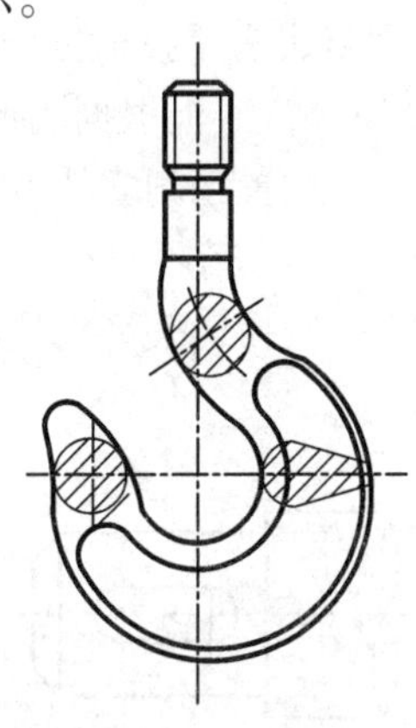

图 6－34　重合断面

6.4.3　断面图的画法与标注

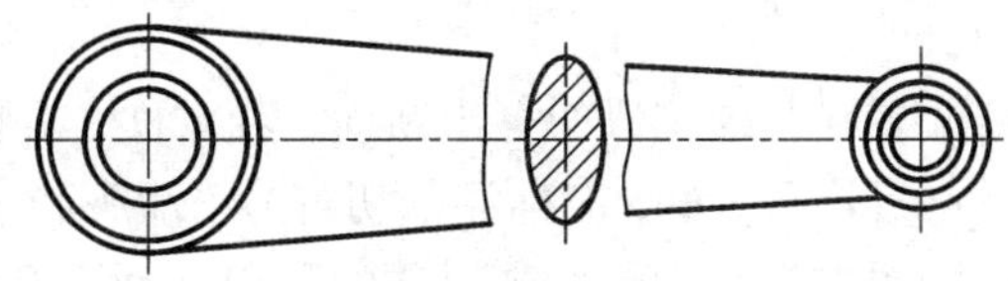

图 6－35　配置在视图中断处的移出断面

1. 断面图画法

(1) 移出断面的轮廓线用粗实线绘制，并在断面图上画上剖面符号，如图 6－33 所示。

(2) 移出断面应尽量配置在剖切线的延长线上，必要时也可画在其他位置，如图 6－33 所示。当移出断面的图形对称时,也可画在视图的中断处，如图 6－35 所示。

(3) 剖切平面应与被剖切部分主要轮廓线垂直，如图 6－36(a) 所示。若用一个剖切面不能满足垂直时，可用相交的两个或多个剖切面分别垂直于机件轮廓线剖切，其断面图形中间应用波浪线隔开，如图 6－36(b) 所示。

(4) 当剖切平面通过由回转面形成的凹坑或孔的轴线时，则这些结构按剖视绘制，如

图 6－33(a)、(d)所示；当剖切平面通过非回转面，会导致出现完全分离的两部分断面时，这样的结构也按剖视绘制，如图 6－33(c)所示。

(5)重合断面的轮廓线用细实线绘制，当重合断面轮廓线与视图中轮廓重合时，仍按视图中轮廓线画出，如图 6－37 所示。

(a)单一剖切面　(b)两相交剖切面

图 6－36　剖切倾斜结构的移出断面的画法　**图 6－37　重合断面的画法**

2. 断面图的标注

移出断面一般用剖切符号(粗短画线)或剖切线(一条通长的细点画线)表示剖切面的位置，用箭头表示投射方向，并注上字母“×”，在断面图的上方应用同样的字母标出相应的名称“×－×”。但根据图形的配置和图形的对称性不同，标注的要素也不同，具体规定如下：

(1)配置在剖切线或剖切符号延长线上的移出断面，可省字母。若对称，标注剖切线[图 6－33(c)]，若不对称，标注剖切符号和箭头[图 6－33(b)]。

(2)按投影关系配置的移出断面，不管断面图形是否对称，均不必标注箭头(图 6－38)。

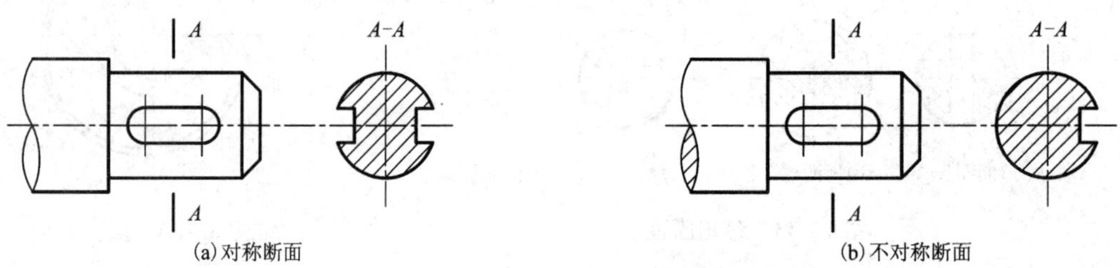

(a)对称断面　(b)不对称断面

图 6－38　按投影关系配置的移出断面

(3)配置在其他位置的移出断面，若对称，不必标注箭头，但应标注剖切符号和字母[图 6－33(a)]；若不对称，应标注剖切符号、箭头和字母[图 6－33(d)]。

(4)配置在视图中断处的对称的移出断面不必标注(图 6－35)。

重合断面可省略标注。

6.5　其他表达方法

6.5.1　局部放大图

当机件上某些细小结构在原图上表达不清或不便于标注尺寸时，可将该部分结构用大于原图的比例单独画出，这种图形称为局部放大图，如图 6－39 所示。

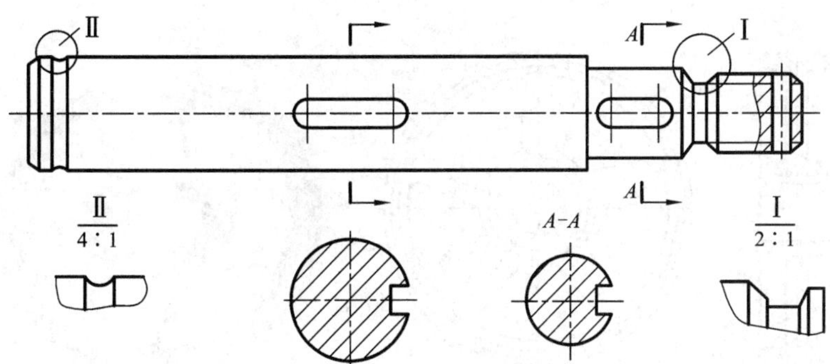

图 6－39　局部放大图

画局部放大图时应注意：

（1）应用细实线圈出被放大的部位，若机件上有几处需放大时，必须用罗马数字依次标明被放大部位，并在局部放大图的上方标明相应的罗马数字和所采用的比例，如图 6－39 所示。

当机件上仅有一处放大时，则只需在放大图的上方注明其比例即可。

（2）局部放大图应尽量配置在被放大部位附近，放大图与整体的联系部分用波浪线断开。

（3）局部放大图可画成视图、剖视或断面图，它与被放大部位的表达方法无关。

6.5.2　简化画法

1. 机件上的肋板、轮辐及薄壁等结构

若剖切平面沿其纵向剖切，则这些结构不画剖面符号，而用粗实线将它与其邻接部分分开，如图 6－40(b)、图 6－41 所示。

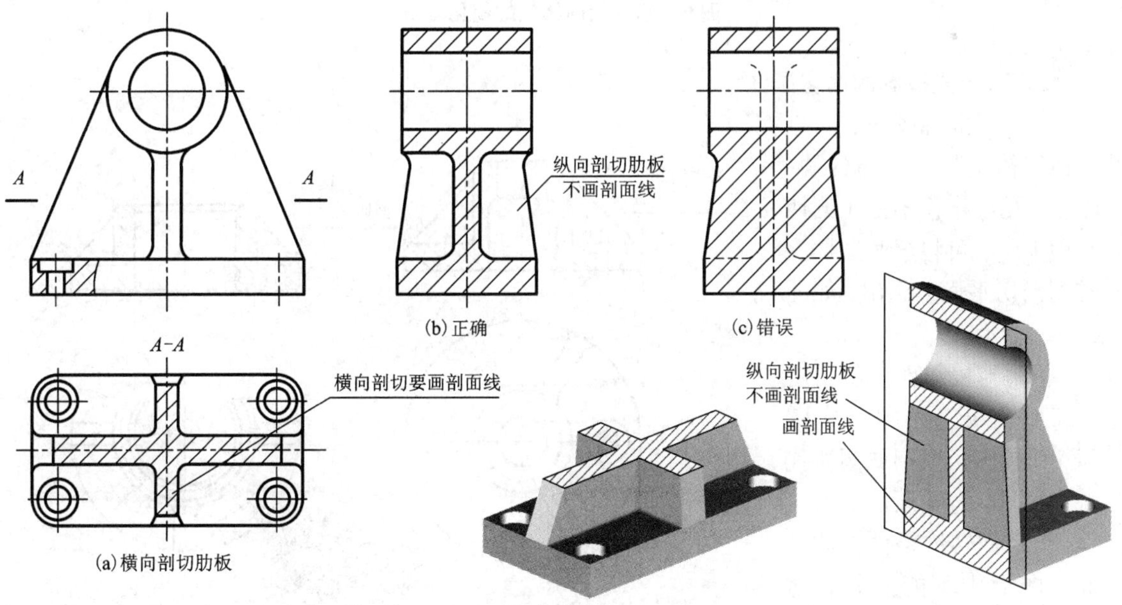

图 6－40　剖视图中肋板的画法

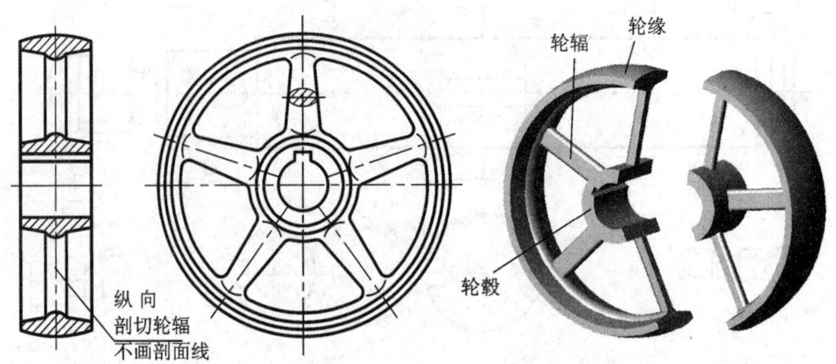

图 6－41　剖视图中轮辐的画法

2. 相同结构的简化画法

当机件具有若干相同结构并按一定规律分布时，只需要画出几个完整的结构，其余用细实线连接，在零件图中则须注明结构的总数，如图 6－42 所示。

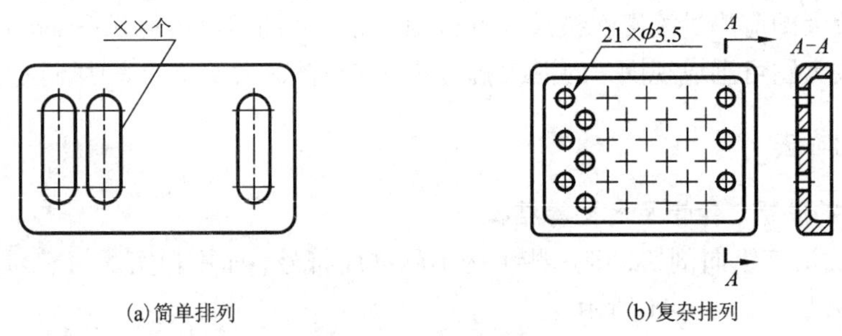

图 6－42　相同结构的简化画法

3. 对一些投影的简化画法

(1) 画剖视图时，当机件回转体上均匀分布的肋、轮辐、孔等结构不处于剖切平面上时，可将这些结构旋转到剖切平面上画出，如图 6－43 所示。

(2) 与投影面倾斜角度小于或等于 30°的圆或圆弧，其投影可用圆或圆弧代替，如图 6－44 所示。

(3) 回转体零件上的平面在图形中不能充分表达时，可用两条相交的细实线表示这些平面，如图 6－45 所示。

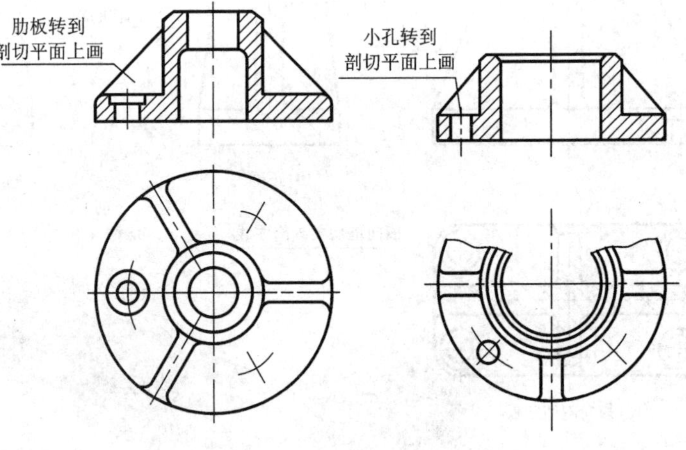

图 6－43　均布的肋、孔的画法

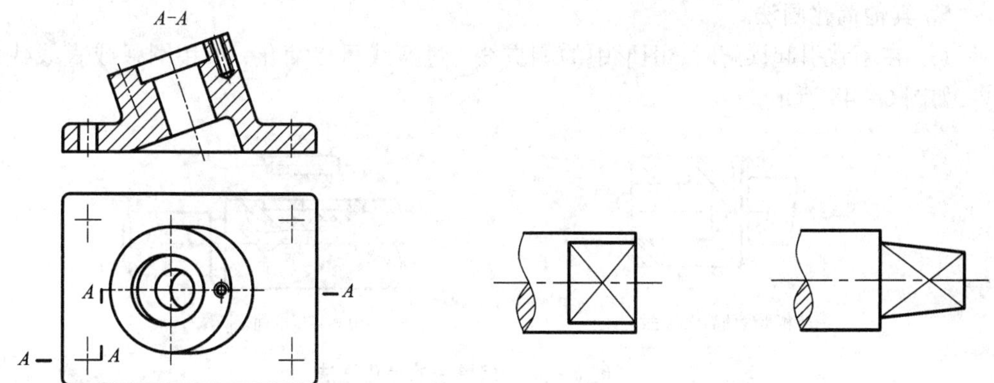

图 6-44　倾角小于或等于 30°的圆弧的画法　　图 6-45　回转体上小平面的简化画法

4. 小结构的简化画法

(1)当机件上较小结构及斜度已在一个图形中表达清楚时，其他图形可以简化或按小端画出，如图 6-46 所示。

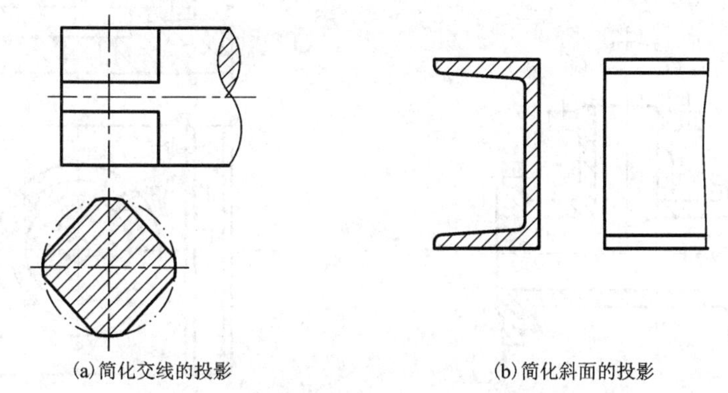

(a)简化交线的投影　　(b)简化斜面的投影

图 6-46　较小结构的简化画法

(2)在不致引起误解时，机件的小圆角、锐边小倒角或 45°倒角允许省略不画，但必须注明尺寸或在技术要求中加以说明，如图 6-47 所示。

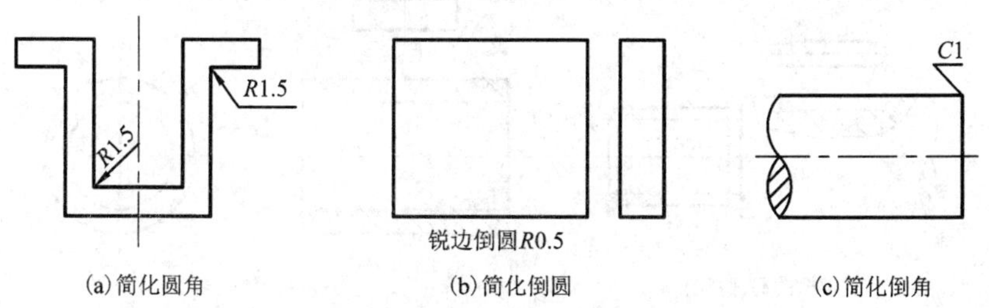

(a)简化圆角　　(b)简化倒圆　　(c)简化倒角

图 6-47　小圆角、小倒圆、小倒角的简化画法和注法

5. 其他简化画法

(1) 在不致引起误解时，图形中的相贯线、过渡线可以简化，如用圆弧或直线代替相贯线，如图 6－48 所示。

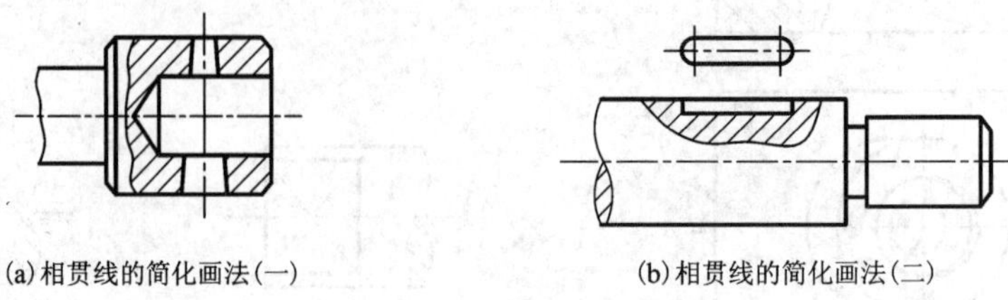

(a) 相贯线的简化画法（一）　　(b) 相贯线的简化画法（二）

图 6－48　相贯线的简化画法

(2) 圆柱形法兰和类似零件上沿圆周均匀分布的孔，可按图 6－49 绘制。

(3) 在剖视图中的剖面区域内可再作一次局部剖视。采用这种方法表达时，两个剖面区域的通用剖面线应同方向、同间隔，但要互相错开，并用引出线标注出其名称，如图 6－50 所示。

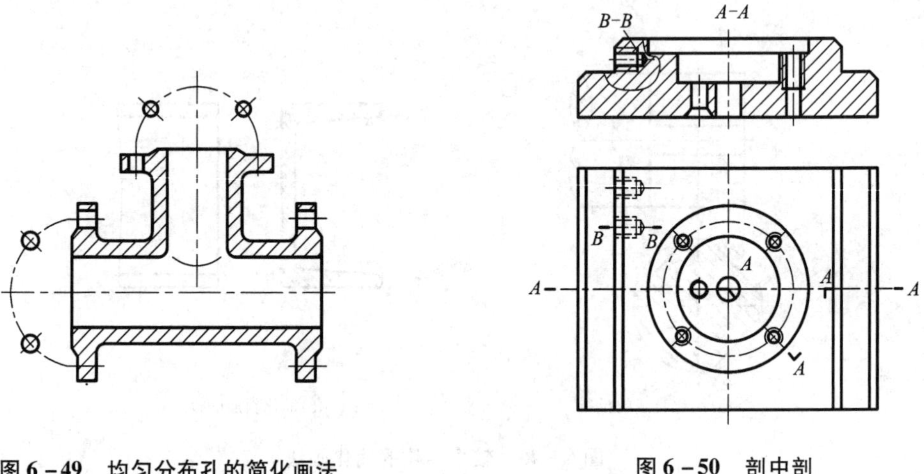

图 6－49　均匀分布孔的简化画法　　**图 6－50　剖中剖**

(4) 零件上对称结构的局部视图，可采用图 6－51 所示方法绘制。

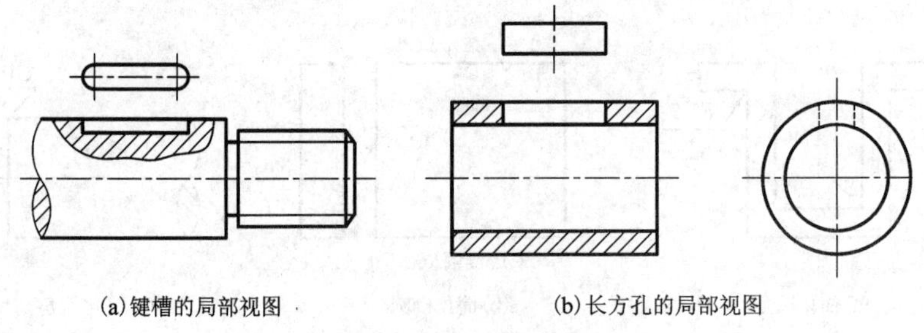

(a) 键槽的局部视图　　(b) 长方孔的局部视图

图 6－51　对称结构的局部视图画法

(5)在不致引起误解的情况下，剖面符号可省略，如图 6 – 52 所示。

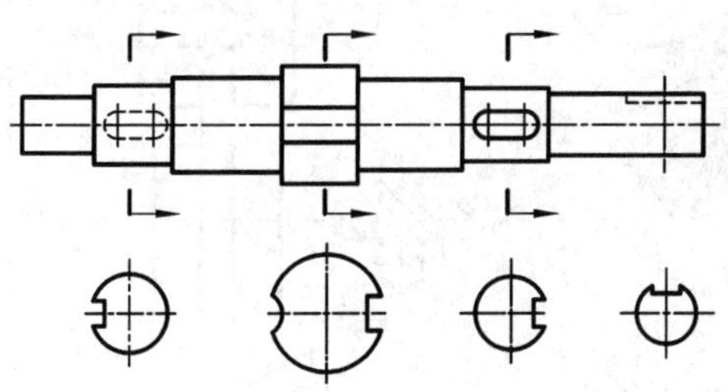

图 6 – 52　省略剖面符号

(6)较长的杆件(轴、杆、型材、连杆等)沿长度方向的形状一致或按一定规律变化时，允许断开后缩短绘制，断裂处以波浪线画出。机件中断后，图上的长度尺寸仍按机件的实际长度标注，如图 6 – 53 所示。

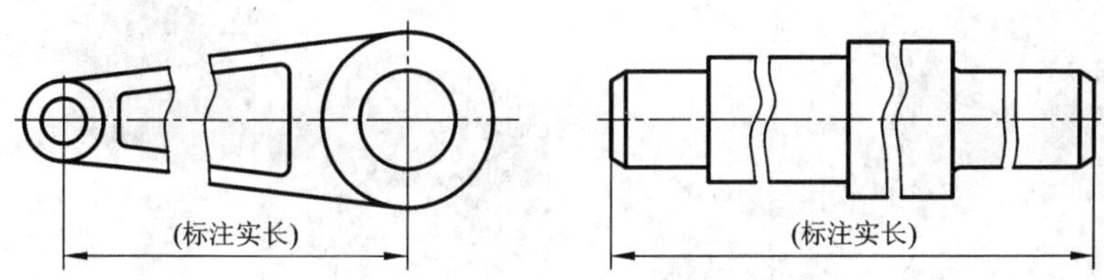

图 6 – 53　较长机件的折断画法

6.6　项目驱动——表达方法工程上的综合实例

机件的形状是多种多样的。在选择各种表达方法时，首先应考虑看图方便，根据机件的结构特点，在完整、清楚地表达机件结构形状的前提下，力求制图简便。这就是选用各种表达方法的原则。

实际绘图时，应在分析机件内外结构特点的基础上，根据其复杂程度选用合适的表达方法。可拟订几种表达方案，并经过分析比较，最后选择一个内容全面、表达完整清晰、作图简练的最佳表达方案。

例 6 – 1　试分析图 6 – 54 所示支架的表达方案。

分析：支架是由水平圆筒、倾斜底板和中间的十字形肋板三部分组成。为了表达支架的内、外形状，主视图采用了局部剖视图，这样既表达了三个组成部分的外部形状与相对位置，又表达了水平圆筒与倾斜底板上四个小孔的内部结构。为了表达水平圆筒与十字肋板的连接关系，在左视图的位置上采用了一个局部视图。为了表达倾斜底板的真形和小孔的分布情况，采用了一个 *A* 向斜视图。为了说明十字肋板的断面，采用了一个移出断面。这样，支架的内外结构便一目了然。

例 6 – 2　选择蜗轮箱体的表达方案。

分析：(1)该箱体是蜗轮减速箱中的一个主要零件，如图 6 – 55(a)所示。用形体分析的方法知该零件可视为由壳体、套筒、底板和肋板四个部分组成，如图 6 – 55(b)所示。

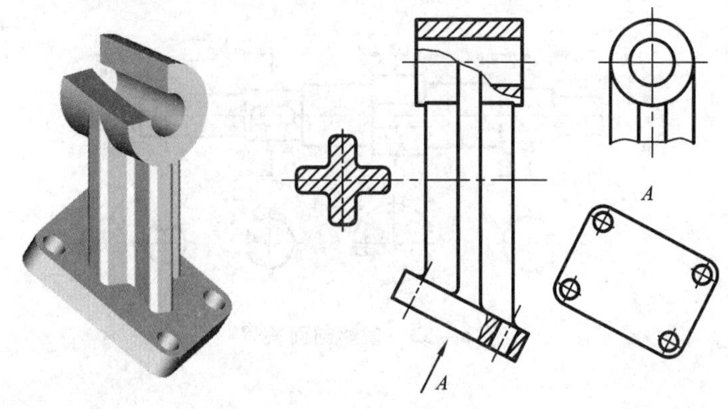

图 6－54　支架的表达方案

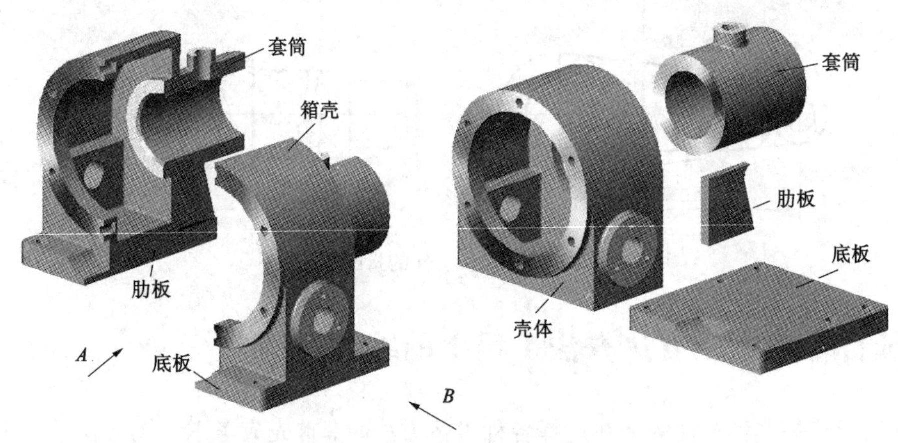

图 6－55　蜗轮箱体及其形体分析

(2)选择主视图。主视图是表达方案中最主要的，又是最关键的视图。主视图选择的好坏，直接影响表达方案的繁简程度以及表达的清晰性。所以，要注意选好主视图。主视图应突出反映机件内、外结构的形状特征和位置特征，并应尽量减少其他视图上的虚线和简化表达方案。为此，初步考虑蜗轮箱体主视图有 A、B 两个投射方向，如图 6－55 所示。选 A 作为主视图投射方向，能较好地反映该箱体的形状特征，但内部结构及其位置特征反映不够清楚。如果选 B 作为主视图投射方向，并采用全剖视则能较好地反映其内部结构。而其左视图就是 A 的投射方向形成的，所以又补充反映了其形状特征。经过分析比较，选 B 作为主视图投射方向较好，其主视图如图 6－56(a)所示。

(3)其他视图数量及表达方法选择。由图 6－55 得知，该箱体由四部分组成,除肋板外，其余部分所需视图数量如图 6－56 所示。

综合起来，最后确定蜗轮箱体的表达方案如图 6－57 所示。

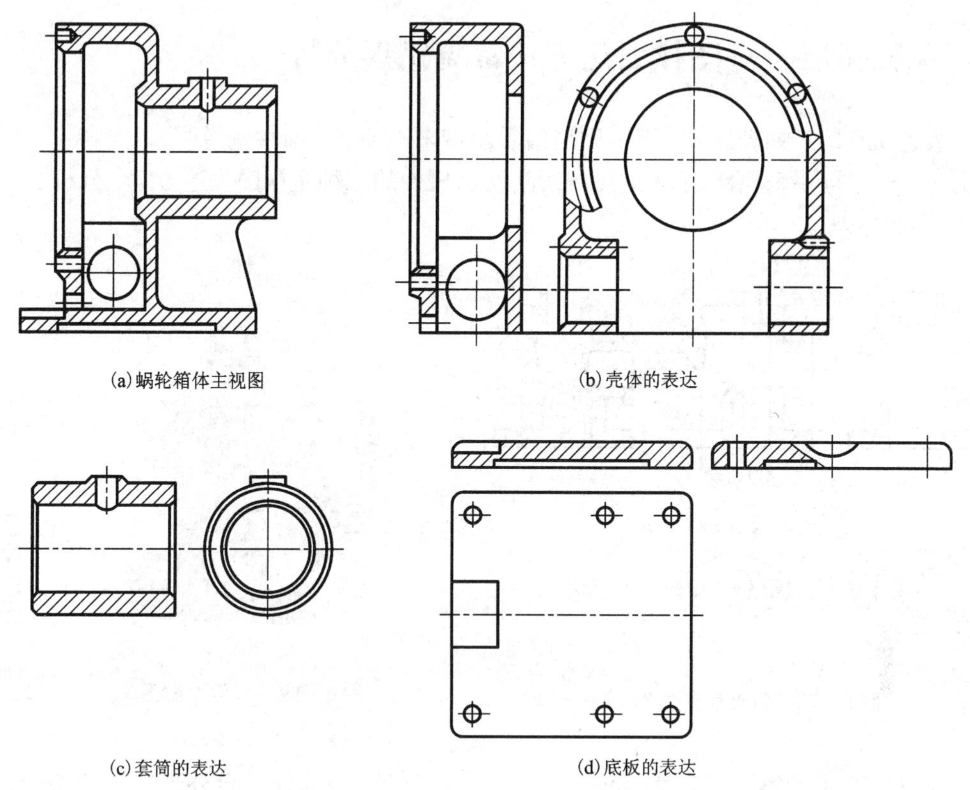

(a)蜗轮箱体主视图　(b)壳体的表达

(c)套筒的表达　(d)底板的表达

图 6－56　蜗轮箱主视图及其他形体的视图

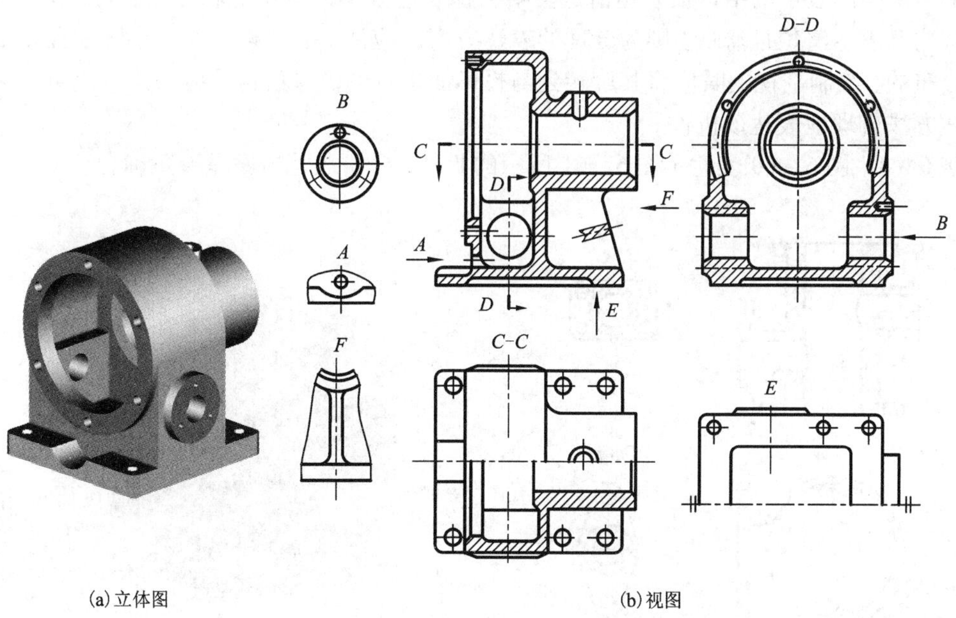

(a)立体图　(b)视图

图 6－57　蜗轮箱体的表达方案

6.7 课程拓展——图样表达方法常见错误分析

在表达机件时，如表达不合理，则会给看图带来不便，下面举例说明。

例 6-3 图 6-58 给出了表达图 6-59 所示机件的三种主视图表达方案，分析非合理性表达的原因。

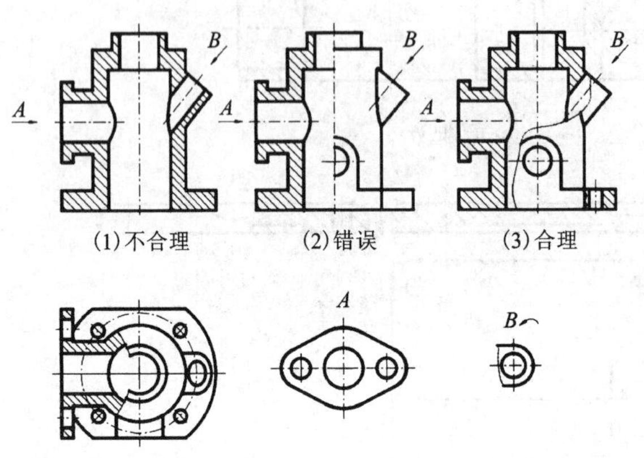

图 6-58 机件表达方案

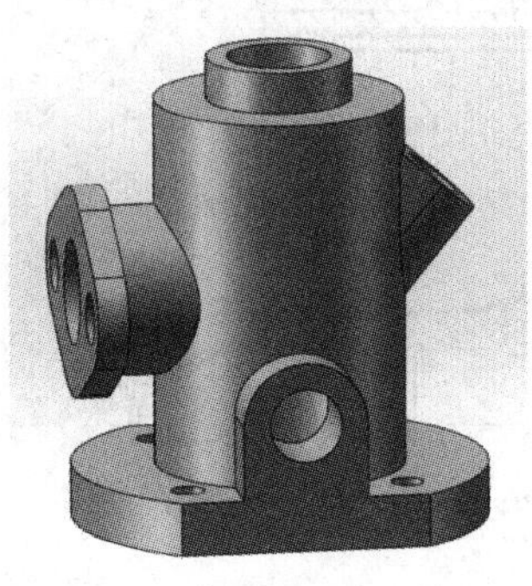

图 6-59 机件立体图

如图 6-58 中的第一种表达方案，主视图采用全剖，则前面凸台外形没表达清楚；第二种表达方案，主视图采用半剖，因机件左右结构不对称，则表达是错误的；此外，这两种方案底板上 4 个圆所表示的结构没表达清楚。第三种表达方案，主视图采用两个局部剖，机件内外结构均已表达清楚且清晰，则为合理的表达方案。应注意：底板上 4 个小圆柱孔是沿圆周均匀分布的，绘制剖视图时应将其旋转到与投影面平行的位置后再投射。读者也可以采用其他表达方法合理地表达该机件。

例 6-4 图 6-60 表达了图 6-61 所示的机件，分析表达方案是否正确合理。

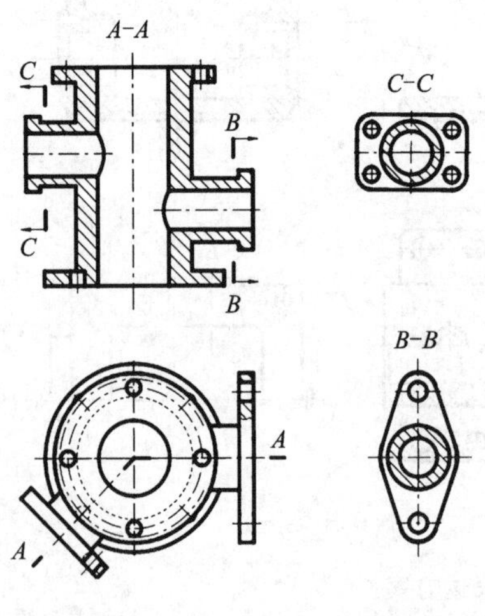

图 6-60 机件不合理表达方案

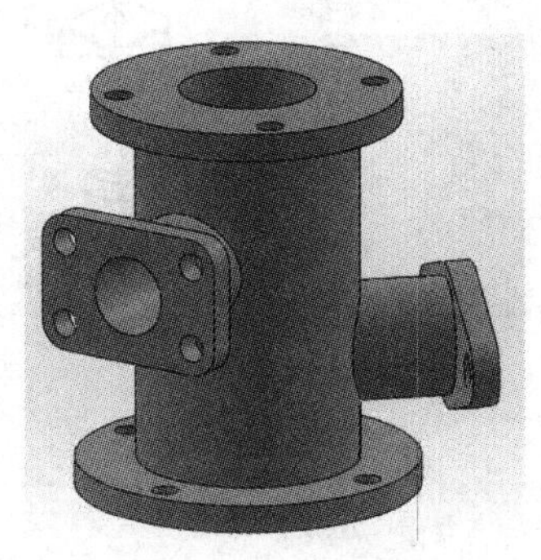

图 6-61 机件立体图

如图 6－60 所示，虽然该表达方案已经将机件表达完整，但某些地方表达不合理或不正确。

(1)俯视图上图线重叠太多，不够清晰，也不便于标注尺寸；

(2)当用两相交的剖切平面剖切机件时，应将投影面垂直面剖到的结构先旋转到与投影面平行的位置后再进行投影，而图中底板上小圆柱孔的投影没按旋转后的位置绘制；

(3)当用不平行于基本投影面的平面剖切机件时，剖切平面的位置应注在反映被剖切结构真实位置的视图上，此例中应注在俯视图上；

(4)$B-B$ 剖视图的剖切平面的位置应注在俯视图上，否则投影关系不正确。

图 6－62 给出了表达该机件的一种合理的表达方案，读者也可以采用其他合理的表达方案来表达该机件。

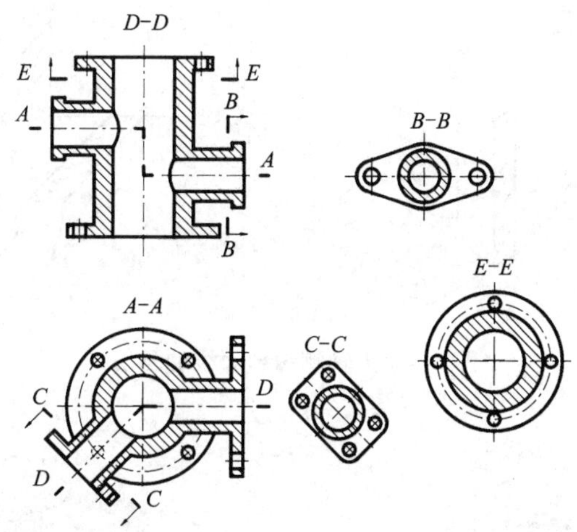

图 6－62　机件合理表达方案

6.8　剖视图的轴测表达

为表达内部结构，在轴测图中常用假想平面将物体剖开。

1. 画轴测剖视图的规定

(1)剖切平面应通过机件内部结构的主要轴线或对称平面且平行于坐标面。

(2)在剖切时，为避免破坏机件的外形，常采用两个相互垂直的剖切平面将机件切开。

(3)剖面线用细实线，剖面方向如图 6－63 所示。

(4)当剖切平面沿肋板的厚度方向剖切时，肋板不画剖面线，并用粗实线与相邻部分分开。

2. 轴测剖视图的画法

常用方法是先画出物体的完整轴测图，然后沿轴测方向用剖切平面切开，如图 6－64 所示。

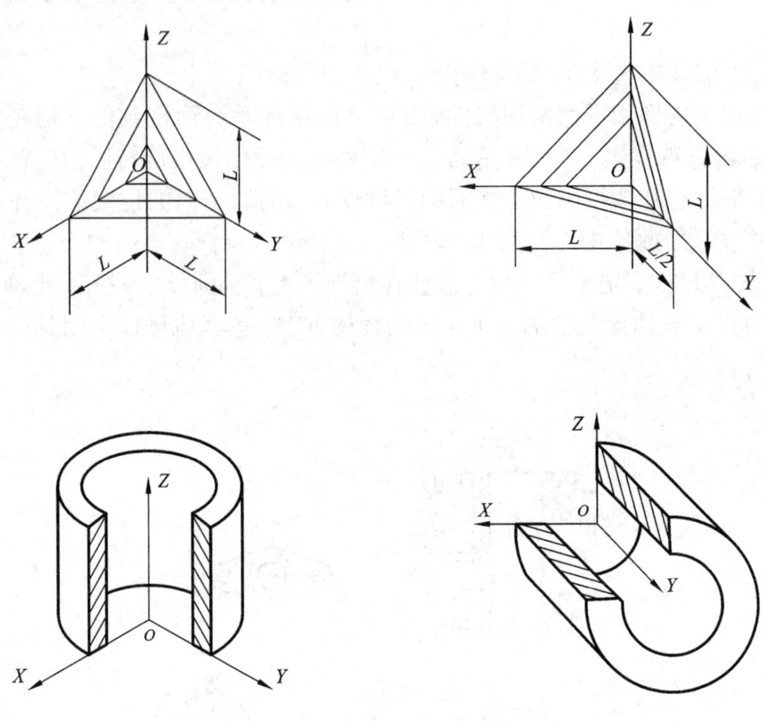

图 6-63　轴测图剖面线的画法

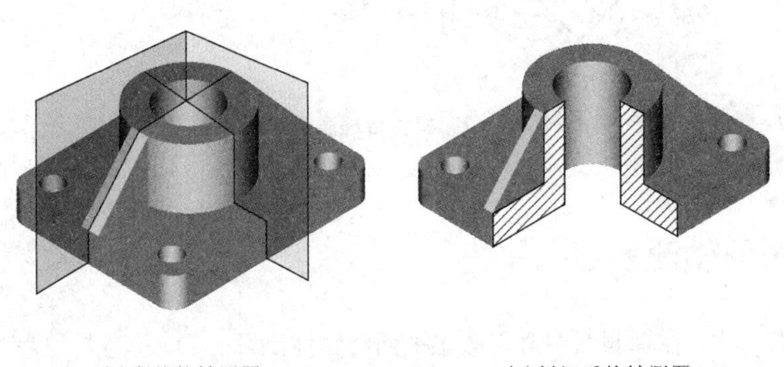

(a)完整的轴测图　　(b)剖切后的轴测图

图 6-64　正等轴测剖视图的画法

6.9　第三角画法简介

在工程图样中，世界各国都采用多面正投影法表达物体的结构形状。国际标准规定，在表达物体结构时，第一角和第三角画法同等有效。GB/T 14692—2008 中规定，我国采用第一角画法。但有些国家(如美国、日本)则采用第三角画法。为便于国际间的技术交流和发展国际贸易，我们应了解第三角画法。

1. 第一角、第三角画法的比较

如图6－65(a)所示，两个相互垂直的投影面，将空间分成四个分角Ⅰ、Ⅱ、Ⅲ、Ⅳ。

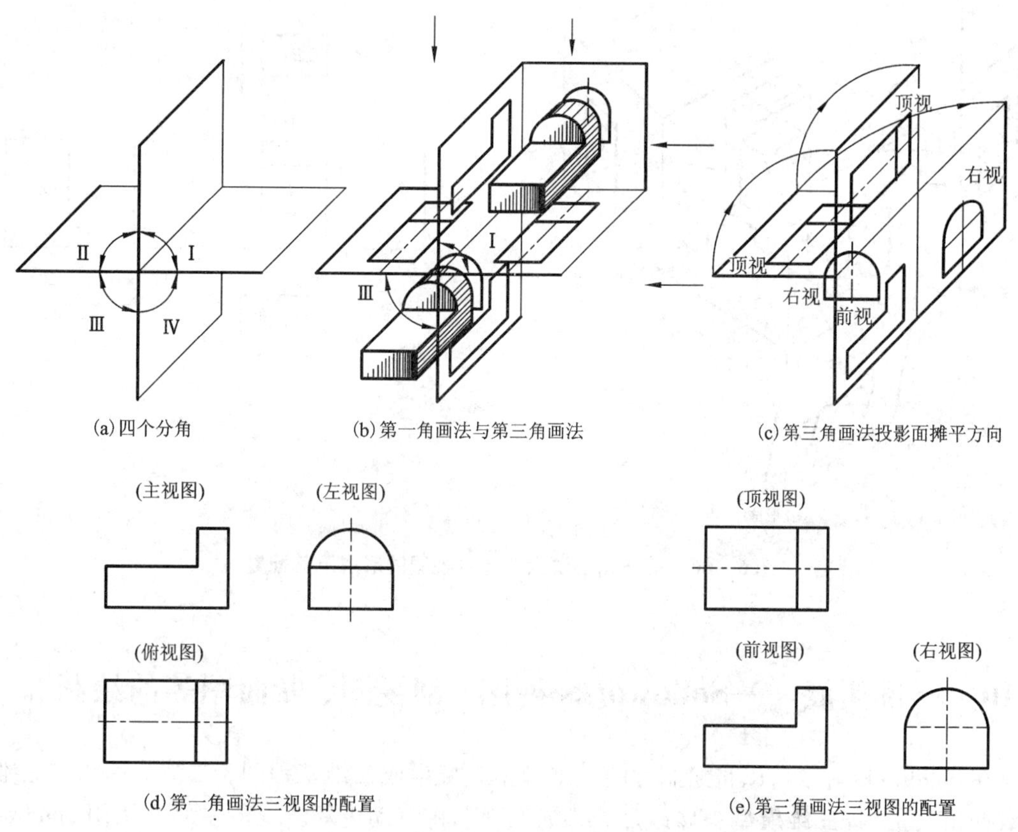

图6－65　第一角、第三角画法的比较

第一角画法是将物体放在第一角内进行投射，即物体(物)置于观察者(人)和投影面(面)之间进行投射，保持“人—物—面”的相对位置关系，如图6－65(b)、(d)所示。

第三角画法是将物体放在第三角内进行投射，假设投影面是透明的，即投影面置于观察者与物体之间进行投射，保持“人—面—物”的相对位置关系，如图6－65(b)、(c)、(e)所示。

2. 第三角画法基本视图的形成及其配置(GB/T 14692—2008)

第三角画法六个基本投影面的展开方法，如图6－66(a)所示。其各视图的位置配置是：前视图不动；顶视图放在前视图的上方；右视图放在前视图的右方；左视图放在前视图的左方；底视图放在前视图的下方；后视图放在右视图的右方，如图6－66(b)所示。

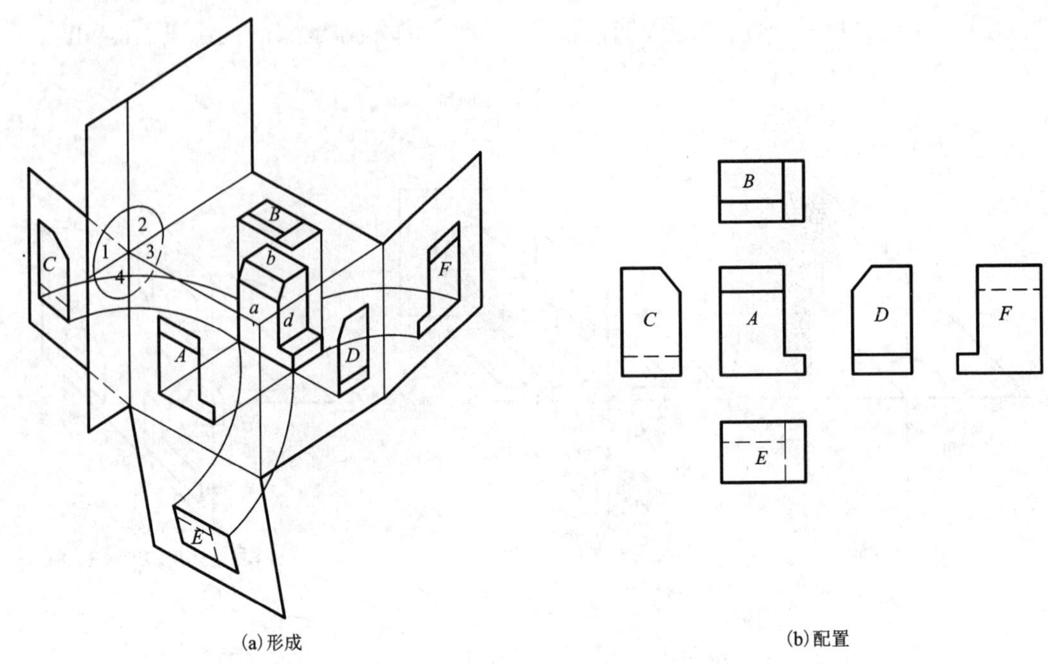

图 6-66　第三角画法六个基本视图的形成及其配置

6.10　三维拓展——Solidworks 视图、剖视图、断面图等的绘制

在 Solidworks 中，可以将绘制好的三维模型直接生成二维工程图，二维工程图与三维模型数据相关联，即三维模型被修改后，二维工程图将自动更新。本节主要介绍用 Solidworks 软件绘制视图、剖视图、断面图等的方法。

6.10.1　工程图的创建和基本设置

1. 创建工程图

单击【文件(F)】|【新建(N)】命令，在弹出的【新建 SOLIDWORKS 文件】对话框中单击【工程图】，或单击【高级】，选择工程图模板，单击【确定】按钮后进入工程图模式。

系统自动打开【模型视图】属性管理器，单击【浏览(B)】按钮，找到相应目录下已有的 *.SLDPRT 文件后，单击【打开】按钮，即可生成所需的工程图。

进入工程图模式后，还需进行相关的设置。

2. 设置图纸的属性

在生成新的工程图时，必须对图纸大小、绘图比例、投影类型等进行设置，这些可以通过设置图纸的属性来实现。图纸属性设置后，在绘制工程图的过程中，可随时对图纸属性中的选项进行修改。

在工程图设计树中，鼠标右键单击【图纸】，或者在图纸空白区域单击鼠标右键，弹出快捷菜单，选择【属性(K)】，弹出【图纸属性】对话框，如图 6－67 所示。

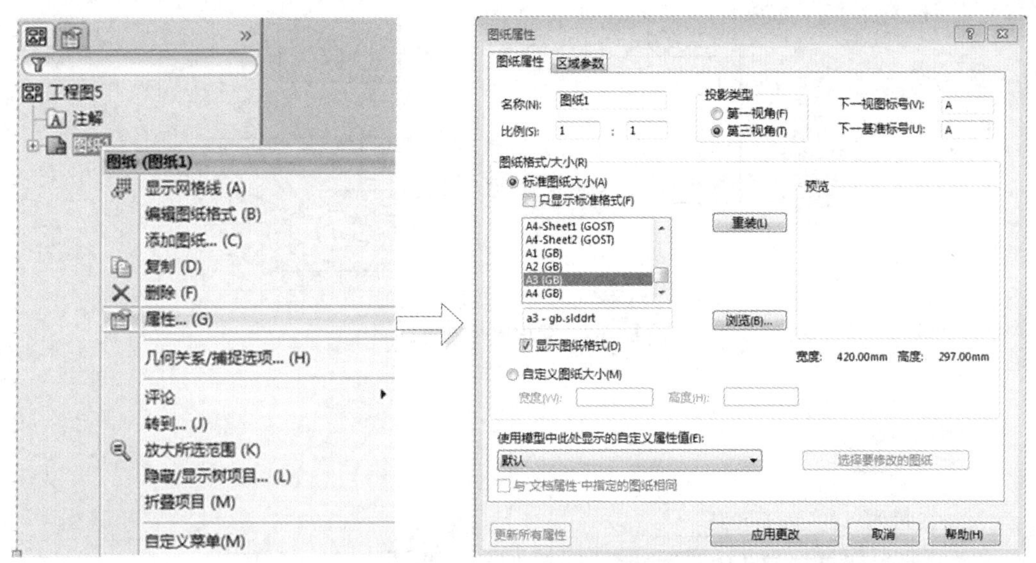

图 6－67　图纸属性设置

在图 6－67 所示的【图纸属性】对话框中，根据需要对绘图的【比例(S)】、【图纸格式/大小(R)】以及【投影类型】(国家标准采用第一视角投影)等进行设置。

3. 设置工程图环境

在工程图中，默认状态下的有些设置不符合国家标准，应对其进行修改，有些设置应根据需要进行调整，这些可以通过对系统选项进行设置来实现。

选择【工具(T)】|【选项(P)】命令，弹出【系统选项】对话框，单击【系统选项(S)】选项卡，可以对显示类型、区域剖面线、背景颜色等进行设置。单击【文档属性(D)】选项卡，可以分别对绘图标准、注解、尺寸、表格、单位、出详图等参数进行设置。通常需对尺寸、单位、线型某些选项进行设置。图 6－68 是尺寸中直径的设置情况。

如图 6－69 所示，有些应按照国家标准规定进行设置，如尺寸中【角度】数字应设置成水平书写，【单位】应设置成 MMGS(毫米、克、秒)。有些应根据需要进行设置，如【线型】中的可见边线应设置成 0.35 mm 以上，否则，图形输出后粗细线不分明。

4. 设置工程图模板

为了减少重复设置，节省绘图时间，可将已设置好的工程图另存为工程图模板，以便下次调用。

单击【文件(F)】|【另存为(A)】命令，在弹出的【另存为】对话框的【文件名(N)】文本框中输入模板的名称，如“A3”，在【保存类型(T)】下拉框中选择工程图模板(＊.drwdot)，单击【保存(S)】按钮即可。该工程图模板就会显示在已有的工程图模板中。

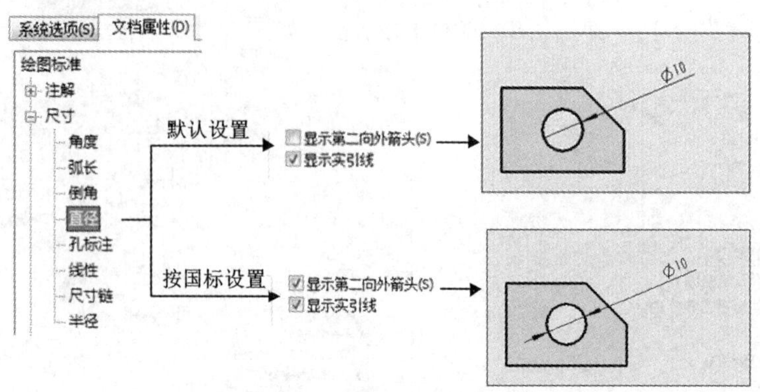

图 6-68　文档属性设置(一)

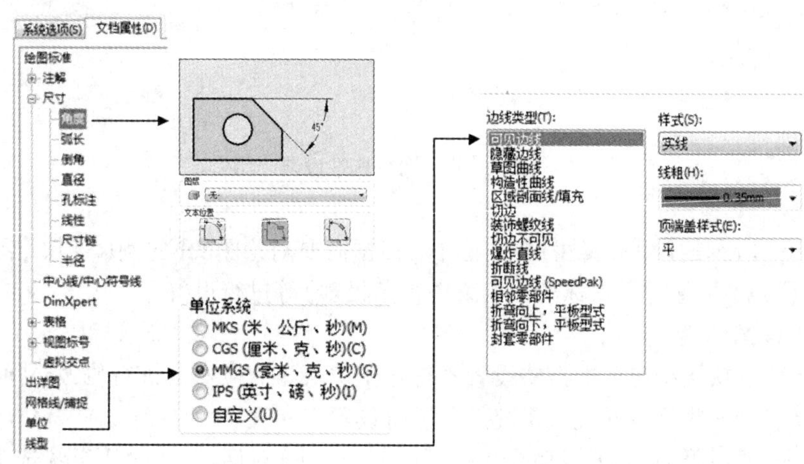

图 6-69　文档属性设置(二)

6.10.2　创建工程图视图

根据 6.10.1 创建工程图的步骤，可直接按图 6-70 所示视图布局中的【模型视图】命令生成各视图，如要生成其他视图可以通过以下两种方式来实现：

方式 1：从【视图布局】工具栏中选择相应按钮，如图 6-70 所示。

方式 2：从下拉菜单中选择。单击【插入(I)】|【工程图视图(V)】命令，展开【工程图视图】菜单，根据需要，选择相应命令生成工程图。

1. 创建基本视图和轴测图

(1)【标准三视图】。该命令可生成第一角投影的主视图、俯视图、左视图三个基本视图，或生成第三角投影的前视图、顶视图、右视图三个基本视图。

(2)【模型视图】。该命令按照指定的视图方向创建一个基本视图后，可根据该视图派生出不同投射方向的基本视图和轴测图。具体操作如下：

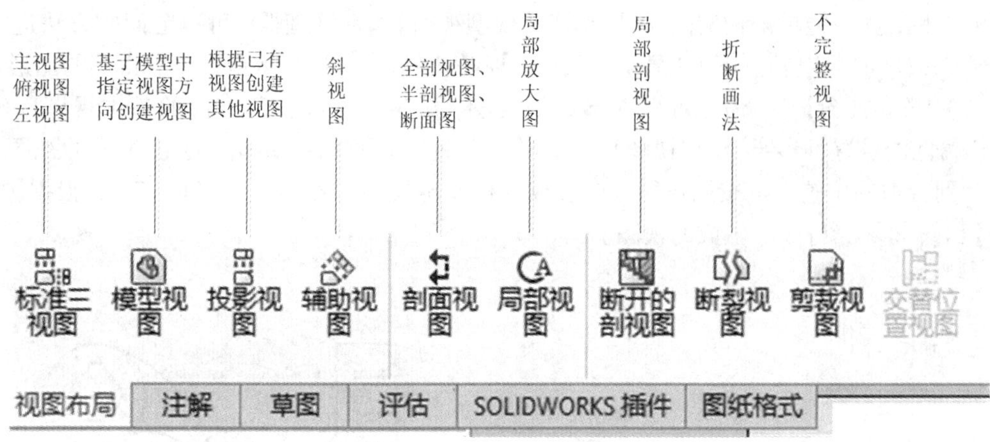

图 6－70　视图布局工具栏

单击【视图布局】工具栏中的【模型视图】按钮，在弹出的【模型视图】属性管理器中选择文件后，在展开的【模型视图】属性管理器中可以进行相关的设置(也可生成视图后再设置)。如图 6－71 所示，【方向(O)】选项可以选择视图的投射方向；【比例(A)】选项可以定义视图的比例，通常选择【使用图纸比例(E)】，如该比例不合适，则选用【自定义比例(C)】；【显示样式(S)】可以选择视图的显示形式。

在绘图区适当位置单击，生成图 6－71(a)所示主视图后，移动光标到合适的位置即可按

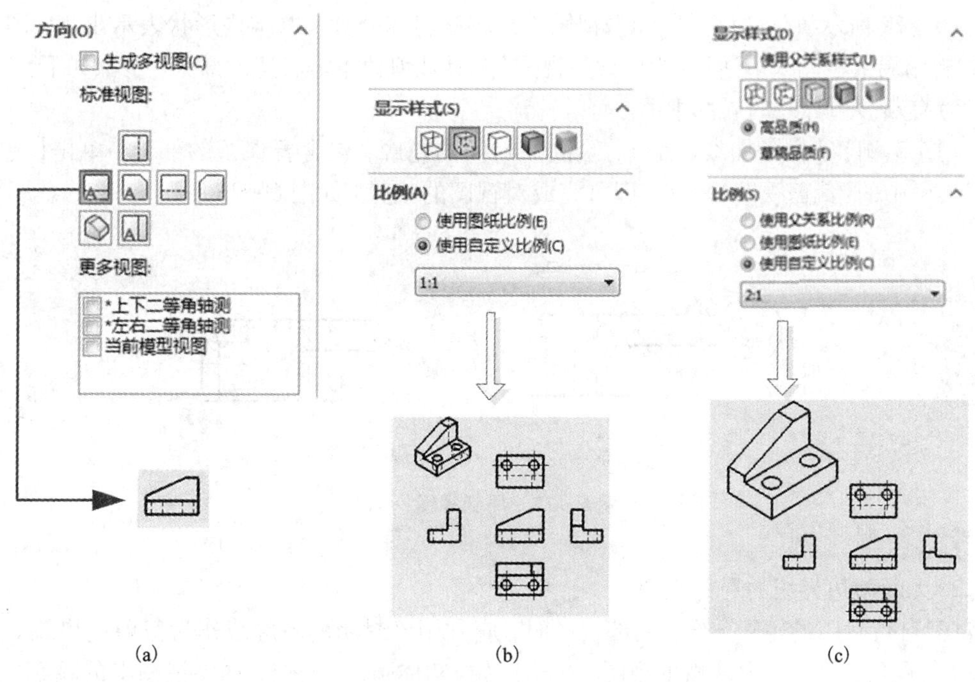

图 6－71　模型视图属性设置和视图的创建

照投射方向生成其他基本视图和轴测图，如图 6－71(b)所示。视图生成后可单独修改某个视图的属性，如左键单击轴测图，则会出现【模型视图】属性管理器，可按上面的方法进行设置，图 6－71(c)是对轴测图的【显示样式(S)】和【比例(A)】进行重新设置后得到的图形。

(3)【投影视图】。该命令可根据选定的视图，派生出不同投射方向的基本视图和轴测图，其属性的设置可参照【模型视图】。选择【投影视图】命令后，单击某个已生成的视图，移动光标到合适的位置即可按照投射方向生成其他基本视图和轴测图。图 6－72 是根据【模型视图】和【投影视图】命令生成的视图。

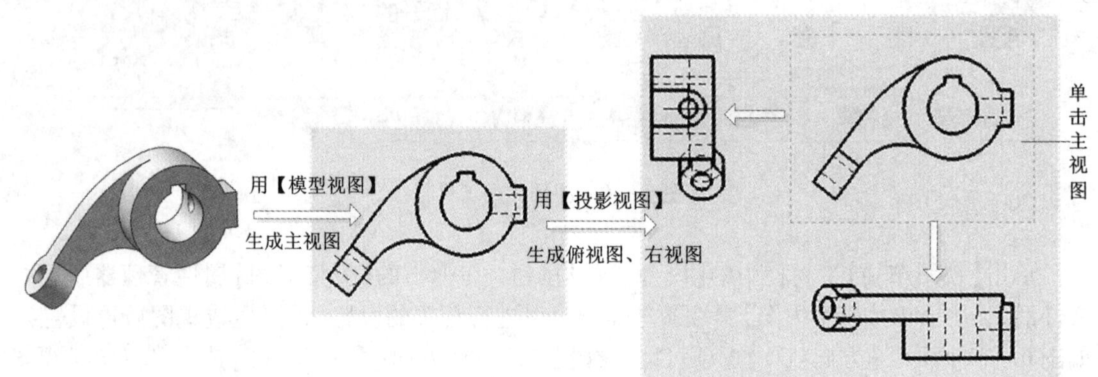

图 6－72　模型视图和投影视图的创建

2. 创建局部视图

图 6－72 所示机件的俯视图和右视图不能将倾斜部分真实的结构形状表示出来，图样不清晰，要用局部视图来表达，可用【裁剪视图】工具裁剪掉不需表达的部分。步骤如下：

(1)有断裂边界线的局部视图。

单击【草图】|【样条曲线】命令，绘制一封闭的轮廓，包含要保留的部分，单击【视图布局】工具栏中的【裁剪视图】按钮，即可完成对视图的裁剪，如图 6－73 所示。

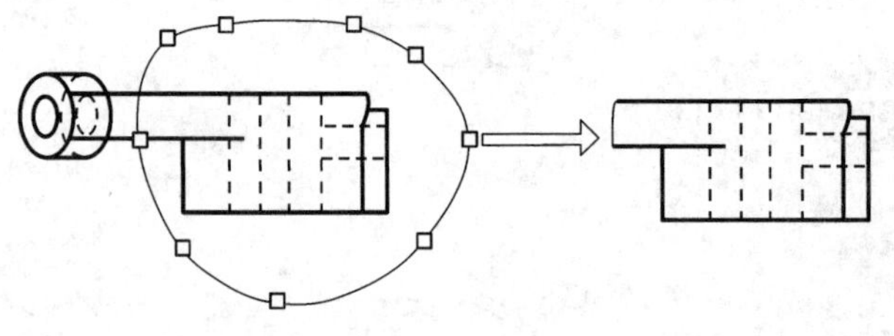

图 6－73　局部视图(一)

(2)无断裂边界线的局部视图。

对于自行封闭的轮廓，绘制局部视图时，应利用该封闭的轮廓线作为裁剪边界线。单击【草图】工具栏，再单击要裁剪的视图，单击【转换实体引用】按钮，选中视图上的轮廓线，单击✓(确定)按钮后用【草图】工具栏的【裁剪实体(T)】命令，裁剪掉多余的线(如有多余线)，使其成为封闭轮廓。按住 Ctrl 键，选中已生成的封闭轮廓线，再单击【视图布局】工具栏中的

【裁剪视图】按钮，结果如图 6－74 所示。裁剪后的视图有的轮廓线会变成细实线，可用【草图】工具栏中的相应命令绘制粗实线，如图 6－74 所示。

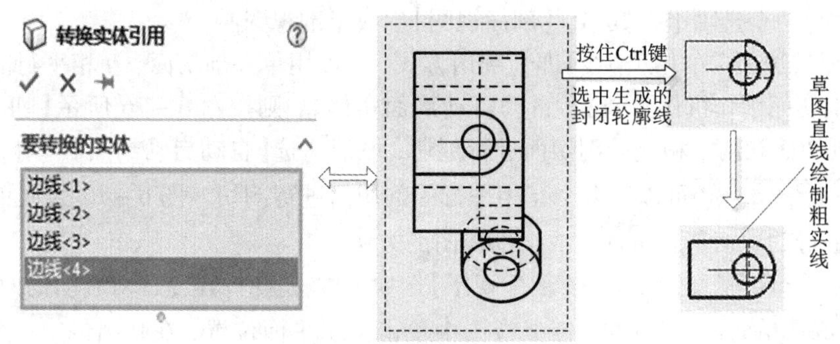

图 6－74　局部视图(二)

3. 创建斜视图

利用【辅助视图】命令可生成斜视图，它是垂直现有视图的一条参考边线(斜线)生成的视图。单击【辅助视图】，弹出【辅助视图】属性管理器，在父视图上单击参考边线，移动光标到适当位置，单击放置。图 6－72 所示机件左边圆柱体的形状以及与连接板的相对位置要用斜视图才能表示清楚，按上面方法生成的斜视图如图 6－75(a)所示。该斜视图右边部分的结构不清晰，且已在局部视图上表达清楚，故用裁剪视图将其进行裁剪，最后得到的斜视图如图 6－75(b)所示。

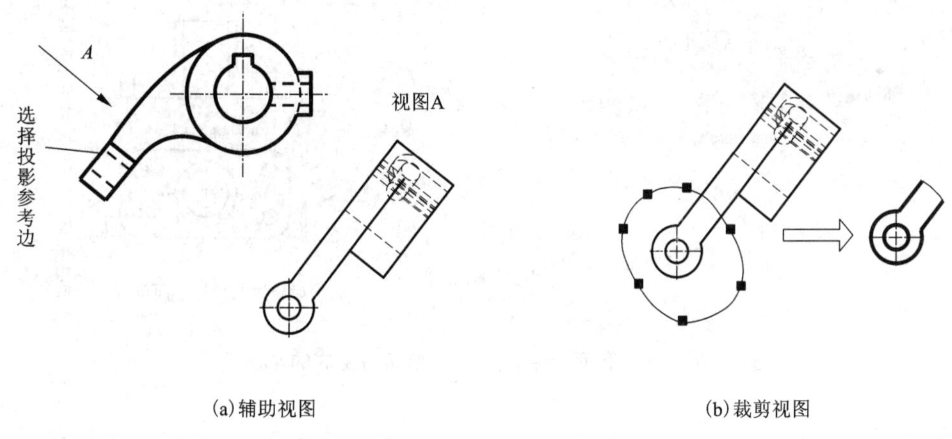

(a)辅助视图　　(b)裁剪视图

图 6－75　斜视图

4. 创建剖视图和断面图

在 Solidworks 工程图中，利用【剖面视图】命令，可以生成全剖视图、半剖视图和断面图。【剖面视图】需要在父视图上定义剖切面，属于派生视图。删除父视图，所生成的剖视图也会随之删除。

(1)全剖视图。

单击【视图布局】工具栏中的【剖面视图】按钮，或单击【插入(I)】|【工程图视图(V)】|【剖面视图(S)】，系统弹出【剖面视图辅助】属性管理器，如图 6－76 所示。它包含【剖面视图】和【半剖面】两个选项卡。其中，【剖面视图】生成全剖视图。

【剖面视图】选项卡的【切割线】即为剖切方式，可以用单一剖切面、互相平行的剖切面和互相相交的剖切面剖切机件。勾选【自动启动剖面实体】，则按图 6－76 所示【切割线】的方向，用单一剖切面和两个相交的剖切面进行剖切；取消勾选【自动启动剖面实体】，结合弹出的快捷菜单可以用多个互相平行的剖切面进行剖切。图 6－76 为用单一平行剖切面和两个平行剖切面剖切机件生成全剖视图的方法。

①用单一平行剖切面剖切。在【剖面视图】选项卡中，取消勾选【自动启动剖面实体】，选择(水平)或(垂直)切割线，在父视图中单击剖切平面位置，在弹出的快捷菜单中单击(确定)按钮，将光标移至适当位置单击，确定剖视图的放置位置，用单一平行剖切面剖切，生成全剖视图。

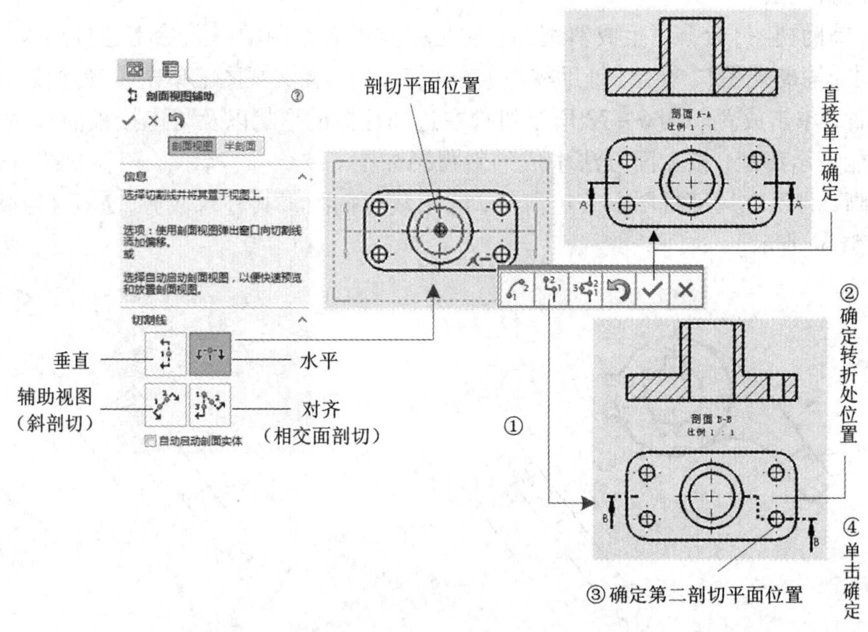

图 6－76 单一和两个平行剖切面剖切后生成的全剖视图

②用几个平行剖切面剖切(阶梯剖)。在上述弹出的快捷菜单中单击(单偏移)按钮，在父视图的适当位置单击，确定转折处的位置，再选择第二个剖切平面的位置，单击后确定剖视图的放置位置，用两个平行的剖切面剖切，生成全剖视图。确定第二个剖切平面后，如再单击按钮，重复上述步骤，可以用两个以上的平行剖切面进行剖切。

③用相交剖切面剖切(旋转剖)。在【剖面视图】选项卡中，选择(对齐)切割线，在父视图中顺序绘制两条共端点的折线，以确定剖切平面的位置。将光标移至适当位置单击，确定剖视图的放置位置，用两相交剖切面剖切，生成旋转剖的全剖视图，如图 6－77 所示。在

要求确定剖视图的放置位置时，会弹出图6－77所示的【剖面视图X－X】(“X”表示剖视图的名称)属性管理器，在【切割线(L)】区域，可对投射方向和剖视图的名称进行设置。

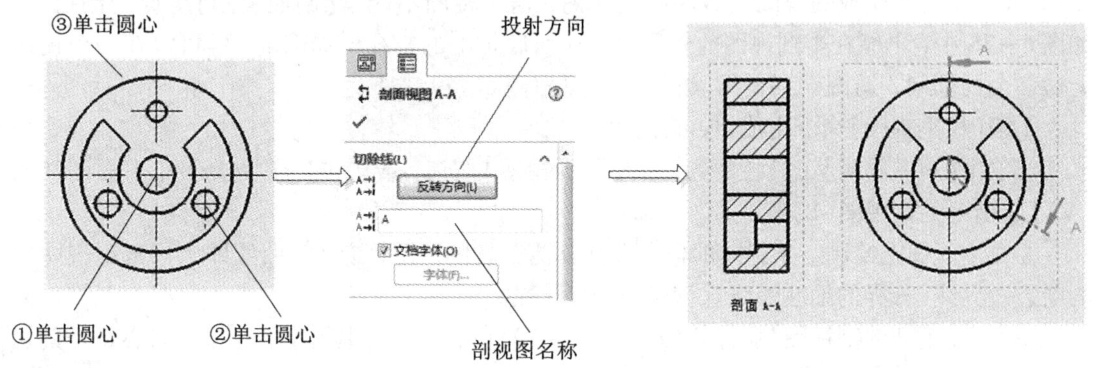

图6－77　两个相交剖切面剖切后生成的全剖视图

④用斜剖切面剖切(剖切面倾斜于任何基本投影面)。在【剖面视图】选项卡中，选择(辅助视图)切割线，在父视图中确定两点，以确定剖切平面的位置，将光标移至适当位置单击，确定剖视图的放置位置即可。

(2)半剖视图。

单击【视图布局】工具栏中的【剖面视图】按钮，或单击【插入(I)】|【工程图视图(V)】|【剖面视图(S)】，系统弹出【剖面视图辅助】属性管理器。选择【半剖面】选项卡，如图6－78所示。

在【半剖面】选项卡中，选择切割线的切割位置和剖视图的投射方向按钮(如)，再在父视图中单击，确定切割线的放置位置，将光标移至适当位置单击，确定剖视图的放置位置，生成半剖视图。如机件中有筋特征，在确定了切割线的放置位置后，会弹出【剖面范围】对话框(图6－78)，选择用【筋】特征命令创建的筋板后单击【确定】按钮，则按国家标准的规定画法绘制，筋板内不画剖面线，而用粗实线将其与相邻的部分分开。注意：不能选择用【镜像】命令生成的筋特征，否则，会使得被镜像的筋特征投影缺失，如图6－78所示。

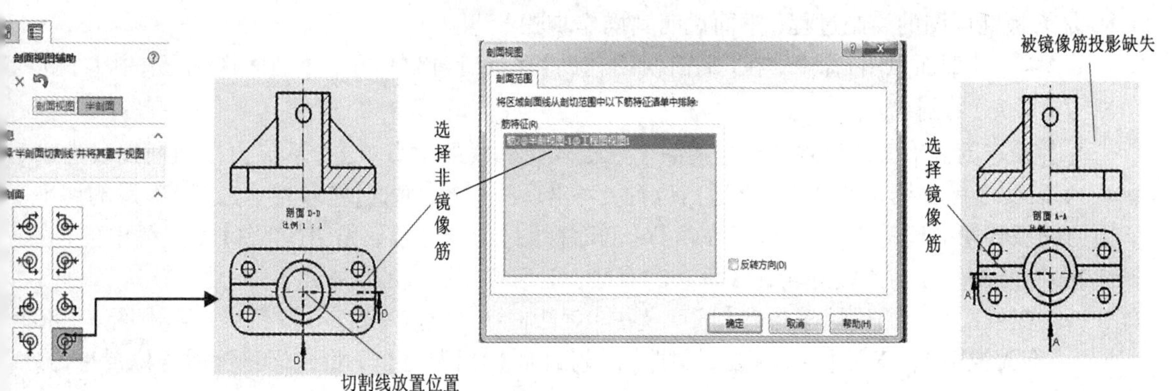

图6－78　半剖视图

(3)局部剖视图。

在 Solidworks 工程图中，利用【断开的剖视图】命令，可以生成局部剖视图。【断开的剖视图】是在一个已经生成的视图上做局部剖视图，这个视图不能是【剖面视图】生成的剖视图。如图 6－78 中，不能在半剖视图的外形图一侧对底板上的小孔做局部剖，但可以在一个视图上做多个局部剖。对图 6－78 所示的机件，可按图 6－79 来表达，具体操作如下：

①用【模型视图】命令生成主、俯视图。

②单击【视图布局】工具栏中的【断开的剖视图】按钮，或单击【插入(I)】|【工程图视图(V)】|【断开的剖视图(B)】。

③在主视图上绘制一条封闭的样条曲线作为剖切的范围，该样条曲线即为局部剖视图中的断裂边界线(分界的细波浪线)，应符合国家标准。

④弹出【断开的剖视图】属性管理器(图 6－79)后，选取俯视图中的小圆，圆心就是剖切平面的位置，单击✓按钮，完成局部剖视图的绘制。

⑤用【剖面视图】选项卡中的“垂直”切割线方式生成全剖的左视图(图 6－79)。

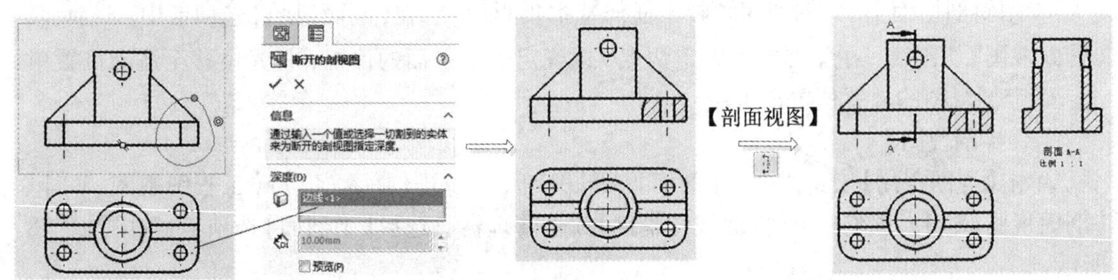

图 6－79　局部剖视图

(4)断面图。

在 Solidworks 工程图中，利用【剖面视图】命令，勾选【横截剖面(C)】复选框，可以生成断面图。如图 6－79 所示机件，采用主、俯、左三个视图表达后，筋板断面形状尚不清楚，故可用断面图来表达。要表示出筋板断面的实形，剖切平面应垂直于筋板的外轮廓线。图 6－80 是筋板断面图的绘制过程，下面说明其操作步骤：

①单击【剖面视图】命令，在【剖面视图辅助】属性管理器中单击【剖面视图】选项卡，选取(对齐)切割线。

②确定剖切平面的位置。在主视图上筋板外轮廓线的中点单击(系统会自动捕捉线的中点)，以便于做垂线。移动光标至适当位置，当出现约束的【垂直】符号时单击(以确保剖切平面与筋板外轮廓线垂直)。也可以在执行【剖面视图】命令之前，先用【草图】工具栏中的【直线】命令绘制一条与筋板外轮廓线垂直的直线，然后捕捉该线的两端点。

③在依次弹出的快捷菜单和【剖面范围】对话框中均单击【确定】按钮后，弹出图 6－80 所示【剖面视图 X－X】属性管理器，勾选【横截剖面(C)】复选框，将光标移至适当位置单击，确定剖视图的放置位置。

④用【裁剪视图】裁剪掉多余的部分，解除断面图与父视图的对齐关系，将断面图移至适当的位置，删除断面图的名称，如图 6－80 所示。

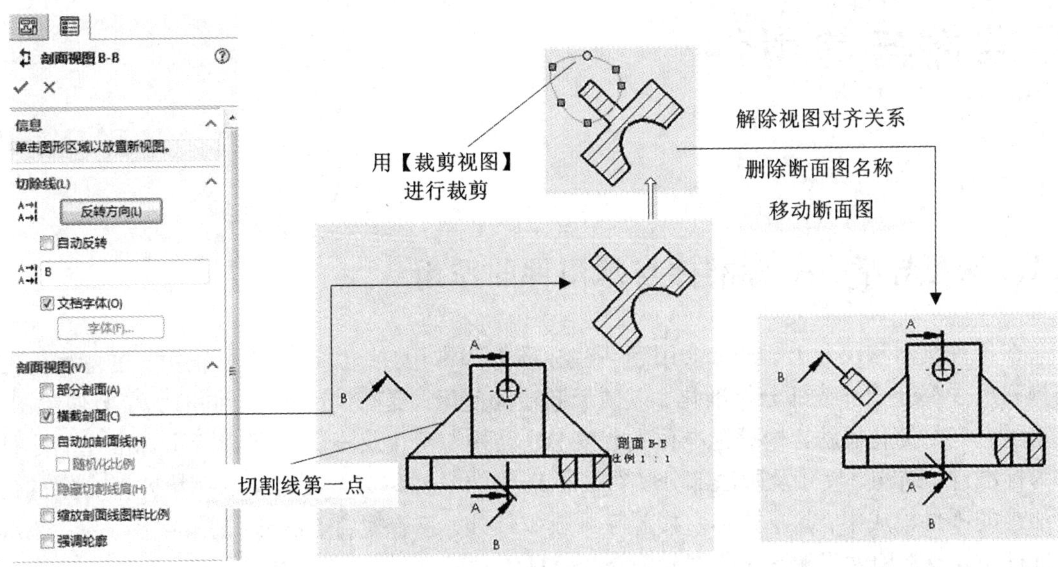

图 6 – 80　断面图

解题技巧：剖视图画法

1. 剖视图作图训练：《工程制图习题集》第 84 页 6 – 9

［全剖、半剖作图案例］

2. 剖视图作图训练：《工程制图习题集》第 87 页 6 – 12(2)

［半剖作图案例］

第7章
标准件与常用件

7.1 课程导学——标准件与常用件的作用

在各种机器和仪器上，经常会用到一些标准件和常用件。由于使用量很大，这些零件的结构和尺寸都已全部或部分标准化，以便于制造和使用，提高设计效率；同时为了方便绘图，规定了它们的简化画法。根据标准化的程度分：结构、尺寸及画法全部实行了标准化的零件称为标准件；结构、尺寸及画法部分实行了标准化的零件称为常用件。如在第8章介绍的齿轮油泵的零件构成中，除了泵体、泵盖等一般零件外，还有螺钉、螺母、键、垫圈、键、销等标准件，以及常用件齿轮。本章将分别介绍这些零件的结构、画法和标注方法。

7.2 螺纹及其螺纹紧固件

[标准件与常用件举例]

7.2.1 螺纹

1. 螺纹的形成和结构

螺纹是在圆柱或者圆锥表面上沿着螺旋线所形成的、具有相同轴向剖面的连续凸起和沟槽。在圆柱（或圆锥）外表面上所形成的螺纹称为外螺纹；在圆柱（或圆锥）内表面上所形成的螺纹称为内螺纹。

形成螺纹的加工方法有很多，如图7-1所示。在车床上车削螺纹，是常见的形成螺纹的一

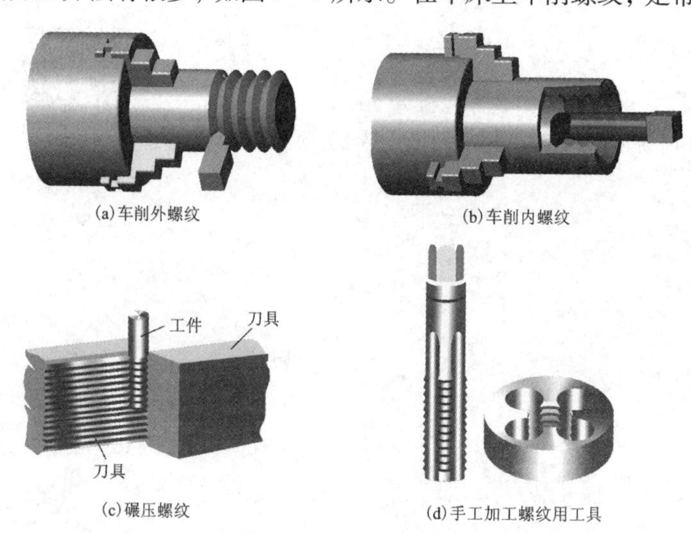

图7-1 螺纹的加工方法

种方法。如图 7-1(a)、(b)所示，将工件安装在与车床主轴相连的卡盘上，使它与主轴作等速旋转，同时使车刀沿轴线方向作等速移动，当刀尖切入工件达一定深度时，就在工件的表面上车削出螺纹。此外，螺纹还可以利用碾压成形和手工加工的方法制造，如图 7-1(c)、(d)所示。

螺纹的表面可分为凸起和沟槽两部分。凸起部分的顶端称为牙顶，沟槽部分的底部称为牙底。

为了防止螺纹端部损坏和便于安装，通常在螺纹的起始处做成倒角或倒圆，如图 7-2 所示。

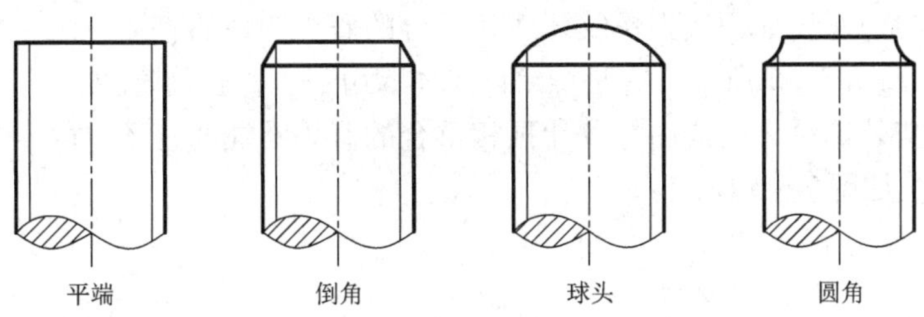

图 7-2 螺纹的端部

当车削螺纹的刀具快到达螺纹终止处时，要逐渐离开工件，因而螺纹终止处附近的牙型将逐渐变浅，形成不完整的螺纹牙型，这一段螺纹称为螺尾[图 7-3(a)]。

为了避免出现螺尾，可在螺纹终止处先车削出一个槽，以便于刀具退出，这个槽称为螺纹退刀槽[图 7-3(b)]。

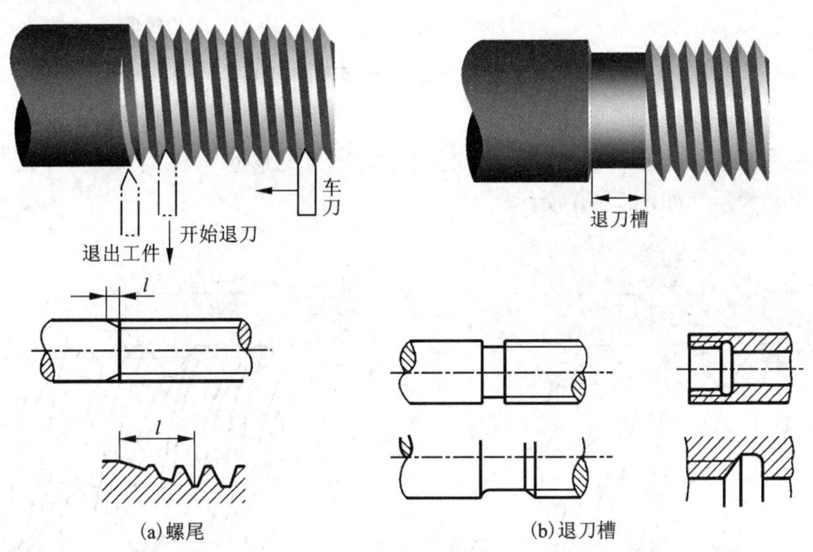

图 7-3 螺尾和退刀槽

2. 螺纹的要素

内、外螺纹总是成对地使用，只有当下列要素相同时，内、外螺纹才能旋合在一起。

(1)牙型。螺纹轴向剖面的轮廓形状称为螺纹的牙型。它有三角形、梯形、锯齿形、矩形等(图 7-4)。

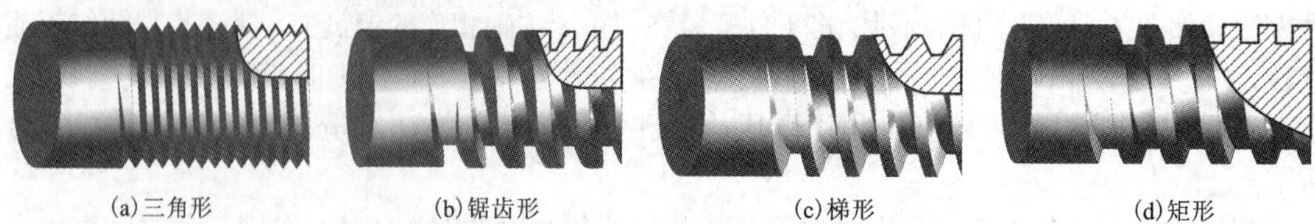

图 7－4　螺纹牙型

(2)螺纹直径。螺纹直径有大径、中径、小径之分。

①大径。指与外螺纹牙顶或内螺纹牙底相重合的假想圆柱的直径。内、外螺纹的大径分别用 D、d 表示，如图 7－5 所示。它是螺纹的基本尺寸，也称公称直径。

②小径。指与外螺纹牙底或内螺纹牙顶相重合的假想圆柱的直径。内、外螺纹的小径分别用 D_1、d_1 表示，如图 7－5 所示。

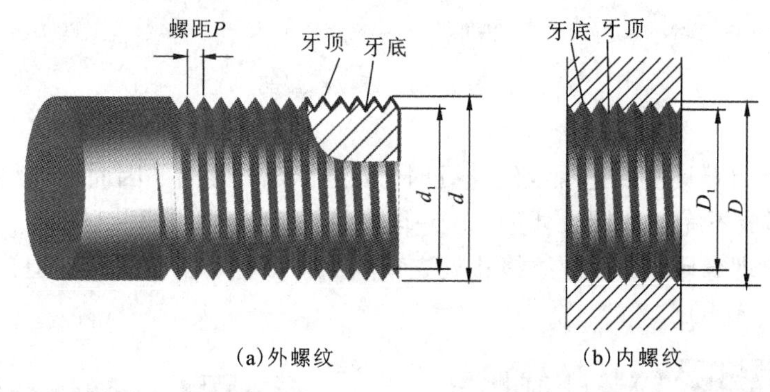

图 7－5　螺纹的大径和小径

③中径。通过牙型沟槽和凸起部分宽度相等的地方的假想圆柱的直径。内、外螺纹的中径分别用 D_2、d_2 表示，如图 7－6 所示。

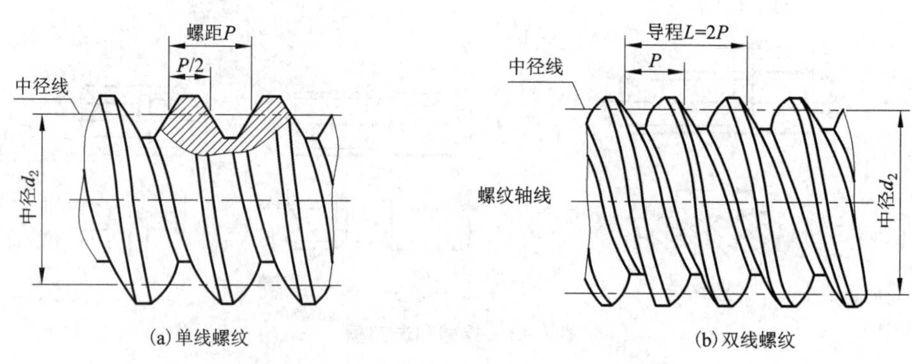

图 7－6　螺纹的中径、螺距、导程、线数

(3)线数。形成螺纹的螺旋线个数。

沿一条螺旋线形成的螺纹称为单线螺纹[图 7－6(a)]。

沿两条或两条以上，在轴向等距分布的螺旋线形成的螺纹称为双线或多线螺纹[图 7－6(b)]。

(4)螺距和导程。螺纹上相邻两牙的对应点在中径线上的轴向距离称为螺距，用 P 表示。在同一条螺旋线上，相邻两牙在中径线上的轴向距离称为导程，用 L 表示。如图 7－6 所示，导程与螺距的关系为：$L=n \cdot P$。

(5)旋向。螺纹旋进的方向称为旋向。按顺时针方向旋进的螺纹称为右旋螺纹；按逆时针方向旋进的螺纹称为左旋螺纹。判断右旋螺纹和左旋螺纹的方法如图 7－7 所示。

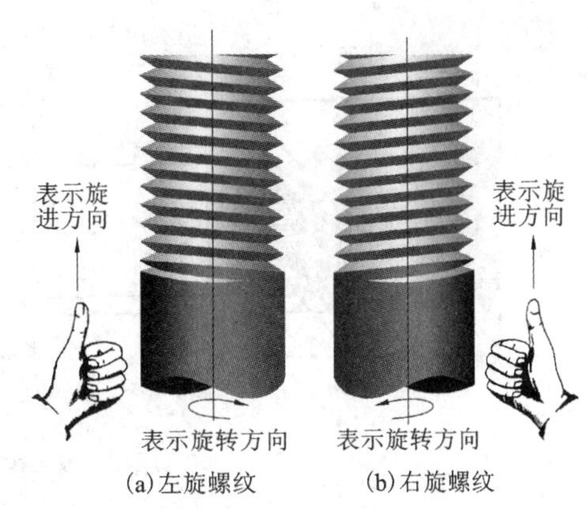

(a)左旋螺纹　(b)右旋螺纹

图 7－7　螺纹的旋向

3. 螺纹的规定画法

螺纹的真实投影比较复杂，实际上没有必要将其投影如实画出，为简化绘图，国家标准(GB/T 4459.1—1995)制定了螺纹的规定画法。

(1)外螺纹。

在平行于螺纹轴线的视图中，螺纹的大径用粗实线表示，小径用细实线表示，螺纹终止线用粗实线表示。当端部画出了倒角或倒圆时，应将细实线画到倒角或倒圆区域内。

在垂直于螺纹轴线的视图中，大径画粗实线圆，小径画约 3/4 圈的细实线圆，倒角的投影省略不画。具体画法如图 7－8 所示。

[外螺纹画法案例]

图 7－8　外螺纹的规定画法

(2)内螺纹。

在平行于螺纹轴线的视图中，内螺纹常采用剖视表达。在剖视图中，螺纹的小径用粗实线表示，大径用细实线表示，剖面线应画到螺纹牙顶的粗实线处，螺纹终止线用粗实线表示。

在垂直于螺纹轴线的视图中，小径画粗实线圆，大径画约 3/4 圈的细实线圆，倒角的投影省略不画。具体画法如图 7－9 所示。

(3)内、外螺纹的连接画法。

内外螺纹连接时常采用剖视画法，其旋合部分按外螺纹的画法绘制，其余部分按各自的画法绘制。当采用剖视表达螺纹时，不管是外螺纹，还是内螺纹，剖面线均应画到粗实线处，如图 7－10 所示。

因为只有牙型、大径、小径、螺距及旋向都相同的螺纹才能旋合在一起，所以在剖视图上，代表外螺纹牙顶的粗实线，必须与代表内螺纹牙底的细实线在一条直线上；表示外螺纹牙底的细实线，必须与代表内螺纹牙顶的粗实线在一条直线上。

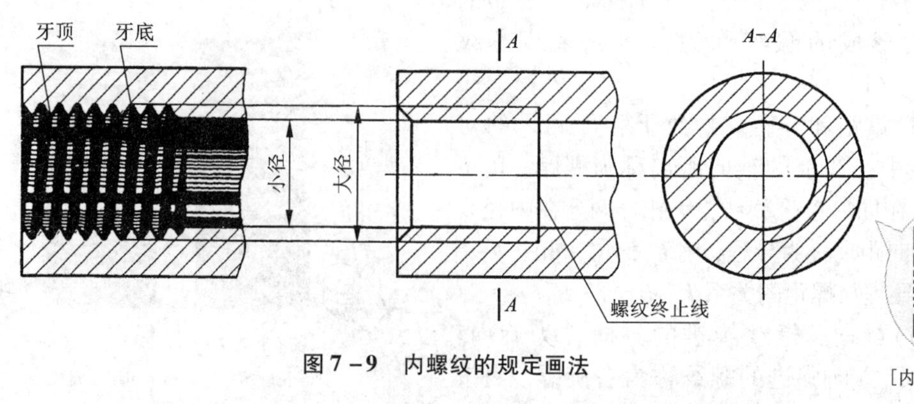

图 7 – 9　内螺纹的规定画法

[内螺纹画法案例

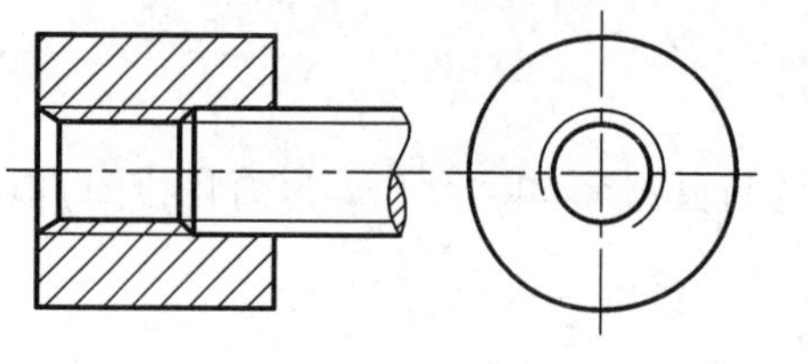

(a) 内螺纹采用剖视画法

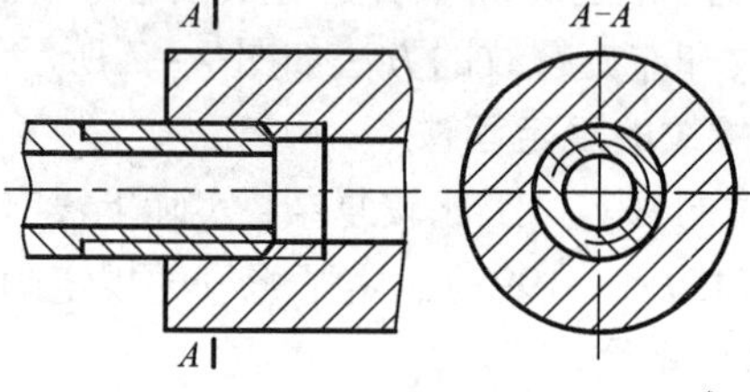

(b) 内、外螺纹均采用剖视画法

图 7 – 10　螺纹连接的画法

[内外螺纹连接画

（4）其他规定画法。

①螺尾一般不画出，当需要表示螺尾时，螺尾部分的牙底用与轴线成 30°的细实线绘制，如图 7 – 11 所示。

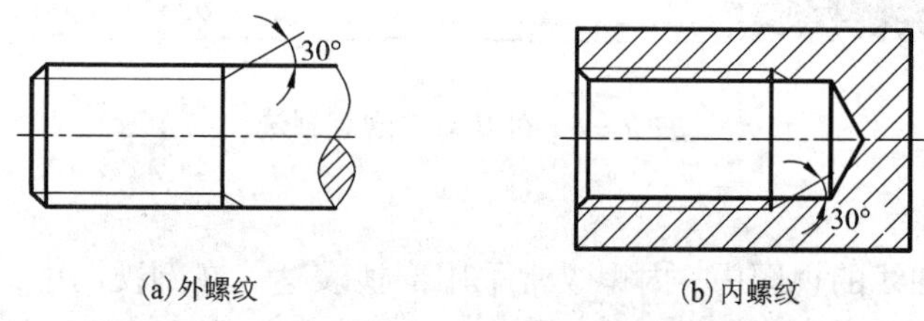

(a) 外螺纹　　(b) 内螺纹

图 7 – 11　螺尾的画法

②绘制不穿通螺纹孔时，一般应将钻孔深度与螺纹部分的深度分别画出，钻头头部形成的锥顶角画成 120°，如图 7 – 12 所示。

③当螺纹孔不剖切时，螺纹的大径、小径、螺纹终止线均画虚线，如图 7 – 13(a) 表示。

④螺纹孔的相贯画法如图 7 – 13(b) 所示。

⑤螺纹牙型的表示法。

当需要表示螺纹的牙型时，可按图 7 – 14(b) 全剖的方法表示。亦可采用局部剖视图或局部放大图表示几个牙型，如图 7 – 14(a)、(c) 所示。

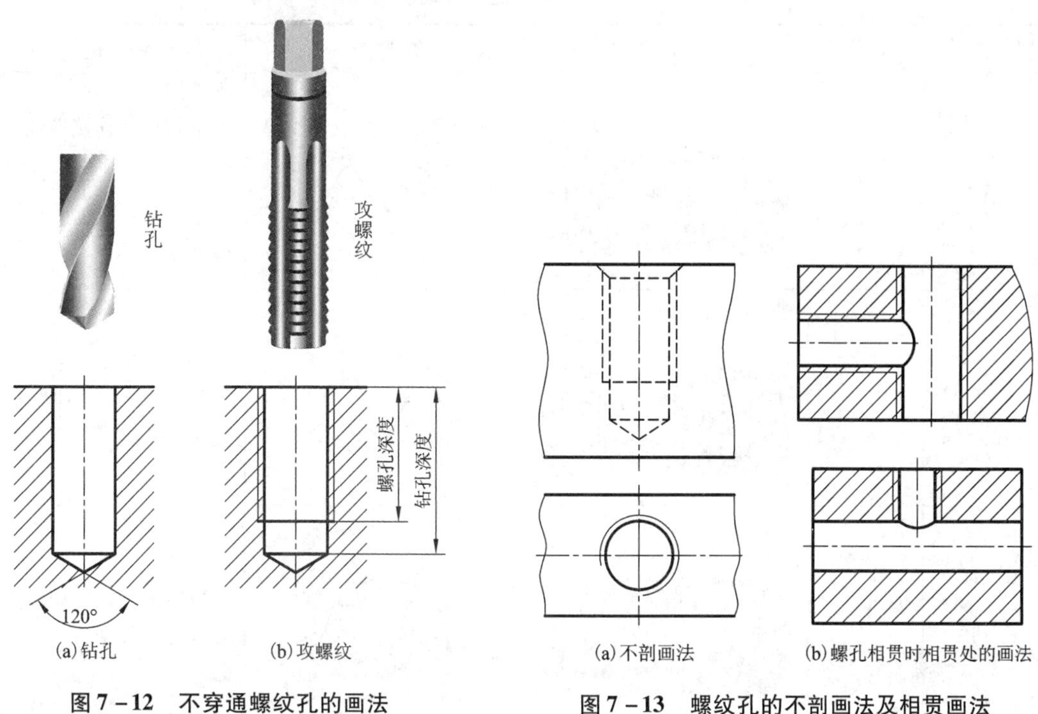

(a) 钻孔　　(b) 攻螺纹

图 7-12　不穿通螺纹孔的画法

(a) 不剖画法　　(b) 螺孔相贯时相贯处的画法

图 7-13　螺纹孔的不剖画法及相贯画法

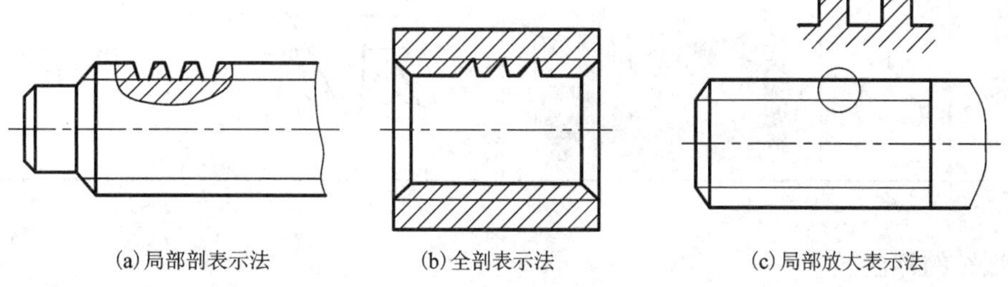

(a) 局部剖表示法　　(b) 全剖表示法　　(c) 局部放大表示法

图 7-14　螺纹的牙型表示法

4. 螺纹的种类

螺纹按用途分为连接螺纹和传动螺纹两类，前者起连接作用，后者用于传递动力和运动。

常用螺纹如下：

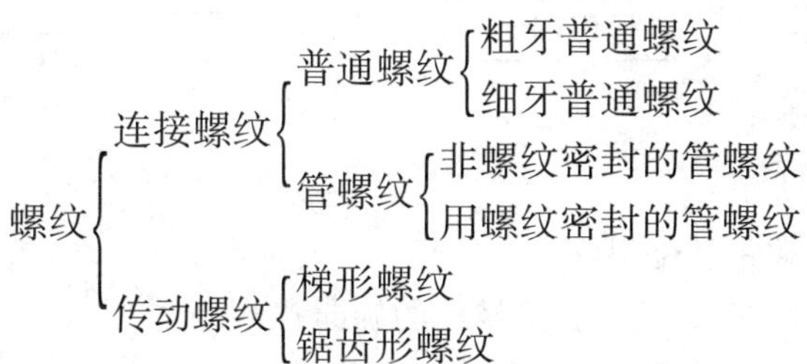

每种螺纹都有相应的特征代号(用字母表示)，常用标准螺纹的种类、代号及用途见表 7-1。

表 7-1　常用的标准螺纹

螺纹种类			特征代号	外形图	牙型图	用　途
连接螺纹	普通螺纹	粗牙	M	60°	60°	最常用的连接螺纹
		细牙				用于细小的精密零件或薄壁零件
	非螺纹密封管螺纹		G	55°	55°	用于水管、油管、气管等一般低压管路的连接
传动螺纹	梯形螺纹		Tr	30°	30°	机床的丝杠采用这种螺纹进行传动
	锯齿形螺纹		B	3° 30°	3° 30°	只能传递单方向的力

5. 螺纹的标注

螺纹按国标的规定画法画出后，图上并未表明牙型、基本大径、螺距、线数和旋向等要素，因此，需要用标注代号或标记的方式来说明。

(1)普通螺纹、梯形螺纹和锯齿型螺纹的标注。

普通螺纹、梯形螺纹和锯齿型螺纹的标注格式如下：

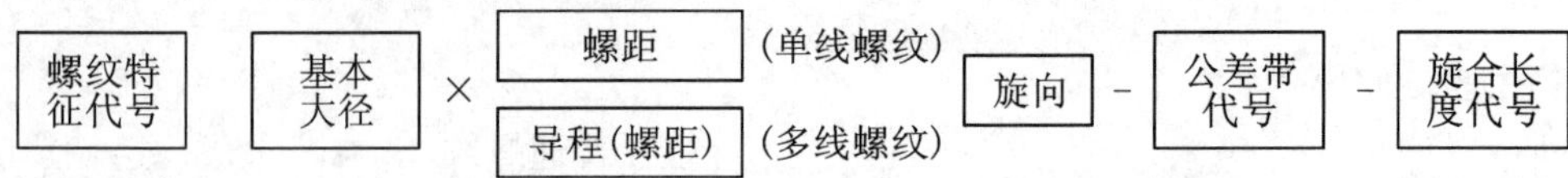

标注时注意几点：

①螺纹特征代号见表 7-1。

②粗牙普通螺纹的螺距省略不注。

③左旋螺纹的旋向标注“LH”，右旋螺纹的旋向省略标注。

④公差带代号是由表示公差带大小的公差等级数字与表示公差带位置的基本偏差代号组成(内螺纹用大写字母，外螺纹用小写字母)，如 6H、7e 等。

⑤旋合长度是指两相互配合的螺纹，沿螺纹轴向相互旋合部分的长度。普通螺纹的旋合长度分短、中、长三组，分别用S、N、L表示，梯形、锯齿型螺纹只分N、L两组。当旋合长度为N组时，不必标注旋合长度代号。

以上几种螺纹在图样上的标注方法与线性尺寸的标注方法相同，即从螺纹大径线处引出尺寸界线，将要标注的内容按上述顺序、格式依次标注在尺寸线的上方或尺寸线的中断处，标注示例见表7-2。

表7-2　标准螺纹的标注示例

螺纹种类		标注方式	标注图例	说　明
普通螺纹(单线)	粗牙	M12-5g6g（顶径公差代号；中径公差代号；螺纹大径）	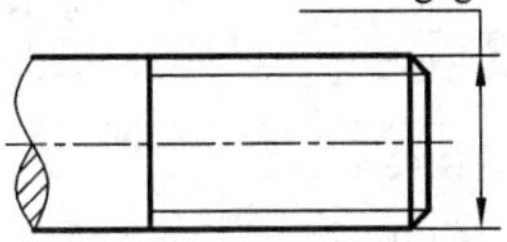 M12-5g6g	1. 螺纹的标记，应注在大径的尺寸线或注在其引出线上。 2. 粗牙螺纹省略标注螺距。 3. 细牙螺纹要标注螺距
	粗牙	M12-7H-L-LH（旋向(左旋)；旋合长度代号；中径和顶径公差带代号）	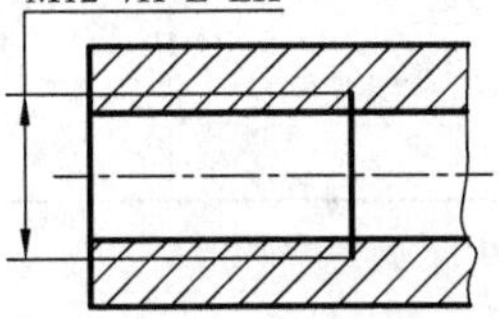 M12-7H-L-LH	
	细牙	M12×1.5-5g6g（螺距；顶径公差；螺纹大径；中径公差）	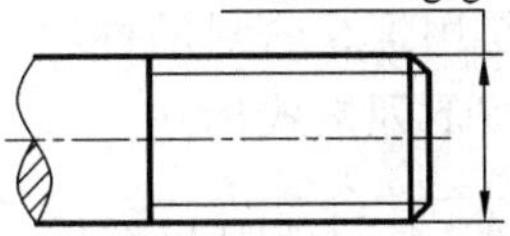 M12×1.5-5g6g	
管螺纹(单线)	非螺纹密封的管螺纹	非螺纹密封的内管螺纹标记： G1/2 内螺纹公差等级只有一种，不标注	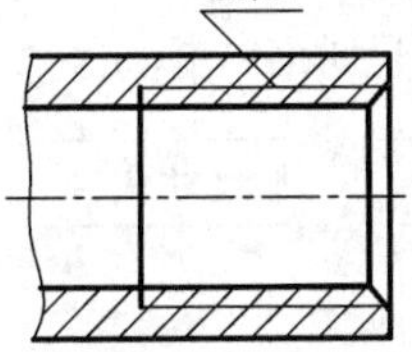 G1/2	1. 特征代号右边的数字为尺寸代号，即管子内通径，单位为in。管螺纹的直径需查其标准确定。尺寸代号采用小一号的数字书写。 2. 在图上从螺纹大径画指引线进行标注
	非螺纹密封的管螺纹	非螺纹密封的外管螺纹标记： G1/2A 外螺纹公差等级分A级和B级两种，需标注	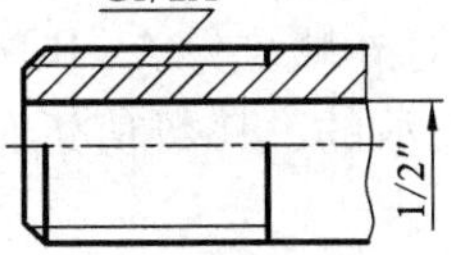 G1/2A　1/2"	
	用螺纹密封的管螺纹	Rp1(圆柱管螺纹)	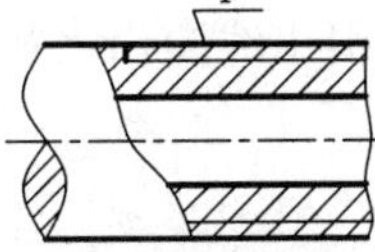 Rp1	1. 内、外螺纹均只有一种公差带。 2. 在图上的标注方法同非螺纹密封的管螺纹
	用螺纹密封的管螺纹	R1/2(圆锥管外螺纹) Rc1/2(圆锥管内螺纹)	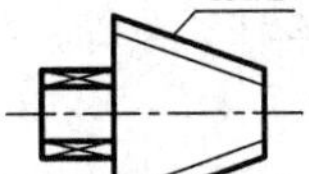 *R*1/2	

续表 7－2

螺纹种类		标注方式	标注图例	说　明
梯形螺纹	单线	Tr40×7-7e 中径公差带代号 螺纹特征代号	Tr40×7-7e	1. 单线螺纹只注螺距,多线螺纹注导程、螺距。 2. 旋合长度分为中等(N)和长(L)两组,中等旋合长度可以不标注
	多线	Tr40×14(P7)LH-7e 旋向 螺距 导程	Tr40×14(P7)LH-7e	
锯齿形螺纹		B40×14(P7)LH-8e-L 旋向 螺距 导程 螺纹特征代号	B40×14(P7)LH-8e-L	除螺纹特征代号与梯形螺纹不同外，其他标注方法均与梯形螺纹相同

(2)管螺纹的标注。

管螺纹分非螺纹密封与用螺纹密封两种。

非螺纹密封的管螺纹按下列格式标注：

螺纹特征代号　尺寸代号　公差等级代号　－　旋向

用螺纹密封的管螺纹按下列格式标注：

螺纹特征代号　尺寸代号　－　旋向

标注时应注意：

①螺纹特征代号见表 7－1。

②公差等级代号中，只有外螺纹分 A、B 两级标注，内螺纹不用标注。

③尺寸代号是用英制表示的，其数值近似等于管子内径(通径)的大小，而不是螺纹大径。

④右旋螺纹的旋向不标出，左旋螺纹则标注“LH”。

⑤管螺纹采用引线标注，引出线应由大径或对称中心线引出。标注方法见表 7－2。

7.2.2　螺纹紧固件

利用螺纹的旋紧作用，将两个或两个以上的零件连接在一起的零件称螺纹紧固件，常用的螺纹紧固件有螺栓、螺柱、螺钉、螺母、垫圈等。

1. 螺纹紧固件的规定标记

常用螺纹紧固件的结构形式和标记见表 7－3。

表7－3　常用螺纹紧固件的结构形式和标记

名称	规定标记示例	名称	规定标记示例
六角头螺栓（M10，45）	螺栓 GB/T 5782—2016 M10×45	开槽锥端紧定螺钉（M5，16）	螺钉 GB/T 71—2018 M5×16
双头螺柱 B型（M10，40）	螺柱 GB 898—88 M10×40	六角螺母（M12）	螺母 GB/T 6170—2015 M12
开槽圆柱头螺钉（M5，20）	螺钉 GB/T 67—2016 M5×20	平垫圈（$\phi13$）	垫圈 GB 97.1—2002 12－140 HV
开槽沉头螺钉（M5，20）	螺钉 GB/T 68—2016 M5×20	标准弹簧垫圈（$\phi12.2$）	垫圈 GB 93—87 12

2．螺纹紧固件的单个画法

常用螺纹紧固件的画法有两种：查表画法和比例画法。

（1）查表画法。根据规定标记从相应标准中查出各部分尺寸，再按尺寸和规定画出其图形。

（2）比例画法。除螺栓等紧固件的有效长度需要根据被连接件的厚度确定外，其他各部分尺寸均以大径 d 为基数按一定比例确定。此方法较常用。具体画法如图7－15所示。

3．螺纹紧固件的连接画法

螺纹紧固件连接的基本形式通常有三种：螺栓连接、螺柱连接、螺钉连接（图7－16）。

绘制螺纹紧固件的连接图时，应遵守以下基本规定：

①两零件的接触表面只画一条线，不接触表面应画两条线。间隙过小时，应夸大画出。

②在剖视图中，相邻两零件的剖面线方向应相反，或方向一致，间隔不等。

③对于紧固件和实心零件，如剖切平面通过它们的轴线时，这些零件按不剖绘制，只画外形。

下面分别介绍三种螺纹紧固件的连接画法。

（1）螺栓连接。

螺栓用来连接不太厚的、能钻成通孔的两零件。为便于成组装配，被连接件上的通孔直径比螺栓直径大，其大小可根据装配精度的不同，查机械设计手册确定。作图时，一般可按 $1.1d$ 画出（d 为螺纹大径）。

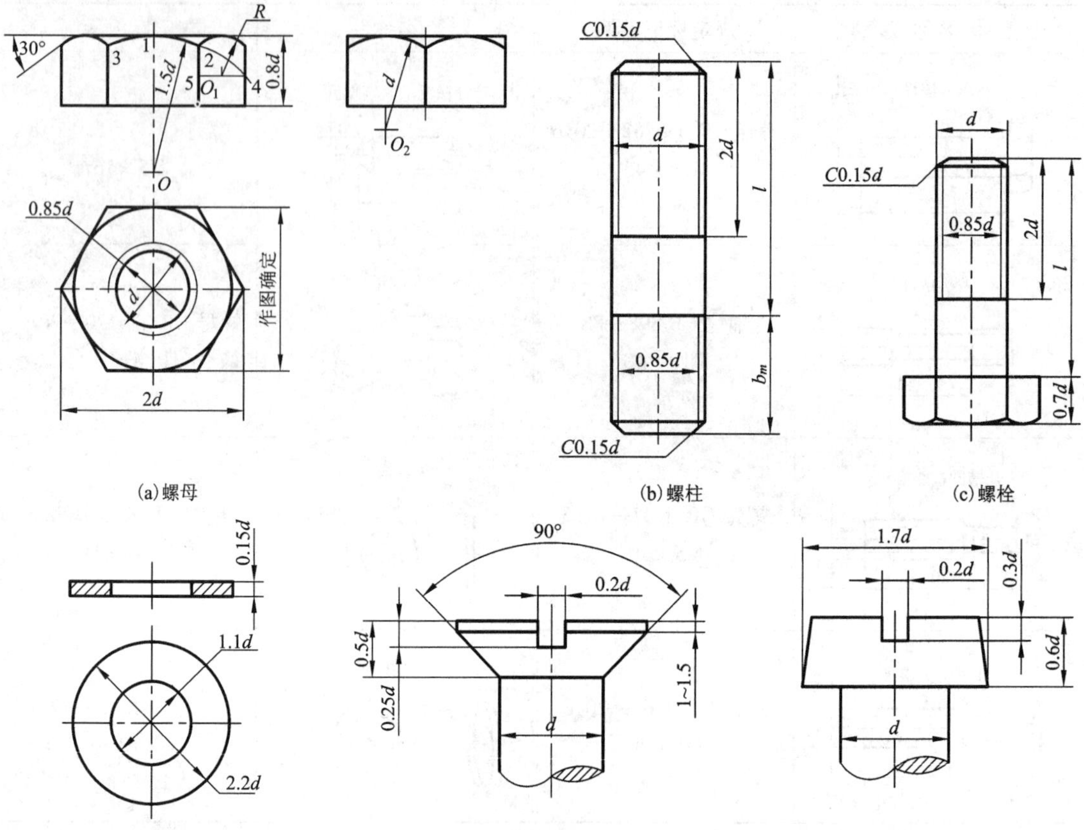

(a) 螺母　　(b) 螺柱　　(c) 螺栓

(d) 垫圈　　(e) 沉头螺钉　　(f) 圆柱头螺钉

图 7-15　螺纹紧固件的比例画法

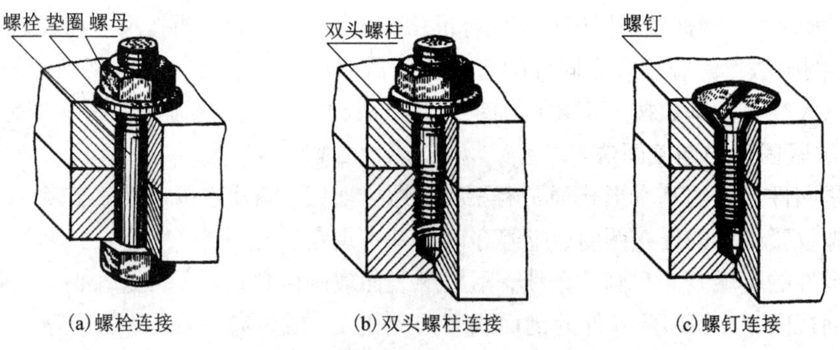

(a) 螺栓连接　　(b) 双头螺柱连接　　(c) 螺钉连接

图 7-16　螺纹紧固件的连接形式

螺栓的公称长度可由下式计算确定：

$$l \geqslant \delta_1 + \delta_2 + h + m + a$$

式中，δ_1、δ_2 为被连接件的厚度；h 为垫圈厚度；m 为螺母厚度；a 为螺栓伸出端的长度。

例 7-1　根据设计要求，用 M20 的六角头螺栓（GB 5782）连接厚度分别为 $\delta_1 = 27$ mm，$\delta_2 = 26$ mm 的两零件，选用六角螺母（GB 6170）和平垫圈（GB 97.1），试确定螺栓的公称长度 l，写出螺栓的规定标记，采用比例画法，画出螺栓连接图。

解：要求用 M20 的六角头螺栓连接两零件，则螺纹大径 $d=20$。

①螺栓的公称长度 l 的确定。

根据比例画法，垫圈厚度 $h=0.15d=3$，螺母厚度 $m=0.8d=16$。

通常取伸出端长度 $a=0.3d=6$。

则螺栓的公称长度 l 为：

$$l \geqslant \delta_1+\delta_2+h+m+a=27+26+3+16+6=78$$

由附表 2－1 查得接近且大于 78 的标准公称长度为 80。

②螺栓的规定标记为：螺栓　GB/T 5782　M20×80。

③螺栓的连接画法可根据图 7－15 的比例确定各部分的结构尺寸后，按图 7－17(b)绘制。

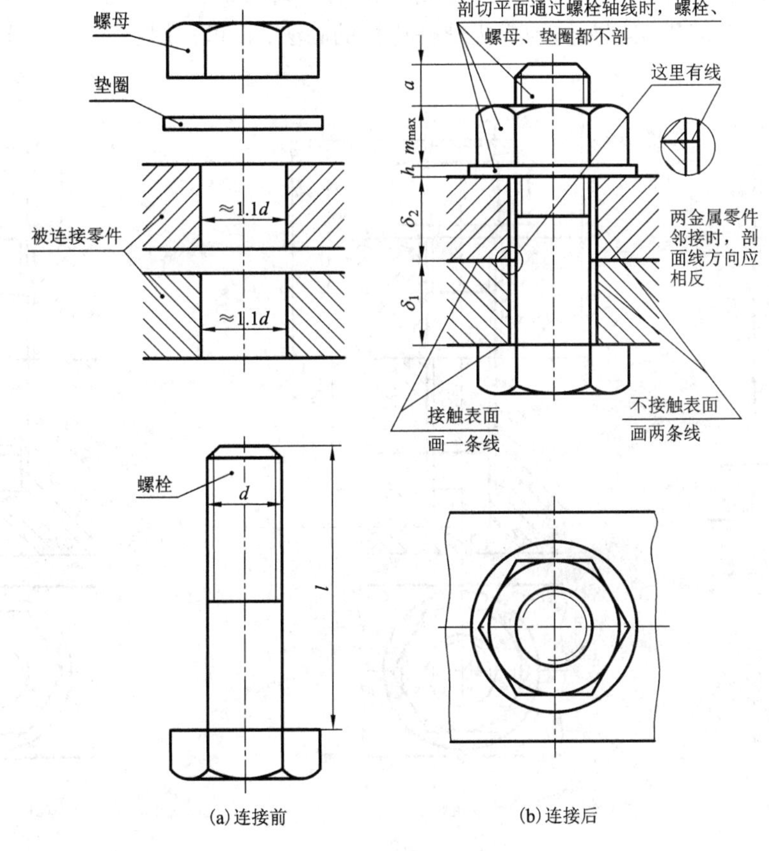

[螺栓连接画法]

图 7－17　螺栓连接画法

(2)螺柱连接。

当两个被连接的零件中，有一个较厚或不适合用螺栓连接时，常采用螺柱连接。采用螺柱连接时，常在较薄的零件上钻出略大于螺柱大径的通孔(一般为 $1.1d$)，在较厚的零件上加工出螺纹孔。双头螺柱的一端旋入较厚零件的螺孔中，称为旋入端；另一端穿过较薄零件上的通孔，套上垫圈，再用螺母拧紧，称为紧固端。

双头螺柱旋入端长度 b_m 与被连接件的材料有关，一般按表 7－4 选取。

表 7-4　双头螺柱旋入端长度确定

被旋入零件的材料	b_m值	国标代号
钢、青铜	$b_m = d$	GB 897—88
铸铁	$b_m = 1.25d$	GB 898—88
铝、铝合金	$b_m = 1.5d$	GB 899—88
非金属材料	$b_m = 2d$	GB 900—88

双头螺柱的公称长度可由下式计算确定：

$$l \geqslant \delta + h + m + a$$

然后查标准，选取与计算结果相近的标准长度作为螺柱的公称长度。

图 7-18(b)为采用比例画法的双头螺柱连接的画法，也可采用图 7-18(c)的简化画法。

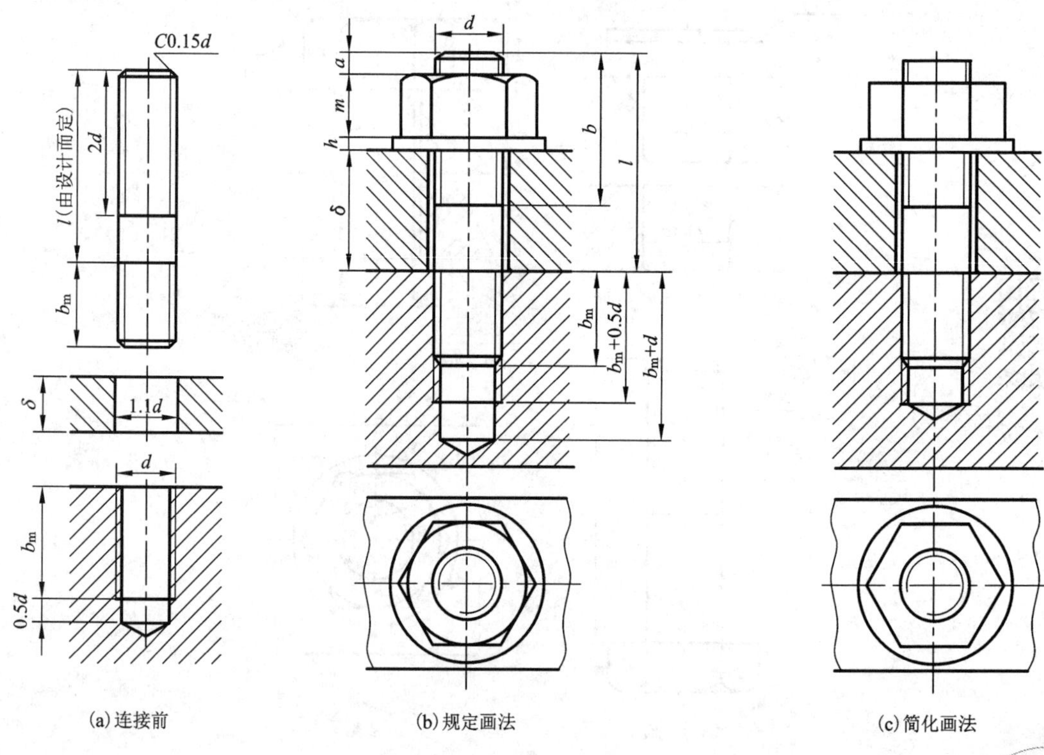

图 7-18　双头螺柱连接的画法

画螺柱连接时，应注意以下几点：

①旋入端的螺纹应全部旋入到被连接件的螺纹孔内，因此，图中的螺纹终止线应与旋入螺孔的上端面平齐。

②钻孔底部的锥顶角应画成120°。

③为保证可靠的压紧，螺纹孔应长于螺钉 $0.5d$。

④螺柱上半部分的连接画法与螺栓连接相似。

(3)螺钉连接。

螺钉种类较多，按其用途分为连接螺钉与紧定螺钉。连接螺钉用于不经常拆卸且受力不大的零件，紧定螺钉用于定位、防松且受力较小的情况。

①连接螺钉连接。

用连接螺钉连接两零件时，是将螺钉穿过一被连接件的通孔而直接拧入另一被连接件的螺纹孔中。图 7－19 为常见连接螺钉的连接画法。

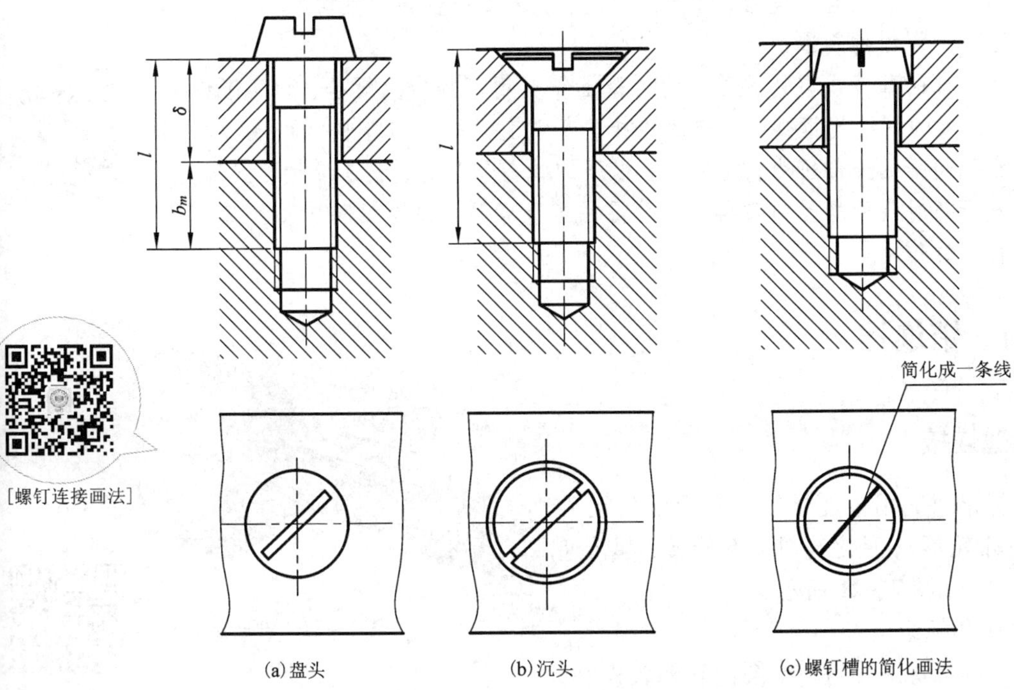

图 7－19　螺钉的连接画法

螺钉的公称长度按式 $l \geqslant \delta + b_m$ 计算确定，并按标准选取相近的标准长度值。开槽沉头螺钉的公称长度包括螺钉头。

画螺钉连接时，应注意以下几点：

a. 螺钉的螺纹终止线应高于螺孔的上端面，以保证螺钉能旋入和压紧。

b. 螺钉头上的槽宽可以涂黑，在投影为圆的视图上，规定按 45°画出。

c. 螺钉下半部分的画法与螺柱连接相似。

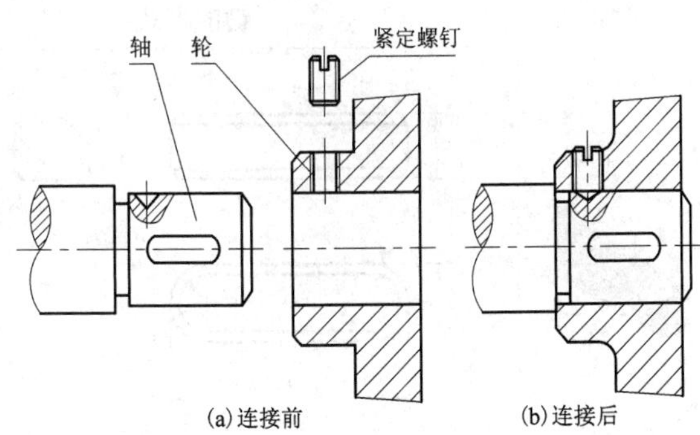

图 7－20　紧定螺钉的连接画法

②紧定螺钉连接。

与螺栓、螺柱、螺钉不同，紧定螺钉利用端部小圆柱插入机件小孔或环槽中起定位固定作用。紧定螺钉的连接画法如图 7－20(b)所示。

紧定螺钉分为柱端、锥端和平端三种。

拓展延伸：

1. 螺纹的应用

螺纹的用途很广，大致可分为两类：连接螺纹和传动螺纹。前者起连接作用，后者用于传递动力和运动。从牙型来看，用于连接的螺纹为三角形螺纹，如普通螺纹和管螺纹。用于传动的螺纹有梯形、锯齿形和矩形螺纹等。

[螺纹应用案例]

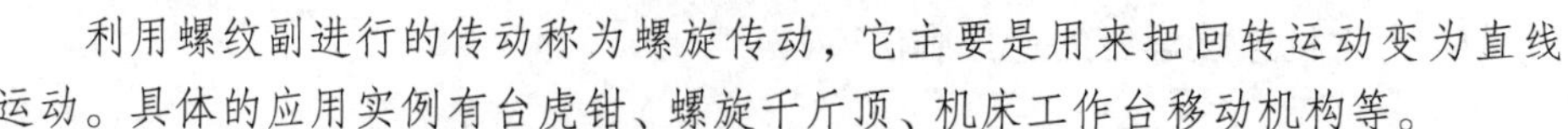

利用螺纹副进行的传动称为螺旋传动，它主要是用来把回转运动变为直线运动。具体的应用实例有台虎钳、螺旋千斤顶、机床工作台移动机构等。

2. 高强度大螺栓的制造

在一些特殊的环境或有特殊要求的机器上需要用高强度大螺栓，如高压设备的连接、桥梁的钢结构框架、轨道的连接。高强度大螺栓与普通螺栓最大的区别是能承受超强的外部压力，同时具有很强的抗剪切能力，不易变形、折断。我们需要发扬新时代的螺丝钉精神：经受得住各种考验，并为祖国建设和革命事业发挥自己的作用。

[高强度大螺栓的制造]

7.3 键、销连接

7.3.1 键连接

键是标准件，用来连接轴和轴上的传动件（如齿轮、带轮等），使之与轴一起旋转，起传递扭矩的作用，如图 7－21 所示。

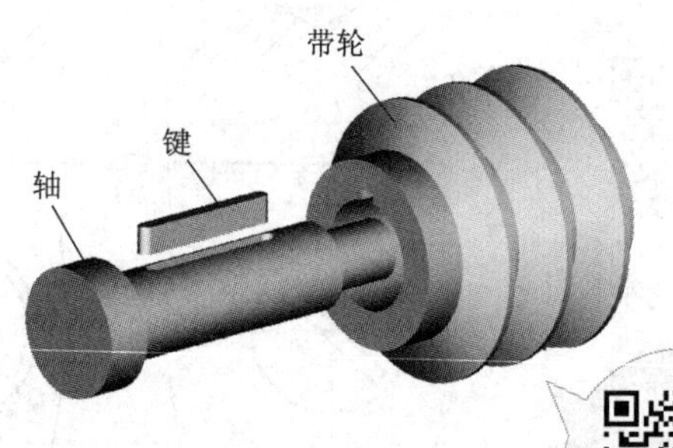

图 7－21 键连接

[键连接]

1. 种类和标记

常用的键有普通平键、半圆键和钩头楔键，其形式和规定标记见表 7－5。

表 7－5 常用键的形式和规定标记

名称	键的形式	规定标记示例
普通平键	A型 h $C\times45°$或r $R=b/2$ b l	$b=18$ mm，$h=11$ mm，$l=100$ mm 圆头普通平键（A 型）的标记为 键 18×100 GB/T 1096—2003
半圆键	l b d_1 h $C\times45°$或r	$b=6$ mm，$h=10$ mm，$d_1=25$ mm 半圆键的标记为 键 6×25 GB/T 1099.1—2003

续表 7－5

名称	键的形式	规定标记示例
钩头楔键		$b=16$ mm，$h=10$ mm，$l=100$ mm 钩头楔键的标记为 键　16×100　GB/T 1565—2003

表 7－5 中，b、h 均按轴径的大小查相关的手册确定；l 为键的公称长度，一般小于连接零件的宽度，它是根据计算结果按 l 的系列标准值来确定的。l 的系列标准值可查阅相关手册。

2. 画法

（1）键槽的画法。

以普通平键为例，说明键槽的画法。

轴及轮毂上的键槽画法如图 7－22 所示。轴上键槽常用局部剖视图来表示，轴及轮毂的键槽深度 t、t_1 均按轴的直径 D 查相关手册确定，轴及轮毂的键槽宽度均与键的宽度 b 一致，轴的键槽长度也与键的长度 l 一致。轮毂上的键槽常为通槽。

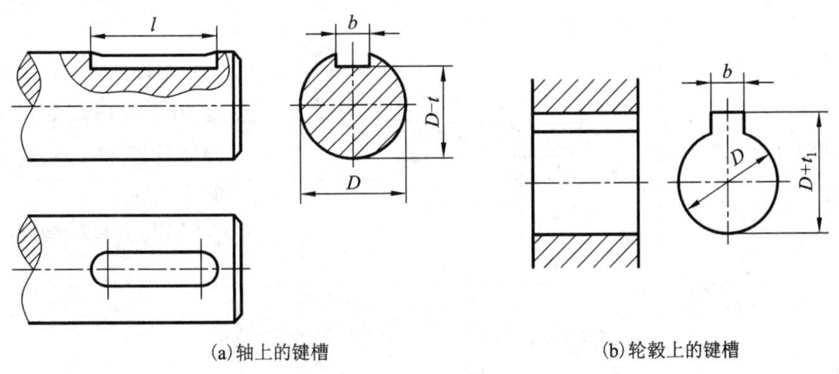

(a) 轴上的键槽　　(b) 轮毂上的键槽

图 7－22　键槽的画法

（2）连接画法。

采用普通平键或半圆键进行连接时，是将键装入轴上键槽中，键的底面及两侧面与键槽贴合，再装上轮毂，其连接画法如图 7－23 所示。当键纵向剖切时，按不剖绘制；当键横向剖切时，则要画上剖面线。由于键与被连接件的接触面是侧面，故画一条线；而顶面不接触，留有一定间隙，故画两条线，如图 7－23 中的左视图所示。

钩头楔键的顶面有 1∶100 的斜度，连接时将键打入键槽，其画法如图 7－24 所示，由于

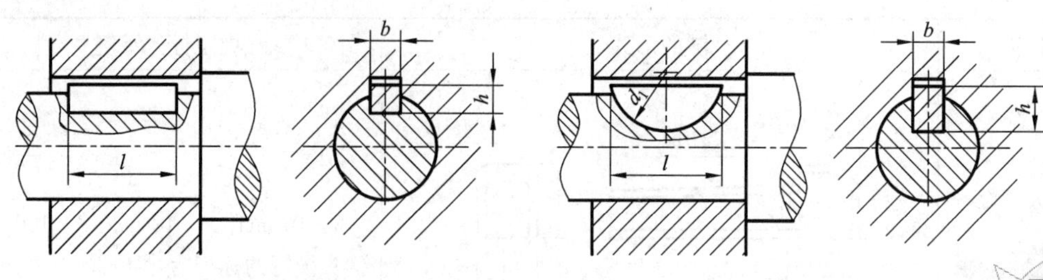

(a)普通平键　　　　　　　　(b)半圆键

图 7－23　键连接的画法

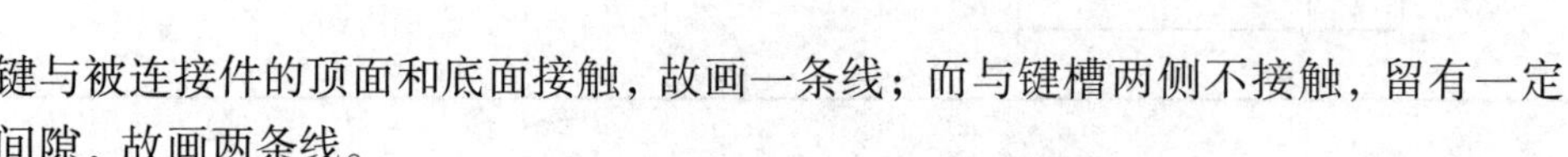

[键连接画法]

键与被连接件的顶面和底面接触，故画一条线；而与键槽两侧不接触，留有一定间隙，故画两条线。

7.3.2　销连接

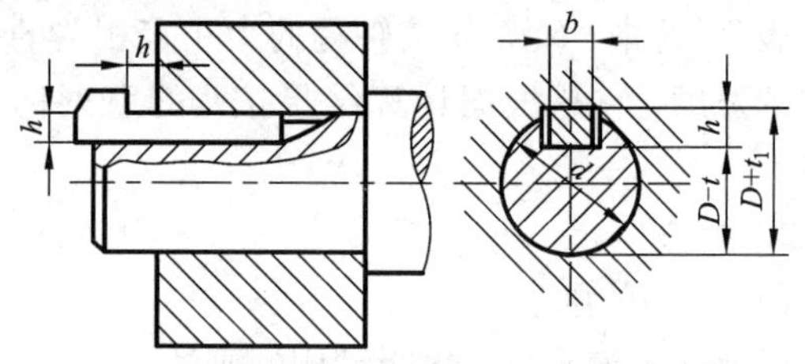

图 7－24　钩头楔键连接的画法

销是一种标准件，常用于零件间的连接与定位。

1. 种类和标记

常用的销有圆柱销、圆锥销和开口销，其形式和规定标记见表 7－6。

表 7－6　常用销的形式和规定标记

名称	标准编号	图　　例	标 记 示 例
圆锥销	GB/T 117—2000	d　R　1:50　R2　a　a　l	公称直径 $d=10$ mm，公称长度 $l=60$ mm，材料为 35 钢，热处理硬度 HRC 28～38、表面氧化处理的 A 型圆锥销： 销 GB/T 117—2000 A10×60
圆柱销	GB/T 119.1—2000	A型直径公差m6　c　R≈d　15°　d　l B型直径公差h8　c　15°　d　l C型直径公差h11　d　l D型直径公差u8　c　20°　d　l	公称直径 $d=10$ mm，长度 $l=30$ mm，材料为 35 钢，热处理硬度 HRC 28～38，表面氧化处理的 A 型圆柱销： 销 GB/T 119.1—2000 A10×30

续表 7－6

名称	标准编号	图　　例	标 记 示 例
开口销	GB/T 91—2000		公称直径 $d=5$ mm，长度 $l=50$ mm，材料为低碳钢，不经表面处理的开口销： 销 GB/T 91—2000　5 × 50

2. 连接画法

（1）圆柱销和圆锥销。

圆柱销和圆锥销的连接画法如图 7－25 所示。为了保证相互的位置准确，上盖及箱体上的销孔是装配后同时加工的，在零件图上应注明，如图 7－25（c）所示。

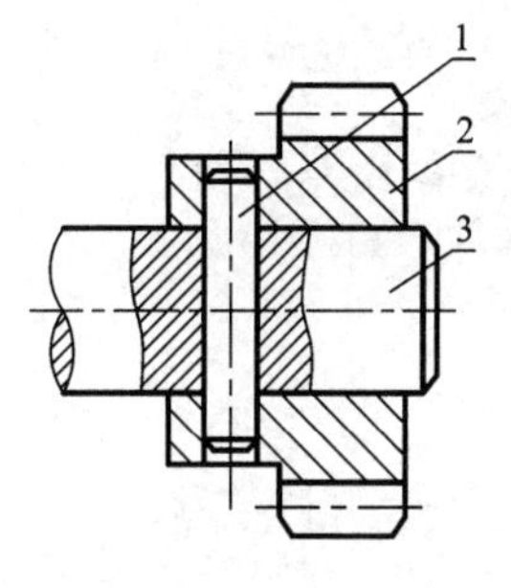

1.圆柱销　2.齿轮　3.轴

（a）圆柱销连接

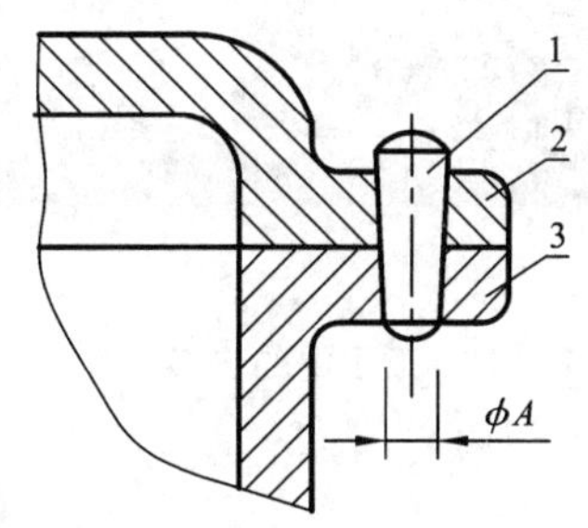

1.圆锥销　2.上盖　3.箱体

（b）圆锥销连接

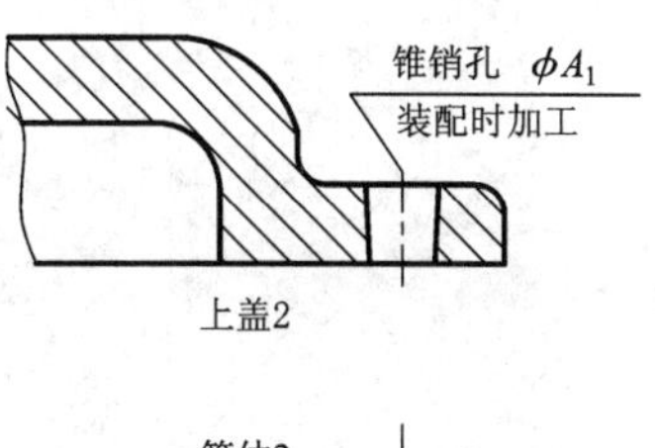

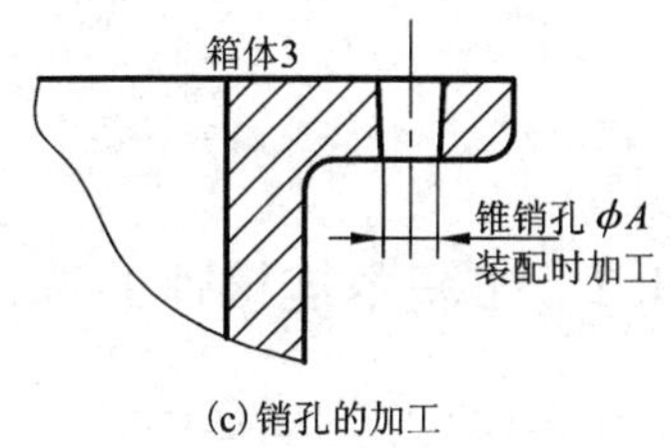

（c）销孔的加工

图 7－25　销连接的画法

开口销可用来锁定螺母和垫圈，防止松脱。连接时，将开口销直接穿过螺母及螺杆，分开末端与螺母贴紧。其连接画法如图 7－26 所示。

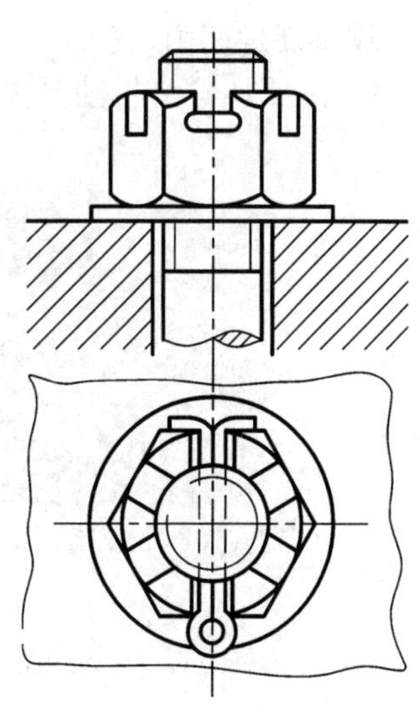

图 7－26　开口销防松结构

7.4　课程拓展——工程中的连接与选用原则

7.4.1　工程中的连接

连接是指被连接件与连接件的组合。就机械零件而言，被连接件有轴与轴上零件（如齿轮、皮带轮）、箱体与箱盖、焊接零件中的钢板与型钢等。连接件又称为紧固件，如螺栓、螺母、销、铆钉等。有些连接则没有专门的紧固件，如仅靠被连接件本身的变形形成的过盈连接、利用分子结合力形成的焊接和胶接等。

连接分为可拆连接和不可拆连接。允许多次装拆而无损于使用性能的连接称为可拆连接，如螺纹连接、键连接和销连接。若不损坏组成零件就不能拆开的连接则称为不可拆连接，如焊接、胶接和铆接。

根据连接件的类型，常见的零件间连接方式有螺纹连接、铆钉连接、键连接、销连接等。图7－27中，图(a)为桥梁的支座部分，零件间采用铆钉连接，图(b)为型钢焊接件，均为不可拆卸连接。

(a)铆钉连接

(b)焊接

图7－27　工程中的连接

7.4.2　工程中连接件的选用

在工程实际中应根据适用场合和要求选用正确的连接件。如果不需要拆卸则选用铆钉连接或焊接、胶接的方式；需要经常拆卸的场合，则采用螺纹连接、键连接和销连接方式。如齿轮减速器的箱体箱盖之间、油泵的泵体与泵盖之间均采用的是螺栓连接，齿轮与轴之间一般可采用键连接或销连接。在键连接中，键又有平键、半圆键、楔键、切向键、花键等类型。图7－28中，图(a)为机油泵中的螺纹连接，图(b)为圆锥齿轮与轴之间的花键连接。

(a)机油泵中的螺纹连接

(b)圆锥齿轮与轴之间的花键连接

图7－28　工程中的连接件选用

7.5　滚动轴承

滚动轴承是标准件，用来支承传动轴，它具有摩擦阻力小、结构紧凑、转动灵活、装拆方便的特点，在机械设备中应用广泛。

7.5.1　结构及分类

滚动轴承一般由外圈、内圈、滚动体和保持架组成，如图 7-29 所示。按其承受载荷的类型，滚动轴承可分为三类：

(1)向心轴承——主要承受径向载荷，如图 7-29(a)所示。

(2)推力轴承——主要承受轴向载荷，如图 7-29(b)所示。

(3)向心推力轴承——能同时承受径向载荷和轴向载荷，如图 7-29(c)所示。

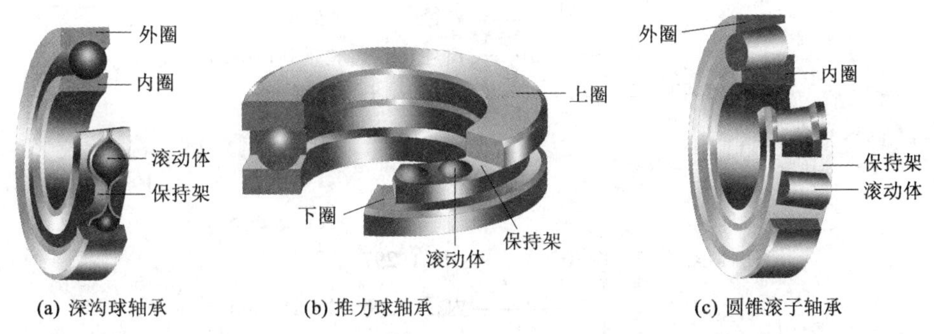

图 7-29　滚动轴承的结构与分类

7.5.2　滚动轴承的代号及规定标记

滚动轴承的代号用来表示滚动轴承的结构、种类、尺寸、公差等级、技术性能等特征，它由前置代号、基本代号和后置代号组成。其排列顺序为：

前置代号	基本代号	后置代号

1. 基本代号

基本代号表示轴承的基本类型、结构和尺寸，是轴承代号的基础。基本代号由轴承类型代号、尺寸系列代号、内径代号构成，其排列方式如下：

轴承类型代号	尺寸系列代号	内径代号

轴承类型代号用字母或数字来表示，具体代号可查阅相关标准。

尺寸系列代号由轴承的宽(高)度系列代号和直径系列代号组合而成，用两位数字来表示。它的主要作用是区别内径相同而宽度和外径不同的轴承。具体代号可查阅相关标准。

内径代号表示轴承的公称内径(轴承内圈的孔径)，由两位数字组成。当内径尺寸在 20~480 mm 的范围内时，内径尺寸 = 内径代号 ×5。

例如：轴承代号 6206

6——类型代号，表示深沟球轴承。

2——尺寸系列代号，原为 02，对此类轴承，首位 0 省略。

06——内径代号（内径尺寸 = 6 × 5 = 30 mm）。

2. 前置代号和后置代号

滚动轴承中的前置代号和后置代号是轴承在结构形状、尺寸、公差、技术要求等有改变的情况下，在其基本代号的左右添加的补充代号。需要时可查阅相关的国家标准。

3. 滚动轴承的标记

滚动轴承的标记内容：名称、代号和国家标准号。

滚动轴承的标记示例：

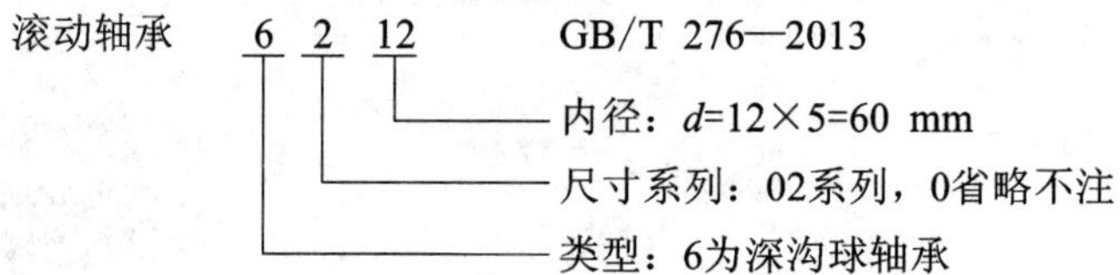

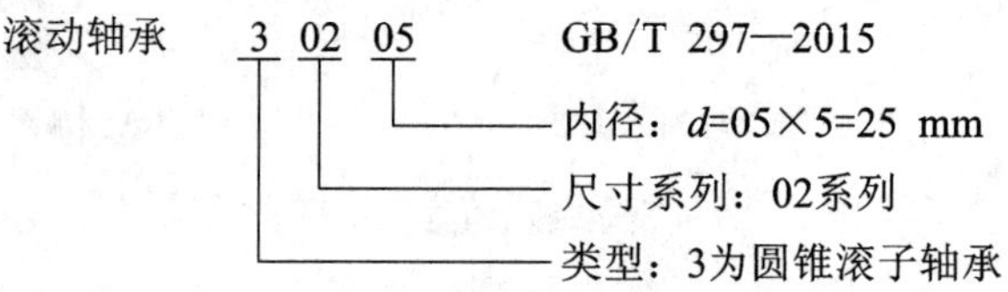

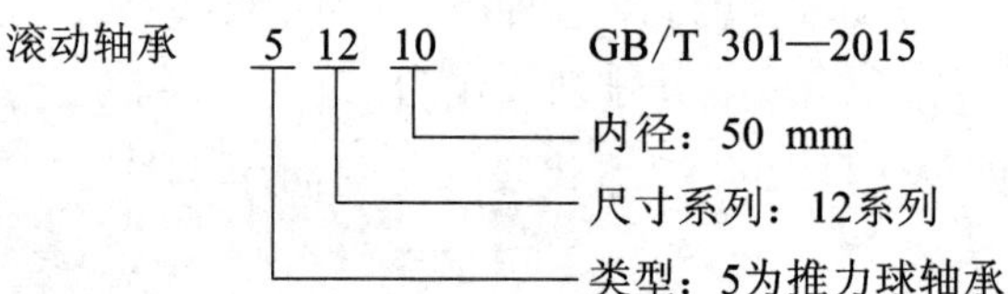

7.5.3 滚动轴承的画法

滚动轴承通常可采用三种画法绘制，即通用画法、特征画法和规定画法。其画法示例如表 7 - 7 所示。

表 7－7　滚动轴承的画法示例

名称	规定画法	特征画法	通用画法
深沟球轴承			
圆柱滚子轴承			
圆锥滚子轴承			
推力球轴承			

7.6 弹簧

7.6.1 课程导学——弹簧的种类和应用

1. 弹簧的种类

弹簧的种类很多，常见的有螺旋弹簧、涡卷弹簧和板弹簧等，如图 7－30 所示，其中螺旋弹簧应用较广。根据受力情况，螺旋弹簧又分为压缩弹簧、拉伸弹簧和扭转弹簧。本节主要介绍圆柱螺旋压缩弹簧各部分的名称及画法。

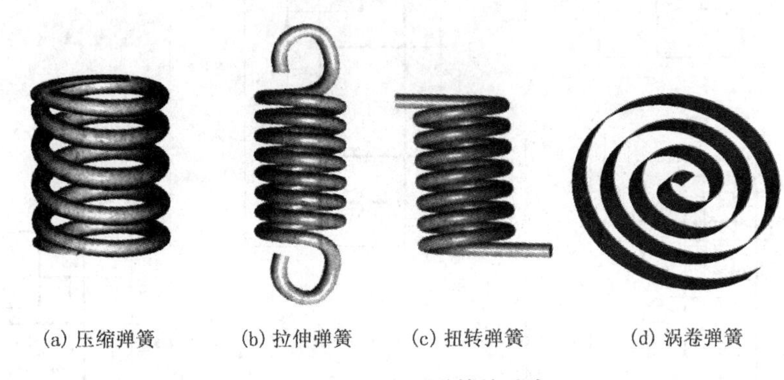

(a) 压缩弹簧　(b) 拉伸弹簧　(c) 扭转弹簧　(d) 涡卷弹簧

图 7－30　常用弹簧的种类

2. 弹簧的应用

弹簧受外力作用后能产生较大的弹性变形，其作用主要是减震、复位、夹紧、测力和储能等，因此在生活中得到广泛应用，如：在缓冲及吸震方面，有车辆悬架弹簧和各种缓冲装置、沙发、床垫等；在测力方面，有弹簧秤；在储能复位方面，有钟表里的弹簧、合页带弹簧的门、安全阀等，如图 7－31 所示。

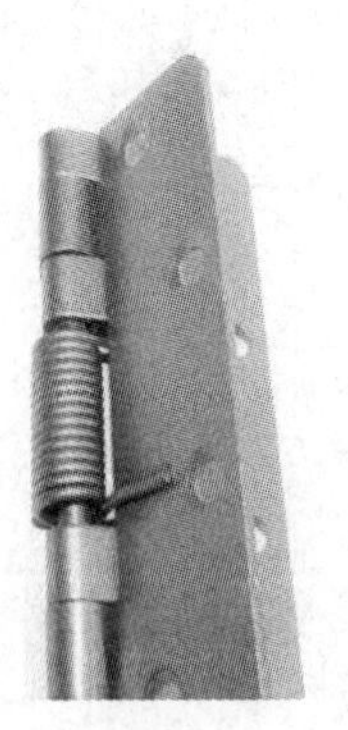

(a)带弹簧的合页

(b)弹簧吸震装置

(c)安全阀中的弹簧（复位）

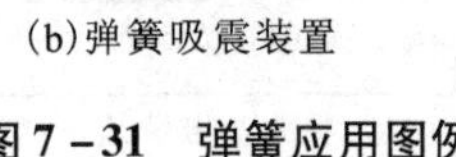

图 7－31　弹簧应用图例

7.6.2　圆柱螺旋压缩弹簧各部分的名称和尺寸关系

弹簧各部分的名称和尺寸关系如图 7－32(a)所示。在弹簧的两端仅起支承和固定作用的圈称为支承圈。除支承圈外，中间那些保持相等节距、产生弹力的圈称为有效圈。支承圈与有效圈数之和称为总圈数。

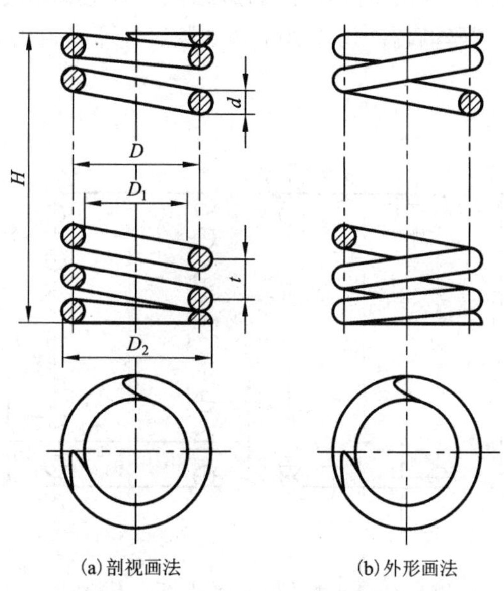

(a) 剖视画法　　(b) 外形画法

图 7－32　压缩弹簧

弹簧参数已标准化，设计时选用即可。以下列出的为与画图有关的几个参数：

(1) 簧丝直径 d——制造弹簧的钢丝直径，按标准选取；

(2) 弹簧中径 D——弹簧的平均直径，按标准选取；

(3) 弹簧内径 D_1——弹簧的最小直径，$D_1 = D - d$；

(4) 弹簧外径 D_2——弹簧的最大直径，$D_2 = D + d$；

(5) 有效圈数 n、支承圈数 n_2、总圈数 n_1

$$n_1 = n_2 + n$$

(6) 节距 t——两相邻有效圈截面中心线的轴向距离，按标准选取；

(7) 自由高度 H——弹簧无载荷时的高度

$$H = nt + (n_2 - 0.5)d$$

(8) 弹簧展开长度

$$L = n_1 \sqrt{(\pi D)^2 + t^2}$$

7.6.3　圆柱螺旋压缩弹簧的规定画法

1. 单个弹簧的画法

弹簧可采用剖视画法和外形画法，如图 7－32 所示。

在画图时，必须遵守下列规定：

(1)在平行于弹簧轴线的投影面上的视图中，各圈的轮廓线画成直线。

(2)有效圈数在四圈以上的弹簧，其中间部分可省略不画，而用通过中径的细点画线连接起来，这时，弹簧的长度可适当缩短。弹簧两端的支承圈不论多少，均可按图 7－32(b)的形式绘制。

(3)无论是左旋还是右旋，画图时均可按右旋绘制，但左旋弹簧要加注“左”字。

若已知弹簧的中径 D、簧丝直径 d、节距 t 和圈数，可算出自由高度 H，然后按如下步骤作图(如图 7－33 所示)：

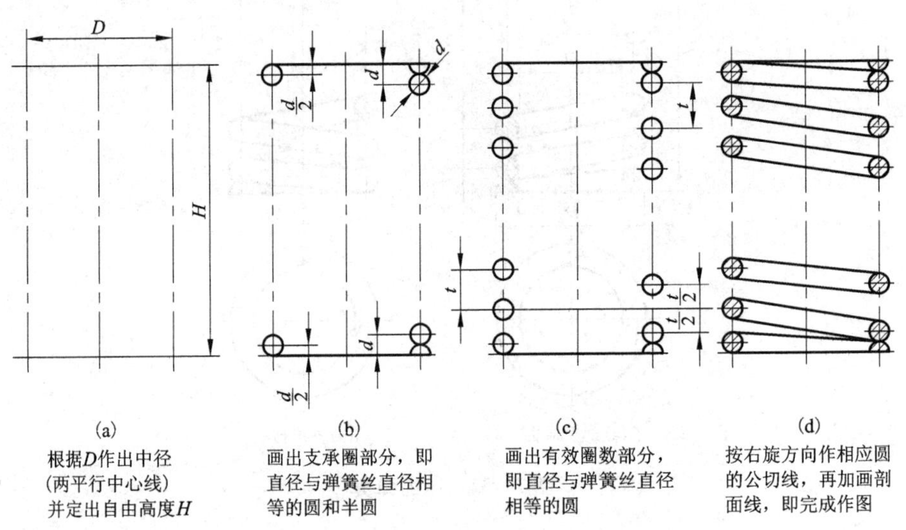

图 7－33　圆柱螺旋压缩弹簧的画图步骤

(1)根据 D 和 H 画矩形 $ABCD$[图 7－33(a)]。

(2)根据簧丝直径 d，画支承部分的圆和半圆[图 7－33(b)]。

(3)根据节距画有效圈部分的圆[图 7－33(c)]。

(4)按右旋方向作相应圆的公切线及剖面线，加深，完成作图[图 7－33(d)]。

2. 装配图中的画法

(1)在装配图中，当弹簧中间各圈采用省略画法时，弹簧后面被挡住的结构一般不画出，可见轮廓线只画到弹簧钢丝的断面轮廓线或中心线上。

(2)在装配图中，螺旋弹簧被剖切时，簧丝直径小于 2 mm 的剖面可以用涂黑表示。也可以采用示意画法。

弹簧在装配图中的具体画法详见装配图中的相关章节。

7.6.4　弹簧零件图

弹簧零件图除画出图形，注出全部尺寸及技术要求外，还应在主视图上方位置画出其机械特性线，如图 7－34 所示。其中，F_1 为预加负荷，F_2 为最大负荷，F_j 为弹簧的允许极限负荷。

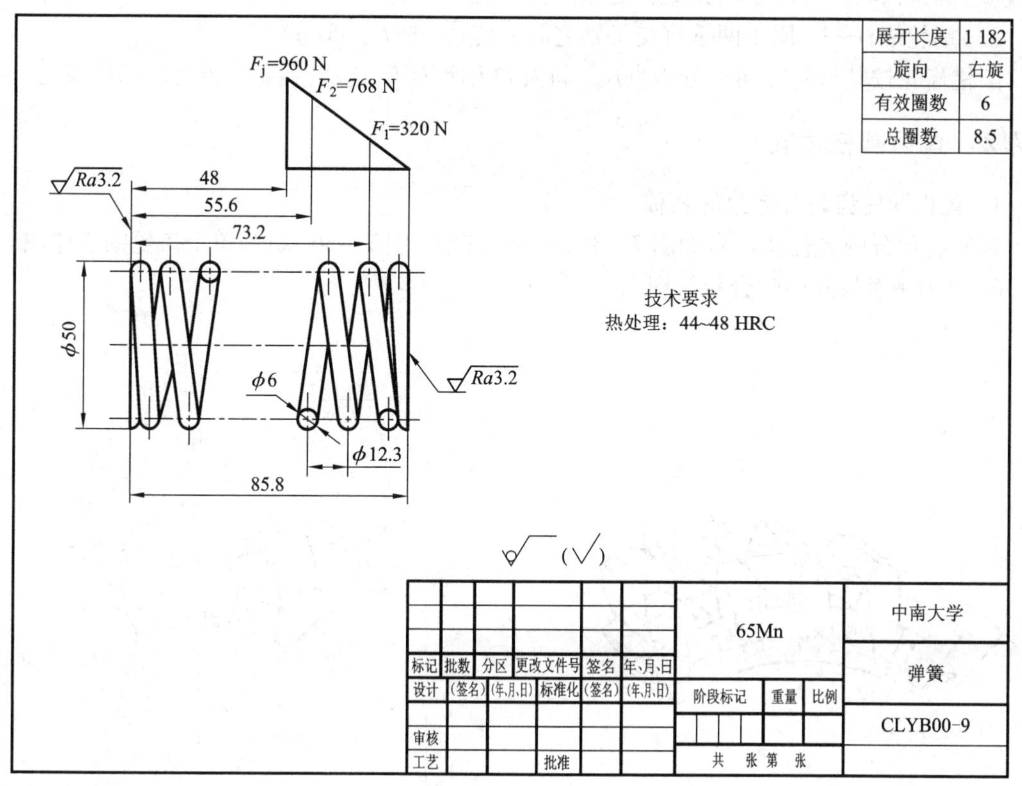

图 7－34　圆柱螺旋压缩弹簧零件图

7.7　齿轮

7.7.1　课程导学——齿轮的分类和应用

齿轮的主要作用是传递动力，改变运动的速度和方向。根据两轴的相对位置，齿轮可分为以下三类：

（1）圆柱齿轮——用于两平行轴之间的传动[图 7－35(a)、(b)]。

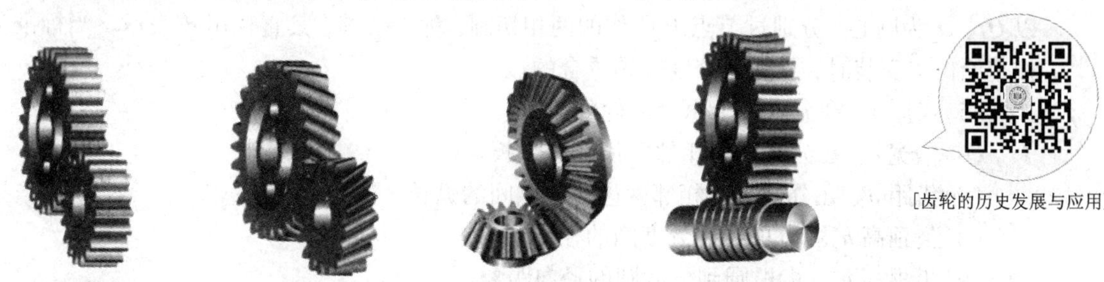

(a)直齿圆柱齿轮　(b)斜齿圆柱齿轮　(c)圆锥齿轮　(d)蜗轮蜗杆

图 7－35　齿轮的种类

(2)圆锥齿轮——用于两相交轴之间的传动[图 7-35(c)]。

(3)蜗轮蜗杆——用于两垂直交叉轴之间的传动[图 7-35(d)]。

圆柱齿轮按其齿轮方向可分为直尺、斜齿和人字齿等，这里主要介绍直齿圆柱齿轮。

7.7.2 直齿圆柱齿轮

1. 直齿圆柱齿轮各部分的名称

齿轮各部分的名称及代号如图 7-36 所示。其中，图 7-36(a)为单个齿轮的立体图，图 7-36(b)为一对齿轮的啮合示意图。

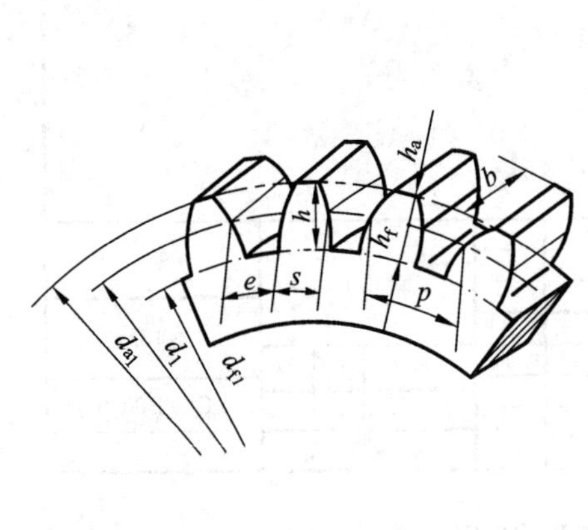

(a)单个齿轮各部分的名称

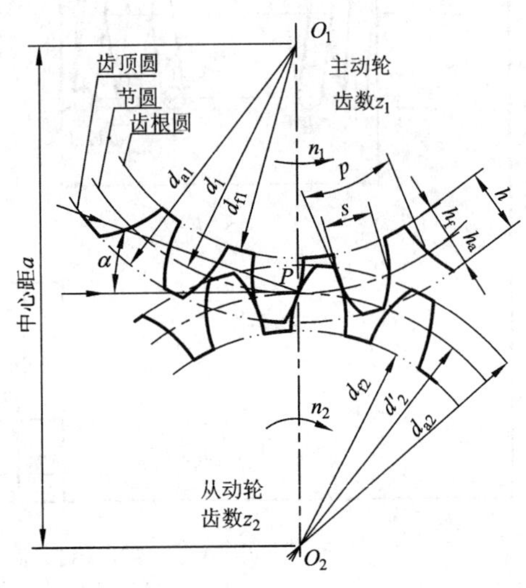

(b)一对圆柱齿轮的啮合示意图

图 7-36 直齿圆柱齿轮各部分的名称

(1)齿顶圆。通过齿轮顶部的圆，其直径用 d_a表示。

(2)齿根圆。通过齿轮根部的圆，其直径用 d_f表示。

(3)分度圆。齿顶与齿根之间的一个假想圆，对于标准齿轮，在该圆的圆周上，齿厚和槽宽相等，其直径用 d 表示。

(4)节圆。当两齿轮啮合时[图 7-36(b)]，在中心连线上，两齿廓的接触点称为节点，以 O_1、O_2为圆心，分别过节点 P 所作的两相切圆，称为节圆，其直径用 d'表示。当标准齿轮按理论位置安装时，节圆和分度圆是重合的。

(5)齿厚 s。在分度圆上每个齿轮的弧长。

(6)槽宽 e。在分度圆上相邻两齿间的弧长。

(7)齿距 p。在分度圆上相邻两齿对应点间的弧长。

(8)齿顶高 h_a。齿顶圆到分度圆的径向距离。

(9)齿根高 h_f。齿根圆到分度圆的径向距离。

(10)全齿高 h。齿顶圆到齿根圆的径向距离，$h=h_a+h_f$。

(11)中心距 a。两啮合齿轮中心间的距离，$a=(d_1+d_2)/2$。

(12)齿宽 b。齿轮的宽度。

2. 直齿圆柱齿轮的基本参数

(1)齿数 z。即轮齿个数。

(2)模数 m。

因分度圆的周长 πd 又可表示为齿距和齿数的乘积 zp，即

$$\pi d = z \cdot p$$

从而得到 $d = z \cdot \frac{p}{\pi}$，令 $\frac{p}{\pi} = m$，m 称为模数，则 $d = z \cdot m$。

为了设计和计算方便，规定模数是计算齿轮各部分尺寸的主要参数，且已标准化，如表 7－8 所示。

表 7－8　圆柱齿轮标准模数

第一系列	0.1　0.12　0.15　0.2　0.25　0.3　0.4　0.5　0.6　0.8　1　1.25　1.5　2　2.5　3　4　5　6　8　10　12　16　20　25　32　40　50
第二系列	0.35　0.7　0.9　1.75　2.25　2.75　(3.25)　3.5　(3.75)　4.5　5.5　(6.5)　7　9　(11)　14　18　22　28　(30)　36　45

注：优先采用第一系列，其次是第二系列，括号内的模数尽量不用。

(3)压力角 α。在节点 P 处，齿廓受力方向与运动方向的夹角。分度圆上的压力角又叫齿形角，常取 $\alpha = 20°$。

两标准直齿圆柱齿轮正确啮合传动的条件是模数和压力角都相等。

3. 直齿圆柱齿轮各部分的尺寸计算

齿轮的基本参数 z、m、α 确定之后，齿轮各部分的尺寸可按表 7－9 中的公式计算。

表 7－9　直齿圆柱齿轮各部分尺寸的计算公式

名称	代号	计算公式
齿顶高	h_a	$h_a = m$
齿根高	h_f	$h_f = 1.25m$
全齿高	h	$h = 2.25m$
分度圆直径	d	$d = mz$
齿顶圆直径	d_a	$d_a = d + 2h_a = mz + 2m = m(z+2)$
齿根圆直径	d_f	$d_{fr} = d - 2h_f = mz - 2.5m = m(z-2.5)$
中心距	a	$a = (d_1 + d_2)/2 = m(z_1 + z_2)/2$

4. 直齿圆柱齿轮的画法

(1)单个齿轮的画法。

为简化作图，国家标准对齿轮的轮齿部分的画法做了如下规定，而齿轮的其余结构则按真实投影绘制。

①齿顶圆与齿顶线用粗实线绘制，如图 7－37 所示。

②分度圆与分度线用细点画绘制，如图 7－37 所示。

③在外形图中，齿根圆与齿根线用细实线绘制，也可省略不画，如图 7－37(a)所示。

④在剖视图中，齿根线用粗实线绘制，且轮齿一律按不剖处理，如图 7－37(b)、(c)所示。

⑤当需要表示斜齿轮的方向时，可用三条与齿轮方向一致的细实线表示，如图 7－37(c)所示。

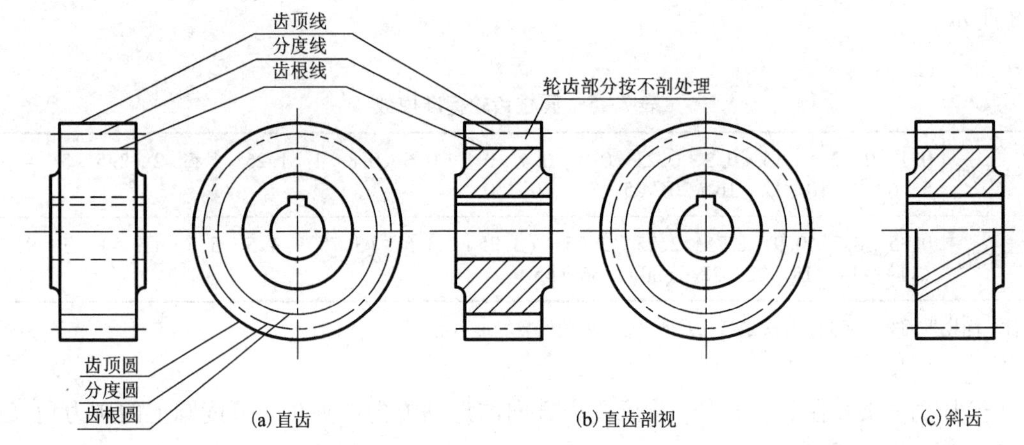

图 7－37　直齿圆柱齿轮各部分的名称

(2)圆柱齿轮的啮合画法。

只有模数和压力角相同的两齿轮才能啮合。一对标准齿轮相互啮合时，两分度圆处于相切的位置，此时分度圆又称为节圆，齿轮啮合的规定画法如下：

①在投影为圆的视图中，两节圆画成相切，齿根圆及啮合区内的齿顶圆可省略不画，其余部分按单个齿轮的画法绘制，如图 7－38 所示。

②在非圆的外形视图中，啮合区内的两节线重合，用粗实线表示，如图 7－38(b)所示。

③在剖视图中，啮合区内两节线重合，用细点画线表示；其中一个齿轮(主动轮)的齿顶线用粗实线绘制，另一个齿轮(从动轮)的齿顶线用虚线绘制，齿根线用粗实线绘制，如图 7－38(a)所示。在齿轮啮合区的剖视图中，由于齿根高与齿顶高相差 $0.25m$(m 为模数)，因此，一个齿轮的齿顶线与另一个齿轮的齿根线之间，应有 $0.25m$ 的间隙，如图 7－39 所示。

(3)齿轮齿条的啮合画法。

当齿轮直径无限大时，它的齿顶圆、分度圆、齿根圆和齿廓都变成了直线，齿轮变成了齿条。齿轮齿条啮合时，可由齿轮的旋转带动齿条直线运动，或反之。其画法与一对圆柱齿轮啮合的画法基本相同，如图 7－40 所示。

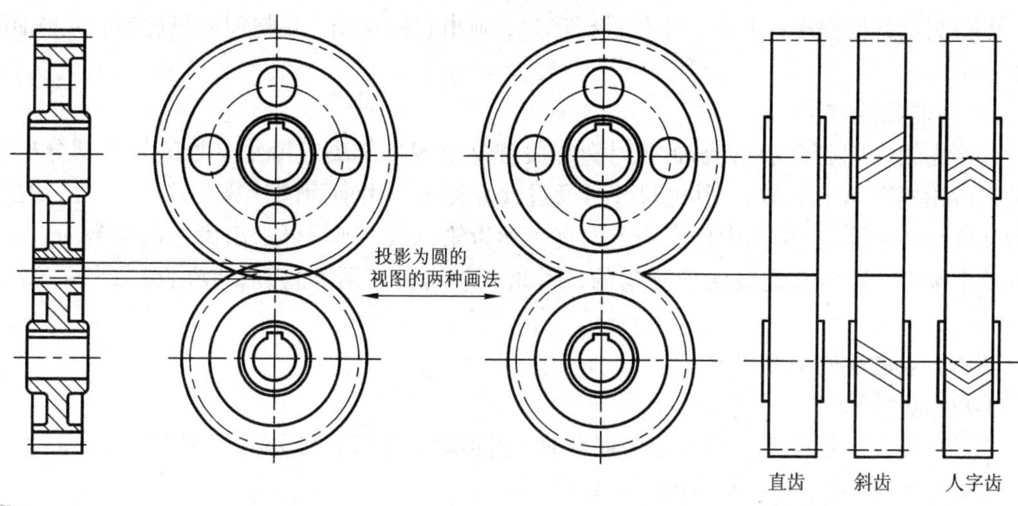

图 7－38　圆柱齿轮啮合的画法

齿轮啮合画法]

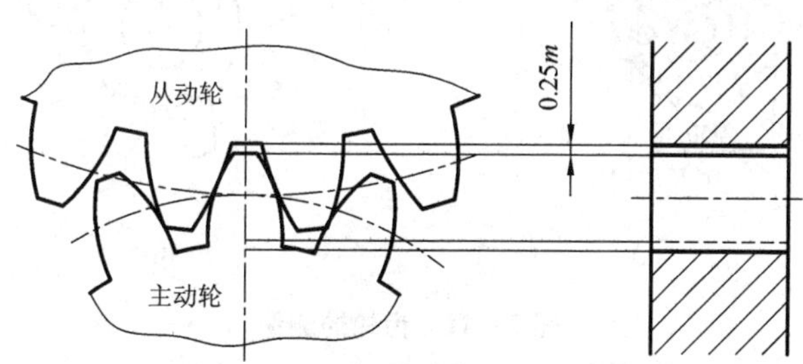

图 7－39　齿轮啮合区投影的画法

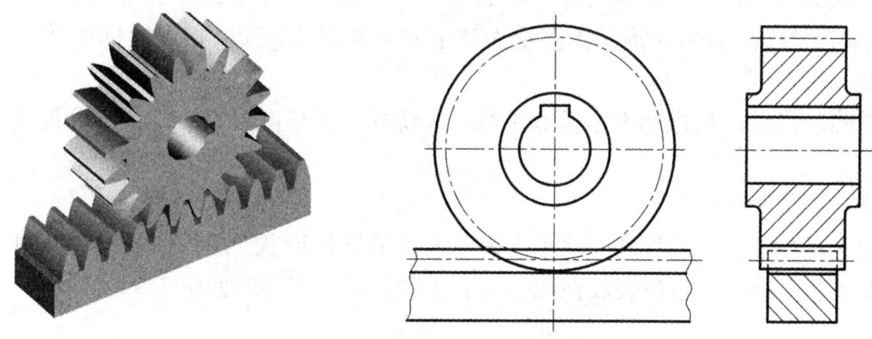

图 7－40　齿轮齿条的啮合画法

5. 项目驱动——齿轮测绘零件图的画法

齿轮测绘是根据现有的齿轮零件进行测量，画出它的草图，并整理成齿轮零件工作图的过程。

(1)齿轮测绘方法。

测绘齿轮时，除了其他部分的尺寸外，关键是要测量出决定齿轮参数的轮齿部分尺寸，即确定齿轮模数 m 和齿数 z，其他尺寸可通过计算得出。由前面的计算公式可知，已知齿轮的齿顶圆、分度圆、齿根圆中任意一个的直径和齿轮齿数，则均可求出齿轮的模数 m。在齿轮的三个圆中，齿顶圆是最便于测量的，因此一般测出齿顶圆直径，数出齿数，再求出模数 m。

具体齿轮测绘的步骤如下：

①数出齿数 z。

②量出齿顶圆直径 d_a。当齿数为偶数时，齿顶圆直径可直接量出，如图 7－41(a)所示；当齿数为奇数时，$d_a=2e+d$，如图 7－41(b)所示。

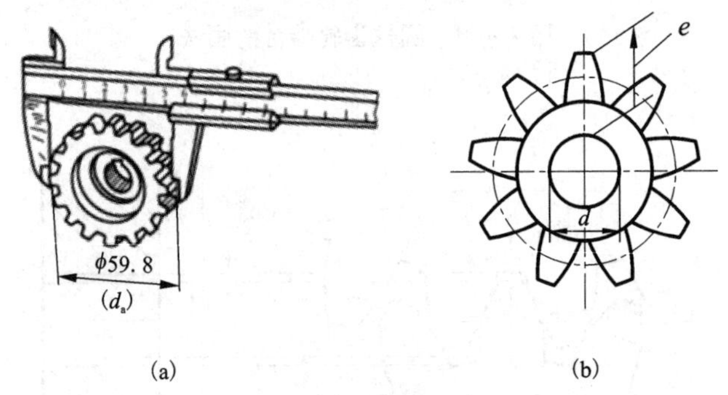

图 7－41　齿轮的测量

③初算被测齿轮的模数。根据公式 $m=\dfrac{d_a}{2+z}$，可算出齿轮模数。

④修正模数。当初算的模数与标准模数不符时，先检查齿数是否正确、齿顶圆直径是否测量准确；若无差错，则可考虑是由测量而产生的精度误差，选取相近的标准数值作为被测齿轮的模数 m。

⑤计算齿轮尺寸。根据标准模数和齿数，重新算出齿顶圆直径，并算出分度圆、齿根圆直径。

(2)齿轮零件图的画法。

在圆柱齿轮的零件工作图中，除了需表示零件的结构形状、尺寸和技术要求外，还要列出制造齿轮所需的参数，参数表放在图样的右上角。齿轮零件图如图 7－42 所示。

7.7.3　锥齿轮

1. 直齿锥齿轮各部分名称及代号

锥齿轮是加工在圆锥面上的齿轮，齿轮的参数沿齿向逐渐变化，为了设计制造方便，国家标准规定以大端模数来确定各部分的尺寸，如图 7－43 所示。m 的标准值参见相关的国家标准。

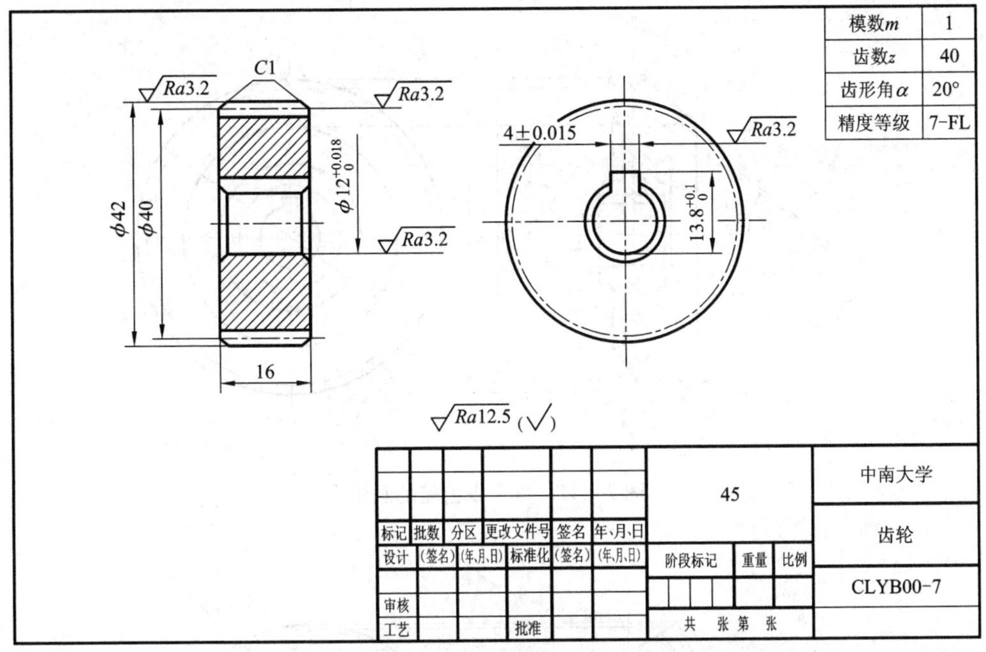

图 7-42　齿轮零件图

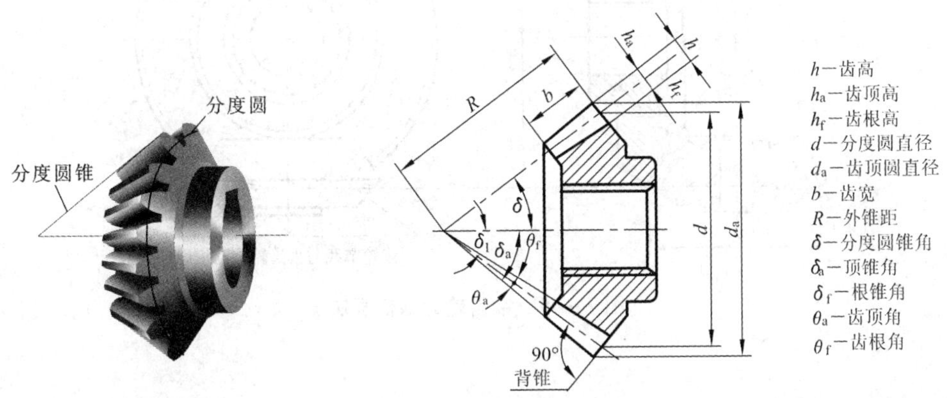

图 7-43　直齿圆锥齿轮各部分的名称

2. 锥齿轮的画法

(1)单个锥齿轮的画法。

单个锥齿轮的主视图常画成剖视图，轮齿部分的画法同圆柱齿轮，左视图上用粗实线画出齿轮大端和小端的齿顶圆，用点画线画出大端的分度圆，如图 7-44 所示。

(2)锥齿轮的啮合画法。

锥齿轮啮合时，主视图常用剖视表示，啮合部分画法与圆柱齿轮画法相同，左视图采用外形表示，如图 7-45 所示。

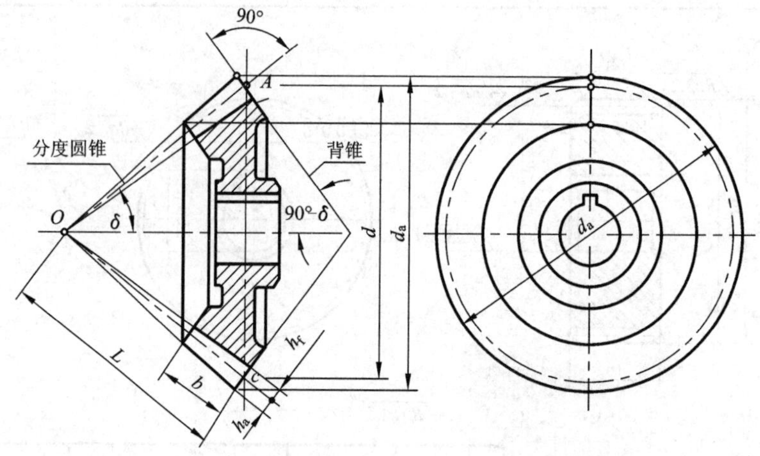

图 7－44　单个锥齿轮的画法

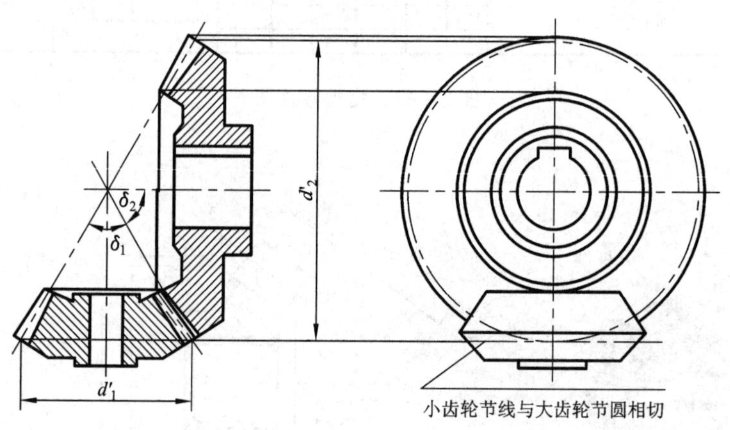

图 7－45　锥齿轮的啮合画法

7.7.4　蜗轮、蜗杆

蜗轮、蜗杆用来传递交叉垂直两轴间的运动和动力。蜗杆实际上是一齿数不多的斜齿圆柱齿轮，常用蜗杆的轴向剖面与梯形螺纹相似，蜗轮可看成圆柱斜齿轮，齿顶常加工成凹弧形(内环形)以增加蜗轮与蜗杆啮合时的接触面。

1. 蜗轮、蜗杆各部分的名称

蜗轮、蜗杆各部分的名称如图 7－46 所示。

2. 蜗轮、蜗杆的画法

(1)单个画法。

蜗轮的画法：在剖视图上，轮齿的画法与圆柱齿轮相同。在投影为圆的视图中，只画分度圆和外圆，齿顶圆和齿根圆不必画出。如图 7－46(a)所示。

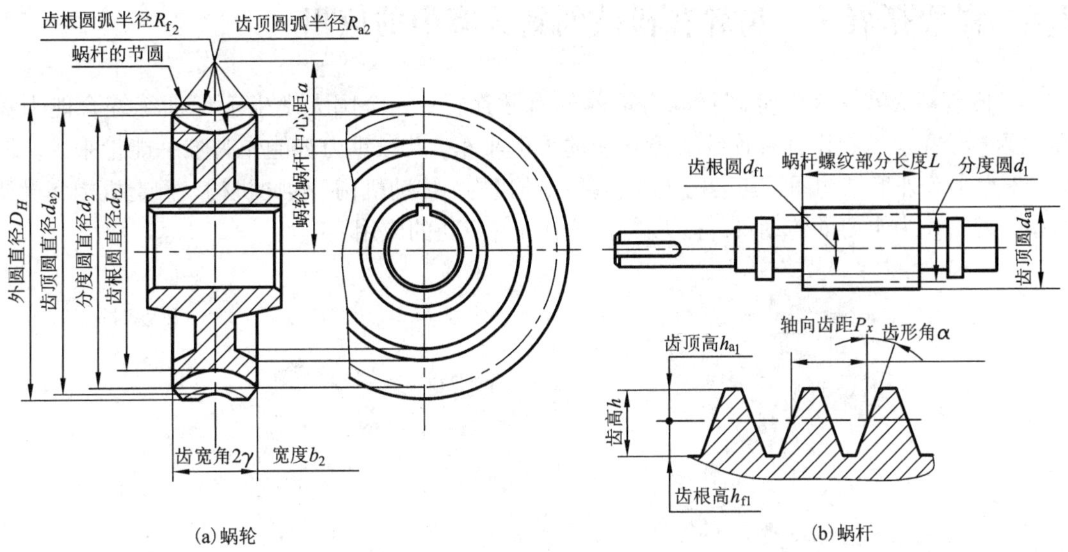

(a) 蜗轮　　(b) 蜗杆

图 7－46　蜗轮蜗杆的名称及画法

蜗杆的画法：与圆柱齿轮的画法相同。为了表示蜗杆牙型，一般采用局部剖视图画出几个牙型，或画出牙型的放大图。如图 7－46(b)所示。

(2)啮合画法。

蜗轮蜗杆的啮合画法如图 7－47 所示，在垂直于蜗轮轴线的投影面的视图上，蜗轮的节圆与蜗杆的节线相切，啮合区内的齿顶圆和齿顶线用粗实线绘制。在另一视图中，啮合区只画蜗杆投影。

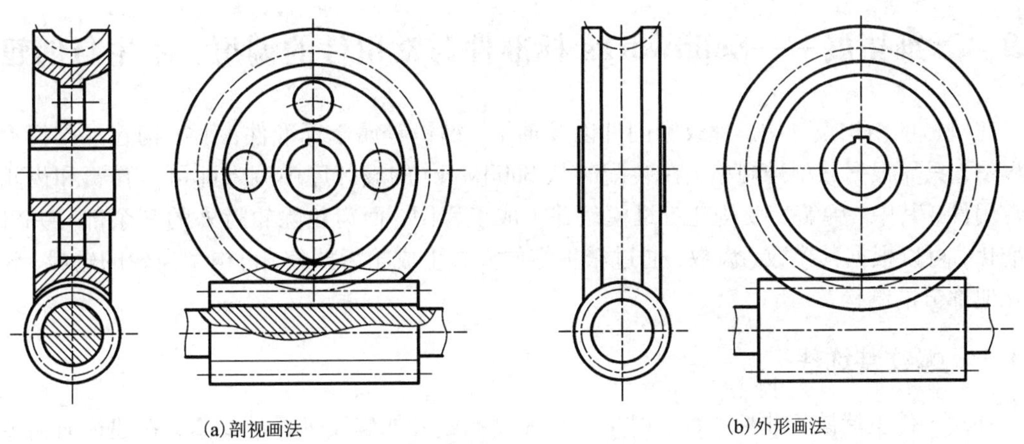

(a) 剖视画法　　(b) 外形画法

图 7－47　蜗轮蜗杆的啮合画法

7.8 课程拓展——齿轮在机械创新大赛中的应用

机械创新大赛是大学生创新能力培养的有效途径，如全国大学生工程训练综合能力竞赛，要求参赛学生制作具有连续避障功能的无碳小车，并以重力势能作为唯一能量来源。图7-48为小车外形结构图，其结构主要包括原动机构、传动机构、转向机构、行走机构和微调机构，齿轮作为主要的传动件，在无碳小车中有着广泛的应用。

(a)外形图

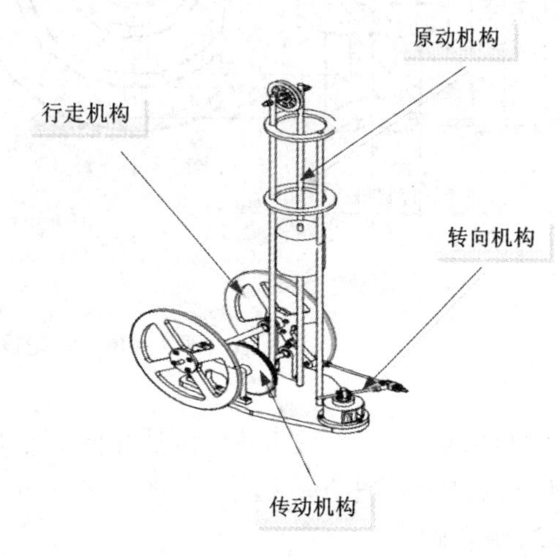

(b)结构原理图

[齿轮在无碳小车中的应用]

图7-48 无碳小车

7.9 三维拓展——Solidworks 标准件与常用件的调用、派生与创建

在机械的结构设计中，螺纹紧固件以及轴承、键销等属于标准件，不需构建三维模型和工程图，只需根据其型号规格，在装配时从 Solidworks 的设计库中调入即可。弹簧和齿轮属于常用件，其中，弹簧需要构建三维模型并生成工程图；而齿轮除轮齿外的其余部分并没有标准化，可以根据其模数、齿数，通过派生零件方式生成轮齿部分，再构型齿轮的轮毂、轮辐等其他部分的结构。

7.9.1 螺纹装饰线

有些零件虽然属于非标准件，但是含有螺纹孔或者外螺纹等标准要素，在建模时需要将这些要素体现出来，此时可插入装饰螺纹线。装饰螺纹线是在圆柱面特征上创建、用于表示螺纹直径的修饰特征，它在零件建模时并不能完整反映螺纹，但在工程图中可以清晰地显示出螺纹特征。

如图7－49所示的阀体零件中，外螺纹M39、内螺纹(螺纹孔)M42需要插入装饰螺纹线特征。以M39外螺纹为例，在插入装饰螺纹线之前，该部分为一直径等于螺纹大径的圆柱。因此，应先构建好该圆柱，然后通过下拉菜单【插入(I)】|【注解(N)】|【装饰螺纹线(O)】命令，弹出如图7－50所示属性对话框。

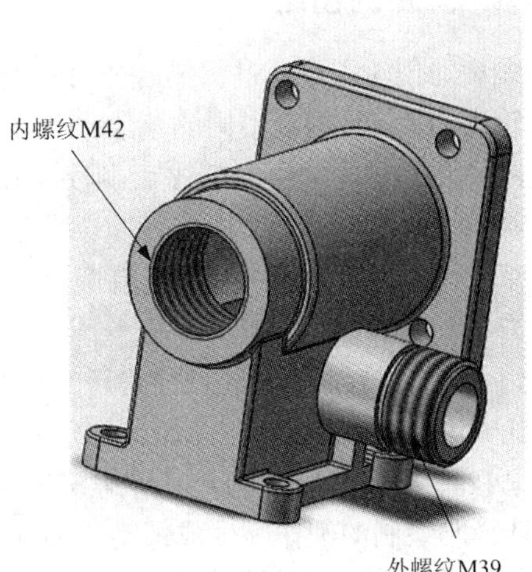

图7－49　阀体零件上的装饰螺纹线

按系统提示进行选择，并按图7－50所示的装饰螺纹线对话框进行设置。

圆形边线：选择端面倒角圆(图7－50所示)；

螺纹标准：选择"Gb"；类型："机械螺纹"；大小："M39"

螺纹深度：选择螺纹深度类型为"成形到下一面"，完成装饰螺纹线特征的创建。

内螺纹M42的装饰螺纹线的生成类似于外螺纹，即先应构建直径约为内螺纹小径的圆柱孔，然后插入装饰螺纹线，弹出属性对话框后，选择圆柱孔边线，则生成如图7－49所示的内螺纹。

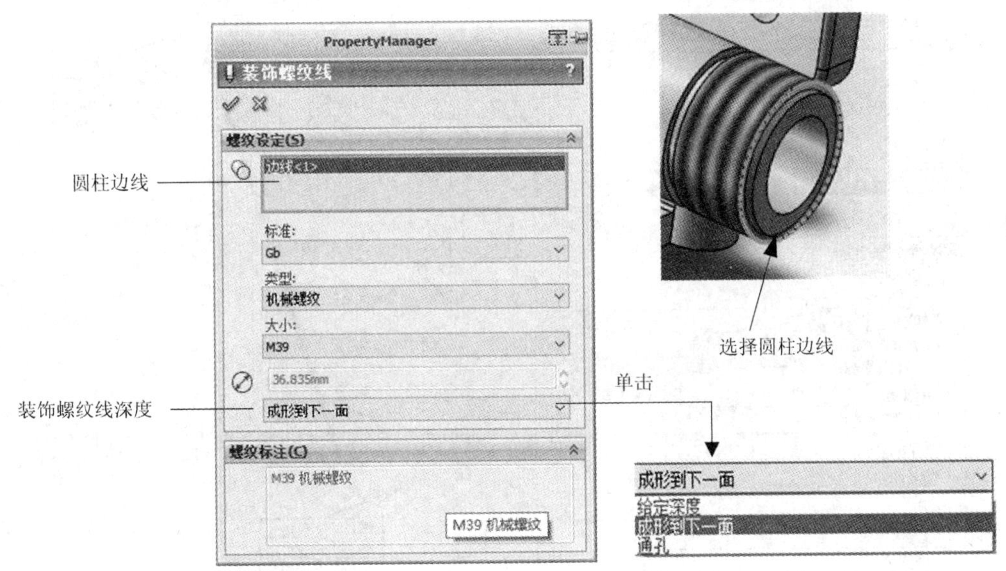

图7－50　装饰螺纹线属性设置

7.9.2 弹簧的创建

弹簧的创建需要通过扫描特征命令实现。在进行扫描特征命令前，先要完成扫描路径和扫描轮廓的草绘，即在不同的草绘平面上绘制扫描路径和扫描轮廓，然后再进行特征扫描，扫描路径和扫描轮廓绘制的先后顺序不限。如果先在某个草绘平面上绘制了扫描路径的草图，则必须退出该草绘，再在另一个草绘平面上绘制扫描轮廓。绘制完成后退出草绘，得到两个草绘图，此时模型树上显示有两个草图。

方法和步骤如下：

(1)生成螺旋线，完成扫描路径的绘制，如图 7－51 所示。

①在基准平面(如上视基准面)绘制一圆。

②【插入(I)】|【曲线(U)】|【螺旋线/涡旋线(H)】命令，弹出螺旋线/涡旋线属性对话框图，选择刚绘制的圆作为生成螺旋线的起始位置。

③弹出螺旋线/涡状线属性对话框，定义螺旋线的螺距、圈数等参数，设置好参数后生成如图 7－51 所示的螺旋线。

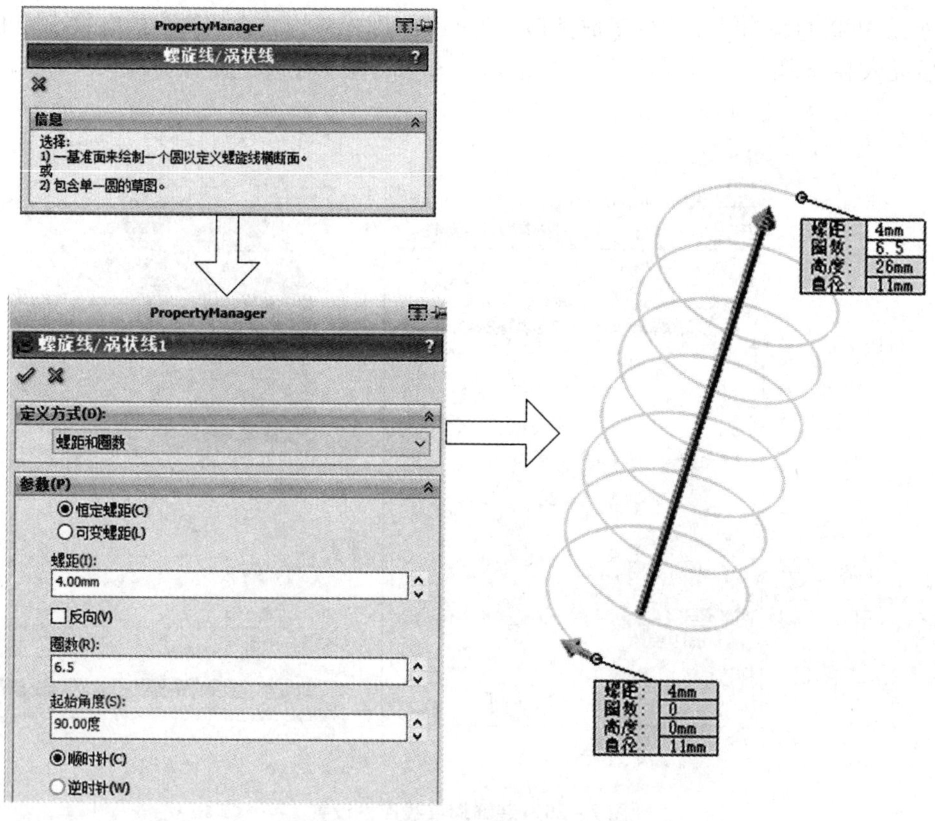

图 7－51 螺旋线的生成及属性设置

(2)在另一基准面(如右视基准面)绘制一圆作为扫描轮廓，并使圆心与螺旋线起点位置重合，如图 7－52 所示。

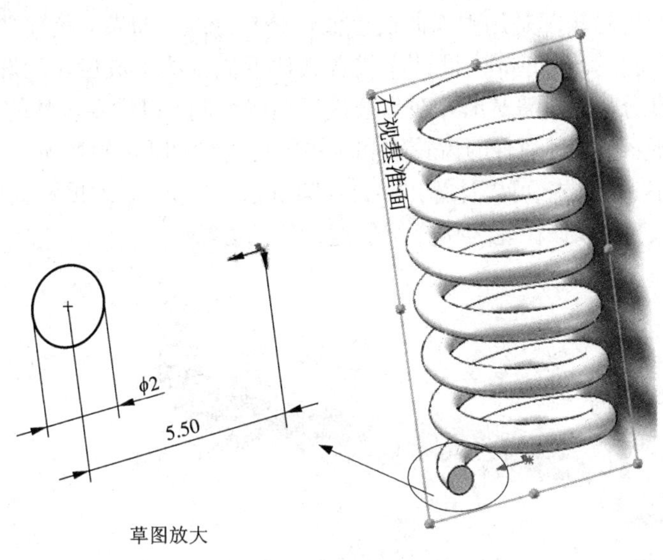

图 7－52　扫描轮廓的绘制

(3)利用扫描特征，创建弹簧实体。

输入【旋转凸台/基体(B)】命令后，弹出【属性管理器】对话框，分别定义扫描轮廓和扫描路径，即选择刚绘制的圆作为扫描轮廓，螺旋线作为扫描路径，完成弹簧的创建，如图 7－53 所示。

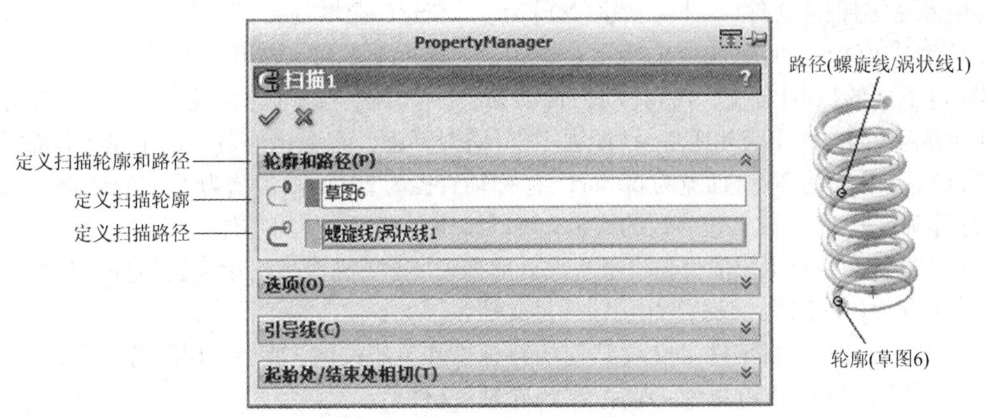

图 7－53　弹簧创建的扫描属性设置

7.9.3 齿轮的创建

标准齿轮的轮廓曲线为渐开线，由于 Solidworks 软件在参数绘图方面的功能还不够完善，通过设计库生成的齿轮轮廓是用圆弧曲线近似代替渐开线。如果对齿轮要求不高，只需进行结构设计，则可以利用 Solidworks 设计库或者其他近似方法生成齿轮轮廓；如果需要进行应力分析或其他仿真分析，则需对渐开线齿廓进行精确绘制，以满足设计的准确性。

如图 7－54 所示，一对啮合的齿轮轴和小齿轮的参数如下：模数 $m=3$、齿数 $z=16$、压力角 $\alpha=20°$。通过这些参数，可以计算出：分度圆直径 =48 mm、齿顶圆直径 =54 mm、齿根圆直径 =40.5 mm。下面以该齿轮为例介绍创建齿轮的方法。

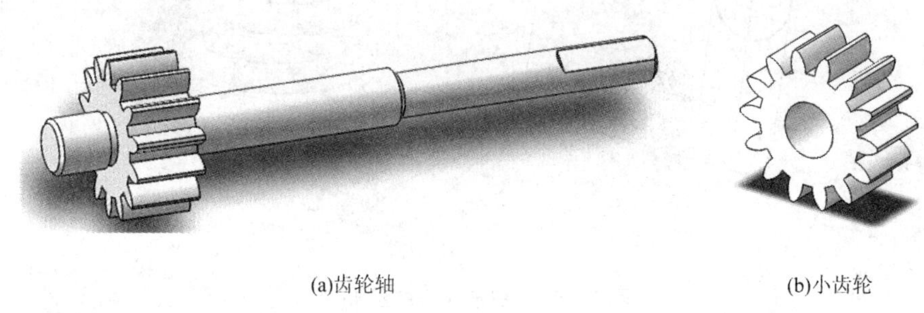

(a)齿轮轴　　(b)小齿轮

图 7－54　齿轮轴与小齿轮

1. 通过 Solidworks 设计库创建齿轮

图 7－54 中，小齿轮可利用 Toolbox 标准零件库直接生成，齿轮轴则可在小齿轮的基础上通过创建其他特征生成。

方法和步骤如下：

（1）新建零件：【文件(F)】|【新建(N)】命令，新建一个零件。

（2）生成模板：如图 7－55 所示，单击【设计库】按钮，打开设计库对话框，点开【Toolbox】下面的【Gb】分支，找到【动力传动】|【齿轮】项，选择【正齿轮】图标并点击右键，点击【生成零件】，弹出齿轮零件及【配置零部件】对话框。在弹出的对话框中设置模数为 3、齿数为 16、压力角为 20°、面宽为 60 mm、标称轴直径为 20 mm，键槽为无。生成零件后点击【添加】|【确定】，则生成上述参数的模板，可以按照此模板派生出零件。

（3）派生零件：将生成的齿轮模板从设计库拖入屏幕，则派生出小齿轮零件，点击【文件(F)】|【另存为(A)】命令，保存为“小齿轮”文件名。

（4）生成齿轮轴：在零件上继续其他的特征操作，如拉伸、旋转、切除等，完成后点击【文件(F)】|【另存为(A)】命令，保存为“齿轮轴”文件名。

2. 近似建模方法

近似建模方法是以圆弧代替渐开线齿廓而生成齿轮的方法。下面仍以图 7－54 的小齿轮为例说明其创建方法。

（1）新建文件。创建一个新的零件文件。

（2）创建圆柱及倒角。采用拉伸或旋转实体命令创建圆柱，直径为 54 mm，长为 60 mm。

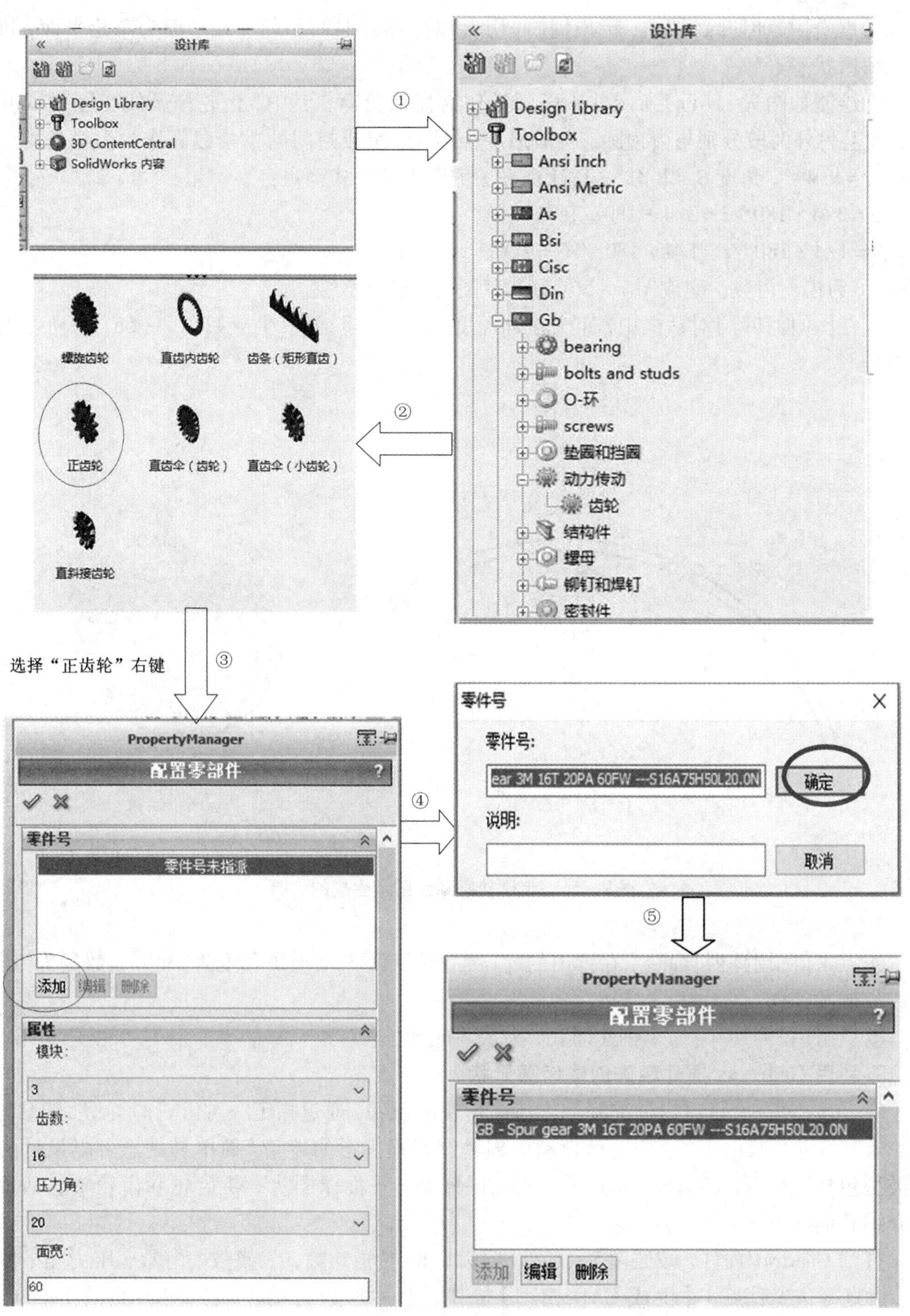

图 7－55　“Toolbox”标准零件库中齿轮的生成

(3)创建齿槽。

①点击【拉伸切除】按钮，弹出【拉伸切除】对话框，选择齿轮左端平面为草绘平面，进入草图编辑状态。

②绘制如图 7－56(a)所示的 4 段圆弧作为齿槽轮廓。其中，齿轮渐开线由圆弧 $R10$ 代替，加上另外两段分别与齿顶圆、齿根圆重合圆弧，组成封闭的草绘截面作为齿槽轮廓。设角度 $\alpha=8.44°$，角度 $\beta=2.81°$，其计算方法依照下列公式确定：

$$\alpha=3/4\cdot 180°/z=3/4\cdot 180°/16=8.44°$$

$$\beta=1/4\cdot 180°/z=1/4\cdot 180°/16=2.81°$$

式中，z 为齿轮齿数。完成图 7－56(a)的草图后，退出草绘。

③在【拉伸切除】对话框中，定义拉伸深度为【完全贯通】，生成如图 7－56(b)所示的单个齿槽。

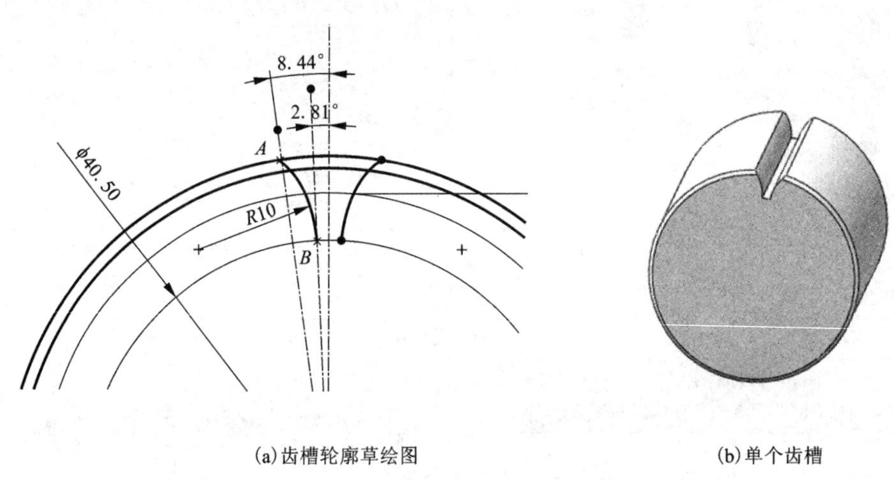

(a)齿槽轮廓草绘图　　(b)单个齿槽

图 7－56　齿槽轮廓草绘图及生成的齿槽

④点击【圆周阵列】命令，在弹出的窗口中选择基准轴，设置角度为“360”，数量为“16”，完成齿槽的阵列。

⑤点击【拉伸切除】命令创建通孔，完成齿轮建模。

3. 利用 Geartrax 插件精确创建齿廓形状

Geartrax 是一个可以方便准确创建齿廓形状的插件，通过指定一对齿轮的类型、模数、齿数、压力角以及其他相关参数，就自动生成具有精确齿形的齿轮，简单易用。可以设计的齿轮类型包括直齿轮、斜齿轮、锥齿轮、蜗轮蜗杆等。下面以图 7－54 齿轮和齿轮轴的啮合为例介绍其创建方法。

打开 Geartrax 插件，按照图 7－57 设置齿轮的主要参数，如模数、齿数、压力角、传动比、齿宽等，然后点击【生成 CAD 模型】按钮，上述参数自动生成一对齿轮的 Solidworks 模型。

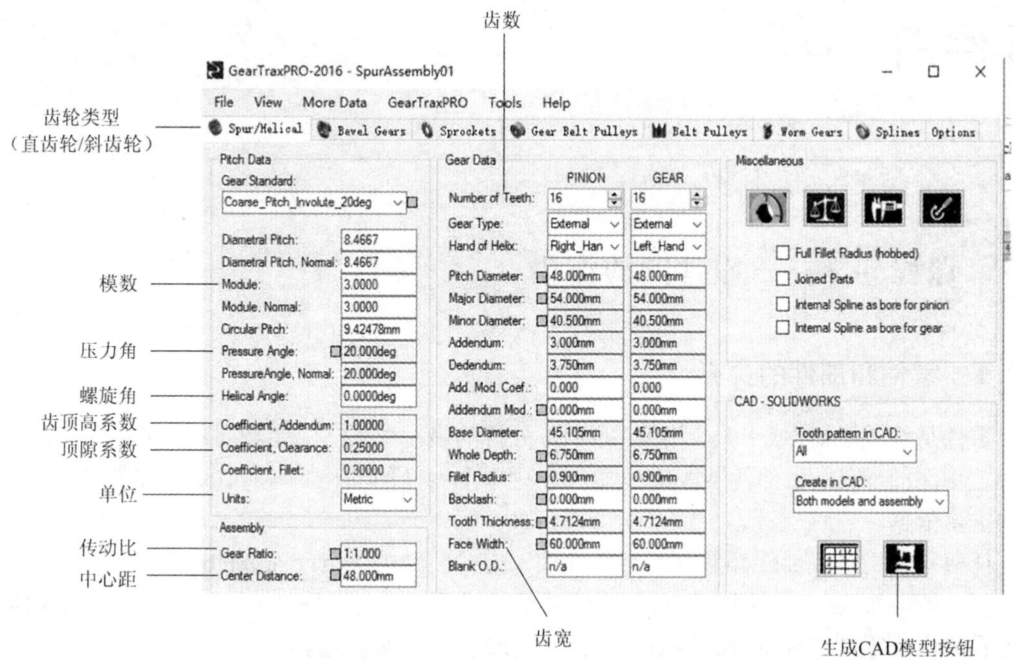

图 7－57　Geartrax 插件生成齿轮的属性设置

其中一个齿轮见图 7－58(a)，另一个齿轮通过切换 Solidworks 窗口打开，如图 7－58(b) 所示。

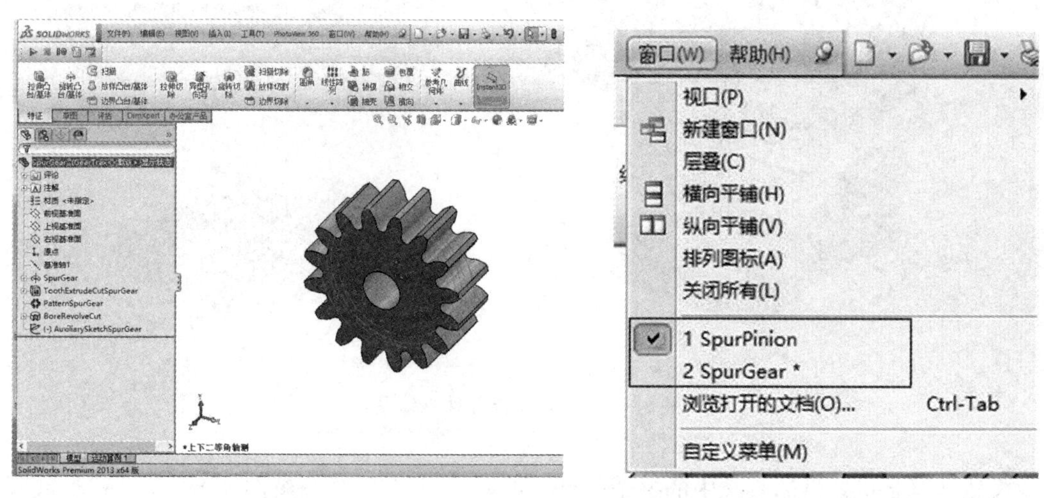

(a)齿轮的Solidworks模型　　(b)Solidworks窗口界面

图 7－58　生成齿轮的 Solidworks 界面

第 8 章
零件图

8.1　课程导学——零件图的作用

8.1.1　零件和部件的关系

零件是组成机器(或工具、用具)的不可分拆的最小单元。一定数量的零件装配成一个完成特定功能的部件，由部件装配成机器。表达单个零件的图称为零件图，它是制造和检验零件的主要依据。

任何一台机器或部件都是由若干零件按一定的装配关系装配而成的。

以齿轮油泵为例，说明零件和部件的关系及零件的分类。图 8－1 是齿轮油泵的立体图。为了看清内部零件，图(a)作了剖切处理，图(b)作了透明处理。

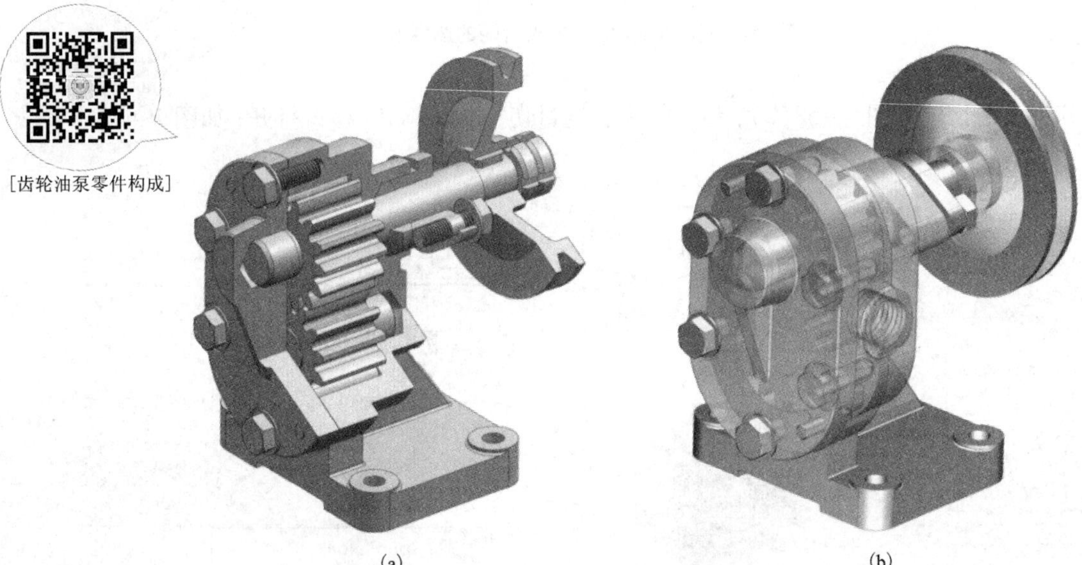

图 8－1　齿轮油泵部件立体图

齿轮油泵是机器供油系统中的一个部件。图 8－2 是其零件分解图。

该齿轮油泵共由 16 种零件(31 个零件)组成，这 16 种零件分别为：1 螺栓、2 垫圈、3 圆柱销、4 泵盖、5 轴、6 齿轮、7 垫片、8 泵体、9 圆螺母、10 皮带轮、11 螺母、12 键、13 压盖、14 填料、15 螺柱、16 传动齿轮轴。

零件分为标准件和非标准件两大类。标准件是由国家标准对其结构形状、尺寸、技术要求、画法等实行标准化的零件。在齿轮油泵的 16 种零件中，其中有标准件 7 种：1 螺栓、2 垫圈、3 圆柱销、9 圆螺母、11 螺母、12 键、15 螺柱；非标准件 9 种。参见图 8 - 2。

产品在设计过程中，一般先画装配图，再根据装配图绘制零件图。对组成部件或机器的两大类零件，其中所有非标准件要绘制零件图，所有标准件要选型，给出型号规格和国家标准号(见第 7 章“标准件与常用件”)。

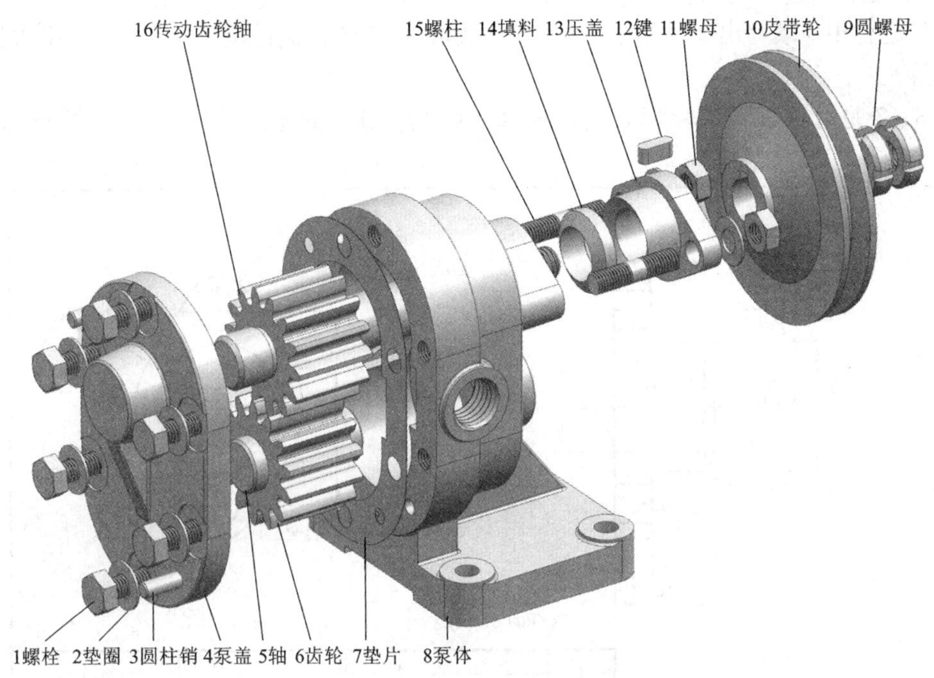

图 8 - 2　齿轮油泵的零件分解图

8.1.2　零件图的作用

零件图表示零件结构、大小和有关技术要求。零件结构是指零件的各组成部分及其相互关系，技术要求是指为保证零件功能在制造过程中应达到的质量要求。零件图是制造和检验零件的依据，是直接用于指导生产的重要技术文件。装配图表示机器或部件的工作原理、零件间的装配关系和技术要求。装配图是装配、调整、检验、安装、使用和维修时需要的重要技术文件(见第 9 章“装配图”)。

8.2　零件图的基本内容

一张完整的零件图应包括如下基本内容：

(1)一组视图。

用一组视图(包括机件常用表达方法中所讲述的视图、剖视图、断面图、局部放大图等)完整、清晰地表达出零件各部分的结构形状。

(2)完整的尺寸。

正确、完整、清晰、合理地标注零件在制造和检验时所需的全部尺寸，以确定零件的形状大小和相对位置。

(3)技术要求。

用规定的符号、代号、标记和简要的文字表达出零件制造和检验时所应达到的各项技术指标和要求。如表面粗糙度、尺寸公差、材料热处理等。

(4)标题栏。

在标题栏中应填写出零件的名称、材料、数量、图号、作图比例以及设计、审批人员签名及日期等。

图 8－3 是齿轮油泵中零件压盖(图 8－2 中的零件 13)的零件图。

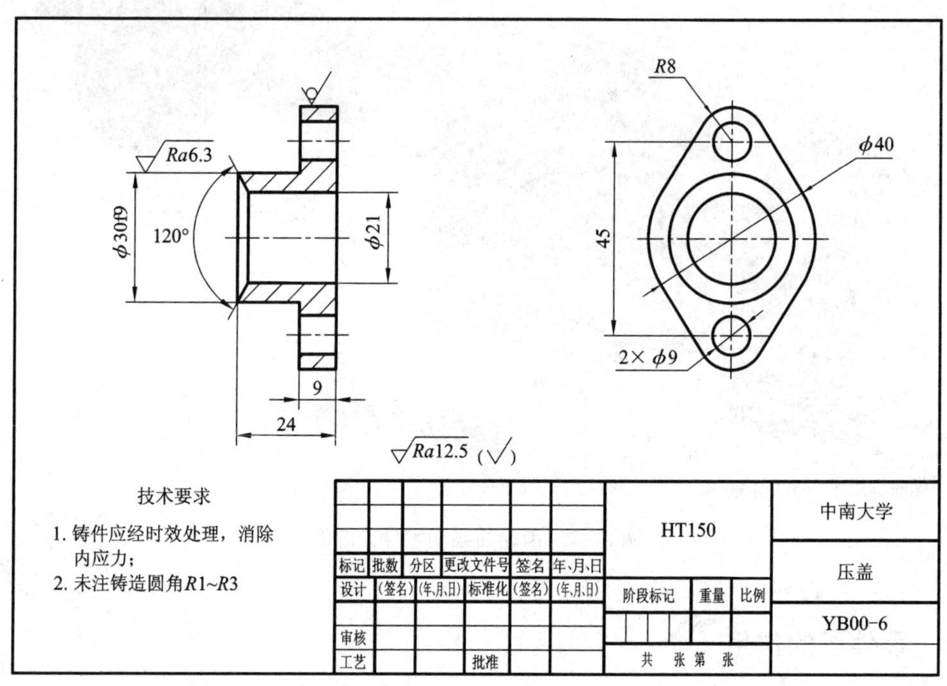

图 8－3　压盖零件图

8.3　零件表达方案的选择

零件的结构形状多种多样，各不相同。零件图要求将零件的结构完整、清晰地表达出来。要满足这些要求，首先应对零件进行结构分析，并尽可能了解零件在机器或部件中的位置和作用，在此基础上确定表达方案。表达方案包括：主视图的选择、视图数量的确定、表达方法的选择。

8.3.1　视图表达方案的选择

主视图是一组视图的核心，是表示零件信息量最多的视图，主视图选择是否恰当，不仅影响到其他视图的选择，而且关系到读图是否方便，画图能否合理地利用图纸幅面。选择主视图时应先确定零件的安放位置，再确定投射方向。

1. 主视图的选择

(1)确定零件的安放位置。

零件的安放位置应使主视图尽可能反映零件的主要加工位置或在机器中的工作位置。

①符合零件的加工位置。

加工位置是零件在主要加工工序中的装夹位置。零件图的主要功用是为了制造零件，因此，主视图与加工位置一致是为了方便制造者对照图样进行加工生产和测量。如轴、套、轮盘等零件的主要加工工序是在车床或磨床上进行的，因此，这类零件的主视图应将其轴线水平放置。

图8-4是一个轴类零件在车床上装夹加工的示意图，其轴线水平放置。图8-5是球阀的零件——阀杆的零件图视图表达，图8-6是阀杆在球阀部件中的工作位置。阀杆主视图按加工位置而不是按工作位置放置，即轴线水平放置。球阀是管道系统中控制流量和启闭的部件。

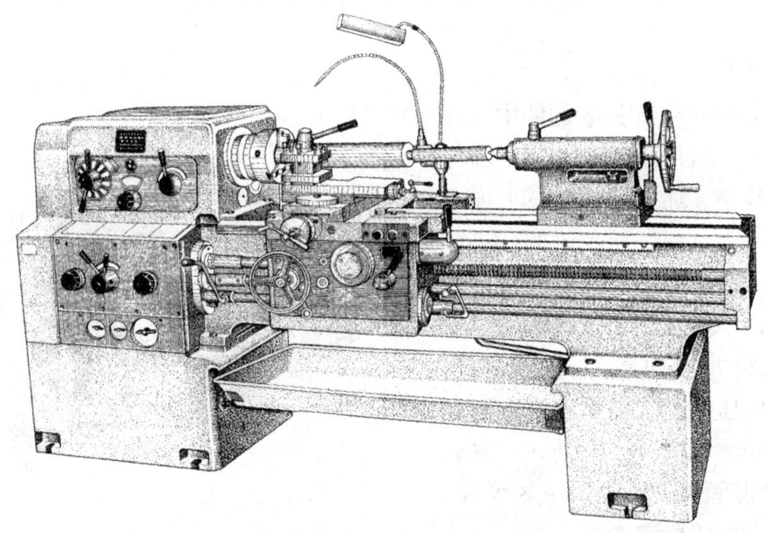

图8-4　轴类零件在车床上装夹加工示意图

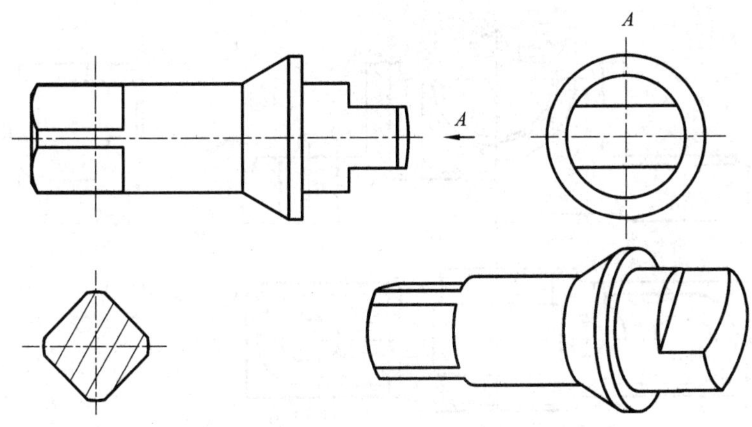

图8-5　阀杆视图选择——主视图符合加工位置

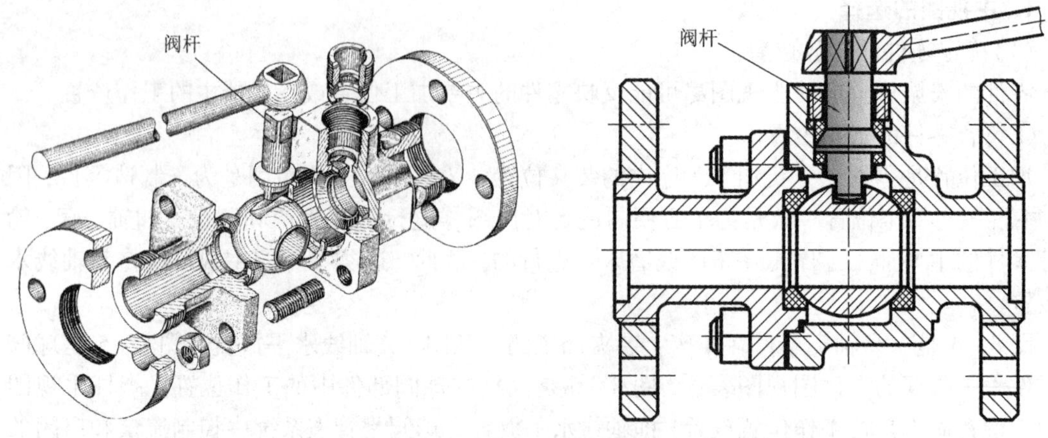

图 8-6　阀杆在球阀中的工作位置

②符合零件的工作位置。

工作位置是零件在机器或部件中工作时的位置。有些零件如支座、箱壳等零件，结构形状复杂，加工工序较多，要在各种不同的机床上加工，加工时的装夹位置经常变化，这时主视图应按其在机器中的工作位置画出，便于和装配图对照，有利于机器或部件的装配工作的进行。以滑动轴承的轴承底座为例，轴承底座在滑动轴承中的工作位置如图 8-7 所示，其轴承底座零件图视图部分如图 8-8 所示，主视图是按工作位置确定的。

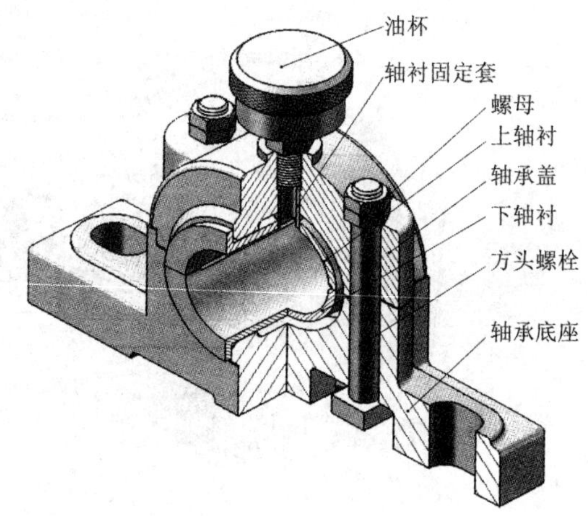

图 8-7　油杯滑动轴承及轴承底座的工作位置

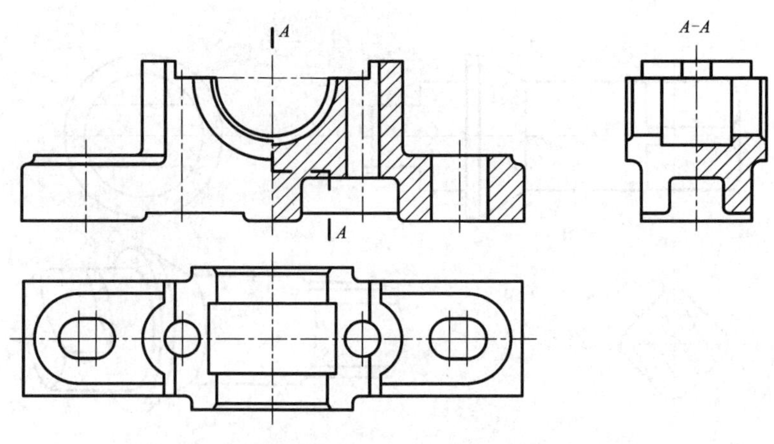

图 8-8　轴承底座视图选择——主视图符合工作位置

(2)确定主视图的投射方向。

当零件的安放位置确定以后，就要确定主视图的投射方向，选择能充分反映出零件形状特征的方向作为主视图的投影方向。

如图 8－9 所示，图(a)、图(b)均反映机床尾架的工作状态(机床尾架的工作状态见图 8－4)，但图(a)的投射方向较多地反映零件的形状特征，比图(b)的投射方向合理。

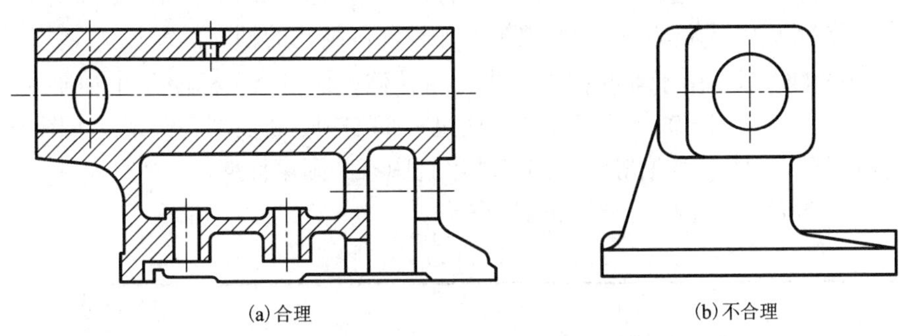

(a)合理　　(b)不合理

图 8－9　主视图投射方向比较

2. 视图表达方案的选择

主视图的安放位置和投射方向确定后，要确定主视图的表达方法。根据零件的功能、结构形状特征和加工方法，选择合理的表达方法(基本视图、全剖、半剖、局部剖等)，使主视图表达的信息量最多。套类和箱壳类零件多用来包容其他零件，结构上多有空腔、内孔，其加工要求高，标注也较多，因此，往往需要用适当的剖视图画法表示其内形。图 8－9(a)的尾架主视图就选用了全剖视图。轴等实心零件则多画外形，必要时取小范围局部剖。

主视图确定后，要根据零件的形状结构考虑选用所需的其他视图，每个视图都要有表达的侧重点，相互配合而又不重复，以完整、清晰地表达零件的结构形状且方便读图为基本原则，确定视图的数量。具体选择时应考虑下面几点：

①零件的主要结构应优先选用基本视图，并在基本视图上做适当的剖视、断面来表达。

②零件的次要结构和局部形状用局部视图、向视图、斜(剖)视图表达，表达时应尽量按投影关系配置在有关视图附近。

③当一些局部结构表达不清楚或不便于标注尺寸时，应采用局部放大图表达。

8.3.2　典型零件表达方案

零件图表达方案的确定应综合考虑零件的结构特点、在机器和部件中的功能、加工和安装位置等。零件的结构形状千差万别，因此，将零件根据其结构形式和功能特点进行分类，归纳出典型零件的表达方案。常用典型零件分为四类：轴套类零件、盘盖类零件、叉架类零件、箱壳类零件。

下面以几个典型零件为例，分析这四类零件的结构特点，探讨它们的表达方法。

1. 轴套类零件

(1)结构分析。

轴套类零件一般由不同直径的同轴回转体组成，主要加工方法是车削与磨削，为了加工方便，常设计有退刀槽、砂轮越程槽、倒角等工艺结构。在机器或部件中通常起支撑与传递扭矩的作用，常带有键槽、油槽等结构。如图 8－10 所示的传动齿轮轴（图 8－2 中的零件16）的结构。

（2）表达方案。

①主视图选择。轴套类零件的主要加工方法是车削和磨削，为了便于工人对照图样加工，主视图一般将轴线水平放置，以垂直轴线的方向作为主视图的投射方向，这样能清楚地反映轴的各段形状及相对位置，也能反映轴上各种局部结构的轴向位置。

②其他视图的选择。由于轴的各段形体为回转体，其直径在标注尺寸时加注"ϕ"表示，所以不必画其他基本视图，轴上的局部结构通过局部剖视、断面图、局部放大图来表达。退刀槽、砂轮越程槽、倒角、键槽等结构的尺寸需查阅有关国家标准。

图 8－10 是齿轮油泵中的传动齿轮轴的零件图。

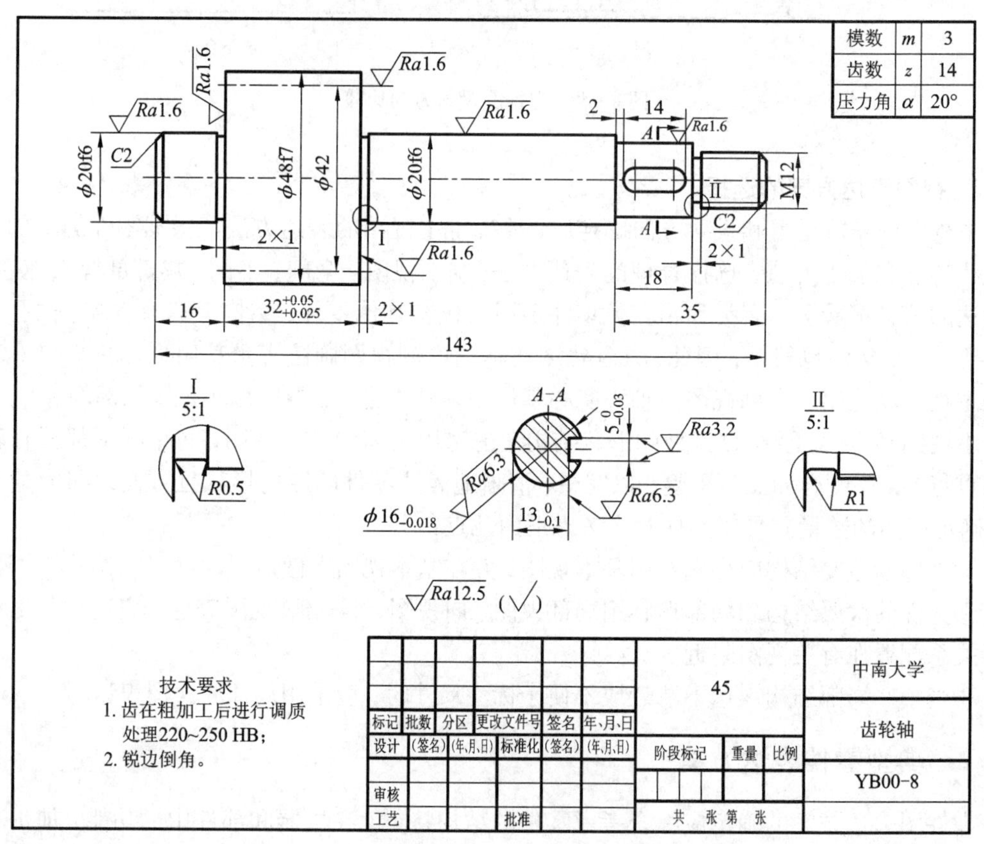

图 8－10　传动齿轮轴零件图

2. 盘盖类零件

（1）结构分析。

盘盖类零件的基本形状是扁平的盘状体、盖状体，主体部分一般为回转体，大部分是铸件，如各种齿轮、皮带轮、手轮、端盖、法兰盘等都属于这类零件。主要在车床上加工。在机器中通常起传递动力和扭矩、连接、轴向定位、密封等作用。常带有键槽、螺孔、销孔、凸台、凹孔等结构。

(2)表达方案。

①主视图的选择。大部分轮盘类零件的主要加工方法是车削，所以主视图一般也是将轴线水平放置，用垂直于轴线的方向作为主视图的投射方向，为了表达内部结构，主视图常采用剖视图。

②其他视图的选择。盘盖类零件一般用两个基本视图表达，除了主视图外，还增加一个左视图或右视图，用来表达零件的外形轮廓和其他各组成部分的相对位置。

图 8－11 是阀盖零件图。阀盖属于盘类零件。

图 8－12 是齿轮油泵的泵盖零件图(图 8－2 中零件 4)。泵盖属于盖类零件。

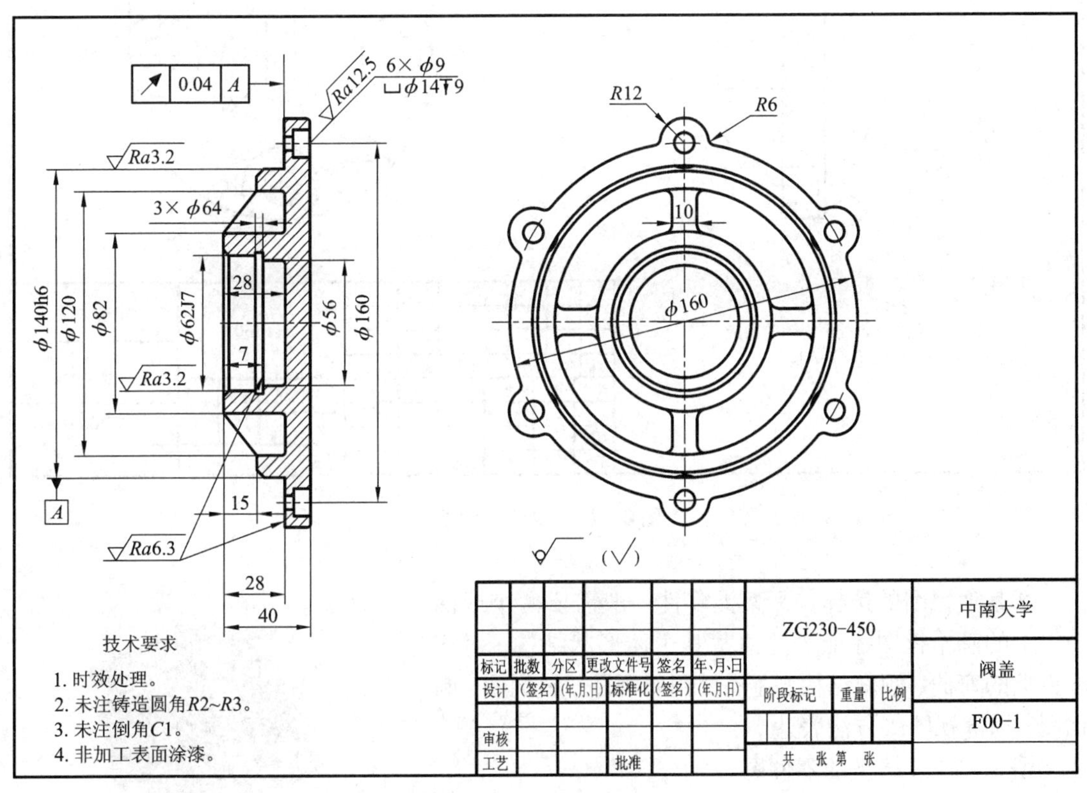

图 8－11　阀盖零件图

3. 叉架类零件

(1)结构分析。

叉架类零件包括拨叉、连杆、支架等零件。这类零件多数形状不规则，结构较复杂，多为铸件经多道工序加工而成。其结构大致分成支撑、工作、连接部分，如图 8－13 所示的拨叉，圆筒为支撑部分，叉架为工作部分，肋板为连接部分。

(2)表达方案。

①主视图的选择。由于叉架类零件的加工工序较多，加工位置多变，因此，选择主视图时，常按工作位置安放，按形状特征确定投影方向。

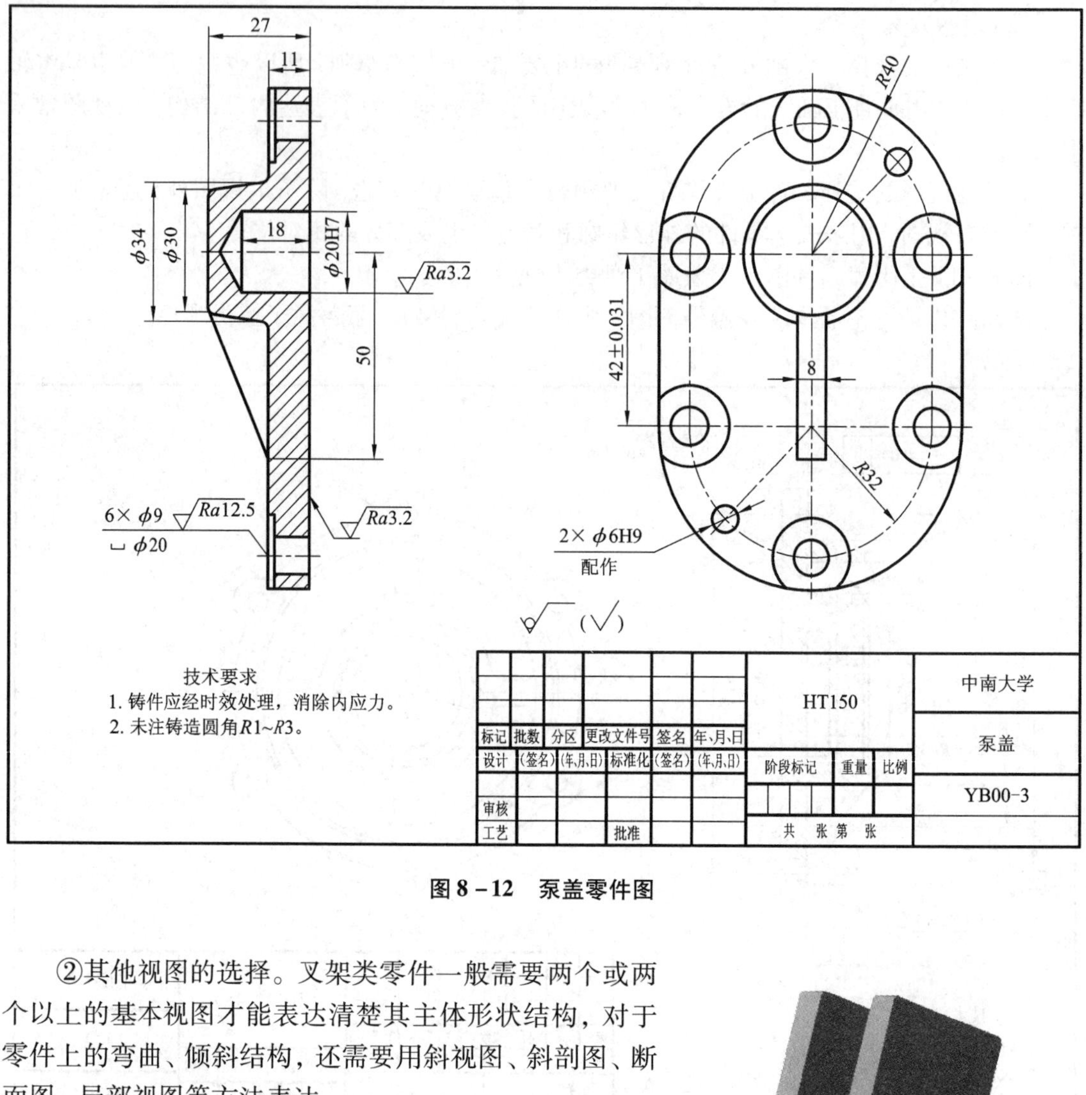

技术要求

1. 铸件应经时效处理，消除内应力。
2. 未注铸造圆角$R1\sim R3$。

图 8－12　泵盖零件图

②其他视图的选择。叉架类零件一般需要两个或两个以上的基本视图才能表达清楚其主体形状结构，对于零件上的弯曲、倾斜结构，还需要用斜视图、斜剖图、断面图、局部视图等方法表达。

图 8－14 是拨叉的零件图。

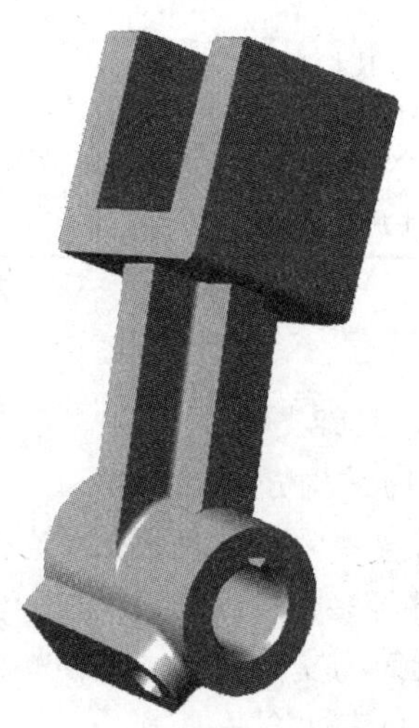

图 8－13　拨叉的立体图

4. 箱壳类零件

(1)结构分析。

箱壳类零件是组成机器或部件的主要零件，主要起支撑、包容其他零件的作用。这类零件结构复杂，一般先制成铸件毛坯或锻件毛坯，再进行金属切削加工、热处理等工序。常用薄壁构成不同形状的内腔，有轴承孔、凸台、肋板，此外还有安装底板、安装孔等结构。如图 8－15 所示的蜗轮蜗杆减速器箱体，其内部要容纳一对轴向垂直交叉的蜗杆轴和蜗轮轴，要满足润滑、冷却、密封的需要，以及能与相邻零件定位、连接或安装。

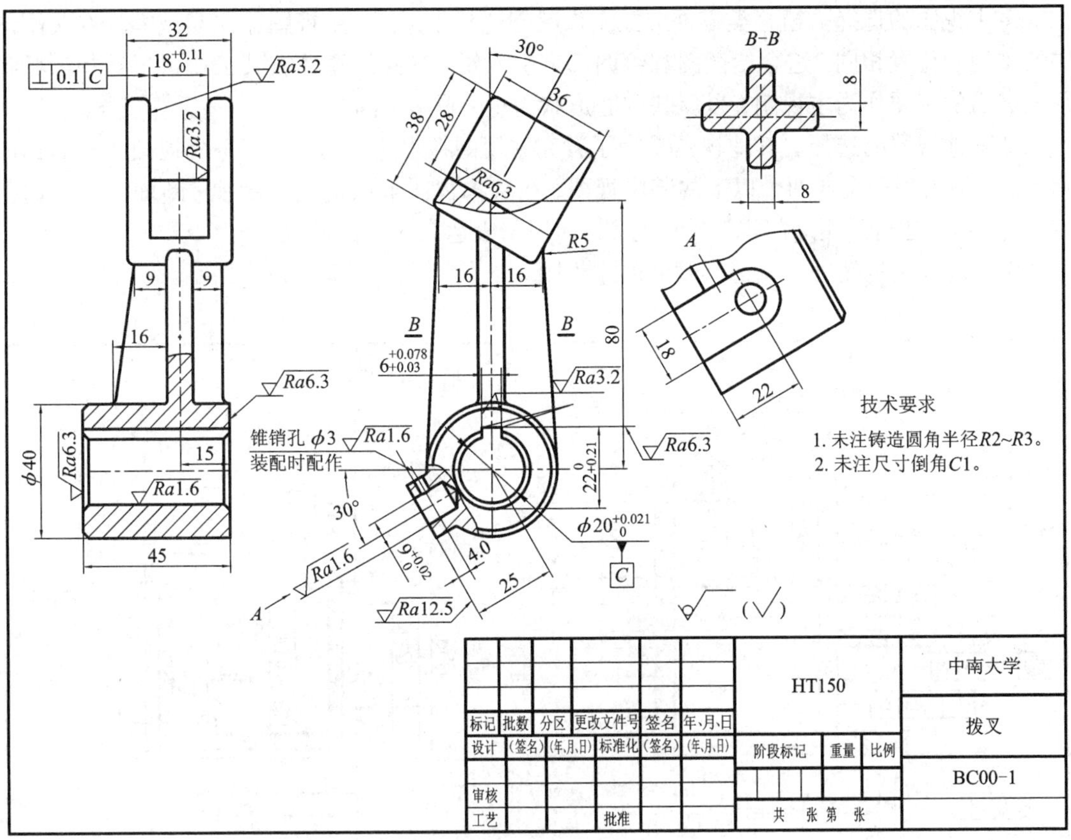

B-B
A
技术要求
1. 未注铸造圆角半径R2~R3。
2. 未注尺寸倒角C1。
锥销孔 φ3
装配时配作
HT150
中南大学
拨叉
BC00-1
标记 批数 分区 更改文件号 签名 年、月、日
设计 (签名) (年,月,日) 标准化 (签名) (年,月,日)
阶段标记 重量 比例
审核
工艺 批准
共 张 第 张

图 8-14　拨叉零件图

油孔
腔体
凸台
轴孔
底板
B
A
盖板
蜗杆
4×油杯
输出
键
蜗杆轴
动力输入
输出
蜗轮轴
圆锥销
蜗轮
箱体

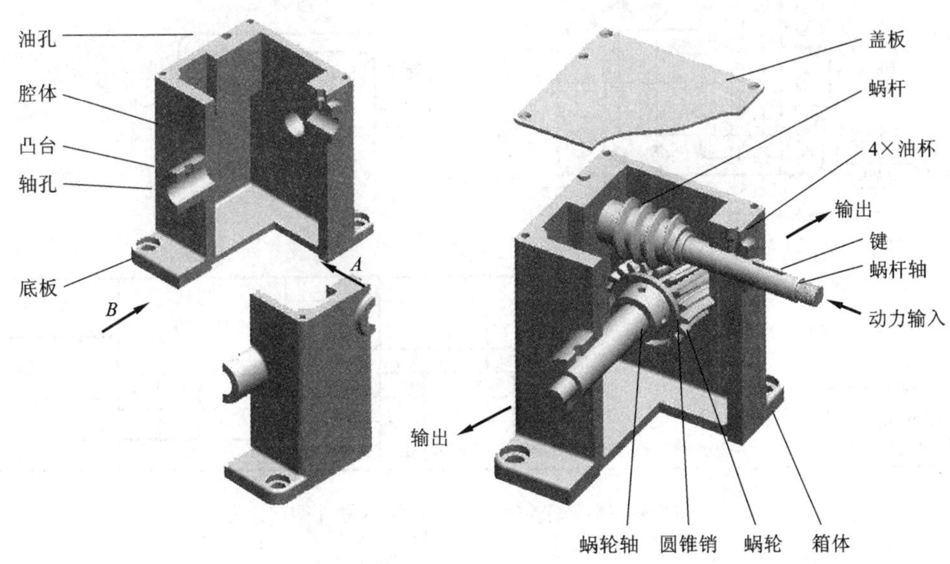

图 8-15　蜗轮蜗杆减速器箱体及蜗轮蜗杆减速器传动示意图

(2)表达方案。

①主视图的选择。箱壳类零件应按工作状态选择主视图，主视图往往与该零件在装配图中的主视图位置相同，这会给读图和绘图都带来方便。减速器箱体按其工作位置选择形状特征较突出的视图作为主视图，以反映内腔形状为主，采用全剖视。

②其他视图的选择。其他视图是为了补充主视图在表达上的不足，每个视图要有表达的重点，一般要用两个或两个以上的基本视图，在基本视图上取适当的剖视、断面图表达内部结构，此外，还可采用局部视图、斜视图、向视图表达某些结构形状。

图 8－16 是蜗轮蜗杆减速器箱体的零件图。

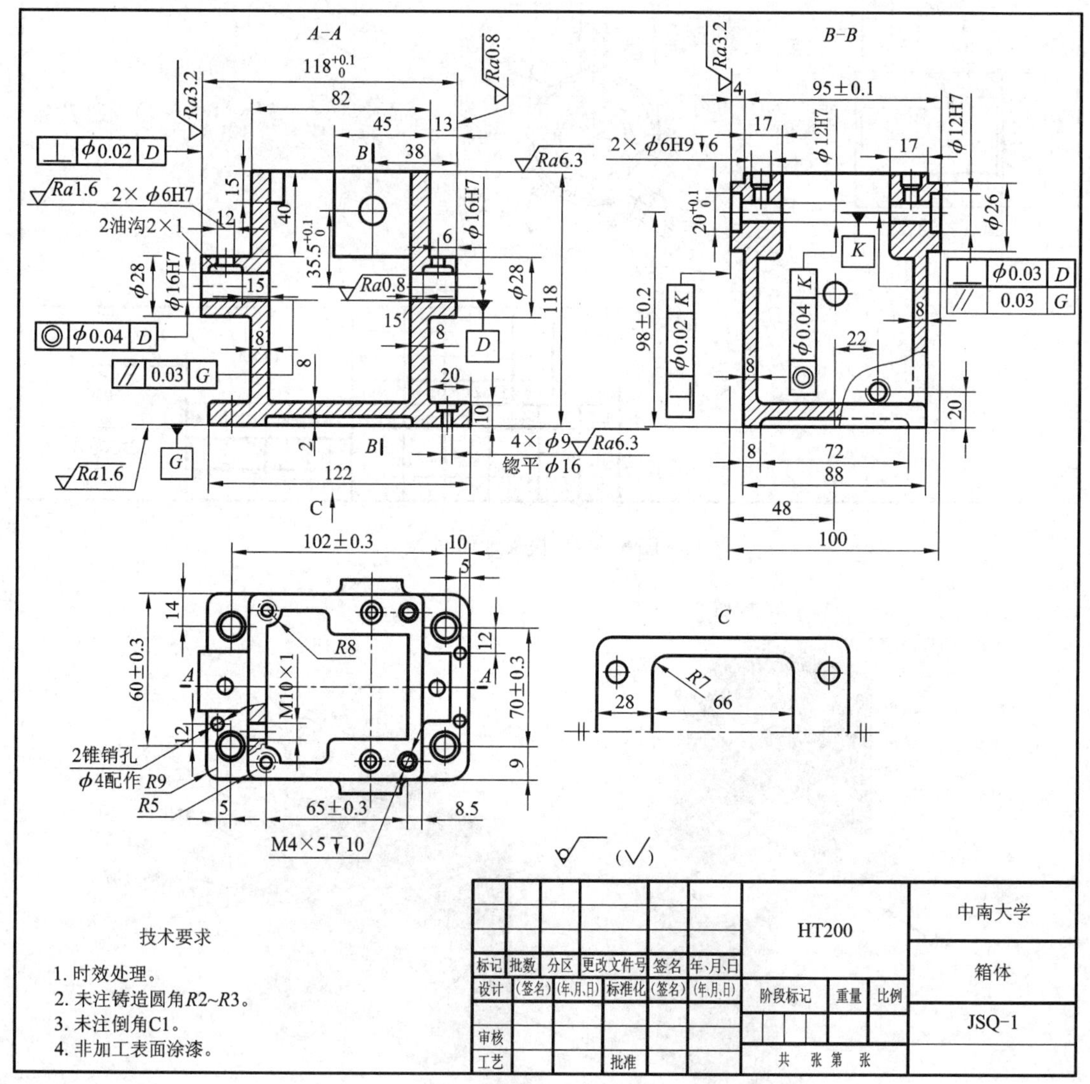

图 8－16　蜗轮蜗杆减速器箱体零件图

图 8－17 是齿轮油泵泵体的零件图。泵体为箱体类零件，其内部容纳一对齿轮，支撑齿轮轴。泵体是图 8－2 中的零件 8。

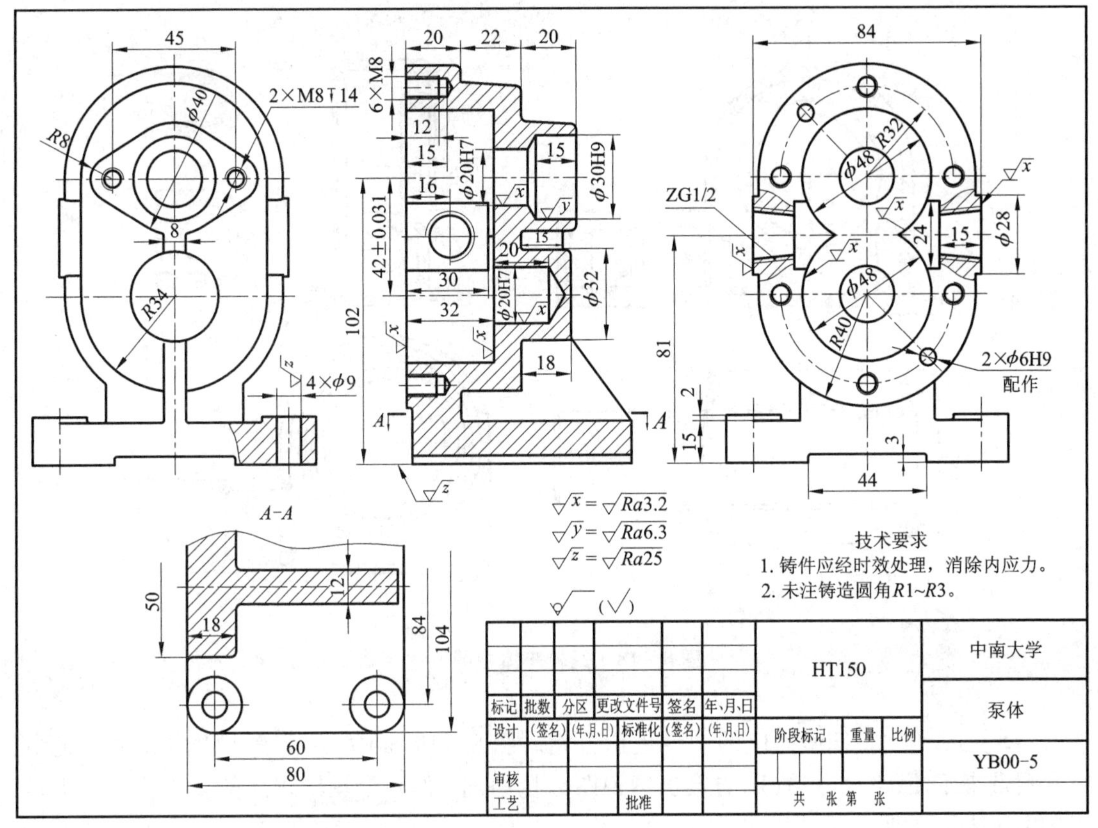

图 8－17　齿轮油泵泵体零件图

8.3.3　优化表达方案

不论对哪类零件，零件视图的表达方案都不是唯一的，选择时应对几种表达方案进行比较和优化，选出最佳方案。下面讨论表达方案优化时的几个要点：

1. 零件内形与外形表达的方案优化

(1)若零件外形复杂，内形简单，则以表达外形为主，采用视图表达。

(2)若零件内形复杂，外形简单，则以表达内形为主，采用剖视图表达。

(3)若零件内、外形都较复杂，且视图对称，则内、外形采用半剖视一起表达。

(4)若零件内、外形都较复杂，又无对称面，且在同一视图上的投影不重叠，则采用局部剖视图表达。

(5)若零件的内外形都较复杂，在同一视图上投影发生重叠而不能内外兼顾时，则在同一方向上，既画剖视图又画外形视图，如图 8－18 所示的蜗轮箱体的主视图所作的 $B-B$ 剖视图和为表示外形所作的 A 向视图。

2. 集中表达、分散表达与视图数量的方案优化

把零件的各部分形状集中于少数几个视图来表达，还是分散在许多单独的图形上表达，主要应从读图方便出发。要便于想象出零件的整体形状，且每个视图侧重表达的内容要选择合理。不勉强集中，以避免图形繁杂混乱。

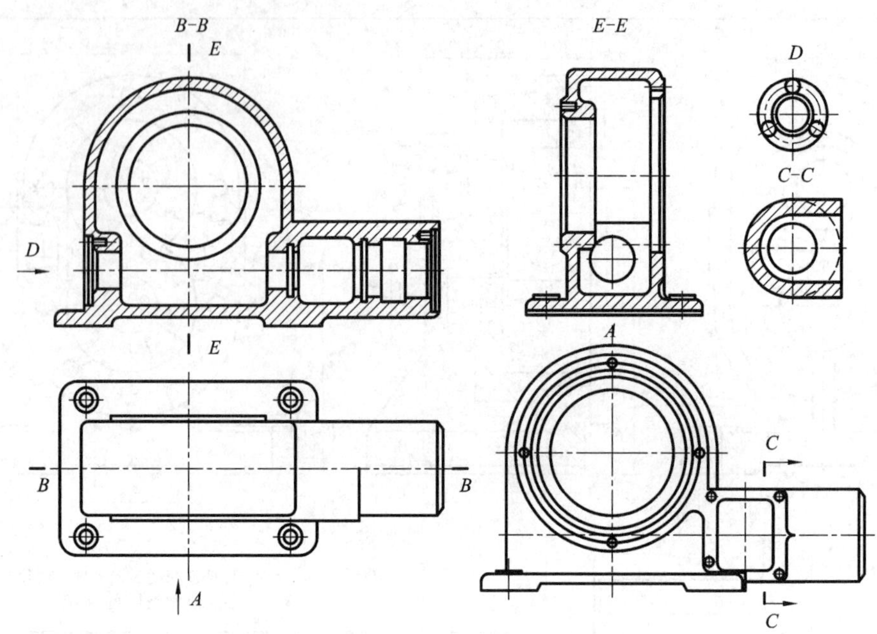

图 8-18　蜗轮箱体视图表达

图 8-19 给出了调温器座的两种表达方案。图 8-19(a)方案要表达的内容过于集中，给读图带来不便；图 8-19(b)方案虽然视图数量增加，但各个视图表达的重点突出、明确，表达更清晰、合理。

同时，不要过多地使用局部视图和局部剖视图，使整体形状支离破碎。例如，在表达图 8-20(a)所示的摇臂座时，图 8-20(c)所示的方案虽表达完整、清晰，但过于分散，且多处重复，很不精练；而图 8-20(b)所示的表达方案，只在主、俯视图上采取了适当的剖视，恰当地运用了虚线表达，更完整、清晰，与图 8-20(c)方案相比，省去了 4 个图形，较为精练。

3. 使用虚线表达与视图数量的方案优化

由于虚线表达层次不清，给看图造成一定的困难，故一般情况下不采用虚线表达物体的形状。但如果零件上某些部分结构大小已定，仅形状没有表达完全，画了虚线以后不影响视图的清晰，甚至还可以省略另一个视图，这时可以考虑画虚线，如图 8-20(b)中的主视图画了虚线后并没有影响视图的清晰，却省略了图 8-20(c)中的 *A*-*A* 剖视图。

8.4　零件图的尺寸标注

零件图的尺寸标注直接关系到零件的质量和加工制造方法，因此，标注零件图尺寸时，除了要满足前面几章所述的完整、正确、清晰的要求外，还要做到标注合理，充分考虑零件在设计、制造和检验方面的要求。

尺寸标注的合理性主要是指所注的尺寸既要符合设计要求，保证机器的使用性能，又要满足加工工艺要求，以便于零件的加工、测量和检验。要达到合理的要求，必须具备一定的生产实际经验和掌握有关的专业知识，因此，本节只就尺寸标注合理性问题作一初步介绍。

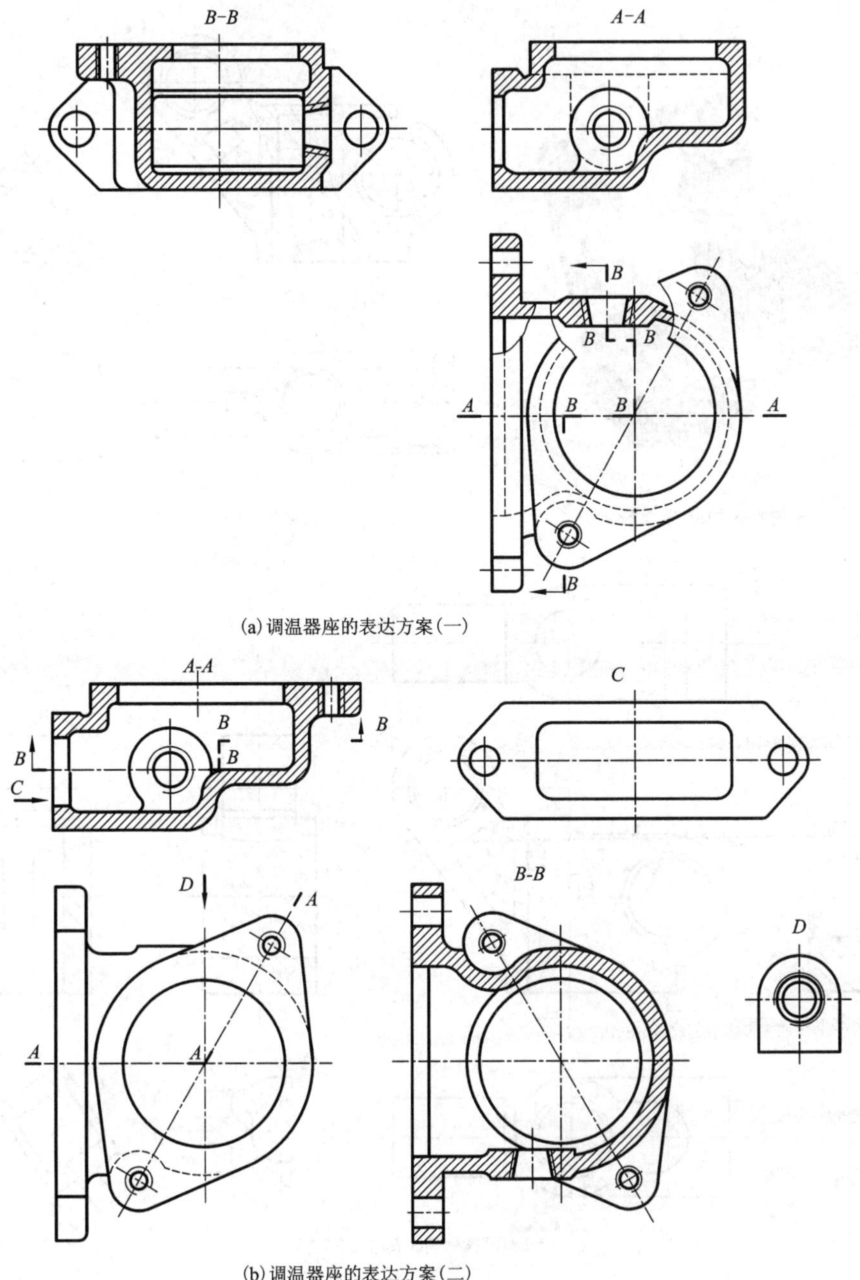

(a) 调温器座的表达方案(一)

(b) 调温器座的表达方案(二)

图 8－19　汽车调温器座的表达方案比较

8.4.1　尺寸基准及其选择

标注尺寸时，用于确定其他点、线、面位置所依据的那些点、线、面叫作尺寸基准。任何一个零件都有长、宽、高三个方向的尺寸，每个方向都要有一个主要基准，有时，某个方向还要附加一些基准，成为辅助基准。

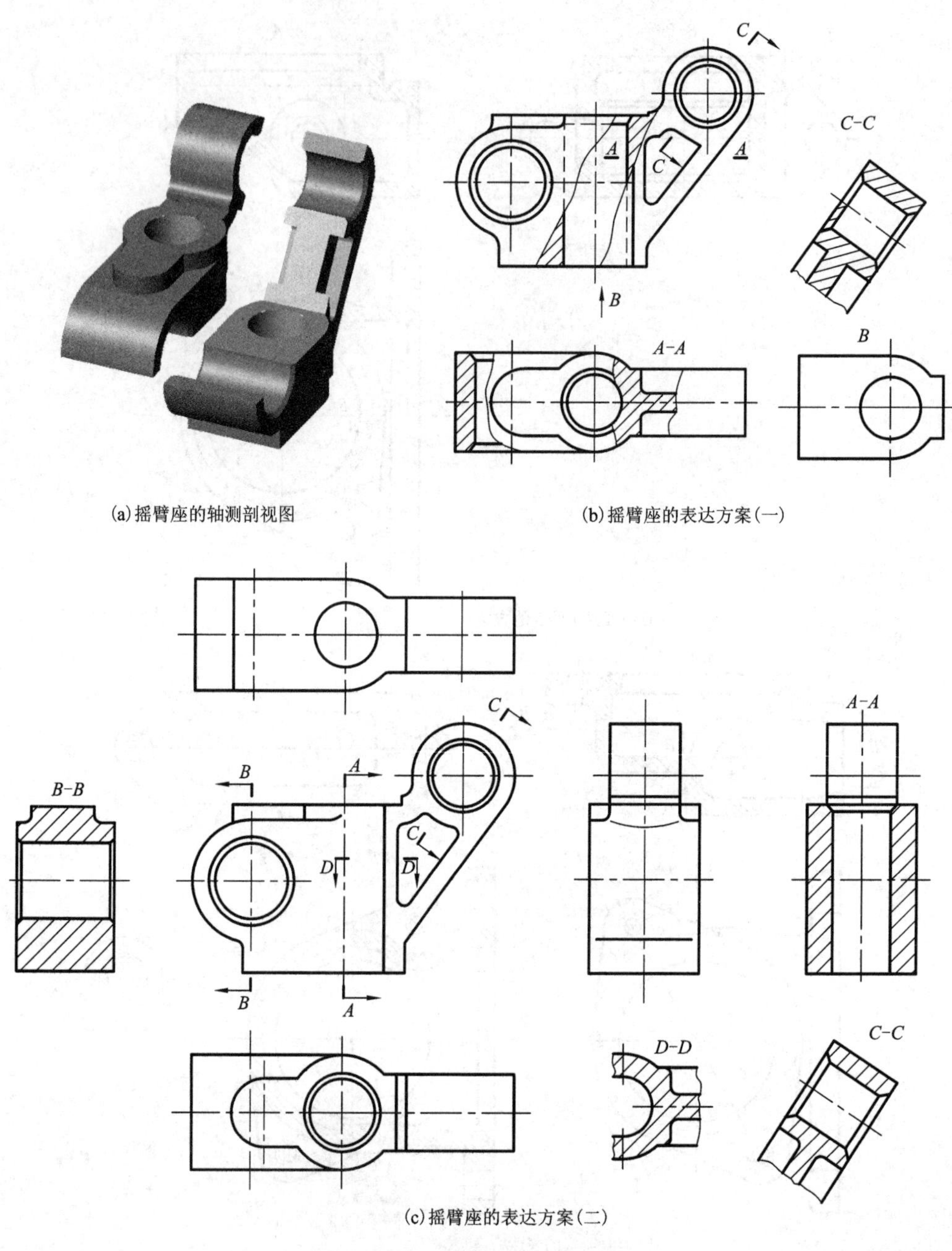

(a)摇臂座的轴测剖视图

(b)摇臂座的表达方案(一)

(c)摇臂座的表达方案(二)

图 8－20　摇臂座表达方案比较

1. 尺寸基准的种类

根据基准的作用不同，零件的尺寸基准分为设计基准和工艺基准两类。

(1)设计基准。

设计基准是指在设计零件时，保证零部件功能、确定零件结构形状和在机器或部件中相对位置时所选用的基准。用来作为设计基准的大多是工作时确定零件在机器或机构中位置的面、线或点。

图 8－21 所示的轴承座，分别选底面 E 和对称平面 B 为高度和长度方向的设计基准。一根轴通常要用两个轴承座支持，为确保两者的轴孔在同一轴线上，应选用安装面 E 作为高度方向的基准，以确定孔的中心高。以对称面 B 作为长度方向的基准，确定底板上两个穿螺栓孔的孔心距，以保证安装平稳，螺栓受力均匀。

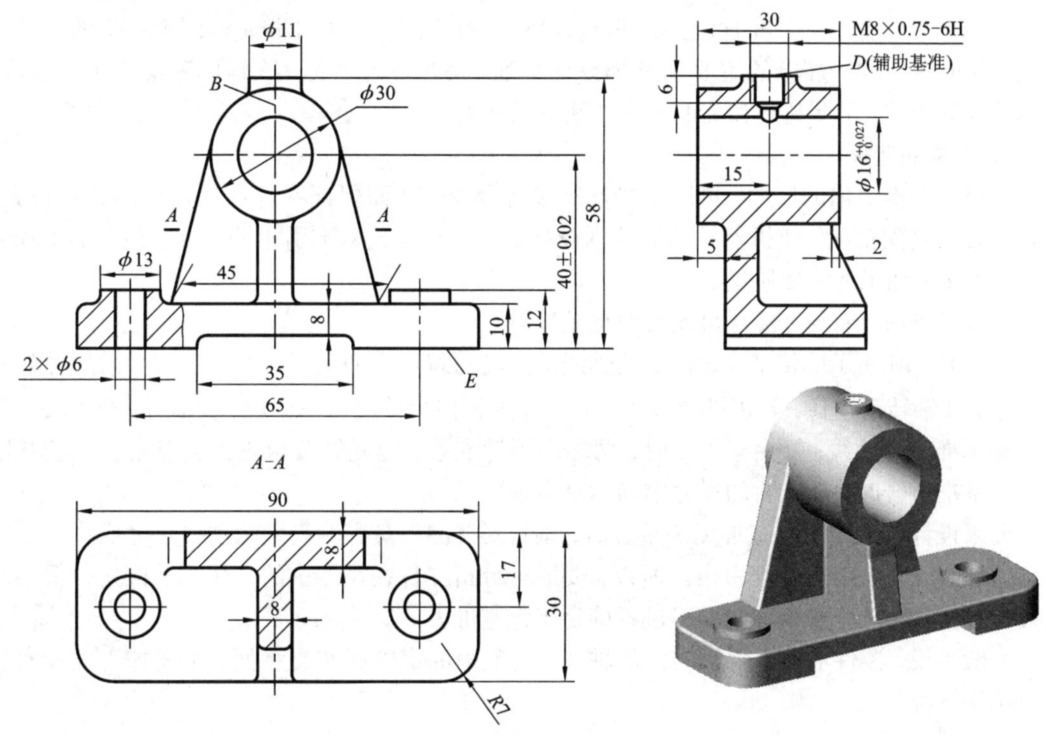

图 8－21　轴承座的尺寸基准

图 8－22(a)所示的传动齿轮轴，为了保证其在齿轮油泵中的准确位置[图 8－22(b)]，齿轮左侧面 E 为轴向设计基准，其轴线 B 为径向设计基准。

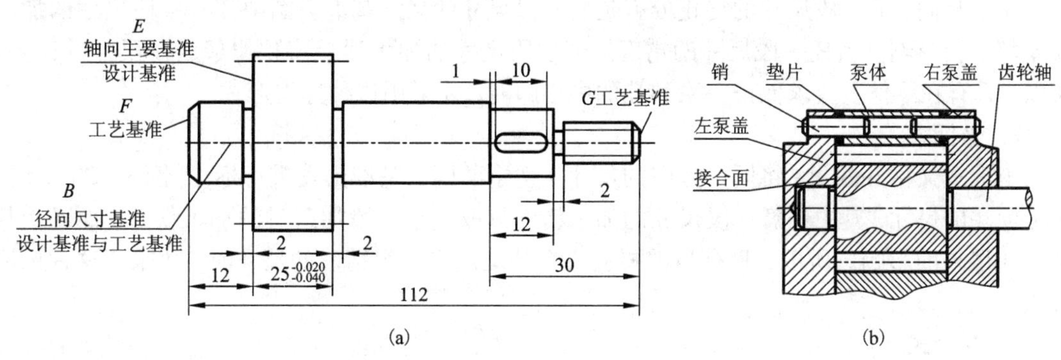

图 8－22　传动齿轮轴的尺寸基准

(2)工艺基准。

工艺基准是指在加工零件时，为保证零件制造精度或加工测量方便使用的基准。

用来作为工艺基准的大多是加工时用做零件定位的对刀起点及测量起点的面、线或点。图 8－22 的传动齿轮轴，若轴向尺寸均以设计基准齿轮左侧面 E 为起点标注，加工、测量都不方便。而以轴的左端面 F 为起点标注尺寸，则符合轴在车床上的加工情况，方便测量。因此，以左端面 F 作为齿轮轴的轴向工艺基准。轴线 B 则是测量径向尺寸工艺基准。

在某个方向有几个基准时，主要基准和辅助基准之间应有尺寸联系。图 8－22 的传动齿轮轴，其轴向(长度方向)的主要基准为设计基准，即齿轮左侧面 E，辅助基准为工艺基准，即轴的左端面 F，主要基准和辅助基准的联系尺寸为 12。

2. 基准的选择

由设计基准引出的尺寸，可以直接反映设计要求，从而保证零件在机器中的正确位置，达到较好的装配精度，使机器的性能达到设计要求。由工艺基准引出的尺寸，便于加工和测量，从而保证加工和测量质量。

选择基准时，原则上应尽可能使两种基准重合。

如图 8－10 所示的传动齿轮轴，其轴线是高度与宽度方向的尺寸基准，即径向尺寸的基准，为了使轴转动平稳，轮齿啮合正确，几个主要径向尺寸 $\phi48$、$\phi20$ 要求在同一轴线上，所以设计基准就是轴线；又由于加工时，两端用顶针支承，因此轴线也是工艺基准。工艺基准与设计基准重合时，加工后的尺寸容易达到设计要求。

如果设计基准与工艺基准无法重合时，则将对产品质量影响最大的主要尺寸由设计基准引出，其他尺寸由工艺基准引出。所以，要通过分析零件在机器中的作用和装配定位关系确定设计基准，通过分析零件的加工过程确定工艺基准。

一般来说，零件上的主要回转面的轴线、装配中的定位面和支承面、主要加工面和对称面可选作基准。

8.4.2 尺寸标注形式

零件图的尺寸标注形式，通常有链状式、坐标式和综合式三种，如图 8－23 所示。

1. 链状式

又称串联式，将同一方向的一组尺寸逐段连续标注[图 8－23(a)]。这时，各段尺寸的基准均不相同，前一段尺寸的终止处就是后一段尺寸的尺寸基准。图中任意一段尺寸的加工误差都不会影响其他任一段尺寸的精度。但各段尺寸的加工误差将积累成为总尺寸的误差。所以，只有在零件上要求保证一系列孔的中心距时，才采用这种标注形式。

2. 坐标式

坐标式又称并联式，将同一方向的尺寸从选定的同一基准出发进行标注[图 8－23(b)]，这样标注的尺寸，其中任意一段尺寸的加工精度只取决于该段加工时的加工误差，而不受其他尺寸误差的影响。所以，只有当需要从一个基准定出一组精确的尺寸时，才采用这种标注形式。

3. 综合式

综合式是链状式与坐标式的综合，如图 8－23(c)所示，这种标注形式具有上述两种形式的优点，最能适应零件的设计与工艺要求，是最常用的一种尺寸标注形式。

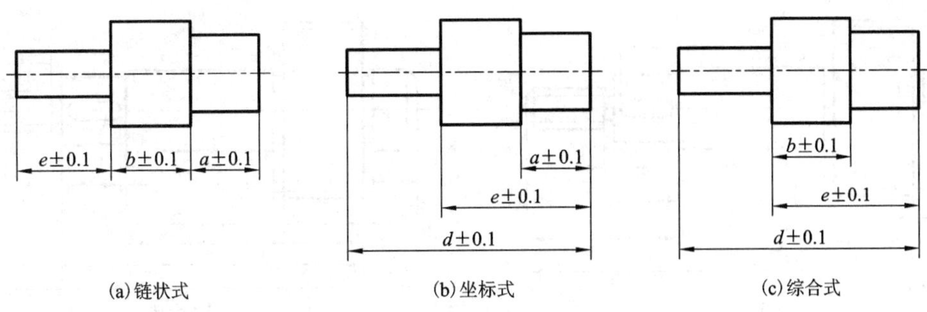

(a) 链状式　(b) 坐标式　(c) 综合式

图 8－23　尺寸标注形式

8.4.3　合理标注尺寸的若干原则

1. 功能尺寸应从设计基准出发直接注出

功能设计尺寸是指直接影响机器或部件的工作性能、精度以及确定零件位置和配合关系的尺寸。这些尺寸应从设计基准出发直接注出，而不是从其他尺寸推算出来。如图 8－10 中的传动齿轮轴中的齿轮宽度尺寸$32^{-0.050}_{-0.025}$。

2. 应尽量符合加工顺序

(1) 尺寸标注必须考虑加工次序，图 8－24 为图 8－10 所示的齿轮轴在车床上的加工过程，该轴的轴向尺寸标注如图 8－25(a) 所示，而不应如图 8－25(b) 所示。

(2) 同一工序用到的尺寸应集中标注，不同工序中用到的尺寸应分开标注。如图 8－25(a) 所示，车工用的尺寸注在下面，铣工用的尺寸注在上面。

(3) 为了便于选择切槽的刀具，退刀槽、砂轮越程槽的槽宽应直接注出，如图 8－25(a) 所示尺寸 A、B、C。

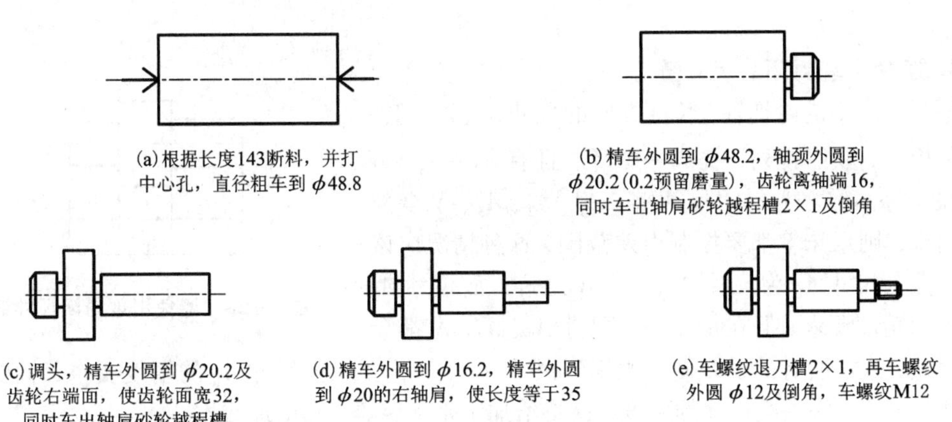
(a) 根据长度143断料，并打中心孔，直径粗车到 $\phi48.8$

(b) 精车外圆到 $\phi48.2$，轴颈外圆到 $\phi20.2$(0.2预留磨量)，齿轮离轴端16，同时车出轴肩砂轮越程槽2×1及倒角

(c) 调头，精车外圆到 $\phi20.2$及齿轮右端面，使齿轮面宽32，同时车出轴肩砂轮越程槽

(d) 精车外圆到 $\phi16.2$，精车外圆到 $\phi20$的右轴肩，使长度等于35

(e) 车螺纹退刀槽2×1，再车螺纹外圆 $\phi12$及倒角，车螺纹M12

图 8－24　齿轮轴的加工过程

3. 应尽量方便加工和测量

标注尺寸应考虑测试方便，尽量做到使用普通量具就能测量，以减少专用量具的设计与制造。

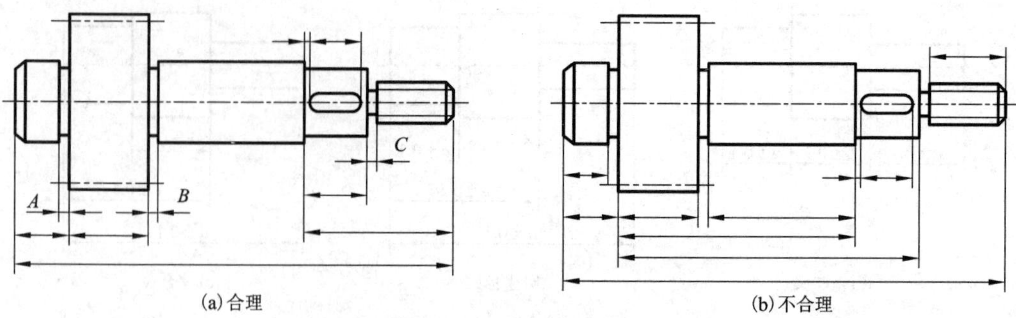

(a)合理　　(b)不合理

图 8－25　尺寸标注应便于加工

图 8－26(a)所示的套筒，尺寸 A 的测量比较困难，而改为图 8－26(b)所示的标注方式，测量起来就方便多了。

图 8－27 所示的零件是用冲压的方法弯制而成。为了便于设计压模及便于检验，在尺寸标注时应该直接标注出其实际表面的尺寸，而不应标注中心线的尺寸。

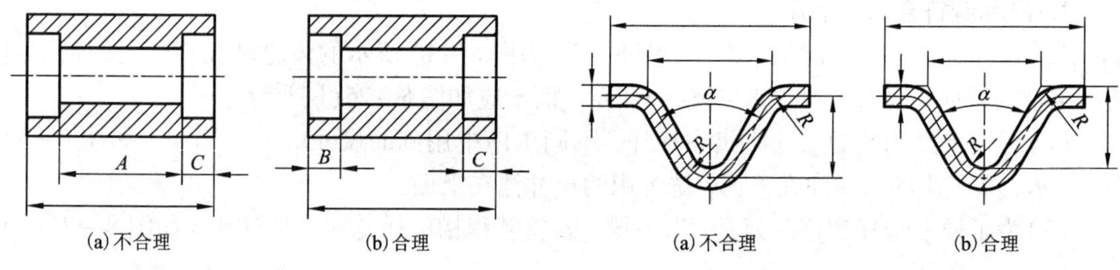

(a)不合理　　(b)合理　　(a)不合理　　(b)合理

图 8－26　套筒的尺寸标注　　**图 8－27　冲压件的尺寸标注**

4. 避免出现封闭的尺寸链

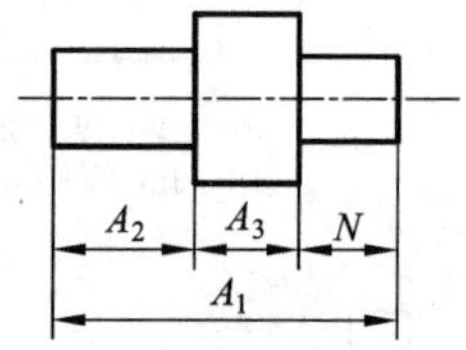

图 8－28　避免出现封闭尺寸链

图 8－28 中的阶梯轴，长度方向的尺寸 A_1、A_2、A_3、N 首尾相连，顺序排列，绕成一个环，且有 $A_2+A_3+N=A_1$ 的关系，称之为封闭尺寸链。A_1、A_2、A_3、N 全部标注出来，则意味着都要控制误差范围，这种情况应该避免。因为尺寸 A_1 为尺寸 A_2、A_3、N 之和，而尺寸 A_1 有一定的精度要求，但在加工时，尺寸 A_2、A_3、N 都会产生误差，这样所有的误差便会积累到尺寸 A_1 上，若要保证尺寸 A_1 的精度要求，就要提高尺寸 A_2、A_3、N 每一段尺寸的精度，这将给加工带来困难，并增加成本。

当几个尺寸构成封闭尺寸链时，应当在尺寸链中挑选一个最次要的尺寸空出不注，这样，所有注出的尺寸的误差均积累到该尺寸上。图 8－28 的尺寸 N 可以不标注。若因某种需要必须将其注出时，应将此尺寸数值用圆括号括起，称为“参考尺寸”。参考尺寸不是确定零件形状和相对位置所必需的尺寸，加工后不检验该尺寸。

5. 毛坯面的尺寸标注

标注零件上各毛坯面的尺寸时，在同一方向上，例如高度方向，最好只有一个毛坯面以加工面定位，其他的毛坯面只与该毛坯面建立尺寸联系。因为铸造的误差较大，加工面不可能保证对两个以上的毛坯面的尺寸要求。图 8－29(a)尺寸合理，而图 8－29(b)尺寸不合理。

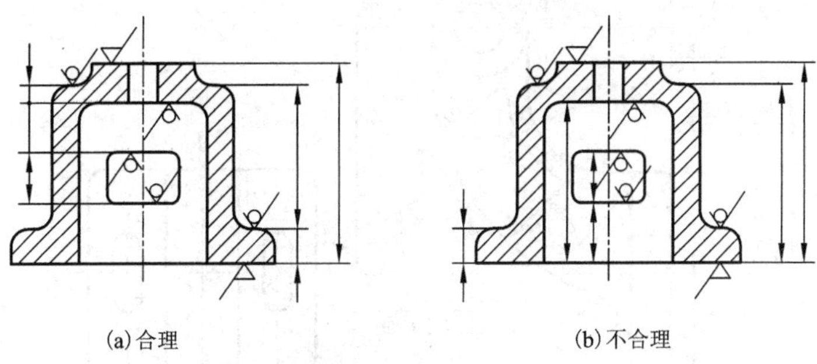

图 8－29　毛坯面的尺寸标注

例 8－1　图 8－30 所示轴套，比较(a)、(b)两图中两种尺寸注法的合理性。

解：图(a)中内孔的轴向尺寸是按加工工序标注的，便于加工时看图、测量，因而是合理的；而图(b)中尺寸 2 和 31 的注法不符合加工工序，尺寸 2 和 31 都不易直接测量，因而不合理。

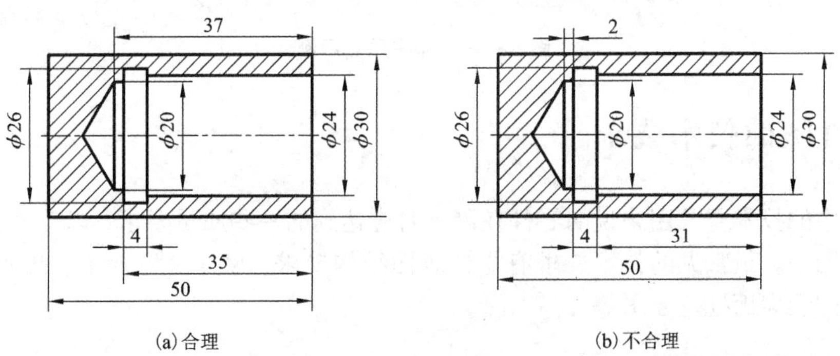

图 8－30　轴套的尺寸标注合理性分析

例 8－2　标注踏脚座的尺寸。

解：对于非回转体类零件，标注尺寸时通常选用较大的加工面、重要的安装面、与其他零件的接合面或主要结构的对称面作为主要尺寸基准。图 8－31 的踏脚座，选取安装板左端面作为长度方向的主要尺寸基准；选取安装板的水平对称面作为高度方向的主要尺寸基准；选取踏脚座前后方向的对称面作为宽度方向的尺寸基准。主要尺寸标注顺序如下：

(1)由长度方向主要尺寸基准面注出尺寸 74，由高度方向主要尺寸基准面注出尺寸 95，从而确定上部轴承孔的轴线位置。

(2)由长度方向的定位尺寸 74 和高度方向的定位尺寸 95 确定的孔轴线作为径向辅助基准，注出直径尺寸 $\phi20$、$\phi38$。由该轴线出发，按高度方向分别注出 22、11，确定顶面位置、连接板 $R100$ 圆心位置。

(3)由宽度方向的主要尺寸基准，在俯视图中注出尺寸 30、40、60，在 A 向局部视图中注出尺寸 60、90。

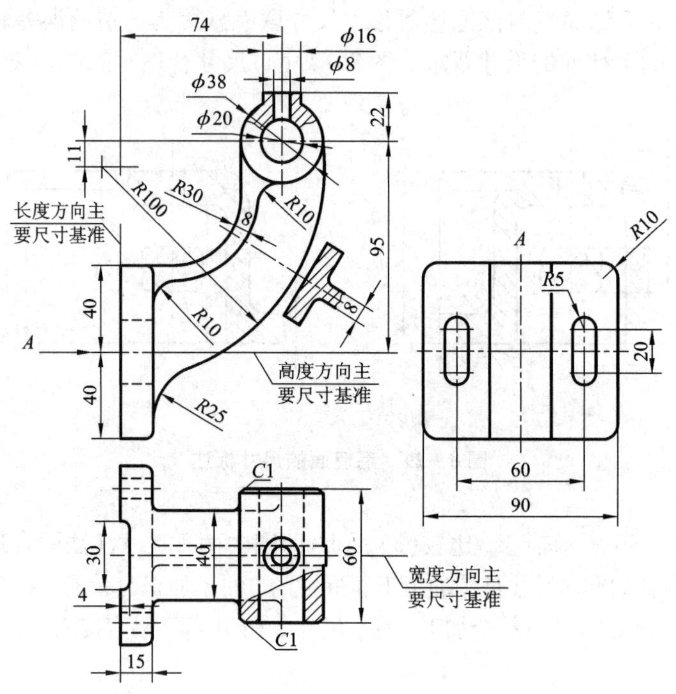

图 8-31 标注尺寸示例

8.5 零件图的技术要求

零件图中的技术要求用来说明零件在制造时应达到的一些质量要求，以符号和文字方式注写在零件图中。最常见的技术要求有零件表面结构要求、尺寸公差要求、几何公差要求、材料的热处理和表面处理要求等。

8.5.1 表面结构要求

在零件图上，为保证零件装配后的使用要求，除了对零件各部分结构给出尺寸公差、几何公差的要求外，还要根据功能需要对零件的表面质量——表面结构给出要求。表面结构是表面粗糙度、表面波纹度、表面缺陷、表面纹理和表面几何形状的总称。表面结构和各项要求在图样上的表示法在《产品几何技术规范(GBS)技术产品文件中表面结构的表示法》(GB/T 131—2006)中均有具体规定。

1. 基本概念及术语

(1)表面粗糙度和表面波纹度

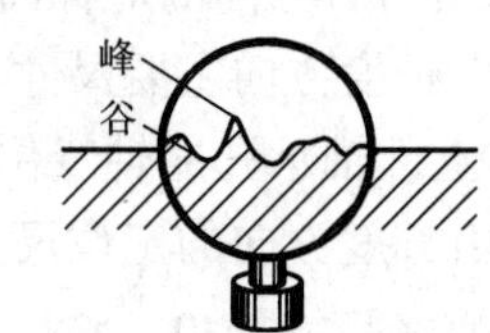

图 8-32 表面微观几何误差

零件在加工制造过程中，由于受到各种因素的影响，如刀具的刀痕及切削金属时表面的塑性变形等，使零件表面存在各种类型的不规则状态，形成工件的几何特征。几何特征包括尺寸误差、形状误差、粗糙度和波纹度等。其中粗糙度和波纹度属于微观几何误差，波纹度是间距大于粗糙度但小于形状误差的表面几何不平度，如图 8-32 所示。它们严重影响产品的质量和使用寿命，在技术产品文件中必须对微观表面特征作出要求。

(2)表面结构

对实际表面微观几何特征的研究是用轮廓法进行的。平面与实际表面相交的交线为零件的实际表面轮廓，也称为实际轮廓。实际轮廓是由无数大小不同的波形叠加在一起形成的复杂曲线。从实际轮廓中分离出粗糙度轮廓、波纹度轮廓和形状轮廓，如图 8 – 33 所示。

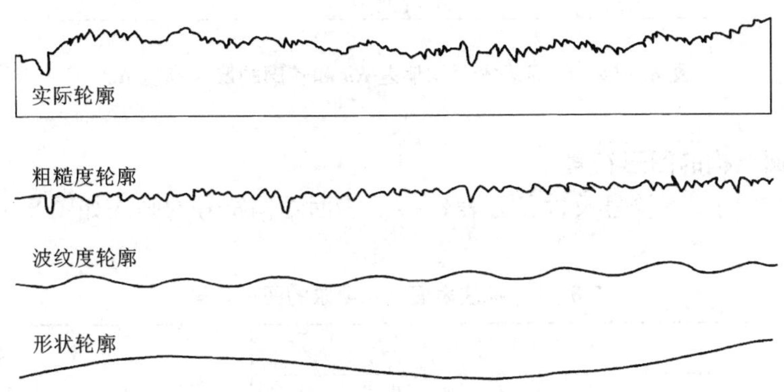

图 8 – 33　表面轮廓的构成

粗糙度轮廓、波纹度轮廓和原始轮廓构成零件的表面特征，称为表面结构。国家标准以这三种轮廓为基础建立了一系列参数，定量地描述对表面结构的要求，并能用仪器检测有关参数值，以评定实际表面是否合格。

(3)评定表面结构常用的轮廓参数

对于零件表面结构的状态，可由三类参数加以评定：轮廓参数(由 GB/T 3505—2009 定义)、图形参数(由 GB/T 18618—2009 定义)、支承率曲线参数(由 GB/T 18778.2—2003 定义)。其中轮廓参数是我国机械图样中最常用的评定参数。本书仅介绍轮廓参数中评定粗糙度轮廓(*R* 轮廓)的两个高度参数 *Ra* 和 *Rz*。

①轮廓算术平均偏差 *Ra*：指在取样长度 l 内，被测轮廓上各点到基准线的距离的绝对值的算术平均值，如图 8 – 34 所示，即纵坐标 $z(x)$ 的绝对值的算术平均值：

$$Ra = \frac{1}{l}\int |z(x)|\mathrm{d}x \quad 或 \quad Ra \approx \frac{1}{n}\sum_{i=1}^{n}|z_i|$$

式中：z 为轮廓偏距；n 为补测点数；l 为取样长度。

表 8 – 1 为国家标准给定的 *Ra* 的系列值。

表 8 – 1　*Ra* 的系列值　μm

Ra							
Ra	0.012	0.025	0.05	0.1	0.2	0.4	0.8
	1.6	3.2	6.3	12.5	25	50	100

②轮廓最大高度 *Rz*：在一个取样长度内，最大轮廓峰高和最大轮廓谷深之和的高度(图 8 – 34)。

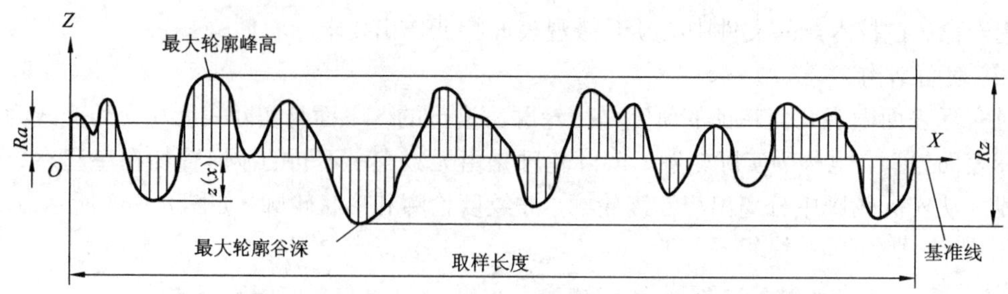

图 8－34　轮廓算术平均偏差 *Ra* 和轮廓的最大高度 *Rz*

2. 标注表面结构的图形符号

标注表面结构的图形符号及含义见表 8－2。表面结构符号的画法如图 8－35 所示。

表 8－2　标注表面结构要求的图形符号

符号名称	符　号	含　义
基本图形符号		未指定工艺方法的表面，当通过一个注释解释时可单独使用
扩展图形符号		用去除材料方法获得的表面，仅当其含义是“被加工表面”时可单独使用
		不去除材料的表面，也可用于保持上道工序形成的表面，不管这种状况是通过去除还是不去除材料形成的
完整图形符号		在以上各种符号的长边上加一横线，以便注写对表面粗糙度的各种要求

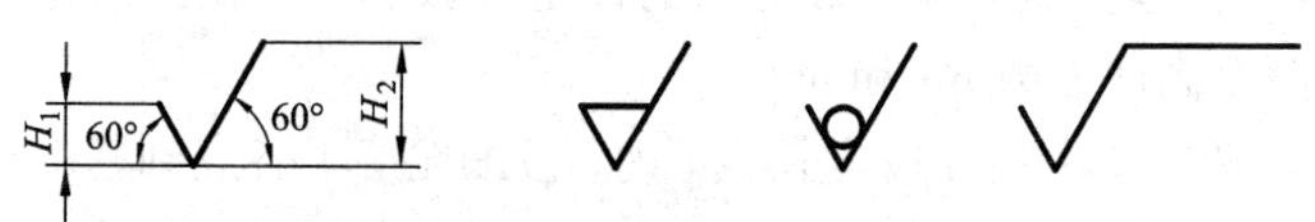

图 8－35　表面结构符号画法

表面结构符号的尺寸见表 8－3。

表 8－3　表面结构符号和附加标注的尺寸　　mm

数字和字母高度 h	2.5	3.5	5	7	10	14	20
符号线宽 d' 字母线宽	0.25	0.35	0.5	0.7	1	1.4	2
高度 H_1	3.5	5	7	10	14	20	28
高度 H_2（最小值）*	7.5	10.5	15	21	30	42	60

注：* H_2 取决于注写内容。

另外，当图样中某个视图上构成封闭轮廓的各表面有相同的表面结构要求时，在完整图形符号上加一圆圈，标注在封闭轮廓线上，如图 8－36 所示，图中的表面结构符号是指对图形中封闭轮廓的 6 个面的共同要求（不包括前、后面）。

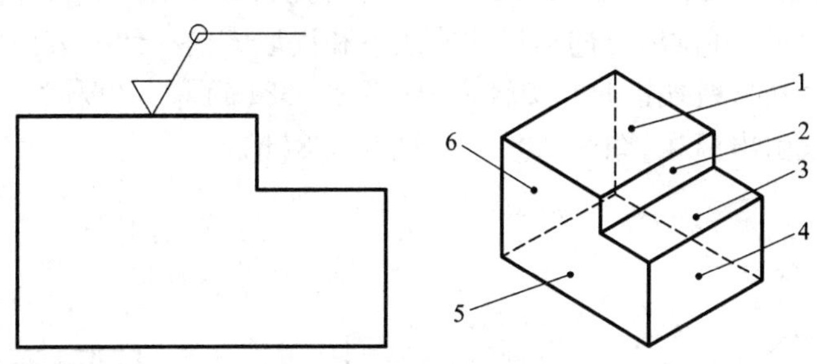

图 8－36　对周边各面有相同的表面结构要求的注法

3. 表面结构要求在图形符号中的注写位置

为了明确表面结构要求，除了标注表面结构参数和数值外，必要时应标注补充要求，包括取样长度、加工工艺、表面纹理及方向、加工余量等。这些要求在图形符号中的注写位置如图 8－37 所示。

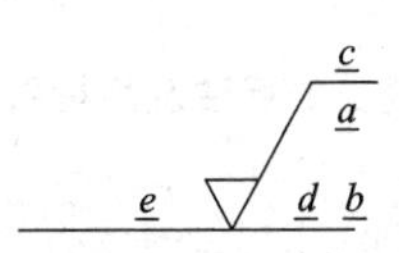

位置a　注写表面粗糙度的单一要求

位置a和b < a注写第一表面粗糙度要求；b注写第二表面粗糙度要求

位置c　注写加工方法，如“车”“磨”“镀”等

位置d　注写表面纹理方向，如“=”“×”“M”等

位置e　注写加工余量

图 8－37　补充要求的注写位置（$a \sim e$）

4. 表面结构代号

表面结构符号中注写了具体参数代号及参数值等要求后，称为表面结构代号。表面结构代号及含义示例见表 8－4。

表 8－4　表面结构代号及含义示例

序号	代号	含义、解释
1	Ra6.3	表示不允许去除材料，单向上限值（默认），“传输带”（默认），R 轮廓，粗糙度算术平均偏差极限值为 6.3 μm，评定长度为 5 个取样长度（默认），16% 规则（默认）
2	Rzmax0.2	表示去除材料，单向上限值（默认），“传输带”（默认），R 轮廓，粗糙度轮廓最大高度的最大值为 0.2 μm，评定长度为 5 个取样长度（默认），最大规则
3	Ra3 3.2	表示去除材料，单向上限值（默认），“传输带”（默认），R 轮廓，粗糙度算术平均偏差极限值为 3.2 μm，评定长度为 3 个取样长度，16% 规则（默认）

注：①传输带——测量粗糙度轮廓参数值时所用轮廓滤波器的限定波长范围。

②16% 规则——测量某个表面结构参数的数值时，所有实测值中超过极限值的个数少于 16% 为合格。

③最大规则——测量某个表面结构参数的数值时，所有实测值不超过极限值。

5. 表面结构要求在图样中的注法

表面结构的标注方法应符合 GB/T 131—2006 的规定。

(1)表面结构要求对每一表面一般只注一次，并尽可能注在相应的尺寸及其公差的同一视图上。除非另有说明，所标注的表面结构要求是对完工零件表面的要求。

(2)表面结构的注写和读取方向与尺寸的注写和读取方向一致。表面结构要求可标在可见轮廓线上。其符号从材料外指向并接触表面[图 8－38(a)]。必要时，表面结构也可用带箭头或黑点的指引线引出标注[图 8－38(a)、图 8－38(b)]。

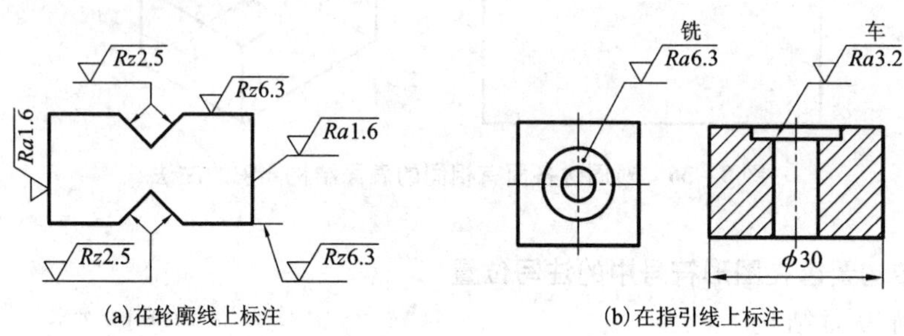

图 8－38　表面结构要求在轮廓线上的标注及用指引线引出标注

(3)在不致引起误解时，表面结构要求可以标注在给定的尺寸线上(图 8－39)。

(4)表面结构要求可标注在几何公差框格的上方(图 8－40)。

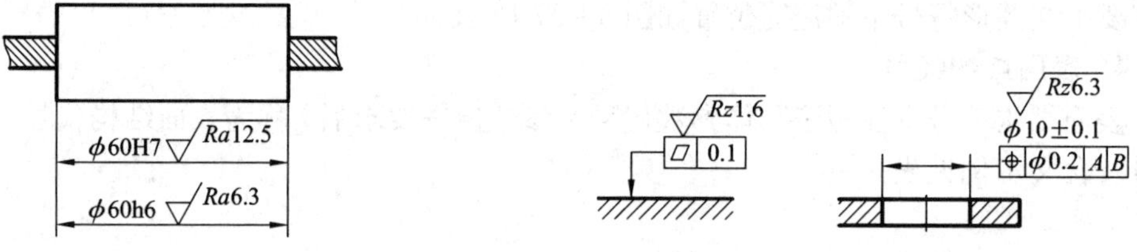

图 8－39　表面结构要求标注在尺寸线上

图 8－40　表面结构要求标注在几何公差框格的上方

(5)圆柱和棱柱表面结构要求只标一次，可标注在圆柱特征的延长线上(图 8－41)。如果棱柱表面有不同的表面结构要求，则应分别单独标注(图 8－42)。

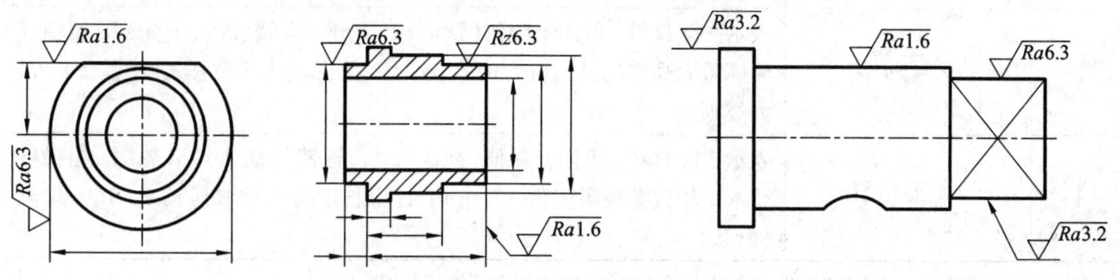

图 8－41　圆柱的表面结构要求标注

图 8－42　圆柱和棱柱的表面结构要求标注

6. 表面结构要求在图样中的简化注法

(1)有相同表面结构要求的简化注法。

如果在工件的多数(包括全部)表面有相同的表面结构要求时，则可统一标注在图样的标题栏附件。此时(除全部表面有相同要求的情况外)，表面结构要求的符号后面应有：

①在圆括号内给出无任何其他标注的基本符号[图 8-43(a)]。

②在圆括号内给出不同的表面结构要求[图 8-43(b)]。

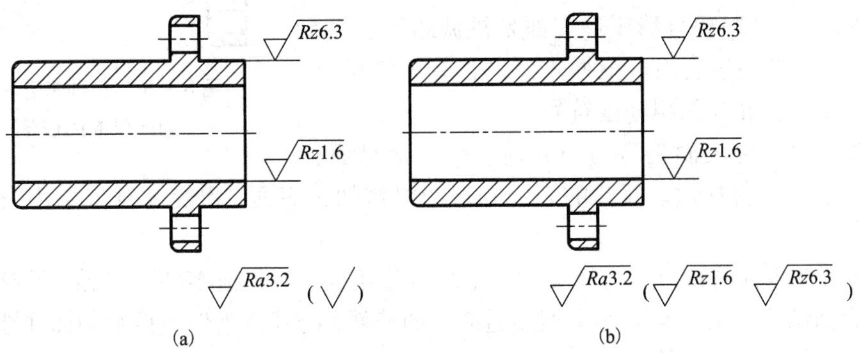

图 8-43　大多数表面有相同表面结构要求的简化注法

(2)多个表面有共同要求或者图纸空间有限时的简化注法。

①用带字母的完整符号的简化注法。

在图形或标题栏附近，可以用带字母的完整符号以等式的形式，对有相同粗糙度要求的表面进行简化标注(图 8-44)。

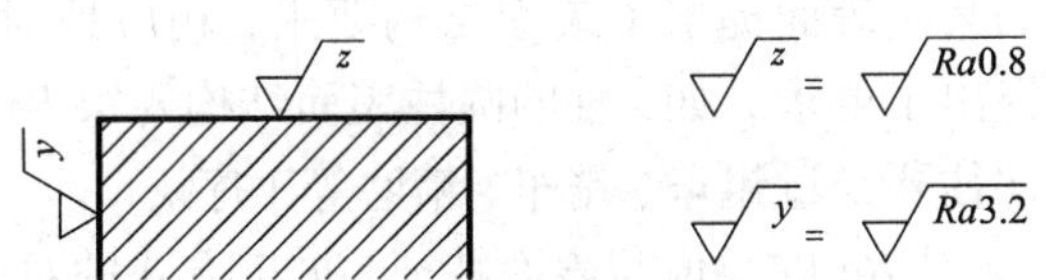

图 8-44　多个表面结构有共同要求的简化注法之一

②只用表面结构符号的简化注法。

如图 8-45 所示，用表面结构符号以等式的形式给出多个表面共同的表面结构要求。图中的这 3 个简化注法，分别表示未指定工艺方法、要求去除材料、不允许去除材料的表面结构代号。

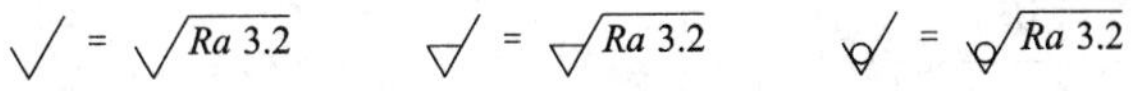

图 8-45　多个表面结构有共同要求的简化注法之二

(3)两种或多种工艺获得的同一表面的注法。

由几种不同的工艺获得的同一表面，当需要明确每种工艺方法的表面结构要求时，可按

图 8－46 所示进行标注(图中 Fe 表示基体材料为钢，Ep 表示加工工艺为电镀)。

7. 表面粗糙度标注注意事项

[表面粗糙度标注要点]

标注表面粗糙度时，有以下几点需要注意：

(1)零件所有的表面都需要标注表面结构要求。

(2)要分清零件表面是机械加工表面，还是毛坯表面。根据表面是否有去除材料的机械加工，选择相应的粗糙度符号。

图 8－46　多种工艺获得同一表面的注法

(3)要了解零件表面是否为与其他零件的接触面、配合面。与其他零件接触、配合的表面一般为机械加工表面，粗糙度符号要用去除材料的符号。

(4)要了解零件的材料及毛坯类型。毛坯类型不同，与其他零件不接触、没有特征要求的表面，表面结构要求要与毛坯类型相适应。如铸件，与其他零件不接触的面往往是毛坯表面，粗糙度符号要用不去除材料的符号。

(5)表面粗糙度与机械加工方法有关。各种加工方法能达到的粗糙度都有一定范围。

8. 课程拓展——表面结构要求 *Ra* 值的选用

(1)*Ra* 的数值与表面特征及加工方法的对应关系。

评定表面结构的轮廓算术平均偏差 *Ra* 的数值的大小，与表面特征有一定的对应关系。因此，在测绘某零件时，可以根据零件的表面特征判断其设计的表面结构要求。

[机械加工的表面粗糙度]

不同的机械加工方法与 *Ra* 的数值区域也有一定的对应关系。因此，设计时对零件的某一表面提出了表面结构要求，相应地对零件的加工方法和加工工序也就提出了要求。如，轴的圆柱表面结构要求 *Ra* 为 0.8 μm，那么，这一圆柱表面往往要经过粗车、精车、精磨等工序。

表 8－5 是 *Ra* 的数值与表面特征、加工方式的对应关系。

表 8－5　*Ra* 的数值与表面特征、加工方式的对应关系

<table>
<tr><th>Ra/μm</th><th>表面特征</th><th>主要加工方法</th></tr>
<tr><td>50</td><td>明显可见刀痕</td><td rowspan="2">铸造、锻压、粗车、粗铣、粗刨、钻、粗纹锉刀和粗砂轮加工</td></tr>
<tr><td>25</td><td>可见刀痕</td></tr>
<tr><td>12.5</td><td>微见刀痕</td><td>粗车、刨、立铣、平铣、钻</td></tr>
<tr><td>6.3</td><td>可见加工痕迹</td><td rowspan="3">精车、精铣、精刨、铰、镗、粗磨等</td></tr>
<tr><td>3.2</td><td>微见加工痕迹</td></tr>
<tr><td>1.6</td><td>看不见加工痕迹</td></tr>
</table>

续表 8-5

$Ra/\mu m$	表面特征	主要加工方法
0.8	可辨加工痕迹方向	粗车、精铰、精拉、精镗、精磨等
0.4	微辨加工痕迹方向	
0.2	不可辨加工痕迹方向	
0.1	暗光泽面	研磨、抛光、超级精细研磨等
0.05	亮光泽面	
0.025	镜状光泽面	
0.012	雾状镜面	
0.006	镜面	

(2)表面结构要求 *Ra* 值的选用。

①表面结构要求的选用原则。

a. 在满足零件表面作用功能的前提下，表面结构要求尽可能低，如 *Ra* 尽量选用大的参数值，以减小加工难度，降低制造成本。

b. 在同一零件上，非工作表面比工作表面的 *Ra* 大。

c. 受循环载荷的表面及容易引起应力集中的表面(如圆角、沟槽)，*Ra* 要小。

d. 配合性质相同时，尺寸小的零件比尺寸大零件表面 *Ra* 小；同一公差等级，小尺寸比大尺寸、轴比孔的 *Ra* 小。

e. 运动速度高、单位压力大的摩擦表面比运动速度低、单位压力小的非摩擦表面 *Ra* 小。

f. 一般情况下，尺寸和几何公差要求高的表面 *Ra* 小。

②表面结构要求 *Ra* 值适用表面。

表面结构要求 *Ra* 值适用表面见表 8-6

表 8-6　*Ra* 值适用表面

$Ra/\mu m$	适应的零件表面
12.5	粗加工非配合表面，如轴端面、倒角、钻孔、键槽非工作表面、垫圈接触面不重要的安装支撑面、螺钉、铆钉孔等表面等
6.3	半精加工表面。用于不重要的零件的非配合表面，如支柱、轴、支架、外壳、衬套、盖等的端面；螺钉、螺栓和螺母的自由表面；不要求定心和配合特性的表面，如螺栓孔、螺钉通孔、铆钉孔等；飞轮、带轮、离合器、联轴节、凸轮、偏心轮的侧面；平键及键槽上下面，花键非定心表面，齿顶圆表面；所有轴和孔的退刀槽；不重要的连接配合表面；犁铧、犁侧板、深耕铲等零件的摩擦工作面；插秧爪面等
3.2	半精加工表面。外壳、箱体、盖、套筒、支架等和其他零件连接面而不形成配合的表面；不重要的紧固螺纹表面，非传动用阶梯螺纹、锯齿形螺纹表面；燕尾槽表面；键和键槽的工作面；需要发蓝的表面；需滚花的预加工表面；低速滑动轴承和轴的摩擦面；张紧链轮、导向滚轮与轴的配合表面；滑块及导向面(速度 20～50 m/min)收割机械切割器的摩擦器动刀片、压力片的摩擦面，脱粒机格板工作表面等

续表 8－6

Ra/μm	适应的零件表面
1.6	要求有定心及配合特性的固定支承、衬套、轴承和定位销的压入空表面；不要求定心及配合特性的活动支撑面，活动关节及花键结合面；8 级齿轮的齿面，齿条齿面；传动螺纹工作面；低速传动的轴颈；楔形键及键槽上、下面；轴承盖凸肩(对中心用)，V 带轮槽表面，电镀前金属表面等
0.8	要求保证定心及配合特性的表面；锥销和圆锥销表面；与 G 和 E 级滚动轴承相配合的孔和轴颈表面；中速转动的轴颈，过盈配合的孔 IT17，间隙配合的孔 IT8，花键轴定心表面，滑动导轨面
0.4	不要求保证定心及配合特性的活动支承面；高精度的活动球状接头表面、支承垫圈、榨油机螺旋轧辊表面等
0.2	要求能长期保持配合特性的孔 IT6、IT5，6 级精度齿轮齿面，蜗杆齿面(6～7 级)与 D 级滚动轴承配合的孔和轴颈表面；要求保证定心及配合特性的表面；滚动轴承轴瓦工作表面；分度盘表面；工作时受交变应力的重要零件表面；受力螺栓的圆柱表面，曲轴和凸轮轴工作表面，发动机气门圆锥面，与橡胶油封相配的轴表面等
0.1	工作时受较大交变应力的重要零件表面，保证疲劳强度、防腐蚀性及在活动接头工作中耐久性的一些表面；精密机床主轴箱与轴套配合的孔；活塞销的表面；液压传动用孔的表面，阀的工作表面，气缸内表面，保证精度定心的锥体表面；仪器中承受摩擦的表面，如导轨、槽面等
0.05	滚动轴承套圈滚道、滚珠及滚柱表面，摩擦离合器的摩擦表面，工作量规的测量表面，精密刻度盘表面，精密机床主轴套筒外圆面等
0.025	特别精密的滚动轴承套圈滚道、滚珠及滚柱表面；量仪中较高精度间隙配合零件的工作表面；柴油机高压泵中柱塞副的配合表面；保证高度气密的接合表面等
0.012	仪器的测量面；量仪中高精度间隙配合零件的工作表面；尺寸超过 100 mm 量块的工作表面等

8.5.2 极限与配合

对零件功能尺寸的精度控制是重要的技术要求。控制的方法是限制功能尺寸不超过设定的最大极限值和最小极限值。相配合的零件(如孔和轴)各自达到技术要求后，装配在一起就能满足所设计的松紧程度和工作精度要求，保证实现功能并保证互换性。

零件的互换性是指，从一批规格相同的零件中任选一件，不经任何修配，就能装到机器或部件上去，并能满足使用要求。零件具有互换性，不仅给机器的装配、维修带来方便，而且满足生产部门广泛的协作要求，为大批量和专门化生产创造条件，从而缩短生产周期，提高劳动效率和经济效益。

国家标准 GB/T 1800.1、GB/T 1800.2、GB/T 1800.3、GB/T 1800.4 等对尺寸极限与配合分别做了基本规定。

1. 极限与配合的基本概念

(1)尺寸公差。

零件在制造过程中，由于加工或测量等因素的影响，完工后的尺寸与公称尺寸总存在一定的误差。为保证零件的互换性，必须将零件的尺寸控制在允许变动的范围内，这个允许的尺寸变动量称为尺寸公差。以图 8－47(a)所示的圆柱

[公差概念]

孔的尺寸 $\phi30 \pm 0.01$ 为例说明相关术语的概念及含义(变动范围进行夸大处理)。

①公称尺寸。由图样规范确定的理想形状要素的尺寸，为 $\phi30$。

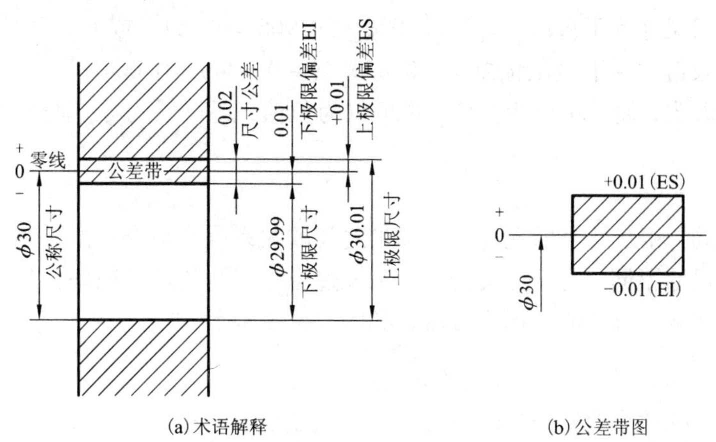

图 8－47　极限与配合制中的一些术语解释及公差带图

②极限尺寸。尺寸要素允许的尺寸的两个极端。提取组成要素的局部尺寸应位于其中，也可达到极限尺寸。

上极限尺寸：尺寸要素允许的最大尺寸，$30 + 0.01 = 30.01$ mm。

下极限尺寸：尺寸要素允许的最小尺寸，$30 - 0.01 = 29.99$ mm。

③偏差。某一尺寸减其公称尺寸所得的代数差。

④极限偏差。极限尺寸减公称尺寸所得的代数差。

上极限偏差：上极限尺寸减公称尺寸所得的代数差，$ES = 30.01 - 30 = +0.01$ mm。

下极限偏差：下极限尺寸减公称尺寸所得的代数差，$EI = 29.99 - 30 = -0.01$ mm。

孔的上、下极限偏差代号分别用大写字母 ES 和 EI 表示；轴的上、下极限偏差代号分别用小写字母 es 和 ei 表示。

⑤尺寸公差。允许尺寸的变动量，即上极限尺寸减下极限尺寸，也等于上极限偏差减下极限偏差。尺寸公差是一个绝对值。

尺寸公差：$30.01 - 29.99 = 0.02$ mm，或者 $|0.01 - (-0.01)| = 0.02$ mm。

⑥零线。在极限与配合图解中，表示公称尺寸的一条直线，以其为基准确定偏差和公差。

⑦公差带、公差带图。公差带是表示公差大小和相对零线位置的一个区域。为简化起见，一般只画出上、下极限偏差围成的矩形框简图，称为公差带图，如图 8－47(b)所示。通常，零线沿水平方向绘制，正偏差位于其上，负偏差位于其下。

⑧极限制。经标准化的公差与偏差制度。

例 8－3　已知轴的公称尺寸为 $\phi60$，其上极限尺寸为 $\phi60.030$，下极限尺寸为 $\phi59.966$，求它的上、下极限偏差和公差。

分析：根据上、下极限偏差和公差的定义，由给定的上极限尺寸、下极限尺寸和公称尺寸便可以求解。

解：

上极限偏差 = 上极限尺寸 - 公称尺寸 = 60.030 - 60 = +0.030

下极限偏差 = 下极限尺寸 - 公称尺寸 = 59.966 - 60 = -0.034

公差 = 上极限尺寸 - 下极限尺寸 = 60.030 - 59.966 = 0.064　或

公差 = 上极限偏差 - 下极限偏差 = +0.030 - (-0.034) = 0.064

从上例可以看出，偏差可以为正值，也可以为负值，还可以为零。而公差是没有正负的绝对值。

(2)配合。

公称尺寸相同、相互结合的孔与轴公差带之间的关系称为配合。由于制造完工后的零件的孔和轴的实际尺寸不同，配合后会产生间隙或过盈。当孔的尺寸减去相配合的轴的尺寸之差为正值时称为间隙，为负值时称为过盈。如图 8 - 48 所示。

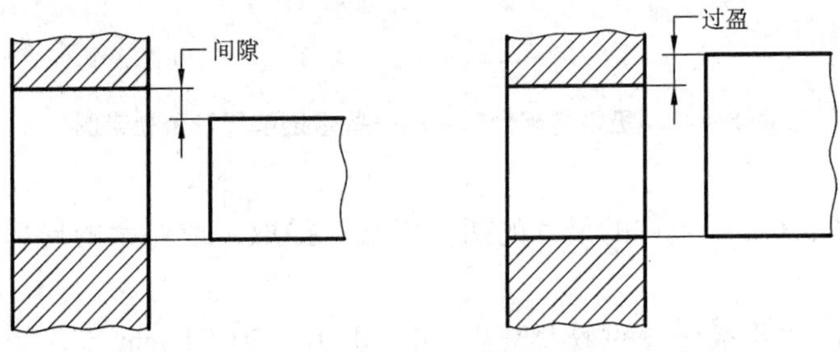

图 8 - 48　间隙与过盈示意

根据相配合的孔、轴间产生间隙或过盈的情况，配合可分为三种：

①间隙配合。具有间隙(包括间隙为零)的配合，称为间隙配合。此时，孔的公差带位于轴的公差带之上，如图 8 - 49(a)所示。当孔与轴处于间隙配合时，通常轴在孔中能作相对运动。

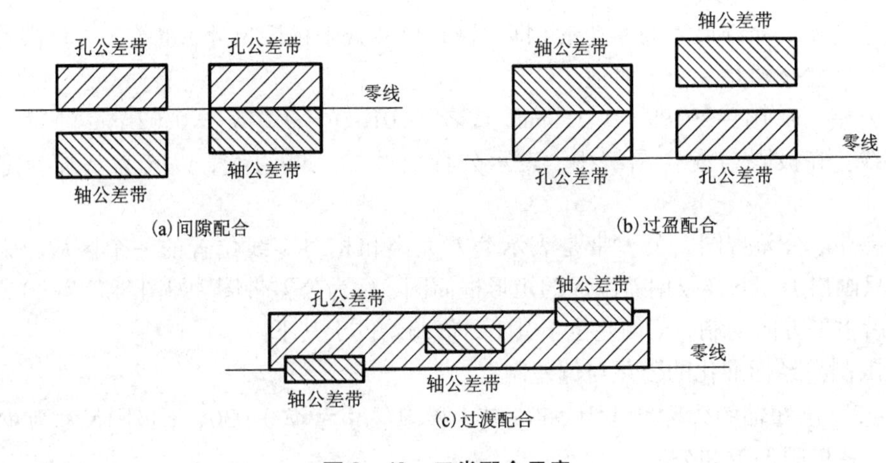

图 8 - 49　三类配合示意

②过盈配合。具有过盈(包括过盈为零)的配合，称为过盈配合，此时，孔的公差带位于轴的公差带之下，如图8－49(b)所示。当孔与轴处于过盈配合时，通常需要一定的外力或把带孔的零件加热膨胀后才能将轴装入孔中，所以轴与孔装配后不能作相对运动。

③过渡配合。可能具有间隙或过盈的配合，此时，孔的公差带与轴的公差带相互交叠，如图8－49(c)所示。

在间隙配合中，孔的下极限尺寸与轴的上极限尺寸之差称为最小间隙，孔的上极限尺寸与轴的下极限尺寸之差称为最大间隙。在过盈配合中，孔的上极限尺寸与轴的下极限尺寸之差称为最小过盈，孔的下极限尺寸与轴的上极限尺寸之差称为最大过盈。图8－50是三种配合中的最大间隙、最小间隙、最大过盈、最小过盈示意图。

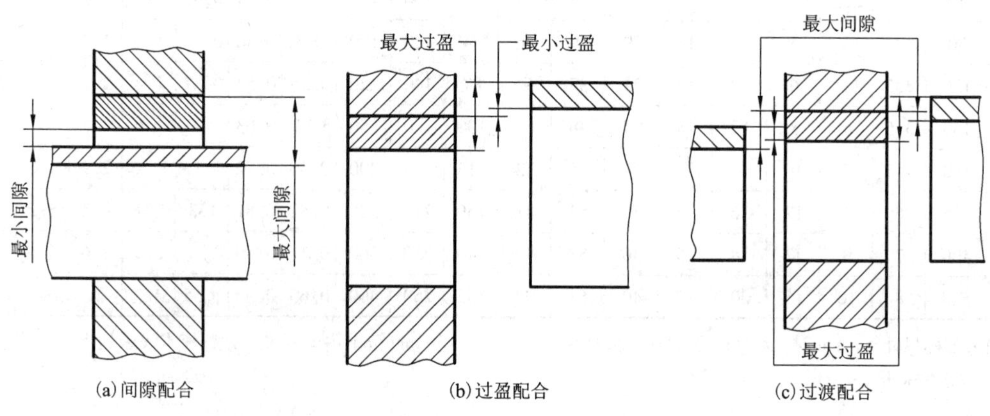

图8－50　三类配合中的最大间隙、过盈和最小间隙、过盈示意

(3)标准公差与基本偏差。

为满足不同的配合要求，国家标准规定，孔、轴公差带由标准公差和基本偏差两个要素组成，标准公差确定公差带大小，基本偏差确定公差带位置。

①标准公差。标准公差是GB/T 1800.1极限与配合中所规定的任一公差，用符号IT表示。标准公差的数值由公称尺寸和公差等级来确定，其中公差等级确定尺寸的精确程度。

标准公差顺次分为20个等级，即IT01，IT0，IT1，…，IT18。各个级别的标准公差的具体数值可由机械设计手册中查得。从IT01到IT18，公差等级依次降低，而相应的标准公差依次加大。IT01公差值最小，精度最好；IT18公差值最大，精度最低。各级标准公差的数值可查阅表8－7。

②基本偏差。在GB/T 1800.1极限与配合制中，确定公差带相对零线位置的极限偏差，称为基本偏差。基本偏差可以是上极限偏差，也可以是下极限偏差，一般指靠近零线的那个极限偏差。公差带在零线上方时，基本偏差为下极限偏差；公差带在零线下方时，基本偏差为上极限偏差。如图8－51所示。

表 8－7　标准公差数值(GB/T 1800.1—2009)

基本尺寸/mm		标准公差等级																	
		IT1	IT2	IT3	IT4	IT5	IT6	IT7	IT8	IT9	IT10	IT11	IT12	IT13	IT14	IT15	IT16	IT17	IT18
大于	至	μm											mm						
—	3	0.8	1.2	2	3	4	6	10	14	25	40	60	0.1	0.14	0.25	0.4	0.6	1	1.4
3	6	1	1.5	2.5	4	5	8	12	18	30	48	75	0.12	0.18	0.3	0.48	0.75	1.2	1.8
6	10	1	1.5	2.5	4	6	9	15	22	36	58	90	0.15	0.22	0.36	0.58	0.9	1.5	2.2
10	18	1.2	2	3	5	8	11	18	27	43	70	110	0.18	0.27	0.43	0.7	1.1	1.8	2.7
18	30	1.5	2.5	4	6	9	13	21	33	52	84	130	0.21	0.33	0.52	0.84	1.3	2.1	3.3
30	50	1.5	2.5	4	7	11	16	25	39	62	100	160	0.25	0.39	0.62	1	1.6	2.5	3.9
50	80	2	3	5	8	13	19	30	46	74	120	190	0.3	0.46	0.74	1.2	1.9	3	4.6
80	120	2.5	4	6	10	15	22	35	54	87	140	220	0.35	0.54	0.87	1.4	2.2	3.5	5.4
120	180	3.5	5	8	12	18	25	40	63	100	160	250	0.4	0.63	1	1.6	2.5	4	6.3
180	250	4.5	7	10	14	20	29	46	72	115	185	290	0.46	0.72	1.15	1.85	2.9	4.6	7.2
250	315	6	8	12	16	23	32	52	81	130	210	320	0.52	0.81	1.3	2.1	3.2	5.2	8.1
315	400	7	9	13	18	25	36	57	89	140	230	360	0.57	0.89	1.4	2.3	3.6	5.7	8.9
400	500	8	10	15	20	27	40	63	97	155	250	400	0.63	0.97	1.55	2.5	4	6.3	9.7

注：公称尺寸≤1 mm 时，无 IT14 至 IT18。公称尺寸在 500～3150 mm 范围内的标准公差数值本表未列入，需用时可查阅该标准。

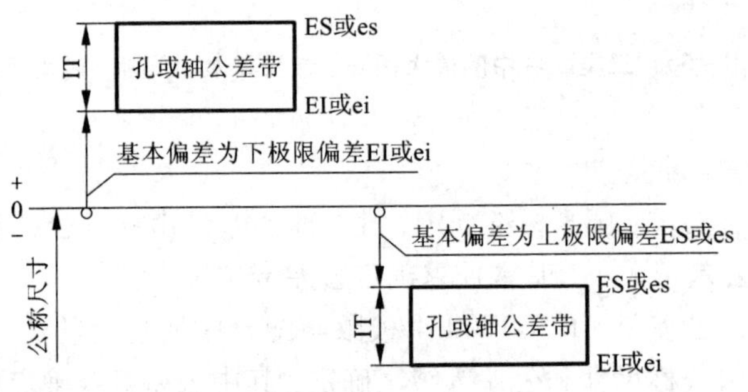

图 8－51　公差带及基本偏差示意

GB/T 1800.1—2009 对孔和轴各规定了 28 种不同状态的基本偏差。每一种基本偏差用一个基本偏差代号表示。代号为一个或两个拉丁字母，对孔用大写字母 A，B，…，ZC 表示；对轴用小写字母 a，b，…，zc 表示。这 28 种基本偏差系列如图 8－52 所示。基本偏差系列示意只表示公差带的位置，不表示公差带的大小，因此，只画出了公差带属于基本偏差的一端，另一端是开口的，取决于各级标准公差的大小，可以根据基本偏差和公差求出：

$$ES = EI + IT \quad 或 \quad EI = ES - IT$$

$$es = ei + IT \quad 或 \quad ei = es - IT$$

轴和孔的公差带由基本偏差代号与公差等级数字表示。

例 8－4　说明 ϕ60H8、ϕ60f7 的含义。

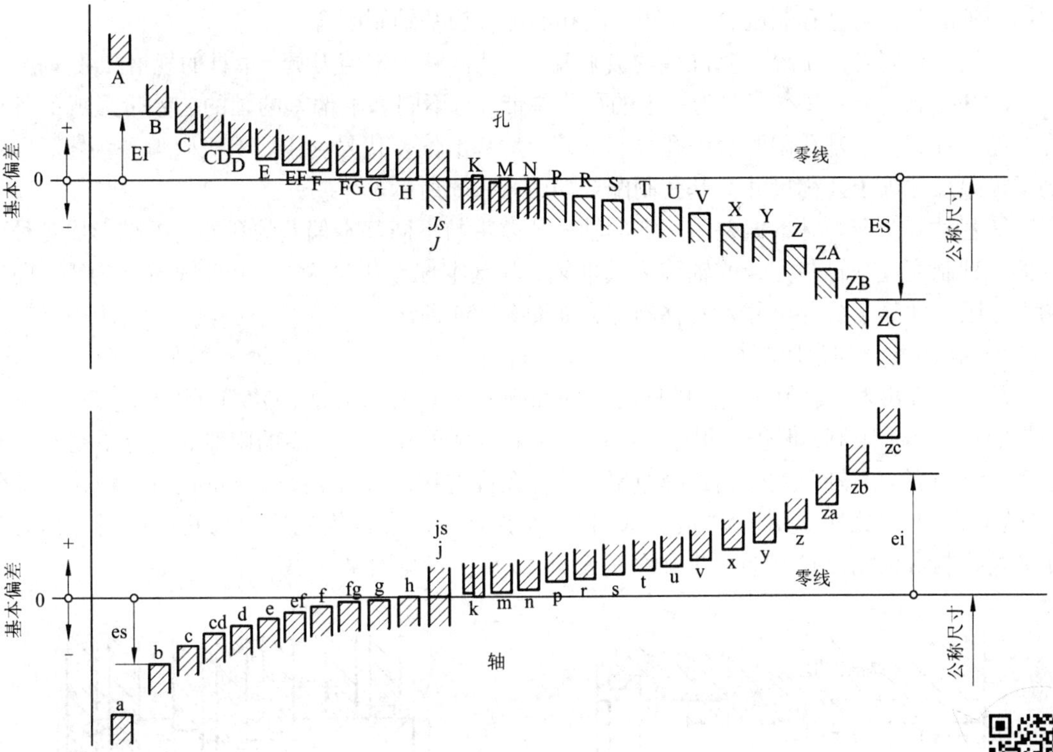

图 8－52　基本偏差系列示意

[配合与基准制]

解：

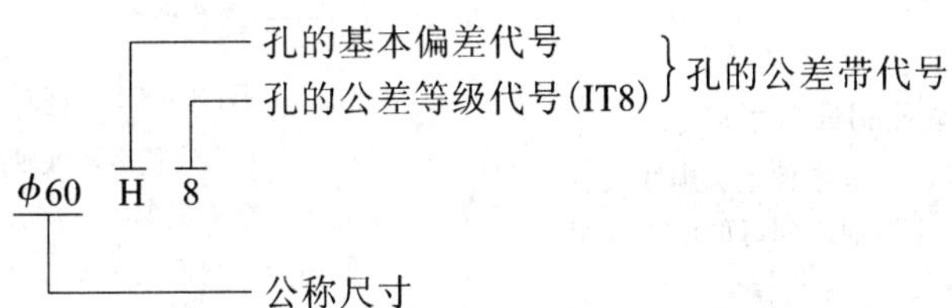

其全部含义为：公称尺寸为 ϕ60 mm、公差等级为 8 级、基本偏差为 H 的孔的公差带。

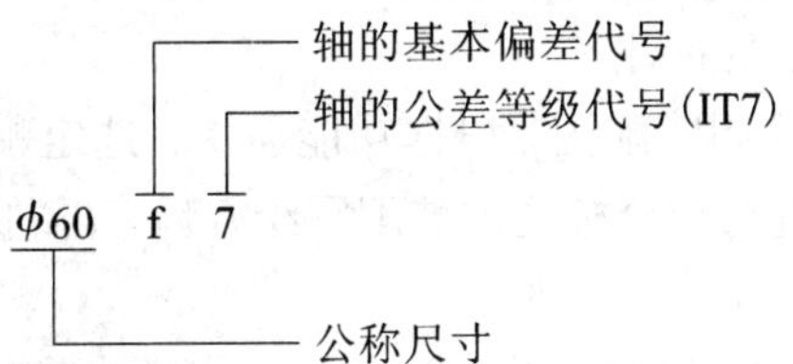

其全部含义为：公称尺寸为 ϕ60 mm、公差等级为 7 级、基本偏差为 f 的轴的公差带。

(4)配合制。

同一极限制的孔和轴组成的一种配合制度，称为配合制。亦即在制造互相配合的零件时，使用其中一种零件作为基准件，它的基本偏差固定，通过改变另一种非基准件的偏差来获得各种不同性质的配合制度。根据生产实际需要，GB/T 1800.1—2009 规定了两种配合制：基孔制配合和基轴制配合。与标准件配合时，通常选择标准件为基准件。例如滚动轴承内圈与轴的配合为基孔制配合，外圈与座孔的配合为基轴制配合。

采用配合制是为了统一基准件的极限偏差，从而减少定值刀具、量具的规格和数量。

①基孔制配合：基本偏差为一定的孔公差带，与不同基本偏差的轴的公差带形成的各种配合的一种制度。基孔制配合的孔称基准孔，其基本偏差代号为 H，下极限偏差为零，即它的下极限尺寸等于公称尺寸。基孔制配合如图 8－53 所示。

②基轴制配合。基本偏差为一定的轴的公差带与不同基本偏差的孔的公差带形成各种配合的一种制度。基轴制配合的轴称为基准轴，其基本偏差代号为 h，上极限偏差为零，即它的上极限尺寸等于公称尺寸。基轴制配合如图 8－54 所示。

(5)优先配合和常用配合。

从经济性出发，避免刀具、量具的品种和规格不必要的繁杂，GB/T 1800.2—2009 对公差带的选择作了限制，但仍然很广。GB/T 1801—2009 做了进一步的限制，规定了基本尺寸至 3150 mm 的孔、轴公差带的选择范围，并将允许选用的尺寸到 500 mm 的孔、轴公差带分为"优先选用""其次选用"和"最后选用"三个层次，通常将优先选用和其次选用合称为常用。基孔制常见配合共 59 种，其中优先配合 13 种。参见附录。

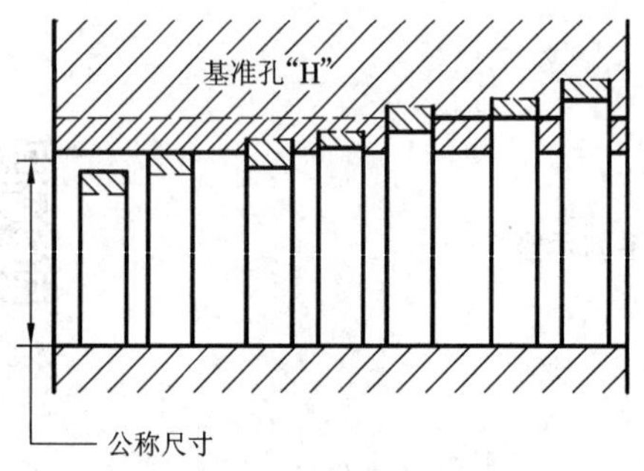

图 8－53　基孔制配合示意

注：水平实线代表孔或轴的基本偏差。虚线代表另一个极限偏差，表示孔与轴之间可能的不同组合与它们的公差等级有关

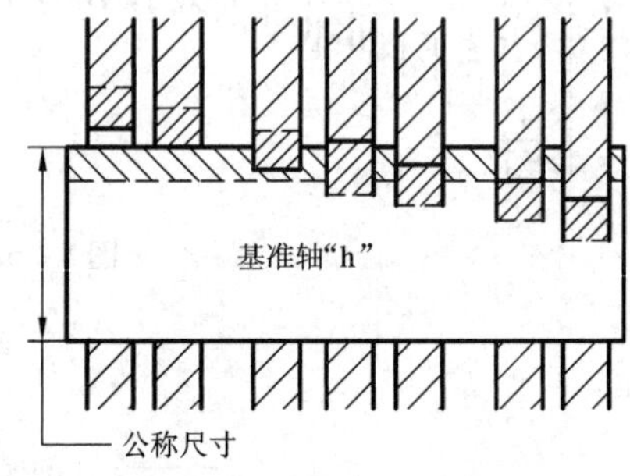

图 8－54　基轴制配合示意

注：水平实线代表孔或轴的基本偏差。虚线代表另一个极限偏差，表示孔与轴之间可能的不同组合与它们的公差等级有关

2. 极限与配合在图样上的标注方法及查表

(1)极限与配合在图样上的标注。

在进行设计时，一般先绘制装配图，根据功能需求，选定配合基准制和配合种类，确定轴、孔公差带，在装配图中进行配合标注。装配图绘好后，再"拆画"零件图，进行极限标注。

①在装配图上的标注。

极限与配合在装配图上的标注是在公称尺寸后标出配合代号。配合代号是由两个相结合的孔与轴公差带代号组成，写成分数形式，分子为孔的公差带代号，分母为轴的公差带代号，标注的形式为：

$$\text{公称尺寸}\quad\frac{\text{孔的公差带代号}}{\text{轴的公差带代号}}$$

在配合代号中，分子含有 H 为基孔制配合，分母含有 h 为基轴制配合，若分子中代号为 H，同时，分母中的代号为 h 时，则既可视为基孔制配合，也可视为基轴制配合。

图 8－55(a)是装配图标注极限与配合的实例。图中 1 个尺寸的含义如下：

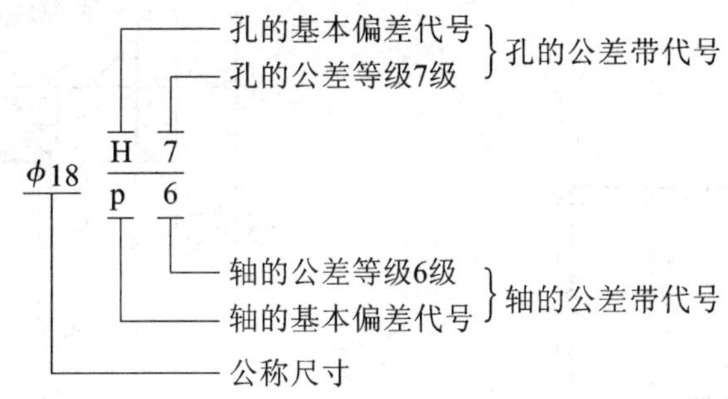

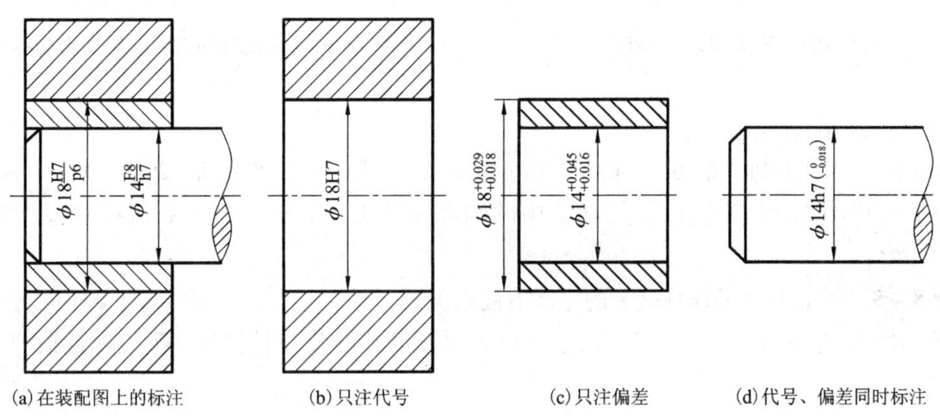

图 8－55 在图样上公差与配合的标注

②在零件图上的标注。

极限与配合在零件图上的标注有 3 种常用的形式：

a. 在公称尺寸后面标注公差代号，如图 8－55(b)所示。这种标注方法常用于大批量生产中。

b. 在公称尺寸后标注极限偏差数值，如图 8－55(c)所示。上极限偏差注写在公称尺寸的右上方，下极限偏差注写在公称尺寸的同一底线上，偏差值的字体比公称尺寸数字的字体小一号。这种标注方法主要用于少量或单件生产中。

c. 在公称尺寸后同时标注公差带代号和极限偏差数值，如图 8－55(d)所示。

同一零件的尺寸公差要求在装配图和零件图中应一致，如图 8－55 所示。

同一公称尺寸的表面具有不同的极限偏差要求时，应用细实线分开，将分段界线标注清楚，各段分别标注极限偏差，如图 8－56 所示。

③标准件与孔、轴配合的标注。

当标注与标准件、外购件相配合的代号时，可仅标相配零件的公差代号，如与滚动轴承相配合的孔、轴的标注。

[滚动轴承的公差与配合]

滚动轴承是由专业厂家生产的标准组件，其内圈(孔)和外圈(轴)的公差带已经标准化，在装配图中只需标出本部门设计、生产的零件中与之相配合的轴和孔的公差带代号即可。如图 8－57 所示。

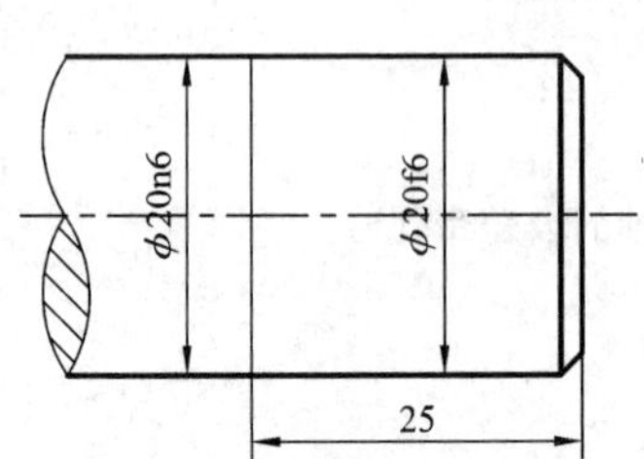

图 8-56　不同要求的标注

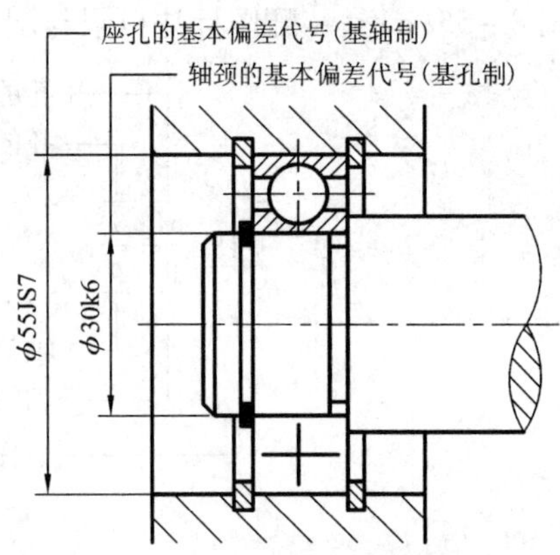

图 8-57　滚动轴承与孔、轴配合的标注

(2)极限与配合查表。

互相配合的孔和轴，根据公称尺寸和公差带，查阅 GB/T 1800.2—2009 中所列的表格，可获得上、下极限偏差数值。优先配合中的轴和孔的上、下极限偏差数值可直接查阅附录附表。

例 8-5　查表写出 ϕ18H8/f7 的上、下极限偏差数值。

解：H8/f7 是基孔制的优先配合，其中 H8 是基准孔的公差带代号，f7 是配合轴的公差带代号。

ϕ18H8 基准孔的上、下极限偏差可由附录 3.5 查得。在表中由公称尺寸从大于 14 到 18 的行和孔的公差带 H8 的列相交处查得 $^{+27}_{0}$（即 $^{+0.027}_{0}$ mm），这就是基准孔的上、下极限偏差，ϕ18H8 可写成 $\phi\,18^{+0.027}_{0}$。

ϕ18f7 配合轴的上、下极限偏差，可由附录 3.4 中查得。在表中由公称尺寸从大于 14 到 18 的行和孔的公差带 f7 的列相交处查得 $^{-16}_{-34}$（即 $^{-0.016}_{-0.034}$ mm），这就是配合轴的上、下极限偏差，ϕ18f8 可写成 $\phi\,18^{-0.016}_{-0.034}$。

3. 课程拓展——公差与配合的选用

(1)公差等级的选用。

在满足使用要求的前提下，应尽可能选用较低的等级，以降低加工成本。当公差等级高于或等于 IT8 时，推荐选择孔的公差等级比轴低一级；低于 IT8 时，推荐孔、轴选择同级公差。

(2)基准制的选用。

一般情况下，优先选用基孔制，这样可避免定值刀具、量具规格的不必要繁杂；与标准件配合时，通常依标准件定，如与滚动轴承配合的轴应按基孔制，与滚动轴承外圈配合的孔应按基轴制。

[优先配合的选用]

(3)配合的选用。

应尽可能选用优先配合和常用配合。

8.5.3　几何公差

1. 几何公差的概念

图 8 – 58(a)所示为轴与箱座上的孔的正确装配情况，即理想状况，但零件经加工后，不仅会产生尺寸误差，还会产生形状、位置等几何误差，如图 8 – 58(b)、(c)所示。

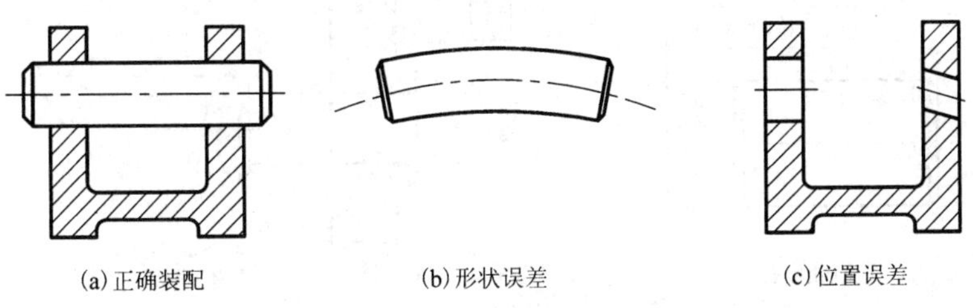

图 8 – 58　几何误差示意

零件表面的几何形状误差、表面之间的相互位置误差等几何误差的存在，直接影响产品的使用性能和寿命。例如，在间隙配合中，圆柱面的形状误差导致间隙分布不匀，造成磨损，引起配合性质的改变；在过盈配合中，圆柱面的形状误差导致各处过盈量不一样，影响连接强度。

因此，在机器中某些精确度程度较高的零件，不仅需要保证其尺寸公差，还要保证其几何公差。在图纸上除了标注尺寸和尺寸公差外，还要标注几何公差。但对一般的精确度要求不高的零件来说，它的几何公差可由尺寸公差、加工机床的精度等加以保证，图纸上不予注出。

为了保证机器的质量，要限制零件对几何误差的最大变动量，称为几何公差，允许变动量的值称为公差值。

《产品几何技术规范(GPS)几何公差形状、方向、位置和跳动公差标注》(GB/T 1182—2018)规定了工件几何公差标注的基本要求和方法。零件的几何特征是零件的实际要素对其几何理想要素的偏离情况，它是决定零件功能的因素之一，几何误差包括形状、方向、位置和跳动误差。

图 8 – 59 是几何公差示例。图 8 – 59(a)中的滚柱，为了保证其工作质量，除了注出直径的尺寸公差外，还需要注滚柱轴线的形状公差，图中的形状公差代号表示滚柱实际轴线与理想轴线之间的变动量(直线度)必须保证在 ϕ0.006 mm 的圆柱面内。图 8 – 59(b)中箱体上两个孔是安装锥齿轮轴的，如果两孔轴线歪斜太大，就会影响锥齿轮的啮合传动。为了保证正常地啮合，应该使两孔轴线保持一定的垂直位置，所以要注上位置公差——垂直度。图中的位置公差代号说明水平孔的轴必须位于距离为 0.05 mm、且垂直于铅垂孔的轴线的两个平行平面之间，*A* 为基准符号字母。

2. 几何特征和符号

几何公差的类型、几何特征和符号见表 8 – 8。

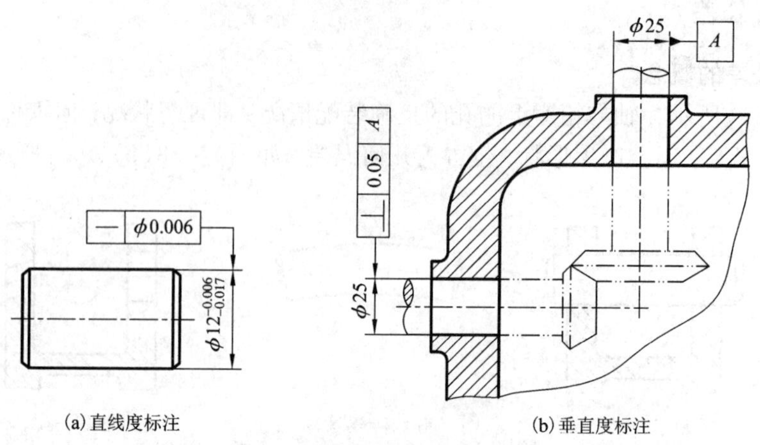

(a) 直线度标注　　(b) 垂直度标注

图 8-59　几何公差要求示意

表 8-8　几何特征符号(GB/T 1182—2018)

公差类型	几何特征	符号	有无基准	公差类型	几何特征	符号	有无基准
形状公差	直线度	—	无	位置公差	位置度	⌖	有或无
	平面度	⏥			同心度（用于中心线）	◎	有
	圆度	○					
	圆柱度	⌭					
	线轮廓度	⌒			同轴度（用于轴线）		
	面轮廓度	⌓					
方向公差	平行度	//	有		对称度	⌯	
	垂直度	⊥			线轮廓度	⌒	
	倾斜度	∠			面轮廓度	⌓	
	线轮廓度	⌒		跳动公差	圆跳动	↗	
	面轮廓度	⌓			全跳动	⌰	

3. 附加符号及其标注

本节仅简要说明 GB/T 1182—2018 中标注被测要素几何公差的附加符号——公差框格、被测要素的标法基准。其他未说明的附加符号可查阅该标准。

(1)公差框格。

公差框格用细实线画出，分成两格或多格。框格内从左至右依次填写的内容如下：

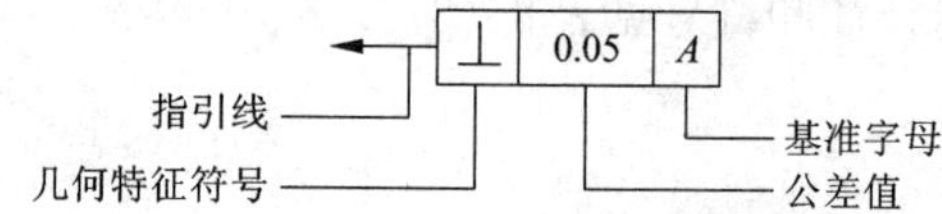

框格内字体的高度与图样中的尺寸数值等高。框格的长度可根据需要加长。

图 8－60 给出了公差框格的几种示例。

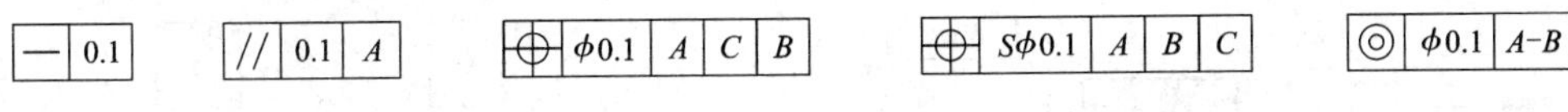

图 8－60 公差框格示例

当某项公差应用于几个相同要素时，应在公差框格的上方、被测要素的尺寸之前注明要素的个数，并在两者之间加上符号“×”，如图 8－61 所示。

如果需要就某个要素给出几种几何特征的公差，可将一个公差框格放在另一个的下面，如图 8－62 所示。

图 8－61 应用于几个相同要素的公差框格示例

图 8－62 某个要素给出几种几何特征公差要求的公差框格示例

（2）被测要素的标注。

按下列方式之一用指引线连接被测要素和公差框格。指引线引自框格的任意一侧，终端带一箭头。

①公差涉及轮廓线或轮廓面时，箭头指向该要素的轮廓线或其延长线（应与尺寸线明显错开），如图 8－63（a）、（b）所示。箭头也可指向引出线的水平线，引出线引自被测面（线框），如图 8－63（c）所示。

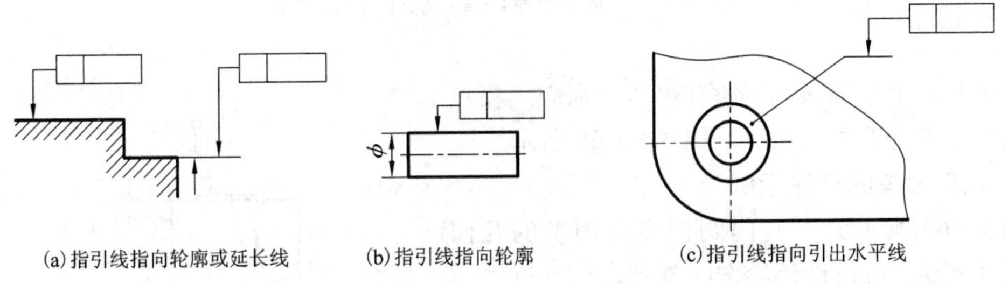

(a) 指引线指向轮廓或延长线　(b) 指引线指向轮廓　(c) 指引线指向引出水平线

图 8－63 被测要素的标注方法（一）

②公差涉及要素的中心线、中心面或中心点时，箭头应位于相应尺寸的延长线上，如图 8－64 所示。

（3）基准。

与被测要素相关的基准用一个大写字母表示。字母标注在基准方格内，与一个涂黑或空白的三角形相连以表示基准，如图 8－65 所示。涂黑的和空白的基准三角形含义相同。

基准的基准三角形应按如下规定放置：

①当基准要素是轮廓线或轮廓面时，基准三角形放置在要素的轮廓线或其延长线上（与尺寸线明显错开），如图 8－66（a）所示；基准三角形也可放置在该轮廓面引出线的水平线上，

如图 8 - 66(b)所示。

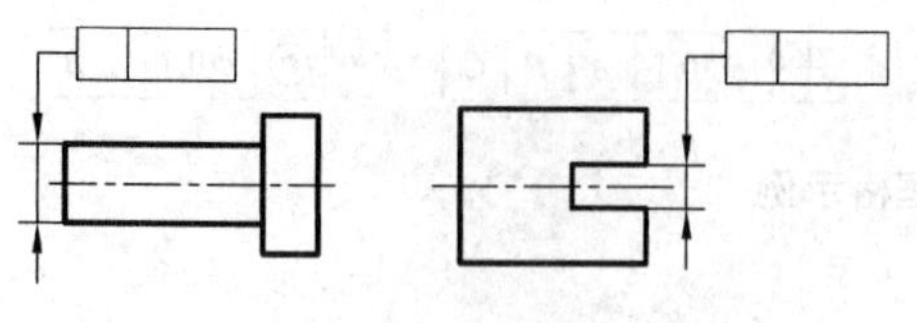

图 8 - 64　被测要素的标注方法(二)

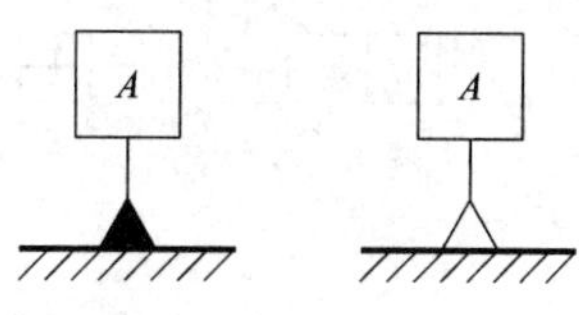

图 8 - 65　基准符号

②当基准是尺寸要素确定的轴线、中心平面或中心点时，基准三角形应放置在该尺寸的延长线上，如图 8 - 67 所示。如果没有足够的位置标注基准要素尺寸的两个箭头，则其中一个箭头可用基准三角形代替，如图 8 - 67(b)所示。

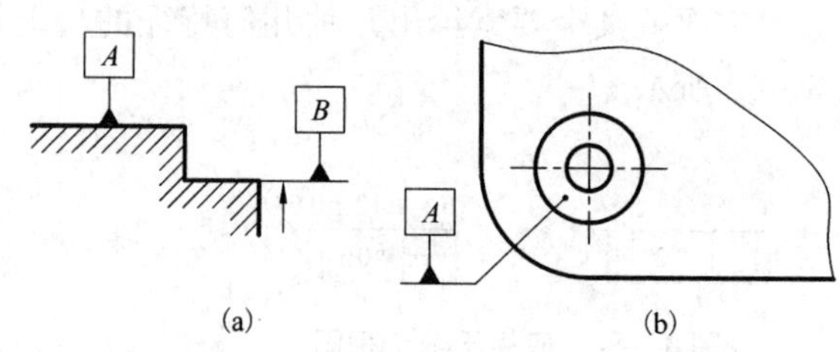

图 8 - 66　基准要素的常用标注方法(一)

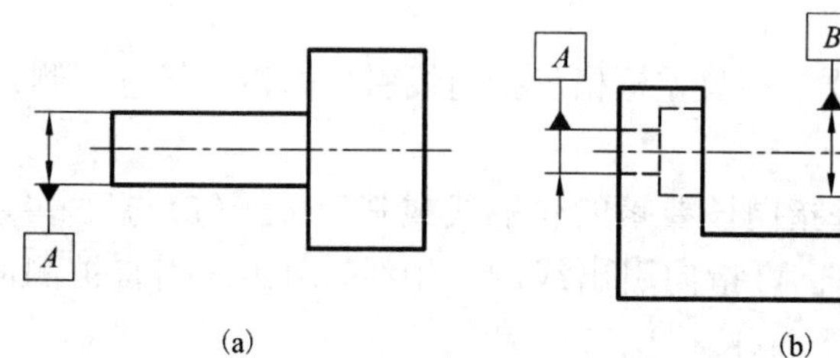

图 8 - 67　基准要素的常用标注方法(二)

如果只以要素的某一局部作基准，则应用粗点画线示出该部分并加注尺寸，如图 8 - 68 所示。

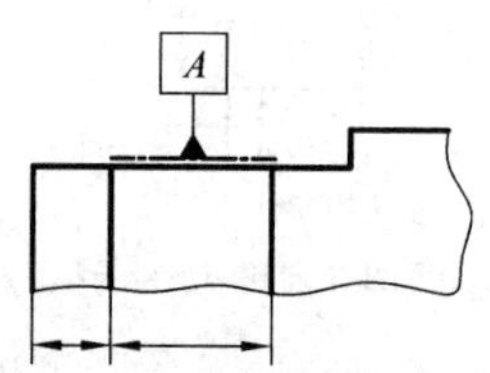

图 8 - 68　基准要素的常用标注方法(三)

4. 几何公差的标注示例

图 8 - 69 所示为一气门阀杆零件图上的几何公差标注实例，可供设计绘图时参考。

从图中几何公差标注可知：

(1) *SR*150 的球面对于 ϕ16 轴线的圆跳动公差是 ϕ0.003。

(2)阀杆杆身 ϕ16 的圆柱度公差为 0.005。

(3) M8 × 1 的螺孔轴线对于 ϕ16 轴线的同轴度公差是 ϕ0.1。

(4)右端面对于 ϕ16 轴线的圆跳动公差是 ϕ0.1。

另外，从图中可以看出，当被测要素为线或面的轮廓时，从框格中引出的指引线的箭头应指向该要素的轮廓线或其延长线上，当被测要素为轴线时，应将箭头与被测要素的尺寸线对齐，如 M8 × 1 轴线的同轴度注法。当基准要素为轴线时，应将基准代号与该要素的尺寸线对齐，如基准 *A*。

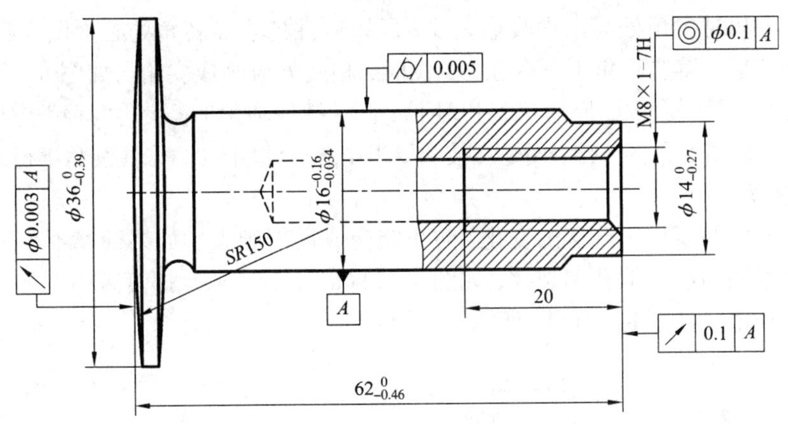

图 8－69　几何公差标注示例

8.6　零件结构的工艺性简介

零件的结构形状，主要是根据其在机器或部件中的作用决定的，而制造工艺对零件的结构也有一些要求。因此，在设计零件时，既要使零件的结构满足使用要求，又要考虑制造过程的工艺要求，使零件具有良好的结构工艺性。本节将介绍一些零件上常见的工艺结构的画法和尺寸注法。

8.6.1　铸造工艺对零件结构的要求

1. 拔模斜度

铸造零件时，为了方便起模，铸件的内、外壁沿起模方向应设计出拔模斜度，如图 8－70(a)所示。

木模的拔模斜度取 1°～3°。金属模，用手工造型时取 1°～2°，用机械造型时取 0.5°～1°。

在画零件图时，拔模斜度一般不必画出，也可以不予标注，必要时，可在技术要求中用文字说明。

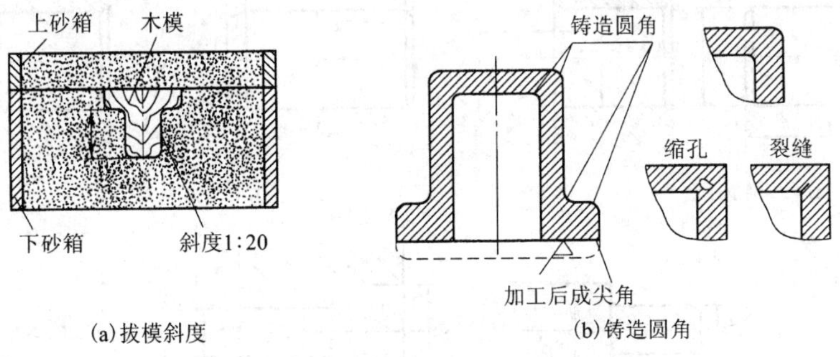

图 8－70　铸件的拔模斜度和铸造圆角

2. 铸造圆角

铸件各表面相交处不能做成尖角，因为尖角在拔模和铸造过程中容易造成落砂或被浇铸的铁水冲坏，冷却时尖角处易出现收缩裂纹，所以铸件各表面转角处必须做成圆角。铸件毛坯经过切削加工后，铸造圆角不再存在，画图时，相交处应画成尖角。如图 8－70(b)所示。

铸造圆角的半径一般取壁厚的 0.2～0.4 倍，同一铸件圆角半径大小的种类应尽可能少，半径大小一般也不在图上直接注出，而是在技术要求中统一注明，如“未注圆角半径 $R2 \sim R4$”。

3. 铸件壁厚

铸件中各处壁厚要均匀或逐渐变化，防止突变或局部肥大。如果壁厚不均匀，则会因为铁水冷却速度不同而产生缩孔和裂纹，如图 8－71(a)。为了避免厚度减薄对强度的影响，可用加强肋板来补偿。如图 8－71(b)所示。

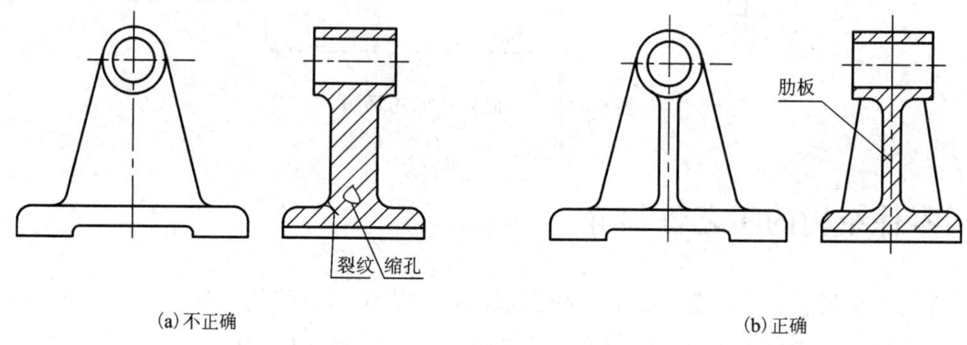

(a)不正确　　(b)正确

图 8－71　铸件壁厚的选择

8.6.2　机械加工工艺结构

1. 倒角与倒圆

为了便于装配和安全操作，必须去除零件上的锐边和毛刺，常在轴与孔的端部加工出倒角；为了避免因应力集中而产生裂纹，在轴肩处通常加工成圆角的过渡形式，称为倒圆。倒角和倒圆的尺寸系列在 GB/T 6403.4—2008 中已给出。图 8－72 给出了倒角和倒圆的尺寸注法示例。

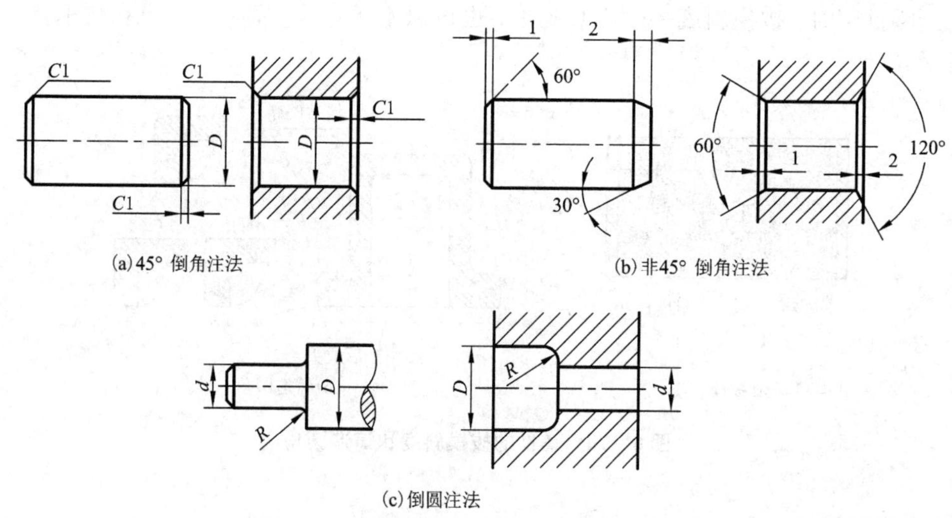

(a)45° 倒角注法　　(b)非45° 倒角注法

(c)倒圆注法

图 8－72　倒角和倒圆

2. 退刀槽与砂轮越程槽

在切削加工中，特别是在车螺纹和磨削时，为了便于退出刀具或使砂轮可以稍稍越过加工面，在零件待加工面末端面两表面交接处，预先加工出退刀槽和砂轮越程槽。如图 8－73 所示。螺纹退刀槽和砂轮越程槽的结构尺寸系列在国家标准中做了规定。图 8－74 是螺纹退刀槽的尺寸注法，图 8－75 是砂轮越程槽的尺寸注法。

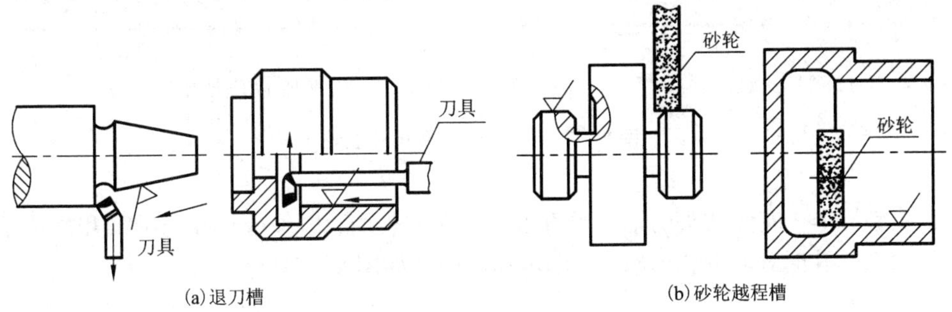

(a) 退刀槽　(b) 砂轮越程槽

图 8－73　螺纹退刀槽与砂轮越程槽

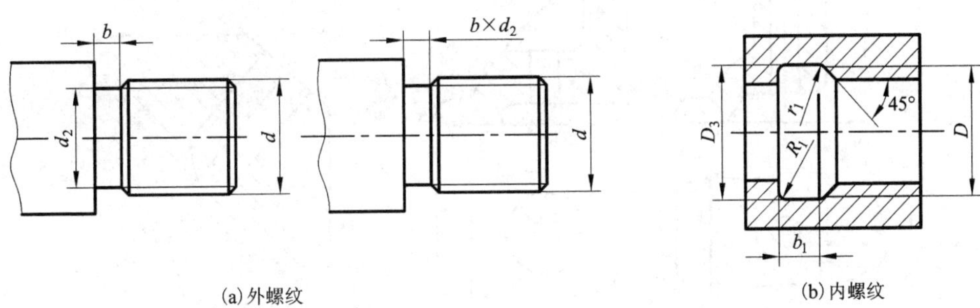

(a) 外螺纹　(b) 内螺纹

图 8－74　螺纹退刀槽的尺寸注法

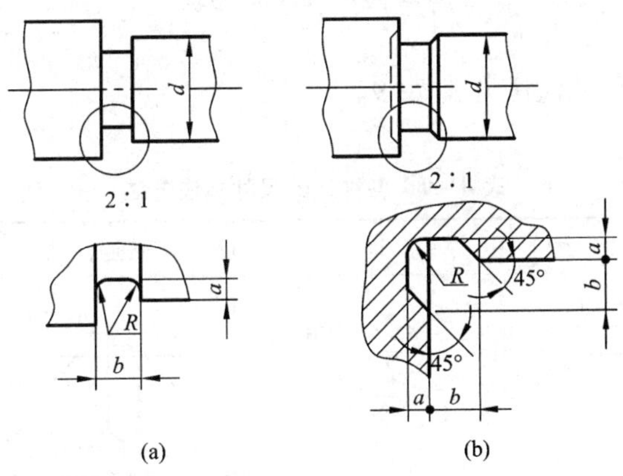

(a)　(b)

图 8－75　砂轮越程槽的尺寸注法

3. 孔

零件上常见的各种孔一般都是用钻头加工的。用钻头钻盲孔时，孔的末端由钻头顶部形成圆锥孔，锥角画成 120°，不需要标注，钻孔深度是指圆柱孔部分的深度。见图 8－76(a)。对于阶梯孔的钻孔，在直径变化过渡处也应画成 120°的圆台。见图 8－76(b)。

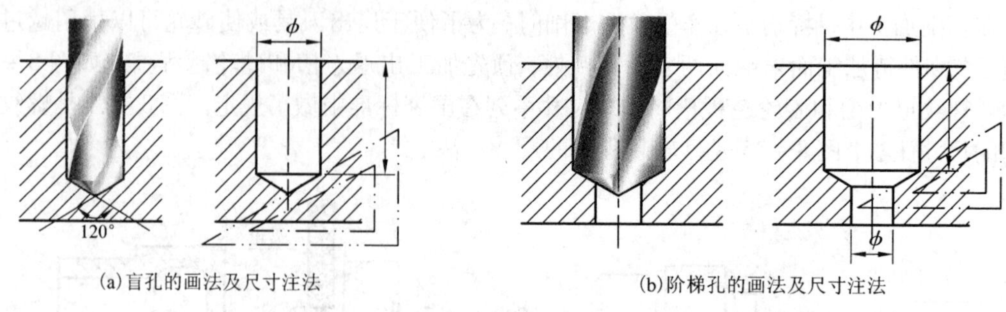

(a)盲孔的画法及尺寸注法　　(b)阶梯孔的画法及尺寸注法

图 8－76　孔的结构及尺寸注法

用钻头钻孔时，应使钻头的轴线垂直于被钻孔的表面，以保证钻孔的准确和避免钻头折断。在斜面上钻孔时，常设计出凸台、凹坑和斜面。如图 8－77 所示。

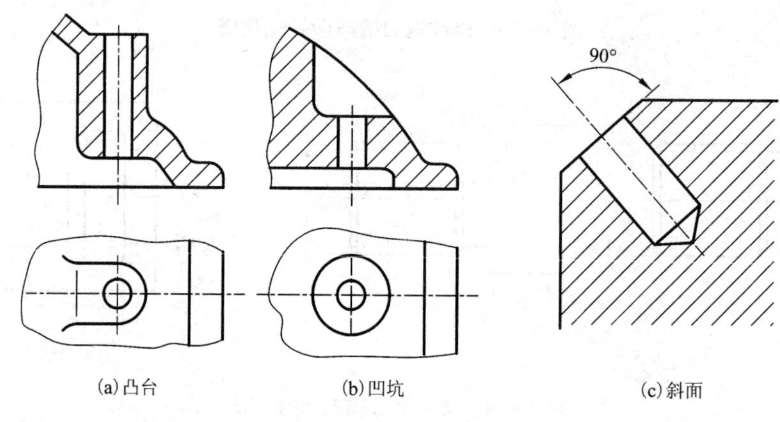

(a)凸台　　(b)凹坑　　(c)斜面

图 8－77　钻孔的端面

各种光孔和螺孔的尺寸注法见表 8－9。

表 8－9　各种孔的尺寸标注方法

序号	类型	旁注法		普通注法	说明
1	光孔	4×ϕ4↧10	4×ϕ4↧10	4×ϕ4 10	四个直径为 4，深度为 10，均匀分布的孔
2		4×ϕ4H7↧10 ↧12	4×ϕ4H7↧10 ↧12	4×ϕ4H10 10 12	四个直径为 4，均匀分布的孔。深度为 10 的部分公差为 H7，孔全深为 12

续表 8－9

序号	类型	旁　注　法		普通注法	说　　明
3		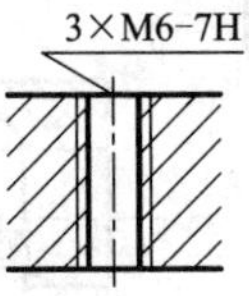3×M6-7H	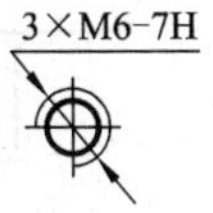3×M6-7H	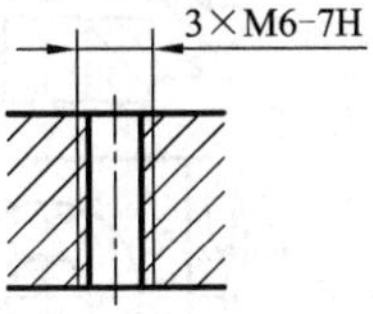3×M6-7H	三个螺纹孔，大径为 M6，螺纹公差等级为 7H，均匀分布
4	螺孔	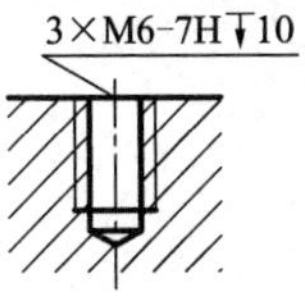3×M6-7H↧10	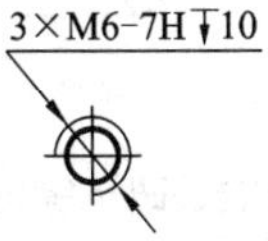3×M6-7H↧10	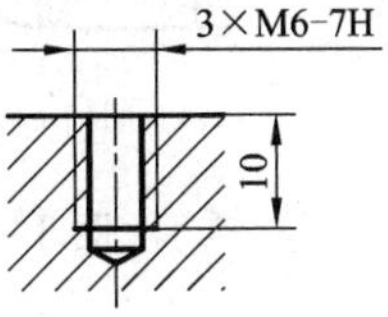3×M6-7H 10	三个螺纹孔，大径为 M6，螺纹公差等级为 7H，螺孔深度为 10，均匀分布
5		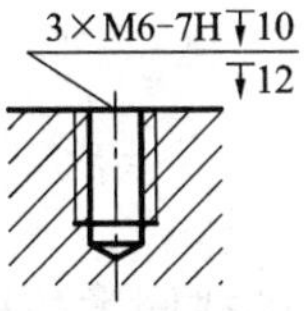3×M6-7H↧10 ↧12	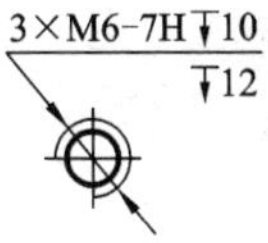3×M6-7H↧10 ↧12	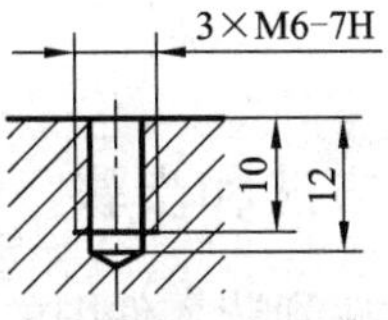3×M6-7H 10 12	三个螺纹孔，大径为 M6，螺纹公差等级为 7H，螺孔深度为 10，光孔深为 12，均匀分布
6		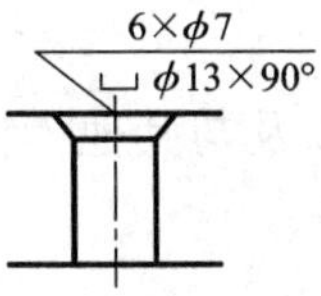6×ϕ7 ⌴ ϕ13×90°	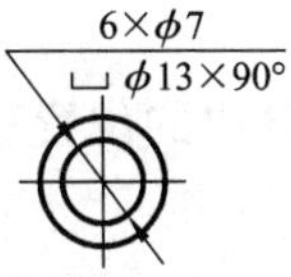6×ϕ7 ⌴ ϕ13×90°	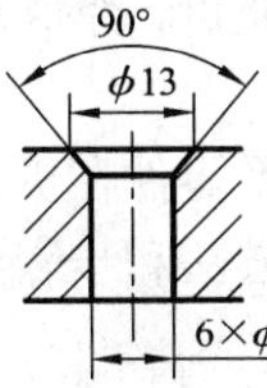90° ϕ13 6×ϕ7	锥形沉孔的直径 ϕ13 及锥角 90°，均需标注
7	沉孔	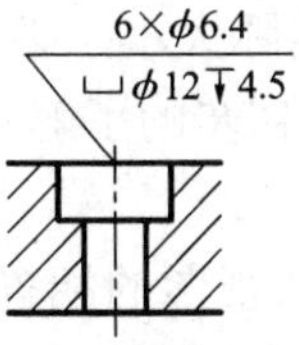6×ϕ6.4 ⌴ϕ12↧4.5	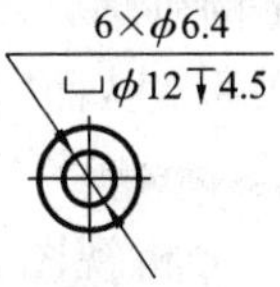6×ϕ6.4 ⌴ϕ12↧4.5	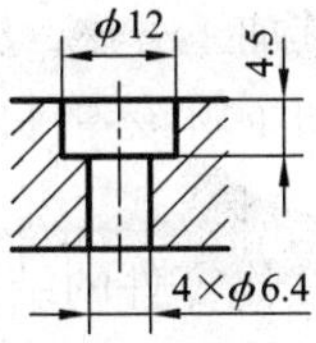ϕ12 4.5 4×ϕ6.4	柱形沉孔的直径 ϕ12 及深度 4.5，均需标注
8		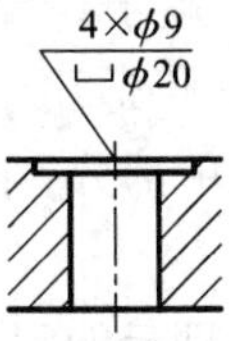4×ϕ9 ⌴ϕ20	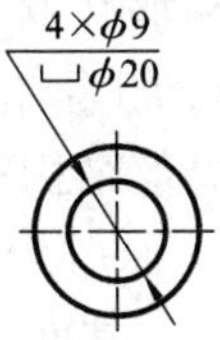4×ϕ9 ⌴ϕ20	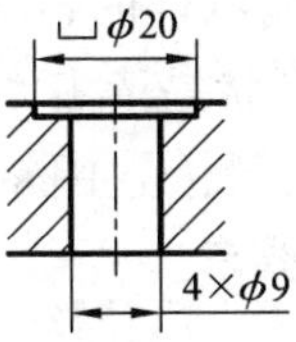⌴ϕ20 4×ϕ9	锪平 ϕ20 的深度不需标注，一般锪平到光面为止

4. 凸台与凹坑

零件之间的接触面一般都需要切削加工，以保证良好的接触。为了减少加工面、减轻重量、减少接触面积以增加装配的稳定性，常在毛坯面上设计出凸台与凹坑，如图 8－78 所示。

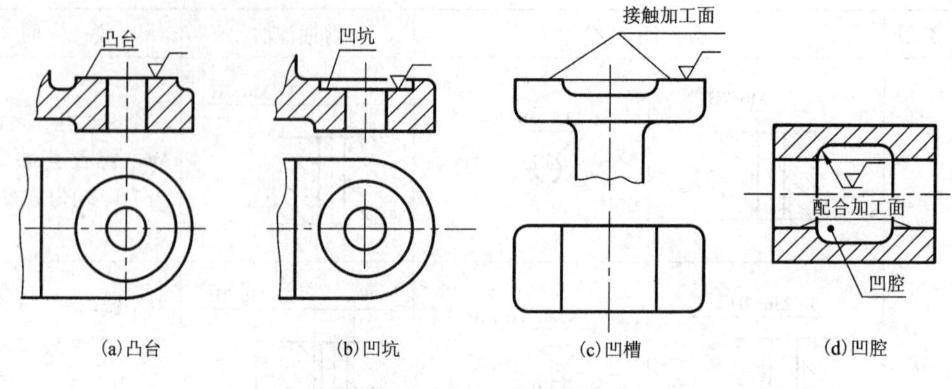

图8－78　凸台、凹坑等结构

8.7　读零件图

8.7.1　读零件图的方法和步骤

生产实践中，常常碰到读零件图的问题。设计时，参照原有的或同类的机器中的零件图样进行研究分析，以设计出更为先进、合理的零件。制造时，按图样为零件拟订合理的制造工艺方案，以保证产品的质量，降低制造成本。因此，从事各专业工作的工程技术人员，都必须具备读零件图的能力。

读零件图时，必须联系零件在机器或部件中的位置、作用以及与其他零件的关系，才能理解和读懂零件图，一般方法和步骤如下。

1. 概括了解

从标题栏了解零件的名称、材料、比例、重量等内容。从名称可判断该零件属于哪类零件，从材料可大致了解其加工方法，从绘图比例可估计零件的实际大小。必要时，最好对照机器、部件实物或装配图了解该零件的装配关系，从而对零件有初步的了解。

2. 分析视图

分析视图的目的是读懂零件的结构形状。分析视图首先应从视图的配置中找出主视图，相应地认定其他视图，再分析剖视图、断面图的剖切位置，然后根据零件的功用和视图特征进行形体分析，弄清组成零件的各部分的结构形状及相对位置，逐步想象出零件的整体形状。看懂零件图的结构形状是读零件图的重点，组合体的读图方法仍适用于零件图。读图的一般顺序是先整体，后局部；先主体结构，后局部结构；先读懂简单部分，再分析复杂部分。

3. 分析尺寸和技术要求

分析零件长、宽、高三个方向的尺寸基准，从基准出发查找各部分的定形、定位尺寸，并分析尺寸的加工精度要求。必要时还要联系机器或部件中与该零件有关的零件一起分析，以便深入理解尺寸之间的关系。

4. 分析技术要求

联系机器部件中与该零件有配合连接关系的零件，逐项分析理解尺寸公差、几何公差和表面结构等技术要求。

5. 综合归纳

零件图表达了零件的结构形状、尺寸及其精确度要求等内容，它们之间是相互关联的，读图时应将视图、尺寸和技术要求综合考虑，才能对这个零件形成完整的认识。

读图的过程是一个深入理解的过程，只有不断实践，才能熟练地掌握读零件图的方法，不断提高读图的能力和读图的速度。

8.7.2　读零件图举例

下面以图 8 – 6 球阀分解图所示的球阀中主要零件阀体为例，介绍读零件图的方法与步骤。

阀体的零件图如图 8 – 79 所示。

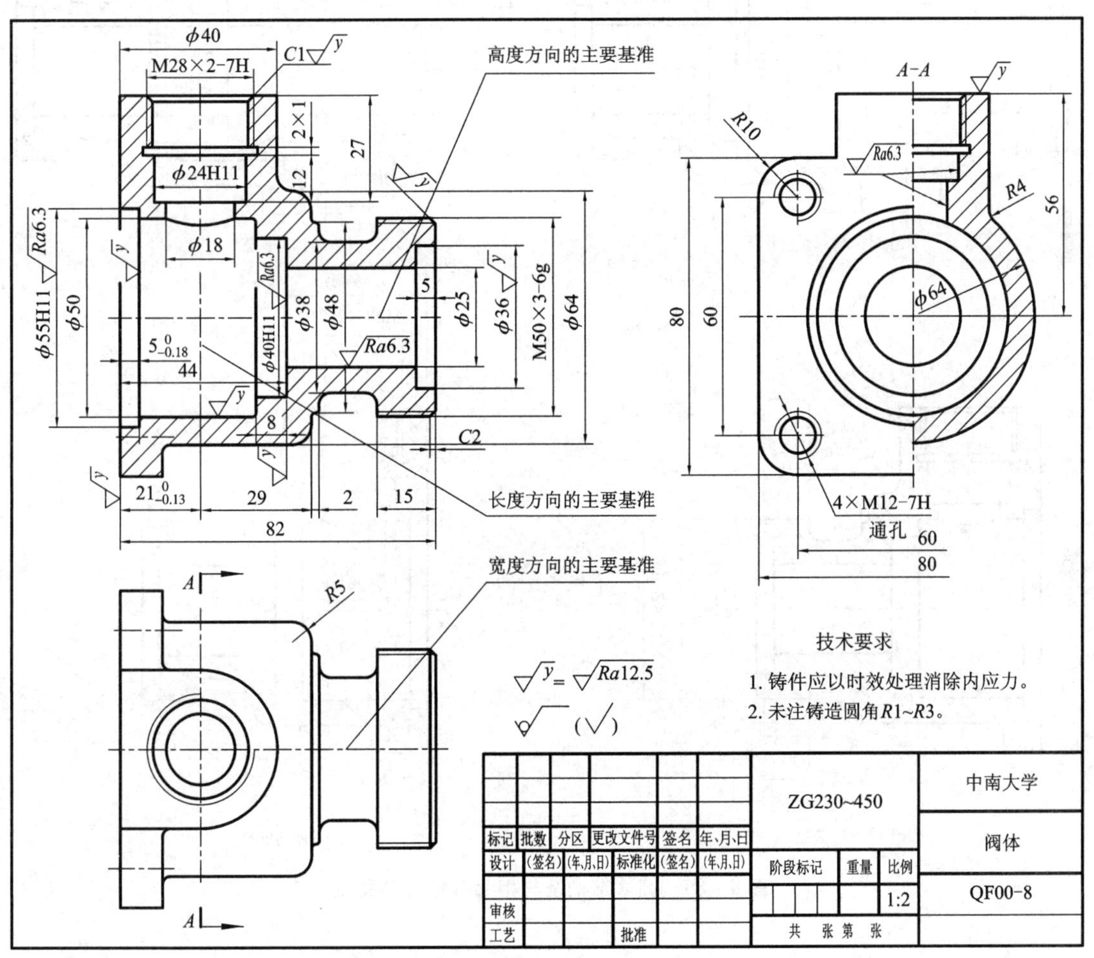

图 8 – 79　阀体零件图

1. 概括了解

从标题栏可知，零件名称为阀体，材料为 ZG230 ~ 450，毛坯是铸件，但其内、外表面都有一部分需要进行切削加工，因而加工前应做时效处理。图样比例为 1∶2。阀体是球阀的一个主要零件，容纳阀芯，同时与阀杆、阀盖、法兰、密封圈等零件具有装配连接关系。属于箱体类零件。

2. 视图表达和结构形状分析

阀体零件图采用了三个视图，其中主视图为全剖视图，左视图为半剖视图。对照球阀分解图(图8－6)可知，阀体左端通过螺柱和螺母与阀盖连接，形成球阀容纳阀芯的 $\phi50$ 圆柱空腔。左端的 $\phi55$H11 圆柱形槽与阀盖的圆柱形凸缘相配合。见图 8－80(a)。

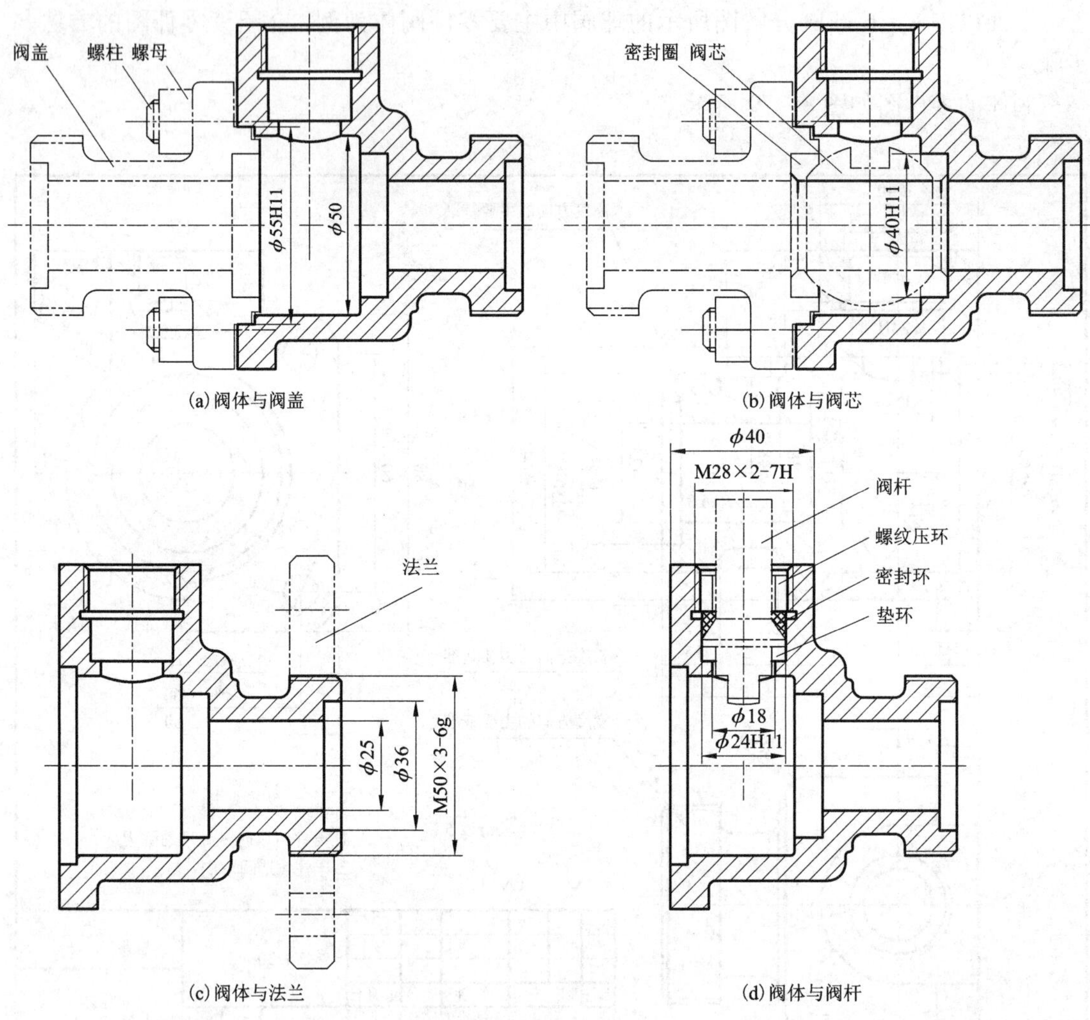

图8－80　阀体结构及与相邻各零件的关系

阀体空腔右侧 $\phi40$H11 圆柱形槽用来放置密封圈，以保证在球阀关闭时不泄露流体。见图 8－80(b)。

阀体右端有用于连接法兰、管道系统的外螺纹 M50×3－6g；内部有阶梯孔 $\phi36$、$\phi25$ 与空腔相通。见图 8－80(c)。

在阀体上部的 $\phi40$ 圆柱体中，有 $\phi18$、$\phi24$H11 的阶梯孔与空腔相通。在阶梯孔内，容纳阀杆、垫环、密封环、螺纹压环等；在孔 ϕ24H11 的上端制出具有退刀槽的内螺纹 M28×2－7H，与螺纹压环旋合，将垫环、密封环压紧；孔 ϕ24H11 与阀杆下部的凸缘相配合，阀杆的凸缘在这个孔内转动。见图 8－80(d)。

由此可想象出阀体的形状，如图 8－81 所示为阀体的轴测剖视图。

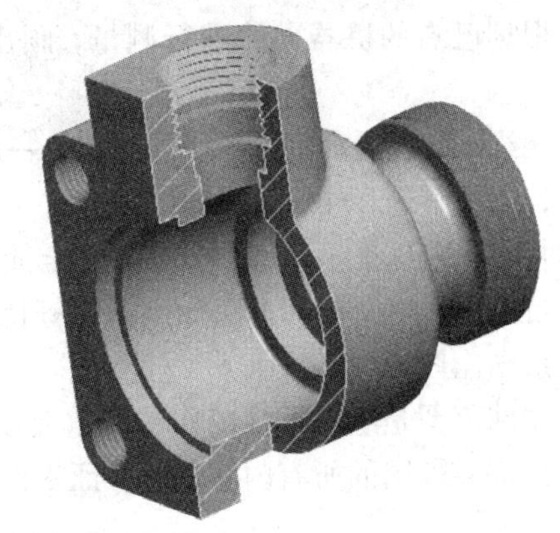

图 8－81 阀体的轴测剖视图

3. 分析尺寸

阀体的结构形状比较复杂，标注的尺寸很多，这里仅分析其中的一些主要尺寸。

以阀体水平孔的轴线为径向尺寸基准，它同时也是高度和宽度方向主要基准，注出水平方向孔的直径尺寸 ϕ55H11、ϕ50、ϕ40H11、ϕ25、ϕ36，右端的外螺纹 M50×3－6g，外圆柱尺寸 ϕ64、ϕ48、ϕ38。

带有公差的尺寸为配合尺寸，如 ϕ55H11 就是与阀盖相配合的尺寸。

以阀体竖直孔的轴线为径向尺寸基准，它同时也是长度和宽度方向的尺寸基准，注出 ϕ40、ϕ24H11、ϕ18、M28×2－7H 等。

以过竖直孔的轴线的侧平面为长度方向主要基准，以此为基准注出了外圆柱 ϕ64 右侧长度尺寸 29，左端面距离 $21_{-0.13}^{\ 0}$。将左端面作为长度方向的第一辅助基准，注出内腔深度尺寸 44、右端面尺寸 82，再将由这两个尺寸确定的 ϕ40H11 的圆柱形槽底和阀体右端面为长度方向的第二辅助基准，注出其余的长度尺寸。

以阀体前后对称面为宽度方向主要基准，注出阀体前后对称的左端方形凸缘的宽度尺寸 80 以及四个圆角和螺孔的宽度方向定位尺寸 60。

以通过阀体的水平轴线的水平面为高度方向的尺寸基准，注出左端面方形凸缘的高度尺寸 80，四个圆角和螺孔的高度方向定位尺寸 60，然后以 ϕ40 圆柱顶面为高度方向的第一辅助基准，注出有关尺寸 27；再以由尺寸 27 确定的垂直台阶孔 ϕ24H11 的槽底为高度方向的第二辅助基准，注出 12，由此再注出螺纹退刀槽的尺寸 2。

此外，在图中还注出了左端面方形凸缘上四个圆角的半径尺寸，四个穿通的螺孔的尺寸，较大的铸造圆角的半径尺寸等。

4. 了解技术要求

通过以上分析可以看出，阀体中比较重要的尺寸都标注了偏差数值，与此对应的表面结构要求也较高，*Ra* 值一般为 6.3 μm。阀体左端的阶梯孔 ϕ55H11 虽与阀盖有配合关系，但阀体与阀盖间有调整垫，所以相应的表面结构要求也不必很严，零件上不太重要的加工表面的表面结构 *Ra* 一般为 12.5 μm。

此外，在图中还用文字注写了技术要求，补充说明有关热处理和未注铸造圆角的技术要求。

8.8　零件测绘

根据已有的机器零件进行测量，画出它的草图，并整理成零件工作图的过程称为零件测绘。

测绘时，因受时间、场所的限制，一般是在生产现场或机器旁进行，往往要先画出零件草图，经过整理，再根据草图画出零件工作图。这里提到的“草图”绝不是“潦草的图”，与工作图相比，它只是不用绘图仪器，完全徒手在白纸上或坐标方格纸上画出，零件各部分大小全凭目测，或用简单的方法如用铅笔杆比画一下，得出零件各部分的比例关系后，再根据比例关系画出图形。

零件草图是绘制零件工作图的重要依据，必要时可直接用于加工制造零件，因此，草图必须具备零件图的所有内容，以保证零件图能正常绘制。

8.8.1　测绘工具简介

常用的量具有钢尺，内、外卡尺，游标卡尺，内外卡钳，螺纹规，圆弧规等。目前有更先进的测绘仪器，可将整个零件扫描，经计算机处理，直接得出具有尺寸的零件的三维实体图形和视图。

常用的测绘工具如图 8－82 所示。钢尺用来测量直线尺寸。内、外卡尺用来测量圆结构的内、外直径。游标卡尺用来测量外圆柱面直径、内孔直径和孔深等。千分尺细分有外径千分尺(最常见)、内径千分尺、内测千分尺、壁厚千分尺、管壁千分尺等，功能各异，但都是用来测量精度在 0.01 mm 范围内的尺寸。螺纹规用来测量螺纹直径和螺距。

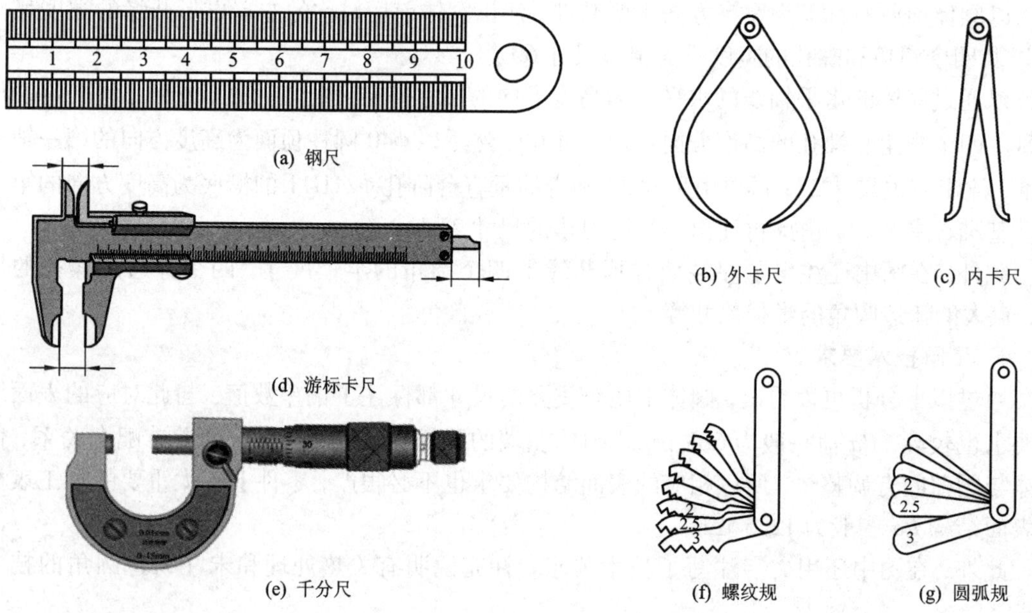

(a) 钢尺　(b) 外卡尺　(c) 内卡尺　(d) 游标卡尺　(e) 千分尺　(f) 螺纹规　(g) 圆弧规

图 8－82　常用测绘工具

8.8.2　零件测绘的方法与步骤

下面以图8－83所示的铰链托架体为例，介绍零件测绘的一般方法与步骤。

1. 了解零件，分析结构

测绘时，首先应了解零件的名称、材料以及零件在所属部件中的位置和作用，然后根据零件在部件中的作用以及制造方法对其进行结构分析，把零件的各部分结构弄清楚。

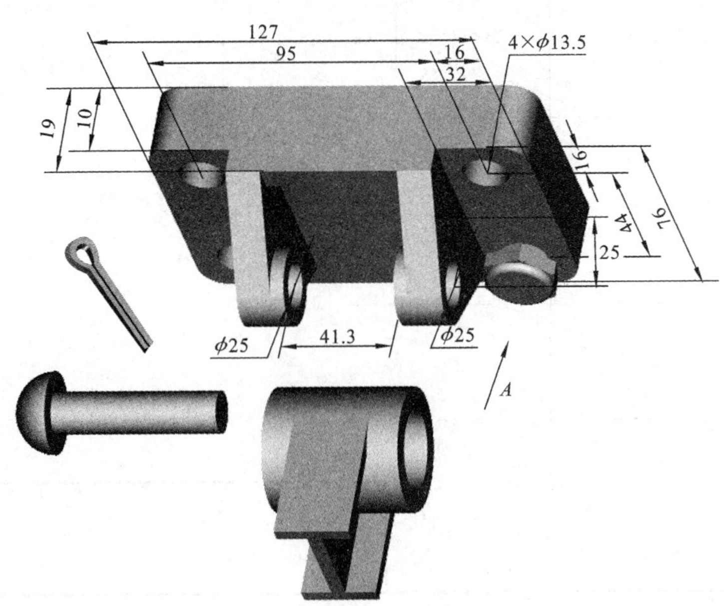

图8－83　铰链托架体结构图

从图8－83可知，托架体是铰链托架机构上的一个主体件，铰链副铰链销安装在托架体上的两个耳座上，再用开口销锁紧，防止铰链脱落。托架体是用四个螺钉安装在机构的机座上，故在四个角上分别钻出四个光孔，供安装螺钉用。安装板设计成长方体，以使安装平衡，四角均以圆柱面过渡，这是铸造工艺上的要求。两个耳座的内侧都有凸台，以减少加工面。

2. 确定表达方法

从零件的形状结构特点可以看出该零件属叉架类零件，故主视图宜选择工作位置，以*A*向作为主视图投影方向，以表达托架体的形状特征。为完整、清晰地表达零件，需要选用其他视图及剖视、断面等表达方法。

3. 绘制零件草图

(1)定出各视图的位置，画出各视图的对称中心线和作图基准线，布置视图时要留有标注尺寸的位置和标题栏的位置，如图8－84(a)所示。

(2)采用一定的表达方法完整清晰地画出零件的结构形状，如图8－84(b)所示。

(3)确定尺寸基准，绘制全部尺寸界线、尺寸线，标出箭头，检查核实后，加深所有轮廓线，如图8－84 (c)所示。

(4)逐个测量，标注尺寸，撰写技术要求，如图8－84(d)所示。

4. 画零件工作图

草图画好后，画零件工作图。整理过程中如发现有错误和不妥之处则改正过来，如 C 向视图与俯视图集中表达，俯视图改取局部剖，既表达了各孔的结构，又省略了 C 向视图，表达更为精练(图 8－85)。

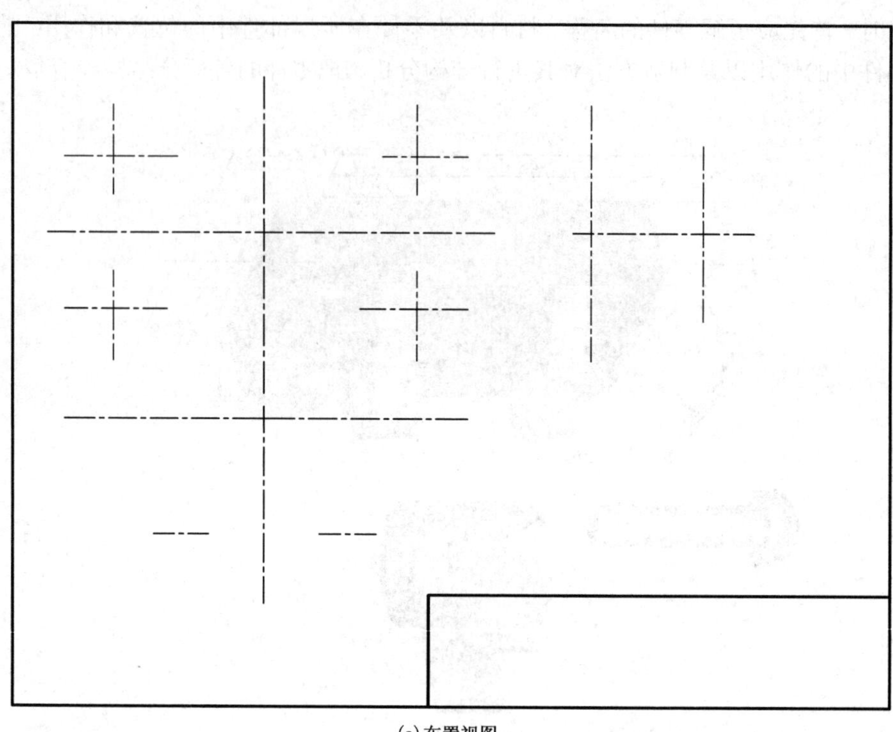

(a)布置视图

(b)画出零件内外结构形状

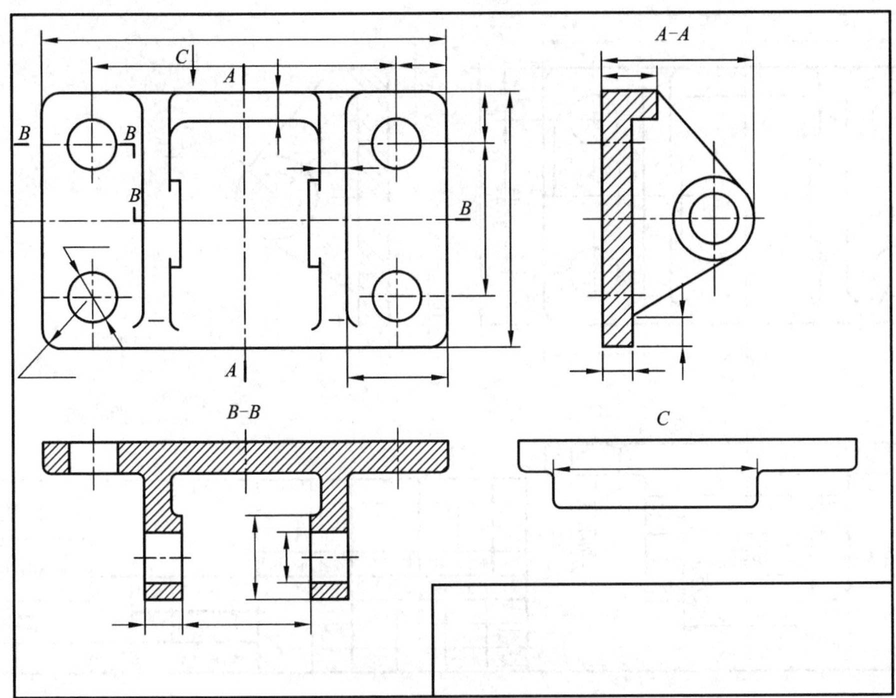

(c) 确定尺寸基准，画出尺寸界线、尺寸线

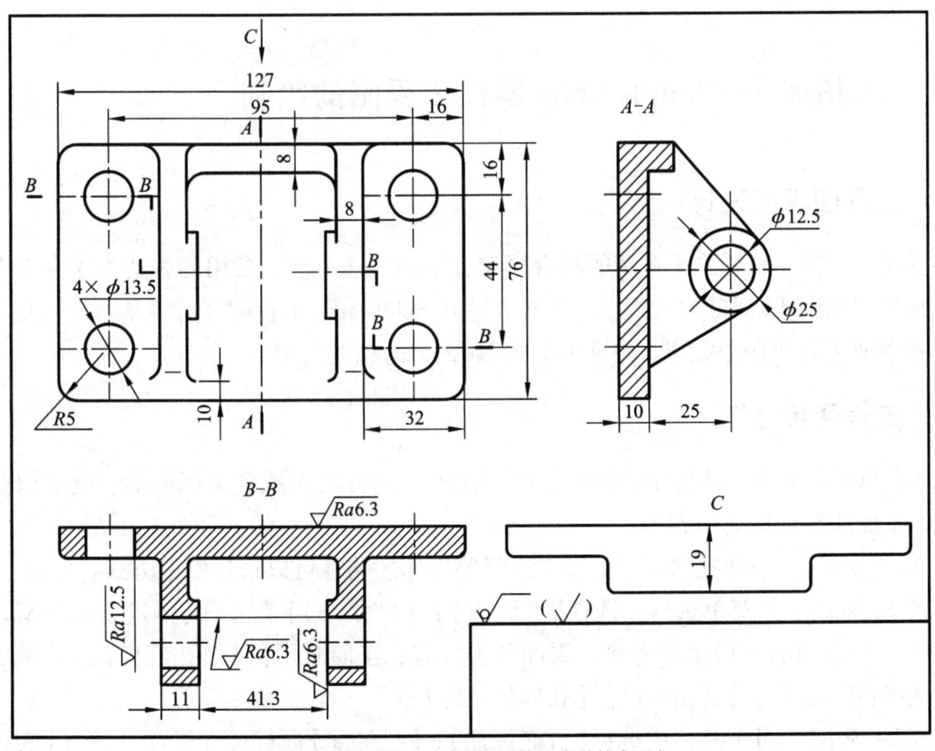

(d) 填写尺寸数字、表面粗糙度和有关技术要求

图 8－84　测绘零件草图步骤

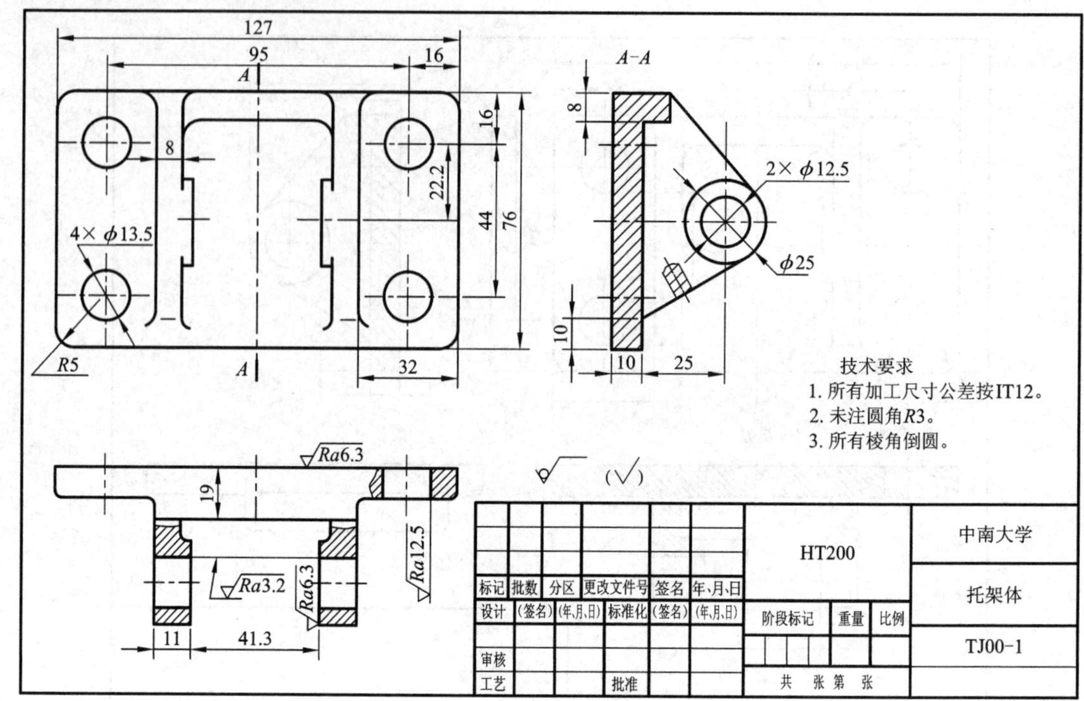

图 8-85 托架体零件工作图

8.9 三维拓展——Solidworks 零件工程图的绘制

8.9.1 工程图视图设计

零件图的视图，需要采用合理的符合国家标准的表达方法。常用的表达方法包括基本视图、剖视图、断面图、局部放大图等。这些表达在 Solidworks 工程图环境中基本上可以采用适当的视图生成工具或命令完成，详见本书 6.10.2 节的相关内容。

8.9.2 工程图尺寸标注

在 Solidworks 工程图环境中，根据合理的视图表达方案生成各类视图后，就可以进行标注尺寸、添加注释等后续步骤了。

进入标注尺寸、添加技术要求、添加注释等操作的路径可以选择以下方式。

方式 1：采用下拉菜单选择。选择【工具(T)】|【尺寸(S)】菜单命令，进行尺寸标注。选择【插入(I)】|【注解(A)】菜单命令，添加各类注释；建模时用【异形孔建模向导】生成的孔的标注选择【插入(I)】|【注解(A)】|【孔标注(H)】命令。

方式 2：从【注解】工具栏中选择【智能标注】、【孔标注】进行尺寸标注。选择【表面粗糙度】、【形位公差】、【注释】等进行技术要求操作。选择【零件序号】等进行装配图操作。如图 8-86 所示。

方式3：从自定义【注解】工具栏按钮中选择：【注解】工具栏按钮可以从下拉菜单【工具(T)】|【自定义(Z)】|【工具栏】中勾选。

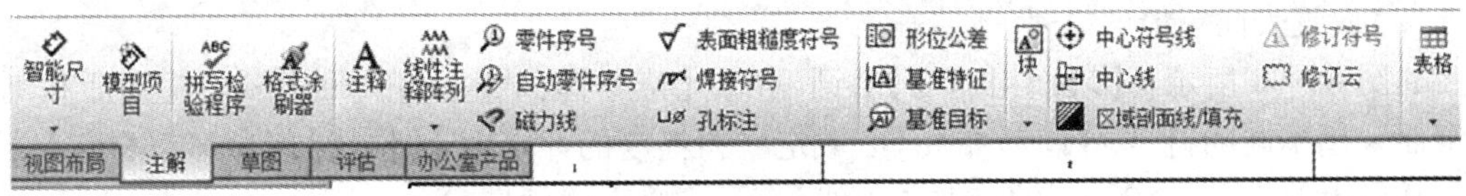

图8-86　【注解】工具栏

8.9.3　工程图技术要求标注

1. 尺寸公差标注

一个尺寸的公差，可以在标注尺寸时设置，也可以在修改该尺寸属性时设置。

(1)标注尺寸时设置。点击【智能尺寸】，在视图上点击要标注的实体，弹出【尺寸】对话框，在对话框中的【公差/精度】区域设置公差。

(2)修改尺寸属性时设置。点击已标注的需要加注公差的尺寸，弹出【尺寸】对话框，在对话框中的【公差/精度】区域设置公差。

图8-87是压盖的尺寸公差设置。在【公差/精度】区域，设置公差类型为【双边】，上偏差-0.020，下偏差-0.035，偏差小数点位数为3位。

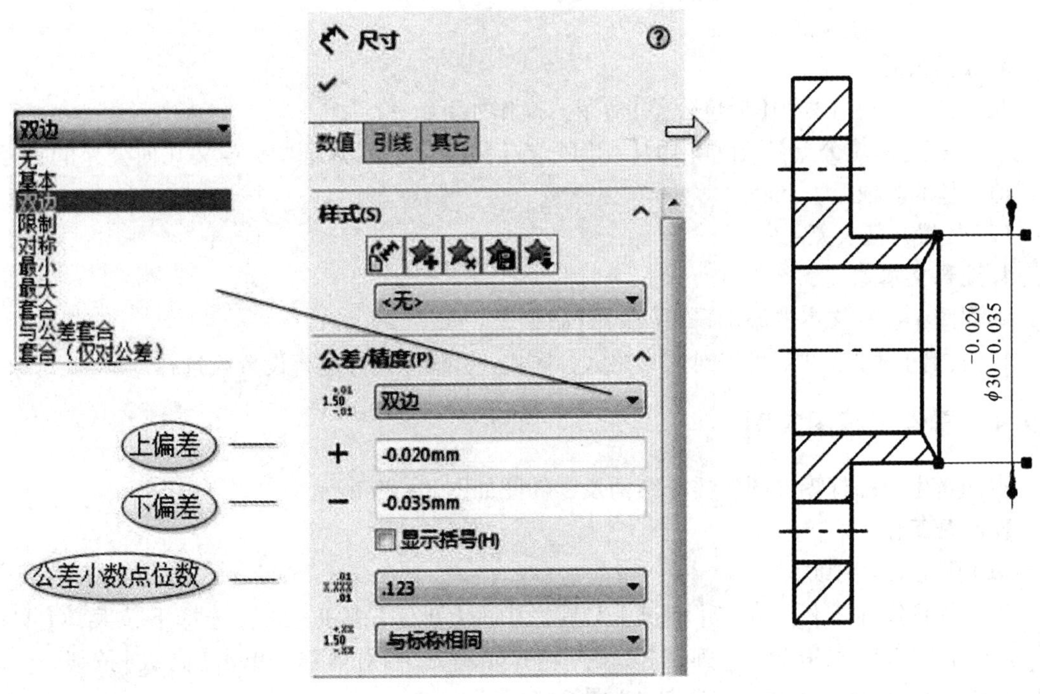

图8-87　尺寸公差标注

2. 表面粗糙度

表面粗糙度的标注采用【表面粗糙度符号】命令。操作如下：

(1)点击【表面粗糙度符号】，在弹出的【表面粗糙度】对话框中定义表面粗糙度符号。

(2)放置表面粗糙度符号。

如图 8 – 88 所示。【表面粗糙度】对话框中，【符号】区域定义符号的样式，毛坯面和机械加工面采用不同的符号；【符号布局】区域定义粗糙度的评定值；【格式】区域可以自定义【字体】；【角度】区域定义符号的角度；【引线】区域定义引线的形式。

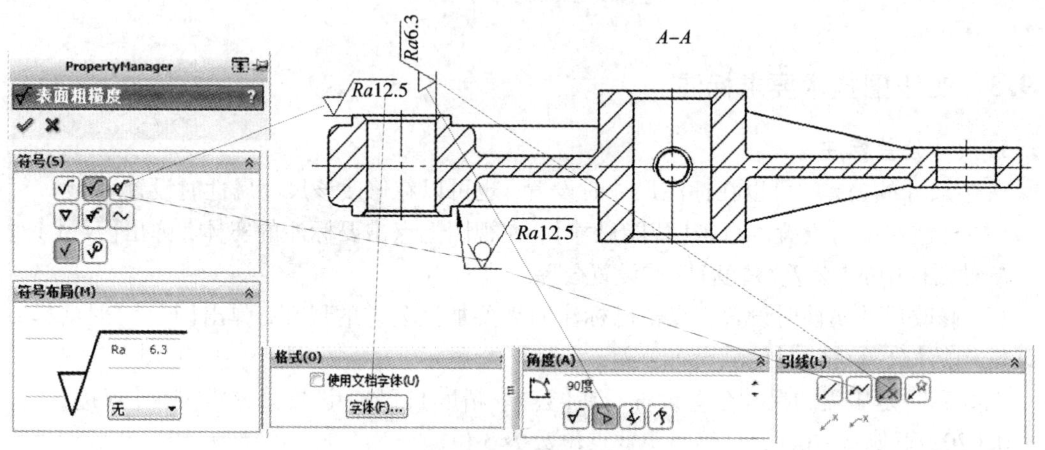

图 8 – 88 表面粗糙度标注

3. 几何公差

几何公差的标注采用【形位公差】命令。操作如下：

(1)点击【形位公差】，在弹出的【几何公差】和【属性】对话框中，定义几何公差的符号、公差值、基准等项目。

(2)放置几何公差。

4. 注释文本

工程图中注释文本的添加采用【注释】命令。

在【注释】对话框中，可以对文字格式、样式、引线样式等进行设置或选择。

8.9.4 零件工程图实例

本例将生成摇杆零件图。摇杆结构及零件图如图 8 – 89 所示。

1. 准备工作

(1)新建工程图纸。

生成摇杆实体零件。单击【标准】工具栏中的【新建】按钮，或者选择下拉菜单【文件(F)】|【新建(N)】菜单命令，弹出【新建 Solidworks 文件】对话框。单击【高级】按钮，可选 Solidworks 自带的图纸模板，如选取 A3 图纸格式。

(2)设置绘图标准及绘图环境。

将新建工程图文件时弹出的【模型视图】对话框取消。

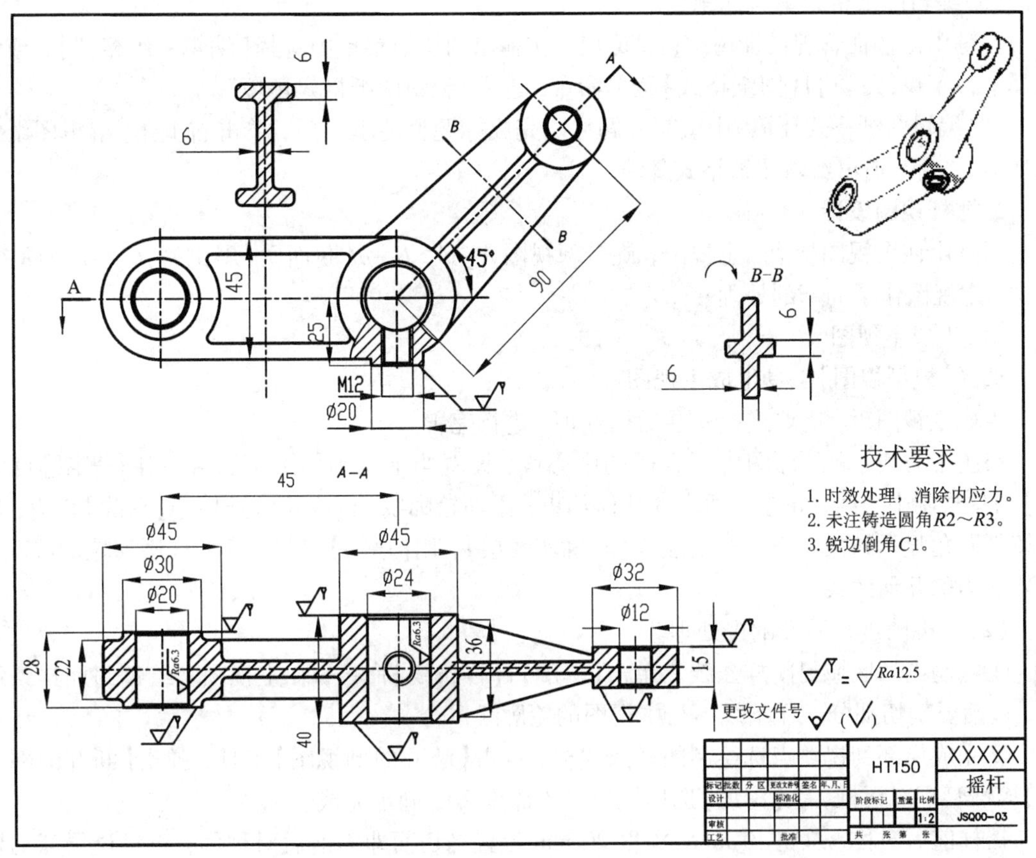

图 8－89　摇杆零件图

单击【标准】工具栏中的【选项】按钮，或者选择下拉菜单【工具(T)】|【选项(P)】菜单命令，弹出【系统选项】对话框。

①单击【文档属性】选项卡，将绘图标准设置为 GB(国家标准)，确定完成。

②单击【系统选项】选项卡，选择【工程图】|【显示类型】，在【在新视图中显示切边】选择区域，点选【移除】，确定完成。

(3)设置图纸属性。

右键单击特征管理设计树中【图纸 1】，在弹出的快捷菜单中选择【属性】，弹出【图纸属性】对话框。

设置图纸名称：摇杆；设置图纸比例：1∶1；选择投影类型：第 1 角投影；选择标准图纸大小：A3。

(4)设置线型图层。

单击【线型】工具栏中【图层】按钮，在弹出的【图层】对话框中新建图层或者修改已有图层。

Solidworks 自带的图层清单中基本上包括了绘图所需要的图层，可根据具体要求，对轮廓实线层、虚线层、细线层、中心线层、文字层、剖面线层等图层的线宽、颜色进行重新设置。

(5)编辑图纸格式填写标题栏。

右键单击特征管理设计树中【图纸1】，在弹出的快捷菜单中选择【编辑图纸格式】，或者选择下拉菜单【编辑】|【图纸格式】菜单命令，进入“编辑图纸格式环境”。

在“编辑图纸格式环境”中填写标题栏。完成标题栏的填写后，单击右上角【编辑图纸格式环境】图标，退出编辑图纸格式环境。

2. 摇杆视图设计

摇杆由四个视图构成：主视图，旋转剖视图 $A-A$、$B-B$ 断面图（斜剖）、$C-C$ 断面图。其中，主视图作了局部剖处理。

(1)生成主视图

选择【模型视图】工具生成主视图。

生成主视图后，需要进行一些后期处理，进行完善。

修正中心线：删除原图中不合适的中心线，设置当前层为【中心线层】，用【草图】|【直线】工具绘制中心线，并施加适当的几何约束；添加轮廓线：因在系统选项中【移除】切边，导致铸件圆角显示缺失。设置当前层为【轮廓实线层】，用【草图】|【圆弧】工具添加轮廓线，并施加适当的几何约束。

(2)主视图进行局部剖视处理。

①绘制剖切区域封闭样条线。单击【草图】|【样条线】命令，在主视图上绘制封闭样条线框，包括要剖切部分。样条线不与主视图的轮廓线重合。

②完成局部剖视。点选绘制的样条线框，点击【断开的剖视图】工具，弹出【断开的剖视图】属性管理对话框，在【深度】选项框里输入深度20，确定完成。

摇杆前后对称，总宽40 mm，深度20 mm位置剖切面即为前后对称面，正经过局部剖切螺孔的轴线。

(3)完成旋转剖 $A-A$。

①生成旋转剖视图。选择【剖面视图】工具，弹出【剖面视图】对话框，在【切割线】选择组中点选切割线类型【对齐】，在主视图中依次点击3个圆孔中心。在适当位置放置 $A-A$ 旋转剖视图。

②完善 $A-A$ 剖视图。

- 删除剖面线。
- 进入轮廓实线层，用【草图】|【直线】工具绘制筋板与圆筒等部分的分界线。用【注释】|【中心线】工具生成圆筒中心线。进入中心线层，用【草图】|【直线】工具绘制对齐侧(右)圆筒的中心轴线、前后对称线。
- 用【线型】|【显示隐藏边线】切换两剖切面交线的显示状态，将其隐藏。
- 用【草图】|【圆】和【草图】|【圆弧】工具，将螺孔表达完善，并更改合适的线宽、线型。
- 用【注解】|【区域剖面线/填充】工具生成剖面线。设置剖面线参数，与其他视图的剖面线一致。

(4)设计断面图

①生成断面图。选择【剖面视图】工具，弹出【剖面视图】对话框，在【切割线】选择组中点选切割线类型【辅助视图】，在主视图中点击预先绘制的剖切线。勾选【只显示切面】，在适当位置放置 $B-B$ 断面图。

②完善 $B-B$ 断面图。

- 右键点击 $B-B$，点选【对齐视图】|【解除对齐关系】，调整视图到适当位置。
- 右键点击 $B-B$，点选【缩放/平移/旋转】|【旋转视图】，将视图摆正，重新生成。
- 点选 $B-B$ 剖面线，删除。用【注解】|【区域剖面线/填充】工具生成剖面线。设置剖面线参数，与其他视图的剖面线一致。有的版本不需要这一步。
- 进入中心线层，用【草图】|【直线】工具绘制断面对称线。
- 在"$B-B$"标注前绘制旋转符号。

③选择【剖面视图】工具，弹出【剖面视图】对话框，在【切割线】选择组中点选切割线类型【竖直】，在主视图中适当位置点击放置竖直剖切线。勾选【只显示切面】，在适当位置放置 $C-C$ 断面图。

3. 摇杆尺寸和技术要求标注

采用【注解】|【智能尺寸】工具，标注相关尺寸。

点击各个尺寸，调整尺寸位置、尺寸箭头方向等。

点击需要修改的尺寸，在【尺寸】对话框中进行修改，如 M12 螺纹孔的尺寸由"12"改为"M12"。如图 8－90 所示，在【标注尺寸文字】框下方的 <DIM> 前加上 M，则原尺寸前加上了 M。

采用【注解】和【表面粗糙度】工具，填写适当的粗糙度值，选择粗糙度各选项，标注粗糙度。

采用【注解】|【注释】工具，在图纸适当位置注写"技术要求"，在标题栏上方注写其余粗糙度和粗糙度注解。

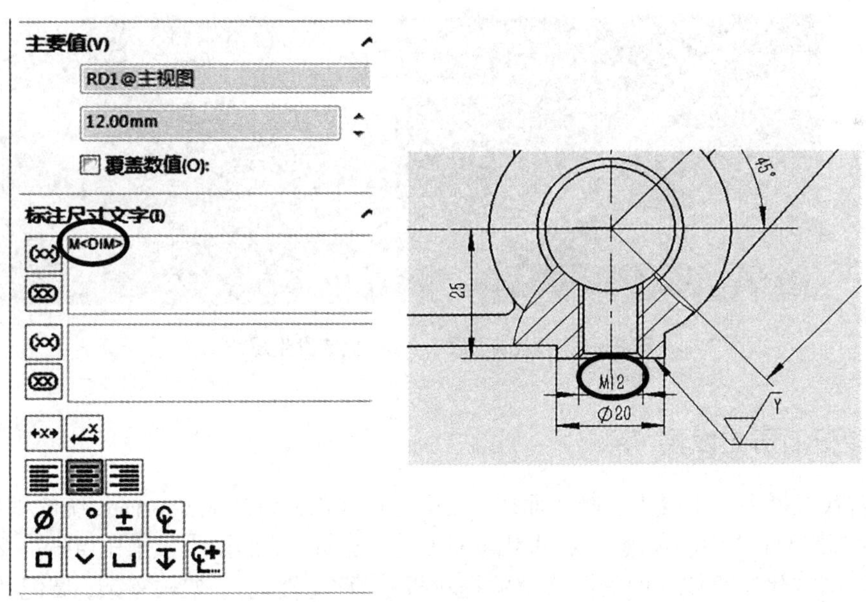

图 8－90　尺寸 12 改为尺寸 M12

第9章
装配图

9.1 课程导学——装配的重要性和历史发展

9.1.1 装配的重要性

装配是指按规定的技术要求，将若干零件组合成部件或将若干个零件和部件组合成机构或机器的工艺过程。若装配不当，即使所有机器零件都符合质量要求，也不一定能装配成合格的、高质量的机器。2013 年，由于在装配过程中参数设定错误，向控制系统发出了错误的命令，导致俄罗斯“质子－M”火箭发生爆炸(图 9－1)。2018 年 3 月，一汽大众召回宝来、蔚领等汽车达 43 万辆，召回原因很简单：仪表板装配问题使得线束可能在仪表台内部偶发干涉，极端情况下可能造成线束磨损，导致车辆出现熄火、无法启动等现象。由此可见，装配工作十分重要，对机器质量影响很大。我国近年来涌现出许多大国装配工匠，如挑战 0.004 毫米齿轮装配间隙的高级钳工夏立，他精益求精、一丝不苟的“工匠精神”值得我们每一个人学习。

[大国工匠——夏立]

图 9－1　俄罗斯“质子－M”火箭发生爆炸

9.1.2 装配的历史发展

中国古代机械多以木材为主制作而成，装配连接多用铁钉或绳栓。而传统的榫卯连接方法，被誉为“藏在木头中的灵魂”，在古代家具制造、建筑、造船中大量采用(图 9－2)。

作为中国古代织造技术的最高成就的提花机(又称花楼机)，架构复杂，装配技术巧妙，但仍然停留在木质手工装配阶段(图 9－3)。

机械制造业发展初期，装配多使用锉、磨、修刮、锤击和拧紧螺钉等操作方式，使零件配合和连接起来。18 世纪末期，产品批量增大，加工质量提高，出现了互换性装配。1789 年，美国发明家伊莱·惠特尼发明了可以互换零件的滑膛枪(图 9－4)，利用专门工夹具，使不熟

图 9－2　家具、建筑中的榫卯结构

［榫卯结构案例］

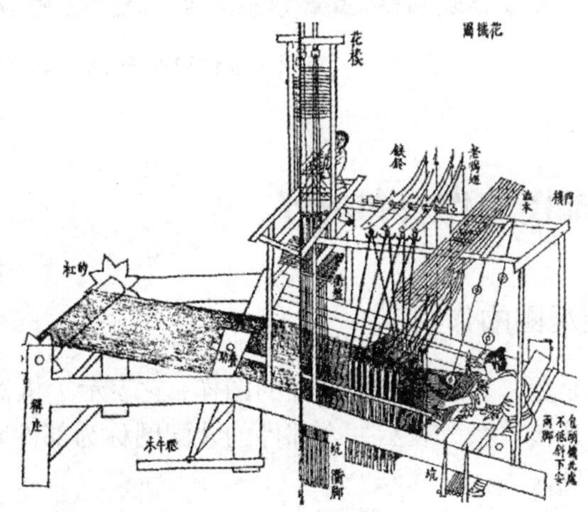

图 9－3　明朝《天工开物》和其中的花楼机

［提花机介绍］

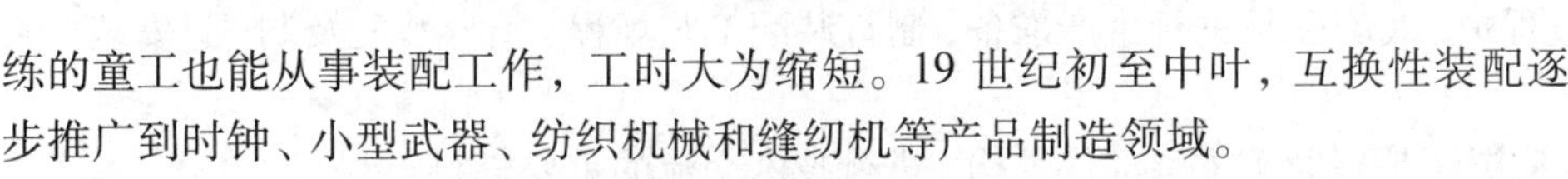

练的童工也能从事装配工作，工时大为缩短。19 世纪初至中叶，互换性装配逐步推广到时钟、小型武器、纺织机械和缝纫机等产品制造领域。

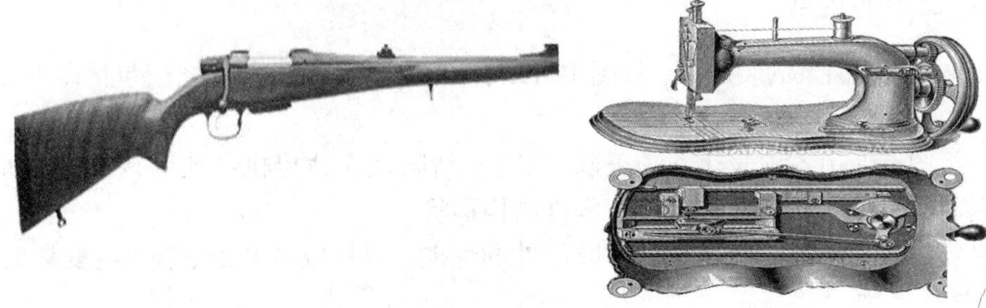

图 9－4　早期的滑膛枪和缝纫机

［伊莱·惠特尼与互换性］

在互换性装配发展的同时，还发展了装配流水作业。20 世纪初，美国福特汽车公司首先建立了采用运输带的移动式汽车装配线，将工序分细，在各工序上实行专业化装配操作，使装配周期缩短了约 90%，大大降低了生产成本(图 9-5)。

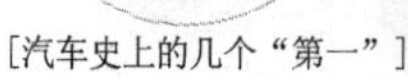

[汽车史上的几个“第一”]

图 9-5　亨利 · 福特和他于 1913 年首次推出的第一条汽车装配线

9.2　装配图的作用和内容

9.2.1　装配图的作用

装配图是用来表达机器或部件的图样，它表示了机器或部件的整体结构、工作原理和零件间的装配连接关系。表示一个部件的装配图称为部件装配图；表示一台完整机器的装配图称为总装配图。

装配图是设计与绘制零件图的主要依据，在设计过程中，一般是先绘制出装配图，然后再根据装配图设计和绘制零件图。

在生产过程中，装配图是进行生产准备、制订装配工艺规程、指导装配及调试、安装、维修的技术依据。

此外，装配图还是有助于了解部件结构、进行技术交流的重要资料。

9.2.2　装配图的内容

图 9-6 是齿轮油泵的装配图，从图中可以看出，一张完整的装配图应包括以下几方面的内容：

(1)一组图形。用各种表达方法正确、完整、清晰地表达出机器或部件的工作原理、装配关系、零件之间的连接方式以及主要零件结构形状。

(2)必要的尺寸。标注出表示机器或部件的性能、规格以及装配、检验、安装时所需要的一些尺寸。

(3)技术要求。用文字或符号说明机器或部件的性能、装配与检验、安装运输及使用、试验项目等方面的要求。

(4)零件序号、明细栏和标题栏。为了便于读图、编制其他技术文件和图样管理以及有

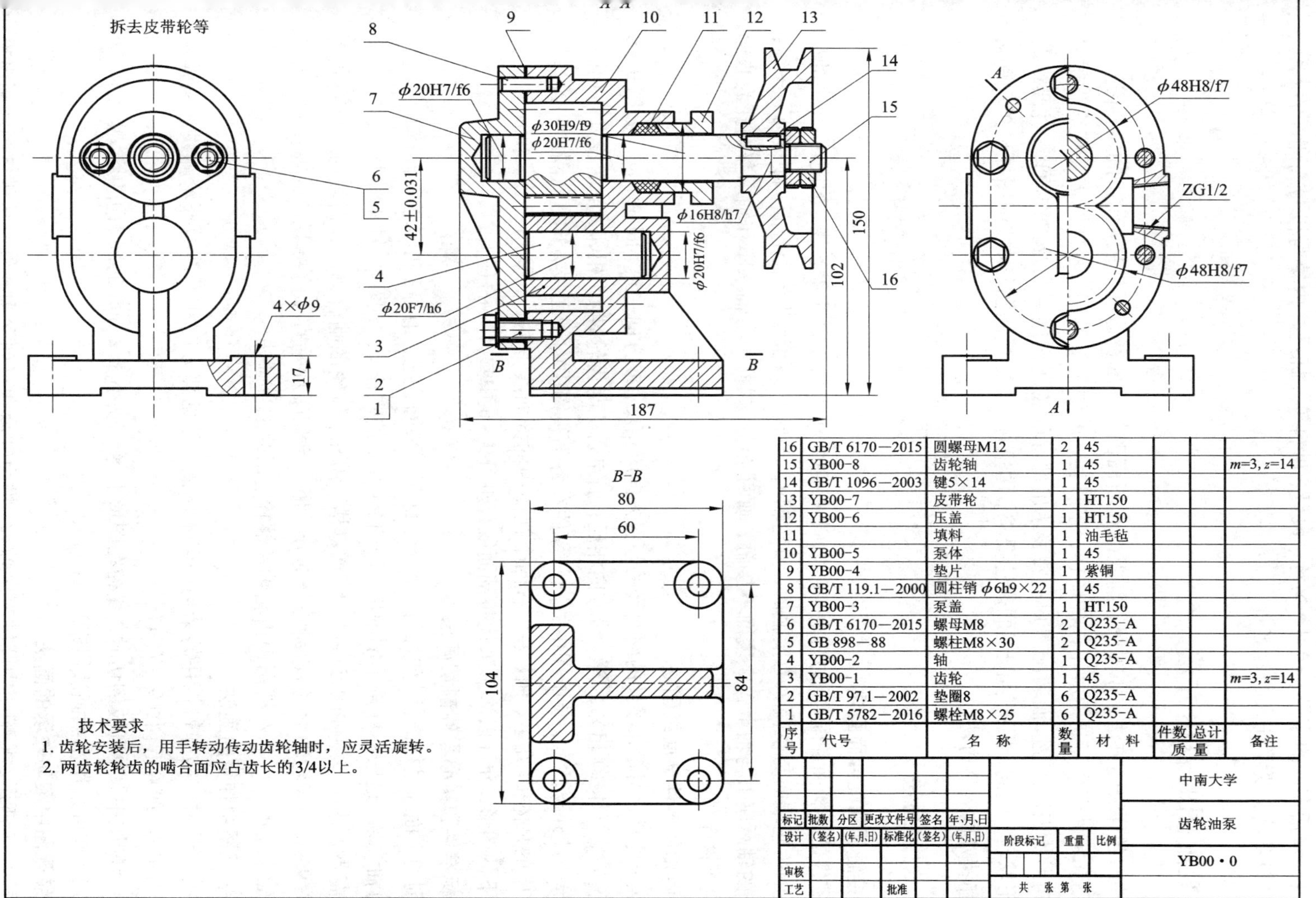

序号	代号	名称	数量	材料	件数	总计	备注
16	GB/T 6170—2015	圆螺母M12	2	45			
15	YB00-8	齿轮轴	1	45			m=3, z=14
14	GB/T 1096—2003	键5×14	1	45			
13	YB00-7	皮带轮	1	HT150			
12	YB00-6	压盖	1	HT150			
11		填料	1	油毛毡			
10	YB00-5	泵体	1	45			
9	YB00-4	垫片	1	紫铜			
8	GB/T 119.1—2000	圆柱销 ϕ6h9×22	1	45			
7	YB00-3	泵盖	1	HT150			
6	GB/T 6170—2015	螺母M8	2	Q235-A			
5	GB 898—88	螺柱M8×30	2	Q235-A			
4	YB00-2	轴	1	Q235-A			
3	YB00-1	齿轮	1	45			m=3, z=14
2	GB/T 97.1—2002	垫圈8	6	Q235-A			
1	GB/T 5782—2016	螺栓M8×25	6	Q235-A			
					质量		

图 9-6　齿轮油泵装配图

利于生产的准备工作，在装配图上必须对机器或部件的所有零件进行编号并编制明细栏，明细栏的内容包括零件的序号、代号、名称、数量、材料等。标题栏内填写机器或部件的名称、代号、比例以及主要责任人的签名等。

9.3 装配图的表达方法

零件的各种表达方法，如视图、剖视图和断面图等，在表达部件装配图时也同样适用。但装配图和零件图毕竟是两种不同的图样，它们表达的侧重点不同，零件图需要把零件的各部分结构形状表达清楚，而装配图则主要表达出部件的装配连接关系及工作原理、主要零件的结构形状等，因此，根据装配图的表达要求，国家标准《机械制图》对装配图提出了一些规定画法和特殊的表达方法。

9.3.1 规定画法

1. 接触面和配合面画法

两零件的接触面和配合面只画一条线，非接触面和非配合面画两条线，如图 9－6 中的齿轮轴 15 的齿轮端面与泵盖 7 为接触面，齿轮轴 15 与泵盖 7 的轴孔为配合面，故只画一条线；图 9－9 的轴承座 1 与轴承盖 2 表面不接触，画两条线，螺栓 4 与轴承座和轴承盖的孔为非配合面，也画两条线。

2. 两相邻零件剖面线画法

为区分零件，两相邻零件的剖面线的倾斜方向应相反，或方向一致、间隔不同。如图 9－6 中的泵盖 7 与泵体 10 相邻，剖面线方向相反；而泵盖 7 与齿轮轴 15 相邻，剖面线方向相同、间隔不等。此外要注意，装配图中的同一零件在各剖视图中的剖面线方向、间隔应一致。如图 9－6 中的泵体 10 在主、俯、左、右四个视图中的剖面线方向、间隔均一致。剖面厚度在 2 mm以下的图形，允许以涂黑来代替剖面线，如图 9－6 中垫片 9 的画法。

3. 标准件和实心零件剖切画法

当剖切平面通过标准件（如螺钉、螺栓、螺母、垫圈、键、销等）和实心零件（轴、手柄、球等）的轴线时，这些零件按不剖画出，如图 9－6 中的螺栓 1、垫圈 2、轴 4、圆柱销 8、齿轮轴 15。需要表达这些零件的某些结构，如键槽、销孔、齿轮的啮合等时，则可用局部剖视表示，如图 9－6 中齿轮轴 15 的轮齿啮合部分。但当剖切平面垂直于这些零件的轴线时，则应画出剖面线，如图 9－6 左视图中齿轮轴及螺栓、销的剖视画法。

4. 装配图中弹簧的画法

(1)装配图中，被弹簧挡住的结构一般不画出，可见部分应从弹簧的外轮廓线或从弹簧钢丝剖面的中心线算起[图 9－7(a)]。

(2)装配图中，弹簧被剖切时，线径在图形上等于或小于 2 mm 的剖面可用涂黑表示[图 9－7(b)]，亦可采用示意画法[图 9－7(c)]。

5. 装配图中滚动轴承的画法

如图 9－8 所示，装配图中圆锥滚子轴承、推力轴承和双列深沟球轴承按规定画法画出投影的一半，另一半则可按图示特征画法画出。

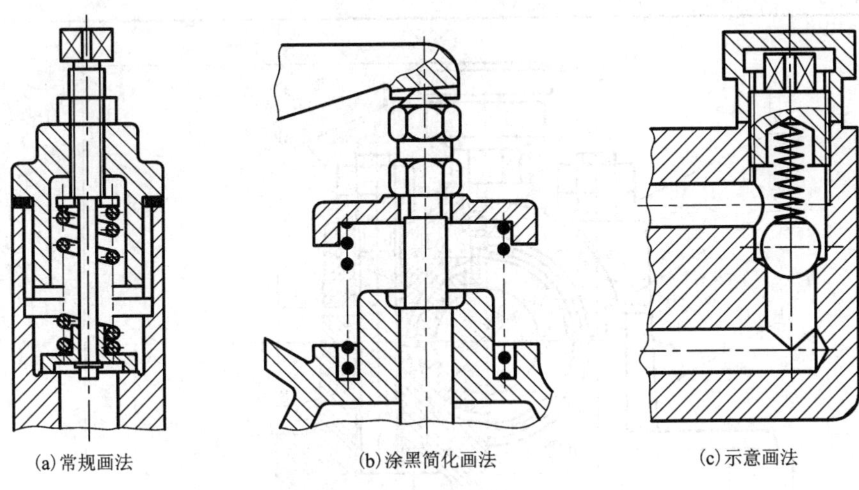

图 9-7　装配图中弹簧的画法

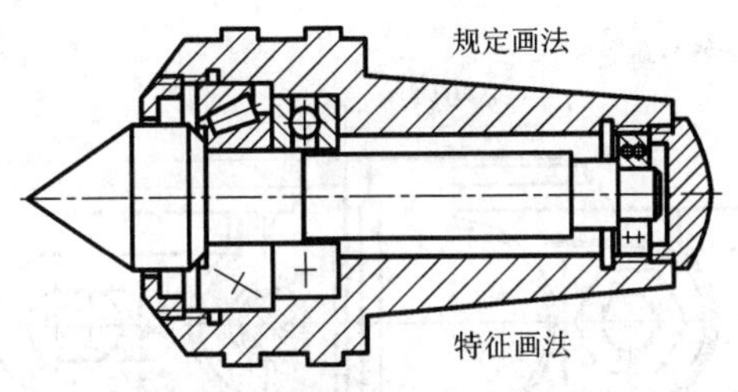

图 9-8　装配图中滚动轴承画法

9.3.2　特殊表达方法

1. 沿零件结合面的剖切画法

在装配图的某个视图上，为了使部件的某些被遮住的部分表达清楚，可假想沿某些零件结合面选取剖切平面。此时，结合面上不画剖面线，被剖切到的零件一般均要画剖面线，如图 9-6 的左视图，它是沿泵体 10 和垫片 9 的结合面剖切画出的半剖视图，泵体结合面上不画剖面线，被横向剖切的齿轮轴 15 以及螺栓 1、圆柱销 8 均要画出剖面线。又如图 9-9 中的俯视图也是沿轴承盖 2 与轴承座 1 的结合面剖切后画出的半剖视图，轴承座结合面不画剖面线，而被剖切到的螺栓则必须画出剖面线。

2. 拆卸画法

当需要表达部件中被遮盖部分的结构，或者为了减少不必要的画图工作时，可假想将某一个或几个零件拆卸后再绘制所需表达部分的视图，需要说明时，可在图的上方标注“拆去××”，如图 9-6 中的“拆去皮带轮等”，图 9-9 中的“拆去轴承盖等”。

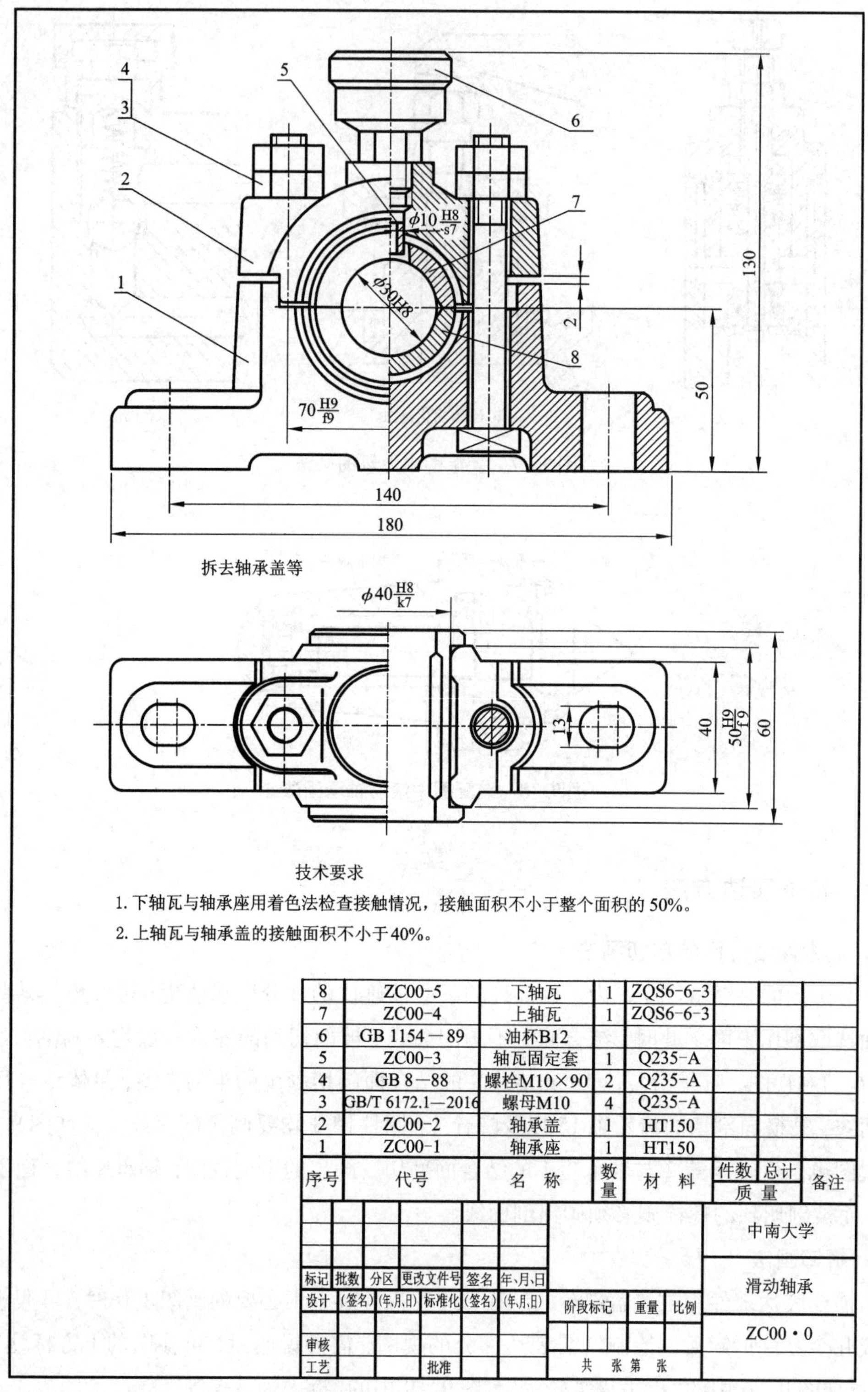

序号	代号	名 称	数量	材 料	件数 质量	总计 质量	备注
8	ZC00-5	下轴瓦	1	ZQS6-6-3			
7	ZC00-4	上轴瓦	1	ZQS6-6-3			
6	GB 1154－89	油杯B12					
5	ZC00-3	轴瓦固定套	1	Q235-A			
4	GB 8－88	螺栓M10×90	2	Q235-A			
3	GB/T 6172.1—2016	螺母M10	4	Q235-A			
2	ZC00-2	轴承盖	1	HT150			
1	ZC00-1	轴承座	1	HT150			

图9－9　滑动轴承装配图

3. 假想画法

(1)在装配图中，为了表示某些零件的运动范围和极限位置，可用双点画线画出该运动零件在某一极限位置时的轮廓，如图 9 - 10 所示。

(2)在装配图中，当需要表达本部件与相邻部件或零件的连接关系时，可用双点画线画出相邻部件或零件的轮廓，如图 9 - 10 所示。

4. 夸大画法

在装配图中，对于无法按实际尺寸画出的结构(如薄垫片、细弹簧、小间隙等)，或虽可如实画出但表达不明显的结构(如较小的斜度或锥度)，均可不按比例而适当夸大画出。图 9 - 11 中的垫片、键的顶面与齿轮上键槽顶部之间的间隙，都采用了夸大画法。

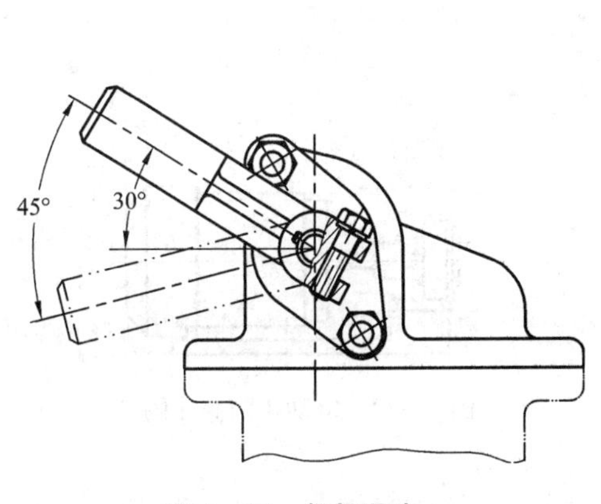

图 9 - 10　假想画法

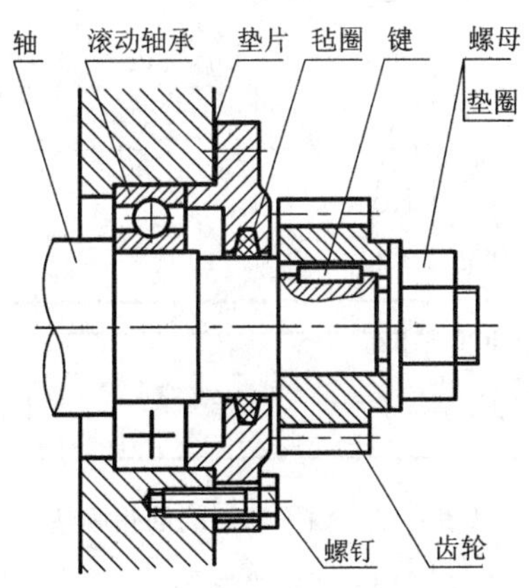

图 9 - 11　夸大画法和简化画法

5. 单独表达某个零件

当个别零件的某些结构在装配图中还没有表达清楚时，为了便于读图和更好地了解机器或部件的工作原理，可将该零件的某个方向的视图单独画出，并在视图上方标明零件名称和投射方向，如：图 9 - 12 中注有“泵盖 B”的视图，图 9 - 43 中注有“零件 5A”及“零件 11A”的视图。

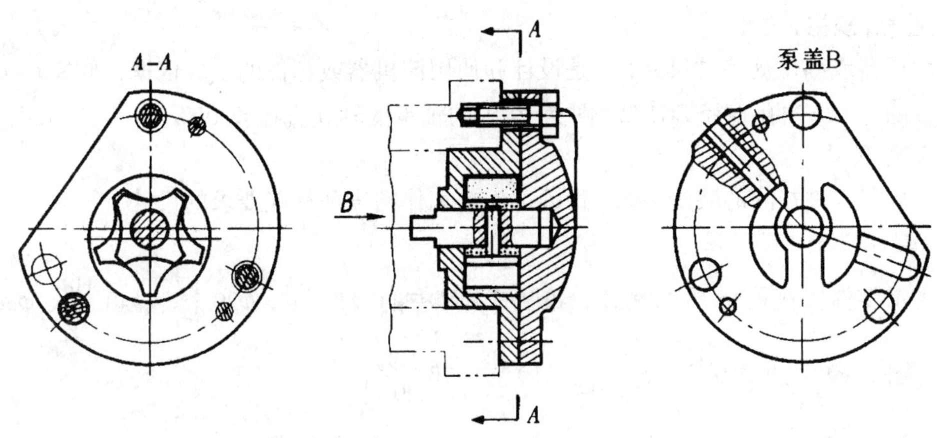

图 9 - 12　转子泵泵盖零件单独表达方法

9.2.3 简化方法

(1)对于装配图中若干相同的零件组，如螺栓连接等，可详细画出一组或几组，其余只要用点画线表示其装配位置，如图 9 - 11 中的螺钉连接及图 9 - 13 中轴承架组的表达方法。

(2)在装配图中，当剖切平面通过的某些组合件为标准产品(如油杯、油标、管接头)时，或该组合件已由其他装配图表示清楚时，则可以只画出其外形，如图 9 - 9 中的油杯。

(3)装配图中，零件的工艺结构如圆角、倒角、退刀槽、凸台、凹坑等细节允许不画，如图 9 - 11 中的螺钉头部、螺母的倒角及因倒角而产生的曲线省略不画。

(4)在能够清楚表达产品特征和装配关系的条件下，装配图可以画出其简化的轮廓，如图 9 - 14 所示电动机画法。

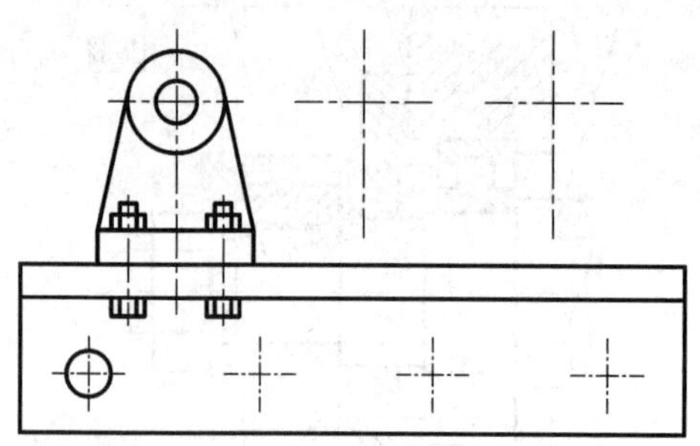

图 9 - 13 轴承架组的简化画法

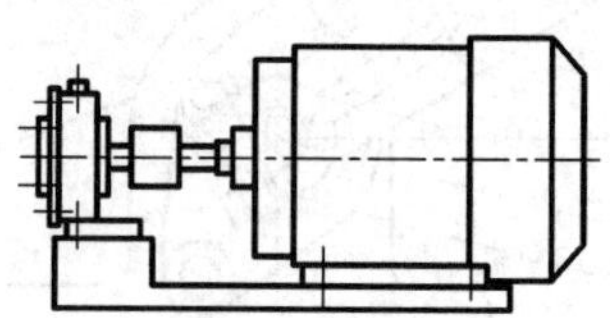

图 9 - 14 电动机的简化画法

9.4 装配图的尺寸标注和技术要求

9.4.1 尺寸标注

装配图是为装配机器或部件用的，不是制造零件的直接依据，因此，装配图中不需要注出零件的全部尺寸，而只需标注下面几类尺寸。

1. 性能(规格)尺寸

表示机器或部件规格的尺寸，它是设计和使用该机器或部件的主要依据，如图 9 - 6 中的齿轮油泵的进、出油孔直径 ZG1/2，图 9 - 9 中的轴承的轴孔直径 $\phi30H8$。

2. 装配尺寸

用来表示零件之间的装配关系、保证部件的工作精度和性能要求的尺寸。

(1)配合尺寸。

即表示零件间配合性质的尺寸，如图 9 - 6 中的 $\phi20\,\dfrac{H7}{f6}$、$\phi20\,\dfrac{F7}{h6}$、$\phi48\,\dfrac{H8}{f7}$、$\phi30\,\dfrac{H9}{f9}$、$\phi16\,\dfrac{H8}{h7}$，图 9 - 9 中的 $\phi40\,\dfrac{H8}{k7}$、$50\,\dfrac{H9}{f9}$、$\phi10\,\dfrac{H8}{s7}$、$70\,\dfrac{H9}{f9}$等。

(2)相对位置尺寸。

即表示装配时需要保证的主要零件之间相对位置的尺寸，如图 9 - 6 中的 42 ± 0.031，

图9－9中保证轴承座与轴承盖之间较重要的间隙距离的2 mm。

(3)安装尺寸。

即表示机器或部件安装在地基上或与其他机器或部件连接时所需要的尺寸，如图9－6中的两螺栓中心距尺寸60和84，图9－9中轴承底座安装孔的中心距尺寸140、长圆孔宽度尺寸13等。

(4)外形尺寸。

即表示机器或部件的总长、总宽、总高的尺寸。它是包装、运输、安装和厂房设计的依据。如图9－6中齿轮油泵的总体尺寸187、104、150，图9－9中轴承的总体尺寸180、60、130。

(5)其他重要尺寸。

即不属于上述尺寸，但在设计和装配中需要保证的尺寸，如图9－10中运动零件的极限位置尺寸45°、30°。这一类尺寸可按实际需要而定。

必须指出，上述的各种尺寸并不是每张装配图都缺一不可的。有的尺寸往往同时具有几种不同的含义，如图9－9中的尺寸ϕ30H8，它既是性能(规格)尺寸，又是配合尺寸。因此，装配图上的尺寸标注，应根据机器或部件的具体情况考虑。

9.4.2　技术要求

在装配图上，对有些不能在图形中表达的技术要求，可以用文字条例说明，一般有如下内容：

(1)装配体装配后应达到的性能要求。如图9－6中的技术要求：齿轮安装后，用手转动传动齿轮轴时，应灵活旋转。

(2)装配体在装配过程中应注意的事项及特殊加工要求。例如，有的表面需装配后加工，有的孔需要将有关零件装好后配作等。

(3)有关试验和检验的方法与要求。如泵、阀等进行油压试验的要求，或运转部件运动精度要求等。

(4)有关产品安装、运输、使用、维护等方面的要求。

技术要求一般注写在明细表的上方或图纸下部空白处，如果内容很多，也可另外编写成技术文件，作为图纸的附件。

上述内容不是在每一张图上都要注全，而是根据装配体的需要来确定。

9.5　装配图中的零件序号和明细栏

为了便于读图、装配产品、图样管理和做好生产准备，需要在装配图上对各个零件或组件进行编号，同时在标题栏的上方编制相应的明细栏。

9.5.1　编写零件序号的方法和规定

(1)装配图中的每种零件(含部件、组件)都要按顺序进行编号，形状、尺寸、材料完全相同的零件只编一个序号，形状相同、尺寸或材料不同的零件应分别编号。图上所画标准化的组合件，如油杯、滚动轴承、电动机等只编一个序号。一个序号一般只标注一次，多次出现的相同的零部件必要时也可重复标注。

(2)序号应尽可能编在反映装配关系最清楚的视图上。

(3)编序号时，从反映该零件最明显的可见轮廓内用细实线向图外画指引线，在指引线的末端画一圆点，在指引线的非零件端用细实线画一水平基准线或一小圆，在水平基准线上或小圆内用阿拉伯数字编写零件的序号，序号字体高度比尺寸数字大一号或两号，如图9－15(a)所示。也可以在指引线的非零件端附近注写序号，序号字体高度应比尺寸数字大一号或两号，如图9－15(b)所示。

当指引线从很薄的零件或涂黑的断面引出时，为了区别引出区域，可画箭头指向该零件的轮廓，如图9－15(c)所示。

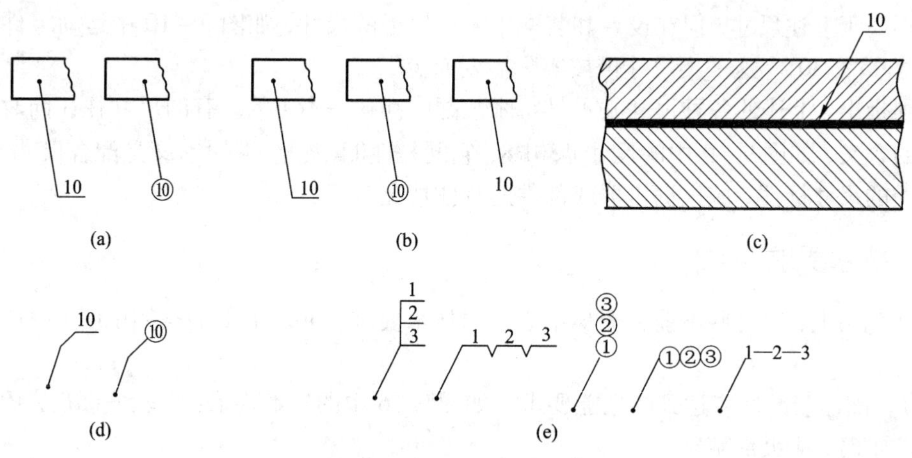

图9－15　零件序号的编写

(4)指引线尽可能分布均匀，不可相交；指引线应尽量不穿过或少穿过其他零件的轮廓范围，不宜画得太长；当通过有剖面线的区域时，指引线不得与剖面线平行，必要时，指引线可画成折线，但只允许转折一次，如图9－15(d)所示；指引线不可画成水平线或垂直线。

(5)对于一组紧固件或装配关系清楚的组件，可采用公共的指引线，如图9－15(e)所示。

(6)序号在图样中应按水平或垂直方向排列整齐，按顺时针或逆时针方向顺序排列，如图9－6或图9－9所示。

(7)部件中的标准件可以同非标准件一样编写序号，如图9－6所示，也可以不编写序号，而将标准件的数量与规格直接用指引线标明在图中。

9.5.2　明细栏的编制

明细栏中内容与格式参见第2章图2－9。填写明细栏有以下规定：

(1)明细栏是机器(或部件)全部零、部件的详细目录，画在标题栏的上方，序号应自下而上按顺序填写，当地方不够时，可将其余部分移至标题栏左方。

(2)明细栏中的零件序号必须与装配图中所编序号一致，因此应先在装配图上编零件序号，后填明细栏。

(3)《产品图样及设计文件编号原则》(JB/T 5054.4—2000)规定了产品图样和设计文件的编号方法。

图样和文件的编号一般有分类编号和隶属编号两大类，装配图“代号”栏标注的一般是产品的隶属编号，即按产品、部件、零件的隶属关系编制的号码，示例如图9-16所示。

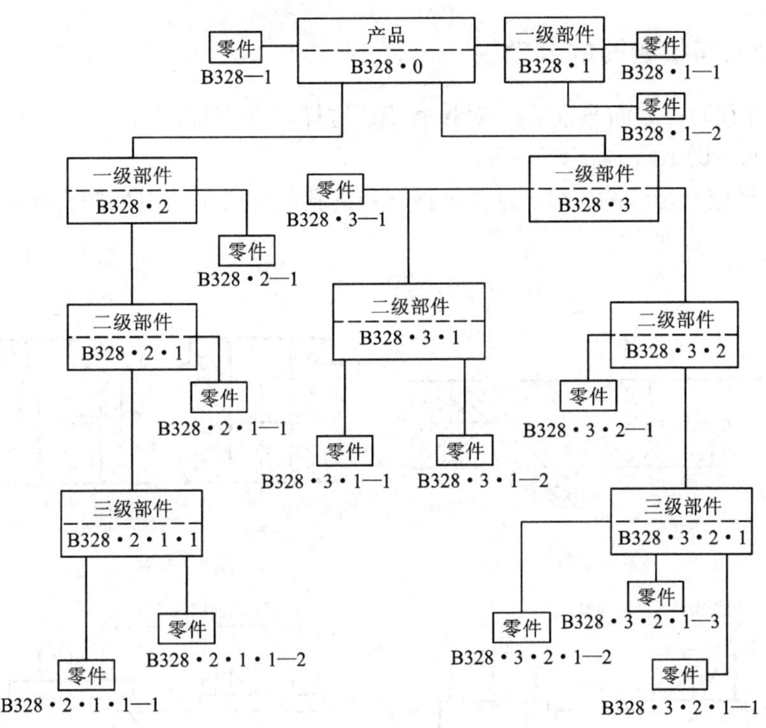

图9-16 隶属编号示例(一)

隶属编号由产品代号和隶属号组成。中间可用圆点或短横线隔开，必要时可加尾注号。产品代号由字母和数字组成，隶属号由数字组成，其级数和位数应根据产品结构的复杂程度而定。

零件的序号，应在其所属(产品或部件)的范围内编号。

部件的序号，应在其所属(产品或上一级部件)的范围内编号。

标准件在“代号”栏填写标准号或标准件代号。

(4)“名称”栏，如所指零件为标准件，则应填写其名称和规格。如图9-9中的螺栓，应填写“螺栓 M10×90”。

(5)“材料”栏应填写材料牌号，如上述螺栓可填“Q235-A”。

(6)“备注”栏一般填写该项的附加说明或其他有关内容，如分区代号、常用件的主要参数，常见的有齿轮的模数、齿数，弹簧的内径或外径、簧丝直径、有效圈数、自由长度等。

(7)在特殊情况下，也可以不在装配图上列出明细栏，而将明细栏作为装配图的续页单独编号在另一张A4图纸上。单独编写时，下方为标题栏，明细栏的表头移至上方，序号是由上而下按顺序填写。

9.6 装配结构的合理性简介

为了保证机器或部件的装配质量，满足性能要求，并方便加工和装拆，在设计过程中，必须考虑装配结构的合理性。

9.6.1 配合面与接触面的合理性

(1)两零件在同一方向只能有一对接触面，这样才能保证配合质量，便于加工与装配，如图 9-17(a)、(b)、(c)所示。

圆锥面接触应有足够的长度，且锥体顶部和锥孔底部必须留有间隙，以保证锥面的良好配合，如图 9-17(d)所示。

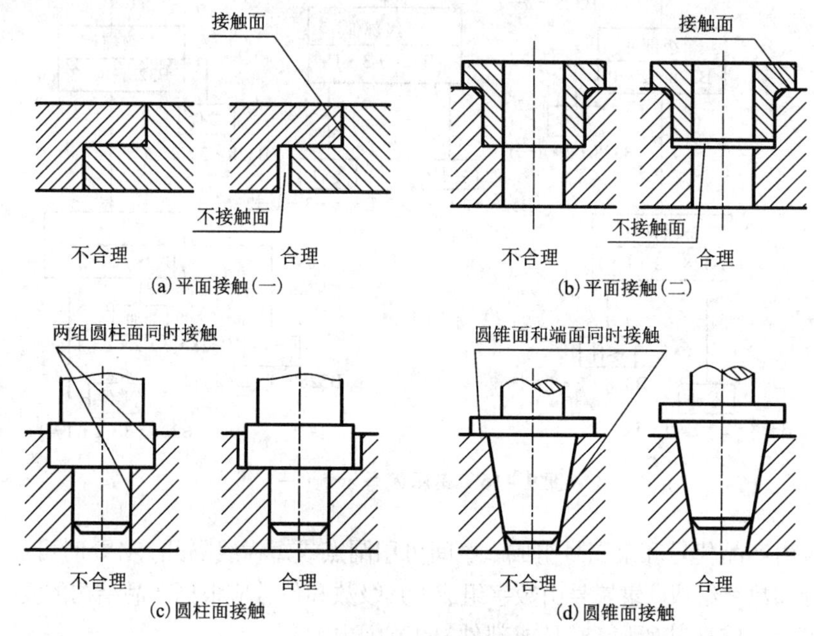

图 9-17 两零件在同一方向接触面或配合面结构

(2)轴肩与孔端面的结构。为保证轴肩与孔端面接触良好，孔端应加工出倒角或轴上应加工有退刀槽、凹槽或燕尾槽，如图 9-18 所示。

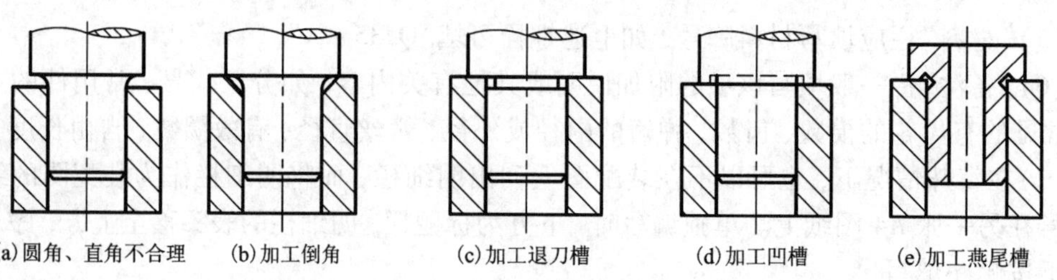

图 9-18 轴肩与孔端面接触

9.6.2　螺纹连接的合理结构

为了保证螺纹旋紧，应在螺纹尾部留出退刀槽或在螺孔端部加工出凹坑或倒角，如图 9－19 所示。

为了保证连接件与被连接件间良好接触，被连接件上应做成沉孔或凸台，如图 9－20 所示。被连接件通孔的直径应大于螺纹大径或螺杆直径，以便装配。

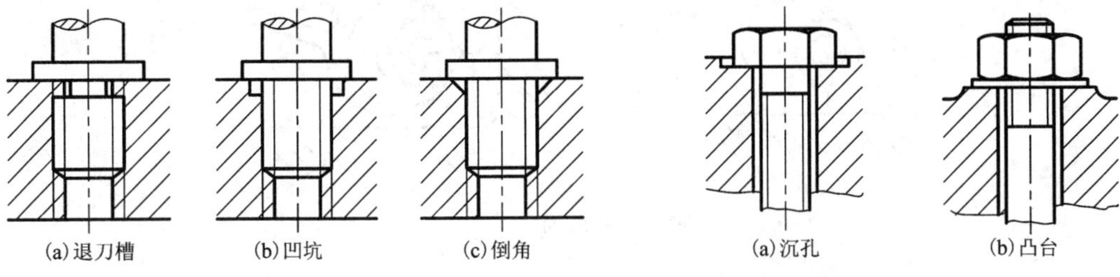

图 9－19　利于螺纹旋紧的结构

图 9－20　保证良好接触的结构

9.6.3　有利于装拆的合理结构

1. 销连接的合理结构

为了保证两零件拆装后不致降低装配精度，通常采用圆柱销或圆锥销定位。为了加工和装拆方便，在可能的条件下，最好将销钉孔做成通孔，如图 9－21(a)所示，或者选用上端制有螺孔的“内螺纹圆柱销”，如图 9－21(b)所示。为了使销钉能全部打入孔内，必须将孔加工到足够深度，以容纳被压缩的空气，或在销孔下面加工出一个排气的通孔，如图 9－21(c)所示。

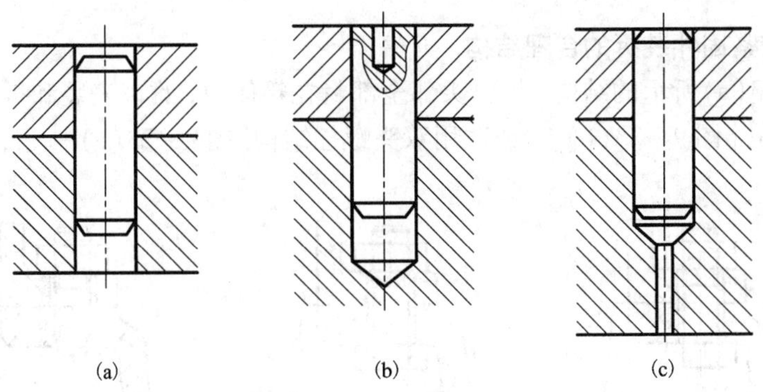

图 9－21　销连接合理结构

2. 留出活动空间和装拆空间

为方便装拆，必须留出扳手的活动空间，如图 9 -22(a)所示，以及装拆螺钉、油标的空间，如图 9 -22(b)、(c)所示。

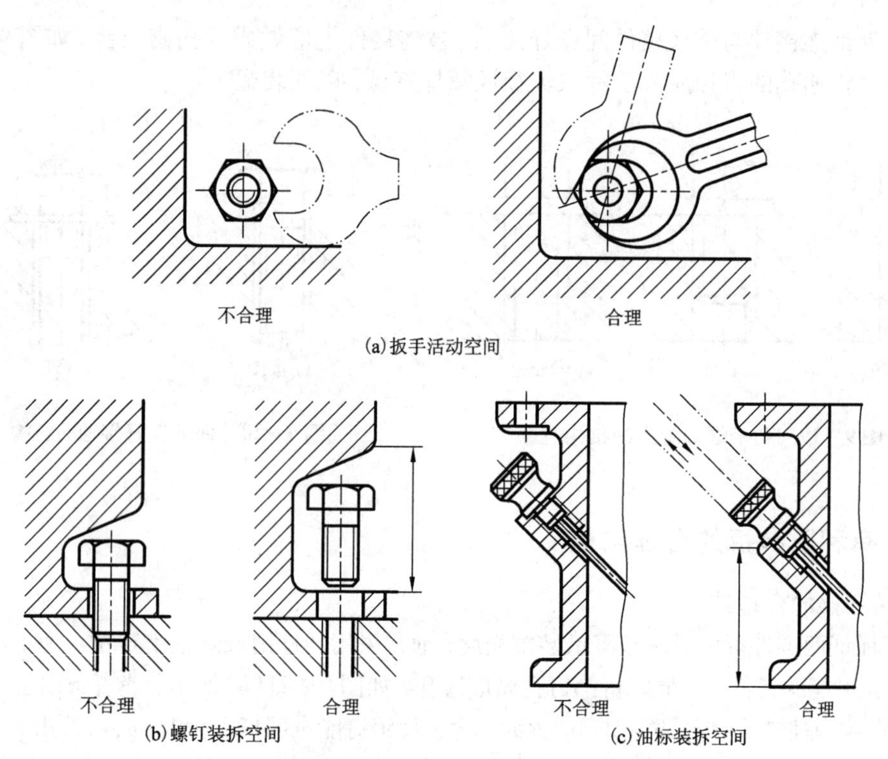

图 9 -22　留出活动空间和装拆空间

3. 便于螺纹紧固件装拆的合理结构

而像图 9 -23(a)所示的结构，螺栓头部全部封在箱体内，难以安装和拆卸。解决办法是在箱体上开一手孔[图 9 -23(b)]，或改用双头螺柱结构[图 9 -23(c)]。

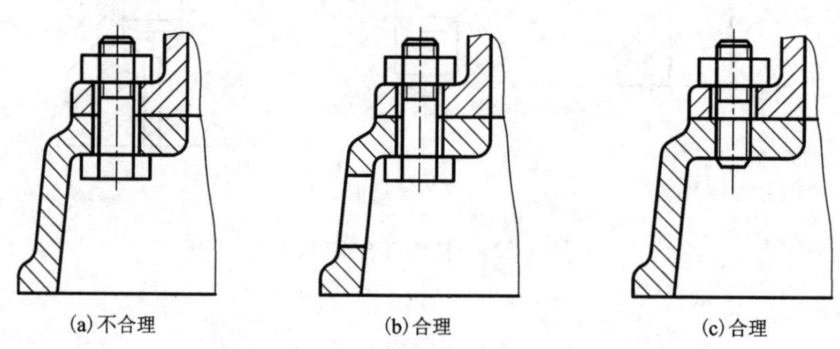

图 9 -23　便于螺纹紧固件装拆的合理结构

4. 衬套顶出结构

便于螺纹紧固件装拆的合理结构。对于衬套等难以拆卸的结构，应预留顶出螺钉螺纹孔，如图9－24所示。

5. 便于滚动轴承装拆的合理结构

图9－25和图9－26分别表示滚动轴承在轴上和箱体孔内的安装情况。如果轴肩高度大于或等于轴承内圈厚度[图9－25(a)]，或箱体中左边大孔孔径小于或等于轴承外圈的内径时[图9－26(a)]，则轴承无法拆卸。若箱体中左边大孔的孔径不允许做得太大，则可在箱体左边对称地加工出几个小孔，拆卸时用适当的工具顶出轴承，如图9－26(b)所示。

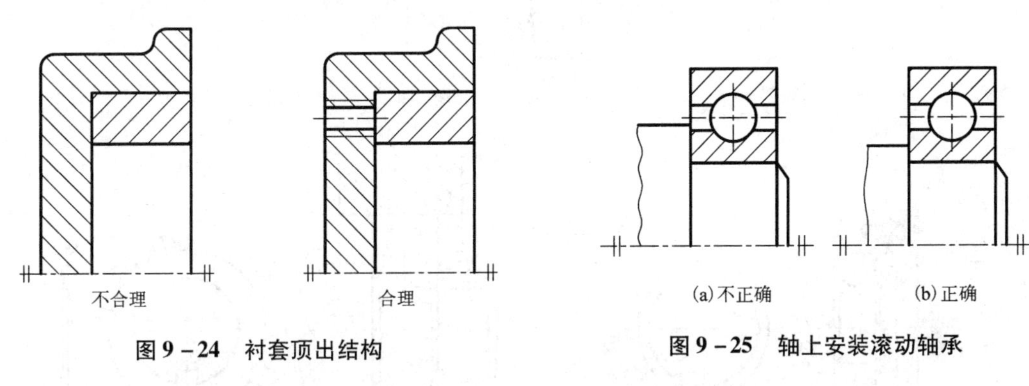

图9－24　衬套顶出结构

图9－25　轴上安装滚动轴承

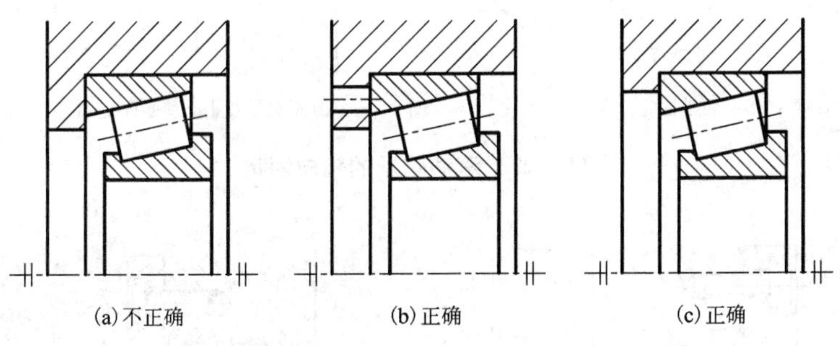

图9－26　箱体孔内安装滚动轴承

9.6.4　滚动轴承轴向固定的合理结构

为了防止滚动轴承产生轴向窜动，必须采用一定的结构来固定其内、外圈。常用的轴向固定结构形式有：轴肩、台肩、轴端挡圈、弹性挡圈、压盖、圆螺母和止退垫圈等，如图9－27所示。

为了使滚动轴承转动灵活和热胀后不致卡住，应留有少量的轴向间隙(一般为0.2～0.3 mm)。一般可采用更换不同厚度的金属垫片或用螺钉止推盘等方法来进行调整，如图9－28所示。

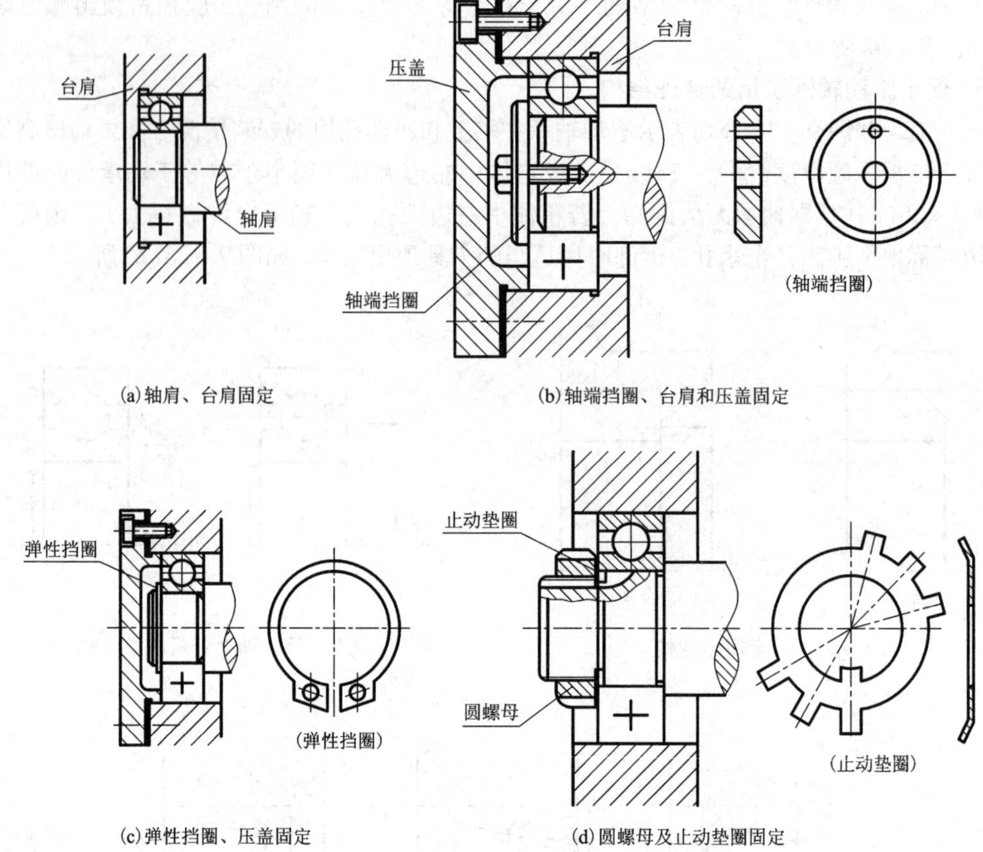

(a)轴肩、台肩固定　　(b)轴端挡圈、台肩和压盖固定

(c)弹性挡圈、压盖固定　　(d)圆螺母及止动垫圈固定

图 9－27　滚动轴承的轴向固定

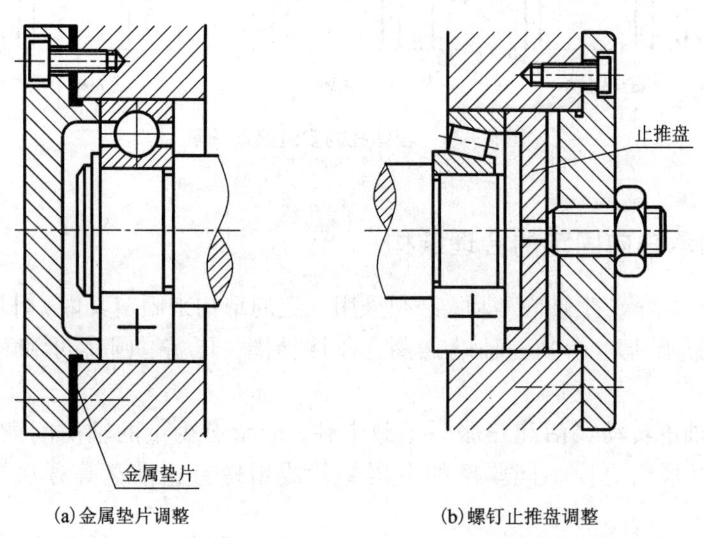

(a)金属垫片调整　　(b)螺钉止推盘调整

图 9－28　滚动轴承间隙的调整机构

9.6.5　密封装置的合理性

1. 常用密封结构

为了防止机器或部件内部的液体外流，同时也避免外部的灰尘、杂质等侵入，设计制造时常采用密封结构，图 9－29 介绍的是一种采用填料的密封装置——填料函的结构。它是依靠压盖将填料压紧从而起到防漏密封作用。压盖要画在开始压紧填料的位置，以表示当填料磨耗后，尚可下移压盖压紧填料，使之仍然保持密封防漏的效果。

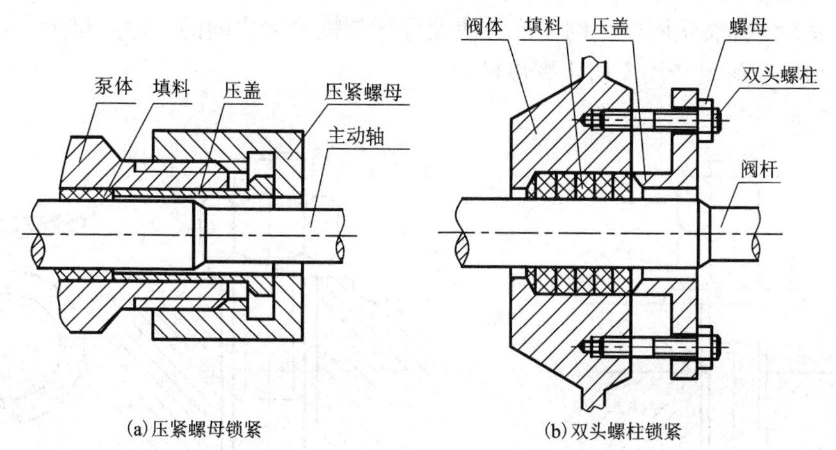

图 9－29　两种典型的密封结构

2. 滚动轴承密封结构

为了防止外部的灰尘和水分进入轴承，同时防止轴承的润滑油向外渗漏，滚动轴承常采用如图 9－30 所示的密封结构。各种密封方法所用的零件，有的已经标准化，如皮碗和毡圈；有的某些局部结构标准化，如轴承盖的毡圈槽、油沟等，其尺寸需要从相关手册查取。

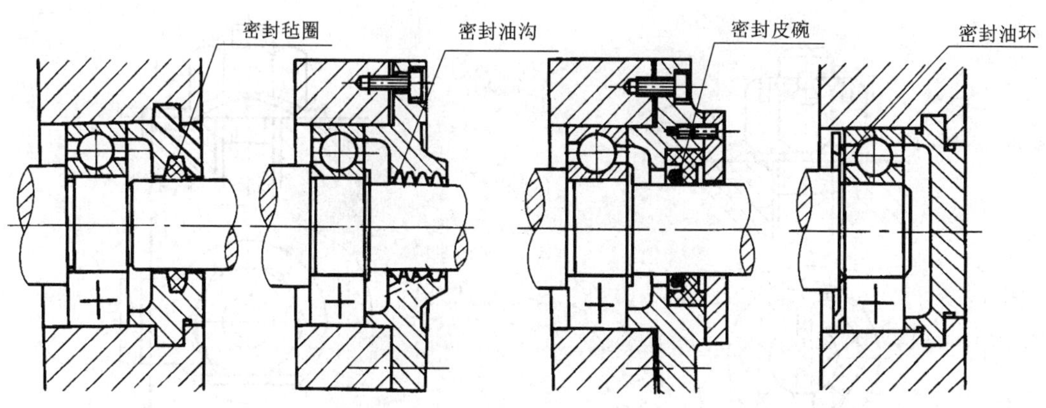

图 9－30　滚动轴承的密封结构

9.6.6 防松装置的合理结构

机器运转时，由于受到振动或冲击，螺纹连接件可能发生松动，有时甚至造成严重事故。因此，在机器中常常需要设计防松装置，以下是常用的几种防松结构。

1. 用双螺母锁紧(图 9-31)

依靠拧紧后两螺母之间产生的轴向力，使螺母牙与螺栓牙之间的摩擦力增大而防止螺母松脱。

2. 用弹簧垫圈锁紧(图 9-32)

螺母拧紧后，弹簧垫圈产生的变形力使螺母牙与螺栓牙之间的摩擦力增大，同时利用垫圈开口的刀刃阻止螺母转动而防止螺母松脱。

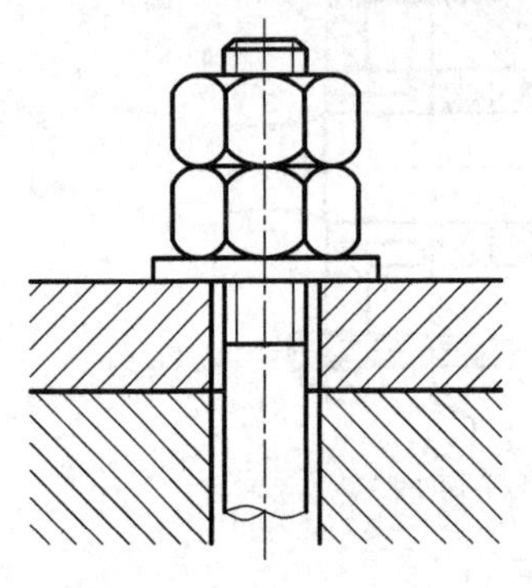

图 9-31　双螺母锁紧

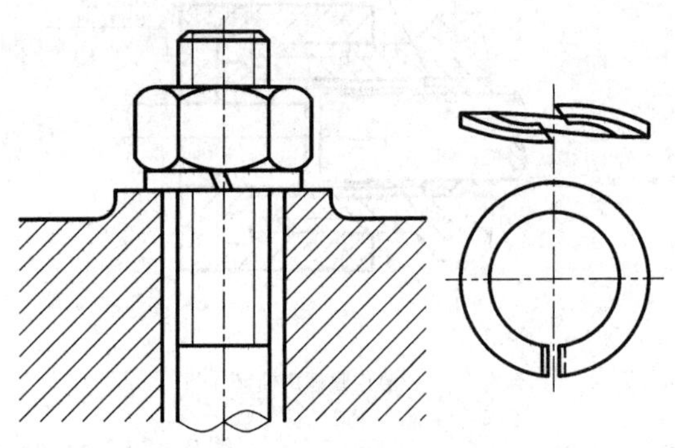

图 9-32　弹簧垫圈锁紧

3. 用开口销配合六角开槽螺母锁紧(图 9-33)

开口销直接锁住六角开槽螺母，使之不能松脱。

4. 用双耳止动垫片锁紧(图 9-34)

螺母拧紧后，利用弯倒止动垫片的止动边锁紧螺母。

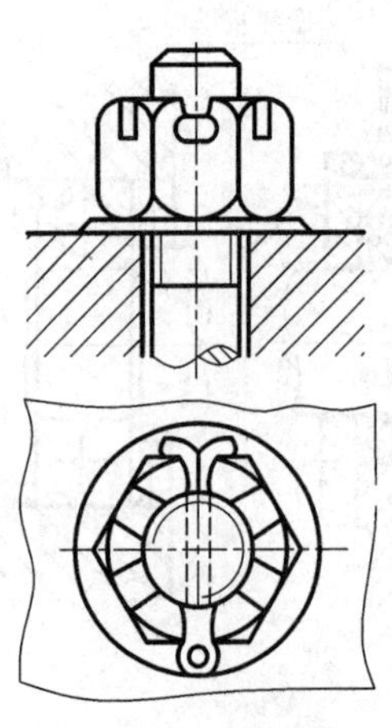

图 9-33　开口销锁紧

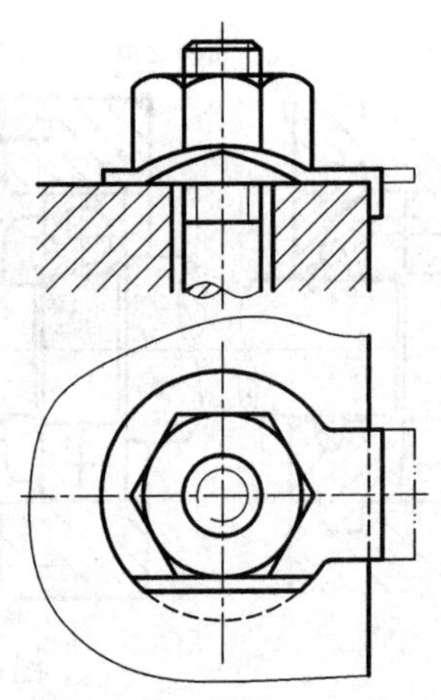

图 9-34　双耳止动垫片锁紧

5. 用止动垫圈锁紧(图 9-35)

这种装置常用来固定安装在轴端部的零件。轴端开槽，止动垫圈与圆螺母联合使用，可直接锁住螺母。

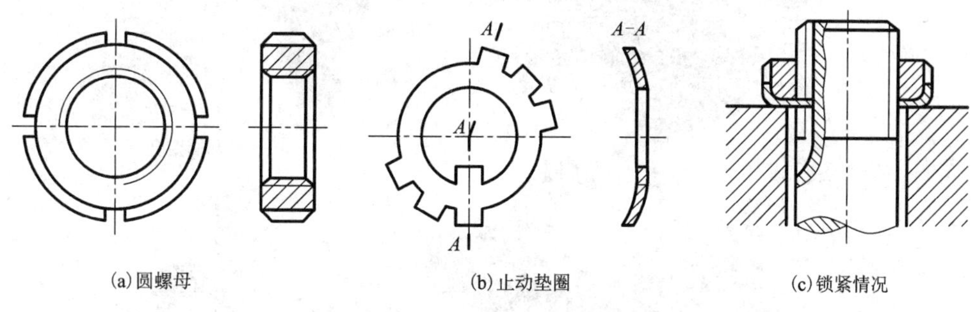

图 9-35　止动垫圈锁紧

9.7　部件测绘与装配图的画法

9.7.1　部件测绘

根据已有部件，按照一定的方法、步骤和要求，首先画出零件草图，然后根据草图整理画出装配图和零件图的全过程称为部件测绘。

下面以滑动轴承为例，对测绘的步骤和方法作简要介绍。

1. 了解测绘对象

为了做好测绘工作，在画图前，要对部件进行了解和分析，通过观察实物、查阅有关资料，弄清部件的用途、性能、工作原理、结构特点、零件之间的装配关系以及装拆方法等。

图 9-36 为滑动轴承轴测图，滑动轴承主要起支承轴的作用，它由 8 种零件组成，其中螺栓、螺母为标准件，油杯为标准组合件。为了便于安装轴，轴承做成上、下结构，上、下轴瓦分别装在轴承盖和轴承座上，轴瓦两端的凸缘侧面分别与轴承座和轴承盖两边的端面配合，以防止轴瓦作轴向移动；轴承座与轴承盖之间做成阶梯形止口配合，是为了防止座、盖之间横向错动；轴瓦固定套则是为了防止轴瓦在座盖之间出现转动。用螺栓、螺母连接，使其成为一个整体，用方头螺栓是为了拧紧螺母时，螺栓不会跟着转动；为防止松动，每个螺栓上用两个螺母紧固；油杯中填满油脂，拧动杯盖，便可将油脂挤入轴瓦内起润滑作用。

2. 拆卸零件

对于复杂一些的部件，为了便于拆卸后重新装配，以及记录各组件之间的相互位置等，在拆卸前最好先画出部件的装配示意图，在图上标出各零件的名称、数量和需要记录的数据等。

示意图上各零件的结构形状可用较少线条表示，简单的甚至可以只用单线条，不过这时接触面应像非接触面一样画成两条线，图 9-37 所示为轴承的装配示意图。

拆卸零件必须按顺序进行，如滑动轴承的拆卸顺序为：先拧下油杯，松开螺母，然后取下轴承盖、上轴瓦、下轴瓦和轴承座。

拆卸零件时，要进一步了解各零件之间的装配关系、各零件的作用和结构特点，特别要

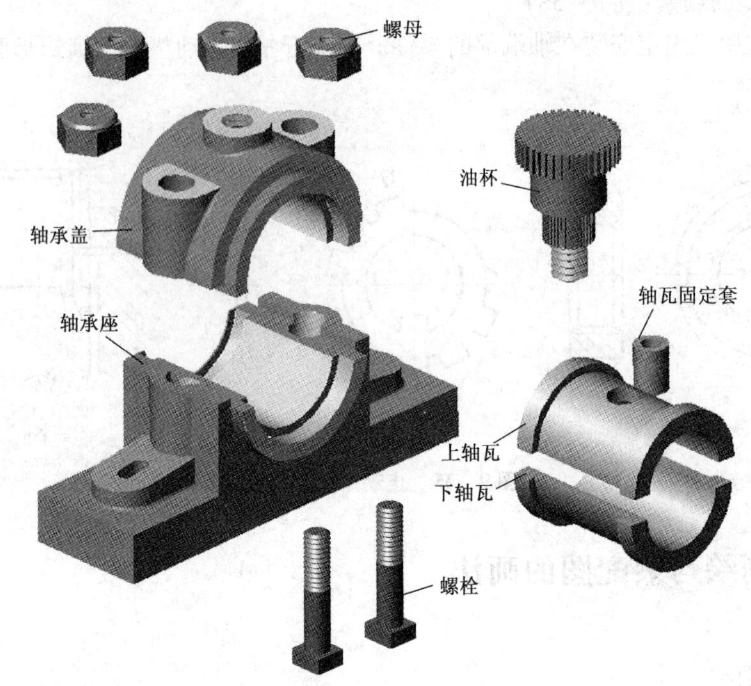

图 9-36 滑动轴承轴测图

注意零件之间的配合关系。对于过盈配合尽可能不拆卸，如轴瓦固定套与轴承盖和上轴瓦为过盈配合，拆卸时，它们之间尽可能不拆开。拆卸后要妥善保存好所有零件，避免碰伤、丢失，也不要乱放，以便测绘后重新装配时，仍能保证部件的性能和要求。

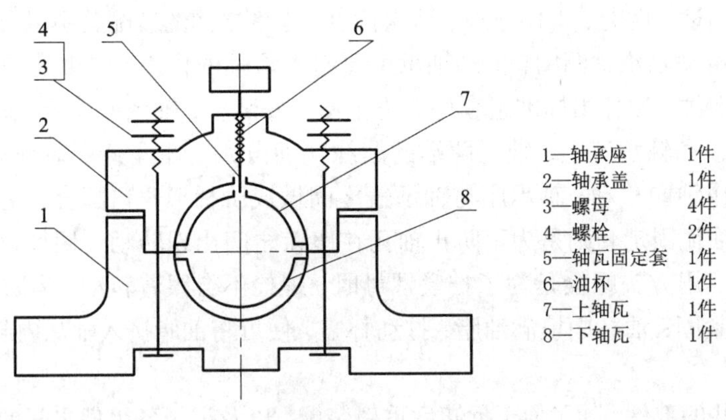

图 9-37 滑动轴承装配示意图

3. 画零件草图

拆卸零件后，应立即画出每个非标准件的零件草图，草图的绘制方法与步骤详见 8.8.2。图 9-38 为滑动轴承的部分零件草图。画草图时应注意以下几个问题：

(1)标准件只需确定规格，注出规定标记，不必画草图。

(2)所有的工艺结构，如倒圆、倒角、圆角、凸台、凹坑、退刀槽等都必须画出，不得省略。

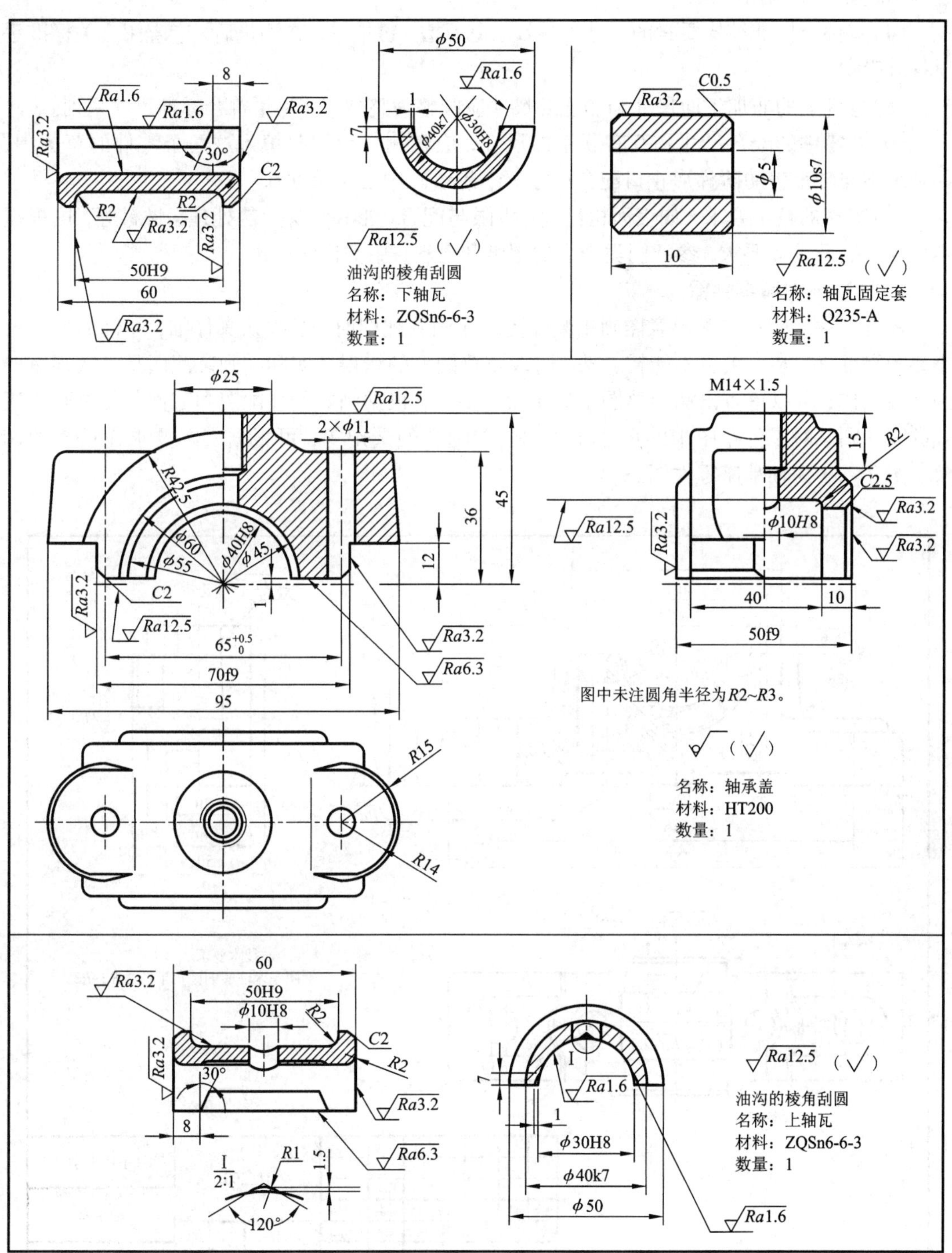

图 9 – 38　滑动轴承部分零件草图

(3)零件制造时产生的误差或缺陷，如对称形状不太对称，圆形不圆以及砂眼、缩孔、裂纹等不应在图上画出。

(4)零件上标准结构要素的尺寸如螺纹、退刀槽、键槽等，在测量后，应查阅有关标准手册核对确定。

(5)零件上的非加工面尺寸和非主要尺寸应圆整为整数，并尽量符合标准尺寸系列。

(6)两零件的配合尺寸和互有联系的尺寸，应在测量后同时填入这两个零件的草图中，如轴承座与轴承盖的阶梯形止口配合尺寸 70，螺纹孔中心距尺寸 65 等。

(7)零件的技术要求，如表面粗糙度、极限与配合、形位公差、热处理、材料等，可根据零件的作用及设计要求，参阅同类产品的图纸和资料，用类比法确定。

4. 画装配图和零件图

根据零件草图和装配示意图画出装配图。在画装配图时，必须认真仔细，零件的尺寸大小要画得准确，装配关系不能错，要及时改正草图上的错误。实际上画装配图是一次很重要的校核工作，可以审查出测绘草图中的错误。最后，根据画好的装配图和零件草图再画出正式的零件图。对零件草图中的尺寸注法和公差配合的选定等，可根据实际要求作适当的调整。图 9－39 为轴承座零件图。

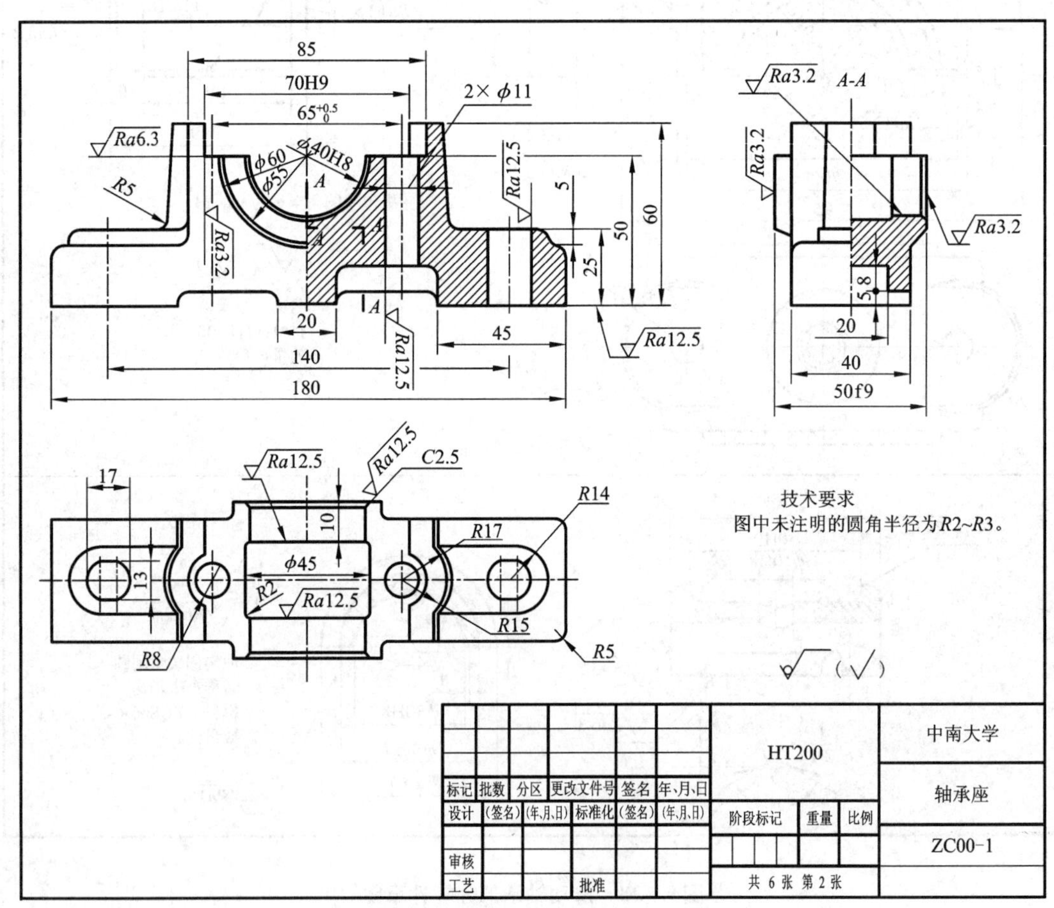

图 9－39 轴承座的零件图

9.7.2 装配图的画法

对于现有机器设备经过测绘绘制装配图时，应弄清所要画部件的用途、性能要求、工作原理、零件的组成等情况。若是进行设计，则应按设计要求调查研究，拟订出结构方案。现以滑动轴承为例，根据给出的零件图(图9-38、图9-39)说明画装配图的步骤。

1. 确定部件的表达方案

(1)主视图的选择。

主视图的选择要遵循两个原则，一是确定其安放位置，常按部件的工作位置放置，即将装配体的主要轴线或主要安装面呈水平或铅垂方向放置；二是确定其投影方向，应使主视图最能充分地反映出机器或部件的装配关系、工作原理及结构特点，重点放在反映装配关系上。

根据上面论述，显然，滑动轴承应按其工作位置放置选择主视图，既能表达各零件的装配关系，又能反映主体零件的结构形状。由于整个部件对称，取半剖视图表达其内外结构。

(2)其他视图的选择。

其他视图主要是补充表达那些在主视图中尚未表达或表达不够清楚的地方。有时也要考虑读图的方便，适当地增补视图，使每个视图都有一个表达重点。一般情况下，部件中的每一种零件至少应在视图中出现一次。具体选择时应尽可能选择用基本视图及在基本视图上取剖视(包括拆卸画法、沿零件结合面剖切)来表达在主视图中尚未表达的内容。因此为了将滑动轴承的主要零件表达得更清楚，增加沿结合面取半剖的俯视图。

2. 确定比例和图幅

部件的表达方案确定后，应根据部件的实际大小及其结构的复杂程度，确定合适的比例和图幅。在估算图幅大小时，不仅要考虑各视图的位置，而且要考虑标题栏、明细栏、编写零件序号、标注尺寸和注写技术要求的位置。标准图幅确定后，合理布置视图、画图时，先画出各视图的主要轴线(装配干线)、对称中心线以及作图基准线(某些零件的基面或端面)。

3. 画出部件的主体结构

一般按下面两种方法进行。

(1)由内向外画。

即按主要装配干线首先画出装配基准件，然后依次画其他零件。这种作图方法和大多数设计过程相一致，在设计新机器绘制装配图(特别是装配草图)时多被采用，此时尚无零件图，要待此装配图画好后再"拆画"零件图。此外，这种方法在画图过程中不必"先画后擦"零件上那些被遮挡的轮廓线，有利于提高作图效率和保持图面整洁。

(2)由外向里画。

即先画主体零件，如机座、泵体、箱体等，然后将其他零件依次逐个画出。这种方法多在对已有机器进行测绘或整理新设计机器技术文件时采用。这种方法的画图过程常与较形象、具体的部件装配过程一致，利于空间想象。当需要首先设计出起支撑和包容作用的箱体、支架类零件时，也可采用此种方法。

画图时，一般从主视图开始，一个视图一个视图分别画出，但应注意各视图之间的投影关系。

滑动轴承采用第二种方法，先画轴承座，再把下轴瓦、上轴瓦画出，然后画轴承盖，画图步骤如图9-40所示。

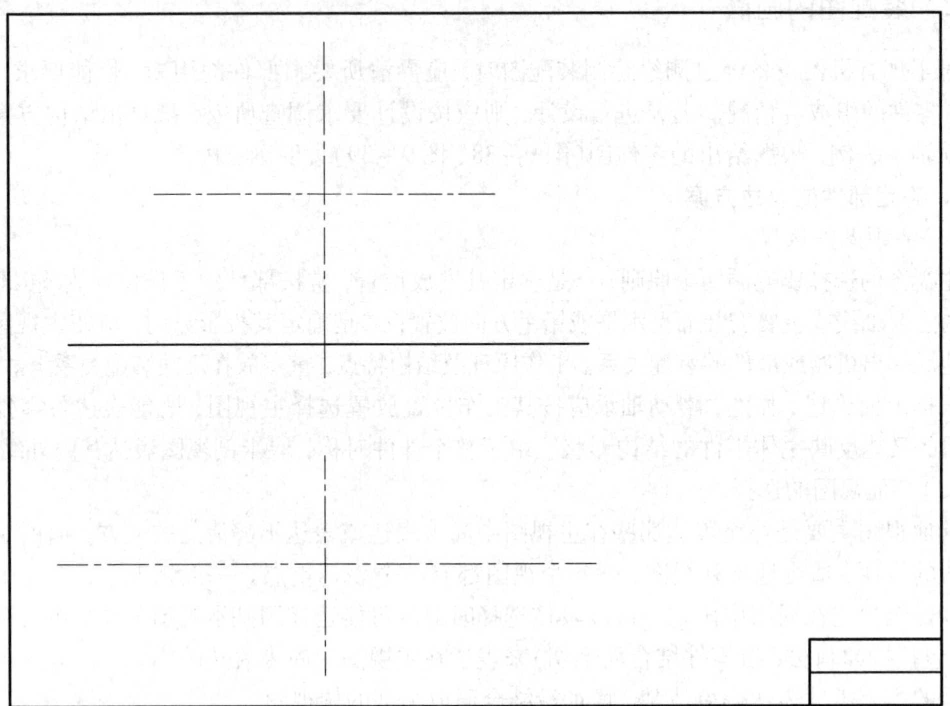

(a)画作图基准线

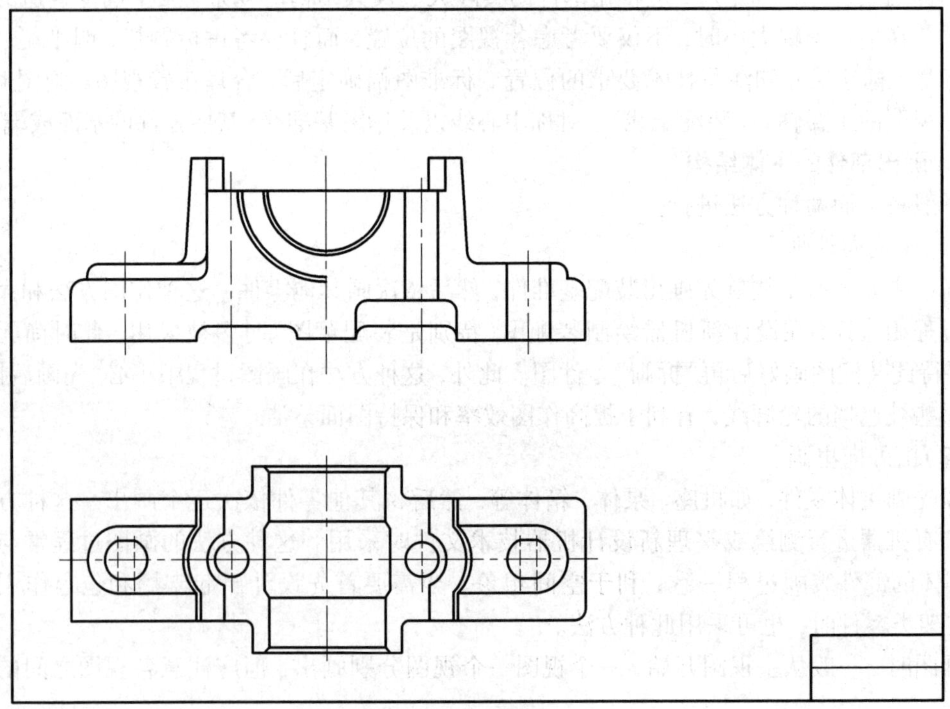

(b)画轴承座

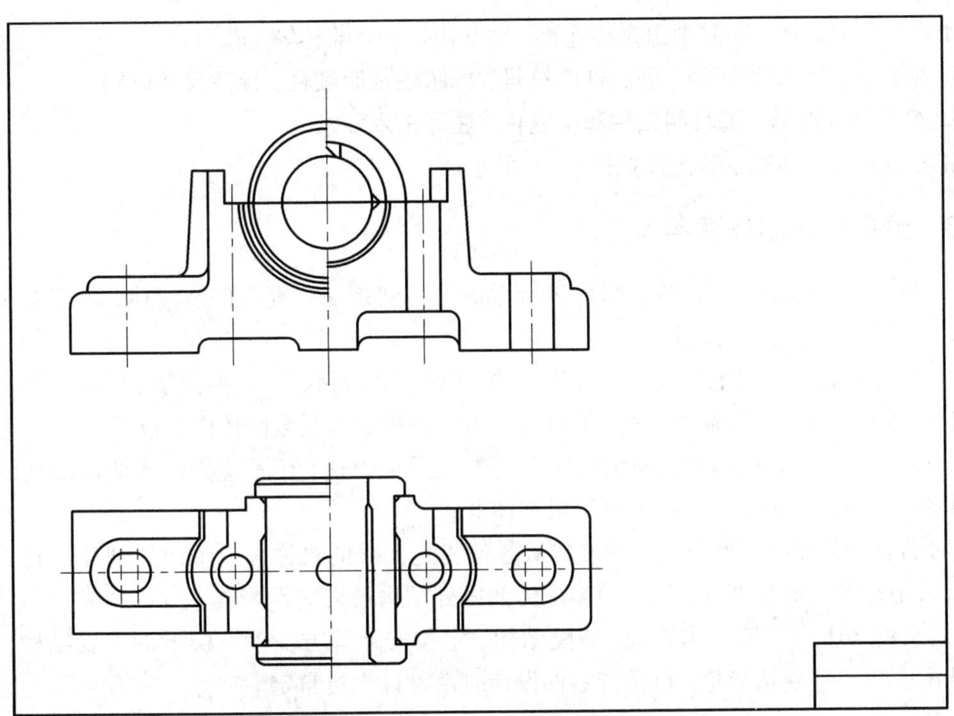

(c)画上、下轴瓦

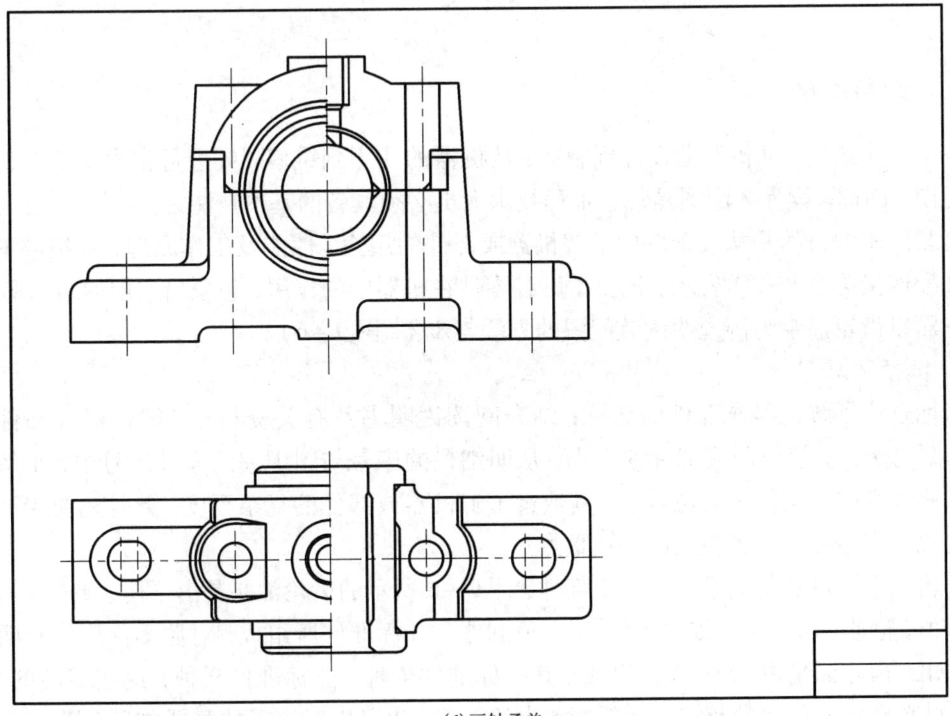

(d)画轴承盖

图9-40 滑动轴承的装配图画法

4. 画出部件的次要结构部分

如对于滑动轴承，还需画出螺栓连接、轴瓦固定套、油杯等。

5. 检查校核后加深图线，画出剖面符号、标题栏及明细栏，标注尺寸(略)

6. 编写零件序号，填写明细栏和标题栏，注写技术要求

最后完成的滑动轴承装配图如图 9 -9 所示。

9.7.3 绘制装配图注意事项

(1)应从装配体的全局出发，综合进行考虑。特别是一些复杂的装配体，可能有多种表达方案，应通过比较择优选用。

(2)设计过程中绘制的装配图应详细一些，以便为零件设计提供结构方面的依据。指导装配工作的装配图，则可简略一些，重点在于表达每种零件在装配体中的位置。

(3)装配图中，装配体的内外结构应以基本视图来表达，而不应以过多的局部视图来表达，以免图形支离破碎，看图时不易形成整体概念。

(4)若视图需要剖开绘制时，一般应从各条装配干线的对称面或轴线处剖开。同一视图中不宜采用过多的局部剖视，以免使装配体的内外结构的表达不完整。

(5)装配体上对于其工作原理、装配结构、定位安装等方面没有影响的次要结构，可不必在装配图中一一表达清楚，可留待零件设计时由设计人员自定。

9.8 读装配图和由装配图拆画零件图

9.8.1 读装配图

在生产实践中，从机器的设计到制造，从机器的使用到维修，或进行技术交流等都要用到装配图，因此，读懂装配图是每个工程技术人员必须具备的基本技能之一。

读装配图的目的是从装配图中了解机器或部件的用途、性能及工作原理，各组成零件之间的装配连接关系和技术要求，还要了解各零件在机器中的作用，想象出它们的结构形状。

下面以齿轮油泵为例说明读装配图的方法与步骤(图 9 -6)。

1. 概括了解

从标题栏了解机器或部件的名称；结合阅读说明书及有关资料，了解机器或部件的用途，根据比例，了解机器或部件的大小；从明细栏的序号与图中编的零件序号中，了解各零件的名称及其在装配图中的位置；由其数量了解机器或部件的复杂程度；此外还要弄清装配图上的视图表达方案或各视图的表达重点。

齿轮油泵是机器供油系统的一个部件，图 9 -6 所示的齿轮油泵是由泵体、泵盖、运动零件(主动齿轮轴、从动轴、传动齿轮等)、密封零件、标准件所组成，对照零件序号和明细栏可以看出，齿轮油泵由 16 种零件组成，其中标准件 7 种，非标准件 9 种，这些零件的名称、数量、材料和标准件代号及它们在装配图中的位置，也可以对照零件序号和明细栏看出。

整个装配图采用了四个视图表达，主视图是用旋转剖的方法得到的全剖视图，它表达了齿轮油泵的主要装配关系；左视图是沿垫片和泵体的接合面半剖，表达了油泵的外部形状和齿轮的啮合情况，并采用了局部剖视表达了吸、压油口的情况；右视图采用拆卸画法，表达了拆去皮带轮后的油泵右部外形，并用局部剖视表达了地脚螺栓孔的情况；俯视图用全剖视图表达了泵体下部连接板的断面形状、底板外形及地脚螺栓孔的分布情况。

2. 分析传动关系和工作原理

分析部件的工作原理，一般应从传动关系入手，图 9－6 所示的齿轮油泵，从主视图可以看出，外部动力传给皮带轮 13，再通过键 14，将转矩传给齿轮轴 15，经过齿轮啮合带动齿轮 3，从而使齿轮 3 作旋转运动。左视图是补充表达工作原理的，把它画成示意图，如图 9－41 所示，然后分析其工作原理。

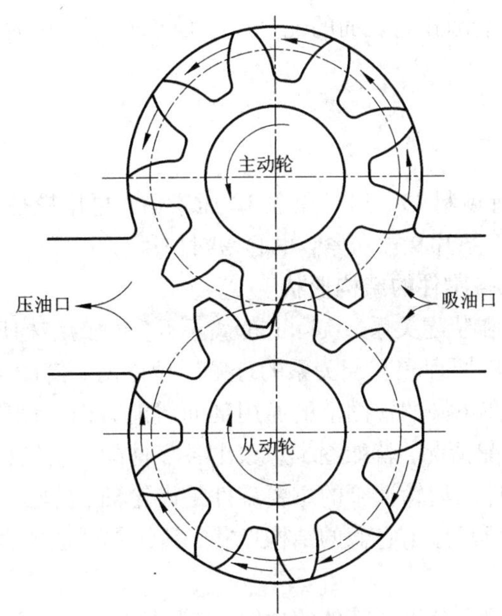

图 9－41　齿轮油泵工作原理

当齿轮内腔中的齿轮按图 9－41 所示的箭头方向旋转时，齿轮啮合区右边的轮齿脱开，造成吸油腔容积增大，形成局部真空，油池中的油在大气压力的作用下被吸入到泵腔内。旋转的齿轮通过齿槽把吸入的油不断沿箭头所示方向从吸油腔带到压油腔，轮齿在压油腔中开始啮合，使压油腔的容积减小，压力增加，从而将油从出油口压出，输送到需要供油的部位。

3. 分析零件间的装配关系和部件的结构

分析零件间的装配关系和部件的结构常常是从分析各条装配干线入手，弄清各零件间的相互配合要求，以及零件间的定位、连接、密封等问题。

图 9－6 所示的齿轮油泵有两条装配干线，一条是主动齿轮轴装配干线，齿轮轴 15 装在泵盖 7 和泵体 10 的轴孔内，右边伸出端装有填料 11、压盖 12、螺柱 5、螺母 6、皮带轮 13、键 14、圆螺母 16。另一条是从动轴装配干线，轴 4 装在泵盖 7 和泵体 10 的轴孔内，齿轮 3 套在轴 4 上，与传动齿轮轴中的齿轮相啮合。

部件的结构分析如下。

(1)连接与固定方式。

泵体10与泵盖7由销8定位后，再用螺栓1将它们连成一体。齿轮轴15与齿轮3通过两齿轮端面与泵盖7内侧和泵体10内腔的底面接触而定位，齿轮轴15上的皮带轮13，靠键14与轴连接，并通过圆螺母16固定。

(2)配合关系。

根据零件在部件中的作用和要求，应注出相应的公差带代号，例如，皮带轮13要带动齿轮轴15一起转动，除了靠键把两者连成一体传递转矩外，还须定出相应的配合。从图中可看出，它们之间的配合尺寸是$\phi16\ \frac{H8}{h7}$。两轴与两端泵盖7、泵体10支承处的配合尺寸都是$\phi20\ \frac{H7}{f6}$，压盖12与泵体10右端圆孔内表面的配合尺寸是$\phi30\ \frac{H9}{f9}$，齿轮的齿顶圆与泵体10内腔的配合尺寸均为$\phi48\ \frac{H8}{f7}$。

(3)密封结构。

齿轮轴15的伸出端有填料11，通过压盖12压紧后，再用螺柱5和螺母6锁紧而密封。此外，泵盖与泵体连接时，垫片9被压紧，也起密封作用。

4. 分析零件，想象出各零件的结构形状

搞清部件的工作原理和装配关系，实际上都离不开零件的结构形状，一旦读懂了零件的形状结构，又可加深对工作原理和装配关系的理解。读图时，借助于序号指引的零件上的通用剖面线，利用同一零件在不同的视图上的通用剖面线的方向与间隔一致的规定，对照投影关系以及与相邻零件的装配情况，就能逐步想象出各零件的主要结构形状。分析时一般从主要零件开始，再看次要零件。齿轮油泵的主要零件是齿轮轴、齿轮、泵体、泵盖，只要将它们的几个视图对照起来，即可想象出它们的结构形状，其他零件也更容易读懂。

5. 归纳综合

经过以上几个步骤，综合分析了部件的功用、工作原理、装配关系，零件的结构形状，就能想象出总体的结构形状，如图9-42所示。

图9-42　齿轮油泵装配轴测图

以上读图的步骤与方法仅是概括性说明，实际在读装配图时，几个步骤不能截然分开，而应交替进行，灵活掌握。

9.8.2　由装配图拆画零件图

在设计过程中，一般先画出装配图，然后再根据装配图画出零件图，通常称为拆图，拆图常按下列步骤进行：

(1)读懂装配图；

(2)分离零件；

(3)确定零件的视图表达方案；

(4)确定零件尺寸；

(5)制订技术要求。

下面以拆画图9－43球形阀装配图中的阀盖为例，说明装配图拆画零件图的方法和步骤。

1. 读懂装配图

看图9－43的标题栏，由部件名称球形阀，可知它是管道上用来截断气流或液流的。图纸的比例是1∶2，说明实物的大小是图样的2倍。由明细栏了解该部件的标准件有5件，非标准件有12件，按序号依次查明各零件的名称和所在位置，以及标准件规格。

图9－43的主视图采用全剖视图，表达该部件的工作原理、主要装配关系及部分零件间的连接情况，左视图采用半剖视图，补充表达填料压盖14与阀盖5、阀盖5与阀体4的连接情况以及阀体的外形，为了解零件的结构提供依据；$C-C$断面图用来表达阀瓣2与阀杆10的连接及阀瓣的外形。

球形阀的工作原理：转动手轮11时，通过圆柱销12带动阀杆一起旋转。因与阀杆连接的横臂7固定不动，则迫使阀杆上升或下降，从而通过销钉3，带动阀瓣一起作上、下运动，因此，球形阀就可以满足开启或关闭的要求。

[球形阀结构]

球形阀各部分的装配和连接关系是：瓣座1与阀体4采用基孔制过渡配合$\phi68\ \frac{H7}{k6}$，便于瓣座磨损后更换；阀瓣2与阀体4采用基孔制间隙配合$\phi80\ \frac{H8}{f7}$，使阀瓣能在阀体内上下移动；填料压盖14与阀盖5采用基孔制间隙配合$\phi40\ \frac{H8}{f7}$，使填料压盖能在阀盖内运动而压紧填料，起到密封的作用；阀盖5与阀体4用螺栓16连接，并用垫片17密封；阀盖5与横臂7用柱子6连接，阀盖5与填料压盖14用螺栓13连接。

由主、俯、左三个视图可以看出，阀盖与阀体连接部分是圆柱体，且靠四个螺栓与阀体相连；为了安放连接横臂的柱子，在左、右两边各加上了一个凸台，并加工有螺纹孔；与阀体配合部分为$\phi80f7$的圆柱体，下面锥形部分虽然在图上没表达清楚，但根据零件的结构特点可知，这部分为圆锥体，上面部分的外形已由“零件5A”视图表示。

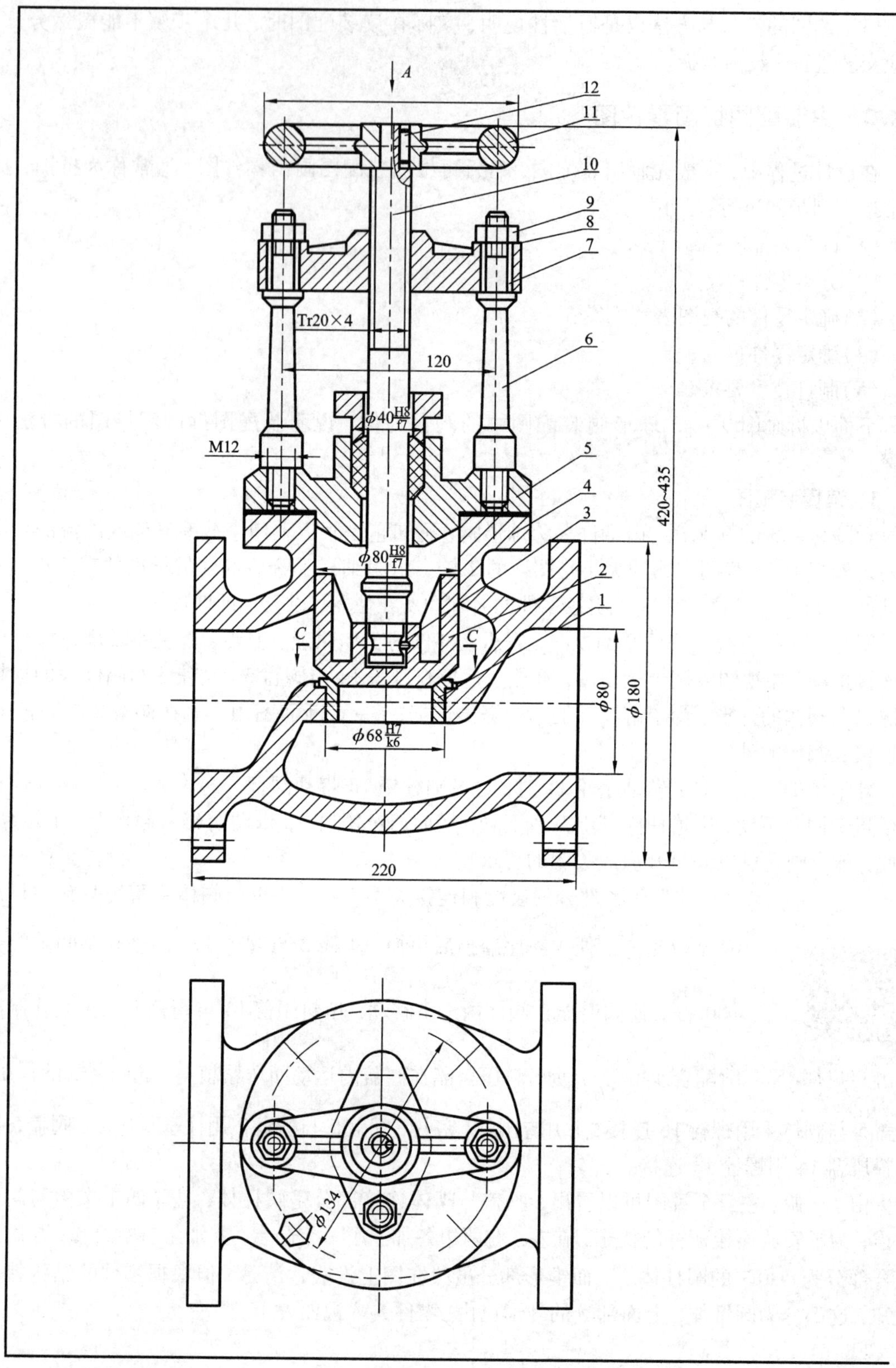
A
12
11
10
9
8
7
Tr20×4
120
6
$\phi 40\frac{H8}{f7}$
M12
5
4
3
420~435
$\phi 80\frac{H8}{f7}$
2
1
C
C
$\phi 80$
$\phi 180$
$\phi 68\frac{H7}{k6}$
220
$\phi 134$

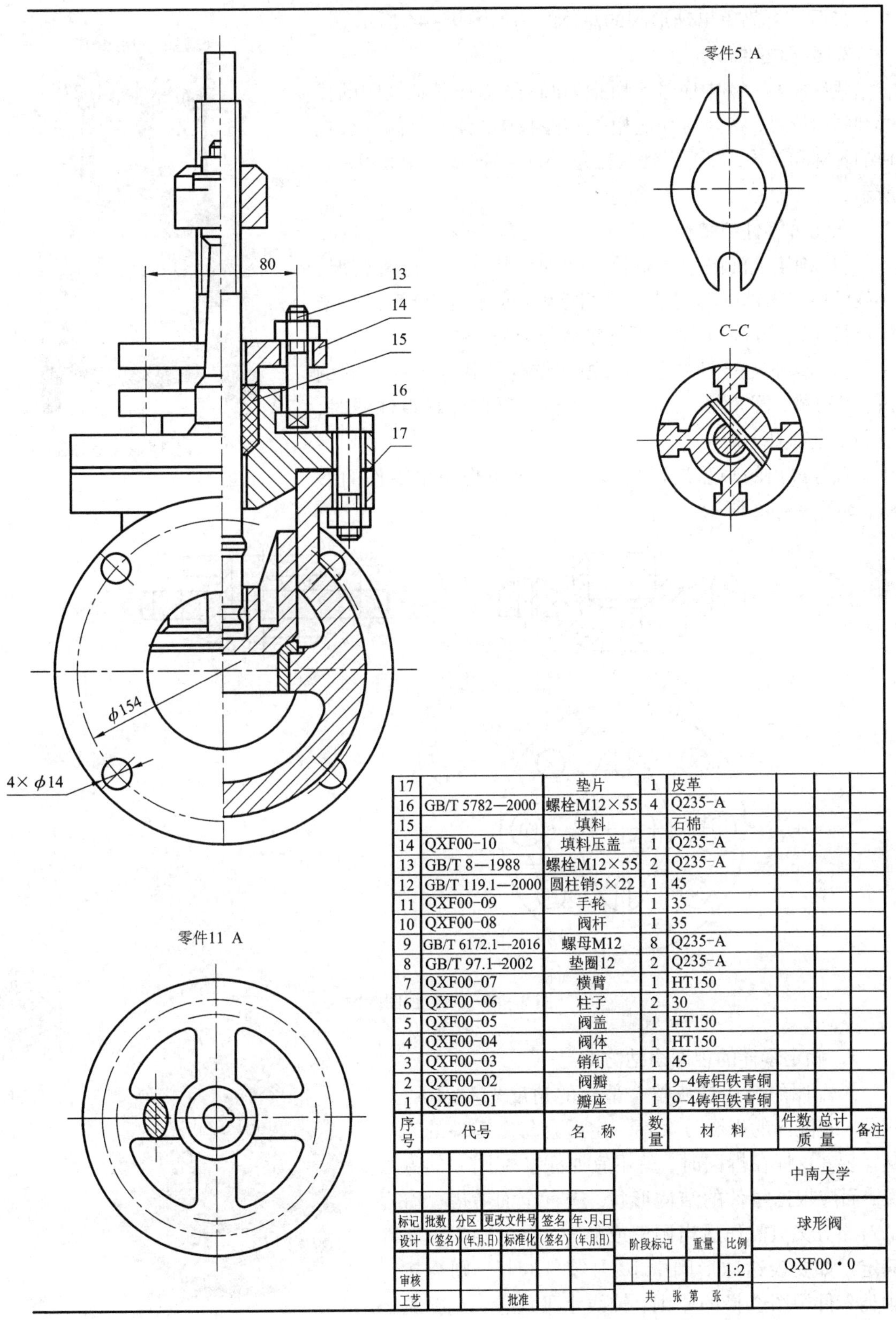

序号	代号	名称	数量	材料	件数	总计	备注
					质量		
17		垫片	1	皮革			
16	GB/T 5782—2000	螺栓M12×55	4	Q235-A			
15		填料		石棉			
14	QXF00-10	填料压盖	1	Q235-A			
13	GB/T 8—1988	螺栓M12×55	2	Q235-A			
12	GB/T 119.1—2000	圆柱销5×22	1	45			
11	QXF00-09	手轮	1	35			
10	QXF00-08	阀杆	1	35			
9	GB/T 6172.1—2016	螺母M12	8	Q235-A			
8	GB/T 97.1—2002	垫圈12	2	Q235-A			
7	QXF00-07	横臂	1	HT150			
6	QXF00-06	柱子	2	30			
5	QXF00-05	阀盖	1	HT150			
4	QXF00-04	阀体	1	HT150			
3	QXF00-03	销钉	1	45			
2	QXF00-02	阀瓣	1	9-4铸铝铁青铜			
1	QXF00-01	瓣座	1	9-4铸铝铁青铜			

图 9-43　球形阀装配图

最后综合想象出球形阀的总体结构如图 9－44 所示。

2. 分离零件

找出图 9－43 中序号 5 所指的阀盖，对照其他视图的投影和剖面符号，将其与其他相关零件脱离，并恢复阀盖被挡住的轮廓和结构，即可得到阀盖完整的视图轮廓。如图 9－45 所示。

图 9－44　球形阀立体图

在完善零件的结构形状时，应注意以下两点：

(1) 确定装配图中未直接表达的形状。对于这种情况，一般可根据零件的功用及与其相接触(或相连接)零件的结构形状加以确定。如阀盖下部锥体部分的结构。

(2) 增补装配图中省略未画的结构形状。零件上的倒角、退刀槽、圆角等，往往省略不画，而在拆画零件图时，就必须全部补上。

对分离出的阀盖进行投影分析，即可想象出零件的形状，如图 9－46 所示。

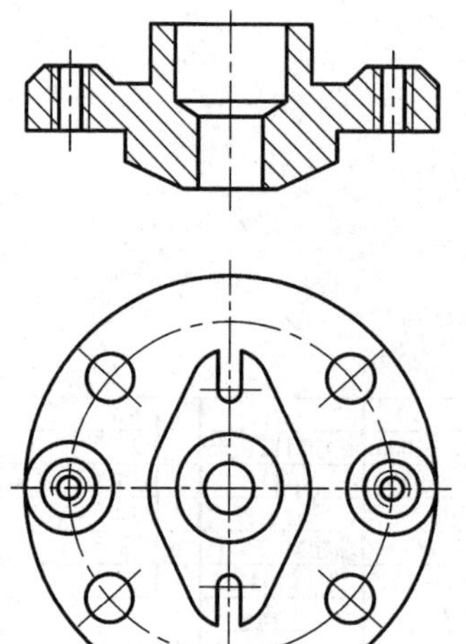

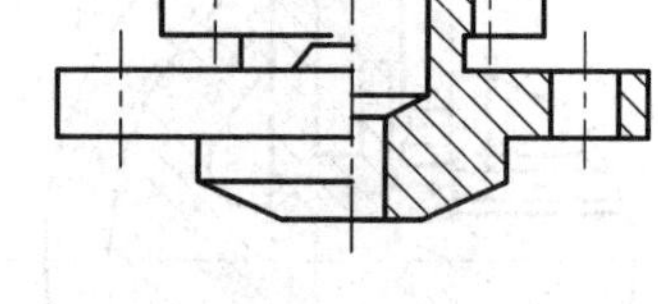

图 9－45　阀盖视图轮廓

3. 确定零件的视图表达方案

[阀盖结构]

装配图的表达是从整个部件的角度来考虑的，因此，装配图的视图方案不一定适合每个零件的表达需要，这样在拆图时，就不宜照搬装配图中的方案，而应根据零件的结构形状，进行全面考虑。有的对原方案只需作适当调整或补充，有的则需重新确定。如要表达球形阀中 10 号零件阀杆，则需按轴类零件视图选择的原则，轴线水平放置，重新表达该零件。而对于阀盖来说，装配图中的表达方案

图 9－46　阀盖立体图

仍然可以使用。如图 9－45 所示。采用这一方案就清晰地表达了阀盖各部分的结构形状。此外，也可以用两个视图来表达阀盖，即按图 9－45 所示的位置放置，主视图用半剖，外加俯视图，而去掉左视图，但应在俯视图上说明 4 个光孔为通孔。

4. 确定零件尺寸

装配图中已标注的零件尺寸都应移到零件图上。凡注有配合的尺寸，应根据公差代号，在零件图上注出公差带代号或极限偏差数值。如图 9－47 中 $\phi80f7(^{-0.030}_{-0.060})$、$\phi40H8(^{+0.039}_{0})$。

装配图中无法直接得到的尺寸，可以从以下三方面得到：

(1) 一般尺寸按比例从装配图中直接量取，并取整数。

(2) 有关标准化的结构（如标准直径、标准长度、键槽、螺纹、倒角、退刀槽等），应查阅有关手册取标准值。

(3) 有些尺寸需由公式计算确定。如齿轮齿顶圆、中心距等尺寸，应根据模数、齿数计算确定。

5. 制订技术要求

零件的表面粗糙度、尺寸公差、形位公差、热处理等，在拆画零件图时应根据零件在部件中的作用、设计要求以及工艺方面的知识，或参阅同类图纸进行确定。

按上述步骤完成的阀盖零件图如图 9－47 所示。

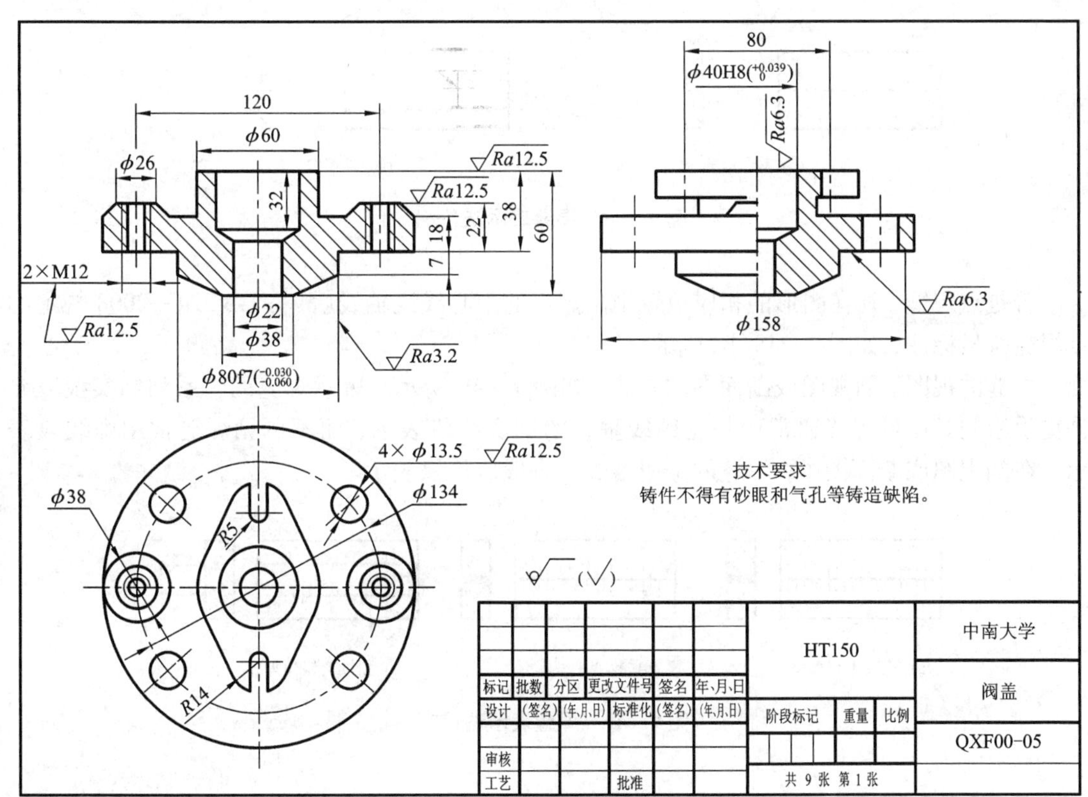

图 9－47　阀盖零件图

9.9 课程拓展——焊接图的画法

焊接是将两个被连接的金属件在连接处局部加热到熔化或半熔化状态，同时通过填充熔化金属或加压等方法，使它们熔合在一起的方法。焊接是一种不可拆连接。常见的焊接方法有电弧焊、气焊、钎焊等。

焊接图是供焊接加工所用的图样，它从形式上看，很像装配图，但它与装配图也有所不同：装配图表达的是部件或机器，而焊接图表达的仅仅是一个零件（焊接件），因此，焊接图也称为装配图的形式，零件图的内容，它除了必须将焊接件的结构表达清楚以外，还应将焊接有关内容表示清楚。为此，国家标准规定了焊缝的画法、符号、尺寸标注方法和焊接方法的表示代号。

9.9.1 焊缝的表示方法

工件经焊接后形成的接缝称为焊缝。在绘制技术图样时，无论焊缝的横截面形状及坡口等情况如何，一般均可将接触面的投影画成一条轮廓线（不画出焊缝），然后按 GB 324—2008 规定的焊缝符号标注，以表示焊缝，如图 9 - 48（a）所示。

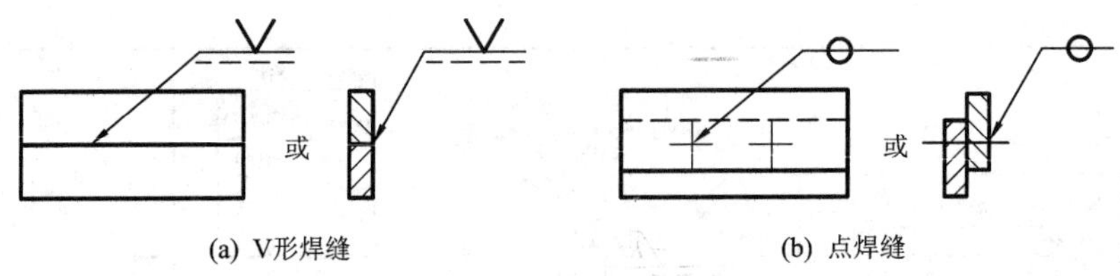

(a) V形焊缝　(b) 点焊缝

图 9 - 48　焊缝表示法（一）

若是点焊缝，则在图形的相应位置画出焊点的中心线或轴线后，按 GB 324—2008 规定的点焊缝符号标注，如图 9 - 48（b）所示。

焊缝的视图、剖视图或断面图的画法，如图 9 - 49 所示。表示焊缝的一系列细实线段允许徒手绘制。可见焊缝通常用与轮廓线垂直的细实线段表示，而不可见焊缝常用虚线段表示。在剖视图或断面图中，焊缝的金属熔焊区一般应涂黑表示。

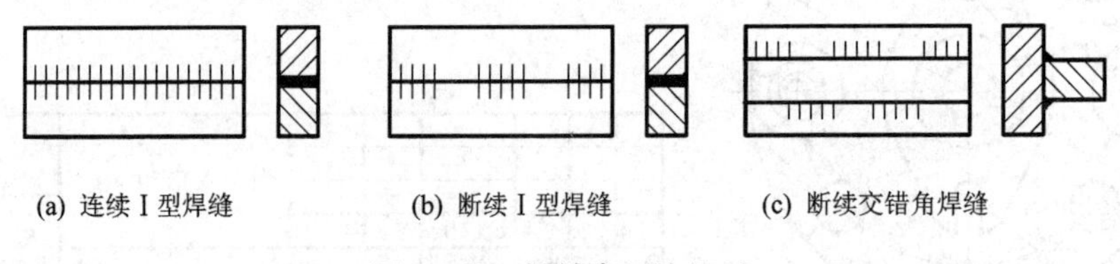
(a) 连续 I 型焊缝　(b) 断续 I 型焊缝　(c) 断续交错角焊缝

图 9 - 49　焊缝表示法（二）

视图中的焊缝也允许采用宽度为粗实线 2 ~ 3 倍的粗实线表示，如图 9 - 50 所示。但在同一张图样上，焊缝的表示法只允许采用一种方法表示。

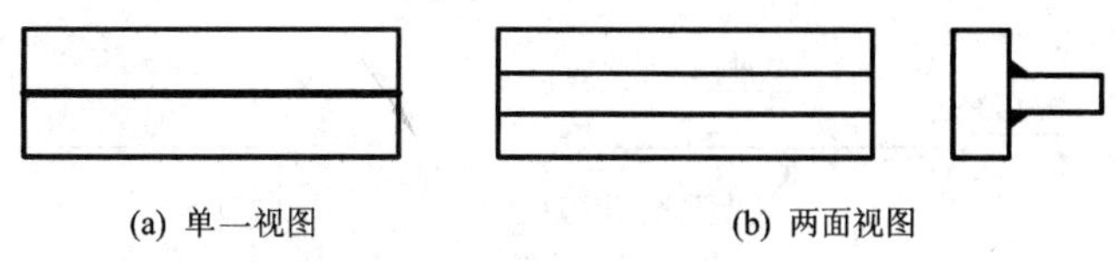

图9－50　焊缝表示法(三)

9.9.2　焊缝符号及标注法

1. 焊接接头的基本形式

被连接两零件的接头形式分为：对接接头、搭接接头、T形接头和角接接头4种。按焊缝结合形式可分为对接焊缝、点焊缝及角焊缝3种。如图9－51所示。

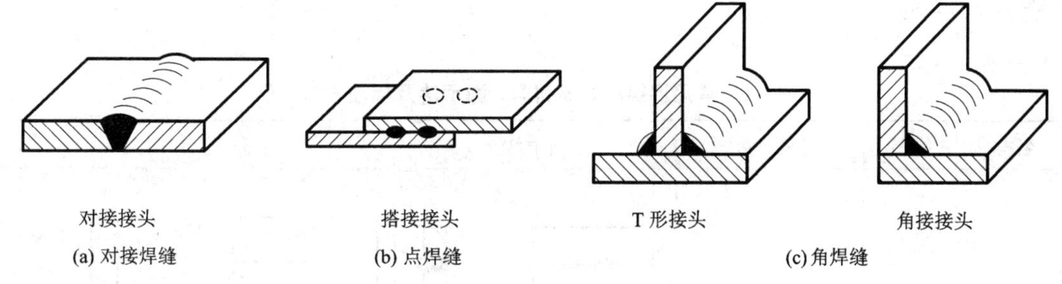

图9－51　常见的焊接接头和焊缝形式

2. 焊缝符号

在《焊缝符号表示法》(GB 324—2008)中，对焊缝符号做了规定。如需进一步了解焊缝坡口的基本形式与尺寸，可查阅有关标准。

焊缝符号一般由基本符号与指引线组成，必要时还可以加上补充符号和焊缝尺寸符号。现分述如下：

(1)基本符号。

表示横截面形状，用0.7d的粗实线绘制(d为图样中轮廓线的宽度)。常用焊缝的基本符号、图示法及标注方法示例见表9－1，其他焊缝的基本符号可查阅相关的国家标准。

(2)补充符号。

为了补充说明焊缝的某些特征,用0.7d的粗实线绘制补充符号,见表9－2。

(3)指引线。

一般由带有箭头的指引线(简称箭头线，用细实线绘制)和两条基准线(一条为细实线，另一条为虚线)两部分组成，画法如图9－52(a)所示。箭头线用来将整个焊缝符号指到图样上的有关焊缝处,必要时允许弯折一次，如图9－52(b)所示。基准线的虚线可画在基准线实线的上侧或下侧。基准线一般应与图样的底边平行。

为了能在图样上确切地表示焊缝的位置，GB/T 324—2008将基本符号相对基准线的位置做了如下规定：

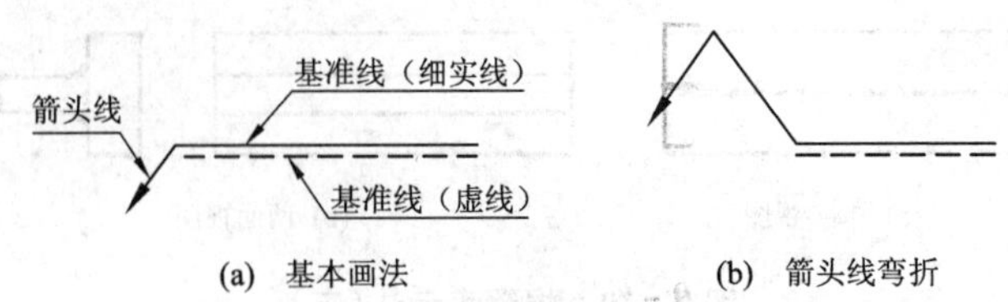

(a) 基本画法　　(b) 箭头线弯折

图 9 – 52　指引线的画法

①如果焊缝在接头的箭头所指的一侧，则基本符号标在基准线的实线一侧，如图 9 – 53(a)所示。

②如果焊缝在接头的非箭头所指的一侧，则基本符号标在基准线的虚线一侧，如图 9 – 53(b)所示。

③标注对称焊缝及双面焊缝时，可不加虚线，对称焊缝如图 9 – 53(c)的左图所示，双面焊缝如图 9 – 53(c)右图所示。

表 9 – 1　常用焊缝的基本符号、图示法及标注方法示例

<table>
<tr><th>名称</th><th>符号</th><th>示意图(断面)</th><th>图示法</th><th>标注方法</th></tr>
<tr><td>I 形焊缝</td><td>||</td><td></td><td></td><td></td></tr>
<tr><td>V 形焊缝</td><td>V</td><td></td><td></td><td></td></tr>
</table>

续表 9－1

名称	符号	示意图(断面)	图示法	标 注 方 法
角焊缝		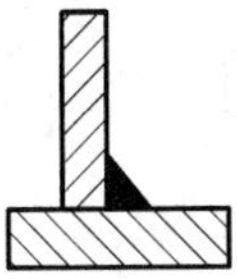	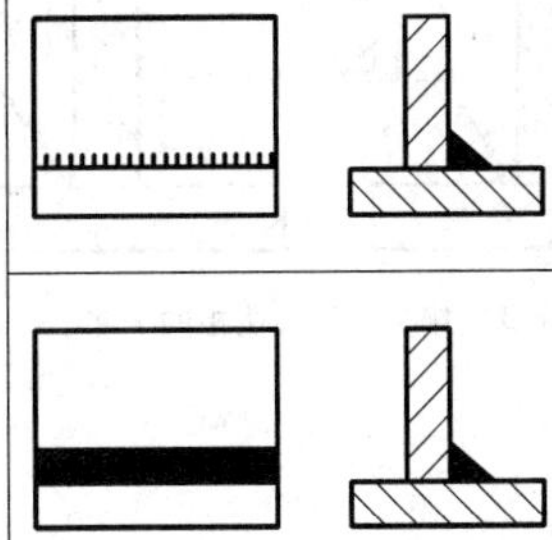	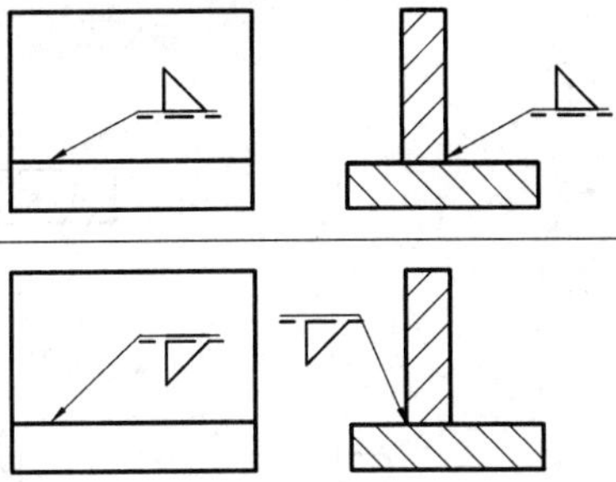
点焊缝		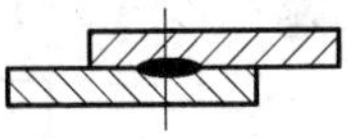	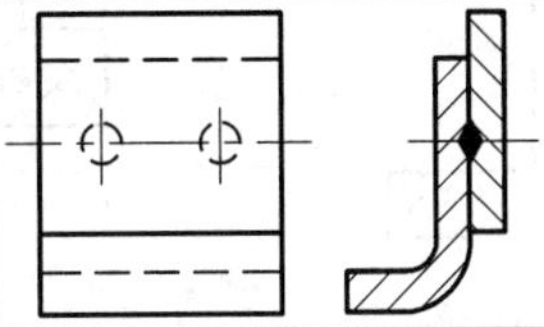	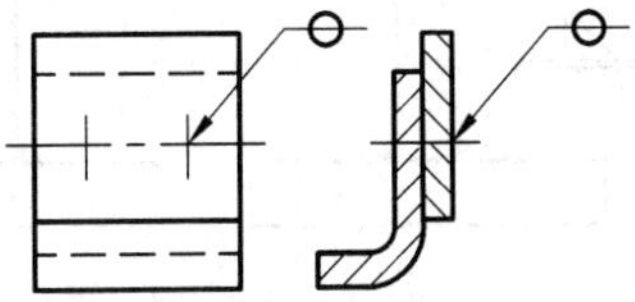

表 9－2 补充符号及标注示例

说明	符号	形式及标注示例	说 明
平面符号			表示 V 形对接焊缝表面齐平(一般通过加工)
凹面符号		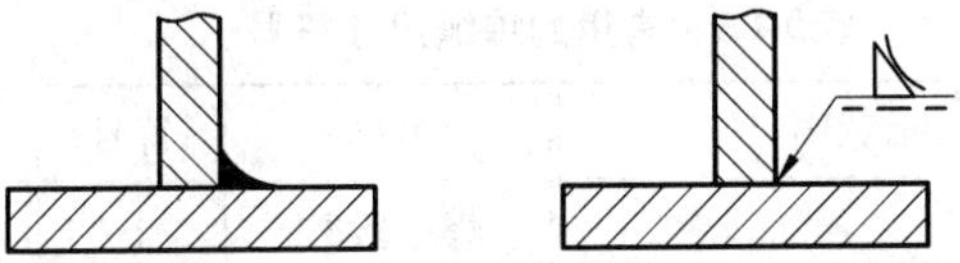	表示角焊缝表面凹陷
凸面符号		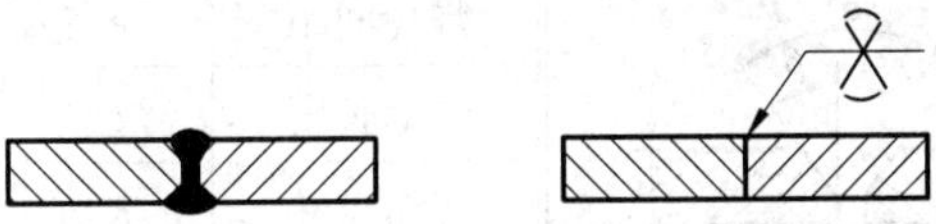	表示 × 形对接焊缝表面凸起
面焊缝符号		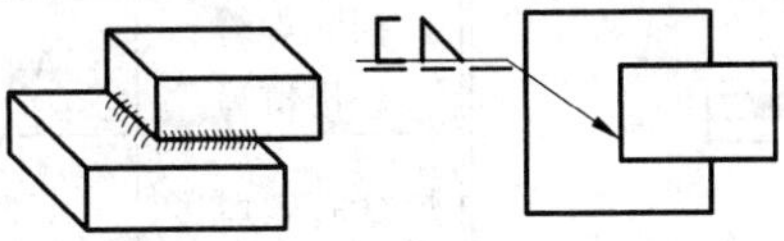	工件三面施焊，开口方向与实际方向一致
围焊缝符号		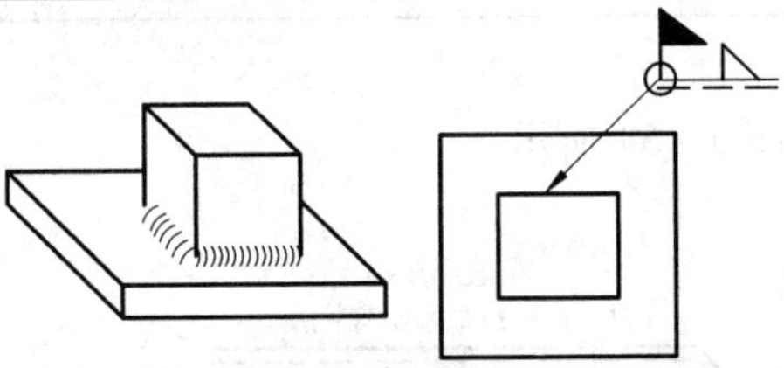	表示在现场沿工件周围施焊
现场符号			
尾部符号		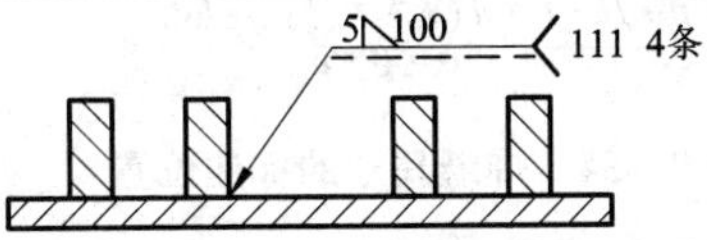 5 100 111 4条	表示用手工电弧焊，有 4 条相同的角焊缝

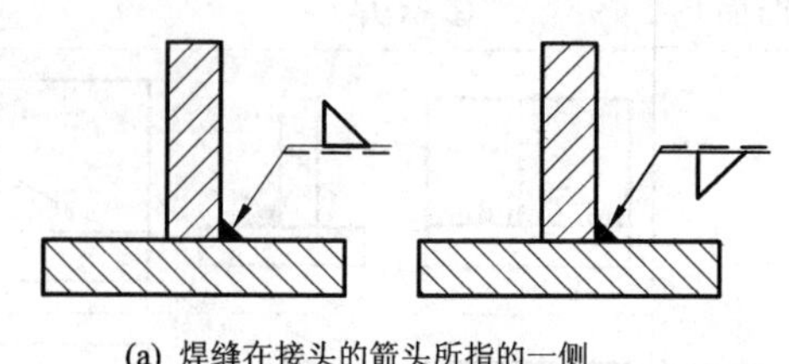

(a) 焊缝在接头的箭头所指的一侧

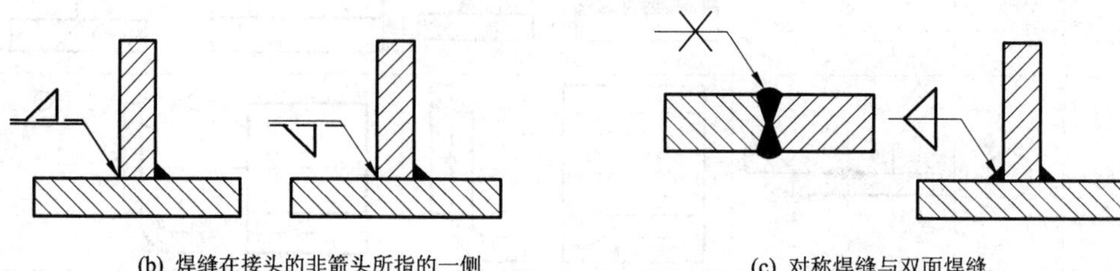

(b) 焊缝在接头的非箭头所指的一侧　　(c) 对称焊缝与双面焊缝

图 9－53　基本符号相对基准线的位置

（4）焊缝尺寸符号及其标注方法。

焊缝尺寸在需要时才标注。标注时，随基本符号标注在规定的位置上。常用的焊缝尺寸符号见表 9－3。

表 9－3　常用的焊缝尺寸符号

名称	符号	示意图	名称	符号	示意图
工件厚度	δ		焊缝段数	n	
坡口角度	α		焊缝间距	e	
根部间隙	b		焊缝长度	l	
钝边高度	p		焊角尺寸	K	
坡口深度	H		相同焊缝数量符号	N	
熔核直径	d		焊缝有效厚度	s	
坡口面角度	β				

焊缝尺寸标注位置规定如图 9－54 所示。

$\alpha \cdot \beta \cdot b$

$p \cdot H \cdot K \cdot d$ (基本符号) $n \times l(e)$　N

$p \cdot H \cdot K \cdot d$ (基本符号) $n \times l(e)$

$\alpha \cdot \beta \cdot b$

图 9－54　焊缝尺寸的标注位置

9.9.3 常见焊接标注方法示例(表 9-4)

表 9-4　常见焊接标注方法示例表

焊接形式	焊缝形式	标注示例	说明
V 形接头	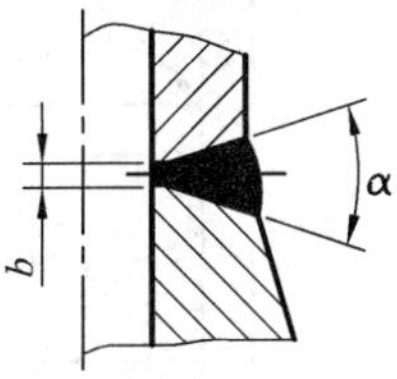	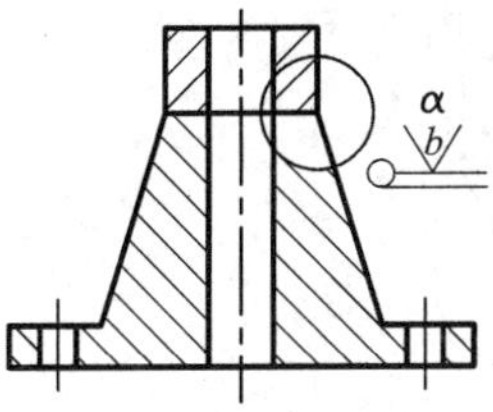	V 形焊缝； 坡口角度为 α； 根部间隙为 b； ○表示环绕工件周围施焊
角接接头	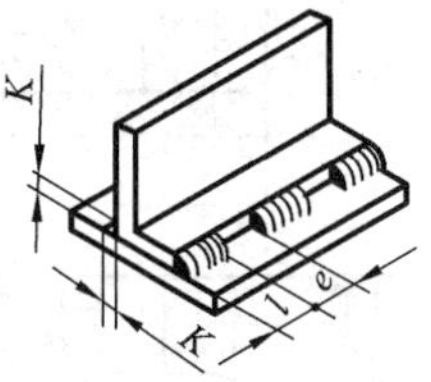	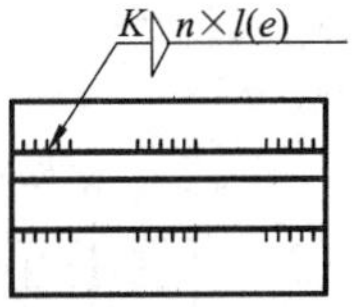	▷表示双面角焊缝； n 表示有 n 段焊缝； l 表示焊缝长度； e 为焊缝间距
搭接接头	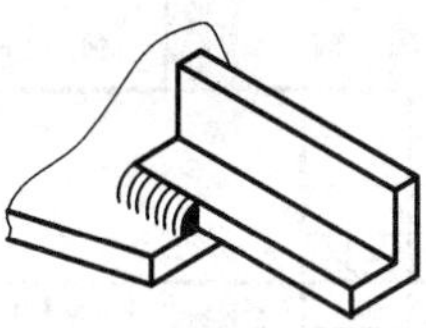	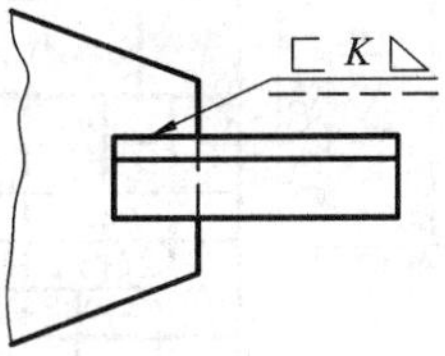	⊏表示在按开口方向三面焊缝； ◺表示单面角焊缝； K 为焊角尺寸
对接接头	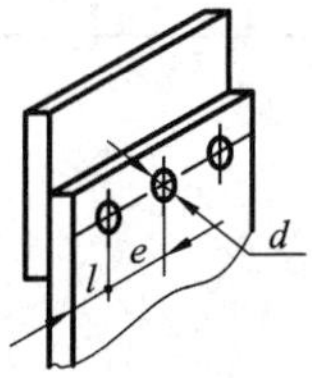	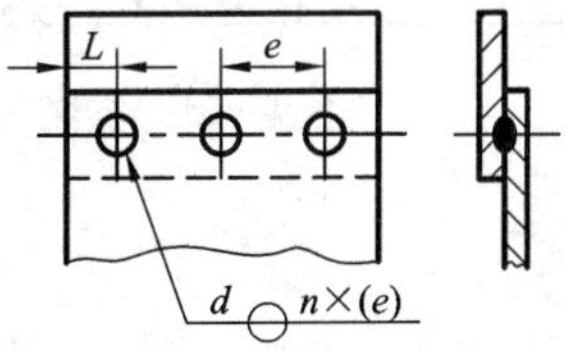	d 为熔核直径； ⊖表示点焊缝； e 为焊点间距； n 表示 n 个焊点； L 为焊点与板边的距离

9.9.4 读焊接图

焊接图实际上是焊接件的装配图，它应包含装配图的所有内容。除此之外，焊接图还应标注焊缝符号，并根据焊接件的复杂程度来标注尺寸。若焊接件较简单，应将各组成构件的全部尺寸直接标注在焊接图中，不必画出各组成构件的零件图，如图 9-55 所示。若焊接件较复杂，则可按装配图要求标注尺寸，这时应画出各组成构件的零件图。

图 9-55 为挂架焊接图。主视图中的焊缝符号 5◺ 表示环绕 ϕ40 mm 周围的角焊缝，焊角高 5 mm。左视图中的焊缝符号 $\frac{5}{5}$▷，表示双面角焊缝，焊角高 5 mm。左视图中的焊缝符号 $\frac{5}{5}$▷5×10(8)、$\frac{5}{5}$▷3×10(8) 表示双面断续角焊缝，焊角高 5 mm，焊缝长度 10 mm，焊缝间距 8 mm，焊缝段数分别为 5 和 3。

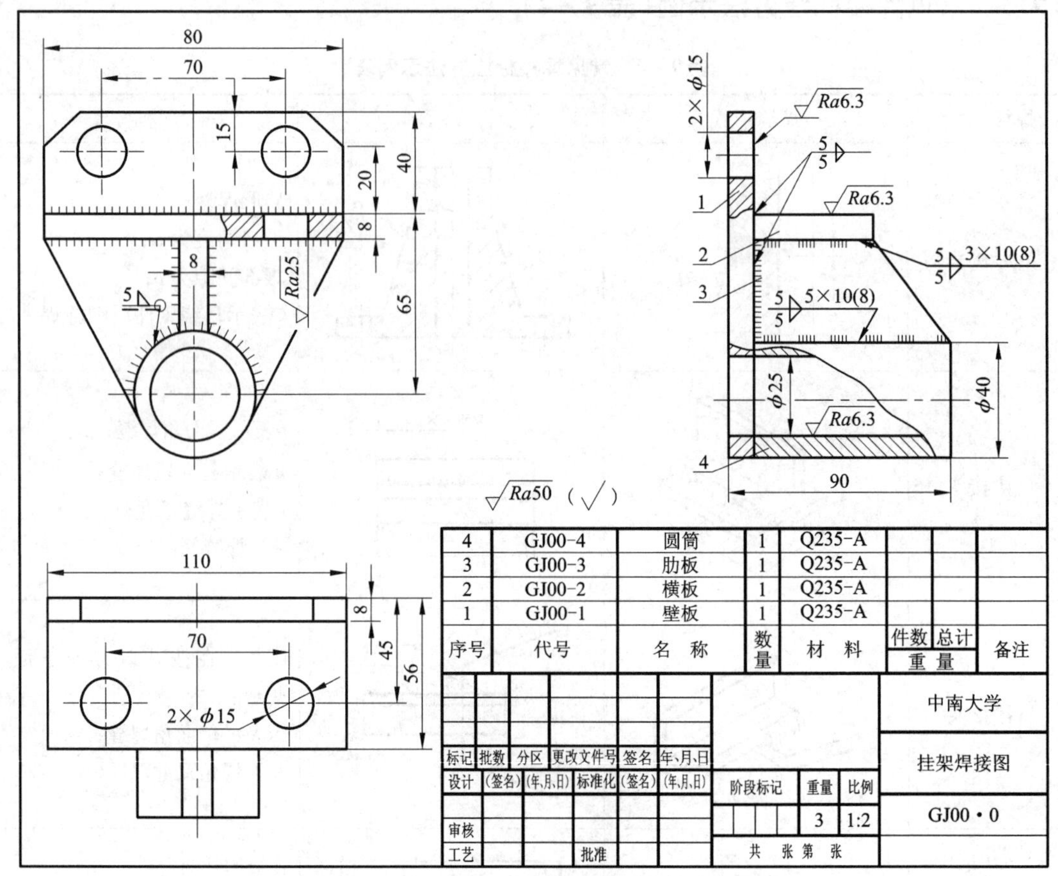

图 9-55 挂架焊接图

9.10 三维拓展——Solidworks 零件装配

本节通过典型案例——齿轮油泵的装配，来了解零部件装配的一般过程，创建装配体、生成爆炸视图的方法，以及绘制装配工程图的技巧。

9.10.1 零件装配配合类型

零件的装配过程是一个约束限位的过程，根据不同零件模型及设计需要，选择合适的装配配合类型，从而完成零件模型的定位。一个零件的完全定位，一般需要同时满足几种约束条件。Solidworks 提供了十几种装配配合类型，常用配合类型的含义如下。

重合：将所选面、边线及基准面定位(相互组合或与单一顶点组合)，使它们共享同一个无限基准面。定位两个顶点使它们彼此接触。

如：在原点和坐标系之间应用重合配合，完全约束零部件。

平行：放置所选项，使它们彼此间保持平行等间距。

垂直：将所选项以彼此间互为90°角度而放置。

相切：将所选项以彼此间相切而放置(至少有一选择项必须为圆柱面、圆锥面或球面)。

同心：将所选项放置于共享同一中心线。

锁定：保持两个零部件之间的相对位置和方向。

距离：将所选项以彼此间指定的距离而放置。

角度：将所选项以彼此间指定的角度而放置。

配合对齐：根据需要切换配合对齐。

同向对齐：与所选面正交的向量指向同一方向。

反向对齐：与所选面正交的向量指向相反方向。

对称：迫使两个相同实体绕基准面或平面对称。

宽度：将标签中置于凹槽宽度内。

路径：将零部件上所选的点约束到路径。

线性/线性耦合：在一个零部件的平移和另一个零部件的平移之间建立几何关系。

限制：允许零部件在距离配合和角度配合的一定数值范围内移动。

凸轮：迫使圆柱、基准面或点与一系列相切的拉伸面重合或相切。

齿轮：强迫两个零部件绕所选轴彼此相对而旋转。

铰链：将两个零部件之间的移动限制在一定的旋转范围内。

齿条和齿轮：一个零件(齿条)的线性平移引起另一个零件(齿轮)的周转，反之亦然。

螺旋：将两个零部件约束为同心，还在一个零部件的旋转和另一个零部件的平移之间添加几何关系。

万向节：一个零部件(输出轴)绕自身轴的旋转是由另一个零部件(输入轴)绕其轴的旋转驱动的。

9.10.2　齿轮油泵装配示例

在完成各个零件模型的制作后，就可以按设计要求把它们组装在一起，成为一个部件或产品。

零件装配的具体操作步骤如下：

(1)单击标准工具栏中的【新建工具】或选择下拉菜单【文件(F)】|【新建(N)】，在【新建Solidworks文件】对话框中选择【装配体】模板，单击【确定】按钮，系统进入装配体模块，显示【开始装配体】对话框。

(2)单击【开始装配体】对话框中的【浏览】按钮，并在【打开】对话框中选择“泵体.sldprt”文件并打开，然后直接选“√”确定第一个零件的位置。装配体的第一个零部件默认是固定状态，即不能被移动。

(3)单击标准视图工具栏中的【等轴测】工具，将视图可视角度转换为三维视角显示，单击装配体工具栏中的【插入零部件】工具，或选择菜单栏中的【插入(I)】|【零部件(O)】|【现有零件/装配体(E)】命令，调入“齿轮轴.sldprt”。移动鼠标指针到图形区域的任意位置，单击鼠标左键确定特征实体的调入，如图9-56所示。

(4)在图形区域中选择如图9-56所示的面1和面2，单击装配体工具栏中的【配合】工具，显示【配合】属性管理器，在【标准配合】选项栏中选择【重合】配合，并单击【反向对齐】按钮，单击✔【确定】按钮完成装配操作。

(5)在图形区域中选择如图9－56所示的齿轮轴外圆柱面3和泵体上轴孔内圆柱面4，单击装配体工具栏中的【配合】工具，显示【配合】属性管理器，在【标准配合】选项栏中选择【同轴心】配合，单击✔【确定】按钮完成装配操作。

(6)单击装配体工具栏中的【插入零部件】，调入“小轴. sldprt”文件，移动鼠标指针到图形区域的任意位置，单击鼠标左键确定特征实体的调入。

(7)单击装配体工具栏中的【配合】工具，在【标准配合】选项栏中选择【同心轴】配合，并选小轴外圆柱面和泵体孔内圆柱面，完成小轴与泵体下部圆孔的【同心轴】配合关系。

(8)小轴的轴向定位：为了防止小轴端部倒角与泵体锥底孔产生干涉，可采用【碰撞停止】定位。结果如图9－57所示。

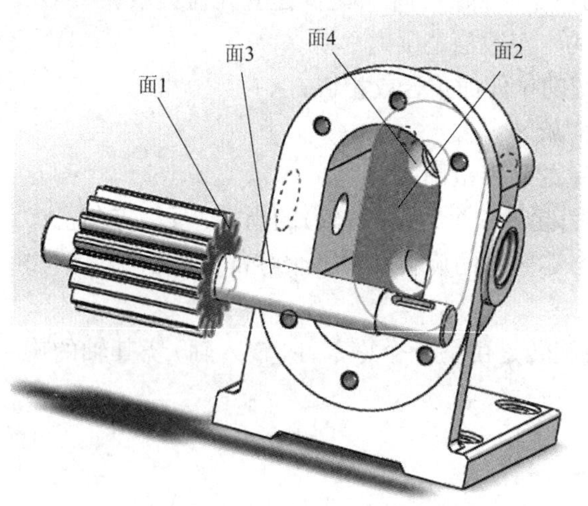

图9－56　齿轮轴装配步骤

图9－57　齿轮轴、小轴及小齿轮的装配结果

(9)单击装配体工具栏中的【插入零部件】，调入“小齿轮. sldprt”文件，移动鼠标指针到图形区域的任意位置，单击鼠标左键确定特征实体的调入。

(10)对小齿轮与泵体进行装配操作，在图形区域中选择齿轮端面和泵体端面，在【标准配合】选项栏中选择【平行】配合，并单击【同向对齐】按钮，系统显示零件配合关系，单击✔【确定】按钮。

(11)继续对小齿轮与从动轴零件进行装配操作，在图形区域中选择齿轮内圆柱面和小轴外圆柱面，在【标准配合】选项栏中选择【同心轴】配合，系统显示零件配合关系，单击✔【确定】按钮。

(12)继续对小齿轮与主动齿轮轴进行装配操作，在【机械配合】选项栏中选择【齿轮】配合，在图形区域中选择齿轮轴轮毂和小齿轮轮毂处的圆边线，单击✔【确定】按钮，完成小齿轮与齿轮轴的配合。结果如图9－57所示。

(13)单击装配体工具栏中的【插入零部件】，调入“泵盖. sldprt”文件，移动鼠标指针到图形区域的任意位置，单击鼠标左键确定特征实体的调入。

(14)采用以上类似操作，选用端面【重合】、【反向对齐】；孔内圆柱面【同轴心】配合；侧面【平行】配合，完成泵盖与泵体的装配操作。结果如图 9－58 所示。

(15)单击装配体工具栏中的【插入零部件】，调入“螺钉. sldprt”文件，移动鼠标指针到图形区域的任意位置，单击鼠标左键确定特征实体的调入。

(16)在图形区域中选择螺钉头下端面和泵盖的沉孔端面，单击装配体工具栏中的【配合】工具，在【标准配合】选项栏中选择【重合】配合，并单击【反向对齐】按钮，系统显示零件配合关系。

(17)在图形区域中选择螺杆外圆柱面与泵盖安装孔内圆柱面，单击装配体工具栏中的【配合】工具，在【标准配合】选项栏中选择【同轴心】配合，完成单个螺钉与泵装配体的配合关系。

(18)选择菜单【插入(I)】|【零部件阵列(P)】|【图案驱动(P)】，选择螺钉为要阵列的零件，泵盖上部的安装孔为驱动特征，单击【确定】按钮，完成上部 3 个螺钉的安装。

(19)采用上面同样的方法或【圆周阵列】完成下部 3 个螺钉的安装，结果如图 9－59。

图 9－58　泵盖的装配

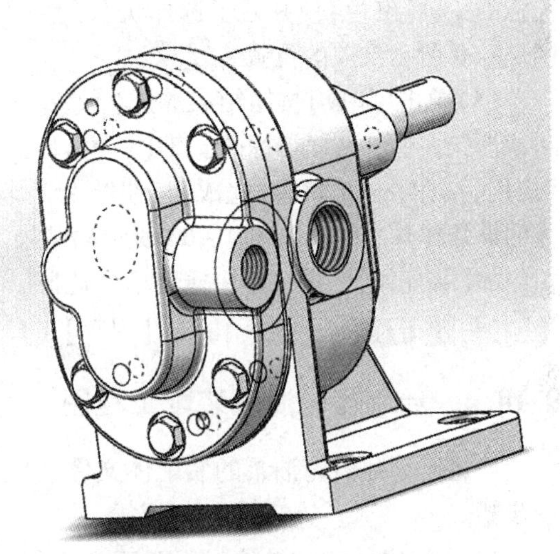

图 9－59　螺钉的装配

(20)其他小零件的装配操作类似。

(21)单击标准工具栏中的【保存】工具，文件名为“装配体. asm”。

9.10.3　装配体爆炸视图

(1)单击装配体工具栏中的【爆炸视图】工具或选择菜单【插入(I)】|【爆炸视图(V)】，显示【爆炸】对话框。移动鼠标指针在图形区域中选择 6 个螺钉实体，此时，在实体的上端出现一个操纵杆控标。单击操纵杆控标的 x 轴【红色】使其处于选择状态，然后设置爆炸距离为 300 mm。单击【应用】按钮，得到如图 9－60 所示的螺钉的位置。与此同时，在【爆炸步骤】列表

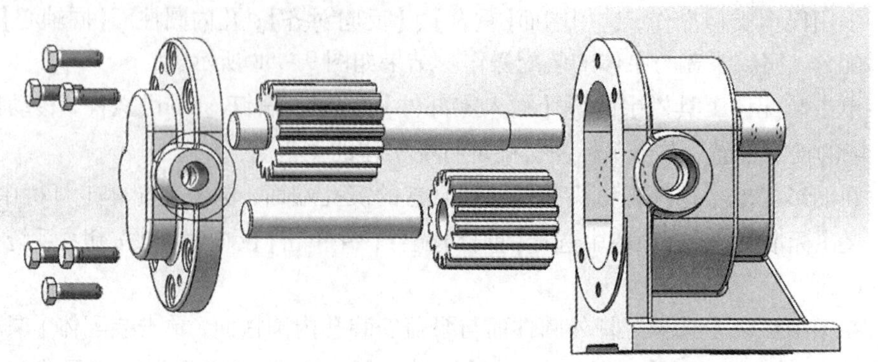

图 9-60 装配体爆炸图

框中显示【爆炸步骤 1】。如果你对上述操作不满意的话，可以用鼠标右键单击【爆炸步骤 1】，在快捷菜单中选择【编辑步骤】命令。

(2)单击【完成】按钮结束爆炸步骤 1 的设定。接下来在图形区域中选择泵盖，单击纵杆控标的 x 轴【红色】使其处于选择状态，然后设置适当的爆炸距离。单击【应用】按钮，得到如图 9-60 所示泵盖的位置。

(3)单击【完成】按钮结束爆炸步骤 2 的设定，继续在图形区域中依次选择齿轮轴、小轴、从动齿轮，单击纵杆控标的 x 轴【红色】使其处于选择状态，然后设置适当的爆炸距离，单击【应用】按钮，再次单击【完成】按钮结束爆炸步骤 3、4、5 的设定。单击【确定】按钮完成装配体的爆炸操作，得到如图 9-60 所示的结果。此外，还可以用鼠标右键单击特征管理器设计树中的【装配体】，并在其快捷菜单中选择【动画解除爆炸】命令来演示爆炸的过程。

(4)单击标准工具栏中的【保存】工具保存文件。

9.10.4 绘制齿轮油泵装配工程图

[绘制齿轮油泵装配工程图]

假定已创建齿轮油泵的装配体文件，下面说明其装配工程图的绘图步骤。

(1)创建图幅为 A1 的工程图环境。

单击标准工具栏中的【新建工具】或选择下拉菜单【文件(F)】|【新建(N)】，在【新建 Solidworks 文件】对话框中选择【高级】按钮，然后在弹出的对话框中选"gb_a1"，选择【确定】。

(2)选择齿轮油泵装配体以生成视图。

单击【浏览(B)】按钮，在存放目录中找到"油泵装配体.SLDASM"文件，打开，则齿轮油泵装配体文件显示在列表中。

(3)绘制投影视图。

选择下拉菜单：【插入(I)】|【工程图视图(V)】|【投影视图(P)】，在弹出的对话框中选择【主视】图标，选择【自定义比例】为 1:1，然后在图形区域给定一点，作为主视图的放置中心，确定即生成主视图。选中主视图，重复上面的命令，在相应位置插入左视图、右视图、俯视图三个投影视图，缺省设置下，几个视图彼此对齐，满足投影规律。

(4)绘制主视全剖视图。

选择下拉菜单:【插入(I)】|【工程图视图(V)】|【剖面视图(S)】,在【剖面视图辅助】对话框中选择“ ”按钮,并将鼠标移至俯视图,选择油泵俯视图的中心对称面位置,单击“√”,系统弹出剖面视图的【剖面范围】对话框,于是在模型树中展开主视工程视图。选择泵体的筋特征和三个零件——齿轮轴、齿轮、小轴,作为排除在剖切之外的特征,然后在与俯视图长对正的屏幕范围内给定一点放置此剖面视图。在完成下面的步骤(5)、(6)后,删除原主视图,将主视的全剖视图移至原主视图位置。

(5)绘制俯视的局部剖视图。

选择下拉菜单:【插入(I)】|【工程图视图(V)】|【断开的剖视图(B)】,接着在俯视图中绘制样条曲线表示剖切范围,在主视图中选择圆作为深度参考放置视图,单击“√”按钮,在俯视中可见此局部剖视图。

(6)绘制左视全剖中的局部剖视图。

由于不能在剖视中再取剖视,因此对左视图采用【断开的剖视图(B)】,波浪线全选左视图,深度选泵体和泵盖的结合面,得全剖视图;然后再用【断开的剖视图(B)】画进油孔的局部剖。

(7)拆去皮带轮的右视图。

单击选择右视图,在弹出的【工程图视图】对话框中选【更多属性】,然后在弹出的对话框中选【隐藏/显示零部件】,选中皮带轮,将其隐藏。

此时所绘制的工程图如图 9 - 61。

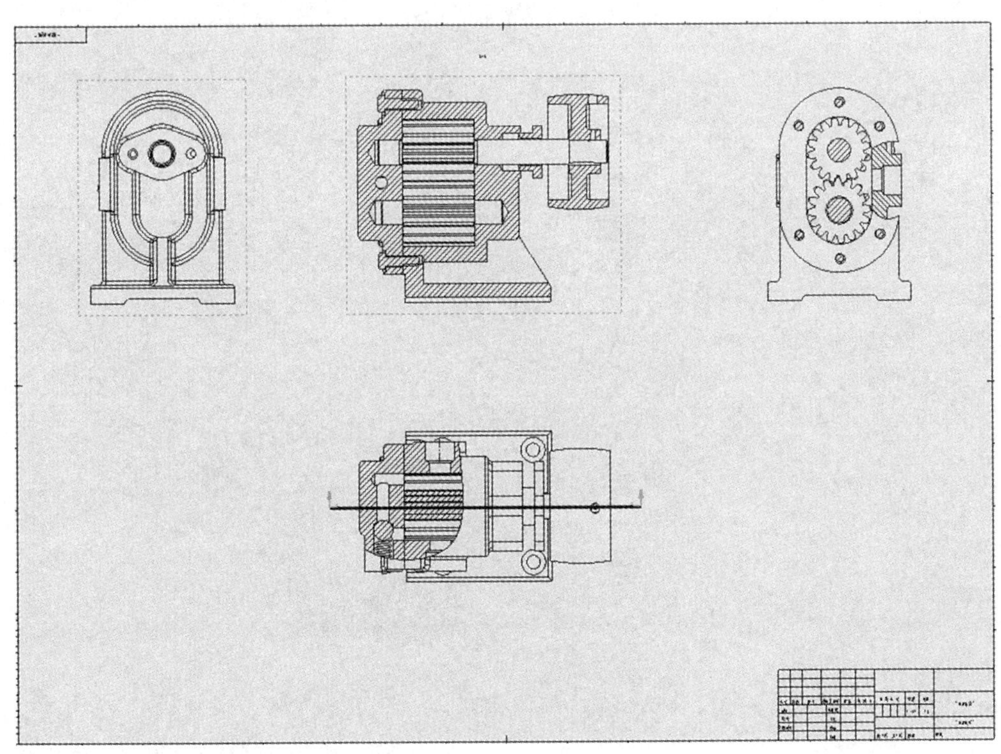

图 9 - 61　油泵装配工程图

(8)标注尺寸。

选择下拉菜单:【工具(T)】|【尺寸(S)】|【智能尺寸】,然后选择主视图的左边线、右边线,在主视图下方选一点,于是在此位置标注出油泵的总长;同理可标注油泵的总宽、总高及其他重要尺寸。

(9)编序号,绘制并填写明细栏,撰写技术要求。

选择下拉菜单:【插入(I)】|【注解(A)】|【零件序号】,在零件所在视图中明显位置处选一点,即可引线标注零件序号。选择下拉菜单:【插入(I)】|【表格(A)】|【材料明细表(B)】,可绘制明细栏,选择下拉菜单:【插入(I)】|【注解(A)】|【注释(N)】可撰写文字和技术要求。

(10)对齿轮的轮齿条部分进行编辑修改后,选择下拉菜单:【文件(F)】|【保存(S)】,将文件存为 *.SLDDRW 或 *.dwg 文件;也可存为 *.dwg 文件后,在 AutoCAD 软件中作编辑修改。

最终完成油泵装配工程图。

第 10 章 AutoCAD 计算机二维绘图

10.1　课程导学——AutoCAD 的历史、发展与展望

AutoCAD 是美国 Autodesk 公司开发的交互式绘图软件。1982 年正式推出 AutoCAD 1.0 版，经过三十多年的不断完善、创新，AutoCAD 已经从简单的绘图平台发展成了综合性设计平台。AutoCAD 广泛应用的领域包括机械产品设计、城市规划设计、室内及装潢设计、水电工程、土木施工、电路板设计等。针对不同的行业，Autodesk 公司还开发了行业专用的版本和插件。AutoCAD 2018 功能强大、使用方便、易于掌握，本章主要以其为蓝本，介绍使用 AutoCAD 绘制二维图形的方法。

目前，CAD 技术正向集成化、智能化、参数化、网络化发展。随着人工智能的发展，将人工智能技术引入 CAD 系统，使 CAD 系统可以模拟人的思维来解决问题，利用大数据进行分析和运算，利用参数化、变量化的设计思想来提高效率。通过互联网的 CAD 技术、交流与协作，能降低设计与制造成本，提高产品质量。

[AutoCAD的历史、发展与展望]

10.2　AutoCAD 基础知识

10.2.1　AutoCAD 2018 的操作界面

AutoCAD 的操作界面是用于操作、反馈信息，实现人机交互的一个图形化接口。AutoCAD 2018 提供的工作空间有“草图与注释”“三维基础”“三维建模”。启动中文版 AutoCAD 2018 后的工作空间(草图与注释)的操作界面如图 10－1 所示，它包含标题栏、菜单浏览器、快速访问工具栏、绘图区、命令行窗口、状态栏、功能区选项卡等。

其中：标题栏位于操作界面的最上端，显示系统当前正在运行的程序名及当前正在使用的图纸文件。菜单浏览器位于界面左上角，包含一些常用文件管理的命令。【快速访问】工具栏包括【新建】、【打开】、【保存】、【放弃】、【重做】和【自定义】等常用工具。绘图区是显示、绘制和编辑图形的区域，区中光标呈十字线或拾取盒形状，用于作图、选择实体等。命令行窗口是用户与 AutoCAD 进行交互对话的窗口，在【命令】提示下，AutoCAD 接受用户使用各种方式输入的命令，然后显示相应提示信息。

操作界面其他组成部分详细说明如下。

1. 菜单栏

初始默认的操作界面均隐藏了传统菜单栏，要显示菜单栏，用户可以单击【快速访问】工具栏右侧的▾按钮，在下拉列表中选择【显示菜单栏】，可调出菜单栏，如图 10－1。显示的

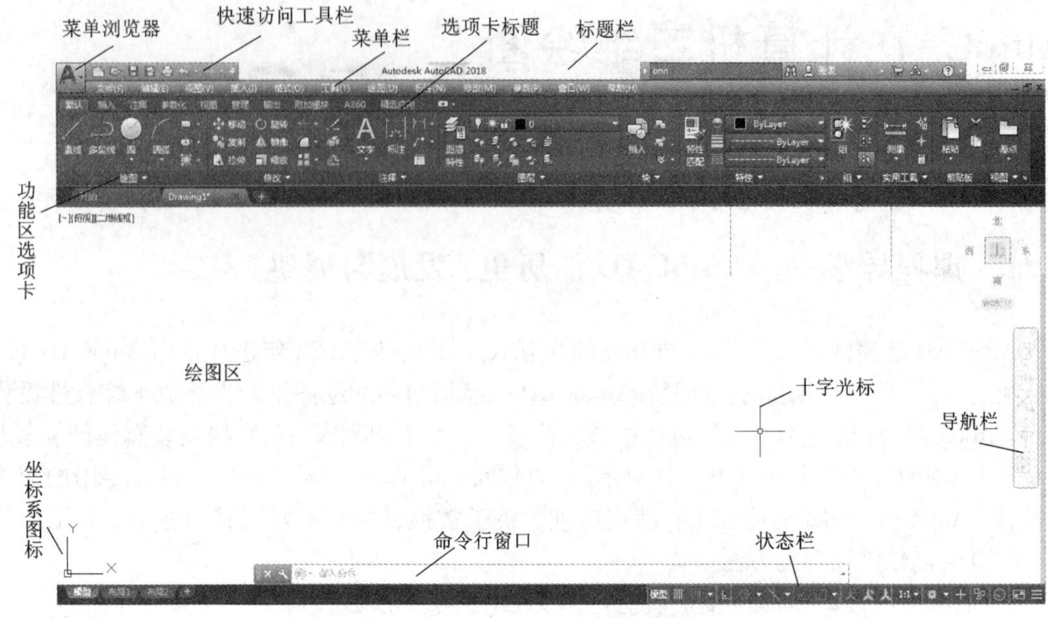

图 10－1　AutoCAD 2018 操作界面

菜单栏包括【文件】、【编辑】、【视图】、【插入】、【格式】、【工具】、【绘图】、【标注】、【修改】、【参数】、【窗口】、【帮助】下拉菜单，每个菜单均包含有一级或多级子菜单。单击菜单栏上【绘图】，则出现【绘图】下拉菜单，如图 10－2。若命令后有三角箭头符号，表示还有一级子菜单；若命令后有"…"符号，表示该命令执行时会显示对话框，用户可直接交互，设置模式、选择参数或输入文字数据等。

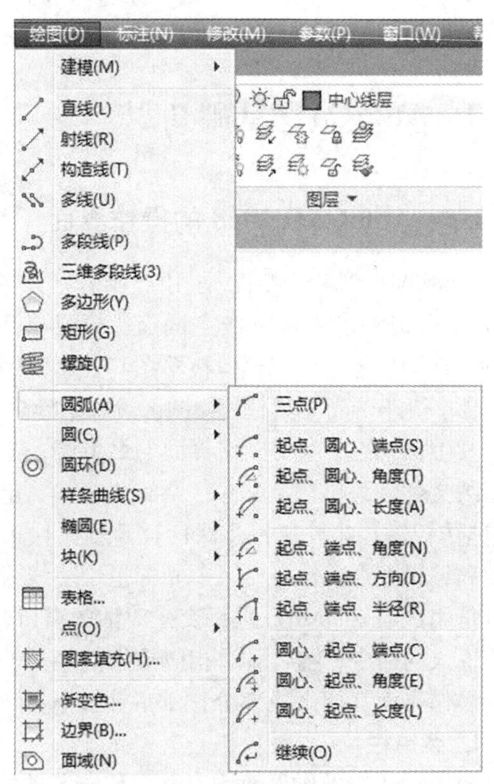

图 10－2　下拉菜单

2. 工具栏

工具栏是一组按钮工具的集合，选取菜单栏中的【工具】|【工具栏】|【AutoCAD】的下级子菜单中的【工具栏名】，可调出所需要的工具栏。单击下级子菜单中未"√"选的工具栏名，系统自动在界面中打开该工具栏，反之则关闭工具栏。

3. 功能区

功能区实际上是显示基于任务的命令和控件的选项板，按逻辑分组来组织工具。它由许多面板组成，每个面板都包含相同类别的若干命令的快捷方式按钮。默认情况下，功能区包括【默认】、【插入】、【注释】、【参数化】、【视图】等十个选项卡，【默认】选项卡如图 10－3 所示。用户可单击选项卡标题行最右侧的▣按钮，控制功能区的展开和收缩。

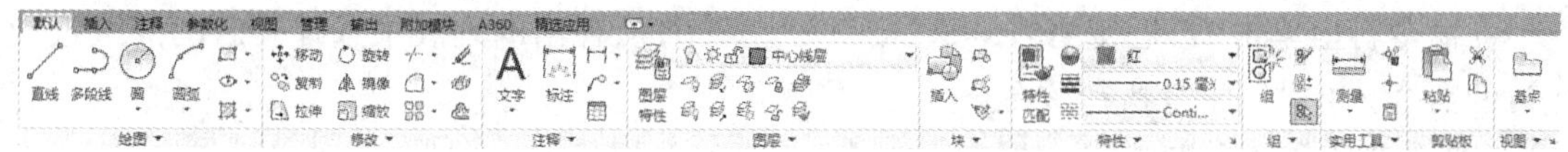

图 10－3　【默认】选项卡

4. 状态栏

状态栏位于屏幕底部，用来反映当前的作图状态。状态栏中依次有【坐标】、【模型空间】、【栅格】、【捕捉模式】、【推断约束】、【动态输入】、【正交模式】、【极轴追踪】、【等轴测草图】、【对象捕捉追踪】、【二维对象捕捉】、【线宽】、【透明度】、【选择循环】、【三维对象捕捉】、【动态 UCS】、【选择过滤】、【小控件】、【注释可见性】、【自动缩放】、【注释比例】、【切换工作空间】、【注释监视器】、【单位】、【快捷特性】、【锁定用户界面】、【隔离对象】、【硬件加速】、【全屏显示】、【自定义】30 个功能按钮。其中部分为开关按钮，单击此钮可以打开与关闭其对应的功能。

默认状态下，状态栏不会显示所有功能按钮，具体取决于当前的工作空间以及显示是"模型"还是"布局"选项卡，用户可单击状态栏最右侧的"自定义"按钮，进行"√"选设置。

10.2.2　基本输入操作

1. AutoCAD 命令的输入方式

常用的 AutoCAD 命令的输入方式有 4 种，下面以"直线"命令为例，解释其输入方式。

(1)从键盘输入：当命令行出现"命令："提示时，用户从键盘输入 Line 命令名，然后按空格键或回车键执行该命令。

(2)从菜单栏输入：先调出 AutoCAD 的菜单栏(图 10－1)，单击菜单栏上【绘图】，出现"绘图"下拉菜单，鼠标上下移动至所需"直线"命令，单击左键即可执行该命令。

(3)从工具栏输入：先调出 AutoCAD 的绘图工具栏，将箭头光标移至此工具栏中的"直线"按钮 ⁄ 上，单击鼠标左键，即可执行画直线命令。若用户将箭头光标移动到工具栏的按钮上停留一两秒钟，则会显示该按钮表示的命令名字。

(4)从功能区选项卡输入：将箭头光标移至"默认"选项卡的"绘图"面板，找到面板中的"直线"按钮 ⁄，单击鼠标左键，即可执行画直线命令。

说明：

用户可采用上面任何一种方式输入同一命令。执行命令后根据系列的提示信息进行交互式操作。提示信息有时会包括有一组选项，可以使用键盘输入括号内的某个选项中的字母标识(亮显的字母)来选择该选项，输入的字母不分大小写；也可以使用鼠标在命令行中单击要响应的提示选项；默认选项(包括当前值)显示在尖括号"＜＞"中，直接按回车键，可保留(接受)当前默认设置值。

2. 命令的重复、中止、撤销、重做

(1)命令的重复。

无论以上面哪一种方式输入了最后一个命令，都可以在下一个“命令：”提示时，按空格键或回车键重复执行该命令。

在命令行上单击“最近使用的命令”按钮，接着从弹出的列表中选择要启动的最近使用过的命令，单击则重复执行该命令。

(2)命令的中止和撤销。

在命令执行的任何时刻都可以中止和撤销命令的执行。用户只要键入“UNDO”命令，或单击“放弃”按钮，就可撤销命令的执行。用户按“ESC”键，可以中止正在执行的命令。

(3)命令的重做。

已被撤销的命令要恢复重做，用户只要键入“REDO”命令，或单击“重做”按钮，可以恢复撤销的最后一个命令。

3. AutoCAD 的坐标

坐标主要分为直角坐标和极坐标两种，它们又可再细分为绝对坐标和相对坐标两种形式。

(1)直角坐标(x, y, z)。

①绝对直角坐标。

给出格式为“x, y, z”，在二维绘图中 z 坐标通常可以省略。如某点的 x 坐标为 30，y 坐标为 50，则输入格式为“30, 50”。

②相对直角坐标

给出格式为“@x, y, z”，如“@20, 30”，表示输入的点与上一点在 X、Y、Z 方向的相对距离分别为 20 mm、30 mm 和 0。

(2)极坐标。

①绝对极坐标。

给出格式为“距离<角度”，即用户输入某点离当前用户坐标系原点的距离及它在 xy 平面中的角度来确定点。规定以 x 轴正向为基线，角度逆时针为正，顺时针为负。如“45<60”表示某点与原点的距离为 45 mm，相对于 x 轴的正方向为 60°。

②相对极坐标。

给出格式为“@距离<角度”，以系统选定的上一点为新的坐标原点来确定下一个点。如“@45<60”，表示输入的点与上一点的距离为 45 mm，和上一点的连线与 X 轴成 60°。

4. AutoCAD 数据的输入方法

(1)数值。

许多提示要求输入数值，从键盘输入这些值时，可用下列字符：+、-、0、1、2、3、4、5、6、7、8、9、0、E，例如：-45.6, 6.4E+5, 3.5E-3。

(2)指定点的位置。

当 AutoCAD 出现要求给出点的坐标的提示时，可按以下方式来输入点：

①鼠标输入。利用鼠标将光标移至绘图区某一位置，单击鼠标左键。

②键盘输入。直接输入点的坐标后，按空格键或回车键。

③对象捕捉。用对象捕捉方式捕捉一些特殊点。例如：圆的中心点、直线的端点、中点等。

(3)动态输入。

按下状态栏中的“动态输入”按钮，系统打开动态输入功能，可以动态地输入某些参数数据。例如，绘制直线时，在光标附近会动态地显示“指定第一个点或”，以及后面的坐标框。当前坐标框中显示的是目前光标所在位置，可以输入数据，两数据之间以逗号隔开，即第一点的直角坐标。指定第一点后，系统动态显示直线的角度，同时要求输入线段长度值，直接输入数据100，则沿当前光标所在直线方向，绘出长为100 mm的线段。

5. AutoCAD的几个常用功能键

F1	打开AutoCAD 2018帮助对话框
F2	文本显示与图形显示转换键
F3(对象捕捉)	打开或关闭对象捕捉模式
F5	左、上、右的等轴测平面切换
F6	动态UCS开关
F7(栅格)	打开或关闭栅格显示
F8(正交)	正交方式开关
F9(捕捉)	栅格捕捉开关
F10(极轴)	极轴开关
F11(对象追踪)	对象追踪开关
F12(DYN)	动态输入开关
ESC	放弃正在执行的命令，使系统处在接受命令状态。

注：以上各项中，括号内为与功能键相对应的状态行上的控制按钮。

6. AutoCAD中鼠标按钮的意义

(1)左键：也称为拾取键(或选择键)，用于在绘图区中拾取所需要的点，或者选择对象、工具栏按钮和菜单命令等。

(2)中键：用于缩放和平移视图，上下滚动鼠标中键，可放大/缩小当前视图；按住鼠标中键并移动，可平移视图；双击鼠标中键，可使当前视图充满整个绘图区。

(3)右键：单击鼠标右键，系统会根据当前绘图状态弹出相应的快捷菜单。

10.2.3　AutoCAD 2018的工作过程

AutoCAD 2018绘图的整个工作过程如图10-4所示。

1. 启动AutoCAD 2018

假设我们已把AutoCAD 2018程序文件正确安装在Windows操作系统中，为了启动AutoCAD 2018，只需在工作桌面上双击AutoCAD 2018图标(如果已创建了AutoCAD 2018快捷键图标)，或是从开始菜单中选择程序，再在下级列表中选择程序组“AutoCAD 2018”，单击此选项即可。

2. 开始绘制新图

开始绘制一幅新图时，需要对图纸进行一些初始设置，如图纸大小、比例、单位、布局、线条形式和颜色等，这些绘图所必需的基本设置统称为绘图环境。设置绘图环境和手工绘图

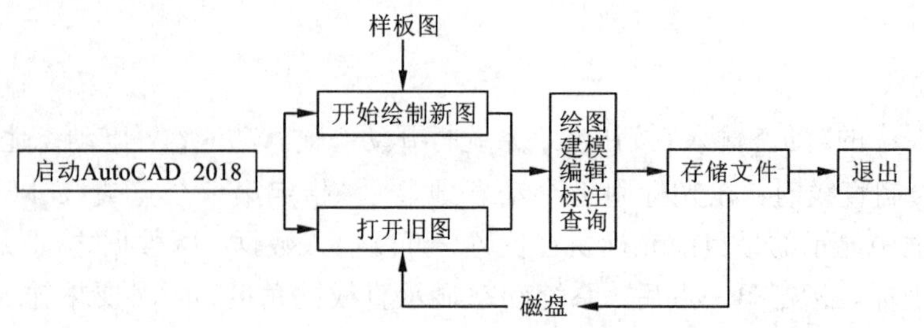

图 10－4　AutoCAD 2018 的工作过程

中的图纸准备操作是相似的。下面以 3 号作图环境为例介绍常用设置方法。

(1)创建新图形文件。

启动 AutoCAD 2018 后可看到“开始选项卡”，在这里选“开始绘图”按钮，即可建立一幅新图。用户也可选取菜单栏【文件(F)】|【新建(N)】，或单击“新建”按钮，系统将弹出【选择样板】对话框。若默认系统的缺省模板，点取【打开(O)】按钮，即建立一幅新图；用户也可在【文件类型(T)】的下拉列表框中选择【图形(＊.dwg)】，再在【文件名(N)】右边的【打开】下拉列表框中选择【无样板打开－公制(M)】来建立一幅新图。

(2)利用 Limits 命令设置 3 号作图环境。

调入命令方式：输入 Limits；或选取菜单栏【格式(O)】|【图形界限(A)】。

执行命令后，系统提示：

指定左下角点或［开(ON)/关(OFF)］<0.0000，0.0000>：(回车，默认系统的缺省值)

指定右上角点 <420.0000，297.0000>：(回车，默认系统的缺省值)

同理，若设置 4 号作图环境，在“指定右上角点”时，输入 210，297 即可。

(3)利用 Zoom 命令缩放视图。

调入命令方式：直接输入 Zoom 命令；或选取菜单栏【视图(V)】|【缩放(Z)】；或单击 AutoCAD 操作界面(图 10－1)右侧的导航栏中的“范围缩放”按钮。

执行命令后，系统提示：

指定窗口的角点，输入比例因子(nX 或 nXP)，或者［全部(A)/中心(C)/动态(D)/范围(E)/上一个(P)/比例(S)/窗口(W)/对象(O)］<实时>：A(回车)

此时 3 号作图环境所限定的作图区域填满屏幕，打开“栅格”按钮，可看到栅格点充满整个由对角(0，0)和(420，297)构成的矩形区域，证明图形界限设置有效。

3. 打开旧图

打开已有的图形文件，在启动 AutoCAD 2018 后直接输入 Open 命令，或选取菜单栏【文件(F)】|【打开(O)】，或单击【打开】按钮，系统将弹出【选择文件】对话框，在【查找范围(I)】的下拉列表中选择文件所在路径，在【名称】列表中找到所需文件名，可以打开已有的图形文件。

4. 绘图与建模

绘图与建模是 AutoCAD 2018 工作过程的主体，它包括绘制几何元素、标注尺寸、文字，建立三维模型。本章后续部分将以实例介绍部分内容。

5. 保存图形文件

直接输入 Qsave 命令，或选取菜单栏【文件(F)】|【保存(S)】，或选取菜单栏【文件(F)】|【另存为(A)】，或单击【保存】命令按钮，系统会弹出【图形另存为】对话框。设定保存的目标路径，在【文件名(N)】右边的编辑框中输入文件名。如果用户想将图形保存为其他格式，可以按【文件类型(T)】的下拉按钮，选择所需要的文件类型后，按【保存】按钮即完成工作。

6. 退出 AutoCAD 2018

绘图结束并保存图形后，便可退出 AutoCAD 2018 回到 Windows 环境，退出命令为 Quit，或选择菜单栏【文件(F)】|【退出(X)】，或单击“退出”按钮。此命令允许用户保存或放弃对绘图文件的修改或取消其影响。

10.2.4　对象特性设置和编辑

1. 设置线型、线宽和颜色

(1)线型是指图形的线条形式，如细实线、虚线、点画线等。线型设置可采用以下三种方法：①由层决定线型(Bylayer)；②由块决定线型(Byblock)；③明确设置线型。明确设置线型时，如在【特性】面板(图 10－5)的“线型”控件中没有列出需要的线型，应先输入 linetype 命令，或选择菜单【格式(O)】|【线型(N)…】，打开【线型管理器】对话框(如图 10－6，初始状态下，列表框中只有实线，单击【加载(L)】按钮，此时会弹出另一对话框，在此对话框中选取所需的线型(如 Center)后，单击【确定】按钮，则所选线型被列入到图 10－6 的列表框内，选中 Center 线型，单击【当前(C)】按钮，则接下来所绘制的图线均为中心线，直至下次重新设置为止。对于非连续线型(如虚线、点画线等)，可单击【显示细节(D)】按钮，在【全局比例因子(G)】的编辑框中设置适当的线型比例。

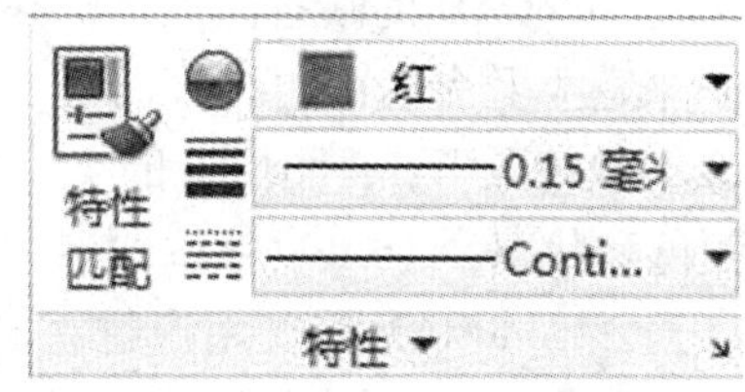

图 10－5　【特性】面板

(2)颜色设置可采用以下三种方法：①由层决定颜色(Bylayer)；②由块决定颜色(Byblock)；③明确设置颜色。明确设置颜色可从【特性】面板的颜色列表中选择(如图 10－5)，也可选择菜单【格式(O)】|【颜色(C)】，打开【选择颜色】对话框，选取所需的颜色后，单击“确定”按钮。

(3)线宽设置与(2)类似，不再赘述。

2. 设置图层

图层好像极薄的透明纸。每个图层上可绘制同一幅图的不同部分，它们重叠在一起就合成一张整图。将图形合理地分布在不同的层上可使图形清晰，便于编辑，并可减少内存。不同的图层上可设置不同的线型、颜色。分层常用原则为：按线型分层、按图形间的内在联系分层。

(1)图层的特性。

①用户可以在一幅图中指定任意数量的图层。

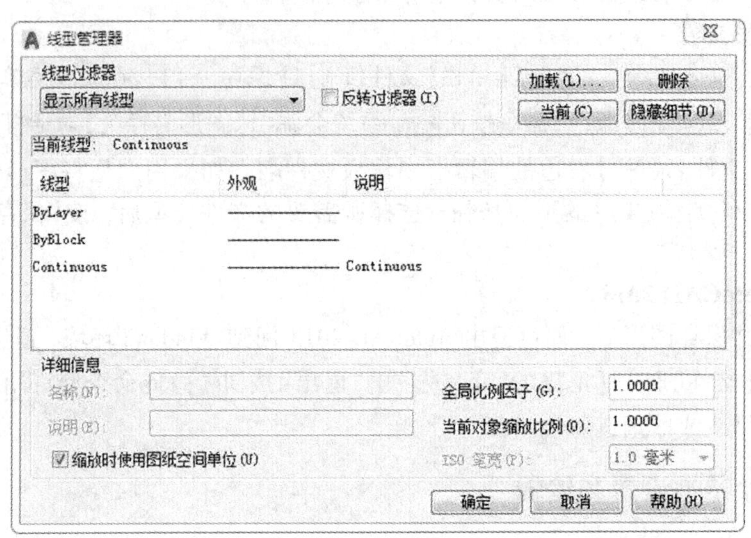

图 10－6 【线型管理器】对话框

②每一个图层都有一个名字。当开始绘一幅新图时，AutoCAD 自动生成层名为“0”的图层，这是 AutoCAD 的缺省图层，缺省特性颜色为白色，线型为实线(Continuous)。其余图层由用户来建立及命名。

③一般情况下，一图层上的实体只能是一种线型，一种颜色，用户可以改变各图层的线型、颜色和状态。

④虽然 AutoCAD 允许用户建立多个图层，但只能在当前图层上绘图。

⑤各图层具有相同的坐标系、绘图界限、显示时的缩放倍数。

⑥用户可以对各图层进行打开、关闭、冻结、解冻、锁定与解锁等操作。关闭、冻结的图层不可见；锁定的图层可见但不能被编辑，只有打开、解冻、解锁的图层可见而又能被编辑。

(2)创建和设置图层。

调入命令方式：直接输入 Layer 命令，或选取菜单栏【格式(O)】|【图层(L)】，或单击【图层】面板中【图层特性】按钮。

执行命令后，系统弹出【图层特性管理器】对话框(图 10－7)，利用此对话框可创建新图层，设置图层的颜色、线型、线宽，控制图层状态，删除图层等操作。

若要创建一新图层，层名为【中心线层】，采用红色 Center 线型，并置为当前层，可如下操作：

①调入 Layer 命令，打开【图层特性管理器】对话框(图 10－7)。

②单击按钮，则会在列表框中新增一层“图层 1”，要新建多个层，只需继续单击按钮。点中层各部位(如“图层 1”)，修改层名为“中心线层”。

③点中【颜色】下的颜色名(如“白色”)，系统将弹出【选择颜色】对话框，用户可以在此对话框中选择红色。

④点中【线型】下的线型名(如“Continuous”)，系统将弹出【选择线型】对话框，若线型列表框中没有 Center 线型，则先加载，再选择。

⑤点中【中心线层】，单击按钮，则该层被设为当前层，用户可在该层上绘图。

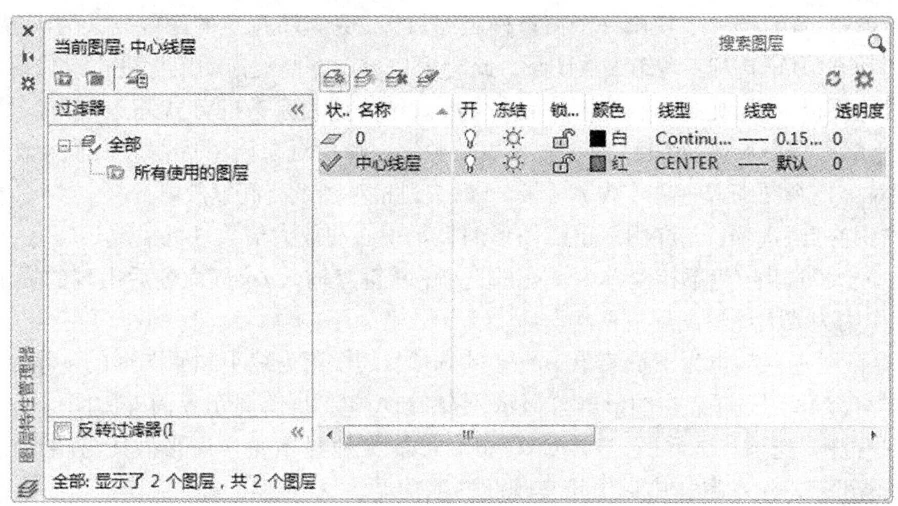

图 10－7　【图层特性管理器】对话框

10.3　辅助绘图工具

10.3.1　图形显示控制(Zoom、Pan)

图形显示控制是绘制图形的重要辅助工具，这些功能可以方便用户在绘图时查看图形细节。控制图形显示，并不改变图形的实际尺寸和相对位置。常用控制图形显示的方法有：

1. 缩放视图(Zoom 命令)

功能：增大或减小当前视窗中视图的比例。

调入命令方式：输入 Zoom；或选取菜单栏【视图(V)】|【缩放(Z)】；或单击标准工具栏中的缩放按钮(图 10－8)，每一按钮对应一选项功能。

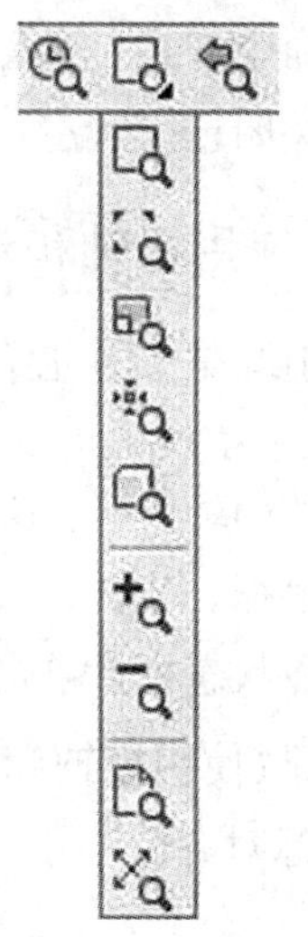

图 10－8　缩放按钮

执行命令后，系统提示：

指定窗口的角点，输入比例因子(*n*X 或 *n*XP)，或者［全部(A)/中心(C)/动态(D)/范围(E)/上一个(P)/比例(S)/窗口(W)/对象(O)］<实时>：

此时输入选项对应的字母，然后回车即进行相应的视图缩放。

下面介绍常用选项的功能：

(1)“实时”选项：为系统缺省项(显示于尖括号内)，直接回车则选中该项。该选项为实时对图形进行缩放显示，用户滚动鼠标中键滚轮，即可以实现对图形的缩放显示。

(2)“上一个(P)”选项：用来恢复上一次显示的图形视区。

(3)“窗口(W)”选项：使用一个窗口确定缩放区，系统将选定的区域放大为满屏显示。

(4)“动态(D)”选项：动态缩放图形，此时用户可以方便地拖动鼠标进行操作。

(5)“比例(S)”选项：允许用户输入一个数值作为缩放系数的方式缩放图形。当系统提示“输入比例因子(nX 或 nXP)”时，输入单一数字，则相对初始图形缩放；输入数字后带 x 时，则相对当前视图缩放；输入数字后带 xp 时，则相对图纸空间缩放。

(6)“中心点”选项：允许用户重设图形的显示中心和放大倍数进行缩放。

(7)“放大”选项：为下拉菜单中具有的选项，从键盘输入 Zoom 命令后出现的提示中没有该项，其作用为放大到原图形的两倍。

(8)“缩小”选项：也为下拉菜单中具有的选项，其作用为缩小到原图形的一半。

(9)“全部(A)”选项：在图形屏幕显示所有图形(包括屏幕显示界面外的图形)。

(10)“范围”选项：执行后，AutoCAD 将尽可能大地显示整个图形。其与图形的边界无关。用户也可双击滚动鼠标中键滚轮实现此选项功能。

2. 平移视图(Pan 命令)

功能：主要用来在屏幕上移动整幅图形，以便查看图形的各个部分。

调入命令方式：输入 Pan；或选取菜单栏【视图(V)】|【平移(P)】，在其下拉子菜单中选中所需选项，这些选项可控制图形的上、下、左、右移动以及实时移动，当选择“实时”选项，或单击导航栏的“平移”按钮，屏幕上会出现手的图形，通过按住鼠标左键可将图形移至任意位置。

10.3.2 使用正交模式

当用户用鼠标绘制水平或垂直线时，可以打开 AutoCAD 的正交模式。正交模式只在用鼠标输入点时起作用，它并不影响通过键盘输入的点。

调入命令方式：输入 Ortho；或鼠标左键单击状态栏上的“正交”按钮；或按 F8 键，都可打开或关闭正交状态。

10.3.3 使用极轴和对象追踪

极轴追踪是按事先给定的角度增量来追踪特征点。用户可在“草图设置”对话框的“极轴追踪”选项卡中设置角度增量，当系统要求指定一个点时，按预先设置的角度增量会显示一条无限延伸的辅助线，这时就可以沿辅助线追踪得到光标点。对象追踪是按与对象的某种特定关系来追踪，对象追踪须与对象捕捉同时工作。

用户在状态栏上单击“极轴追踪”按钮、“对象捕捉”按钮、“对象捕捉追踪”按钮，可打开“使用极轴和对象追踪”状态，在此状态下，执行 Point 命令可快速找到与某一特征点 X 坐标对齐，与另一特征点 Y 坐标对齐的点。

10.3.4 使用对象捕捉功能

对象捕捉功能可以精确捕捉可见实体上的特殊点，如中点、端点、圆心等。它作为一种点坐标的智能输入方式，不能单独执行，只能在执行某一绘图命令、系统要求输入点的坐标时才能调用。

1. AutoCAD 提供的常用的对象捕捉类型

- 端点(ENDpoint)：捕捉直线、圆弧或多段线等对象离拾取点最近的端点。
- 中点(MIDpoint)：捕捉直线、圆弧或多段线的中点。
- 圆心(CENter)：捕捉圆、圆弧、椭圆或椭圆弧的中心。
- 象限点(QUAdrant)：捕捉圆、圆弧、椭圆或椭圆弧的最近的象限点(0°，90°，180°，270°)。
- 插入点(INSertion)：捕捉块、文本、属性定义等插入点。
- 交点(INTersection)：捕捉两图形元素的交点。
- 延伸(EXTension)：当光标通过对象终点时，显示一条临时的延伸线，以便在延伸线上绘制对象和定位点。
- 垂足(PERpendicular)：捕捉从预定点到与所选对象所作垂线的垂足。
- 切点(TANgent)：捕捉与圆、圆弧、椭圆、椭圆弧相切的点。
- 最近点(NEArest)：捕捉该对象上和拾取点最靠近的点。
- 外观交点(APParent Intersection)：与 INTersection 相同，只是它还可以捕捉 3D 空间中两个对象的视图交点(这两个对象实际上不一定相交)。
- 平行(PARallel)：控制与已知直线平行的向量。
- 节点(NODe)：捕捉点对象以及尺寸的定义点。
- 无(NONe)：不采用任何捕捉模式，一般用于临时覆盖捕捉模式。

2. 设置对象捕捉模式

对象捕捉模式可分为临时对象捕捉模式和自动对象捕捉模式两种。

在 AutoCAD 2018 中，用户可以通过“对象捕捉”工具栏、“草图设置”对话框、“对象捕捉”快捷菜单、状态栏的“对象捕捉”按钮等方式来设置对象捕捉模式。

(1)临时对象捕捉模式。

在绘图过程中，当要求用户指定点时，可按以下三种方式临时设置捕捉模式：

①利用“对象捕捉”工具栏(图 10 - 9)。

图 10 - 9　【对象捕捉】工具栏

图 10 - 9 中各按钮意义依次为：临时追踪点、捕捉自某点、端点、中点、交点、外观交点、延伸线、中心点、象限点、切点、垂足、平行线、插入点、节点、最近点、取消捕捉、捕捉设置。

②利用对象捕捉快捷菜单(图 10 - 10)。

当要求指定点时，可以按下 Shift 键或者 Ctrl 键，同时单击鼠标右键打开“对象捕捉快捷菜单”，如图 10 - 10 所示。选择需要的子命令，再把光标移到要捕捉对象的特征点附近，即可捕捉到相应的对象特征点。

③从键盘输入某项的前 3 个字母来设置捕捉模式。

(2) 自动对象捕捉模式。

在绘制图形的过程中，若使用某几种对象捕捉模式的频率非常高，可打开【自动对象捕捉模式】，移动光标至目标点附近，让系统自动捕捉特征点以提高工作效率。

调入命令方式：输入 Osnap；或选取菜单栏【工具(T)】|【草图设置(F)】

执行命令后，系统弹出【草图设置】对话框，点击【对象捕捉】标签，系统将弹出【对象捕捉】选项卡(图 10－11)，用户可勾选所需的对象捕捉模式。用户也可以单击状态行的“对象捕捉”按钮右侧的箭头，弹出菜单如图 10－12 所示，勾选需要经常用的对象捕捉模式。

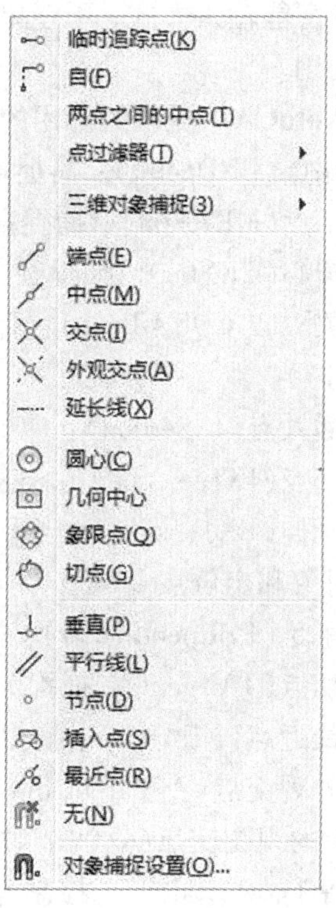

图 10－10　对象捕捉快捷菜单

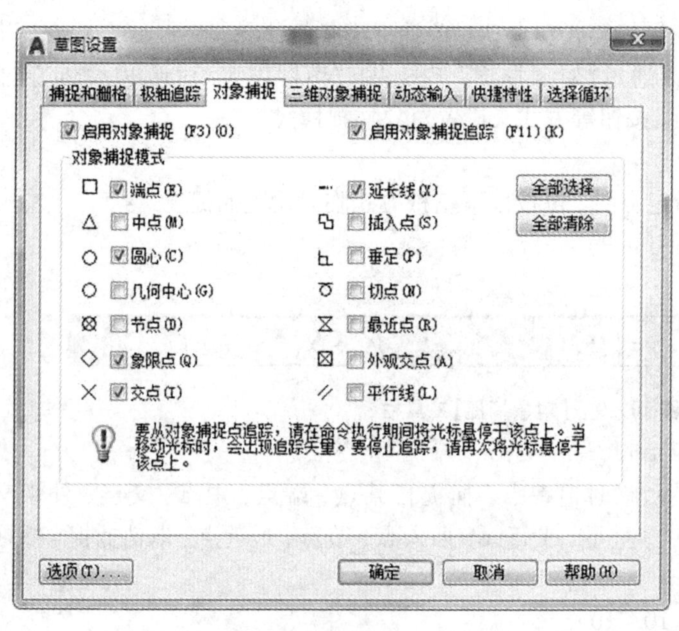

图 10－11　【草图设置】对话框

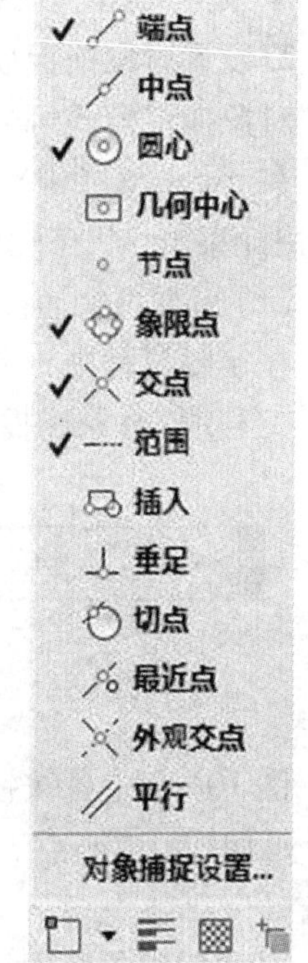

图 10－12　【对象捕捉】弹出菜单

10.4　用 AutoCAD 绘制简单图形

绘图是 AutoCAD 的主要功能，二维图形通常比较简单，只有熟练地掌握二维平面图形的绘制方法和技巧，才能更好地绘制复杂图形。

常用的基本绘图命令有点（Point）、直线（Line）、圆（Circle）、圆弧（Arc）、正多边形（Polygon）、椭圆（Ellipse）、二维多义线（Pline）、样条曲线（Spline）等。执行绘图命令，可在菜单栏中选择【绘图】|【××】命令；或在【绘图】面板（图 10－13）或在【绘图】工具栏（图 10－14）中找到与绘图命令对应的按钮。

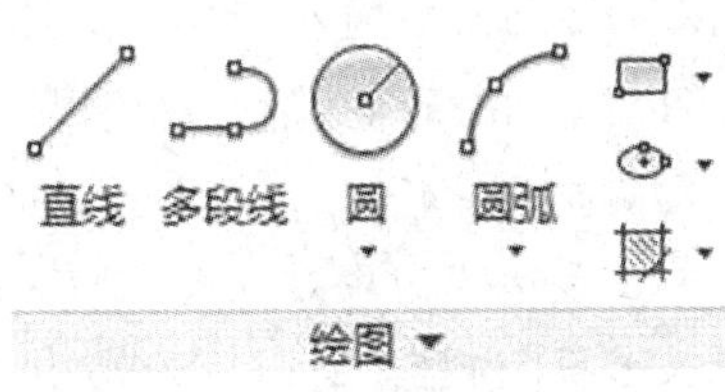

图 10－13　【绘图】面板

图 10－14　【绘图】工具栏

10.4.1　直线命令

功能：可以创建一系列连续的直线段。每条线段都是可以单独进行编辑的直线对象。

调入命令方式：输入 Line；选择菜单栏【绘图（D）】|【直线（L）】；或单击“直线”按钮。执行命令后，系统提示：

指定第一个点：输入直线段的起点坐标或在绘图区单击指定点

指定下一点或［放弃（U）］：输入直线段的端点坐标；或利用光标指定一定角度后，直接输入直线的长度（需开启状态栏“动态输入”按钮）

指定下一点或［放弃（U）］：输入下一直线段的端点；或输入选项“U”（U 表示放弃前面的输入，系统删除最近一次绘制的直线段）

指定下一点或［闭合（C）/放弃（U）］：输入下一直线段的端点，或输入选项“C”（C 表示使图形闭合）；或按空格键、回车键（结束命令）

说明：

（1）若采用回车键响应“指定第一个点”提示，系统会把上次绘制直线的终点作为本次图线的起始点。若上次操作为绘制圆弧，按回车键后绘出通过圆弧终点并与该圆弧相切的直线段。

（2）若设置正交方式（按下状态栏中“正交模式”按钮），且用鼠标定点，只能绘制水平线段或垂线段；若设置动态数据输入方式（按下状态栏中的“动态输入”按钮），则可以动态输入坐标或长度值。

10.4.2 多边形命令

功能：创建等边闭合多段线，用户可以指定多边形的边数，还可以指定它是内接还是外切。

调入命令方式：输入 Polygon；选择菜单栏【绘图(D)】|【多边形(Y)】；或单击“多边形”命令按钮⬠。执行命令后，系统提示：

输入侧面数 <4>：<u>指定多边形的边数，默认值为 4</u>

指定正多边形的中心点或[边(E)]：<u>指定中心点</u>

输入选项[内接于圆(I)/外切于圆(C)] <I>：<u>指定是内接于圆或外切于圆</u>

指定圆的半径：<u>指定外接圆或内切圆的半径</u>(用定点设备指定半径，决定正多边形的旋转角度和尺寸。指定半径值将以当前捕捉旋转角度绘制正多边形的底边)

各选项说明：

(1)边(E)：通过指定第一条边的端点来定义正多边形，如图 10－15(a)所示。

(2)内接于圆(I)：选择该选项，绘制的多边形内接于圆，如图 10－15(b)所示。

(3)外切于圆(C)：选择该选项，绘制的多边形外切于圆，如图 10－15(c)所示。

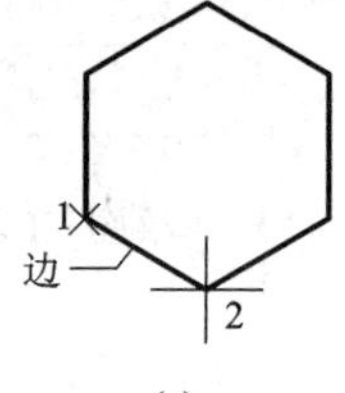

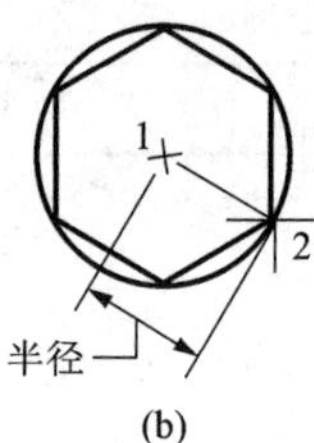

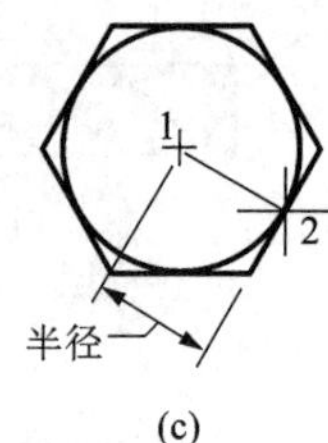

图 10－15 绘制正多边形

10.4.3 圆命令

功能：绘制圆。

调入命令方式：输入 Circle；选择菜单栏【绘图(D)】|【圆(C)】；或单击“圆”命令按钮◎的下拉菜单选项(如图 10－16 所示)。

执行命令后，系统提示：

指定圆的圆心或［三点(3P)/两点(2P)/切点、切点、半径(T)］：<u>指定圆心</u>(除了直接输入圆心点外，还可以采用对象捕捉的方法选择点)

指定圆的半径或［直径(D)］：<u>输入半径值，或输入选项“D”</u>(D 表示采用输入直径的方式，接下来系统会请求输入直径值)

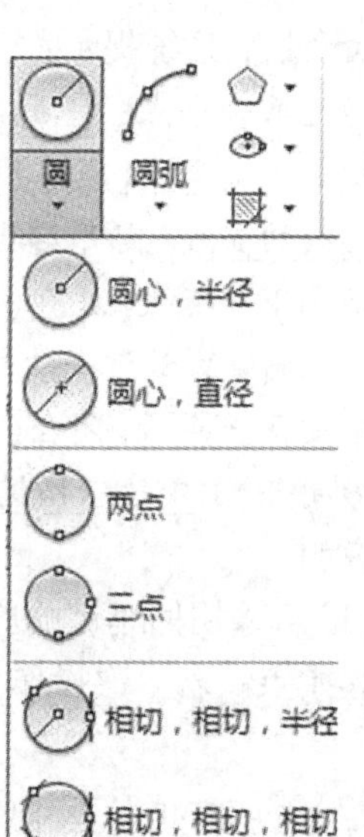

图 10－16 “圆”命令下拉菜单

各选项说明：

(1)圆心，半径：基于圆心和半径值绘制圆。

(2)圆心，直径：基于圆心和直径值绘制圆。

(3)两点(2P)：基于直径上的两个端点绘制圆。

(4)三点(3P)：基于圆周上的三点绘制圆。

(5)切点、切点、半径(T)：指定半径和两个相切对象绘制圆。

(6)相切，相切，相切：创建相切于三个对象的圆。

10.4.4　圆弧命令

功能：绘制圆弧，可以采用指定圆心、端点、起点、半径、角度、弦长和方向值的各种组合形式。默认情况下，以逆时针方向绘制圆弧。

调入命令方式：输入 Arc；选择菜单栏【绘图(D)】|【圆弧(A)】；或单击"圆弧"命令按钮的下拉菜单选项(如图 10－17 所示)。

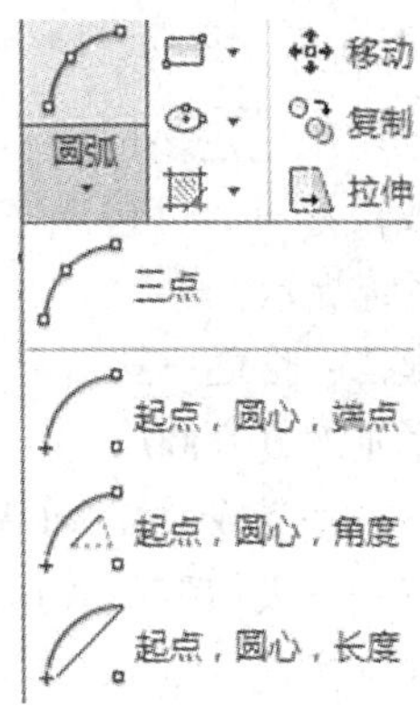

图 10－17　"圆弧"命令下拉菜单

执行命令后，系统提示：

指定圆弧的起点或[圆心(C)]：<u>指定起点</u>

指定圆弧的第二个点或[圆心(C)/端点(E)]：<u>指定第二点</u>

指定圆弧的端点：<u>指定末端点</u>

选项说明：

(1)用命令行方式绘制圆弧时，可根据系统提示选择不同的选项，各选项的具体功能与下拉菜单提供的 11 种绘制圆弧的方式相似，分别如图 10－18 所示。

(2)角度：以度为单位输入角度，或通过逆时针移动定点设备来指定角度。指定包含角从起点向端点逆时针绘制圆弧。如果角度为负，将顺时针绘制圆弧。

(3)方向：绘制圆弧在起点处与指定方向相切。

(4)长度(弦长)：基于起点和端点之间的直线距离绘制劣弧或优弧。如果弦长为正值，将从起点逆时针绘制劣弧。如果弦长为负值，将逆时针绘制优弧。

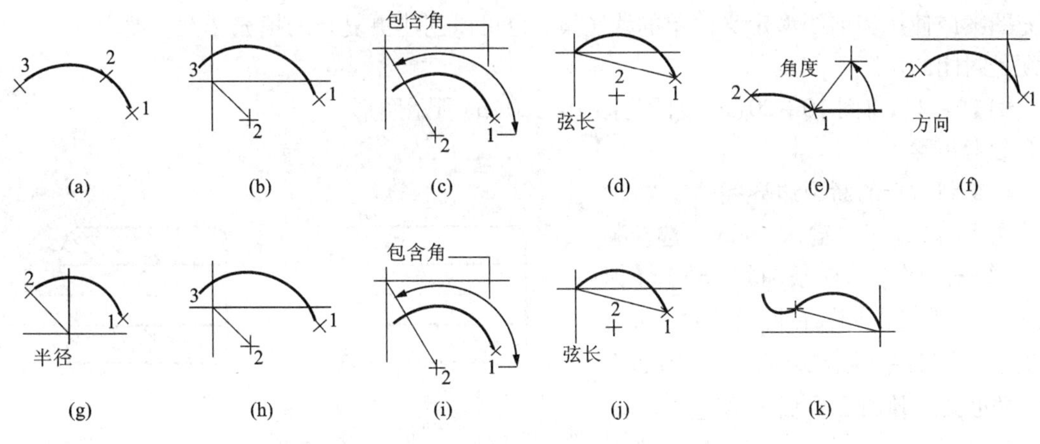

图 10－18　11 种圆弧绘制方法

(a)三点；(b)起点、圆心、端点；(c)起点、圆心、角度；(d)起点、圆心、长度；(e)起点、端点、角度；(f)起点、端点、方向；(g)起点、端点、半径；(h)圆心、起点、端点；(i)圆心、起点、角度；(j)圆心、起点、长度；(k)连续

例 10－1 绘制图 10－19 所示箭头。

[新国家标准: 箭头长度≥6*d*(*d* 为箭头根部宽度)]

调入命令方式: 输入 Pline; 选择菜单栏【绘图(D)】|【多段线(P)】; 或单击"多段线"命令按钮。

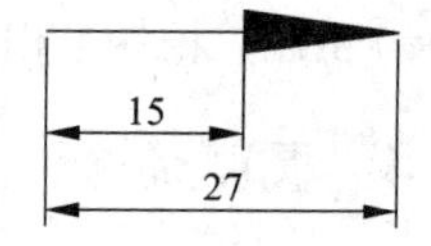

图 10－19 箭头绘制实例

该命令用来创建多段线, 多段线是作为单个对象创建的相互连接的线段序列, 可包含宽度不等的直线段、圆弧段。执行命令后, 系统提示:

指定起点: 指定一点

当前宽度为 0.0000

指定下一个点或 [圆弧(A)/半宽(H)/长度(L)/放弃(U)/宽度(W)]: @15, 0↙

指定下一点或[圆弧(A)/闭合(C)/半宽(H)/长度(L)/放弃(U)/宽度(W)]: w↙

指定起点宽度 <0.0000>: 2↙

指定端点宽度 <2.0000>: 0↙

指定下一点或 [圆弧(A)/闭合(C)/半宽(H)/长度(L)/放弃(U)/宽度(W)]: @12, 0↙

指定下一点或[圆弧(A)/闭合(C)/半宽(H)/长度(L)/放弃(U)/宽度(W)]: (回车, 结束命令)

说明:

Pline 命令与 Line 命令绘制的连续线段不同, 多段线是一个实体, 而用 Line 命令绘制的多条直线的各线段都是一个独立的实体。

10.5 图案填充

功能: 用一个图案填充一个区域时, 创建一个相关联的填充阴影对象。可以使用预定义填充图案或使用当前线型定义简单的线图案, 也可以创建更复杂的填充图案。要填充的区域必须是封闭的。

例 10－2 将图 10－20(a)改画为图 10－20(b)所示图形。

参考步骤:

1. 绘制右端的断裂边界线

调入命令方式: 输入 Spline; 选择菜单栏【绘图(D)】|【样条曲线(S)】|【拟合点(F)】或单击"样条曲线拟合"命令按钮。该命令可绘制具有不规则曲率半径的曲线。执行命令后, 系统提示:

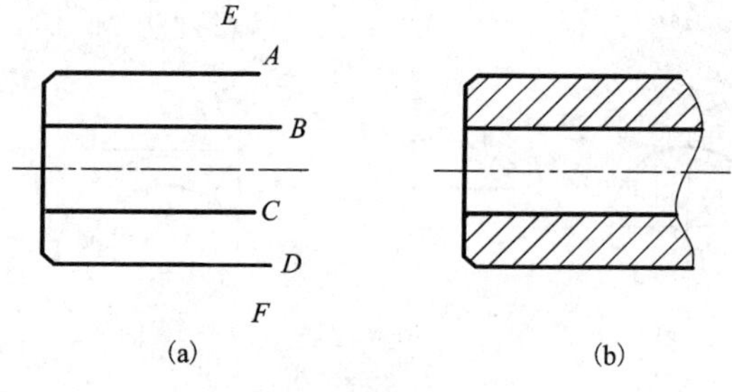

图 10－20 剖面线绘制实例

指定第一个点或 [方式(M)/节点(K)/对象(O)]: _M;

输入样条曲线创建方式 [拟合(F)/控制点(CV)] <拟合>: _FIT;

当前设置: 方式 = 拟合 节点 = 弦;

指定第一个点或［方式(M)/节点(K)/对象(O)］：光标捕捉 A 点(按 F3 启动“自动对象捕捉模式”，假设已勾选“端点”为对象捕捉模式)

输入下一个点或［起点切向(T)/公差(L)］：光标捕捉 B 点

输入下一个点或［端点相切(T)/公差(L)/放弃(U)］：光标捕捉 C 点

输入下一个点或［端点相切(T)/公差(L)/放弃(U)/闭合(C)］：光标捕捉 D 点

输入下一个点或［端点相切(T)/公差(L)/放弃(U)/闭合(C)］：(回车，结束命令)

2. 绘制剖面线

调入命令方式：输入 Hatch 或 Bhatch；选择菜单栏【绘图(D)】|【图案填充(H)】或单击“图案填充”命令按钮。

执行命令后，系统打开如图 10-21 所示的【图案填充创建】选项卡。

图 10-21　【图案填充创建】选项卡

选项及操作步骤说明：

(1)边界选择的方法。

常用指定图案填充边界的方法有：①“拾取点”方式，即指定由一个或多个对象形成的封闭区域中的一点来确定边界；②“选择边界对象”方式，选择构成封闭区域边界的对象，它们最好彼此首尾连接，只能是直线、射线、多段线、样条曲线、圆弧、圆、椭圆、椭圆弧、面域等对象或用这些对象定义的块，而且必须全部可见。

(2)选取填充区域。

点取“拾取点”按钮，系统提示：

拾取内部点或［选择对象(S)/放弃(U)/设置(T)］：光标在图 10-20(b)上部对应区域内确定一点

拾取内部点或［选择对象(S)/放弃(U)/设置(T)］：光标在图 10-20(b)下部对应区域内确定一点

拾取内部点或［选择对象(S)/放弃(U)/设置(T)］：(回车，结束区域选择)

(3)选择图案。

在“图案”面板中选择预定义图案，可单击右边的滚动条查找所需的填充图案。本例所选用的图案名为 ANSI31。

(4)设定角度和比例。

利用“特性”面板中的工具可选择图案填充类型、颜色，设置透明度、角度、比例等。本例采用初始旋转角 0°；若要调整各线间的间隔，用户可在“比例”编辑框中输入图案填充的比例，各图案的初始比例为 1，要加大间隔，输入的比例值大于 1，反之则小于 1。

(5)单击“关闭图案填充创建”按钮，则完成剖面线的绘制。结果如图 10-20(b)所示。

10.6　文字标注

文字是工程图中不可缺少的一部分，比如标题、图纸说明、注释等，它和图形一起表达完整的设计思想。AutoCAD 提供了很强的文字处理功能。

10.6.1　设置文字样式命令(Style)

写文字前一般要确定采用的文字字体、文字的高度比以及放置方式，这些参数的组合被称为文字样式。通常用 Style 命令建立和修改文字样式。

调入命令方式：输入 Style；或选择菜单栏【格式(O)】|【文字样式(S)】；或单击【注释】选项卡中【文字】面板右下角的“文字样式”按钮 ↘ (图 10－22)。

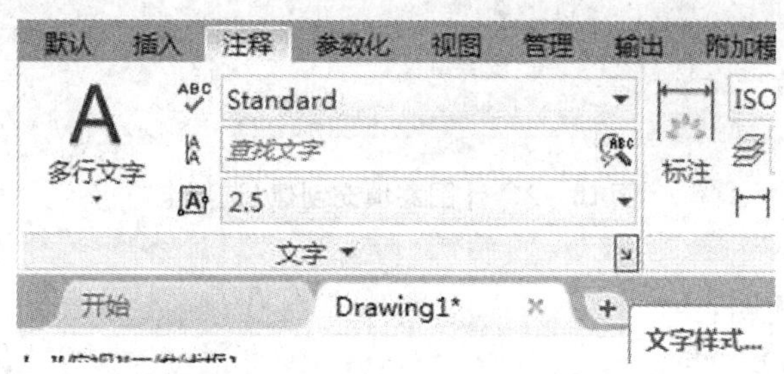

图 10－22　【文字】面板

执行命令，系统弹出对话框如图 10－23 所示。

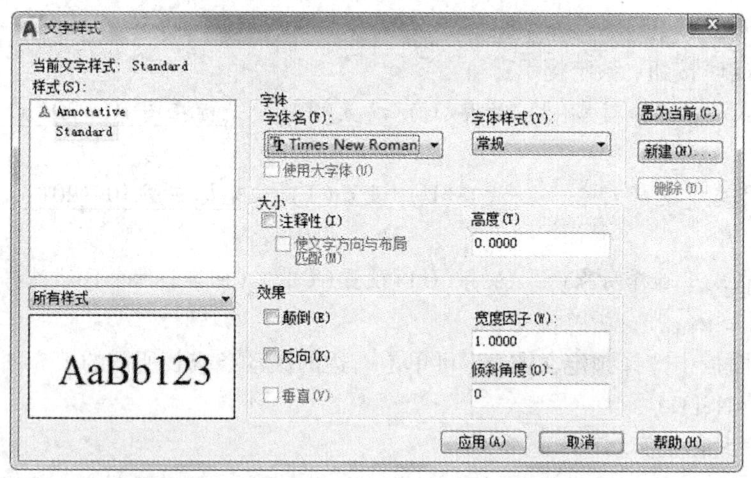

图 10－23　【文字样式】对话框

其中，各选项功能如下：

- 样式(S)：可以显示文字样式的名字、创建新的文字样式、为已有的文字样式重命名或删除文字样式(但注意 Standard 样式是不可删除和更改名称的)。

- 字体：可以选择字体名(如：汉字字体“楷体”)，设置文字样式和字高等属性。
- 效果：可以设置文字效果。如“颠倒”“反向”“垂直”“宽度比例”“倾斜角度”等的设置。用户可预览所选择或所设置文字样式的效果。
- 应用：当设置完文字样式后，单击“应用(A)”按钮，可使用此文字样式。

10.6.2　文本标注命令 Text、Dtext、Mtext

1. 单行文本标注命令 Text、Dtext

功能：创建单行文本，也可输入多行文本。

2. 创建多行文字命令 Mtext

功能：创建包括西文、数字、中文等多行文本。

例 10－3　注写图 10－24 所示的文字。

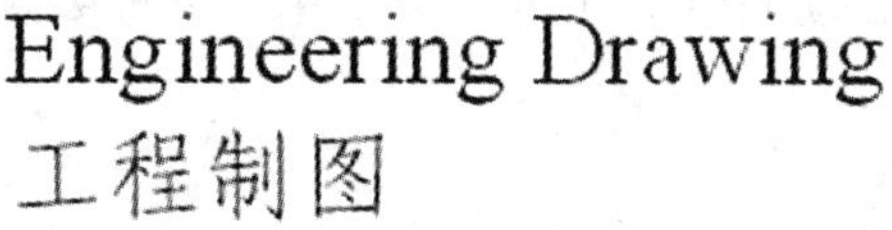

Engineering Drawing
工程制图

图 10－24　用“多行文字”命令写文本

调入命令方式：输入 Mtext；或选择菜单栏【绘图(D)】|【文字(X)】|【多行文字】；或单击“多行文字”命令按钮 A。

执行命令后，系统提示：

当前文字样式：“Standard”，文字高度：2.5，注释性：否；

指定第一角点：<u>光标在适当位置定出文本框的第一个角点</u>

指定对角点或［高度(H)/对正(J)/行距(L)/旋转(R)/样式(S)/宽度(W)/栏(C)］：<u>拖动鼠标确定文本框的对角点</u>

执行后，即弹出如图 10－25 所示的【文字编辑器】选项卡和文字输入窗口。利用它们，用户可选择文字的样式，设定字体［如输入英文时可选 T Times New Roman，输入中文时可选(T 仿宋)］，及文字高度(如在“文字高度”编辑框中输入 2.5)，然后在文字输入窗口中输入所需创建的文本(图 10－25)，单击“文字编辑器”功能面板右侧的“关闭文字编辑器”按钮，

文字样式
文字高度
文字字体
文字颜色
文字对正方式
标尺
工程制图
Engineering Drawing

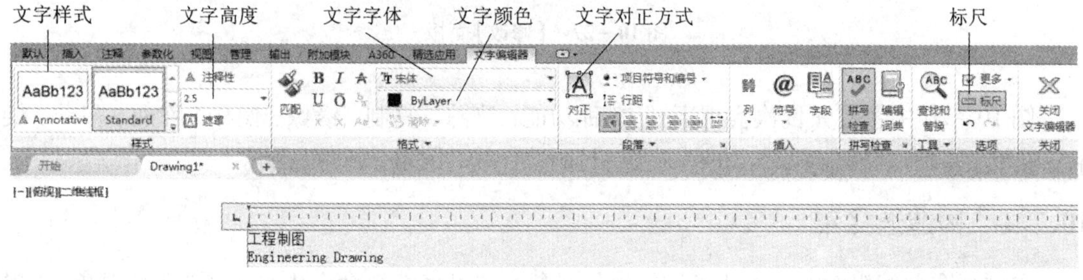

图 10－25　【文字编辑器】选项卡和文字输入窗口

输入的文字即可显示在指定的位置上。

说明：在实际设计绘图中，往往需要标注一些特殊的字符，例如角度标志、直径、正/负符号等，这些特殊字符不能由键盘直接输入，AutoCAD 提供了相应的控制码来实现这些输入。要输入特殊字符，可在【文字编辑器】选项卡的“插入”面板中单击“@ 符号”按钮，在弹出的下拉列表中查找。

10.6.3　文本编辑命令 Textedit

调入命令方式：输入 Textedit；或选择菜单栏【修改(M)】|【对象(O)】|【文字(T)】|【编辑(E)】。

执行命令后，系统提示：

选择注释对象或［放弃(U)/模式(M)］：(选中需修改的文本，并作编辑修改，单击“关闭”按钮，结束命令)

另外，双击文本，系统自动调出 Textedit 命令，用户可直接编辑此文本。

10.7　图形的编辑

图形编辑是指对所选实体进行删除、复制、旋转、移动、镜像、修剪、拉伸等操作。执行图形编辑命令，用户可在菜单栏中选择【修改(M)】|【××】命令；或在【修改】工具栏(图 10－26)或【修改】面板(如图 10－27)中找到与之对应的按钮。

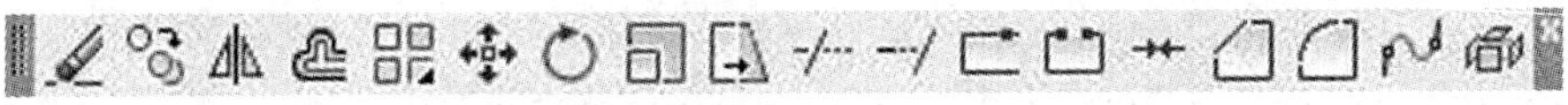

图 10－26　【修改】工具栏

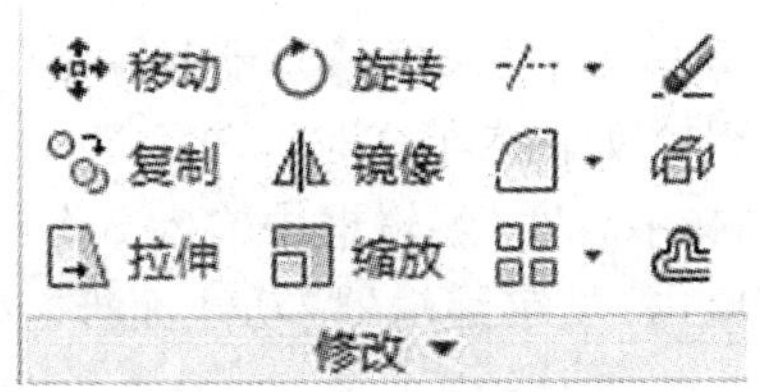

图 10－27　【修改】面板

图 10－26 中各按钮依次实现下列 17 种功能：删除、复制、镜像、偏移、阵列、移动、旋转、缩放、拉伸、修剪、延伸、打断于点、打断、合并、倒角、圆角、分解。

10.7.1　构造选择集

在进行图形编辑时，需要选择被编辑的对象，在很多编辑命令中会出现“选择对象：”提示，用户可以用各种方法选中实体，一个或多个，被选中的实体就构造了选择集。AutoCAD 提供了多种方法来确定选择集。常用的列举如下。

1. 直接指点式

当命令行出现提示“选择对象：”时，系统会自动出现一方框形光标，称为拾取框，用户可通过移动鼠标，用拾取框逐个选择实体，单击鼠标左键，则添加对象；若按“shift”键 + 单击鼠标左键，则删除对象。

2. 窗口方式(Window)

当命令行出现提示：

选择对象：W(回车)

指定第一个角点：光标在适当位置确定一点

指定对角点：光标指定矩形窗口的对角点

系统自动选中完全包括在窗口内的对象作为编辑实体，与边界相交的对象不会被选中。

3. 交叉窗口方式(Crossing)

当命令行出现提示：

选择对象：C(回车)

指定第一个角点：光标在适当位置确定一点

指定对角点：光标指定矩形窗口的对角点

交叉窗口方式将选中所有完全包括在窗口内的实体和与窗口边界相交的实体。图 10 - 28 是要一次选中图中的圆和三角形，分别用 W 和 C 方式时的窗口大小示意图。

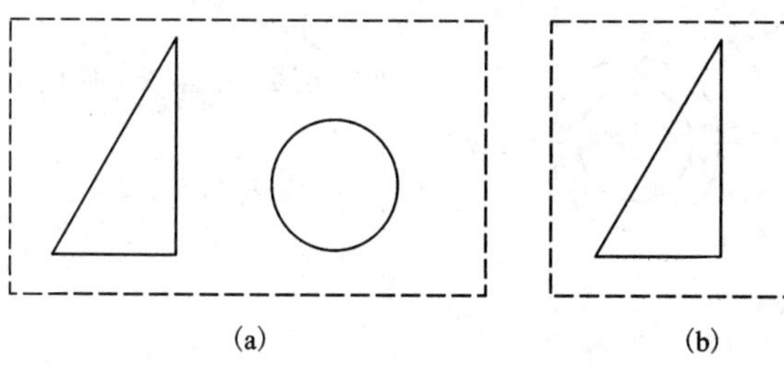

图 10 - 28　窗口方式选择实体示例

(a)W 方式；(b)C 方式

4. All 方式

当命令行出现提示：

选择对象：All(回车)

系统将选中除被冻结或锁住的图层外的所有实体。

5. 结束选择集

构造好选择集后，系统仍会提示“选择对象：”，必须按回车键结束选择集。

10.7.2　基本编辑命令

AutoCAD 常用的编辑命令、图例、操作过程见表 10 - 1。

表 10－1　AutoCAD 常用的编辑命令、图例及操作过程

命令名/图标	图例	操作过程
Erase 删除 /	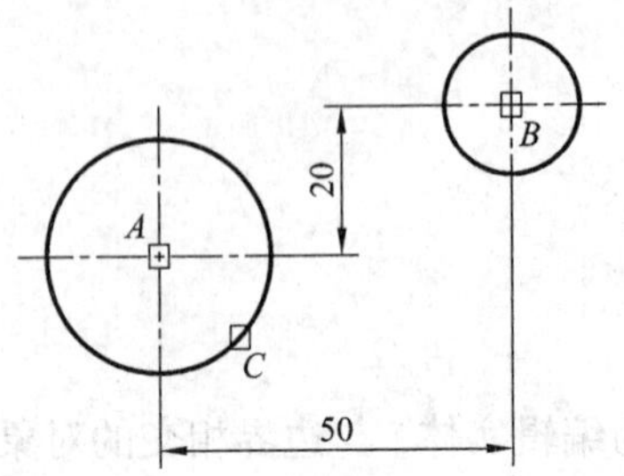 (a)	命令：Erase 选择对象：(按构造选择集的方法选择图中所有对象) 选择对象：(回车) 被选中的对象在屏幕上消失。
Move 移动 /	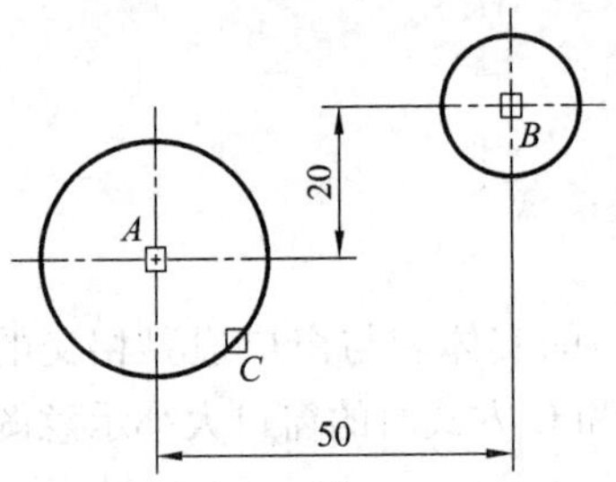 (a) 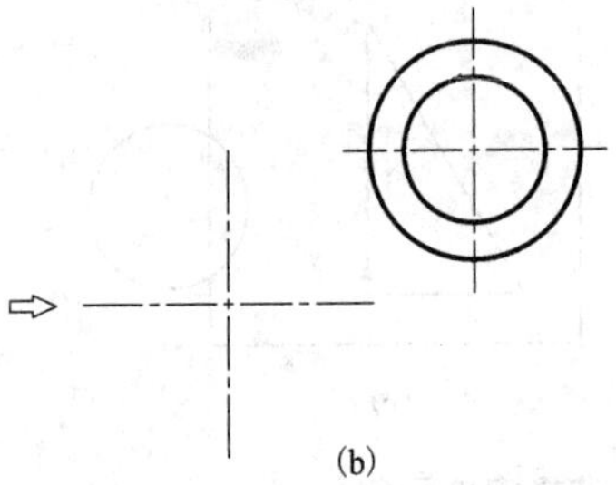 (b)	命令：Move 选择对象：(选择圆上 C 点) 选择对象：(回车,结束选择集) 指定基点或［位移(D)］ <位移>：50，20 (位移量) 指定第二个点或<使用第一个点作为位移>：(回车) 结果如左图(b)所示。
Extend 延伸 /	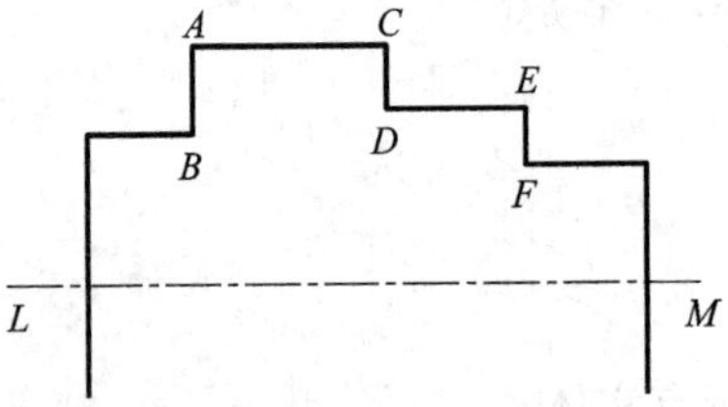 (a) 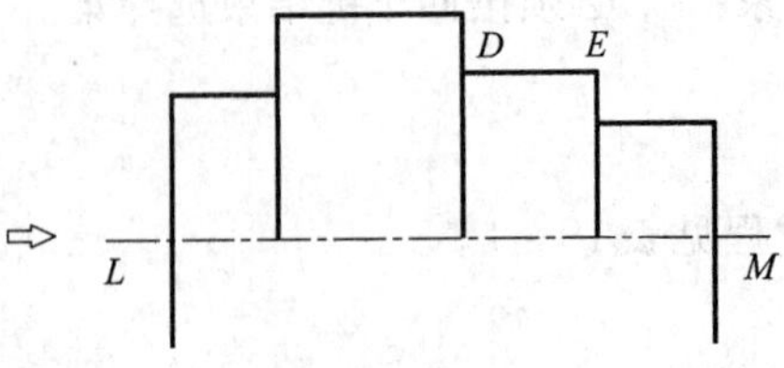 (b)	命令：Extend 选择边界的边… 选择对象：(选择 *LM* 直线) 选择对象：(回车) 选择要延伸的对象，或按住 Shift 键选择要修剪的对象，或［投影(P)］|［边(E)/放弃(U)］：(选择 *AB* 直线且靠近 *B* 点) 当再出现上述提示时，分别选择 *CD* 直线(靠近 *D* 点)、*EF* 直线(靠近 *F* 点)。 结果如左图(b)所示。

续表 10－1

命令名/图标	图例	操作过程
Stretch 拉伸 /	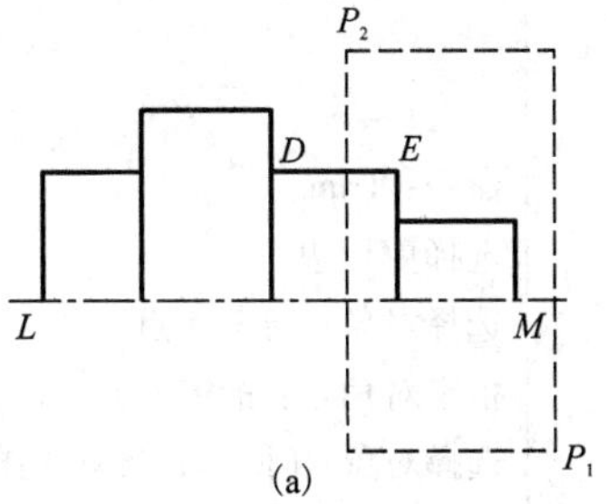 (a) 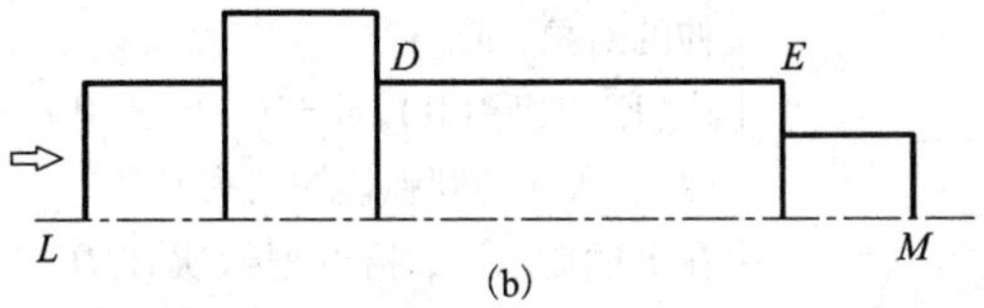 (b)	命令：Stretch 以交叉窗口或交叉多边形选择要拉伸的对象…（从右往左拉出的窗口即为交叉窗口） 选择对象：输入 P_1 点 指定对角点：输入 P_2 点 选择对象：（回车） 指定基点或位移：20，0　（输入位移量） 指定位移的第二个点或（使用第一个点作为位移）：（回车） 结果如左图（b）所示。
Chamfer 倒角  /	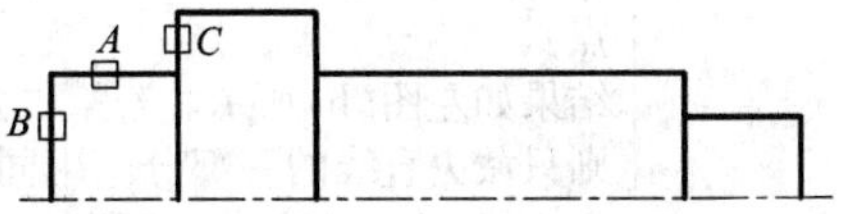 (a) 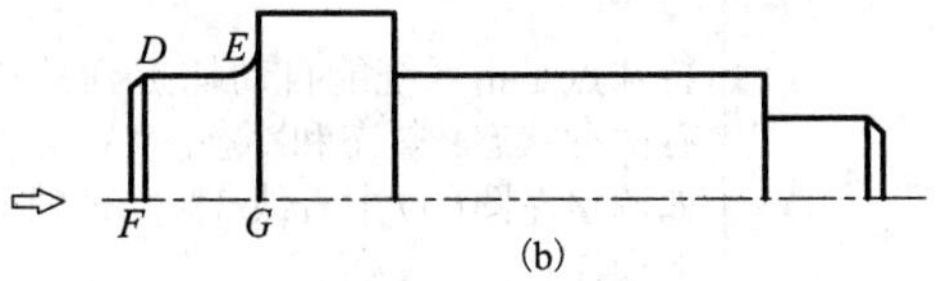 (b)	命令：Chamfer 选择第一条直线或［多线段（P）/距离（D）/角度（A）/修剪（T）/方式（M）/多个（U）】：D↙（确定倒角距离） 指定第一个倒角距离（0.0000）：3 指定第二个倒角距离（3.0000）：（回车，取默认值） 选择第一条直线或［多段线（P）/距离（D）/角度（A）/修剪（T）/方式（M）/多个（U）］：（拾取框在左图（a）中 *A* 点附近选取直线，以选择第一倒角边） 选择第二条直线：（拾取框在 *B* 点附近选取直线，以选择第二倒角边） 用同样的方法对右端倒角，倒角后用 Line 命令补画两端倒角形成的交线（如 *DF*）。结果如左图（b）所示。
Fillet 圆角  /		命令：Fillet 选择第一个对象或［多段线（P）/半径（R）/修剪（T）/多个（U）］：R↙ 指定圆角半径（0.0000）：5 选择第一个对象或［多段线（P）/半径（R）/修剪（T）/多个（U）］：（拾取框在左图 a 中 A 点处选直线） 选择第二个对象：（在 *C* 点处选取直线） 结果如左图（b）所示。绘制圆角后，*EG* 之间的线段被删除，可用 Extend 命令补全。

续表 10-1

命令名/图标	图例	操作过程
Trim 修剪/	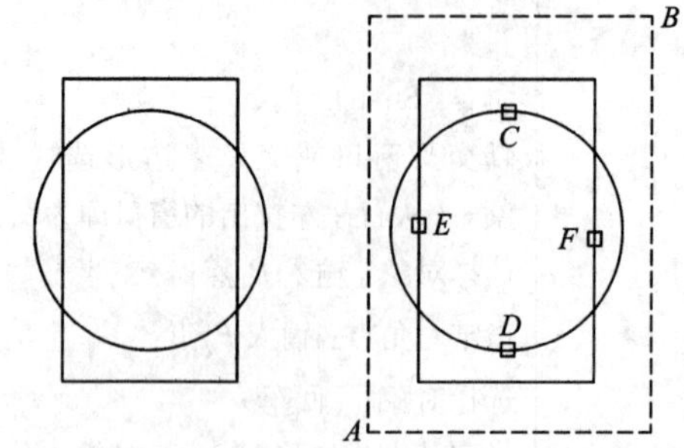 (a) (b) 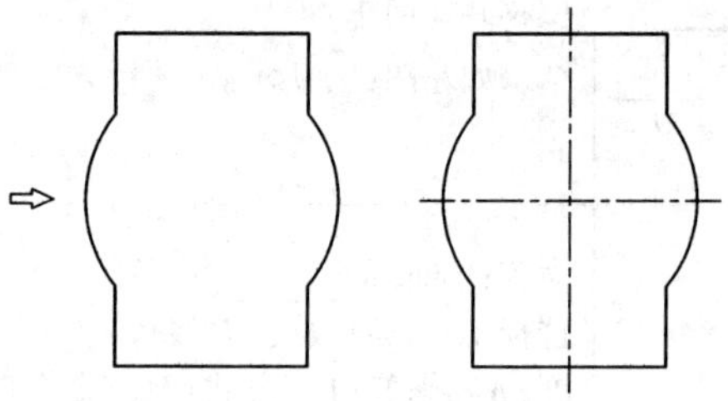 (c) (d)	命令：Trim 选择剪切边… 选择对象：指定 *A* 点 指定对角点：指定 *B* 点 选择对象：(回车，结束选择集) 选择要修剪的对象，或按住 Shift 键选择要延伸的对象，或[栏选(F)/窗交(C)/投影(P)/边(E)/删除(R)/放弃(U)]：用光标指 *C* 点(*C* 点所在的圆弧段被切去) 在上述提示下，拾取框依次在 *D*、*E*、*F* 点附近选取圆弧或直线，按回车键，则得到左图(c)所示的图形。最后用 Line 命令画两条点画线即得左图(d)所示的图形。
Break 截断/	要求：调整下图(a)中各点画线的长度，使其符合国家标准技术制图要求如图(b)。 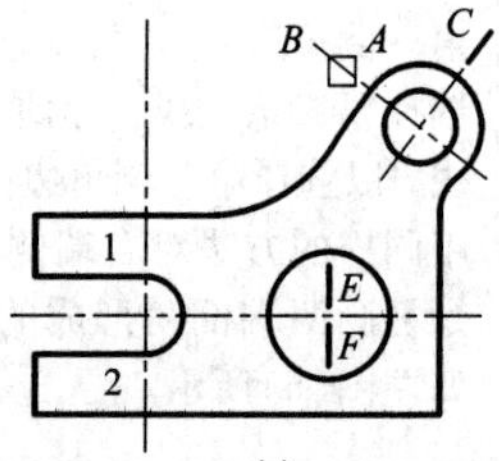 (a) 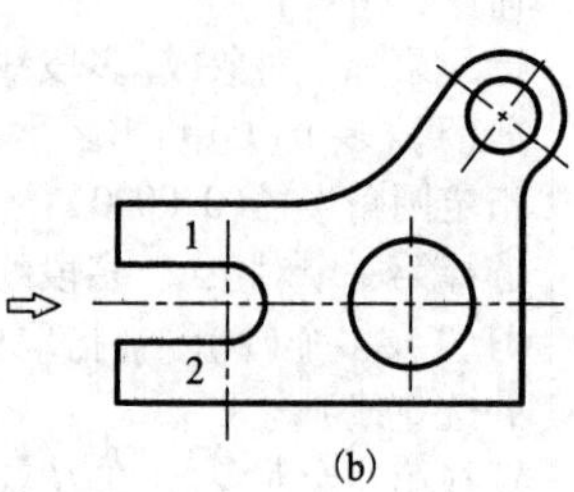 (b)	命令：Break 选择对象：(在 *A* 点附近选取直线) 指定第二个断点或[第一点(F)]：(在直线端点外确定一点(如 *B* 点附近)，作为第二断点) 结果如左图(b)所示。若第二点定在直线上，则只截去直线的一部分。用同样的步骤截断中心线 *CD*、12 多余的部分。
特殊点编辑(包含拉伸、移动、旋转、比例缩放、镜像等模式)		特殊点是指系统能自动捕捉到的点。特殊点有两种状态：热态和冷态。 如调整左图(a)中直线 12、*EF* 的长度，可如下操作： ①打开正交方式； ②在"命令："提示下，选中直线 12，则在直线的端点和中点处各出现一蓝色方框； ③将光标移至上端方框并单击左键，该方框变为红色方框，表示该端点被激活； ④拖动鼠标，将光标移至 1 点附近，单击左键。 用同样的步骤调整直线 12 另一端点的位置和直线 *EF* 长度，则结果如左图(b)所示。

续表 10－1

命令名/图标	图例	操作过程
Copy 复制 /	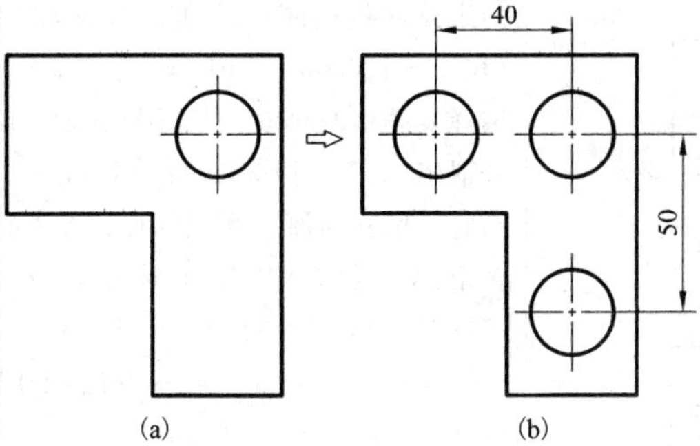 40　50 (a)　(b)	命令：Copy 选择对象：[选择图(a)中的圆和中心线] 选择对象：(回车，结束选择集) 指定基点或[位移(D)/模式(O)]<位移>:O↙ 输入复制模式选项［单个(S)/多个(M)］<多个>：(回车，选多个复制) 指定基点或［位移(D)/模式(O)］<位移>：(指定圆心) 指定第二个点或［阵列(A)］<使用第一个点作为位移>：@－40，0 指定第二个点或［阵列(A)/退出(E)/放弃(U)］<退出>：@0，－50 指定第二个点或［阵列(A)/退出(E)/放弃(U)］<退出>：(回车) 结果如左图(b)。
Arrayrect 矩形阵列 /	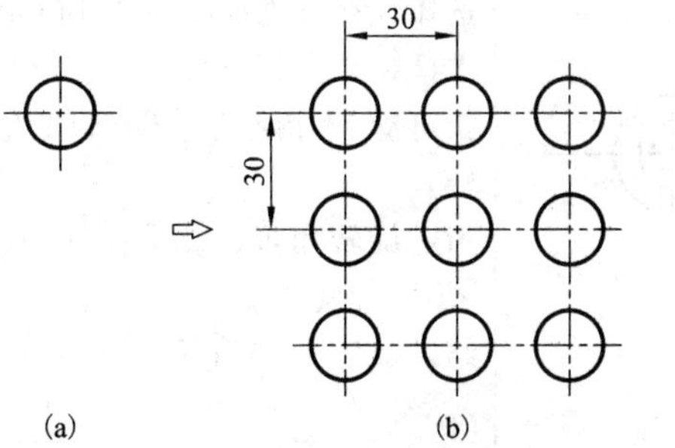 30　30 (a)　(b)	命令：Arrayrect 选择对象：(选取图(a)中的圆和中心线) 选择对象：(回车，结束对象选择) 输入阵列类型［矩形(R)/路径(PA)/极轴(PO)］<矩形>： 同时，系统弹出“阵列创建”选项卡，对其进行如下操作： ①设定行数和列数分别为 3； ②设定行偏移为－30，列偏移为 30； ③观察所绘制的图形，然后在“阵列创建”选项卡中单击“关闭阵列”按钮，则绘制出左图(b)所示的图形。 环形阵列复制的命令为 Arraypolar，需给出中心点、数目总数和填充角度，其他操作同上。
Mirror 镜像 /	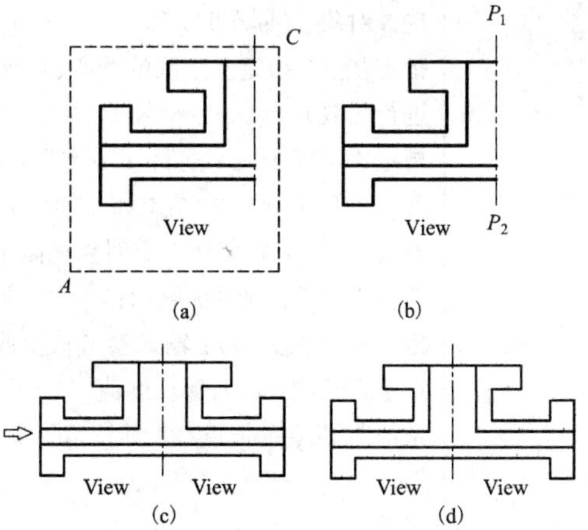 C　A　View　(a) P_1　P_2　View　(b) View　View　(c) View　View　(d)	命令：Mirror 选择对象：W[用窗口方式选择要镜像的实体，如左图(a)所示] 指定第一个角点：(指定 *A* 点) 指定对角点：(指定 *C* 点) 选择对象：(回车，结束选择集) 指定镜像线的第一点：(捕捉点画线上端点 P_1) 指定镜像线的第二点：(捕捉点画线下端点 P_2) 要删除源对象吗？［是(Y)/否(N)］<否>：(回车，结束命令) 当 MIRRTEXT 置 1 时，结果如图(c)。当 MIRRTEXT 置 0 时，字符及数字不随实体镜射，按原样复制，如图(d)。

续表 10－1

命令名/图标	图例	操作过程
Offset 偏移 /	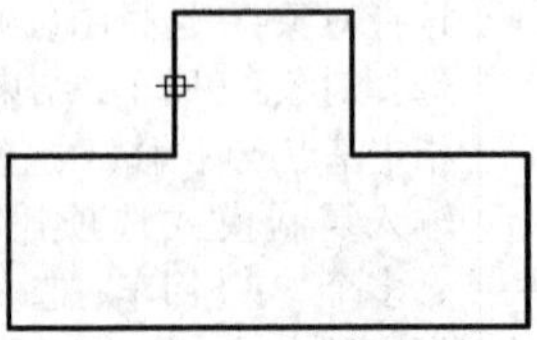 (a) 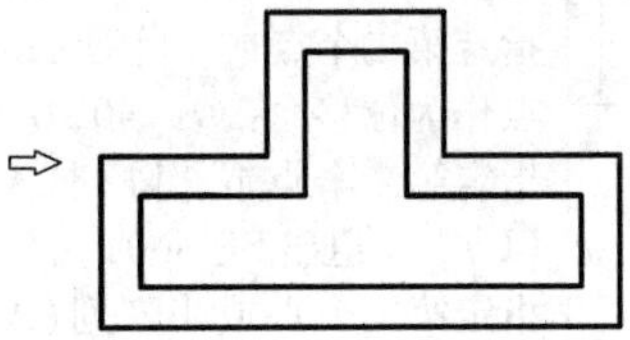 (b)	命令：Offset 指定偏移距离或［通过(T)/删除(E)/图层(L)］<1.0000>：10（确定偏移距离） 选择要偏移的对象，或［退出(E)/放弃(U)］<退出>：［选择图(a)中多段线］ 指定要偏移的那一侧上的点，或［退出(E)/多个(M)/放弃(U)］<退出>：（用光标在多段线内侧拾取一点） 选择要偏移的对象，或［退出(E)］|［放弃(U)］<退出>：（回车） 结果如左图(b)所示。
Rotate 旋转 /	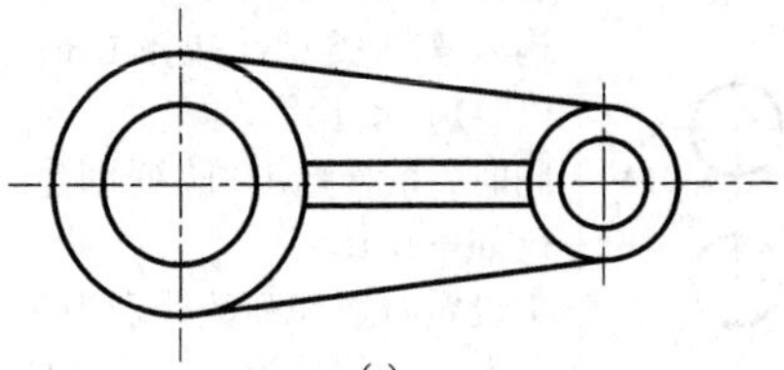 (a) 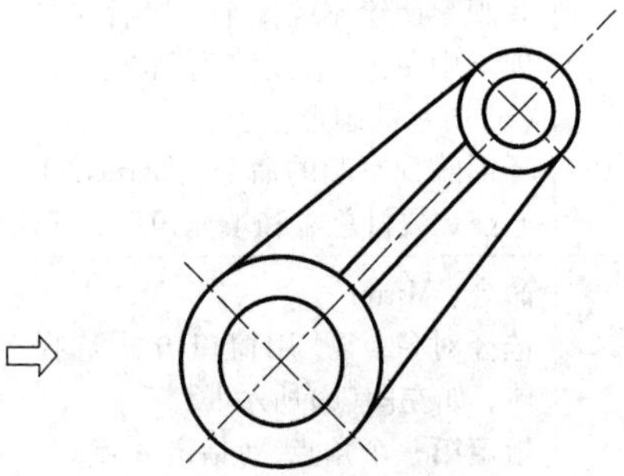 (b)	命令：Rotate 选择对象：［选择图(a)中所有图线］ 选择对象：（回车） 指定基点：指定左边圆的圆心（图形绕该点旋转） 指定旋转角度，或［复制(C)/参照(R)］<0>：45（回车） 结果如左图(b)所示。
Scale 缩放 /	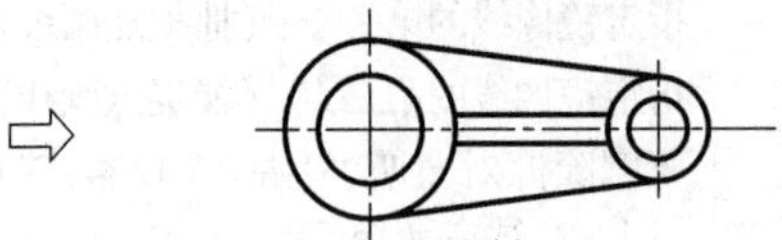 (c)	命令：Scale 选择对象：［选择图(a)中所有图线］ 选择对象：（回车） 指定基点：指定左边圆的圆心（以该点为中心进行缩放） 指定比例因子或［复制(C)/参照(R)］： 若输入 0.5，回车，结果如左图(c)所示； 若输入“C”，则创建选定对象的副本； 若输入“R”，则系统提示： 指定参照长度(1)：输入参考长度数值 指定新长度：输入新长度值 系统将以（新长度/参照长度）作为比例因子值。

10.7.3　对象特性编辑

功能：显示和更改图形中选定对象或对象集的特性。

调入命令方式：输入 properties；或选择菜单栏【修改(M)】|【特性(P)】；或选择标准工具栏中的按钮；或选择【默认】选项卡的【特性】面板右下角按钮。

执行命令后，系统弹出“特性”选项板(图 10－29)，可直接对图形的各项特性进行编辑。如果先选择图形对象，再打开“特性”选项板，则选项板上显示所选对象的类型；点选列表中的一个选项，其右侧编辑框显示的就是这类对象的公共特性，可以对其中的每一项进行修改。如果事先没有选择对象类型，则选项板左上方下拉列表框为(无选择)，此时用户应选择编辑对象。

用户可使用任意选择方法选择所需对象。【特性】选项板将显示选定对象的共有特性。用户可在“特性”选项板中修改选定对象的特性，有的采用拉出列表选其一的方式；有的是修改参数数值，按回车键确定，最后单击左上角的按钮 ×，关闭并结束命令。

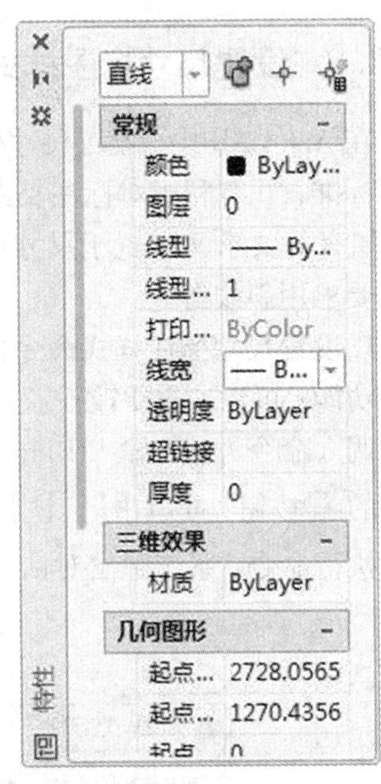

图 10－29　【特性】选项板

10.8　尺寸标注

工程图样中视图用于表示机件的形状和结构，尺寸则是用于准确说明各部分的实际大小和位置，尺寸标注是绘图设计工作中的一项重要内容。在 AutoCAD 中，尺寸标注的要素与我国工程图绘制标准类似，用户进行尺寸标注，首先要设定标注尺寸的样式，然后再进行标注。

执行尺寸标注命令，可选择菜单栏【标注(N)】|【××】命令；或在“注释”选项卡的【标注】面板(图 10－30)或【标注】工具栏(图 10－31)中找到与之对应的按钮。

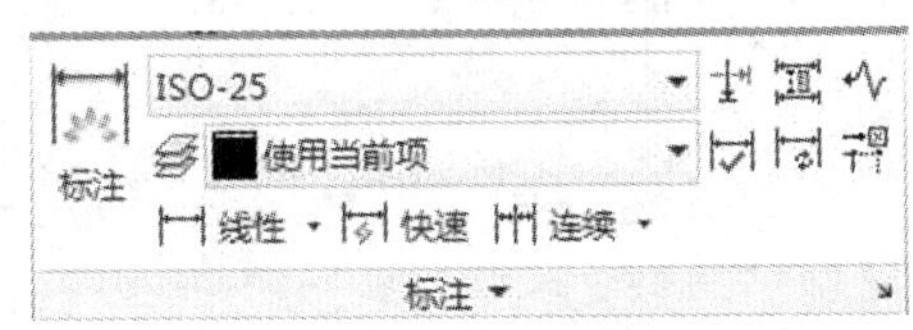

图 10－30　【标注】面板

图 10－31　尺寸标注工具栏

图 10－31 中各按钮依次实现下列 22 种功能：线性尺寸标注、对齐式线性尺寸标注、弧长标注、坐标标注、半径型尺寸标注、创建折弯半径标注、直径型尺寸标注、角度型尺寸标注、快速标注尺寸、基线型尺寸标注、连续型尺寸标注、等距标注、折断标注、公差标注、圆

心标注、检验、折弯线性标注、编辑尺寸标注、编辑尺寸文本、更新标注、标注样式控制、设置标注样式。

10.8.1 设置尺寸标注样式

在 AutoCAD 中，设置尺寸标注样式可以控制标注的格式和外观，建立和强制执行图形的绘图标准，并有利于对标注格式及用途进行修改。不同的应用场合可能要求不同的尺寸形式，如有的要求文本置于尺寸线上方，有的要求置于尺寸线中间；有的要求终端用箭头，有的则要求用斜线等。

1. 设置尺寸标注样式命令(Dimstyle)

功能：可以通过更改设置控制标注的外观。

调入命令方式：输入 Dimstyle；或选择菜单栏【标注(N)】|【标注样式(S)】；或单击工具栏中的按钮；或单击【标注】面板右下角按钮。

执行命令，系统弹出对话框如图 10-32，其中各选项功能如下：

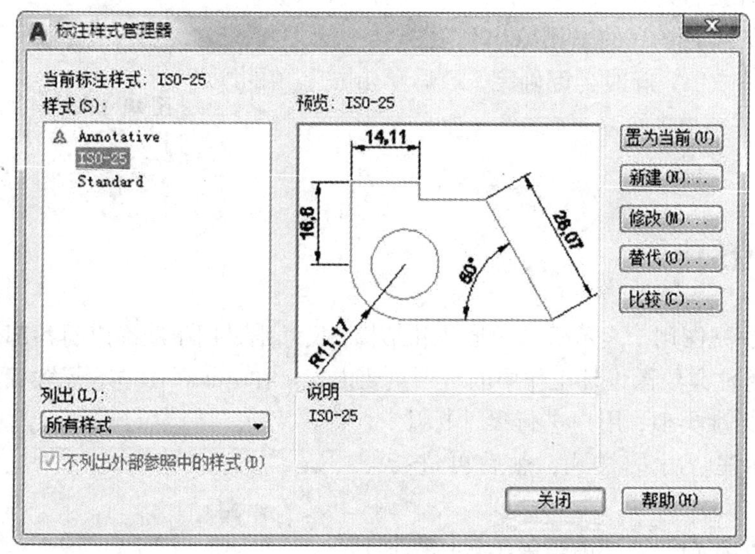

图 10-32 【标注样式管理器】对话框

(1)样式。显示已设置的图形中的标注样式。当前样式已高亮显示，在列表框中单击鼠标右键，弹出快捷菜单，可进行指定当前样式、重命名和删除样式等操作。

(2)预览。显示列表框中选中样式标注的图形效果。

(3)列出。可以设置控制“样式”中显示样式的过滤条件。

(4)置为当前(U)。将列表框中选定的标注样式置为当前尺寸标注样式。

(5)新建(N)。建立一个新的尺寸标注样式。

(6)修改(M)。修改已定义的尺寸标注样式。

(7)替代(O)。覆盖某一尺寸标注样式，即重新创建该尺寸标注样式。

(8)比较(C)。比较已定义过的两种尺寸标注样式之间的差别。

2. 如何设置新尺寸标注样式

(1)单击图 10－32 所示对话框中的【新建(N)】按钮，出现【新建标注样式】对话框，用户可在此对话框中输入合适的新样式名称；选择新样式继承参考的基础样式名；确定新样式使用范围。然后单击“继续”按钮。

(2)系统弹出【新建标注样式】对话框，如图 10－33。

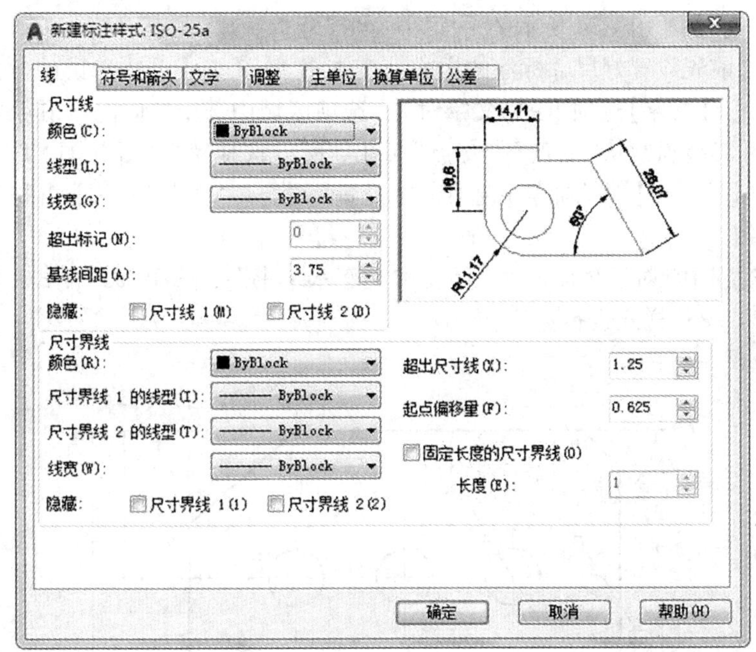

图 10－33　【新建标注样式】对话框

其中，各选项功能如下：

①线：可以设置尺寸线的颜色、线宽、超出标记以及基线间距等属性；尺寸界线的颜色、线宽、超出尺寸线的长度和起点偏移量，隐藏控制等属性。

②符号和箭头：可以设置箭头和圆心标记的类型和大小。

③文字：可以设置文字的样式、颜色、高度和分数高度比例，以及控制是否绘制文字边框；也可设置文字的垂直、水平位置以及距尺寸线的偏移量；标注文字是保持水平还是与尺寸线平行。

④调整：可以调整尺寸文本和箭头的布置方式；尺寸文本的放置位置；设置标注尺寸的特征比例，以便通过设置全局比例因子来增加或减少各标注的大小。

⑤主单位：可以设置尺寸标注的单位格式与精度；是否消除尺寸标注的前导和后续零；设置测量单位比例，AutoCAD 的实际标注值为测量值与该比例的乘积。

⑥换算单位：可以设置换算单位的单位格式、精度、换算单位倍数、舍入精度、前缀及后缀等，方法与设置主单位的方法相同。

⑦公差：可设置是否标注公差，以及以何种方式进行标注。在图 10 - 33 中单击【公差】标签，系统将弹出【公差】选项卡，用户此时可设置公差格式、精度。

注意：在定义一个新的尺寸标注样式时并不是每个内容都要重新进行设置，一般选取一个最相近的样式作为基础，然后修改与其不同的选项，通过预览可观察每一选项对尺寸标注的影响。

10.8.2 用尺寸标注命令标注尺寸

下面通过实例说明常用尺寸标注命令的操作方法。

例 10 - 4 标注图 10 - 34 所示的平面图形的尺寸。

标注尺寸之前先设置好尺寸标注的样式。按本书 10.8.1 小节中所讲的方法新建一名为“aa”标注样式，在【文字】选项卡的“文字对齐”选项区域中选中“水平”，其余默认系统的缺省设置。因尺寸界线通常从“端点”“交点”引出，所以选择菜单栏【工具(T)】|【草图设置(F)】，在【草图设置】的【对象捕捉】选项卡中设置“端点”“交点”模式，再打开状态行上的【对象捕捉】按钮。

标注尺寸过程中，对于角度尺寸，因要求文字水平书写，选用“aa”样式；其余尺寸可用系统缺省的“ISO - 25”样式进行标注。

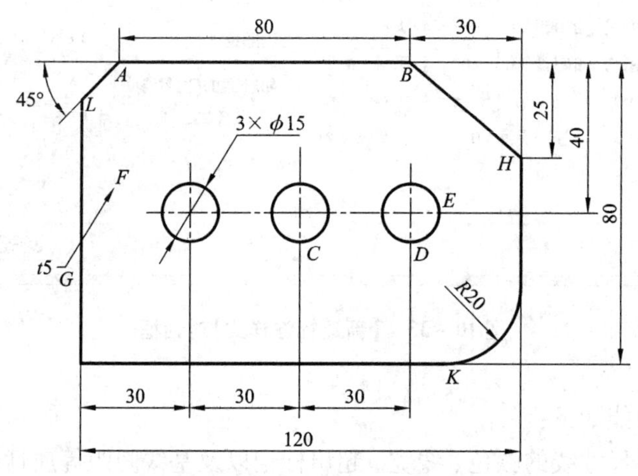

图 10 - 34 尺寸标注示例

按以下步骤标注图 10 - 34 所示的尺寸。

1. 标注线性尺寸

功能：线性标注指所标注对象的尺寸线沿水平方向或垂直方向放置。

调入命令方式：输入 Dimlinear；或选择菜单栏【标注(N)】|【线性(L)】；或单击“线性”标注命令按钮。

执行命令，系统提示：

指定第一条尺寸界线原点或(选择对象)：(捕捉图中交点 A)

指定第二条尺寸界线原点：(捕捉图中交点 B)

指定尺寸线位置或[多行文字(M)/文字(T)/角度(A)/水平(H)/垂直(V)/旋转(R)]：

(光标在适当位置确定一点来确定尺寸线的位置)

完成上述操作后，系统自动注上水平尺寸 80。

2. 标注对齐尺寸

功能：对齐标注的尺寸线与标注直线平行，可以直接标注斜直线的长度。

调入命令方式：输入 Dimaligned；或选择菜单栏【标注(N)】|【对齐(G)】；或选择“对齐”标注命令按钮。

如：标注图中 AL 直线的长度。标注对齐尺寸的方法与标注线性尺寸相同，在此不再赘述。

3. 标注半径尺寸

功能：为圆或圆弧创建半径标注。

调入命令方式：输入 Dimradius；或选择菜单栏【标注(N)】|【半径(R)】；或选择“半径”标注命令按钮。

执行命令，系统提示：

选择圆弧或圆：(选择图中 R20 的圆弧)

指定尺寸线位置或[多行文字(M)/文字(T)/角度(A)]：(移动鼠标在适当位置单击左键以确定尺寸线的位置)

完成上述操作后，系统自动注上尺寸 R20。

4. 标注直径尺寸

功能：为圆或圆弧创建直径标注。

调入命令方式：输入 Dimdiameter；或选择菜单栏【标注(N)】|【直径(D)】；或选择“直径”标注命令按钮。

执行命令，系统提示：

选择圆弧或圆：(选择图中 ϕ15 的圆)

指定尺寸线位置或[多行文字(M)/文字(T)/角度(A)]：T↙

输入标注文字(15)：3x%%C15↙

指定尺寸线位置或 [多行文字(M)/文字(T)/角度(A)]：(回车，结束命令)

说明：当标注直径尺寸时，若默认系统的测量值，则会自动注上“ϕ”。如要注图中的直径 ϕ15，只需选择 ϕ15 的圆后，确定尺寸线的位置即可。若从键盘输入文本，则需用“%%C”表示“ϕ”。

5. 标注角度尺寸

先在工具栏标注样式下拉列表框中选中“aa”样式(角度标注完后，仍将标注样式设置为“ISO－25”)，然后进行以下操作。

功能：创建角度标注。

调入命令方式：输入 Dimangular；或选择菜单栏【标注(N)】|【角度(A)】；或选择“角度”标注命令按钮。

执行命令，系统提示：

选择圆弧、圆、直线或(指定顶点)：(选择图中的 AL 直线)

选择第二条直线：(选择图中的 AB 直线)

指定标注弧线位置或[多行文本(M)/文字(T)/角度(A)]:(移动鼠标在适当位置确定尺寸弧线的位置)

执行上述操作后，系统会自动注上尺寸45°。

若要从命令行输入文本，则需在上述提示中输入“T”，再在“输入标注文字：”提示下，从键盘输入“45%%d”，“%%d”表示度(°)。

6. 标注连续型尺寸

若要标注图中连续尺寸30、30、30，则应先用“Dimlinear”命令标注左端尺寸30(左边为第一条尺寸界线，右边为第二条尺寸界线)，再用“Dimcontinue”命令标注其余尺寸。

调入命令方式：输入Dimcontinue；或选择菜单栏【标注(N)】|【连续(C)】；或选择“连续”标注命令按钮。

执行命令，系统提示：

指定第二条尺寸界线原点或[放弃(U)/选择(S)]<选择>:(捕捉图中中心线端点C)

标注文字=30

指定第二条尺寸界线原点或[放弃(U)/选择(S)]<选择>:(捕捉图中中心线端点D)

标注文字=30

指定第二条尺寸界线原点或[放弃(U)/选择(S)]<选择>:(回车)

选择连续标注:(选择某一尺寸后可继续进行连续标注，回车则结束命令)

执行“Dimcontinue”命令时，系统默认已存在尺寸的第二条尺寸界线为下一尺寸的第一条尺寸界线，连续标注尺寸。

7. 标注基线型尺寸

若要标注图中基线型尺寸25、40、80，则应先用“Dimlinear”命令标注尺寸25(上面*B*点为第一条尺寸界线的起点，下面*H*点为第二条尺寸界线的起点)，再用“Dimbaseline”命令标注其余尺寸。

调入命令方式：输入Dimbaseline；或选择菜单栏【标注(N)】|【基线(B)】；或选择“基线”标注命令按钮。

执行命令，系统提示：

指定第二条尺寸界线原点或[放弃(U)/选择(S)]<选择>:(捕捉图中中心线端点E)

标注文字=40

指定第二条尺寸界线原点或[放弃(U)/选择(S)]<选择>:(捕捉图中交点K)

标注文字=80

后面提示的操作与“Dimcontinue”命令同。

执行“Dimlinear”命令时，系统默认已存在的尺寸的第一条尺寸界线作为基准，通过输入第二条尺寸界线的起点来标注新的尺寸。

8. 引线标注

功能：创建多重引线和引线注释。

调入命令方式：输入Mleader；或选择菜单栏【标注(N)】|【多重引线(E)】；或单击【注释】选项卡【引线】面板中“多重引线”命令按钮。

执行命令，系统提示：

指定引线箭头的位置或［引线基线优先(L)/内容优先(C)/选项(O)］<选项>：(在图内确定一点，如图 10－34 中的 *F* 点)

指定引线基线的位置：(在图外确定一点，如图 10－34 中的 *G* 点)

在弹出的“文字编辑器”对话框中输入 t5，然后关闭“文字编辑器”，则在图 10－34 的引线末端自动注上“t5”。

说明：

装配图中给零件编序号时，我们经常需要绘制“端部为黑圆点，文字写在水平横线上”样式的引线，用户可执行 Mleaderstyle 命令(或单击【引线】面板右下角“多重引线样式管理器”按钮)，系统弹出【多重引线样式管理器】对话框(如图 10－35 所示)，单击“新建(N)”按钮，给出样式名后，单击“继续”按钮，弹出【修改多重引线样式】对话框，在其中的【内容】选项板中修改：引线连接位置为“第一行加下划线”；在【引线格式】选项板中修改：箭头符号为“小点”，确定即设置完成。

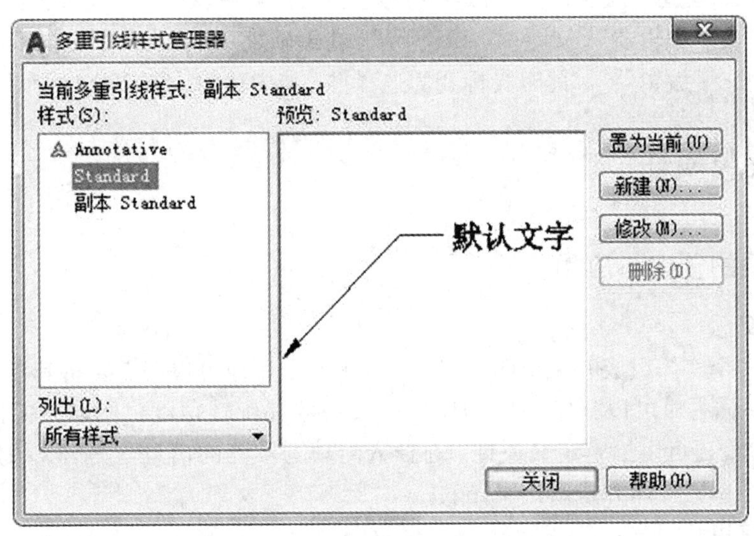

图 10－35　【多重引线样式管理器】对话框

10.8.3　尺寸标注的编辑

编辑尺寸标注主要是指对标注文字、尺寸界线、标注样式等进行修改以符合用户要求。下面举例说明如何更新标注样式，修改标注数值。

例 10－5　将图 10－36(a)标注样式更新为图 10－36(b)标注样式，并修改标注值为 ϕ200。

操作步骤：

1. 命令：Dimstyle

执行命令后，系统弹出的【标注样式管理器】对话框(如图 10－32 所示)，选【修改(M)】，在弹出的【修改标注样式】对话框的【调整】选项卡，改“使用全局比例(S)”的值为 5，并将修改后的样式"置为当前(U)"，关闭对话框，结果如图10－36(b)所示。

若只是对所有标注中的某几个尺寸标注的比例作调整，则在弹出的【标注样式管理器】对话框中选【替代(O)】，改比例值为5，并将修改后的样式"置为当前(U)"，关闭对话框后，接着选择菜单栏【标注(N)】|【更新(U)】(或单击"标注更新"按钮)；再选择所需调整的几个尺寸即可。

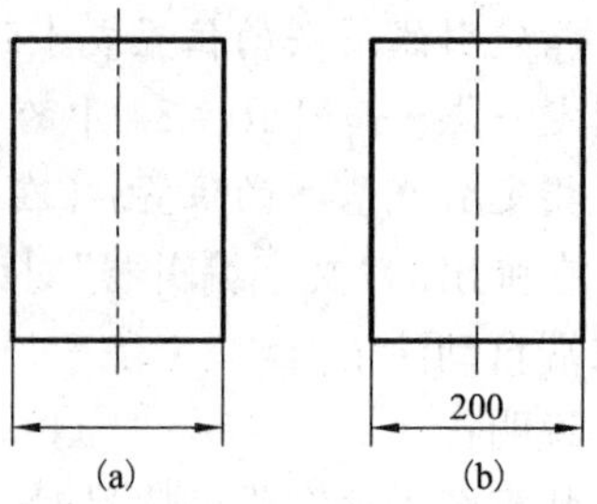

图10－36　编辑尺寸标注示例

2. 修改标注值200为ϕ200

调入命令方式：输入Dimedit；或选择"编辑标注"命令按钮。

功能：编辑标注对象上的标注文字和尺寸界线。

执行命令后，系统提示：

输入标注编辑类型［默认(H)/新建(N)/旋转(R)/倾斜(O)］<默认>：N↙

在弹出的"文字编辑器"(如图10－25所示)的编辑框中删除原来文本，输入%%C200，然后单击"关闭文字编辑器"，此时光标变为选择框，选中待修改的200，回车即完成修改。

10.9　图块与属性

10.9.1　图块的创建与应用

1. 图块的概念

图块是由多个实体组成并赋予图块名的一个整体，用户可根据需要将其插入到图形的指定位置，并且在插入时可以指定不同的比例缩放系数和旋转角度。图形中的图块可以被移动、删除和复制，还可以给它定义属性，在插入时填写不同的信息。另外，用户还可以将图块分解为一个个单独实体并重新定义图块。

2. 图块的作用

(1)减少工作量，便于修改。

在绘制一幅图形时，经常会遇到一些图形重复出现，如果把这些经常出现的图形做成块保存起来，在绘图时，就可以使用插入图块的方法来拼合构图；在修改时，如要修改多次插入到图中的某个块，无须逐个修改，只需简单地重新定义一次该块，所需修改的块会自动地被新定义的块代替。这样既可以避免很多重复工作，又可以提高绘图的速度和质量。

(2)节省存储空间。

每个加入图形的实体都将增加文件的大小，AutoCAD数据库记录了图形中每个重复出现的点、线或圆。如把重复出现的图形定义成块，按块插入方式绘图，虽然在块的定义时包含了图形的全部对象，但系统只需要一次这样的定义。块的每次插入，AutoCAD仅需要记住这个块对象的有关信息(如块名、插入点坐标及插入比例等)即可，从而节省了磁盘空间。

3. 创建块命令(Block)

功能：从选定的对象中创建一个块定义。

调入命令方式：输入 Block 命令；或选择菜单栏【绘图(D)】|【块(K)】|【创建(M)】；或单击【插入】选项卡【块定义】面板中的“创建块”命令按钮 。

执行命令，系统弹出【块定义】对话框如图 10 - 37 所示。

图 10 - 37　【块定义】对话框

其中，各选项功能如下：

- 名称(N)：用于输入块的名称，最多可使用 255 个字符。
- 基点：用于设置块的插入基点位置。用户可以直接在 X、Y、Z 文本框中输入，也可以单击拾取点按钮，切换到绘图窗口并选择基点。
- 对象：用于设置组成块的对象。单击“选择对象”按钮，可以切换到绘图窗口选择组成块的各对象。
- 块单位(U)：用于设置从 AutoCAD 设计中心中拖动块时的单位。
- 超链接(L)：单击该按钮，将打开“插入超链接”对话框，利用该对话框可以插入超级链接文档。
- 说明：用于输入当前块的说明部分。

例 10 - 6　将图 10 - 38 所示图形定义成块，块的插入基点为圆心。

操作：执行 Block 命令，系统弹出对话框如图 10 - 37 所示，对该对话框的操作步骤如下：

①在【名称】下拉列表框中输入块名 aa。

②单击【基点】选项区中的“拾取点”按钮，在图形屏幕中，捕捉圆心作为插入基点。确定基点后，又回到图 10 - 37 所示的对话框。

③单击【对象】选项区中的“选择对象”按钮，选择图 10 - 38 所示的所有实体后，单击鼠标右键，回到图 10 - 37 的对话框，单击“确定”按钮，则块 aa 已定义好。

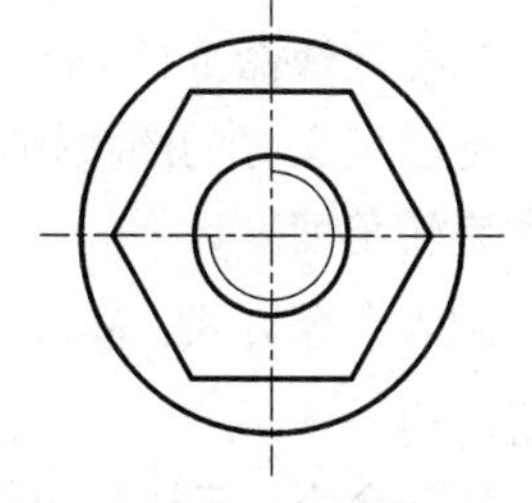

图 10 - 38　Block 命令示例

4. 写块命令(Wblock)

用 Block 定义块只能在本幅图内进行插入，而不能插入到其他的图形文件中去，若要插入非本幅图所定义的块，就必须用 Wblock 命令将块写到一个新的文件中。执行 Wblock 命令(或单击“写块”命令按钮)后，系统弹出【写块】对话框(图 10－39)。

图 10－39 【写块】对话框

若要将已存在的块写入新文件中，首先应在【源】选项区中选取“块”选项，并在其右边的下拉列表中输入已存在的块名；然后在【目标】选项区的编辑框中输入路径及文件名，单击“确定”按钮，则该块已成为一个图形文件。

若没有事先定义块，应先在【源】选项区中选“对象”选项，然后按定义块的同样方式，确定插入基点，选择要被定义成块的实体；再输入文件名，确定路径，单击“确定”按钮，则该实体写入到一新图形文件。

另外，也可以将“整个图形”定义为块写入到一新图形文件。

5. 插入块命令(Insert)

把已定义好的图块插入到当前图形的某个位置。同时，在插入时，可改变图形的比例系数和旋转角度。

调入命令方式：输入 Insert；或选择菜单栏【插入(I)】|【块(B)】；或单击【块】面板中按钮。

执行命令，系统弹出【插入】对话框，在【名称】下拉列表框中输入块名，若需插入的是某个图形文件，单击“浏览”按钮，找到所需插入的图形文件；勾选在屏幕上指定点，然后调整

块的 X、Y、Z 的比例因子以及旋转的角度，单击“确定”按钮，光标进入图形屏幕，指定一插入点，则图块或图形被插入到当前图形中。

6. 块的炸开及重定义

一旦某些实体被定义成块，它将被作为一个整体来进行处理，用户无法对块内部的实体进行编辑和修改。因此，要修改块内部的实体，就须先将其炸开。如果在插入块之前将块炸开，只需在 Insert 命令弹出的【插入】对话框中选中“分解”选项；如要炸开已插入到图形中的块，可使用 Explode 命令（ 按钮）。

若要对已插入的若干个相同的块进行修改，不必全部炸开后逐个修改，只需将其中的一个炸开，修改后重新定义一次即可。其操作步骤与前面的定义块一样。

[螺钉安装举例]

10.9.2　块的属性定义与编辑

块属性是附属于块的非图形信息，是块的组成部分，是特定的可包含在块定义中的文字对象。定义一个块时，属性必须预先定义而后被选定。属性可以作为图形的一部分显示，也可以隐藏起来，但其所包含的信息总是可用的。

1. 定义属性命令 Attdef

调入命令方式：输入 Attdef；选择菜单栏【绘图（D）】|【块（K）】|【定义属性（D）】；或单击“定义属性”命令按钮。

执行命令，系统弹出【属性定义】对话框，如图 10 – 40 所示。

图 10 – 40　【属性定义】对话框

其中，各选项功能如下：

• 模式：可以设置属性的模式：属性值可见、不可见；是否为定值；是否对属性值进行验证；是否将属性值直接预置成它的默认值等。

• 属性：可以定义块的属性。用户可以在【标记(T)】文本框中输入属性的标记，在【提示(M)】文本框中输入插入块时系统显示的提示信息，在【默认(L)】文本框中输入属性的默认值。

• 插入点：设定属性文本的插入点，缺省的插入点是坐标原点。

• 文字设置：设定文字的对齐方式、样式、字高、旋转角度等。

例 10 – 7 将图 10 – 41(b)所示的表面粗糙度符号制作为带属性的块。

参考步骤：

(1)将当前层转换为 0 层，将当前颜色和当前线型设置为随层(bylayer)。

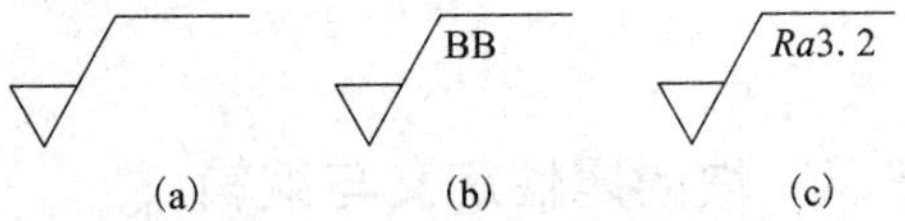

(2)绘制如图 10 – 41(a)所示图形符号。

(3)定义图块的属性。

BB　Ra3.2

(a)　(b)　(c)

图 10 – 41　表面粗糙度符号示例

使用 ATTDEF 命令，在弹出的属性定义对话框中设置以下参数：

标记(T)：BB(可任意命名)

提示(T)：Ra (可根据属性值特性命名)

值(L)：3.2(可不设置)

其余部分可默认系统设定的缺省值，也可根据需要进行修改。单击“确定”按钮，系统提示：

指定起点：(用光标确定属性 BB 的左下角点)

则属性已定义好，如图 10 – 41(b)所示。

(4)创建带属性的块(Wblock 命令或 Block 命令)。

命令：Block

执行命令后，系统弹出对话框如图 10 – 37 所示，对该对话框作如下操作：

①在【名称】下拉列表框中输入块名 CCD。

②单击【基点】选项区中的“拾取点”按钮，回到绘图窗口，捕捉图 10 – 41(b)中最下位置顶点作为插入基点。

③单击【对象】选项区中的“选择对象”按钮，选择图 10 – 41(b)所示的所有对象后回车。

④回到【块定义】对话框，单击“确定”按钮，则块 CCD 已定义好。

⑤插入图块(Insert 命令)。

执行此命令后，在弹出的对话框，名称下拉列表中选取已定义的图块 CCD，单击“确定”按钮后，系统提示：

指定插入点或 [比例(S)/X/Y/Z/旋转(R)/预览比例(PS)/PX/PY/PZ/预览旋转(PR)]：(光标指定插入点)

输入属性值 BB <3.2>：Ra 3.2(输入所需标注的粗糙度 Ra 的值)

回车后的结果如图 10 – 41(c)所示。

2. 编辑属性命令(Eattedit)

功能：编辑块中每个属性的值、文字选项和特性。

调入命令方式：输入 Eattedit；或选择菜单栏【修改(M)】|【对象(O)】|【属性(A)】|【单个(S)】；或选择【插入】|【块】|“编辑属性”命令按钮；或双击块属性。

执行命令后，系统提示：

选择块：(提示用户在绘图区域中选择块。如果选择的块不包含属性，或者所选的不是块，则将显示一条错误消息，提示选择另一个块)

选择带有属性的块后，系统弹出【增强属性编辑器】对话框(图 10－42)，其中，各选项功能如下：

(1)属性。显示块中每个属性的标记、提示和值。用户可以通过它来修改属性值。

(2)文字选项。用于修改属性文字的格式，包括文字样式、对齐方式、文字高度、旋转角度等。

(3)特性。用于修改属性文字的图层及其线宽、线型、颜色及打印样式等。

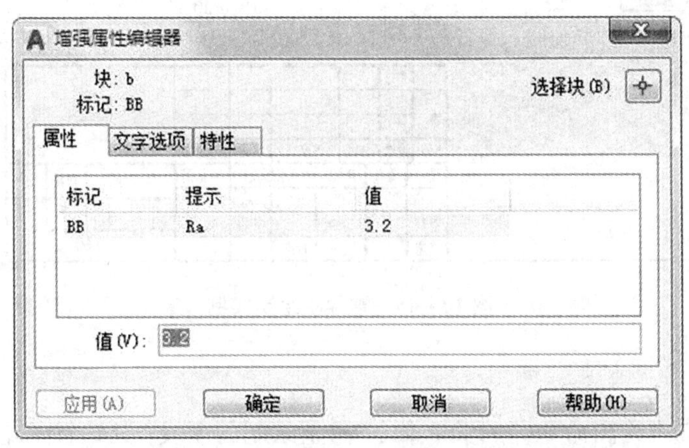

图 10－42　【增强属性编辑器】对话框

10.10　项目驱动——零件图、装配图的绘制实例

例 10－8　绘制如图 10－43 所示的零件图。

参考步骤如下。

1. 建立一张 A3 图纸

(1)设置作图环境(参见本书 10.2.3 小节)。

当新建一幅新图时，用户可移动鼠标，观察状态行上坐标的变化，若该幅图的范围已基本上是 A3 图纸的大小，则可直接作图，否则需进行以下操作：用 Limits 命令设置作图界限，左下角为(0，0)，右上角为(420，297)，然后用 Zoom 命令的 All 选项显示全范围。

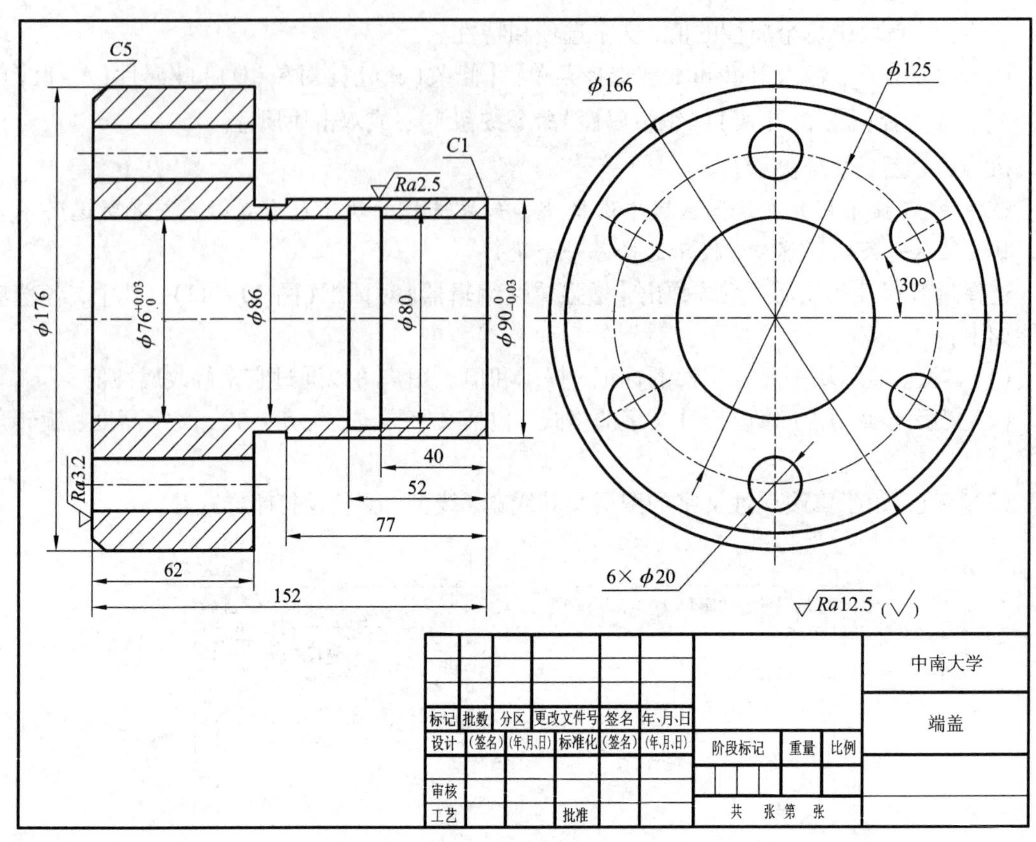

图 10－43　零件图绘制实例

(2)设置图层。

因 AutoCAD 二维绘图命令(除 Pline 命令外)所绘制的图线，其缺省线宽均为零。要绘制出粗、细线，可通过设置不同的颜色，在输出时加以区分(假设白色为粗线，其他颜色为细线)，或者设置线宽后再打印。此例中按颜色来区分粗、细线，因此按线型和图形间的内在联系来设置图层。如视图中对象轮廓为粗实线，则将它绘制在同一层上；如尺寸均为细实线，则将它绘制在另一层上。对于个别与图层不同的图线可用 Properties 命令来修改它的线型和颜色。

参见本书 10.2.4 小节，设置如下图层见表 10－2。

表 10－2　图层设置表

层名	颜色	线型	线宽	说明
0	白色	continuous	0.5	绘制视图中的粗实线
TK	绿色	continuous	0.25	绘制视图中的细实线
DIM	绿色	continuous	0.25	标注尺寸，注写文字
Hatch	绿色	continuous	0.25	绘制剖面线
Cen	红色	center	0.25	绘制轴线、对称中心线

(3)绘制图框、标题栏。

①设置 TK 层为当前层。

②绘制图框：

用 Rectang 命令( )绘制从原点(0, 0)到点(420, 297)的外部矩形框(外框表示 A3 图纸的幅面)。

按横置 A3 图纸对应的图框的国家标准，确定内部矩形框的左下角点坐标为(25, 5)，右上角点坐标为(415, 292)，重复 Rectang 命令绘制内部矩形框。

③绘制标题栏：

用 Explode 命令( )分解内部矩形框，则矩形框分解成 4 条首尾连接的线段。用 Offset 命令( )偏移底边、右侧边得标题栏中各图线，然后用 Trim 命令( )修剪多余的线。

④用 Properties 命令( )调出“特性”选项板，将内部矩形框、标题栏的外框及部分线段由 TK 层改变到 0 层，使它们变为粗实线。

⑤用 Save 命令( )存盘，其文件名为 A3。

2. 绘制左视图

(1)绘制中心线，以定位视图。

①将 Cen 层设置为当前层。

②绘制圆的对称中心线(图 10－44)。

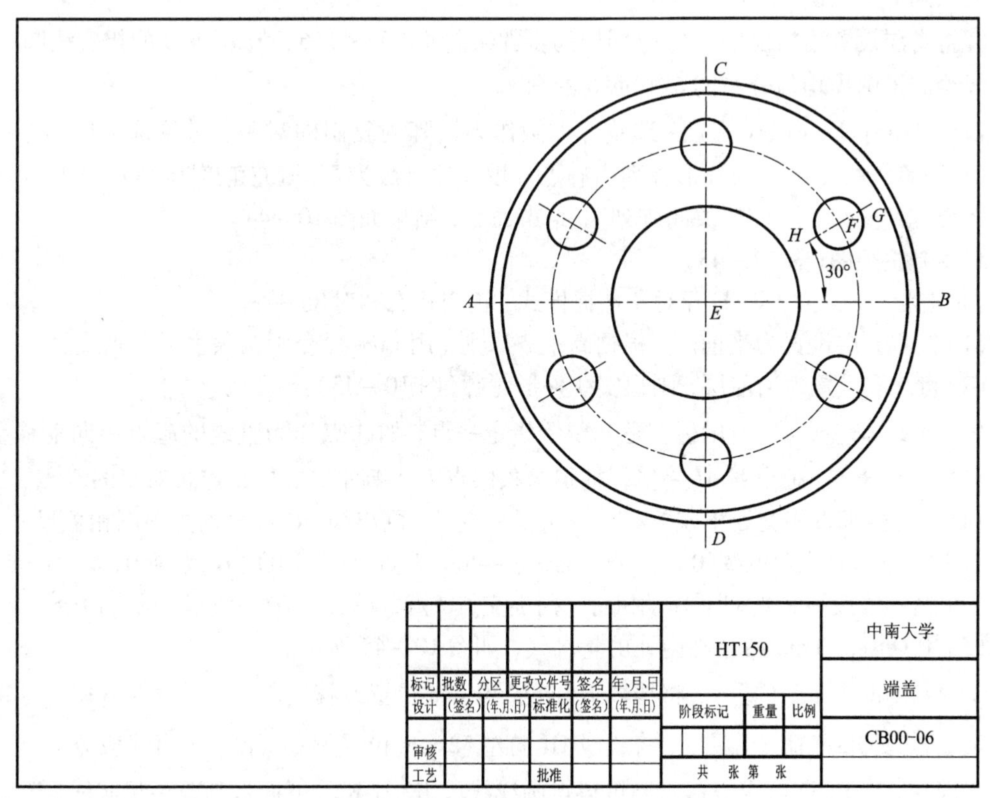

图 10－44　零件图的绘制(一)

按 F8 键，打开正交状态，执行 Line 命令，鼠标在适当位置确定起点和终点，如 A、B 点，绘制水平点画线 AB。

同理，绘制竖直点画线 CD。

③设置常用捕捉模式和 30°极轴。

选择菜单栏【工具(T)】|【草图设置(F)】，系统弹出“草图设置”对话框，点取“极轴追踪”标签，设置极轴角增量 30°；点取“对象捕捉”标签，系统弹出“对象捕捉”选项卡，设置中点、端点、象限点、圆心、交点、垂足为常用捕捉模式。单击状态栏上图标，打开极轴、对象捕捉模式。

④绘制倾斜 30°角的点画线 HG(图 10－44)。

执行 Line(╱)命令→鼠标捕捉交点 *E* 作为直线的起点→从 *E* 点沿 30°方向移动鼠标，会出现倾斜 30°的极轴，在 *G* 点附近确定一点作为直线的端点→回车，结束命令，绘出点画线 *EG*。

执行 Break 命令(⎣⎦)→在 *H* 点附近选取点画线 *EG*(此点作为第一个打断点)→鼠标捕捉交点 *E*(*E* 点是第二个打断点)。

(2)绘制圆(图 10－44)。

①画 ϕ125 的圆。

执行 Circle 命令(⊙)→将鼠标移到 *AB*、*CD* 两直线交点附近捕捉交点 *E*，指定 *E* 点为圆心→输入圆的半径值 62.5，回车。

②将 0 层设置为当前层，按 1)同样的步骤绘制 ϕ176、ϕ166、ϕ76、ϕ20 的粗实线圆。

③绘制沿圆周均匀分布的 6 个 ϕ20 的圆。

执行 Arraypolar 命令(⁘)→ 选 ϕ20 的圆作为需阵列复制的对象，对象选定后回车→选 *AB*、*CD* 两直线的交点 *E* 为环形阵列中心点→填写项目数为 6、填充角度为 360°(此时可预览看到环形阵列图案)；单击“关闭阵列”，结束命令，结果如图 10－44。

3. 绘制主视图(图 10－43)

(单击状态栏上图标，打开对象捕捉模式，正交状态和对象追踪。)

(1)将 Cen 层设置为当前层，根据高平齐原则，用 Line 命令画两条水平点画线。

(2)将 0 层设置为当前层，画粗实线外形轮廓(图 10－45)。

执行 Line 命令(╱)→鼠标在适当位置指定一点，如 *A* 点作为直线的起点→向上移动鼠标，捕捉垂足 *B* 点，画出线 *AB*→鼠标捕捉与象限点 *P* 点高平齐，与 *B* 点长对正的 *C* 点，当水平极轴与 *AB* 的垂直相交处出现“×”，单击鼠标左键，画出线 *BC* →根据主视图相关尺寸，利用相对坐标确定 *D* 点(@62，0)、*E* 点(@0，－45)、*F* 点(@13，0)、*G* 点(@0，2)、*H* 点(@77，0)画出各线段→竖直向下移动鼠标，捕捉交点 *I* 点，画出线 *HI*→回车，结束命令。

(3)用 Offset、Trim 命令画内孔的轮廓线，如图 10－45 所示。

①执行 Offset 命令(⏢)，将线段 *HI* 向左 40 mm 位置偏移复制，得线段 H_1I_1；

重复执行 Offset 命令(⏢)，将线段 HI 向左 52 mm 位置偏移复制，可得线段 H_2I_2。

②同理，将 BI 点画线偏移复制可得点画线线段 JK，J_1K_1，下面将其改为粗实线：选中 JK 和 J_1K_1，调入命令 Properties(▤)，系统弹出“对象特性”选项板，可修改其图层为 0 层，或直

接修改其线型、线宽。

③用 Zoom 命令放大待修剪的局部区域。

④用 Trim 命令( )，选中线段 JK、J_1K_1、H_1I_1、H_2I_2 作为剪切边，回车→继续选择图 10－45 中线段 JK、J_1K_1、H_1I_1、H_2I_2 的细实线部分作为要修剪的对象→执行后，结果为图中粗实线所示部分。

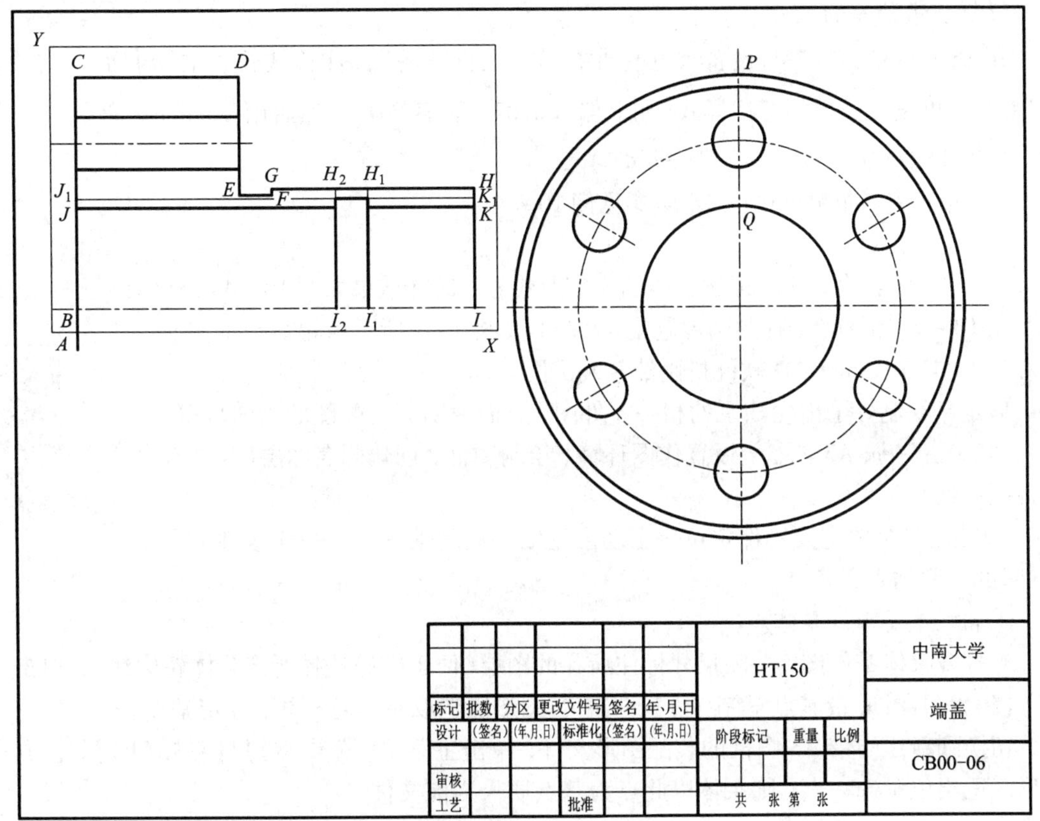

图 10－45　零件图的绘制(二)

接着用 Line 命令画上部小孔的轮廓线，Trim 命令修剪多余的线。

(4)在 *C* 和 *H* 处绘制倒角。

执行 Chamfer 命令( )→设置两边的倒角距离都为 5 mm→鼠标选择图 10－45 中直线 *BC* 为第一倒角边；直线 *CD* 为第二倒角边→完成 *C* 处倒角。

用同样的方法对 *H* 端倒角，其倒角距离为 1。

用 Erase 命令( )删除多余的线(如 *AB*)。

(5)镜像复制完成主要轮廓线的绘制。

执行 Mirror 命令( )，用窗口方式选择要镜像的实体，如图 10－45 所示，回车→指定直线 *BI* 为镜像线→不删除源对象，回车即得主视图外轮廓。

(6)绘制剖面线。

将 Hatch 层设置为当前层，用 Bhatch 命令绘制剖面线，选定剖面线类型为 ANSI31，用鼠标左键在需画剖面线区域内指定一点来追踪边界，并绘制剖面线，结果如图 10－43 主视图所示。

4. 标注尺寸、表面粗糙度、注写文字

(1)将 DIM 层设置为当前层。

(2)标注各部分尺寸。

①用系统缺省的“ISO－25”样式进行一般的尺寸标注。

②标注带公差的尺寸。

用 Dimstyle 命令( )设置尺寸标注样式，在打开的“标注样式管理器”对话框，点“替代”按钮，再设置公差的标注样式(如上偏差 0.03，下偏差 0)。然后用 Dimlinear 命令( )标注，测量值前添加符号“%%C”(即“ϕ”)。

(3)标注表面粗糙度(操作步骤参见例 10－7)。

(4)注写文字。

利用 Mtext 命令，注写标题栏内的文字及代号，最终结果如图 10－43 所示。

例 10－9 依据《工程制图习题集》第 131 页题 9－1 所示齿轮油泵工作原理和零件图，用 AutoCAD 软件拼画油泵装配图。

[齿轮油泵装配图的绘制视频]

假定已绘制好了齿轮油泵的相关零件图，下面说明其装配图的画图步骤：

(1)新建一张 A3 图纸：设置作图环境、绘制图框、创建同名图层(与已有零件图一致)

(2)按照“泵体主要零件定位—主动齿轮轴—从动轴—泵盖—连接件—密封件”的顺序插入各零件。

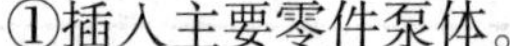

①插入主要零件泵体。

先打开泵体零件图，关闭尺寸标注所在的图层(便于准确选择所需泵体轮廓线)，单击主菜单【编辑(E)】|【带基点复制(B)】，接着在图形区选取泵体轮廓线，并定基点。

切换到新建的带 A3 图框的装配图形文件，单击主菜单【编辑(E)】|【粘贴(P)】，接着在图形区适当位置选一点，则泵体以此点为基点插入当前文件。

②插入主动齿轮轴。

先打开主动齿轮轴零件图，关闭尺寸标注所在的图层(便于准确选择所需泵体轮廓线)，单击主菜单【编辑(E)】|【带基点复制(B)】，接着在图形区选取主动齿轮轴轮廓线，并定齿轮左端面中心为基点。

切换到新建的带 A3 图框的装配图形文件，单击主菜单【编辑(E)】|【粘贴(P)】，接着在图形区选取泵体上的安装对应点，回车则主动齿轮轴插入到泵体中。

其他各零件的插入操作同上。

(3)给各组成零件编序号。

(4)复制标题栏，绘制并填写明细栏，撰写技术要求。

问题思考

(1)计算机辅助绘图(CAD)系统的基本组成部分有哪些？

(2)计算机辅助绘图(CAD)与传统手工绘图比较，主要优势是什么？

(3)利用 AutoCAD 绘制工程图的基本步骤是什么？

附　录

附录 1　标准结构

1.1　普通螺纹(GB/T 193—2003,GB/T 196—2003)

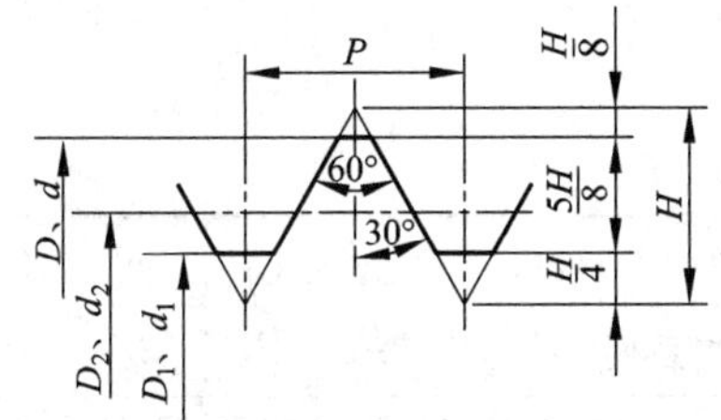

标记示例:

公称直径为 24 mm、螺距为 1.5 mm,右旋的细牙普通螺纹:

M24 × 1.5

附表 1-1　普通螺纹的基本尺寸　　mm

公称直径 D、d		螺距 P		粗牙小径 D_1、d_1	公称直径 D、d		螺距 P		粗牙小径 D_1、d_1
第一系列	第二系列	粗牙	细牙		第一系列	第二系列	粗牙	细牙	
3		0.5	0.35	2.459		22	2.5	2,1.5,1,(0.75),(0.5)	19.294
	3.5	(0.6)		2.850	24		3	2,1.5,1,(0.75)	20.752
4		0.7	0.5	3.242		27	3	2,1.5,1,(0.75)	23.752
	4.5	(0.75)		3.688					
5		0.8		4.134	30		3.5	(3),2,1.5,1,(0.75)	26.211
6		1	0.75,(0.5)	4.917		33	3.5	(3),2,1.5,(1),(0.75)	29.211
8		1.25	1,0.75,(0.5)	6.647	36		4	3,2,1.5,(1)	31.670
10		1.5	1.25,1,0.75,(0.5)	8.376		39	4		34.670
12		1.75	1.5,1.25,1,(0.75),(0.5)	10.106	42		4.5	(4),3,2,1.5,(1)	37.129
	14	2	1.5,(1.25),1,(0.75),(0.5)	11.835		45	4.5		40.129
16		2	1.5,1,(0.75),(0.5)	13.835	48		5		42.587
	18	2.5	2,1.5,1,(0.75),(0.5)	15.294		52	5	4,3,2,1.5,(1)	46.587
20		2.5		17.294	56		5.5		50.046

注:① 优先选用第一系列,括号内尺寸尽可能不用。

② 公称直径 D、d 第三系列未列入。

③ * M14 × 1.25 仅用于火花塞。

④ 中径 D_2、d_2 未列入。

1.2 梯形螺纹(GB/T 5796.1—1986 ~ GB/T 5796.4—1986)

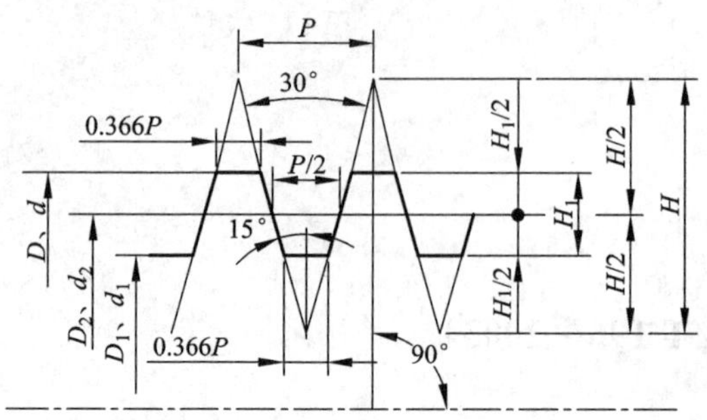

标记示例:

公称直径 40 mm,导程 14 mm,螺距 7 mm 的双线左旋梯形螺纹:

Tr40 × 14(P7)LH

附表 1-2 梯形螺纹的基本尺寸

mm

公称直径 d		螺距	中径	大径	小 径	
第一系列	第二系列	P	$d_2=D_2$	D_4	d_3	D_1
8		1.5	7.25	8.30	6.20	6.50
	9	1.5	8.25	9.30	7.20	7.50
		2	8.00	9.50	6.50	7.00
10		1.5	9.25	10.30	8.20	8.50
		2	9.00	10.50	7.50	8.00
	11	2	10.00	11.50	8.50	9.00
		3	9.50	11.50	7.50	8.00
12		2	11.00	12.50	9.50	10.00
		3	10.50	12.50	8.50	9.00
	14	2	13.00	14.50	11.50	12.00
		3	12.50	14.50	10.50	11.00
16		2	15.00	16.50	13.50	14.00
		4	14.00	16.50	11.50	12.00
	18	2	17.00	18.50	15.50	16.00
		4	16.00	18.50	13.50	14.00
20		2	19.00	20.50	17.50	18.00
		4	18.00	20.50	15.50	16.00
	22	3	20.00	22.50	18.50	19.00
		5	19.50	22.50	16.50	17.00
		8	18.00	23.50	13.00	4.00
24		3	22.50	24.50	20.50	21.00
		5	21.50	24.50	18.50	19.00
		8	20.00	25.00	15.00	16.00

公称直径 d		螺距	中径	大径	小 径	
第一系列	第二系列	P	$d_2=D_2$	D_4	d_3	D_1
	26	3	24.50	26.50	22.50	23.00
		5	23.50	26.50	20.50	21.00
		8	22.00	27.00	17.00	18.00
28		3	26.50	28.50	24.50	25.00
		5	25.50	28.50	22.50	23.00
		8	24.00	29.00	19.00	20.00
	30	3	28.50	30.50	26.50	29.00
		6	27.00	31.00	23.00	24.00
		10	25.00	31.00	19.00	20.00
32		3	30.50	32.50	28.50	29.00
		6	29.00	33.00	25.00	26.00
		10	27.00	33.00	21.00	22.00
	34	3	32.50	34.50	30.50	31.00
		6	31.00	35.00	27.00	28.00
		10	29.00	35.00	23.00	24.00
36		3	34.50	36.50	32.50	33.00
		6	33.00	37.00	29.00	30.00
		10	31.00	37.00	25.00	26.00
	38	3	36.50	38.50	34.50	35.00
		7	34.50	39.00	30.00	31.00
		10	33.00	39.00	27.00	28.00
40		3	38.50	40.50	36.50	37.00
		7	36.50	41.00	32.00	33.00
		10	35.00	41.00	29.00	30.00

1.3 非螺纹密封的管螺纹(GB/T 7307—2001)

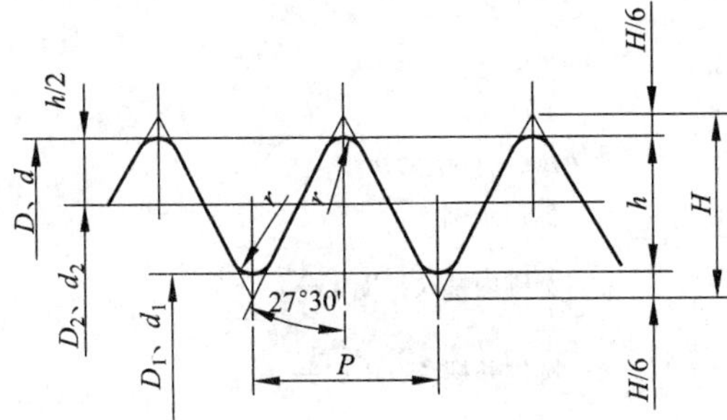

$P=\dfrac{25.4}{n}$　$h=0.640327P$

$H=0.960491P$　$r=0.137329P$

标记示例:

内螺纹　G 1 $\frac{1}{2}$

A 级外螺纹　G 1 $\frac{1}{2}$A

B 级外螺纹　G 1 $\frac{1}{2}$B

左旋　G 1 $\frac{1}{2}$B－LH

附表 1－3　非螺纹密封的管螺纹的基本尺寸　　mm

尺寸代号	每 25.4 mm 内的牙数 n	螺距 P	牙高 h	圆弧半径 r ~	基本直径		
					大径 $d=D$	中径 $d_2=D_2$	小径 $d_1=D_1$
1/16	28	0.907	0.581	0.125	7.723	7.142	6.561
1/8	28	0.907	0.581	0.125	9.728	9.147	8.566
1/4	19	1.337	0.856	0.184	13.157	12.301	11.445
3/8	19	1.337	0.856	0.184	16.662	15.806	14.950
1/2	14	1.814	1.162	0.249	20.955	19.793	18.631
5/8	14	1.814	1.162	0.249	22.911	21.749	20.587
3/4	14	1.814	1.162	0.249	26.441	25.279	24.117
7/8	14	1.814	1.162	0.249	30.201	29.039	27.877
1	11	2.309	1.479	0.317	33.249	31.770	30.291
1⅛	11	2.309	1.479	0.317	37.897	36.418	34.939
1¼	11	2.309	1.479	0.317	41.910	40.431	38.952
1½	11	2.309	1.479	0.317	47.803	46.324	44.845
1¾	11	2.309	1.479	0.317	53.746	52.267	50.788
2	11	2.309	1.479	0.317	59.614	58.135	56.656
2¼	11	2.309	1.479	0.317	65.710	64.231	62.752
2½	11	2.309	1.479	0.317	75.184	73.705	72.226
2¾	11	2.309	1.479	0.317	81.534	80.055	78.576
3	11	2.309	1.479	0.317	87.884	86.405	84.926
3½	11	2.309	1.479	0.317	100.330	98.851	97.372
4	11	2.309	1.479	0.317	113.030	111.551	110.072
4½	11	2.309	1.479	0.317	125.730	124.251	122.772
5	11	2.309	1.479	0.317	138.430	136.951	135.472
5½	11	2.309	1.479	0.317	151.130	149.651	148.172
6	11	2.309	1.479	0.317	163.830	162.351	160.872

1.4 用螺纹密封的管螺纹(GB/T 7306—2000)

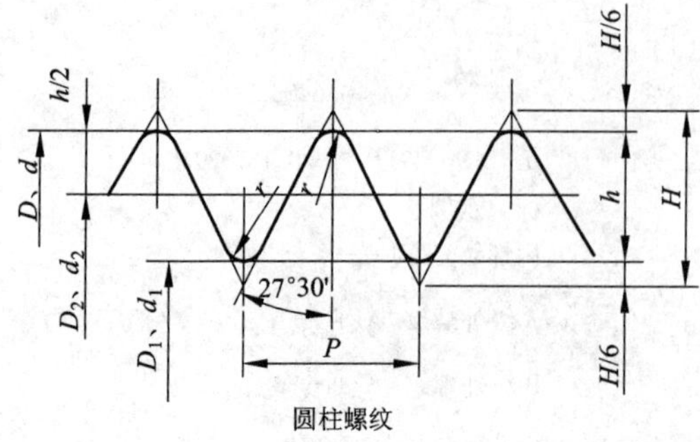

圆柱螺纹

$$P=\frac{25.4}{n}$$

$H=0.960237P$

标记示例:

圆锥内螺纹 $R_c 1\frac{1}{2}$

圆锥外螺纹 $R 1\frac{1}{2}$

圆柱内螺纹 $R_p 1\frac{1}{2}$

左旋时 $R_p 1\frac{1}{2}-LH$

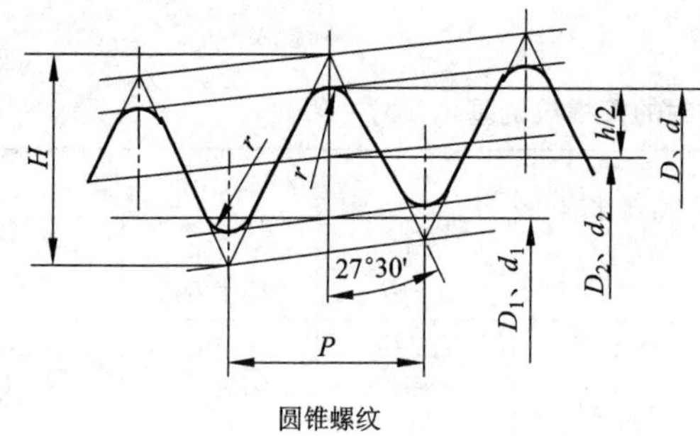

圆锥螺纹

附表 1-4 用螺纹密封的管螺纹的基本尺寸

mm

尺寸代号	每 25.4 mm 内的牙数 n	螺距 P	牙高 h	圆弧半径 $r\sim$	基面上的基本直径		
					大径(基准直径) $d=D$	中径 $d_2=D_2$	小径 $d_1=D_1$
1/16	28	0.907	0.581	0.125	7.723	7.142	6.561
1/8	28	0.907	0.581	0.125	9.728	9.147	8.566
1/4	19	1.337	0.856	0.184	13.157	12.301	11.445
3/8	19	1.337	0.856	0.184	16.662	15.806	14.950
1/2	14	1.814	1.162	0.249	20.955	19.793	18.631
3/4	14	1.814	1.162	0.249	26.441	25.279	24.117
1	11	2.309	1.479	0.317	33.249	31.770	30.291
1¼	11	2.309	1.479	0.317	41.910	40.431	38.952
1½	11	2.309	1.479	0.317	47.803	46.324	44.845
2	11	2.309	1.479	0.317	59.614	58.135	56.656
2½	11	2.309	1.479	0.317	75.184	73.705	72.226
3	11	2.309	1.479	0.317	87.884	86.405	84.926
3½	11	2.309	1.479	0.317	100.330	98.851	97.372
4	11	2.309	1.479	0.317	113.030	111.551	110.072
5	11	2.309	1.479	0.317	138.430	136.951	135.472
6	11	2.309	1.479	0.317	163.830	162.351	160.872

1.5 普通螺纹收尾、肩距、退刀槽、倒角(GB/T 3—1997)

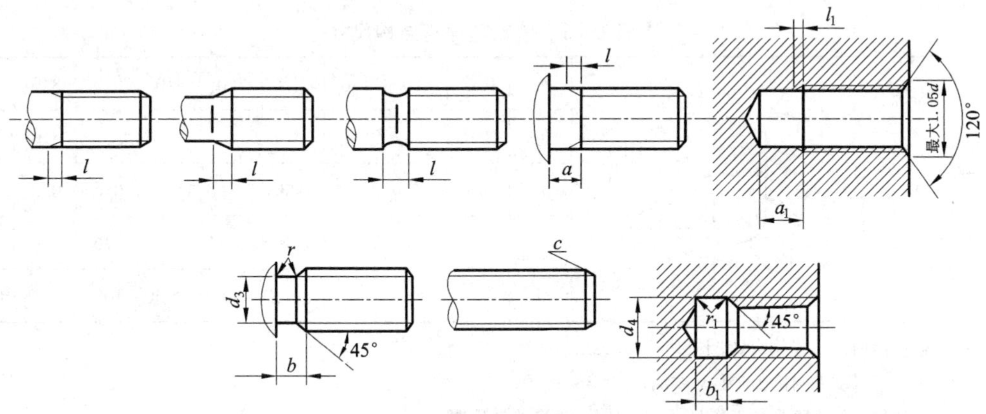

附表 1-5 普通螺纹收尾、肩距、退刀槽、倒角尺寸

mm

螺距 P	粗牙螺纹大径 d	外螺纹						内螺纹				
		螺纹收尾	肩距	退刀槽			倒角	螺纹收尾	肩距	退刀槽		
		l ≯	a ≯	b	r	d_3	C	l_1 ≯	a_1 ≮	b_1	r_1	d_4
0.2	—	0.5	0.6	—	0.5P		0.2	0.4	1.2	—	0.5P	—
0.25	1,1.2	0.6	0.75	0.75				0.5	1.5			
0.3	1.4	0.75	0.9	0.9			0.3	0.6	1.8			
0.35	1.6,1.8	0.9	1.05	1.05		d-0.6		0.7	2.2			
0.4	2	1	1.2	1.2		d-0.7	0.4	0.8	2.5			
0.45	2.2,2.5	1.1	1.35	1.35		d-0.7		0.9	2.8	2		d+0.3
0.5	3	1.25	1.5	1.5		d-0.8	0.5	1	3			
0.6	3.5	1.5	1.8	1.8		d-1		1.2	3.2			
0.7	4	1.75	2.1	2.1		d-1.1	0.6	1.4	3.5	3		
0.75	4.5	1.9	2.25	2.25		d-1.2		1.5	3.8			
0.8	5	2	2.4	2.4		d-1.3	0.8	1.6	4			
1	6.7	2.5	3	3		d-1.6	1	2	5	4		d+0.5
1.25	8	3.2	4	3.75		d-2	1.2	2.5	6	5		
1.5	10	3.8	4.5	4.5		d-2.3	1.5	3	7	6		
1.75	12	4.3	5.3	5.25		d-2.6	2	3.5	9	7		
2	14.16	5	6	6		d-3		4	10	8		
2.5	18,20,22	6.3	7.5	7.5		d-3.6	2.5	5	12	10		
3	24,27	7.5	9	9		d-4.4		6	14	12		
3.5	30,33	9	10.5	10.5		d-5	3	7	16	14		
4	36,39	10	12	12		d-5.7		8	18	16		
4.5	42,45	11	13.5	13.5		d-6.4	4	9	21	18		
5	48,52	12.5	15	15		d-7		10	23	20		
5.5	56,60	14	16.5	17.5		d-7.7	5	11	25	22		
6	64,68	15	18	18		d-8.3		12	28	24		

说明:1. 本表只列入 l、a、b、l_1、a_1、b_1 的一般值;长的、短的和窄的数值未列入。

2. 肩距 $a(a_1)$ 是螺纹收尾 $l(l_1)$ 加螺纹空白的总长。

3. 外螺纹倒角和退刀槽过渡角一般按45°,也可按60°或30°,当螺纹按60°或30°倒角时,倒角深度约等于螺纹深度,内螺纹倒角一般是120°锥角,也可以是90°锥角。

4. 细牙螺纹按本表螺距 P 选用。

1.6 砂轮越程槽(GB/T 6403.5—1997)

附表 1-6 砂轮越程槽结构尺寸 mm

磨外圆 / 磨内圆									
b_1	0.6	1.0	1.6	2.0	3.0	4.0	5.0	8.0	10
b_2	2.0	3.0		4.0		5.0		8.0	10
h	0.1	0.2		0.3	0.4		0.6	0.8	1.2
r	0.2	0.5		0.8	1.0		1.6	2.0	3.0
d	~10			>10~50		>50~100		>100	

注:1. 越程槽内二直线相交处,不允许产生尖角。

2. 越程槽深度 h 与圆弧半径 r 要满足 $r \leq 3h$。

3. 磨削具有整个直径的工作时,可使用同一规格的越程槽。

4. 直径 d 值大的零件,允许选择小规格的砂轮越程槽。

5. 砂轮越程槽的尺寸公差和表面粗糙度根据该零件的结构、性能确定。

1.7 零件倒圆与倒角(GB/T 6403.4—1997)

附表 1-7 零件倒圆与倒角尺寸 mm

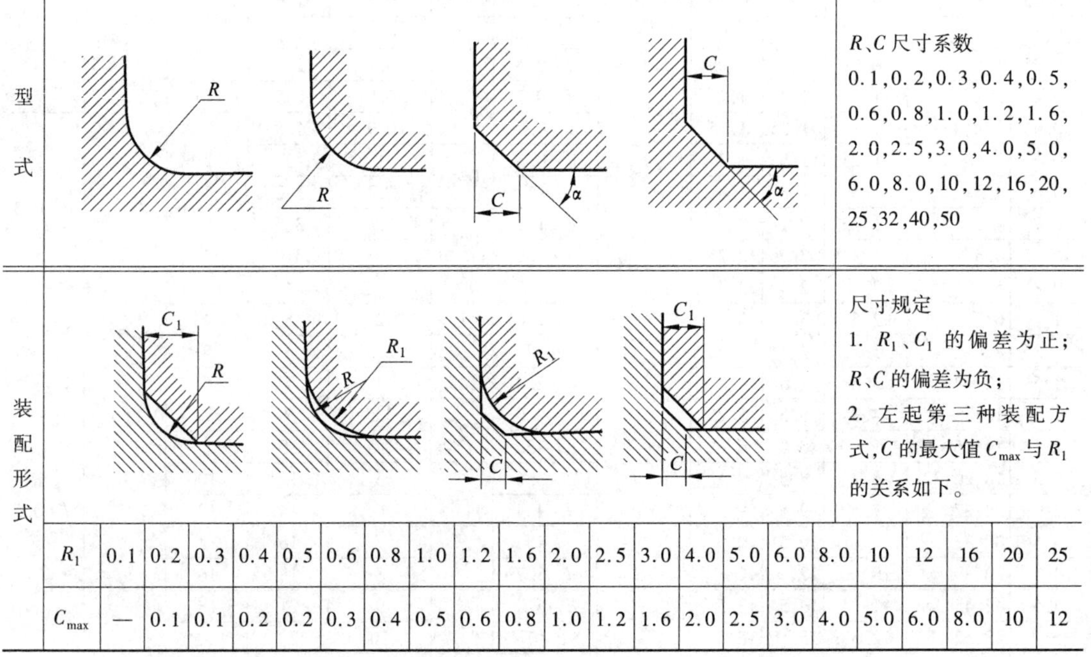

R、C 尺寸系数

0.1, 0.2, 0.3, 0.4, 0.5, 0.6, 0.8, 1.0, 1.2, 1.6, 2.0, 2.5, 3.0, 4.0, 5.0, 6.0, 8.0, 10, 12, 16, 20, 25, 32, 40, 50

尺寸规定

1. R_1、C_1 的偏差为正;R、C 的偏差为负;

2. 左起第三种装配方式,C 的最大值 C_{max} 与 R_1 的关系如下。

R_1	0.1	0.2	0.3	0.4	0.5	0.6	0.8	1.0	1.2	1.6	2.0	2.5	3.0	4.0	5.0	6.0	8.0	10	12	16	20	25
C_{max}	—	0.1	0.1	0.2	0.2	0.3	0.4	0.5	0.6	0.8	1.0	1.2	1.6	2.0	2.5	3.0	4.0	5.0	6.0	8.0	10	12

附录 2　标准件

2.1　六角头螺栓

六角头螺栓　GB/T 5782—2000

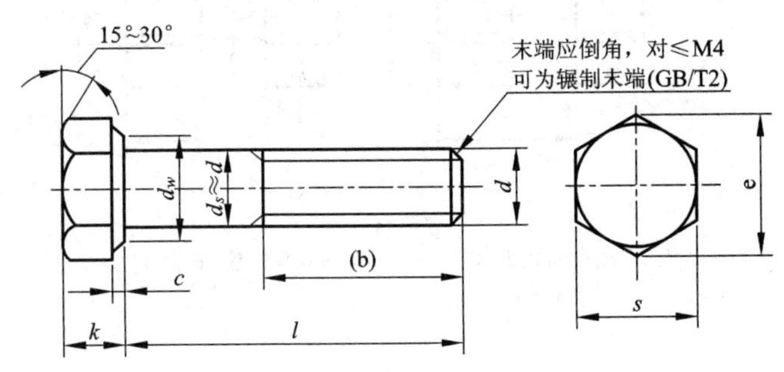

六角头螺栓　全螺纹GB/T 5783—2000

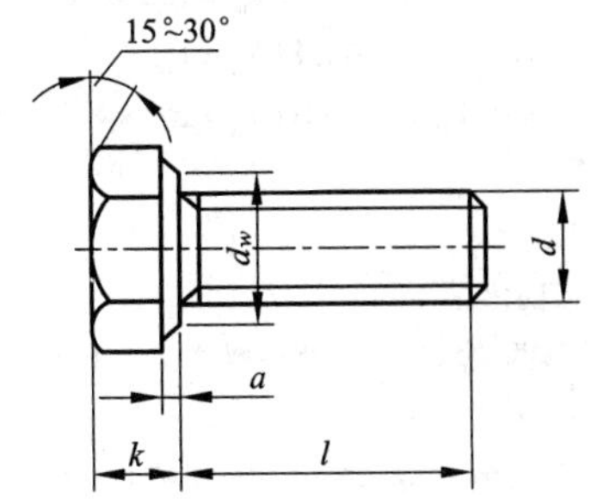

标记示例：

螺纹规格 d = M12、公称长度 l = 80、性能等级为 8.8 级、表面氧化、A 级的六角头螺栓，其标记为：

螺栓　GB/T 5782　M12 × 80

若为全螺纹，其标记为：螺栓 GB/T 5783　M12 × 80

附表 2－1　六角头螺栓各部分尺寸　mm

螺纹规格 d			M3	M4	M5	M6	M8	M10	M12	M16	M20	M24	M30	M36
e min	产品等级	A	6.01	7.66	8.79	11.05	14.38	17.77	20.03	26.75	33.53	39.98	—	—
		B	5.88	7.50	8.63	10.89	14.20	17.59	19.85	26.17	32.95	39.55	50.85	60.79
s 公称 max			5.5	7	8	10	13	16	18	24	30	36	46	55
k 公称			2	2.8	3.5	4	5.3	6.4	7.5	10	12.5	15	18.7	22.5
c	max		0.4	0.4	0.5	0.5	0.6	0.6	0.6	0.8	0.8	0.8	0.8	0.8
	min		0.15	0.15	0.15	0.15	0.15	0.15	0.15	0.2	0.2	0.2	0.2	0.2
d_w min	产品等级	A	4.57	5.88	6.88	8.88	11.63	14.63	16.63	22.49	28.19	33.61	—	—
		B	4.45	5.74	6.74	8.74	11.47	14.47	16.47	22	27.7	33.25	42.75	51.11
GB/T 5782—2000	b 参考	l≤125	12	14	16	18	22	26	30	38	46	54	66	—
		125 < l ≤200	18	20	22	24	28	32	36	44	52	60	72	84
		l > 200	31	33	35	37	41	45	49	57	65	73	85	97
	l 公称		20 ~ 30	25 ~ 40	25 ~ 50	30 ~ 60	40 ~ 80	45 ~ 100	50 ~ 120	65 ~ 160	80 ~ 200	90 ~ 240	110 ~ 300	140 ~ 360
GB/T 5783—2000	a max		1.5	2.1	2.4	3	4	4.5	3	6	7.5	9	10.5	12
	l 公称		6 ~ 30	8 ~ 40	10 ~ 50	12 ~ 60	16 ~ 80	20 ~ 100	25 ~ 120	30 ~ 200	40 ~ 200	50 ~ 200	60 ~ 200	70 ~ 200

注：1. 标准规定螺栓的螺纹规格 d = M1.6 ~ M64。

2. 标准规定螺栓 l 的长度系列为：2，3，4，5，6，8，10，12，16，20，25，30，35，40，45，50，55，60，65，70 ~ 160（10 进位），180 ~ 500（20 进位）。GB/T 5782 的 l 为 10 ~ 500；GB/T 5783 的 l 为 2 ~ 200。

3. 产品等级 A、B 是根据公差取值不同而定，A 级公差小，A 级用于 d = 1.6 ~ 24 和 $l \leq 10d$ 或 $l \leq 150$ 的螺栓，B 级用于 $d > 24$ 或 $l > 10d$ 或 $l > 150$ 的螺栓。

4. 材料为钢的螺栓性能等级有 5.6、8.8、9.8、10.9 级。其中 8.8 级为常用，8.8 级前面的数字 8 表示公称抗拉强度（σ_b，N/mm^2）的 1/100，后面的数字 8 表示公称屈服点（σ_s，N/mm^2）或公称规定非比例伸长应力为（$\sigma_{p0.2}$，N/mm^2）与公称抗拉强度（σ_b）的比值（屈强比）的 10 倍。

2.2 双头螺柱

GB/T 897—1988($b_m=1d$)
GB/T 898—1988($b_m=1.25d$)
GB/T 899—1988($b_m=1.5d$)
GB/T 900—1988($b_m=2d$)

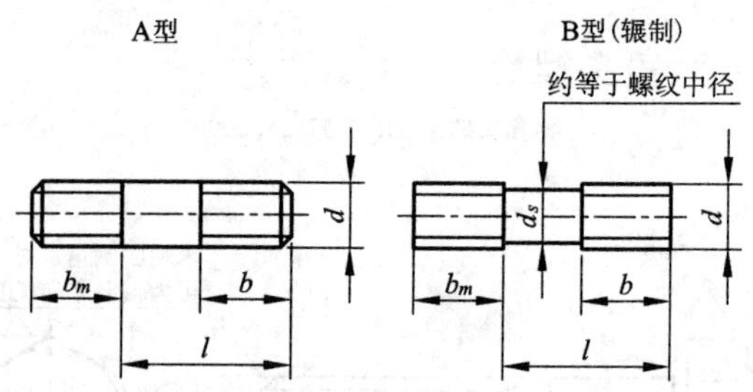

标记示例:

两端均为粗牙普通螺纹,$d=10$、$l=50$、性能等级为4.8级、不经表面处理、B型、$b_m=1d$的双头螺柱,其标记为:

螺柱 GB/T 897 M10×50

若为A型,则标记为:螺柱 GB/T 897 AM10×50

附表2-2 双头螺柱各部分尺寸

mm

螺纹规格 d		M3	M4	M5	M6	M8	M10	M12	M16	M20	M24
b_m 公称	GB/T 897—1988 ($b_m=1d$)			5	6	8	10	12	16	20	24
	GB/T 898—1988 ($b_m=1.25d$)			6	8	10	12	15	20	25	30
	GB/T 899—1988 ($b_m=1.5d$)	4.5	6	8	10	12	15	18	24	30	36
	GB/T 900—1988 ($b_m=2d$)	6	8	10	12	16	20	24	32	40	48
d_s	max	3	4	5	6	8	10	12	16	20	24
	min	2.75	3.7	4.7	5.7	7.64	9.64	11.57	15.57	19.48	23.48
$\frac{l}{b}$		$\frac{16\sim20}{6}$	$\frac{16\sim(22)}{8}$	$\frac{16\sim(22)}{10}$	$\frac{20\sim(22)}{10}$	$\frac{20\sim(22)}{12}$	$\frac{25\sim(28)}{14}$	$\frac{25\sim30}{16}$	$\frac{30\sim(38)}{20}$	$\frac{35\sim40}{25}$	$\frac{45\sim50}{30}$
		$\frac{(22)\sim40}{12}$	$\frac{25\sim40}{14}$	$\frac{25\sim50}{16}$	$\frac{25\sim30}{14}$	$\frac{25\sim30}{16}$	$\frac{30\sim(38)}{16}$	$\frac{(32)\sim40}{20}$	$\frac{40\sim(55)}{30}$	$\frac{45\sim(65)}{35}$	$\frac{(55)\sim(75)}{45}$
					$\frac{(32)\sim(75)}{18}$	$\frac{(32)\sim90}{22}$	$\frac{40\sim120}{26}$	$\frac{45\sim120}{30}$	$\frac{60\sim120}{38}$	$\frac{70\sim120}{46}$	$\frac{80\sim120}{54}$
							$\frac{130}{32}$	$\frac{130\sim180}{36}$	$\frac{130\sim200}{44}$	$\frac{130\sim200}{52}$	$\frac{130\sim200}{60}$

注:1. GB/T 897—1988和GB/T 898—1988规定螺柱的螺纹规格d=M5~M48,公称长度$l=16\sim300$;GB/T 899—1988和GB/T 900—1988规定螺柱的螺纹规格d=M2~M48,公称长度$l=12\sim300$。螺柱l的长度系列为:12,(14),16,(18),20,(22),25,(28),30,(32),35,(38),40,45,50,(55),60,(65),70,(75),80,(85),90,(95),100~200(10进位),尽可能不采用括号内的规格。

2. 材料为钢的螺柱性能等级有4.8,5.8,6.8,8.8,10.9,12.9级,其中4.8级为常用。具体可参见附表2-1中的注4。

2.3　螺钉

开槽圆柱头螺钉GB/T 65—2000　　　　开槽盘头螺钉GB/T 67—2000　　　　开槽沉头螺钉GB/T 68—2000

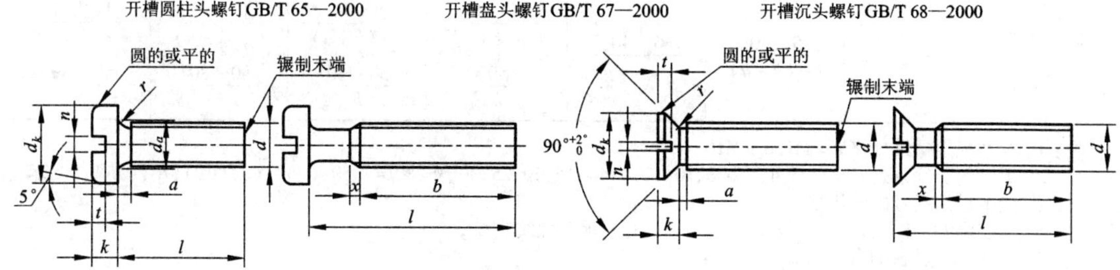

标记示例：

螺纹规格 d = M5、公称长度 l = 20、性能等级为 4.8 级、不经表面处理的 A 级开槽圆柱头螺钉，其标记为：

螺钉　GB/T 65　M5 × 20

附表 2-3　螺钉各部分尺寸

mm

螺纹规格 d			M3	M4	M5	M6	M8	M10
a max			1	1.4	1.6	2	2.5	3
b min			25	38	38	38	38	38
x max			1.25	1.75	2	2.5	3.2	3.8
n 公称			0.8	1.2	1.2	1.6	2	2.5
d_a max			3.6	4.7	5.7	6.8	9.2	11.2
GB/T 65—2000	d_k	公称 = max	5.5	7	8.5	10	13	16
		min	5.32	6.78	8.28	9.78	12.73	15.73
	k	公称 = max	2	2.6	3.3	3.9	5	6
		min	1.86	2.46	3.1	3.6	4.7	5.7
	t min		0.85	1.1	1.3	1.6	2	2.4
	r min		0.1	0.2	0.2	0.25	0.4	0.4
	$\frac{l}{b}$		$\frac{4\sim30}{l-a}$	$\frac{5\sim40}{l-a}$	$\frac{6\sim40}{l-a}$ $\frac{45\sim50}{b}$	$\frac{8\sim40}{l-a}$ $\frac{45\sim60}{b}$	$\frac{10\sim40}{l-a}$ $\frac{45\sim80}{b}$	$\frac{12\sim40}{l-a}$ $\frac{45\sim80}{b}$
GB/T 67—2000	d_k	公称 = max	5.6	8	9.5	12	16	20
		min	5.3	7.64	9.14	11.57	15.57	19.48
	k	公称 = max	1.80	2.40	3.00	3.6	4.8	6
		min	1.66	2.26	2.86	3.3	4.5	5.7
	t min		0.7	1	1.2	1.4	1.9	2.4
	r min		0.1	0.2	0.2	0.25	0.4	0.4
	$\frac{l}{b}$		$\frac{4\sim30}{l-a}$	$\frac{5\sim40}{l-a}$	$\frac{6\sim40}{l-a}$ $\frac{45\sim50}{b}$	$\frac{8\sim40}{l-a}$ $\frac{45\sim60}{b}$	$\frac{10\sim40}{l-a}$ $\frac{45\sim80}{b}$	$\frac{12\sim40}{l-a}$ $\frac{45\sim80}{b}$
GB/T 68—2000	d_k	公称 = max	5.5	8.40	9.30	11.30	15.80	18.30
		min	5.2	8.04	8.94	10.87	15.37	17.78
	k	公称 = max	1.65	2.7	2.7	3.3	4.65	5
	t	max	0.85	1.3	1.4	1.6	2.3	2.6
		min	0.6	1	1.1	1.2	1.8	2
	r max		0.8	1	1.3	1.5	2	2.5

续表

螺纹规格 d		M3	M4	M5	M6	M8	M10
GB/T 68—2000	$\frac{l}{b}$	$\frac{5\sim30}{l-(k+a)}$	$\frac{6\sim40}{l-(k+a)}$	$\frac{8\sim45}{l\sim(k+a)}$ $\frac{50}{b}$	$\frac{8\sim45}{l-(k+a)}$ $\frac{50\sim60}{b}$	$\frac{10\sim45}{l-(k+a)}$ $\frac{50\sim80}{b}$	$\frac{12\sim45}{l-(k+a)}$ $\frac{50\sim80}{b}$

注：1. 标准规定螺纹规格 d = M1.6 ~ M10。

2. 螺钉的长度系列 l 为：2,3,4,5,6,8,10,12,(14),16,20,25,30,35,40,45,50,(55),60,(65),70,(75),80,尽可能不采用括号内的规格。

3. 当表中 l/b 中的 $b=l-a$ 或 $b=l-(k+a)$ 时表示全螺纹。

4. d_a 表示过渡圆直径。

5. 无螺纹部分杆径约等于螺纹中径或允许等于螺纹大径。

6. 性能等级参见附表 2-1 中的注 4。材料为钢的螺钉性能等级有 4.8,5.8 级，其中 4.8 级为常用。

2.4 紧定螺钉

开槽锥端紧定螺钉 GB/T 71—1985

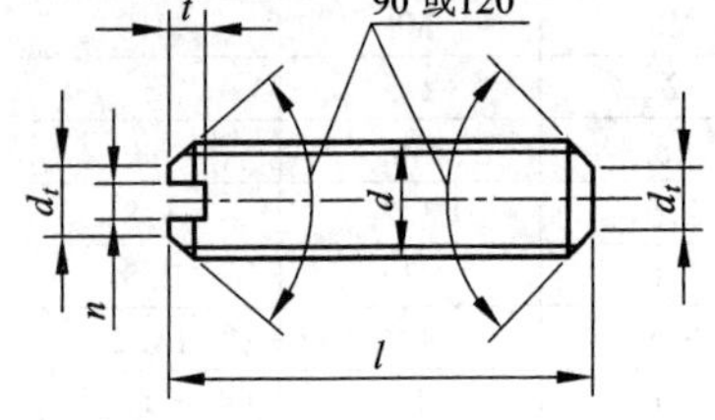

开槽平端紧定螺钉 GB/T 73—1985

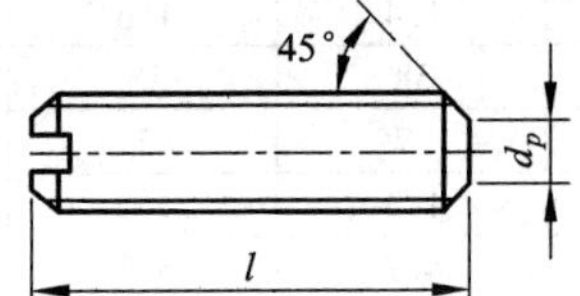

开槽长圆柱端紧定螺钉 GB/T 75—1985

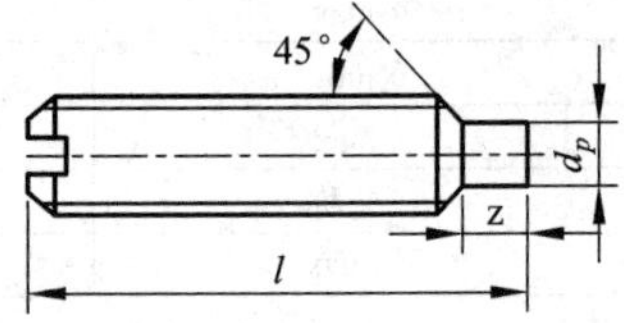

标记示例：

螺纹规格 d = M5、公称长度 l = 12、性能等级为 14H 级、表面氧化的开槽锥端紧定螺钉，其标记为：

螺钉　GB/T 71　M5 × 12

附表 2-4　紧定螺钉各部分尺寸　　mm

螺纹规格 d			M2	M2.5	M3	M4	M5	M6	M8	M10	M12
$d_f \leqslant$			螺纹小径								
n			0.25	0.4	0.4	0.6	0.8	1	1.2	1.6	2
t		max	0.84	0.95	1.05	1.42	1.63	2	2.5	3	3.6
		min	0.64	0.72	0.8	1.12	1.28	1.6	2	2.4	2.8
GB/T 71—1985	d_t	max	0.2	0.25	0.3	0.4	0.5	1.5	2	2.5	3
	l	120°	—	3	—	—	—	—	—	—	—
		90°	3 ~ 10	4 ~ 12	4 ~ 16	6 ~ 20	8 ~ 25	8 ~ 30	10 ~ 40	12 ~ 50	(14) ~ 60
GB/T 73—1985 GB/T 75—1985	d_p	max	1	1.5	2	2.5	3.5	4	5.5	7	8.5
		min	0.75	1.25	1.75	2.25	3.2	3.7	5.2	6.64	8.14
GB/T 73—1985	l	120°	2 ~ 2.5	2.5 ~ 3	3	4	5	6	—	—	—
		90°	3 ~ 10	4 ~ 12	4 ~ 16	5 ~ 20	6 ~ 25	8 ~ 30	8 ~ 40	10 ~ 50	12 ~ 60
GB/T 75—1985	z	max	1.25	1.5	1.75	2.25	2.75	3.25	4.3	5.3	6.3
		min	1	1.25	1.5	2	2.5	3	4	5	6
	l	120°	3	4	5	6	8	8 ~ 10	10 ~ (14)	12 ~ 16	(14) ~ 20
		90°	4 ~ 10	5 ~ 12	6 ~ 16	8 ~ 20	10 ~ 25	12 ~ 30	16 ~ 40	20 ~ 25	25 ~ 60

注：1. GB/T 71—1985 和 GB/T 73—1985 规定螺钉的螺纹规格 d = M1.2 ~ M12，有效长度 l = 2 ~ 60；GB/T 75—1985 规定螺钉的螺纹规格 d = M1.6 ~ M12，有效长度 l = 2.5 ~ 60。

2. 螺钉 l 的长度系列：2,2.5,3,4,5,6,8,10,12,(14),16,20,25,30,35,40,45,50,(55),60，尽可能不采用括号内的规格。

3. 性能等级的标记代号由数字和字母两部分组成，数字表示最低的维氏硬度的 1/10，字母 H 表示硬度。紧定螺钉性能等级有 14H,22H，其中 14H 级为常用。

2.5 螺母

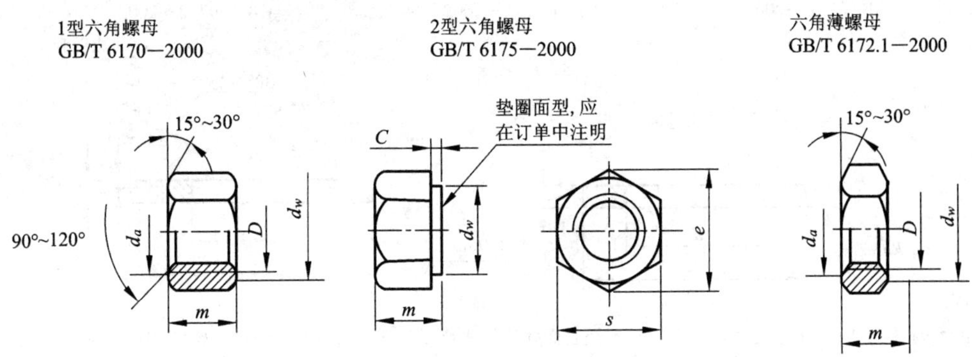

标记示例：

螺纹规格 D = M12、性能等级为 8 级、不经表面处理、A 级的 1 型六角螺母，其标记为：螺母 GB/T 6170 M12

附表 2-5 螺母各部分尺寸

mm

螺纹规格 D		M3	M4	M5	M6	M8	M10	M12	M16	M20	M24	M30	M36
e min		6.01	7.66	8.79	11.05	14.38	17.77	20.03	26.75	32.95	39.55	50.85	60.79
s	max	5.5	7	8	10	13	16	18	24	30	36	46	55
	min	5.32	6.78	7.78	9.78	12.73	15.73	17.73	23.67	29.16	35	45	53.8
c max		0.4	0.4	0.5	0.5	0.6	0.6	0.6	0.8	0.8	0.8	0.8	0.8
d_w min		4.6	5.9	6.9	8.9	11.6	14.6	16.6	22.5	27.7	33.2	42.7	51.1
d_a max		3.45	4.6	5.75	6.75	8.75	10.8	13	17.3	21.6	25.9	32.4	38.9
GB/T 6170—2000 m	max	2.4	3.2	4.7	5.2	6.8	8.4	10.8	14.8	18	21.5	25.6	31
	min	2.15	2.9	4.4	4.9	6.44	8.04	10.37	14.1	16.9	20.2	24.3	29.4
GB/T 6172.1—2000 m	max	1.8	2.2	2.7	3.2	4	5	6	8	10	12	15	18
	min	1.55	1.95	2.45	2.9	3.7	4.7	5.7	7.42	9.10	10.9	13.9	16.9
GB/T 6175—2000 m	max	—	—	5.1	5.7	7.5	9.3	12	16.4	20.3	23.9	28.6	34.7
	min	—	—	4.8	5.4	7.14	8.94	11.57	15.7	19	22.6	27.3	33.1

注：1. GB/T 6170 和 GB/T 6172.1 的螺纹规格为 M1.6 ~ M64；GB/T 6175 的螺纹规格为 M5 ~ M36。

2. 产品等级 A，B 是由公差取值大小决定的，A 级公差数值小。A 级用于 $D \leqslant 16$ 的螺母，B 级用于 $D > 16$ 的螺母。

3. 材料为钢的螺母 GB/T 6170 的性能等级有 6，8，10，其中 8 级为常用；GB/T 6175 的性能等级有 9、12 级，其中 9 级为常用；GB/T 6172.1 的性能等级有 04、05 级，其中 04 级为常用。

2.6 垫圈

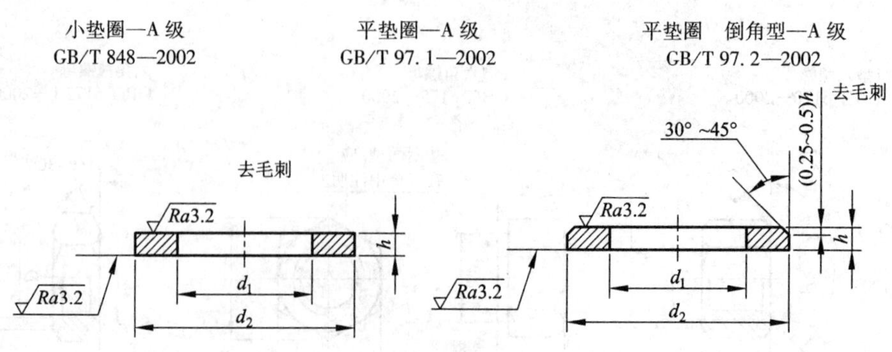

标记示例：

标准系列、规格 8、性能等级为 140 HV 级、不经表面处理的 A 级平垫圈，其标记为：垫圈 GB/T 97.1 8

附表 2-6 垫圈各部分尺寸

mm

规格（螺纹大径）		3	4	5	6	8	10	12	14	16	20	24	30	36
内径 d_1		3.2	4.3	5.3	6.4	8.4	10.5	13	15	17	21	25	31	37
GB/T 848—2002	外径 d_2	6	8	9	11	15	18	20	24	28	34	39	50	60
	厚度 h	0.5	0.5	1	1.6	1.6	1.6	2	2.5	2.5	3	4	4	5
GB/T 97.1—2002	外径 d_2	7	9	10	12	16	20	24	28	30	37	44	56	66
GB/T 97.2—2002*	厚度 h	0.5	0.8	1	1.6	1.6	2	2.5	2.5	3	3	4	4	5

注：1. * 适用于规格为 M5 ~ M36 的标准六角螺栓、螺钉和螺母。

2. 性能等级有 140 HV、200 HV、300 HV 级，其中 140 HV 级为常用。140 HV 级表示材料钢的硬度，HV 表示维氏硬度，140 为硬度值。

3. 产品等级是由产品质量和公差大小确定的，A 级的公差较小。

标准型弹簧垫圈

GB/T 93—1987

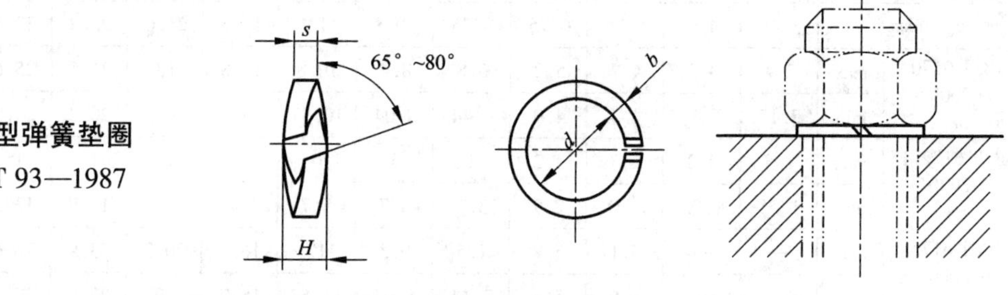

标记示例：

规格 16、材料为 65Mn、表面氧化的标准型弹簧垫圈，其标记为：垫圈 GB/T 93 16

附表 2-7 标准型弹簧垫圈各部分尺寸

mm

规格（螺纹大径）		4	5	6	8	10	12	16	20	24	30
d	max	4.4	5.4	6.68	8.68	10.9	12.9	16.9	21.04	25.5	31.5
	min	4.1	5.1	6.1	8.1	10.2	12.2	16.2	20.2	24.5	30.5
$s(b)$ 公称		1.1	1.3	1.6	2.1	2.6	3.1	4.1	5	6	7.5
H	max	2.75	3.25	4	5.25	6.5	7.75	10.25	12.5	15	18.75
	min	2.2	2.6	3.2	4.2	5.2	6.2	8.2	10	12	15
$m\leqslant$		0.55	0.65	0.8	1.05	1.3	1.55	2.05	2.5	3	3.75

2.7 键

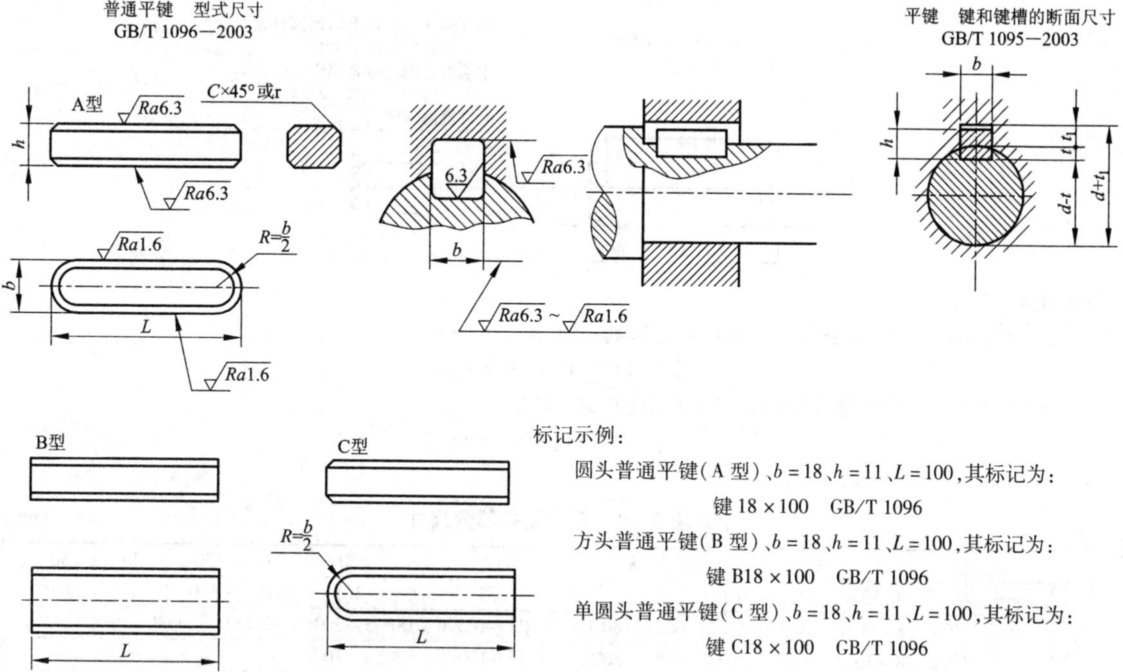

标记示例：

圆头普通平键(A型)、$b=18$、$h=11$、$L=100$，其标记为：

键 18×100　GB/T 1096

方头普通平键(B型)、$b=18$、$h=11$、$L=100$，其标记为：

键 B18×100　GB/T 1096

单圆头普通平键(C型)、$b=18$、$h=11$、$L=100$，其标记为：

键 C18×100　GB/T 1096

附表 2-8　键及键槽的尺寸

mm

轴	键		键槽									
			宽度 b						深度			
公称直径 d	$b\times h$	l	基本尺寸 b	极限偏差					轴 t		毂 t_1	
				松连接		正常连接		紧密连接				
				轴 $H9$	毂 $D10$	轴 $N9$	毂 $JS9$	轴和毂 $P9$	公称	偏差	公称	偏差
自6~8	2×2	6~20	2	+0.025	+0.060	-0.004	±0.0125	-0.006	1.2	+0.1 0	1.0	+0.1 0
>8~10	3×3	6~36	3	0	0.020	-0.029		-0.031	1.8		1.4	
>10~12	4×4	8~45	4	+0.030 0	+0.078 +0.030	0 -0.030	±0.015	-0.012 -0.042	2.5		1.8	
>12~17	5×5	10~56	5						3.0		2.3	
>17~22	6×6	14~70	6						3.5		2.8	
>22~30	8×7	18~90	8	+0.036	+0.098	0	±0.018	-0.015	4.0	+0.2 0	3.3	+0.2 0
>30~38	10×8	22~110	10	0	0.040	-0.036		-0.051	5.0		3.3	
>38~44	12×8	28~140	12	+0.043 0	+0.120 +0.050	0 -0.043	±0.0215	-0.018 -0.061	5.0		3.3	
>44~50	14×9	36~160	14						5.5		3.8	
>50~58	16×10	45~180	16						6.0		4.3	
>58~65	18×11	50~200	18						7.0		4.4	
>65~75	20×12	56~220	20	+0.052 0	+0.149 +0.065	0 -0.052	±0.026	-0.022 -0.074	7.5		4.9	
>75~85	22×14	63~250	22						9.0		5.4	
>85~95	25×14	78~280	25						9.0		5.4	
>95~110	28×16	80~320	28						10.0		6.4	

注：1. 在工作图中轴槽深用 $d-t$ 标注，轮毂槽深用 $d+t_1$ 标注。键槽的极限偏差按 t(轴)和 t_1(毂)的极限偏差选取，但轴槽深($d-t$)的极限偏差值应取负号。

2. 键的材料常用45钢。

2.8 销

圆柱销

不淬硬钢和奥氏体不锈钢圆柱销
GB/T 119.1—2000

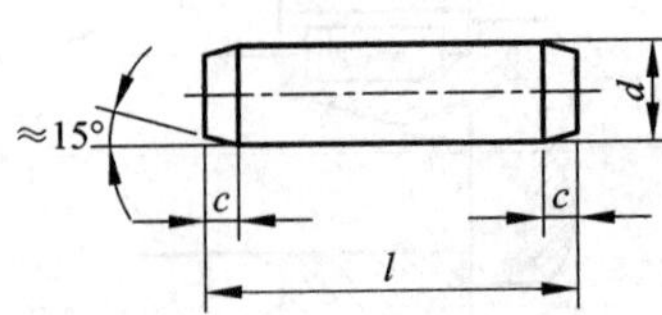

淬硬钢和马氏体不锈钢圆柱销
GB/T 119.2—2000
末端形状由制造者确定

允许倒圆或凹穴

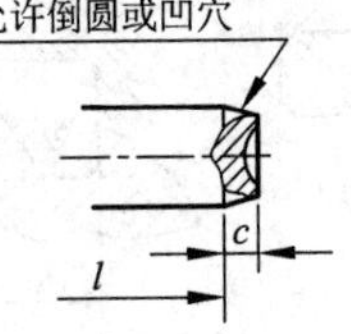

标记示例：

公称直径 $d=6$、公差 m6、公称长度 $l=30$、材料为钢、不经淬火，不经表面处理的圆柱销，其标记为：

销　GB/T 119.1　6m6 ×30

材料为钢，普通淬火（A 型）、表面氧化处理的圆柱销，其标记为：

销　GB/T 119.2　6 ×30

附表 2－9　圆柱销各部分尺寸

mm

d		3	4	5	6	8	10	12	16	20	25	30	40	50
$c\approx$		0.50	0.50	0.80	1.2	1.6	2.0	2.5	3.0	3.5	4.0	5.0	6.3	8.0
l 公称	GB/T 119.1	8 ~30	8 ~40	10 ~50	12 ~60	14 ~80	18 ~95	22 ~140	26 ~180	35 ~200	50 ~200	60 ~200	80 ~200	95 ~200
	GB/T 119.2	8 ~30	10 ~40	12 ~50	14 ~60	18 ~80	22 ~100	26 ~100	40 ~100	50 ~100	—	—	—	—
l 公称（系列）		8,10,12,14,16,18,20,22,24,26,28,30,32,35,40,45,50,55,60,65,70,75,80,85,90,95,100,120,140,160,180,200												

注：1. GB/T 119.1—2000 规定圆柱销的公称直径 $d=0.6\sim50$，公称长度 $l=2\sim200$，公差有 m6 和 h8。

2. GB/T 119.2—2000 规定圆柱销的公称直径 $d=1\sim20$，公称长度 $l=3\sim100$，公差仅有 m6。

3. 当圆柱销公差为 h8 时，其表面粗糙度 $Ra\leqslant1.6\ \mu m$。

圆锥销 GB/T 117—2000

标记示例：

公称直径 $d=10$、公称长度 $l=60$、材料为 35 钢、热处理硬度（28 ~38）HRC、表面氧化处理的 A 型圆锥销，其标记为：

销　GB/T 117　10 ×60

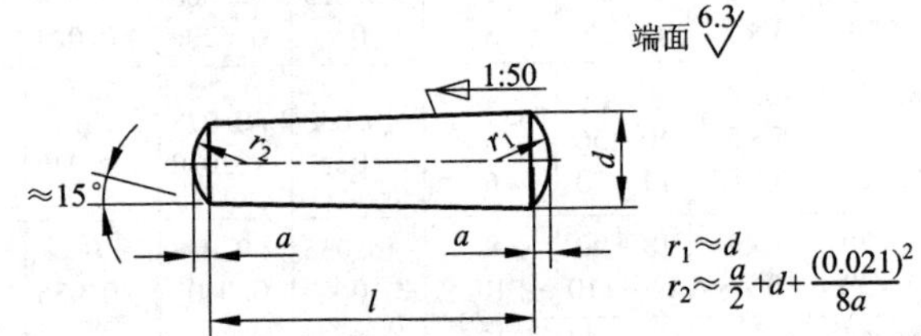

附表 2－10　圆锥销各部分尺寸

mm

d	4	5	6	8	10	12	16	20	25	30	40	50
$a\approx$	0.5	0.63	0.8	1	1.2	1.6	2	2.5	3	4	5	6.3
长度范围 l	14 ~55	18 ~60	22 ~90	22 ~120	26 ~160	32 ~180	40 ~200	45 ~200	50 ~200	55 ~200	60 ~200	65 ~200
l（系列）	2,3,4,5,6,8,10,12,14,16,18,20,22,24,26,28,30,32,35,40,45,50,55,60,65,70,75,80,85,90,95,100,120,140,160,180,200											

注：1. 标准规定圆锥销的公称直径 $d=0.6\sim50$。

2. 有 A 型和 B 型。A 型为磨削，锥面表面粗糙度 $Ra=0.8\ \mu m$；B 型为切削或冷镦，锥面表面粗糙度 $Ra=3.2\ \mu m$。

2.9 滚动轴承

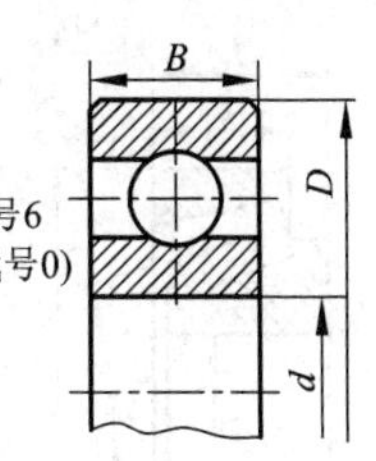

深沟球轴承 GB/T 276—1994

标记示例：

内圈孔径 d 为 $\phi60$、外圈直径 D 为 $\phi95$、尺寸系列代号为 10 的深沟球轴承，其标记为：

滚动轴承　6012　GB/T 276

附表 2－11　深沟球轴承尺寸

mm

现轴承代号	原轴承型号	尺寸			现轴承代号	原轴承型号	尺寸		
		d	D	B			d	D	B
尺寸系列代号(1)0					尺寸系列代号(1)3				
606	16	6	17	6	633	33	3	13	5
607	17	7	19	6	634	34	4	16	5
608	18	8	22	7	635	35	5	19	6
609	19	9	24	7	6300	300	10	35	11
6000	100	10	26	8	6301	301	12	37	12
6001	101	12	28	8	6302	302	15	42	13
6002	102	15	32	9	6303	303	17	47	14
6003	103	17	35	10	6304	304	20	52	15
6004	104	20	42	12	63/22		22	56	16
60/22		22	44	12	6305	305	25	62	17
6005	105	25	47	12	63/28		28	68	18
60/28		28	52	12	6306	306	30	72	19
6006	106	30	55	13	63/32		32	75	20
60/32		32	58	13	6307	307	35	80	21
6007	107	35	62	14	6308	308	40	90	23
6008	108	40	68	15	6309	309	45	100	25
6009	109	45	75	16	6310	310	50	110	27
6010	110	50	80	16	6311	311	55	120	29
6011	111	55	90	18	6312	312	60	130	31
6012	112	60	95	18					
尺寸系列代号(1)2					尺寸系列代号(1)4				
623	23	3	10	4	6403	403	17	62	17
624	24	4	13	5	6404	404	20	72	19
625	25	5	16	5	6405	405	25	80	21
626	26	6	19	6	6406	406	30	90	23
627	27	7	22	7	6407	407	35	100	25
628	28	8	24	8	6408	408	40	110	27
629	29	9	26	8	6409	409	45	120	29
6200	200	10	30	9	6410	410	50	130	31
6201	201	12	32	10	6411	411	55	140	33
6202	202	15	35	11	6412	412	60	150	35
6203	203	17	40	12	6413	413	65	160	37
6204	204	20	47	14	6414	414	70	180	42
62/22		22	50	14	6415	415	75	190	45
6205	205	25	52	15	6416	416	80	200	48
62/28		28	58	16	6417	417	85	210	52
6206	206	30	62	16	6418	418	90	225	54
62/32		32	65	17	6419	419	95	240	55
6207	207	35	72	17	6420	420	100	250	58
6208	208	40	80	18	6422	422	110	280	65
6209	209	45	85	19					
6210	210	50	90	20					
6211	211	55	100	21					
6212	212	60	110	22					

注：表中括号“(　)”，表示该数字在轴承代号中省略。

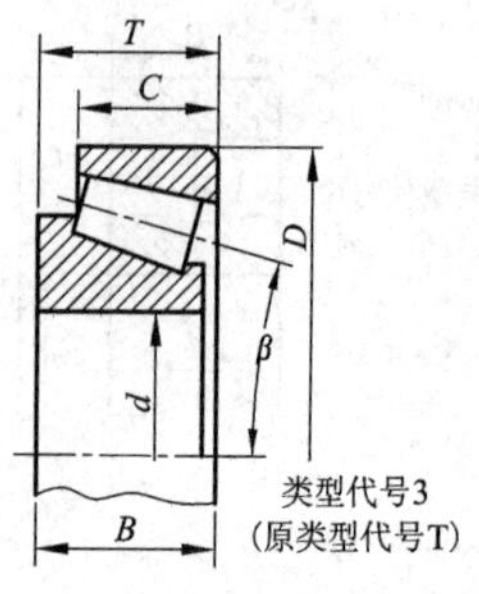

圆锥滚子轴承 GB/T 297—1994

标记示例：

内孔直径 $\phi35$、外圈直径 $\phi80$、尺寸系列代号为 03 的圆锥滚子轴承，其标记为：

滚动轴承　30307　GB/T 297

附表 2－12　圆锥滚子轴承尺寸

mm

轴承代号	尺寸				
	d	*D*	*T*	*B*	*C*
尺寸系列代号 02					
30202	15	35	11.75	11	10
30203	17	40	13.25	12	11
30204	20	47	15.25	14	12
30205	25	52	16.25	15	13
30206	30	62	17.25	16	14
302/32	32	65	18.25	17	15
30207	35	72	18.25	17	15
30208	40	80	19.75	18	16
30209	45	85	20.75	19	16
30210	50	90	21.75	20	17
30211	55	100	22.75	21	18
30212	60	110	23.75	22	19
30213	65	120	24.75	23	20
30214	70	125	26.75	24	21
30215	75	130	27.75	25	22
30216	80	140	28.75	26	22
30217	85	150	30.5	28	24
30218	90	160	32.5	30	26
30219	95	170	34.5	32	27
30220	100	180	37	34	29
尺寸系列代号 03					
30302	15	42	14.25	13	11
30303	17	47	15.25	14	12
30304	20	52	16.25	15	13
30305	25	62	18.25	17	15
30306	30	72	20.75	19	16
30307	35	80	22.75	21	18
30308	40	90	25.25	23	20
30309	45	100	27.25	25	22
30310	50	110	29.25	27	23
30311	55	120	31.5	29	25
30312	60	130	33.5	31	26
30313	65	140	36	33	28
30314	70	150	38	35	30
30315	75	160	40	37	31
30316	80	170	42.5	39	33
30317	85	180	44.5	41	34
30318	90	190	46.5	43	36
30319	95	200	49.5	45	38
30320	100	215	51.5	47	39

轴承代号	尺寸				
	d	*D*	*T*	*B*	*C*
尺寸系列代号 23					
32303	17	47	20.25	19	16
32304	20	52	22.25	21	18
32305	25	62	25.25	24	20
32306	30	72	28.75	27	23
32307	35	80	32.75	31	25
32308	40	90	35.25	33	27
32309	45	100	38.25	36	30
32310	50	110	42.25	40	33
32311	55	120	45.5	43	35
32312	60	130	48.5	46	37
32313	65	140	51	48	39
32314	70	150	54	51	42
32315	75	160	58	55	45
32316	80	170	61.5	58	48
尺寸系列代号 30					
33005	25	47	17	17	14
33006	30	55	20	20	16
33007	35	62	21	21	17
33008	40	68	22	22	18
33009	45	75	24	24	19
33010	50	80	24	24	19
33011	55	90	27	27	21
33012	60	95	27	27	21
33013	65	100	27	27	21
33014	70	110	31	31	25.5
33015	75	115	31	31	25.5
33016	80	125	36	36	29.5
尺寸系列代号 31					
33108	40	75	26	26	20.5
33109	45	80	26	26	20.5
33110	50	85	26	26	20
33111	55	95	30	30	23
33112	60	100	30	30	23
33113	65	110	34	34	26.5
33114	70	120	37	37	29
33115	75	125	37	37	29
33116	80	130	37	37	29

附录 3　极限与配合

3.1　标准公差数值（GB/T 1800.1—2009）

附表 3-1　标准公差数值

基本尺寸/mm		标准公差等级																	
		IT1	IT2	IT3	IT4	IT5	IT6	IT7	IT8	IT9	IT10	IT11	IT12	IT13	IT14	IT15	IT16	IT17	IT18
大于	至	μm											mm						
—	3	0.8	1.2	2	3	4	6	10	14	25	40	60	0.1	0.14	0.25	0.4	0.6	1	1.4
3	6	1	1.5	2.5	4	5	8	12	18	30	48	75	0.12	0.18	0.3	0.48	0.75	1.2	1.8
6	10	1	1.5	2.5	4	6	9	15	22	36	58	90	0.15	0.22	0.36	0.58	0.9	1.5	2.2
10	18	1.2	2	3	5	8	11	18	27	43	70	110	0.18	0.27	0.43	0.7	1.1	1.8	2.7
18	30	1.5	2.5	4	6	9	13	21	33	52	84	130	0.21	0.33	0.52	0.84	1.3	2.1	3.3
30	50	1.5	2.5	4	7	11	16	25	39	62	100	160	0.25	0.39	0.62	1	1.6	2.5	3.9
50	80	2	3	5	8	13	19	30	46	74	120	190	0.3	0.46	0.74	1.2	1.9	3	4.6
80	120	2.5	4	6	10	15	22	35	54	87	140	220	0.35	0.54	0.87	1.4	2.2	3.5	5.4
120	180	3.5	5	8	12	18	25	40	63	100	160	250	0.4	0.63	1	1.6	2.5	4	6.3
180	250	4.5	7	10	14	20	29	46	72	115	185	290	0.46	0.72	1.15	1.85	2.9	4.6	7.2
250	315	6	8	12	16	23	32	52	81	130	210	320	0.52	0.81	1.3	2.1	3.2	5.2	8.1
315	400	7	9	13	18	25	36	57	89	140	230	360	0.57	0.89	1.4	2.3	3.6	5.7	8.9
400	500	8	10	15	20	27	40	63	97	155	250	400	0.63	0.97	1.55	2.5	4	6.3	9.7
500	630	9	11	16	22	32	44	70	110	175	280	440	0.7	1.1	1.75	2.8	4.4	7	11
630	800	10	13	18	25	36	50	80	125	200	320	500	0.8	1.25	2	3.2	5	8	12.5
800	1000	11	15	21	28	40	56	90	140	230	360	560	0.9	1.4	2.3	3.6	5.6	9	14
1000	1250	13	18	24	33	47	66	105	165	260	420	660	1.05	1.65	2.6	4.2	6.6	10.5	16.5
1250	1600	15	21	29	39	55	78	125	195	310	500	780	1.25	1.95	3.1	5	7.8	12.5	19.5
1600	2000	18	25	35	46	65	92	150	230	370	600	920	1.5	2.3	3.7	6	9,2	15	23
2000	2500	22	30	41	55	78	110	175	280	440	700	1100	1.75	2.8	4.4	7	11	17.5	28
2500	3150	26	36	50	68	96	135	210	330	540	860	1350	2.1	3.3	5.4	8.6	13.5	21	33

注：1. 基本尺寸大于 500 mm 的 IT1 至 IT5 的标准公差数值为试行。

2. 基本尺寸小于或等于 1 mm 时，无 IT14 至 IT18。

3.2　轴的基本偏差数值(GB/T 1800.1—2009)

附表 3-2　轴的基本偏差数值　μm

基本尺寸 /mm		基　　本															
		上偏差 es															
		所有标准公差等级												IT5和IT6	IT7	IT8	IT4和IT7
大于	至	a	b	c	cd	d	e	ef	f	fg	g	h	js	j			
—	3	-270	-140	-60	-34	-20	-14	-10	-6	-4	-2	0	偏差 $=\pm\frac{ITn}{2}$，式中ITn是IT值数	-2	-4	-6	0
3	6	-270	-140	-70	-46	-30	-20	-14	-10	-6	-4	0		-2	-4		+1
6	10	-280	-150	-80	-56	-40	-25	-18	-13	-8	-5	0		-2	-5		+1
10	14	-290	-150	-95		-50	-32		-16		-6	0		-3	-6		+1
14	18																
18	24	-300	-160	-110		-65	-40		-20		-7	0		-4	-8		+2
24	30																
30	40	-310	-170	-120		-80	-50		-25		-9	0		-5	-10		+2
40	50	-320	-180	-130													
50	65	-340	-190	-140		-100	-60		-30		-10	0		-7	-12		+2
65	80	-360	-200	-150													
80	100	-380	-220	-170		-120	-72		-36		-12	0		-9	-15		+3
100	120	-410	-240	-180													
120	140	-460	-260	-200		-145	-85		-43		-14	0		-11	-18		+3
140	160	-520	-280	-210													
160	180	-580	-310	-230													
180	200	-660	-340	-240		-170	-100		-50		-15	0		-13	-21		+4
200	225	-740	-380	-260													
225	250	-820	-420	-280													
250	280	-920	-480	-300		-190	-110		-56		-17	0		-16	-26		+4
280	315	-1050	-540	-330													
315	355	-1200	-600	-360		-210	-125		-62		-18	0		-18	-28		+4
355	400	-1350	-680	-400													
400	450	-1500	-760	-440		-230	-135		-68		-20	0		-20	-32		+5
450	500	-1650	-840	-480													
500	560					-260	-145		-76		-22	0					0
560	630																
630	710					-290	-160		-80		-24	0					0
710	800																
800	900					-320	-170		-86		-26	0					0
900	1000																
1000	1120					-350	-195		-98		-28	0					0
1120	1250																
1230	1400					-390	-220		-110		-30	0					0
1400	1600																
1600	1800					-430	-240		-120		-32	0					0
1800	2000																
2000	2240					-480	-260		-130		-34	0					0
2240	2500																
2500	2800					-520	-290		-145		-38	0					0
2800	3150																

注：1. 基本尺寸小于等于 1 mm 时，基本偏差 a 和 b 均不采用。

2. 公差带 js7 至 js11，若 ITn 值数是奇数，则取偏差 = $\pm\frac{ITn-1}{2}$。

μm

偏差数值														
≤IT3	下偏差 ei													
>IT7	所有标准公差等级													
k	m	n	p	r	s	t	u	v	x	y	z	za	ab	zc
0	+2	+4	+6	+10	+14		+18		+20		+26	+32	+40	+60
0	+4	+8	+12	+15	+19		+23		+28		+35	+42	+50	+80
0	+6	+10	+15	+19	+23		+28		+34		+42	+52	+67	+97
0	+7	+12	+18	+23	+28		+33		+40		+50	+64	+90	+130
								+39	+45		+60	+77	+108	+150
0	+8	+15	+22	+28	+35		+41	+47	+54	+63	+73	+98	+136	+188
						+41	+48	+55	+64	+75	+88	+118	+160	+218
0	+9	+17	+26	+34	+43	+48	+60	+68	+80	+94	+112	+148	+200	+274
						+54	+70	+81	+97	+114	+136	+180	+242	+325
0	+11	+20	+32	+41	+53	+66	+87	+102	+122	+144	+172	+226	+300	+405
				+43	+59	+75	+102	+120	+146	+174	+210	+274	+360	+480
0	+13	+23	+37	+51	+71	+91	+124	+146	+178	+214	+258	+335	+445	+585
				+54	+79	+104	+144	+172	+210	+254	+310	+400	+525	+690
0	+15	+27	+43	+63	+92	+122	+170	+202	+248	+300	+365	+470	+620	+800
				+65	+100	+134	+190	+228	+280	+340	+415	+535	+700	+900
				+68	+108	+146	+210	+252	+310	+380	+465	+600	+780	+1 000
0	+17	+31	+50	+77	+122	+166	+236	+284	+350	+425	+520	+670	+880	+1 150
				+80	+130	+180	+258	+310	+385	+470	+575	+740	+960	+1 250
				+84	+140	+196	+284	+340	+425	+520	+640	+820	+1 050	+1 350
0	+20	434	+56	+94	+158	+218	+315	+385	+475	+580	+710	+920	+1 200	+1 550
				+98	+170	+240	+350	+425	+525	+650	+790	+1 000	+1 300	+1 700
0	+21	+37	+62	+108	+190	+268	+390	+475	+590	+730	+900	+1 150	+1 500	+1 900
				+114	+208	+294	+435	+530	+660	+820	+1000	+1 300	+1 650	+2 100
0	+23	+40	+68	+126	+232	+330	+490	+595	+740	+920	+1 100	+1 450	+1 850	+2 400
				+132	+252	+360	+540	+660	+820	+1 000	+1 250	+1 600	+2 100	+2 600
0	+26	+44	+78	+150	+280	+400	+600							
				+155	+310	+450	+660							
0	+30	+50	+88	+175	+340	+500	+740							
				+185	+380	+560	+840							
0	+34	+56	+100	+210	+430	+620	+940							
				+220	+470	+680	+1 050							
0	+40	+66	+120	+250	+520	+780	+1 150							
				+260	+580	+840	+1 300							
0	+48	+78	+140	+300	+640	+960	+1 450							
				+330	+720	+1 050	+1 600							
0	+58	+92	+170	+370	+820	+1 200	+1 850							
				+400	+920	+1 350	+2 000							
0	+68	+110	+195	+440	+1 000	+1 500	+2 300							
				+460	+1 100	+1 650	+2 500							
0	+76	+135	+240	+550	+1 250	+1 900	+2 900							
				+580	+1 400	+2 100	+3 200							

3.3 孔的基本偏差数值(GB/T 1800.1—2009)

附表 3-3 孔的基本偏差数值 μm

基本尺寸/mm		下偏差 EI												基本偏差数值						
		所有标准公差等级												IT6	IT7	IT8	≤IT8	>IT8	≤IT8	>IT8
大于	至	A	B	C	CD	D	E	EF	F	FG	G	H	JS	J			K		M	
—	3	+270	+140	+60	+34	+20	+14	+10	+6	+4	+2	0	偏差=±$\frac{ITn}{2}$，式中ITn是IT值数	+2	+4	+6	0	0	-2	-2
3	6	+270	+140	+70	+46	+30	+20	+14	+10	+6	+4	0		+5	+6	+10	-1+Δ		-4+Δ	-4
6	10	+280	+150	+80	+56	+40	+25	+18	+13	+8	+5	0		+5	+8	+12	-1+Δ		-6+Δ	-6
10	14	+290	+150	+95		+50	+32		+16		+6	0		+6	+10	+15	-1+Δ		-7+Δ	-7
14	18																			
18	24	+300	+160	+110		+65	+40		+20		+7	0		+8	+12	+20	-2+Δ		-8+Δ	-8
24	30																			
30	40	+310	+170	+120		+80	+50		+25		+9	0		+10	+14	+24	-2+Δ		-9+Δ	-9
40	50	+320	+180	+130																
50	65	+340	+190	+140		+100	+60		+30		+10	0		+13	+18	+28	-2+Δ		-11+Δ	-11
65	80	+360	+200	+150																
80	100	+380	+220	+170		+120	+72		+36		+12	0		+16	+22	+34	-3+Δ		-13+Δ	-13
100	120	+410	+240	+180																
120	140	+460	+260	+200		+145	+85		+43		+14	0		+18	+26	+41	-3+Δ		-15+Δ	-15
140	160	+520	+280	+210																
160	180	+580	+310	+230																
180	200	+660	+340	+240		+170	+100		+50		+15	0		+22	+30	+47	-4+Δ		-17+Δ	-17
200	225	+740	+380	+260																
225	250	+820	+420	+280																
250	280	+920	+480	+300		+190	+110		+56		+17	0		+25	+36	+55	-4+Δ		-20+Δ	-20
280	315	+1050	+540	+330																
315	355	+1200	+600	+360		+210	+125		+62		+18	0		+29	+39	+60	-4+Δ		-21+Δ	-21
355	400	+1350	+680	+400																
400	450	+1500	+760	+440		+230	+135		+68		+20	0		+33	+43	+66	-5+Δ		-23+Δ	-23
450	500	+1650	+840	+480																
500	560					+260	+145		+76		+22	0					0			-26
560	630																			
630	710					+290	+160		+80		+24	0					0			-30
710	800																			
800	900					+320	+170		+86		+26	0					0			-34
900	1 000																			
1000	1 120					+350	+195		+98		+28	0					0			-40
1120	1 250																			
1250	1 400					+390	+220		+110		+30	0					0			-48
1400	1 600																			
1600	1 800					+430	+240		+120		+32	0					0			-58
1800	2 000																			
2000	2 240					+480	+260		+130		+34	0					0			-68
2240	2 500																			
2500	2 800					+520	+290		+145		+38	0					0			-76
2800	3 150																			

注：1. 基本尺寸小于或等于 1 mm 时，基本偏差 A 和 B 及大于 IT8 的 N 均不采用。

2. 公差带 JS7 至 JS11，若 ITn 值数是奇数，则取偏差 = ±$\frac{ITn-1}{2}$。

3. 对小于或等于 IT8 的 K、M、N 和小于或等于 IT7 的 P 至 ZC，所需 Δ 值从表内右侧选取。例如：
18 至 30 mm 段的 K7：Δ=8 μm，所以 ES = -2+8 = +6 μm
18 至 30 mm 段的 S6：Δ=4 μm，所以 ES = -35+4 = -31 m

4. 特殊情况：250 至 315 mm 段的 M6，ES = -9 μm(代替 -11 μm)。

μm

			上偏差 ES												Δ值					
≤IT8	>IT8	≤IT7	标准公差等级大于 IT7												标准公差等级					
N		P 至 ZC	P	R	S	T	U	V	X	Y	Z	ZA	ZB	ZC	IT3	IT4	IT5	IT6	IT7	IT8
-4	-4	在大于IT7的相应数值上增加一个Δ值	-6	-10	-14		-18		-20		-26	-32	-40	-60	0	0	0	0	0	0
-8+Δ	0		-12	-15	-19		-23		-28		-35	-42	-50	-80	1	1.5	1	3	4	6
-10+Δ	0		-15	-19	-23		-28		-34		-42	-52	-67	-97	1	1.5	2	3	6	7
-12+Δ	0		-18	-23	-28		-33		-40		-50	-64	-90	-130	1	2	3	3	7	9
								-39	-45		-60	-77	-108	-150						
-15+Δ	0		-22	-28	-35		-41	-47	-54	-63	-73	-98	-136	-188	1.5	2	3	4	8	12
						-41	-48	-55	-64	-75	-88	-118	-160	-218						
-17+Δ	0		-26	-34	-43	-48	-60	-68	-80	-94	-112	-148	-200	-274	1.5	3	4	5	9	14
						-54	-70	-81	-97	-114	-136	-180	-242	-325						
-20+Δ	0		-32	-41	-53	-66	-87	-102	-122	-144	-172	-226	-300	-405	2	3	5	6	11	16
				-43	-59	-75	-102	-120	-146	-174	-210	-274	-360	-480						
-23+Δ	0		-37	-51	-71	-91	-124	-146	-178	-214	-258	-335	-445	-585	2	4	5	7	13	19
				-54	-79	-104	-144	-172	-210	-254	-310	-400	-525	-690						
-27+Δ	0		-43	-63	-92	-122	-170	-202	-248	-300	-365	-470	-620	-800	3	4	6	7	15	23
				-65	-100	-134	-190	-228	-280	-340	-415	-535	-700	-900						
				-68	-108	-146	-210	-252	-310	-380	-465	-600	-780	-1 000						
-31+Δ	0		-50	-77	-122	-166	-236	-284	-350	-425	-520	-670	-880	-1 150	3	4	6	9	17	26
				-80	-130	-180	-258	-310	-385	-470	-575	-740	-960	-1250						
				-84	-140	-196	-284	-340	-425	-520	-640	-820	-1 050	-1 350						
-34+Δ	0		-56	-94	-158	-218	-315	-385	-475	-580	-710	-920	-1200	-1550	4	4	7	9	20	29
				-98	-170	-240	-350	-425	-525	-650	-790	-1 000	-1 300	-1 700						
-37+Δ	0		-62	-108	-190	-268	-390	-475	-590	-730	-900	-1 150	-1 500	-1 900	4	5	7	11	21	32
				-114	-208	-294	-435	-530	-660	-820	-1 000	-1 300	-1 650	-2 100						
-40+Δ	0		-68	-126	-232	-330	-490	-595	-740	-920	-1 100	-1 450	-1 850	-2 400	5	5	7	13	23	34
				-132	-252	-360	-540	-660	-820	-1 000	-1 250	-1 600	-2 100	-2 600						
-44			-78	-150	-280	-400	-600													
				-155	-310	-450	-660													
-50			-88	-175	-310	-450	-740													
				-185	-380	-560	-840													
-56			-100	-210	-430	-620	-940													
				-220	-470	-680	-1 050													
-65			-120	-250	-520	-780	-1 150													
				-260	-580	-810	-1 300													
-78			-140	-300	-640	-960	-1 450													
				-330	-720	-1 050	-1 600													
-92			-170	-370	-820	-1 200	-1 850													
				-400	-920	-1 350	-2 000													
-110			-195	-440	-1 000	-1 500	-2 300													
				-460	-1 100	-1 650	-2 500													
-135			-240	-550	-1 250	-1 900	-2 900													
				-580	-1 400	-2 100	-3 200													

3.4 优先配合中轴的极限偏差(GB/T 1800.2—2009)

附表 3-4 轴的极限偏差数值 μm

公称尺寸/mm		公差带												
		c	d	f	g	h				k	n	p	s	u
大于	至	11	9	7	6	6	7	9	11	6	6	6	6	6
—	3	-60 -120	-20 -45	-6 -16	-2 -8	0 -6	0 -10	0 -25	0 -60	+6 0	+10 +4	+12 +6	+20 +14	+24 +18
3	6	-70 -145	-30 -60	-10 -22	-4 -12	0 -8	0 -12	0 -30	0 -75	+9 +1	+16 +8	+20 +12	+27 +19	+31 +23
6	10	-80 -170	-40 -76	-13 -28	-5 -14	0 -9	0 -15	0 -36	0 -90	+10 +1	+19 +10	+24 +15	+32 +23	+37 +28
10	14	-95 -205	-50 -93	-16 -34	-6 -17	0 -11	0 -18	0 -43	0 -110	+12 +1	+23 +12	+29 +18	+39 +28	+44 +33
14	18													
18	24	-110 -240	-65 -117	-20 -41	-7 -20	0 -13	0 -21	0 -52	0 -130	+15 +2	+28 +15	+35 +22	+48 +35	+54 +41
24	30													+61 +48
30	40	-120 -280	-80 -142	-25 -50	-9 -25	0 -16	0 -25	0 -62	0 -160	+18 +2	+33 +17	+42 +26	+59 +43	+76 +60
40	50	-130 -290												+86 +70
50	65	-140 -330	-100 -174	-30 -60	-10 -29	0 -19	0 -30	0 -74	0 -190	+21 +2	+39 +20	+51 +32	+72 +53	+106 +87
65	80	-150 -340											+78 +59	+121 +102
80	100	-170 -390	-120 -207	-36 -71	-12 -34	0 -22	0 -35	0 -87	0 -220	+25 +3	+45 +23	+59 +37	+93 +71	+146 +124
100	120	-180 -400											+101 +79	+166 +144
120	140	-200 -450	-145 -245	-43 -83	-14 -39	0 -25	0 -40	0 -100	0 -250	+28 +3	+52 +27	+68 +43	+117 +92	+195 +170
140	160	-210 -460											+125 +100	+215 +190
160	180	-230 -480											+133 +108	+235 +210
180	200	-240 -530	-170 -285	-50 -96	-15 -44	0 -29	0 -46	0 -115	0 -290	+33 +4	+60 +31	+79 +50	+151 +122	+265 +236
200	225	-260 -550											+159 +130	+287 +258
225	250	-280 -570											+169 +140	+313 +284
250	280	-300 -620	-190 -320	-56 -108	-17 -49	0 -32	0 -52	0 -130	0 -320	+36 +4	+66 +34	+88 +56	+190 +158	+347 +315
280	315	-330 -650											+202 +170	+382 +350
315	355	-360 -720	-210 -350	-62 -119	-18 -54	0 -36	0 -57	0 -140	0 -360	+40 +4	+73 +37	+98 +62	+226 +190	+426 +390
355	400	-400 -760											+244 +208	+471 +435
400	450	-440 -840	-230 -385	-68 -131	-20 -60	0 -40	0 -63	0 -155	0 -400	+45 +5	+80 +40	+108 +68	+272 +232	+530 +490
450	500	-480 -880											+292 +252	+580 +540

3.5 优先配合中孔的极限偏差(GB/T 1800.2—2009)

附表 3-5 孔的极限偏差数值 μm

公称尺寸/mm		公差带												
		C	D	F	G	H				K	N	P	S	U
大于	至	11	9	8	7	7	8	9	11	7	7	7	7	7
—	3	+120 +60	+45 +20	+20 +6	+12 +2	+10 0	+14 0	+25 0	+60 0	0 -10	-4 -14	-6 -16	-14 -24	-18 -28
3	6	+145 +70	+60 +30	+28 +10	+16 +4	+12 0	+18 0	+30 0	+75 0	+3 -9	-4 -16	-8 -20	-15 -27	-19 -31
6	10	+170 +80	+76 +40	+35 +13	+20 +5	+15 0	+22 0	+36 0	+90 0	+5 -10	-4 -19	-9 -24	-17 -32	-22 -37
10	14	+205 +95	+93 +50	+43 +16	+24 +6	+18 0	+27 0	+43 0	+110 0	+6 -12	-5 -23	-11 -29	-21 -39	-26 -44
14	18													
18	24	+240 +110	+117 +65	+53 +20	+28 +7	+21 0	+33 0	+52 0	+130 0	+6 -15	-7 -28	-14 -35	-27 -48	-33 -54
24	30													-40 -61
30	40	+280 +120	+142 +80	+64 +25	+34 +9	+25 0	+39 0	+62 0	+160 0	+7 -18	-8 -33	-17 -42	-34 -59	-51 -76
40	50	+290 +130												-61 -86
50	65	+330 +140	+174 +100	+76 +30	+40 +10	+30 0	+46 0	+74 0	+190 0	+9 -21	-9 -39	-21 -51	-42 -72	-76 -106
65	80	+340 +150											-48 -78	-91 -121
80	100	+390 +170	+207 +120	+90 +36	+47 +12	+35 0	+54 0	+87 0	+220 0	+10 -25	-10 -45	-24 -59	-58 -93	-111 -146
100	120	+400 +180											-66 -101	-131 -166
120	140	+450 +200	+245 +145	+106 +43	+54 +14	+40 0	+63 0	+100 0	+250 0	+12 -28	-12 -52	-28 -68	-77 -117	-155 -195
140	160	+460 +210											-85 -125	-175 -215
160	180	+480 +230											-93 -133	-195 -235
180	200	+530 +240	+285 +170	+122 +50	+61 +15	+46 0	+72 0	+115 0	+290 0	+13 -33	-14 -60	-33 -79	-105 -151	-219 -265
200	225	+550 +260											-113 -159	-241 -287
225	250	+570 +280											-123 -169	-267 -313
250	280	+620 +300	+320 +190	+137 +56	+69 +17	+52 0	+81 0	+130 0	+320 0	+16 -36	-14 -66	-36 -88	-138 -190	-295 -347
280	315	+650 +330											-150 -202	-330 -382
315	355	+720 +360	+350 +210	+151 +62	+75 +18	+57 0	+89 0	+140 0	+360 0	+17 -40	-16 -73	-41 -98	-169 -226	-369 -426
355	400	+760 +400											-187 -244	-414 -471
400	450	+840 +440	+385 +230	+165 +68	+83 +20	+63 0	+97 0	+155 0	+400 0	+18 -45	-17 80	-45 -108	-209 -272	-467 -530
450	500	+880 +480											-229 -292	-517 -580

附录4　常用金属材料

附表4－1　铁及铁合金(黑色金属)

牌　　号	使　用　举　例	说　　明
1. 灰铸铁(摘自 GB/T 9439—1988)、工程用铸钢(摘自 GB/T 11352—2009)		
HT150 HT200 HT350	中强度铸铁:底座、刀架、轴承座、端盖 高强度铸铁:床身、机座、齿轮、凸轮、联轴器机座、箱体、支架	“HT”表示灰铸铁,后面的数字表示最小抗拉强度(MPa)
ZG230－450 ZG310－570	各种形状的机件、齿轮、飞轮、重负荷机架	“ZG”表示铸钢,第一组数字表示屈服强度(MPa)最低值,第二组数字表示抗拉强度(MPa)最低值
2. 碳素结构钢(摘自 GB/T 700—2006)、优质碳素结构钢(摘自 GB/T 699—1999)		
Q215 Q235 Q255 Q275	受力不大的螺钉、轴、凸轮、焊件等 螺栓、螺母、拉杆、钩、连杆、轴、焊件 金属构造物中的一般机件、拉杆、轴、焊件 重要的螺钉、拉杆、钩、连杆、轴、销、齿轮	“Q”表示钢的屈服点,数字为屈服点数值(MPa),同一钢号下分质量等级,用 A、B、C、D 表示质量依次下降,例如 Q235－A
30 35 40 45 65Mn	曲轴、轴销、连杆、横梁 曲轴、摇杆、拉杆、键、销、螺栓 齿轮、齿条、凸轮、曲柄轴、链轮 齿轮轴、联轴器、衬套、活塞销、链轮 大尺寸的各种扁、圆弹簧、如座板簧/弹簧发条	数字表示钢中平均含碳量的万分数,例如:“45”表示平均含碳量为0.45%,数字依次增大,表示抗拉强度、硬度依次增加,延伸率依次降低。当含锰量在0.7%～1.2%时需注出“Mn”
3. 合金结构钢(摘自 GB/T 3077—1999)		
40Cr 20CrMnTi	活塞销,凸轮,齿轮 适用于心部韧性较高的渗碳零件,工艺性好,如汽车拖拉机的重要齿轮	钢中加合金元素以增强机械性能,合金元素符号前数字表示含碳量的万分数,符号后数字表示合金元素含量的百分数,当含量小于1.5%时,仅注出元素符号

附表 4-2 有色金属及其合金

牌号或代号	使用举例	说明
1. 加工黄铜(摘自 GB/T 5232—1985)、铸造铜合金(摘自 GB/T 1176—1987)		
H62(代号)	散热器、垫圈、弹簧、螺钉等	"H"表示普通黄铜,数字表示铜含量的平均百分数
ZCuZn38Mn2Pb2 ZCuSn5Pb5Zn5 ZCuAl10Fe3	铸造黄铜:用于轴瓦、轴套及其他耐磨零件 铸造锡青铜:用于承受摩擦的零件,如轴承 铸造铝青铜:用于制造蜗轮、衬套和耐蚀性零件	"ZCu"表示铸造铜合金,合金中其他主要元素用化学符号表示,符号后数字表示该元素的含量平均百分数
2. 铝及铝合金(摘自 GB/T 3190—2008)、铸造铝合金(摘自 GB/T 1173—1995)		
1060 1050A 2A12 2A13	适用于制作储槽、塔、热交换器、防止污染及深冷设备 适用于中等强度的零件,焊接性能好	第一位数字表示铝及铝合金的组别,1××× 组表示纯铝(其铝含量不小于 99.00%),其最后两位数字表示最低铝百分含量中小数点后面的两位。2××× 组表示以铜为主要合金元素的铝合金,其最后两位数字无特殊意义,仅用来表示同一组中的不同铝合金。第二位字母表示原始纯铝或铝合金的改型情况
ZAlCu5Mn (代号 ZL201) ZAlMg10 (代号 ZL301)	砂型铸造,工作温度在 175~300℃的零件,如内燃机缸头、活塞 适用于在大气或海水中工作,承受冲击载荷,外形不太复杂的零件,如舰船配件、氨用泵体等	"ZAl"表示铸造铝合金,合金中的其他元素用化学符号表示,符号后数字表示该元素含量平均百分数。代号中的数字表示合金系列代号和顺序号

主要词汇中英文对照

第1章

工程制图 engineering drawing
投影 projection
投影法 method of projection
中心投影法 central projection
平行投影法 parallel projection
投射中心 projection center
投影面 projection plane
投射线 projection line
正投影 orthographic projection
斜投影 oblique projection
投影三面体系 three-projection-plane system
正投影面 vertical projection plane(V)
水平投影面 horizontal projection plane(H)
侧立投影面 profile projection plane(W)
投影轴 projection axis
原点 origin(O)
坐标 coordinate
正面投影图 vertical projection
水平投影图 horizontal projection
侧面投影图 profile projection

第2章

技术制图 technical drawing
国家标准 national standard
图纸幅面 size of drawing
标题栏 title block
明细栏 list of the items; parts list
比例 scale
放大比例 magnification scale
缩小比例 reduction scale
原值比例 full size scale
图线 line
粗实线 full line
虚线 dashed line
细实线 thin line
点画线 center line
双点画线 phantom line
波浪线，双折线 break line
尺寸注法 dimensioning
尺寸线 dimension line
尺寸界线 extension line
箭头 arrowhead
尺寸数字 dimension figure
几何作图 geometric construction
圆 circle
圆弧 arc
非圆曲线 non-circular curve
斜度 gradient
锥度 taper
椭圆 ellipse
平面图形 plane figure
尺寸 dimension
徒手作图 free hand drawing

第3章

点 point
直线 straight line
平面 plane
正平线 frontal line
水平线 horizontal line
侧平线 profile line
正垂线 V-perpendicular line

铅垂线 H-perpendicular line
侧垂线 W-perpendicular line
正平面 frontal plane
水平面 horizontal plane
侧平面 profile plane
正垂面 V-perpendicular plane
铅垂面 H-perpendicular plane
侧垂面 W-perpendicular plane

第 4 章

立体 geometric solid
交线 intersection line
平面立体 polyhedron
棱柱 prism
正五棱柱 right pentagonal prism
正六棱柱 righthexagonal prism
棱锥 pyramid
锥顶 vertex
正三棱锥 right triangular pyramid
回转体 revolution solid
回转轴 axis
母线 generatrix
圆柱 cylinder
圆锥 cone
球 sphere
截交线 intersections of planes and solids
相贯线 intersections of solids

第 5 章

组合体 composite solid
形体分析法 analysis by taking the object apart
视图 view
主视图 front view
俯视图 top view
左视图 left side view
定形尺寸 dimension of size
定位尺寸 dimension of position
总体尺寸 overall dimension
尺寸基准 datum
轴承座 bearing support
肋板 rib
读图 orthographic reading
轴测图 axonometric projection
轴测轴 axonometric axis
轴间角 angles between axonometric axes
轴向伸缩系数 axial coefficient of foreshortening
正等轴测图 isometric projection
斜二轴测图 cabinet projection
四心法 four center method
构型设计 conformational design

第 6 章

机件 machine part
表达方法 representation
视图 view
基本视图 principle view
仰视图 bottom view
右视图 right side view
后视图 rear view
局部视图 partial view
斜视图 normal view
剖视图 sectional view
剖切面 cutting plane
剖面线 section line
全剖视图 full sectional view
半剖视图 half sectional view
局部剖视图 broken-out sectional view
阶梯剖 offset section
旋转剖 aligned section
斜剖 oblique section
断面 section, cross section
移出断面 removed section
重合断面 revolved section
局部放大图 partial enlarge view
简化画法 convention
第三角画法 the third angle projection

第 7 章

标准件 standard part
常用件 commonly used part
螺纹 screw thread
外螺纹 exterior thread
内螺纹 interior thread
牙顶 crest
牙底 root
牙型 thread profile
公称直径 nominal diameter
螺距 pitch
导程 lead
旋向 direction of thread
单线 single threaded
双线 double threaded
连接螺纹 connecting thread
传动螺纹 transmitting thread
普通螺纹 metric thread
管螺纹 pipe thread
梯形螺纹 trapezoidal thread
锯齿形螺纹 buttress thread
螺纹紧固件 screw fastener
螺栓 bolt
螺柱 stud
螺钉 cap screw
紧定螺钉 set screw
螺母 nut
垫圈 washer
键 key
键槽 key way
普通平键 flat key
半圆键 woodruff key
钩头楔键 gib head key
销 pin
圆柱销 cylindrical pin
圆锥销 taper pin
开口销 cotter pin
滚动轴承 rolling bearing
弹簧 spring
齿轮 gear
圆柱齿轮 spur gear
圆锥齿轮 bevel gear
蜗轮蜗杆 worm and worm gear
模数 module
压力角 pressure angle
分度圆直径 pitch diameter
齿顶圆直径 outside diameter
齿根圆直径 root diameter
齿顶高 addendum
齿根高 dedendum
齿厚 tooth thickness
槽宽 tooth space
齿距 pitch
齿宽 facewidth

第 8 章

零件图 detail drawing
技术要求 technological requirements
轴套类零件 shaft-sleeve part
轮盘类零件 disk-shaped part
叉架类零件 fork-shaped part
箱体类零件 case-shaped part
铸件 casting
尺寸基准 datum for dimension
表面粗糙度 surface roughness
极限与配合 limit and fit
尺寸公差 tolerance
基本尺寸 basic dimension
实际尺寸 true dimension
偏差 deviation
上偏差 the upper deviation
下偏差 the lower deviation
标准公差 standard tolerance
基本偏差 basic deviation
间隙配合 clearance fit

过盈配合 interference fit
过渡配合 transition fit
基孔制 basic hole system
基轴制 basic shaft system
形位公差 geometric tolerance
铸造 cast
拔模斜度 pattern draft
铸造圆角 round
倒角 chamfer
倒圆 fillet
退刀槽(轴上的) neck
退刀槽(孔内的) recess
钻孔 drilling
零件草图 sketch
测绘 measurement
内卡尺 insider caliper
外卡尺 outside caliper

第 9 章

装配图 assembly drawing
总装配图 general assembly drawing
部件装配图 subassembly drawing
部件 component
齿轮油泵 gear pump
齿轮轴 gear shaft
泵体 pump body
泵盖 pump cap
零件序号 item number
明细表 list of the items
性能(规格)尺寸 functional dimension & dimension of specifications
装配尺寸 assembly dimension
安装尺寸 mounting dimensions
总体尺寸 overall dimensions
指引线 leader
材料 material
密封装置 sealing equipment
由装配图拆画零件图 detailing an assembly drawing
滑动轴承 sliding bearing
台虎钳 bench vice
焊接图 welding drawing
焊缝 welding seam

参考文献

[1] 杨放琼，云忠. 工程制图[M]. 长沙：中南大学出版社，2018.
[2] 徐绍军，赵先琼. 工程制图[M]. 5版. 北京：高等教育出版社，2012.
[3] 孙开元，郝振洁. 机械制图工程手册[M]. 2版. 北京：化学工业出版社，2018.
[4] 王槐德. 机械制图新旧标准代换教程[M]. 3版. 北京：中国标准出版社，2017.
[5] 焦永和，张彤，张京英. 工程制图[M]. 2版. 北京：高等教育出版社，2015.
[6] 张彤，刘斌，焦永和. 工程制图[M]. 3版. 北京：高等教育出版社，2020.
[7] 阮春红，何建英，魏迎军. 3D工程制图·理论篇[M]. 3版. 武汉：华中科技大学出版社，2014.
[8] 武华，李芳. 工程制图[M]. 北京：机械工业出版社，2018.
[9] 王丹虹，宋洪侠，陈霞. 现代工程制图[M]. 2版. 北京：高等教育出版社，2017.
[10] 张大庆，田风奇，赵红英，等. 工程制图[M]. 北京：清华大学出版社，2015.
[11] 王琳，王慧源，祁型虹. 工程制图[M]. 5版. 北京：科学出版社，2019.
[12] 陈光，于春艳. 工程制图[M]. 北京：中国电力出版社，2019.
[13] 朱辉，等. 画法几何及工程制图[M]. 7版. 上海：上海科学技术出版社，2013.